"十四五"职业教育部委级规划教材
·新形态系列教材·

服装制作工艺实训教程

廖晓红　宾旭艳◎主　编
高　仰　黄　俊　周婷婷◎副主编

中国纺织出版社有限公司

内 容 提 要

本书采用企业的典型服装款式作为教学案例，通过企业工作岗位实例分析，结合生产中常见的裙装、裤装、衬衫、四开身上衣、西服、中式服装典型部件等对制作工艺进行全面分析讲解，每个知识点都以任务的形式呈现，紧密贴合企业实际生产需求。根据本书的重难点录制了与任务配套的制作视频27个，内容直观，可操作性强，由浅入深，便于读者理解和自学。

本书可作为职业院校服装设计与工艺专业学生的教材，也可作为服装企业技术人员、相关从业人员以及成人教育、服装培训学校短期培训的参考用书。

图书在版编目（CIP）数据

服装制作工艺实训教程 / 廖晓红，宾旭艳主编；高仰，黄俊，周婷婷副主编 . -- 北京 ：中国纺织出版社有限公司，2022. 1

“十四五”职业教育部委级规划教材

ISBN 978-7-5180-9050-1

Ⅰ. ①服… Ⅱ. ①廖… ②宾… ③高… ④黄… ⑤周… Ⅲ. ①服装 — 生产工艺 — 高等职业教育 — 教材 Ⅳ. ①TS941. 6

中国版本图书馆 CIP 数据核字（2021）第 212745 号

责任编辑：孔会云　朱利锋　　责任校对：王蕙莹
责任印制：何　建

中国纺织出版社有限公司出版发行
地址：北京市朝阳区百子湾东里 A407 号楼　邮政编码：100124
销售电话：010 — 67004422　传真：010 — 87155801
http：//www.c-textilep.com
中国纺织出版社天猫旗舰店
官方微博 http：//weibo.com/2119887771
鸿博睿特（天津）印刷科技有限公司印刷　各地新华书店经销
2022 年 1 月第 1 版第 1 次印刷
开本：787 × 1092　1/16　印张：23.75
字数：313 千字　定价：56.00 元

前　言

本教材是“十四五”职业教育部委级规划教材（新形态系列教材）中的一种，也是专业课证、赛教、岗课融通系列教材之一，依据《中等职业学校服装设计与工艺专业教学标准》，结合服装行业标准、广东省佛山市顺德区国家教育体制改革成果试点丛书“现代职业教育改革新起点：顺德区中等职业教育专业标准体系建设调研报告/职业能力分析/专业教学标准”中的《服装设计与工艺专业教学标准》和各服装生产企业对服装工艺师的需要进行编写。

教材内容重点突出典型服装款式的制作，每个工艺环节都要求做到“三做”，即做精、做细、做强。所涉及的款式均为各个服装类别中的经典款式，内容通俗易懂，系统性和针对性强。

本教材包括基础模块、企业实践模块和选学模块3大模块，共7个项目21个任务，项目内容包括服装工艺基础知识、裙装缝制工艺、裤装缝制工艺、衬衫缝制工艺、四开身上衣缝制工艺、西服缝制工艺和中式服装典型部件缝制工艺。教材中讲解的制作方法科学实用，易于学习与掌握，教学内容由浅入深，逐步引导不同起点的读者掌握各种服装缝制技法。本教材实现了以下7个创新。

（1）教学案例与服装企业实际运用接轨，结合企业常见的裙装、裤装、衬衫、四开身上衣、西服、中式服装部件进行全面分析讲解，理论与实践相结合，每个知识点都以任务的形式呈现，紧密贴合服装企业需求，依据企业生产部门实际工作岗位需求编写。

（2）本教材由教学实践经验丰富的一线教师团队和企业技术精英共同编写，汇集了各学校工匠型教师和行业企业工匠型技术专家的教学和企业实践经验、教学改革与研究成果，工匠型教师、企业工匠型技术专家在教学实践中用“身教”去感染学生，让学生“亲其师，信其道”，以达到“不令而行”之功效，推进校企一体化协同育人，实现专业设置与产业需求对接，课程内容与职业标准对接，教学过程与生产过程对接，毕业证书与职业资格证书对接，职业教育与终身学习对接，提高人才培养质量，体现教材的科学性、实用性、系统性、针对性、专业性、创新性和前瞻性，对教学和生产均有一定的指导和借鉴作用。

（3）本教材以企业订单项目为契机，以服装企业制作工作任务单为主线，每个任务内容与《服装结构设计实训教程》的任务内容相互对应，学习者制作的款式样板在本教材中可一一呈现，解决了以往教材中结构和工艺不关联、脱节的问题，改变了之前服装制作工艺和服装结构设计“分家”的局面，让工艺设计教师授课更轻松、更高效。通过工艺设计缝制的产品能让学生更好地验证服装结构设计的合理性、科学性，两者相互联系、相互制约。

（4）用思维导图呈现任务脉络，有助于学生直观了解并掌握项目的知识脉络和学习目标。

（5）教材中配以精心拍摄的操作步骤图片以及与任务重难点相配套的视频27个，图文并茂，通俗易懂，可操作性及实用性强，教材内容源于企业，高于企业。学生扫描书中相应位置的二维码即可观看相应操作视频，可以有效地支撑院校开展线上线下教学，帮助学生提高自学效果。视频能帮助教师实现翻转课堂的教学模式，帮助学生更好地进行课前预习和课后复习。

（6）编者所在学校多年进行校企合作，服装企业主要为教材编写提供相应技术支持，并提供企业订单案例，使教材的内容实用性更强。教材编写指导思想明确，编写体例新颖，企业资源丰富，可与企业需求无缝精准对接。

（7）本教材结合服装产业集群，采用现代服装企业最新的时尚款式作为案例。各任务的内容除采用经典款式外，还增加了拓展知识，内容丰富多样，紧跟时尚潮流。本教材按照国家规划教材的要求编写，教师可以根据行业的发展增减教学内容，启发学生深入思考，培养学生的创新思维和精益求精的工匠精神。内容设计以学生为中心，巧妙地容入工匠精神和以德树人的思政内容，以“润物细无声”的方式对读者进行思政教育。同时以专业应具备的岗位职业能力为依据，遵循学生认知规律，紧密结合课证、赛教、岗课融通等相关的项目要求来确定本教材的工作模块和课程内容，实现了课证、赛教、岗课融通资源整合优势。

教材中项目一任务三和任务四、项目六任务三和项目七由佛山市顺德区均安职业技术学校廖晓红编写，项目四和项目六任务二由佛山市华材职业技术学校宾旭艳编写，项目五由佛山华材职业技术学校黄俊编写，项目三任务一和任务二、项目六任务一由佛山市高明区高级技工学校高仰编写，项目一任务一和任务二，项目二任务一、任务二和任务四由佛山市高明区高级技工学校周婷婷编写，项目二任务三、项目三任务三由佛山市顺德区均安职业技术学校喻意梅和唐丹共同编写。本教材视频编辑由黄俊、宾旭艳、肖紫露（华南师范大学文学院，主要负责文字编辑）、张潇文（广东财经大学）负责，视频拍摄和工艺制作由廖晓红、宾旭艳、黄俊、高仰、周婷婷、喻意梅、唐丹、麦健珊、洪恰芳、莫丽平、杨合静、陈圳、王吉儒等负责，思政内容由武汉市第一商业学校赵心怡、李淑姣、魏纯和佛山市顺德区均安职业技术学校夏锦秀编写，全书由廖晓红统稿。

为了实现产教融合、校企联动、精准对接、协同育人的目标，本教材的编写过程中，在人才培养培训、技术创新、就业创业、社会服务、文化传承等方面深度开展校企合作。深圳鹰腾服饰有限公司总经理及品牌设计总监姜振宏、广东产品质量监督检验研究院高级工程师陈卓梅、广东瑞享科技有限公司品牌设计总监周艳、佛山市顺德区纺织服装协会会长兼佛山市顺德区力高制衣有限公司总经理王德生、佛山市智域服装设计有限公司设计总监兼总经理李贵州、佛山市顺德区昊田服装公司总经理戴福兴、佛山市顺德区康加达服饰有限公司总经理龙成飞、佛山市瀚晨文化创意有限公司设计总监周靓、佛山市喜而服饰有限公司总经理陈浩斌、深圳联尚文化创意有限公司技术部经理夏文、中山市扎卡服饰有限公司设计总监郭喜飘、东莞市茶山镇鹏裕制衣厂生产经理王凯、东莞市茶山鸿鹄布艺加工厂生产经理梁俊等15家各服装企业精英、设计师、打板师、工艺师、企业工匠、企业劳模对教材的编写提供了技术支持和指导，广东职业技术学院服装系主任王家馨、中山职业技术学院（沙溪服装学院）刘周海、杨珊及广州市工贸技师学院高级讲师李填等专家也给予大力支持和指导。教材中的企业制作通知单、技术参数、服装款式图、服装辅料、矢量图、服装设备、服装面料、服装辅料、企业订单、样衣、服装公司样板开发生产流程、企业案例等由以上人员及其单位提供，在此表示衷心的感谢。感谢中国纺织出版社有限公司孔会云女士给本教材提出的宝贵意见和建议。编写团队成员在编写过程中参考了大量文献资料，在此对相关作者一并致以诚挚的谢意。

书中错漏之处在所难免，敬请各位专家和同行们不吝批评指正。

本课程建议课时为292学时，教学时间安排可参考以下学时分配建议表。

学时分配建议表

模块	项目内容	任务内容	学时数			
			讲授	实践	机动	合计
模块一 基础模块	项目一 服装工艺基础知识	任务一　手缝工艺基础知识	2	6		8
		任务二　机缝工艺基础知识	1	8		9
		任务三　裁剪工艺基础知识	1	3		4
		任务四　熨烫工艺基础知识	1	3		4
模块二 企业 实践模块	项目二 裙装 缝制工艺	任务一　西服裙缝制工艺	3	10		13
		任务二　百褶裙缝制工艺	3	7		10
		任务三　背带裙缝制工艺	3	7		10
		任务四　连衣裙缝制工艺	4	8		12
	项目三 裤装 缝制工艺	任务一　女西裤缝制工艺	4	12		16
		任务二　男西裤缝制工艺	4	10		14
		任务三　牛仔裤缝制工艺	3	10		13
	项目四 衬衫缝制工艺	任务一　女衬衫缝制工艺	5	12		17
		任务二　男衬衫缝制工艺	4	10		14
	项目五 四开身上衣缝制工艺	任务一　女春秋上衣缝制工艺	5	16		21
		任务二　男夹克缝制工艺	5	16		21
		任务三　女风衣缝制工艺	5	12		17
	项目六 西服缝制工艺	任务一　女西服缝制工艺	5	20		25
		任务二　男西服缝制工艺	5	20		25
		任务三　男马甲缝制工艺	4	8		12
模块三 选学模块	项目七 中式服装典型部件缝制工艺	任务一　旗袍部件缝制工艺	2	6		8
		任务二　中山装部件缝制工艺	2	7		9
机动					10	10
总计			71	211	10	292

廖晓红

2021年10月

目 录

模块一　基础模块 ······ 1

项目一　服装工艺基础知识 ······ 2

任务一　手缝工艺基础知识 ······ 3

任务二　机缝工艺基础知识 ······ 13

任务三　裁剪工艺基础知识 ······ 31

任务四　熨烫工艺基础知识 ······ 38

模块二　企业实践模块 ······ 47

项目二　裙装缝制工艺 ······ 48

任务一　西服裙缝制工艺 ······ 49

任务二　百褶裙缝制工艺 ······ 64

任务三　背带裙缝制工艺 ······ 76

任务四　连衣裙缝制工艺 ······ 88

项目三　裤装缝制工艺 ······ 108

任务一　女西裤缝制工艺 ······ 109

任务二　男西裤缝制工艺 ······ 125

任务三　牛仔裤缝制工艺 ······ 144

项目四　衬衫缝制工艺 ······ 162

任务一　女衬衫缝制工艺 ······ 163

任务二　男衬衫缝制工艺 ······ 179

项目五　四开身上衣缝制工艺 ······ 197

任务一　女春秋上衣缝制工艺 ······ 198

任务二　男夹克缝制工艺 ······ 218

任务三 女风衣缝制工艺 …… 238
项目六 西服缝制工艺 …… 274
任务一 女西服缝制工艺 …… 275
任务二 男西服缝制工艺 …… 302
任务三 男马甲缝制工艺 …… 328

模块三 选学模块 …… 345

项目七 中式服装典型部件缝制工艺 …… 346
任务一 旗袍部件缝制工艺 …… 347
任务二 中山装部件缝制工艺 …… 357

参考文献 …… 372

PART 1

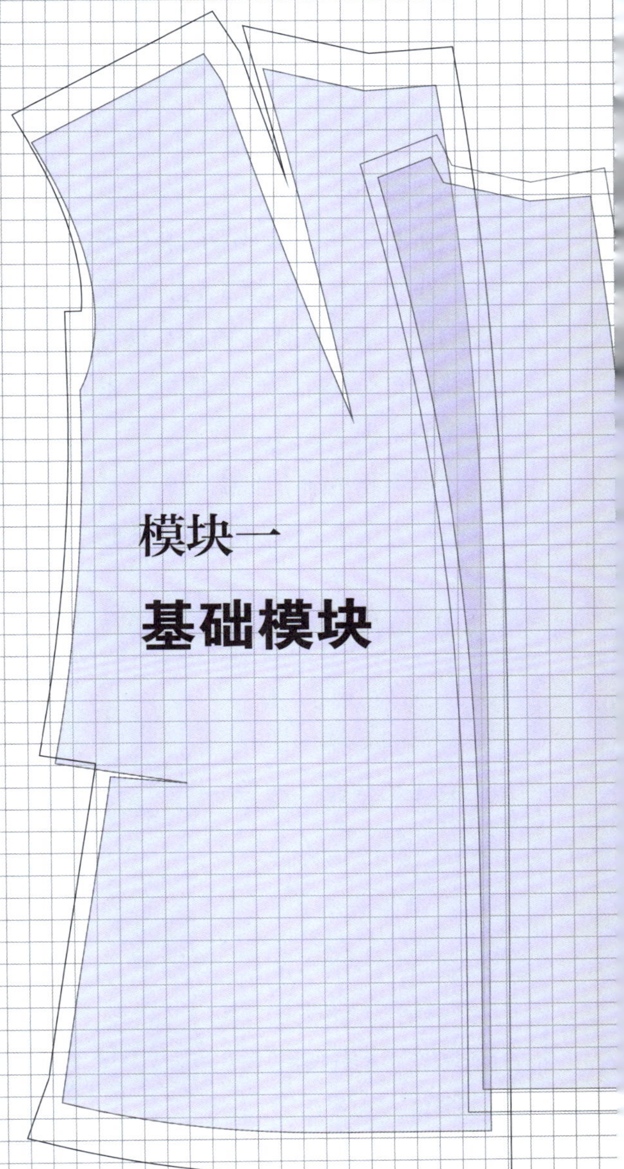

模块一

基础模块

◯项目一

服装工艺基础知识

◎项目概述

服装工艺一般是指服装生产过程中的工程、工序、技艺、技术等，服装制作基础工艺包括手缝工艺、机缝工艺、裁剪工艺、熨烫工艺。基础工艺的熟练程度和技术质量将直接影响生产效率和成品质量，只有注重基础工艺的训练，才能具备扎实的基本功。所以为了能够制订合理、科学、便捷又省时的生产制作工艺，服装专业技术人员必须对服装工艺有全面的认识。

本项目内容是根据服装企业对从事服装相关岗位所需的服装工艺基础知识来设计的，目的是为学生未来从事服装职业岗位打下坚实基础。

◎思维导图

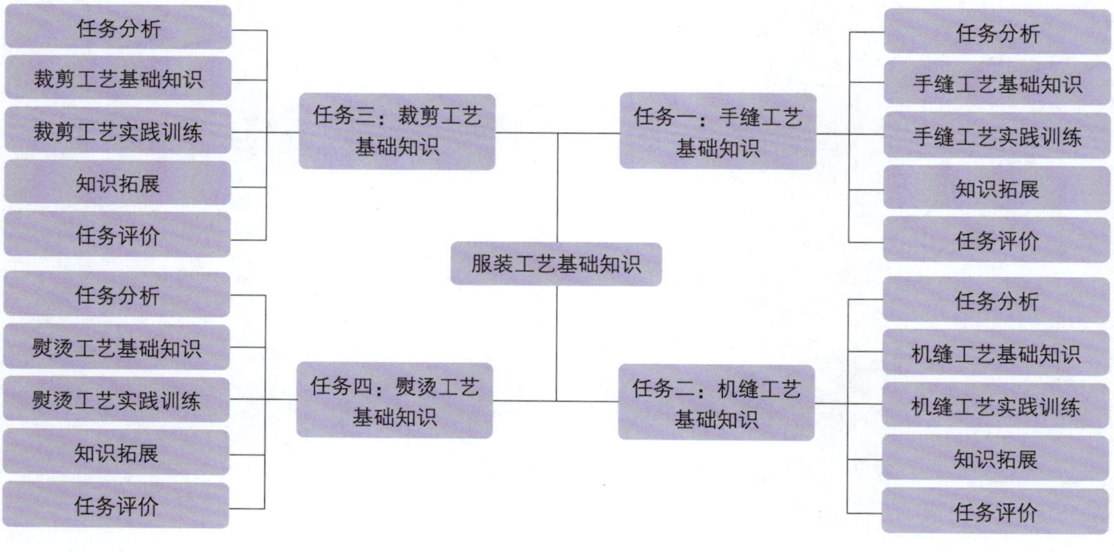

◎学习目标

知识目标

1. 了解基础手工工艺的方法及基本针法的工艺要求，并能安全规范操作。
2. 了解缝纫机结构原理，熟悉基本的机缝工艺，并能安全规范操作。
3. 了解裁剪工艺知识，熟悉各个工序的工作内容和工艺要求。
4. 了解熨烫工艺要求和基本形式，熟悉基本熨烫的设备，并能安全规范操作。

技能目标

1. 能进行各种基本手工工艺操作，会缲针、绷缝、锁眼、钉扣等手工工艺。

2. 能进行各种基础缝制工艺操作，会制作简单的工具袋、袖套等布艺用品。

3. 知道裁剪的流程，能熟练操作铺料、排料、裁剪等环节。

4. 知道熨烫的基本原理，会合理、安全使用蒸汽熨斗进行各种熨烫。

情感目标

1. 通过工艺基础知识的训练，培养学生的专注力；培养学生独立思考和解决问题的能力。培养学生精益求精、追求卓越的工匠精神；培养学生按时高质量、高效益的工作习惯。

2. 通过小组合作，培养学生的团队合作意识和创新能力。

任务一 手缝工艺基础知识

任务导入

手缝工艺也称手针活，是服装缝制的一项传统工艺，缝制方便、灵活是它的最大特点。利用基本的工具进行简单的缝制，可以达到不同服装的制作需求，手缝工艺也是高档服装或高级定制服装中不可或缺的工艺技术。

任务描述：将坯布裁剪成30cm×15cm的长方形若干块，在坯布上进行平缝针、回针、明缲针、暗缲针、三角针、锁边缝、锁眼、钉扣的手缝针法练习，在练习中掌握方法并能熟练操作。

任务要求

1. 了解常用手缝工具类型及其作用。

2. 熟悉基本针法的工艺要求，并能进行规范操作。

3. 能够正确使用手缝针、缝纫线剪刀、大、小剪刀等基础手缝工具。

4. 学会穿针、引线、打结等基本操作方法。

5. 学会平针、回针、缲针、三角针、锁眼、钉扣等基本操作方法。

任务准备

手缝工艺材料准备见表1-1-1。

表1-1-1 手缝工艺材料准备

名称	数量	名称	数量
练习胚布（32cm×15cm）	8	缝纫线（黑、白）	2
手缝针（9号）	1	扣子	5

任务实施

一、任务分析

为了能够快速熟悉服装手缝工艺基础知识，本次任务主要是通过在坯布裁片上进行平针、回针、三角针、明缲针、暗缲针、锁眼、钉扣等针法的练习，提高手缝工艺操作的熟练程度，为从事服装专业相关工作打下基础。

手缝工艺的重、难点：明缲针、暗缲针、三角针、锁眼、钉扣。

二、手缝工艺基础知识

1. 认识手缝工具

（1）手缝针。细小钢制缝针，也称手针。目前约有15种型号，一般会根据缝制工艺的需要，或面料的厚薄、材质及用线粗细来选择适宜的缝针，缝针号型越小，针就越粗，普通面料选6号针即可，如图1–1–1所示。

（2）缝纫线。即衣服缝制时所需要的线，缝纫线按原料分可分为天然纤维、合成纤维缝纫线及混合缝纫线等，按线的名称可分为棉线、高强线、尼龙线、丝线等。缝纫线的选择主要根据款式的设计、面料的颜色、材质等因素来决定，如图1–1–2所示。

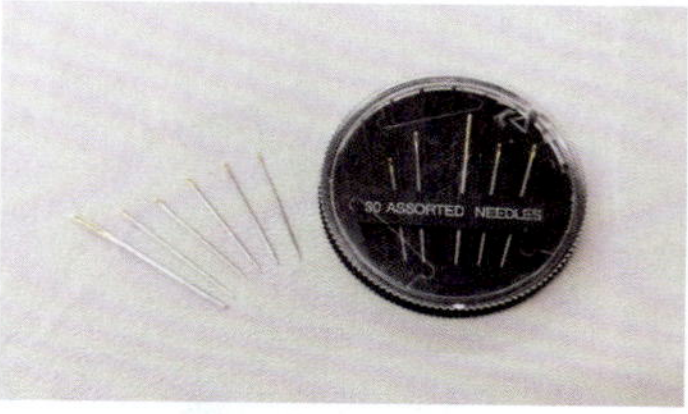

图1–1–1　手缝针

图1–1–2　缝纫线

（3）剪刀。大剪刀一般用来裁剪面料，小剪刀则用来剪断缝线或线头，轻便好用，如图1–1–3所示。

（4）顶针。又称针箍，缝制时戴在手指上，辅助扎针同时也起到保护手指的作用，常见有铜、铁、铝质三种材质，如图1–1–4所示。

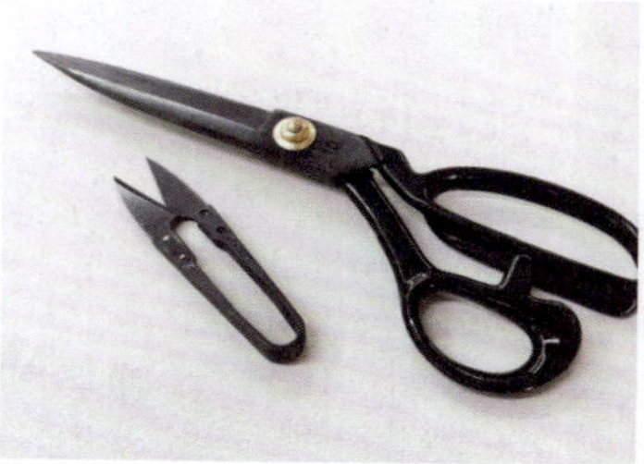

图1–1–3　剪刀

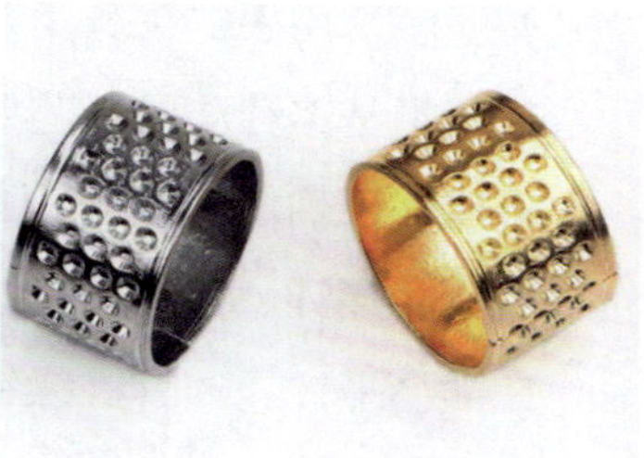

图1–1–4　顶针

2. 手针穿线、打线结的基本方法

（1）针穿单线、双线。左手捏针、右手拿线，将线头修剪、捻尖，过针孔后迅速拉出线头，如图1–1–5和图1–1–6所示。

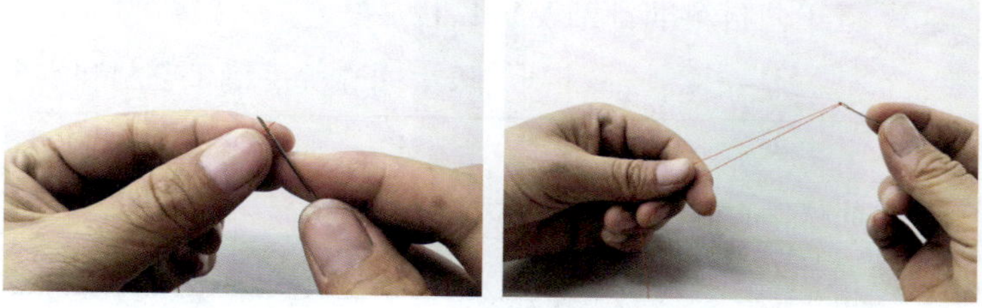

图1–1–5　针穿单线

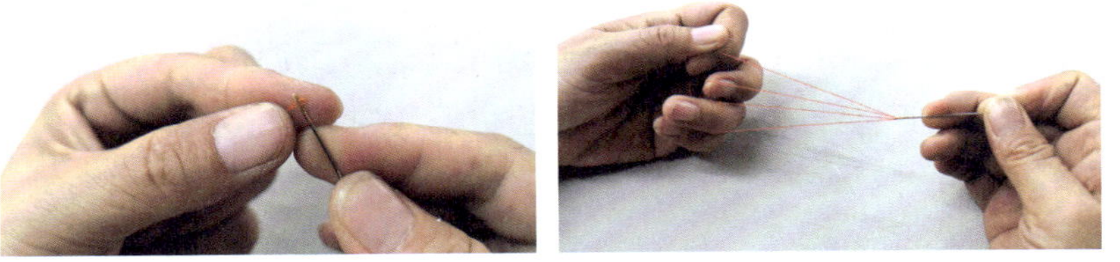

图1-1-6 针穿双线

服装工艺小常识

1. 穿线时，将线头斜着剪断比较容易穿过针眼。
2. 针尖先在蜡烛上划一下，手缝厚面料也会很轻松。
3. 手缝针的线建议不要长过鼻尖到手指尖的距离，会容易搅拌打结。

（2）打线结。针穿好线以后，为了不让线从针孔和面料中拔出，需要在末端打线结。将线绕在食指一圈，食指与拇指相捻，拉紧线圈，最后形成一个小的线结，如图1-1-7所示。

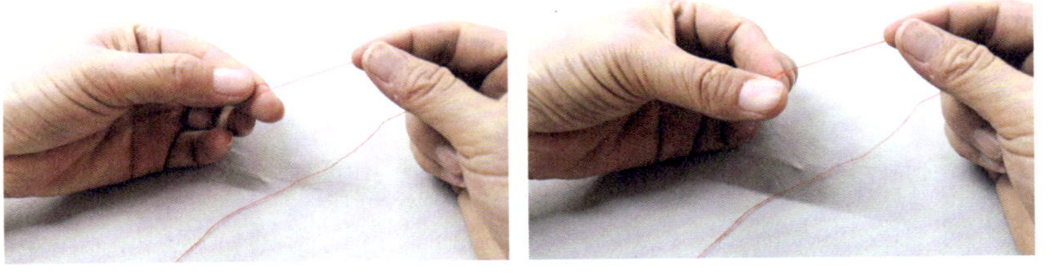

图1-1-7 打线结

三、手缝工艺实践训练

手缝工艺时，由于缝纫部位、材料或缝合要求和作用的不同，所采用的针法也有所不同。

1. 平针

平针是最简单又实用的手缝针法，针从右向左以0.5cm左右宽窄的针距上下扎入面料，对面料进行基础缝合。也可做假缝，在褶裥、抽缩口处做正式缝合前的粗略固定作用，如图1-1-8所示。

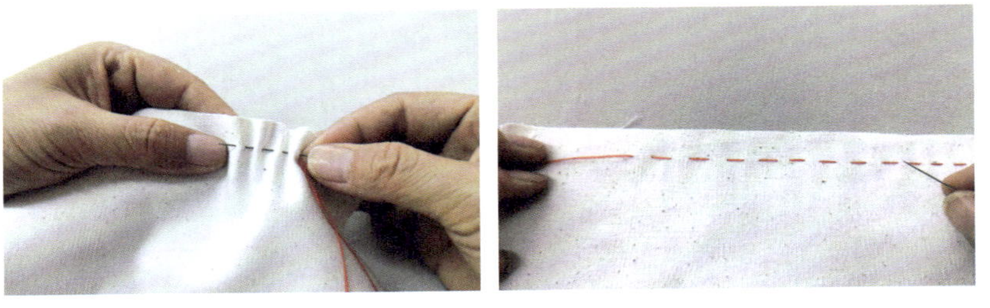

图1-1-8 平针

2. 止缝结

止缝结即收尾打结。针头穿过面料留1/2不用拔出，手拉住缝纫线围绕针尖转2～3圈后，左手固定针尾，右手将针头拔出，止缝结完成，如图1-1-9所示。

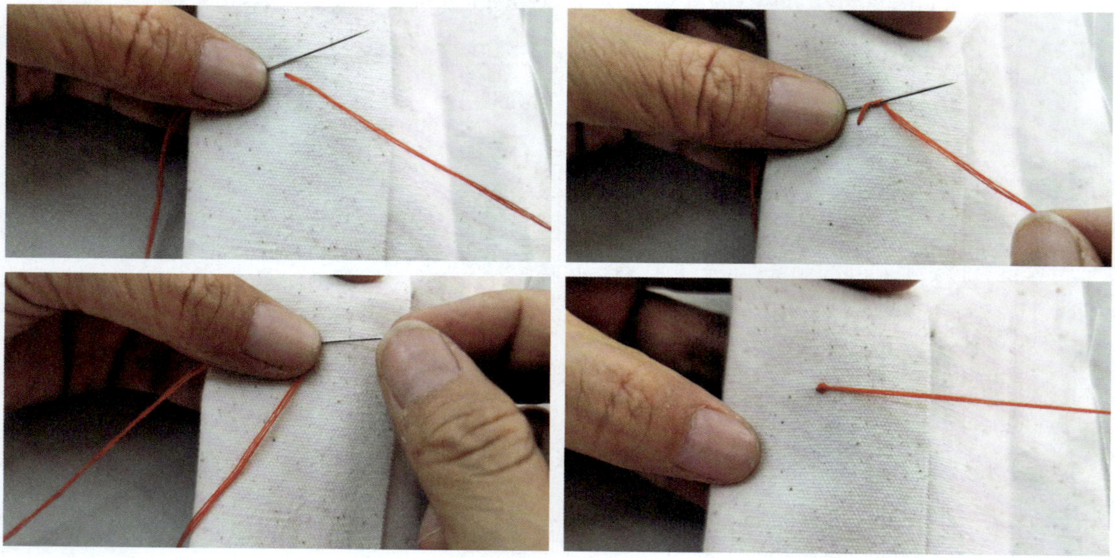

图1-1-9　止缝结

3. 回针

回针是最牢固的手缝方法之一，分全回针和半回针两种。全回针是返回到前一个针眼的位置，半回针则是返回到前一个针距一半的位置，常用来缝合拉链、裤裆等牢固度要求较高的部位，如图1-1-10、图1-1-11所示。

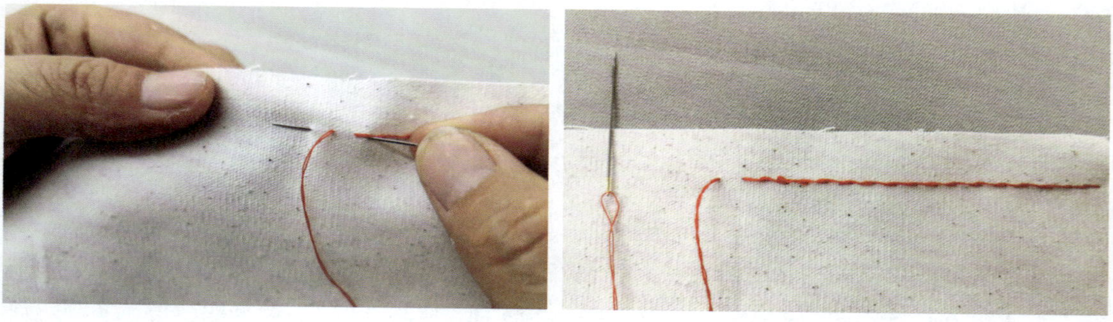

图1-1-10　半回针

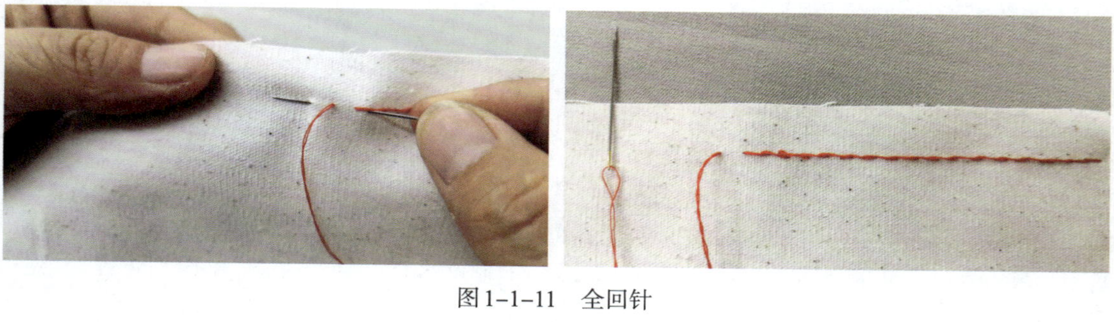

图1-1-11　全回针

4.三角针

三角针是最常用的折边固定针法，常用于衣摆、裙摆、脚口处，由左至右倒退式运针，起针时将线结藏至折边内，勾住折边的1～2根纱，针脚倾斜再运针勾住衣片的1～2根纱，注意正面不能露出点状线迹，缝线也不能拉得太紧，以免起皱，最终以连续“W”形呈现，如图1-1-12所示。

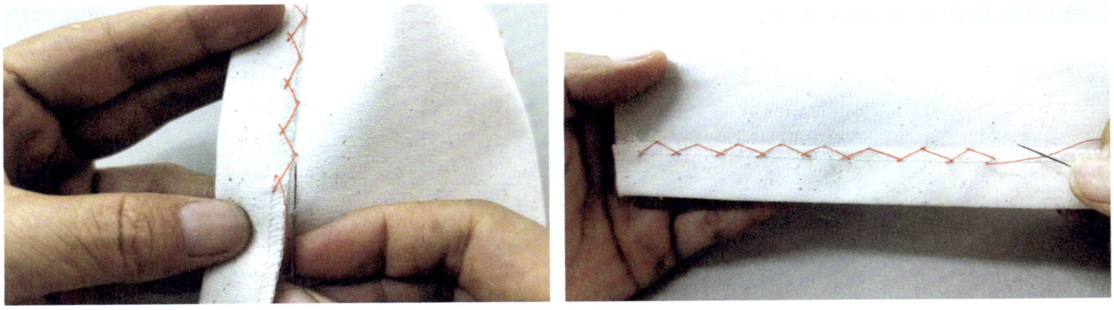

图1-1-12 三角针

5.明缲针

起针时将线头藏至缝中，上层出针，斜向0.5cm左右挑起下层面料的1～2根纱，如图1-1-13所示。

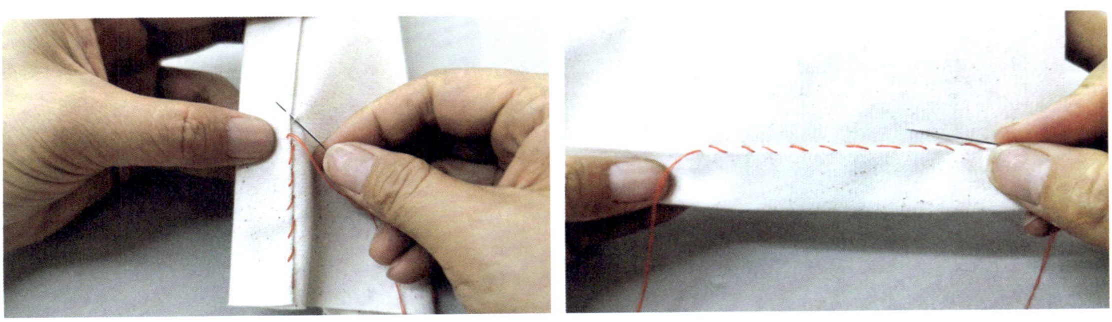

图1-1-13 明缲针

6.暗缲针

起针时将线头藏至缝中，由右向左，在两层布料直接上下直缲，缝线隐藏在布料夹层，如图1-1-14所示。

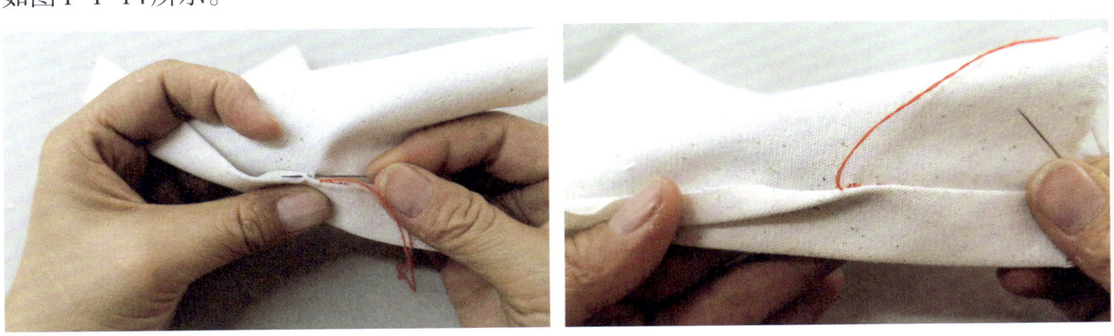

图1-1-14 暗缲针

以上两种针法常用于缲缝贴边、滚条、里布等缝合处。

7.锁眼

手工锁眼是在剪开的扣眼边缘用锁边缝针法围绕一圈，锁成线结，如图1-1-15所示。

（1）定出扣眼大小，将布对折剪口，一般扣眼为扣子直径加扣子厚度[图1-1-15（a）（b）]。

（2）从扣眼底部起针，将起针线结藏于衣片中间[图1-1-15（c）]。

（3）锁边缝时注意针距宽窄一致，倾斜度一致，在上下转弯处，缝线要均匀圆顺，以保证扣眼边缘锁缝的美观[图1-1-15（d）~（h）]。

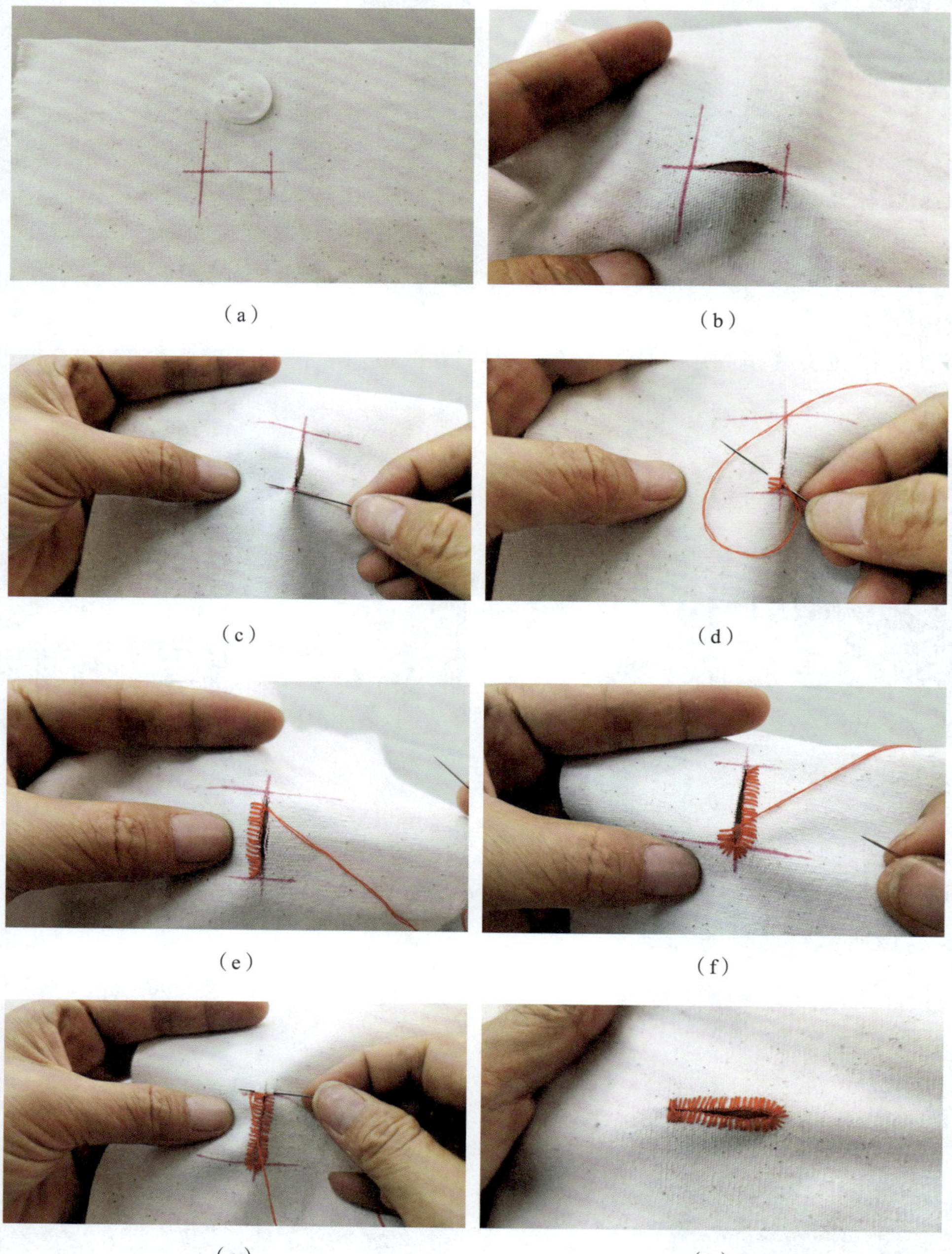

（a）（b）（c）（d）（e）（f）（g）（h）

图1-1-15　锁眼

8. 钉扣

扣一般分实用扣、勾扣和装饰扣三种。

（1）实用扣。实用扣是将缝线打结后在正面钉扣部分起针，挑起3～4根纱，抽出手针、拉紧缝线。针从纽扣的对角穿出，再穿刺过面料，向下拉紧的同时注意预留门襟厚度（装饰扣和高脚扣不需要预留厚度）。从线柱的上端开始用缝线缠绕，在线柱底部收尾打结，将缝线拉进面料夹层剪断。以同样的方法重复另外一个对角，最终呈现交叉缝线效果，如图1-1-16所示。

当然，也可以根据工艺设计需要钉平行“二”形缝线。

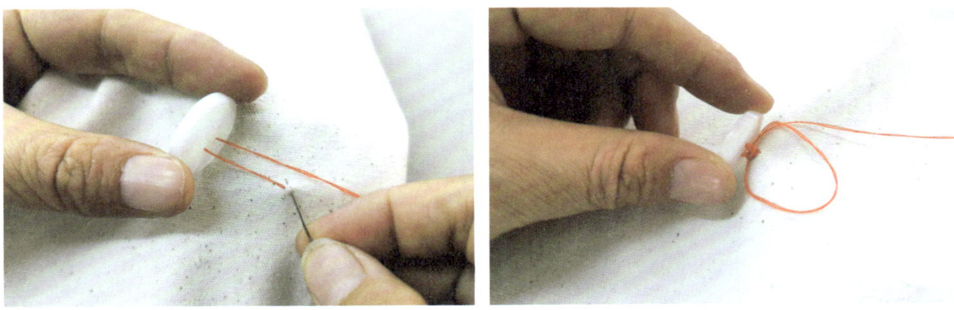

图1-1-16 钉实用扣

（2）勾扣。也称暗扣、挂扣，一般用于裤子前中门、里襟。将勾扣的三角位置的孔固定1～2针，注意不要穿透两层面料，以免缝线露至正面，如图1-1-17所示。

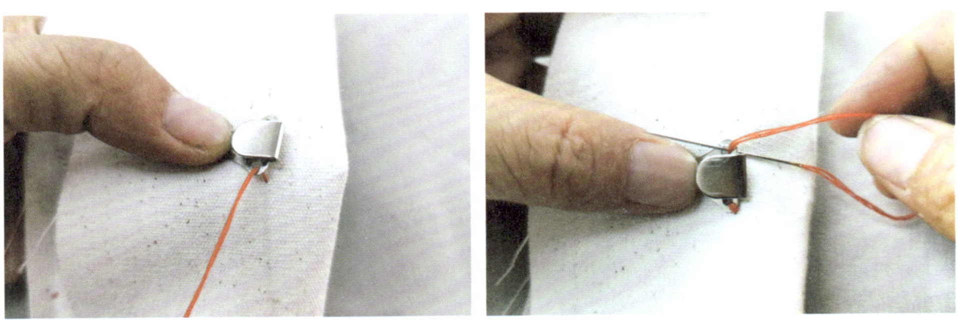

（a） （b）

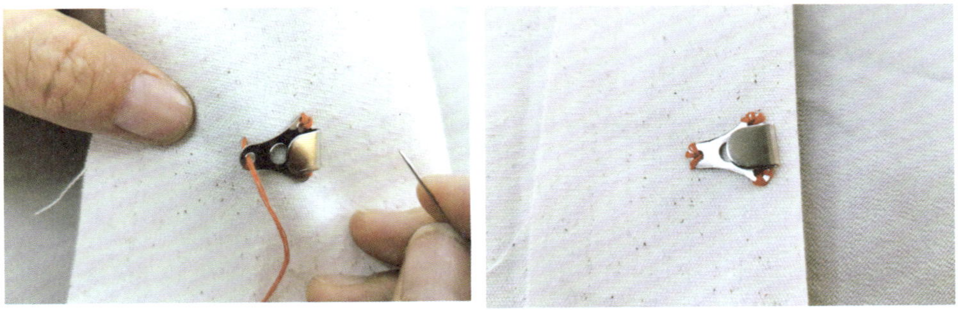

（c） （d）

图1-1-17

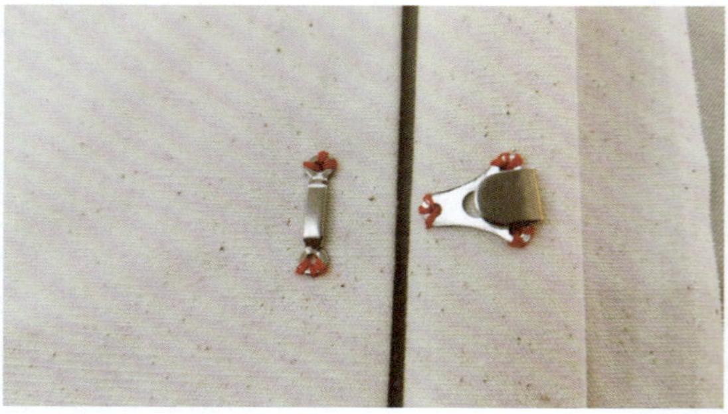

（e）

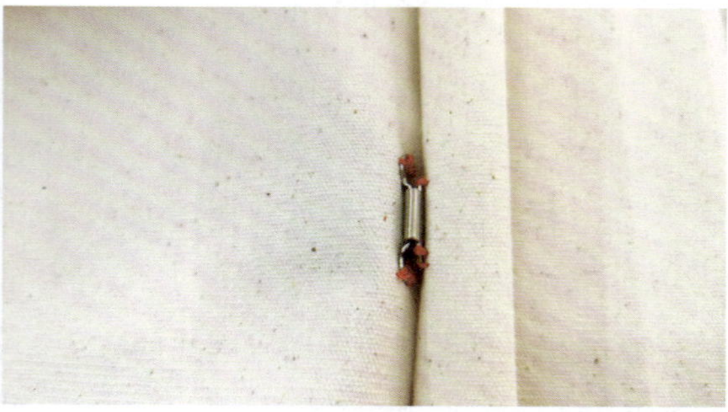

（f）

图1-1-17　钉勾扣

（3）装饰扣。装饰扣多以高脚扣为主，是将缝线打结后在正面钉扣部分起针，挑起3～4根纱，抽出手针、拉紧缝线。针从高脚扣的扣眼处穿出，再穿刺过面料，向下拉紧，最后在扣底绕两圈、收尾打结即可，如图1-1-18所示。

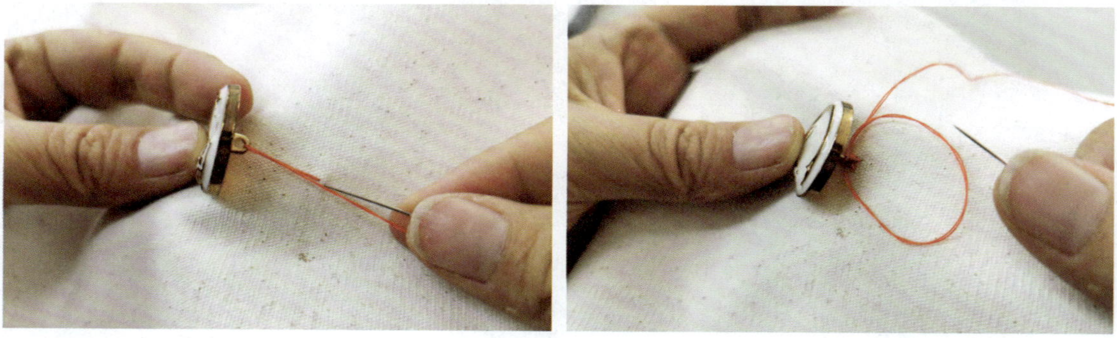

图1-1-18　钉高脚扣

四、知识拓展

衣服巧改小妙招

1.裤腰大了怎么办——“无痕”收腰针法

用汽烫笔在裤腰处做记号，定出所需要改小的围度，再从反面起针，针尖朝下起落针，连续缝线形成三角形，最后一针出针后，左手握住裤子，右手带紧针线，慢慢向下带紧，最终将缝线拉成一条缝，可以达到减小裤腰的效果，如图1-1-19所示。

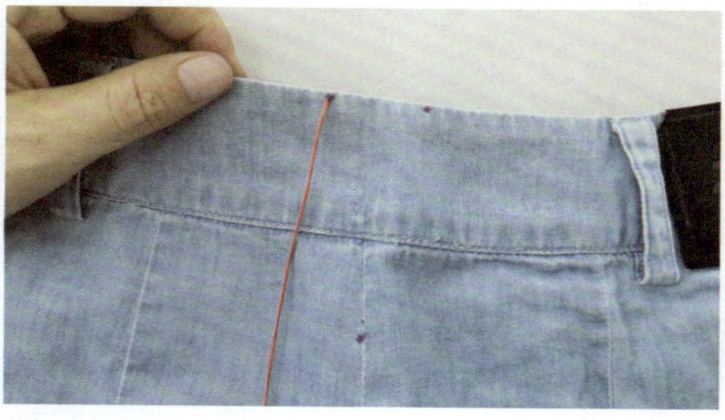

（a）

（b）

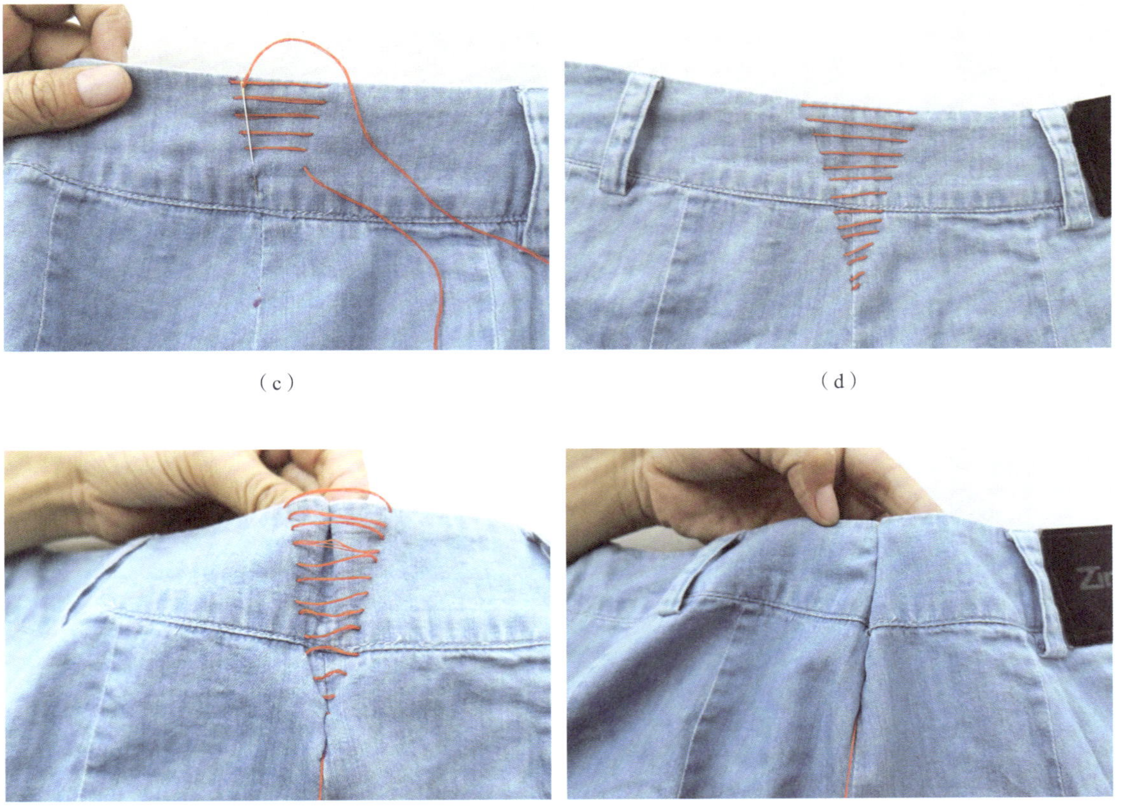

（c） （d）

（e） （f）

图1-1-19 收腰针法

2.破洞了怎么办——六角星装饰型补洞方法

用汽烫笔在破洞处定一个六边形，选一点出针，第二针从第三点进第二点出，同样的方法连续，形成一个六角形。再继续用此方法将六角星缝成一个紧密的实心图形，既有补洞功能，也为面料增添了图案，如图1-1-20所示。

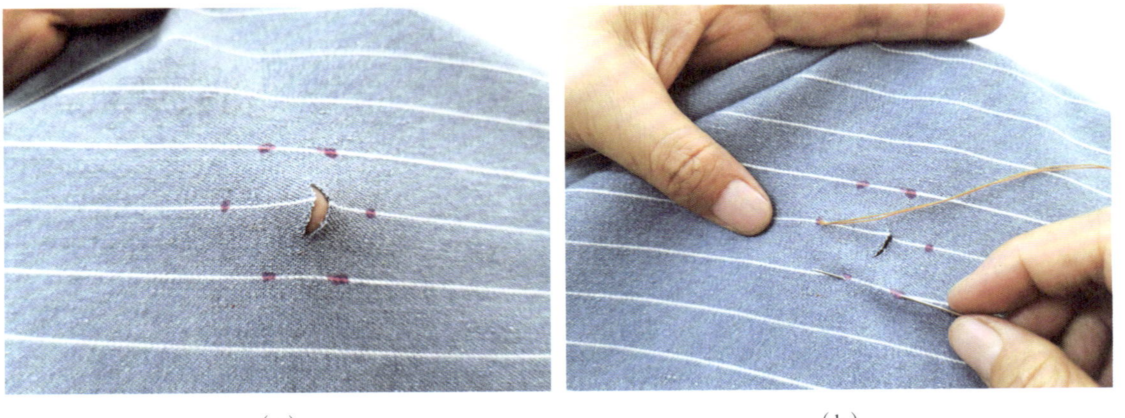

（a） （b）

图1-1-20

（c）

（d）

（e）

（f）

图1-1-20　补洞针法

温馨提示：

以上两种方法仅适用于裤腰和破洞的家用式简易处理，若要精致修改，仍需要借助机缝设备。

五、任务评价

手缝工艺评价见表1-1-2。

表1-1-2　手缝工艺评价表

评价项目	评价内容	序号	评价标准	分值	评价方式				备注
					自评	互评	师评	企业评	
知识技能目标（70分）	平针（10分）	1	针距整齐均匀，不超偏差±0.1cm	10					
	回针（10分）	2	针脚顺直、针距均匀且缝线适当带紧	10					
	三角针（10分）	3	反面“W”形线迹整齐，正面不露线迹	10					
	缲针（10分）	4	明缲针：针距均匀、正面不露线迹	5					
		5	暗缲针：针距均匀、正面不露线迹	5					

续表

评价项目	评价内容	序号	评价标准	分值	评价方式				备注
					自评	互评	师评	企业评	
知识技能目标（70分）	锁眼（20分）	6	眼位准确、方法正确	10					
		7	锁眼平顺、线迹宽窄一致	10					
	钉扣（10分）	8	钉扣方法正确、松紧适度	10					
情感目标（30分）	岗位问题处理能力（15分）	9	具有客户信息分析及处理的能力	5					
		10	具有制订计划并合理实施的能力	5					
		11	具有实施过程中独立思考及解决问题的能力	5					
	团队合作创新能力（10分）	12	具有团队合作意识和创新能力	5					
		13	具有按时完成任务，高效工作的能力	5					
	工匠精神（5分）	14	具有精益求精、追求卓越的工匠精神	5					
合计				100					

任务二 机缝工艺基础知识

任务导入

机缝工艺是服装科技发展的产物，是指采用缝纫机缝制、加工服装，是现代服装工业生产的主要手段。缝纫机缝制服装工效快，而且针迹整齐美观，缝制便捷省事。由于服装的成品是由许多部件组合而成的，而部件与部件之间的整合是由不同的缝型拼合而成，因此根据服装款式与面料的特点，在具体生产过程中所选用的缝型也会有所不同。

任务描述：将坯布裁剪成30cm×15cm的长方形若干块，在坯布上进行平缝、坐缉缝、来去缝、明包缝、暗包缝、卷边缝、包边缝的基本缝型练习，在练习中掌握方法并能熟练操作。

任务要求

1. 认识常用机缝设备及其使用方法。

2. 了解机缝机器的常规操作，有强烈的安全操作意识。

3. 知道平缝、坐缉缝、来去缝、明包缝、暗包缝、卷边缝、包边缝等基本机缝工艺，并能进行规范操作。

4. 能够运用机缝基础工艺制作工具袋、袖套。

任务准备

机缝工艺材料准备见表1–2–1。

表1–2–1 机缝工艺材料准备

名称	数量	名称	数量
练习胚布（30cm×15cm）	8	梭芯	1
机针（12号）	1	梭壳	1
缝纫线	1		

任务实施

一、任务分析

快速熟悉服装机缝工艺基础知识，本次任务主要是通过训练尽快熟悉基础缝纫设备，并能在坯布裁片上进行平缝、坐缉缝、来去缝、明包缝、暗包缝、卷边缝、包边缝等练习，提高机缝工艺操作的熟练程度，为从事服装制作相关工作打下基础。

机缝工艺的重、难点：明包缝、暗包缝、卷边缝、包边缝。

二、机缝工艺基础知识

1. 认识机缝工具

（1）平缝机。目前企业较为常见的缝纫机是单针自动断线工业平缝机。缝纫机品牌众多，图1–2–1所示为“兄弟牌”缝纫机。

（2）压脚、定规。机缝过程中常用压脚有平压脚、高低压脚和单边压脚，压脚材质各异，有金属压脚和塑料压脚，不同的压脚适用于不同的缝制部位、面料、工艺方法等。为了保证机针落针宽度保持一致，通常会在压脚左右外侧边缘用定规作为参照物控制线条间距，如图1–2–2所示。

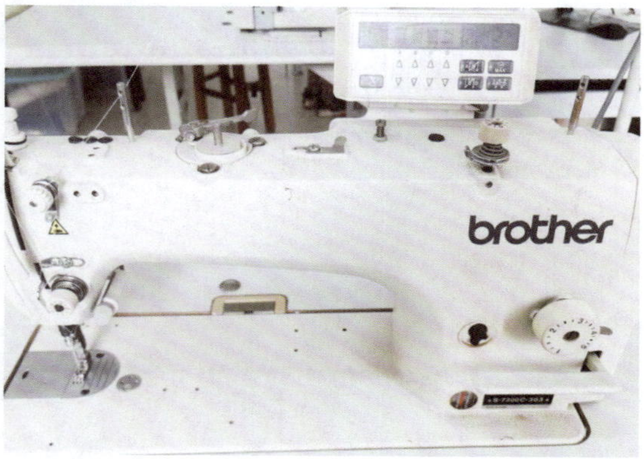

图1–2–1 工业平缝机

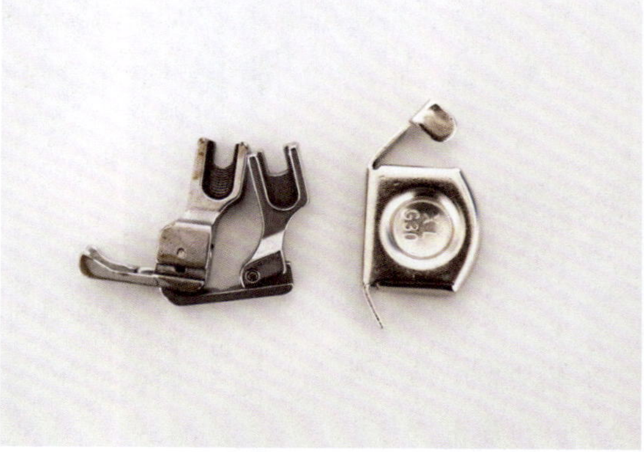

图1–2–2 压脚、定规

（3）机针。根据款式面料特性选择合适的机针，一般来说，针号越大，机针越粗。普通厚薄面料选用12号工业机针即可，如图1–2–3所示。

（4）梭芯、梭壳。梭芯绕缝纫线，与梭壳配套使用，置于缝纫机梭床内，缝制时从梭芯出来的线称为底线，如图1–2–4所示。

图1–2–3 机针

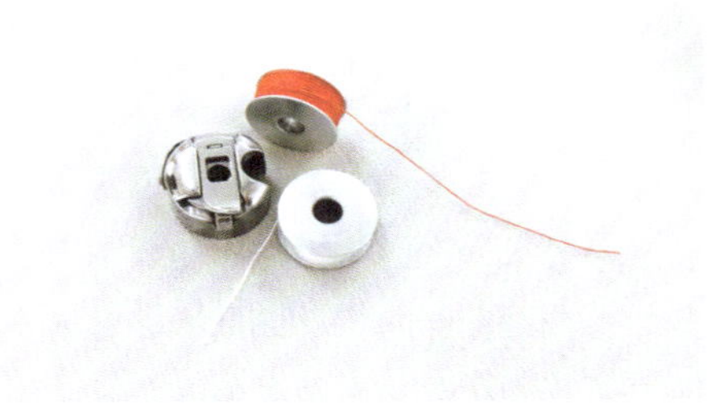

图1–2–4 梭芯、梭壳

（5）螺丝刀。常用于机器调试、装针、更换压脚等，如图1–2–5所示。

（6）锥子、镊子。缝制时的辅助工具，可用于裁片标记或拆挑缝线等，如图1–2–6所示。

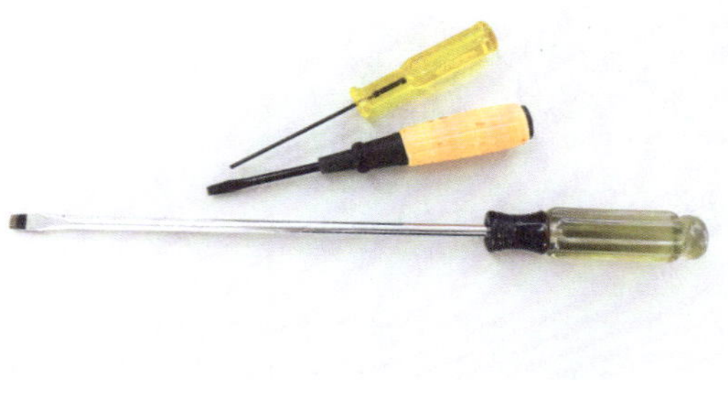

图1–2–5 螺丝刀

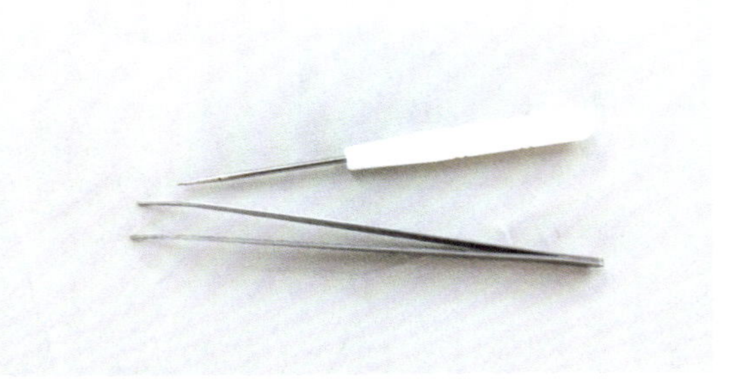

图1–2–6 锥子、镊子

2.机缝前期准备

（1）装针。关掉机器电源开关，脚离开机器踏板，用手转动缝纫机右侧主动轮将针杆停在最高位置，拧松针杆上的固定螺丝，让机针长槽朝左并插至最高点，再顺时针拧紧固定螺丝。注意分清针的左右方向，长针槽朝左，如图1–2–7所示。

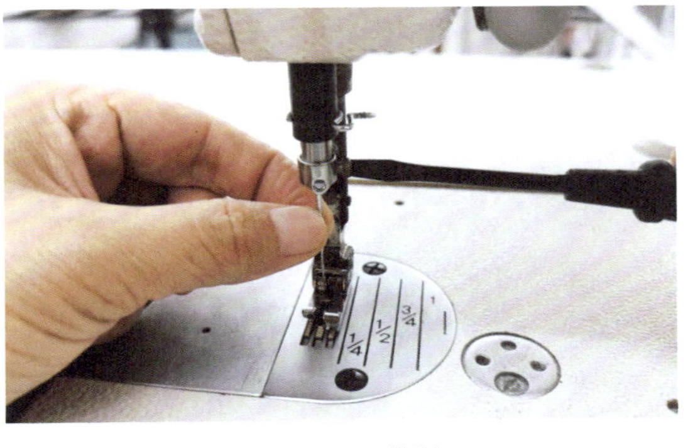

图1–2–7 装针

（2）穿线。关掉机器电源开关，脚离开机器踏板，穿面线基础步骤如图1-2-8所示。

（3）装梭芯、梭壳。先将梭芯放入梭壳内，线从梭壳调整簧片的线槽中拉出10cm，拉动缝线检验梭壳是过紧还是过松，可用小的螺丝刀进行微调。大拇指抵住梭壳小把手，开口处朝上，将梭壳放在机器梭床中，听到卡位声即安装完成，如图1-2-9所示。

（4）引线。手动转动缝纫机右侧主动轮一圈，将底线钩出，同时将底线、面线放在压脚下方，如图1-2-10所示。

（5）针距调节。顺时针转动针距调节轮，针距变得短而密集。逆时针转动针距调节轮，针距变得长而稀疏。对厚薄程度一般的面料来说，设置15针/3cm左右，如图1-2-11所示。

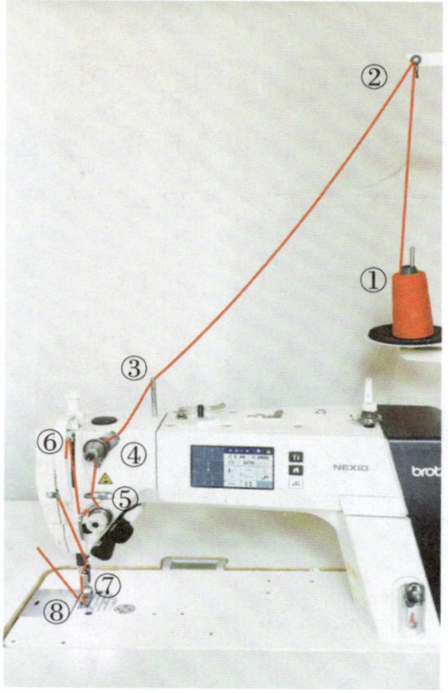

图1-2-8　穿线

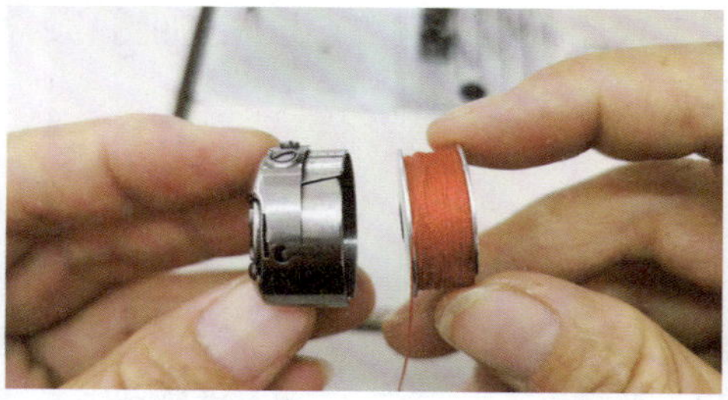

（a）

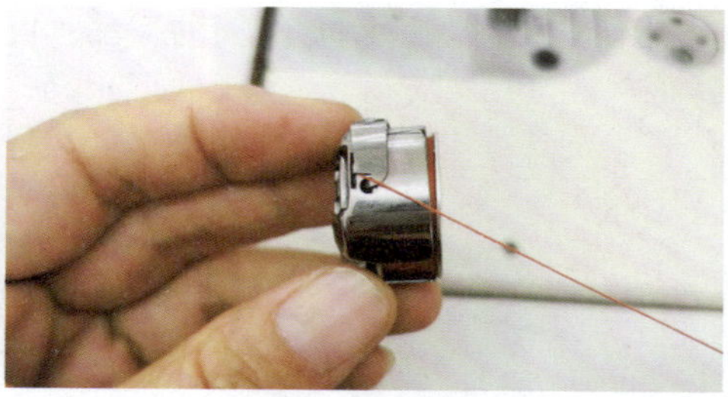

（b）

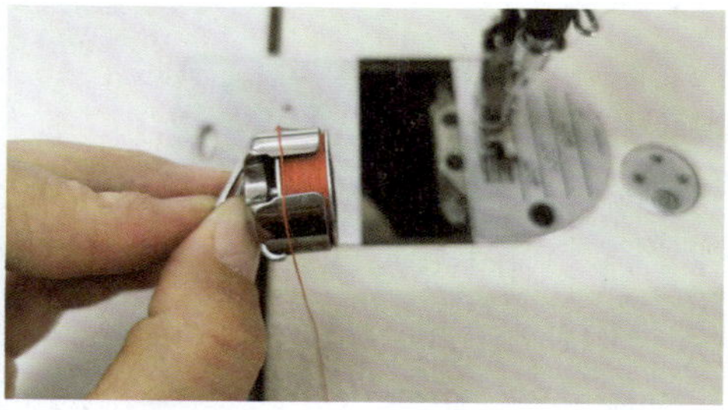

（c）

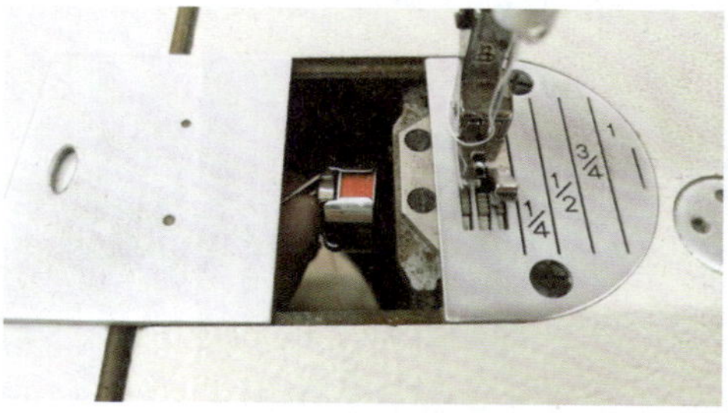

（d）

图1-2-9　装梭壳

图1-2-10　引线

图1-2-11　针距调节

（6）缝线线迹调节。面线调节是将夹线器的螺母适当转紧或转松，底线调节是用小号螺丝刀，微调梭壳的梭皮螺丝，使底线拉出时松紧适中，一般是面线根据底线进行调节，边试边查看底线和面线配合情况，使两者的张力平衡，使其交接点在缝料中间松紧适中，如图1-2-12所示。

（7）回针装置。为防止止口松散和脱落，在缝制起针和结束时，按回针装置或回针杆回针固定，如图1-2-13所示。

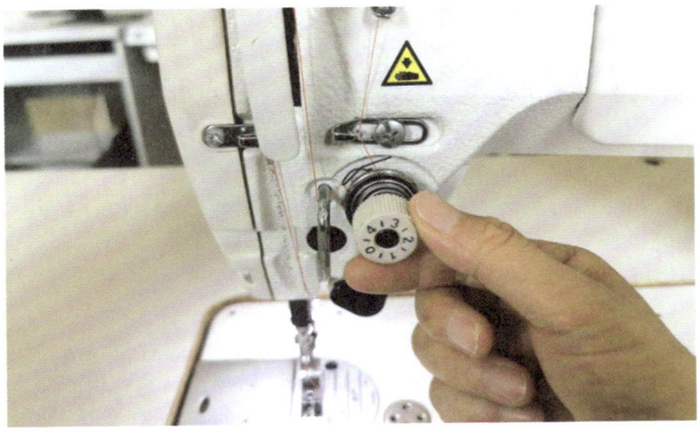

图1-2-12　面线松紧调节

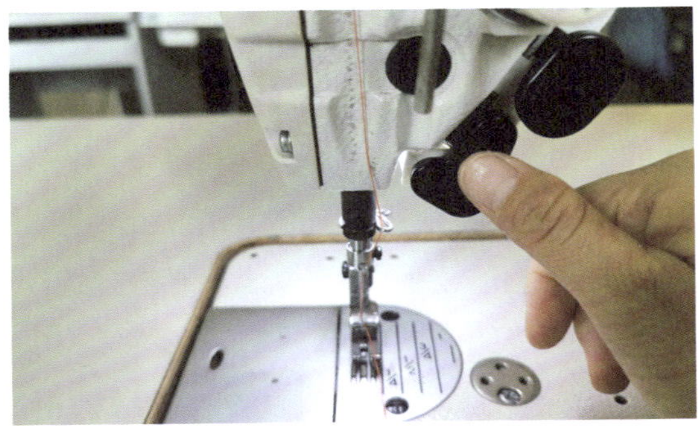

图1-2-13　回针装置

三、机缝工艺实践训练

1. 空车运转练习

（1）先将平缝机机头前侧方的压脚扳手抬至最高点，避免空车训练时，造成压脚与送布牙之前的相互磨损，不装机针、不穿缝线。

（2）开启平缝机右下方处的电源按钮“ON”。

（3）将右脚轻轻放置机器下方的踏板处，进行空车起步、慢速、匀速、停机等训练。

注意：坐姿要自然挺直，两手平放在正前方，脚平稳用力，控制平缝机的车速快慢，安全操作。

2. 基础缝纫练习

坐姿挺直、眼观压脚、双手手指均匀送纸，右脚轻踏踏板，右膝控制压脚。机针不穿缝线，缝制完要求针孔与画线保持一致。

（1）重点。熟悉缝纫机基础操作。

（2）材料准备。基础图形练习纸多张，如图1-2-14所示。

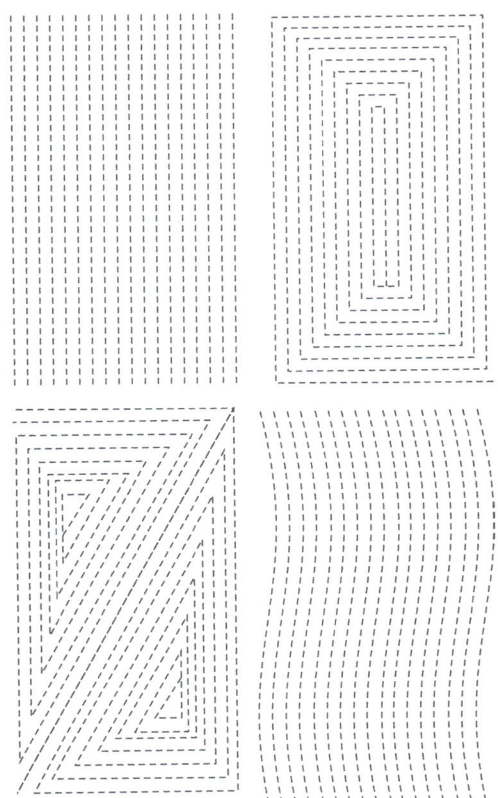

图1-2-14　基础图形

服装工艺小常识

1. 缝制开始和结束时都要求回针，以防止线头脱散。

2. 由于受到压脚的阻力，两层面料在缝制时容易出现上层变长，下层变短的情况，所以缝合时可以借助锥子向前推送上层面料，左手稍带紧下层面料。

3. 基础缝型缝制方法

缝型的结构形态对成衣的品质具有决定性意义。由于缝纫部位、材料或缝合要求和作用的不同，所采用的缝型方法也各不相同。

（1）平缝。将两层面料对齐，正面与正面相叠，在反面沿缝份（止口）宽度进行缝合，常见款式缝份宽为0.8～1.0cm。平缝是缝纫工艺中最基本的缝制方法，如图1-2-15所示。

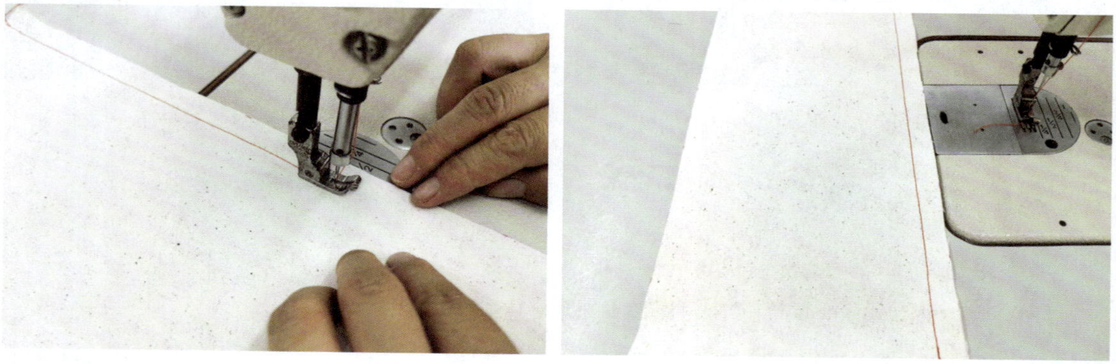

图1-2-15　平缝

（2）坐缉缝。平缝后，反面缝头朝一边倒，在缝头倒向一边的正面缉压0.1～0.5cm明线，如图1-2-16所示。

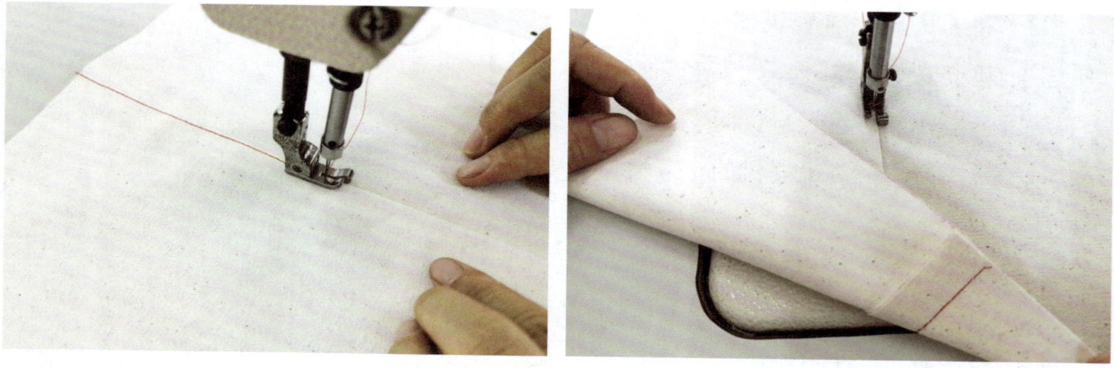

图1-2-16　坐缉缝

（3）来去缝。将两层面料反面与反面相叠，缉压0.3cm宽缝线，再将两层面料正面相对后缉压0.7cm缝线，且不能外露第一次缝份的止口毛边。来去缝适用于较薄的面料，是企业车板时常见的缝制方法之一，如图1-2-17～图1-2-19所示。

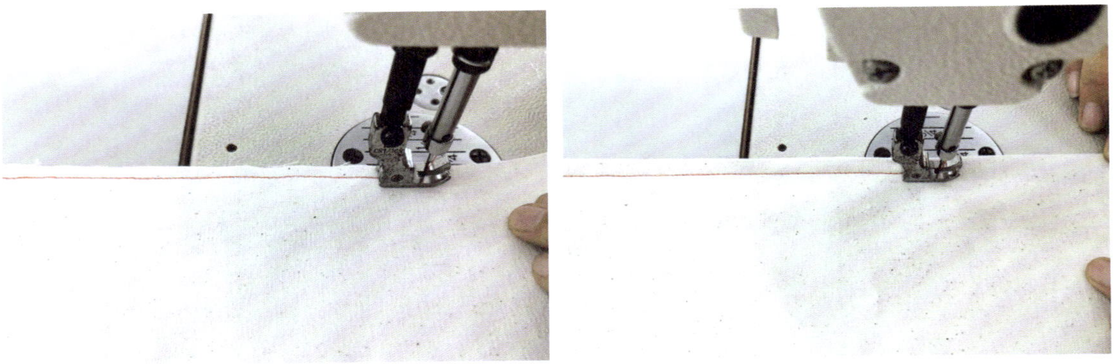

图1-2-17 来去缝

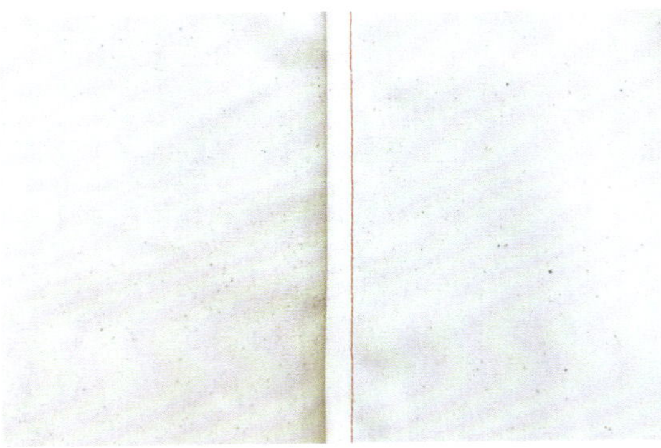

图1-2-18 来去缝反面

图1-2-19 来去缝正面

（4）暗包缝。将面料正面与正面相叠，上层面料向左（向内）偏移0.7cm，下层面料包转露出缝份，缉压0.6cm明线。再将上层面料翻至正面，缉压0.5cm止口缝线，如图1-2-20所示。

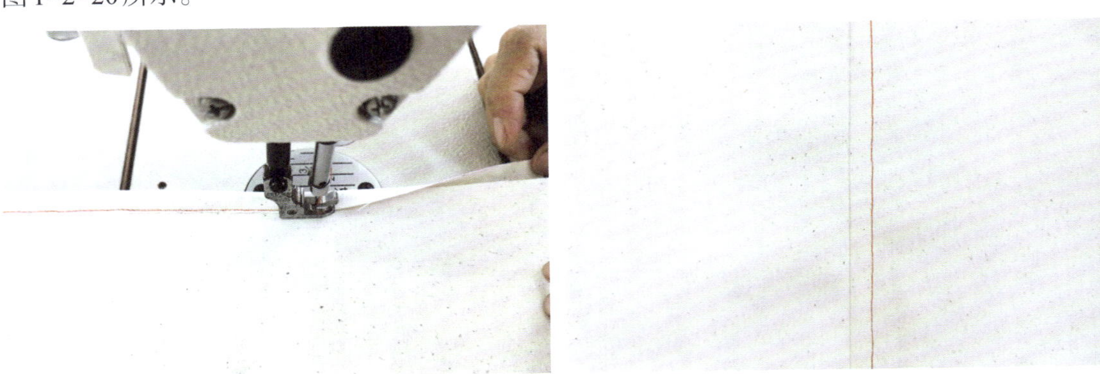

图1-2-20 暗包缝

温馨提示：

暗包缝是正面只看到一条明线，明包缝则正面看到两条明线。

（5）明包缝。将面料反面与反面相叠，上层面料向左（向内）偏移0.7cm，下层面料包转露出缝份，缉压0.6cm明线。缝份向左翻转，沿止口边缉压0.1cm缝线，如图1-2-21所示。

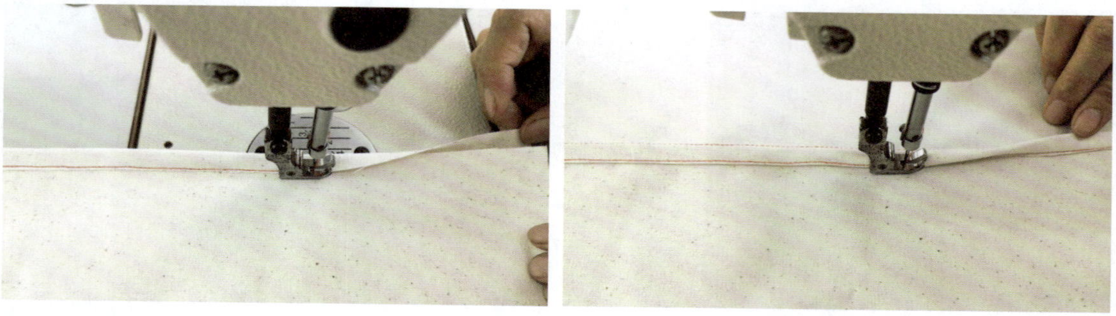

图1-2-21　明包缝

（6）卷边缝。底边锁边直接按要求的宽度卷边缉线，底边为毛边的情况则先将面料反面朝上，折转毛边0.5cm左右，再根据要求的宽度折转一次，沿折边缉压0.1cm明线，如图1-2-22所示。

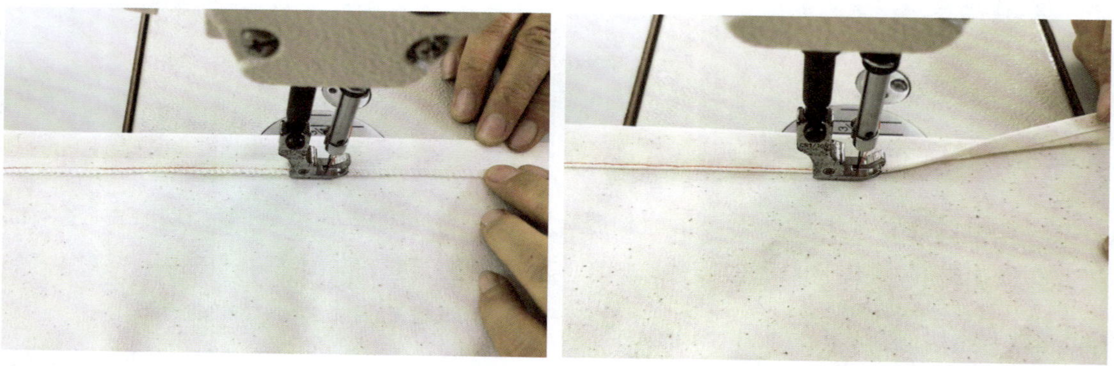

图1-2-22　卷边缝

（7）包边缝。将包边布条正面与衣片反面相对，缉缝0.8cm，再折扣布条毛缝边，将衣片与包边布缝份包住后扣转，沿扣转边缉线0.1cm，注意缉线时要将第一条缝线遮住，如图1-2-23所示。

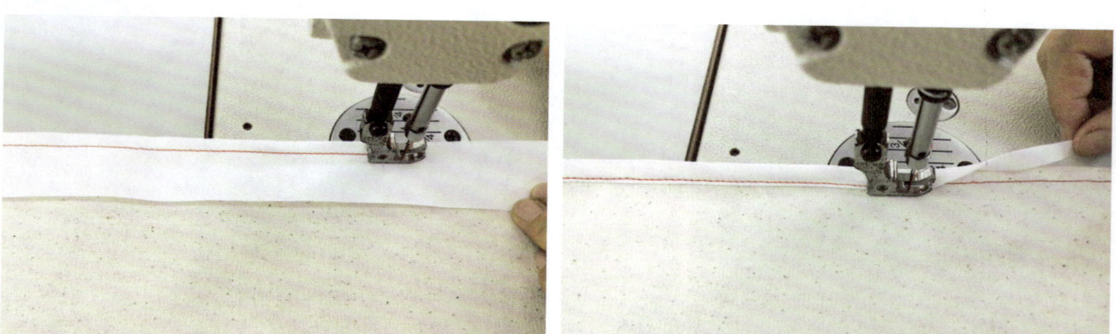

图1-2-23　包边缝

服装工艺小常识

卷边缝存在底线当面线的情况，所以要检查操作时面、底线松紧度是否合适，以确保底线效果美观。在缝制时一定要注意手势、操作到位，避免出现起涟现象。

四、知识拓展

（一）缝制布艺工具袋

1.缝制布艺工具袋所用材料及成品规格（表1-2-2）

表1-2-2 缝制布艺工具袋所用材料及成品规格

材料	规格
1.棉布 2.配色线 	1.袋布（长85cm×宽34cm）×1 2.带子（长50cm×宽5cm）×2 

2.工艺流程

合袋侧、锁边→缉袋角、锁边→做袋带→装袋带

3.缝制工艺流程

（1）合袋侧并锁边。将袋布正面相对，平缝缝合袋子两侧侧缝，锁边，如图1-2-24、图1-2-25所示。

图1-2-24 合袋侧

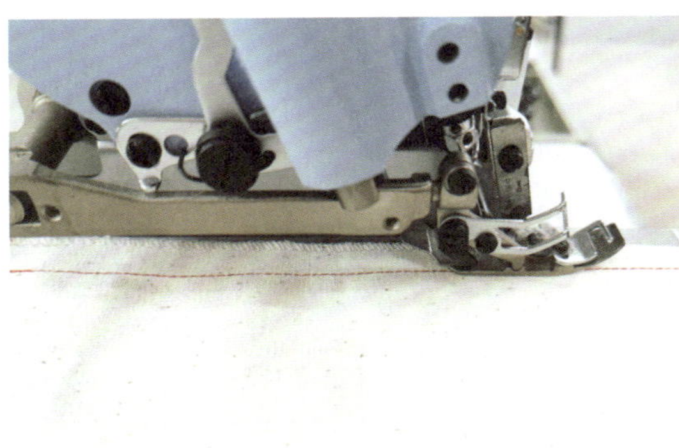

图1-2-25 袋侧锁边

（2）缉袋角并锁边。将袋侧缝对齐袋底，在袋角处划10cm对角线，缉缝袋角，如图1-2-26所示。

（a）

（b）

（c）

（d）

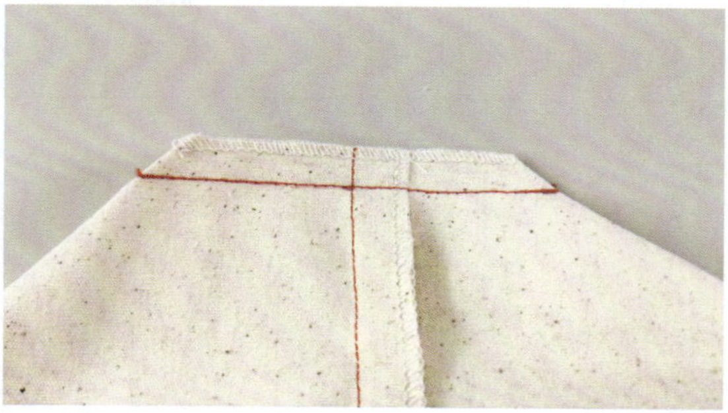

（e）

（f）

图1-2-26　缉袋角

（3）做袋带。将袋带缝头扣烫，正面朝上平缝缉合袋带，在袋带两侧各缉线0.3cm，如图1-2-27所示。

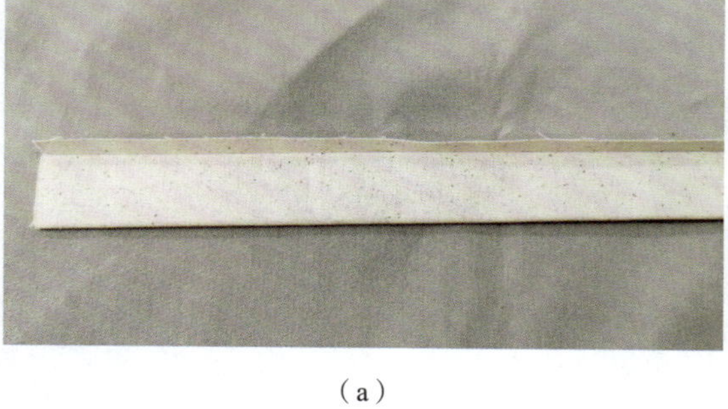

（a）

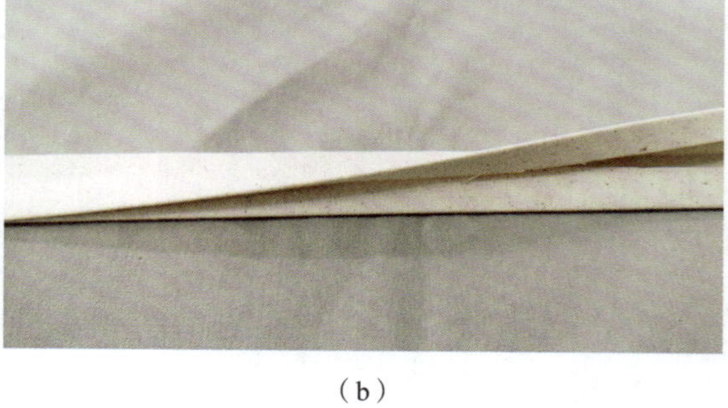

（b）

（c）

（d）

图1-2-27 做袋带

（4）装袋带。将袋带正面相对固定在袋布的对应位置，袋口做卷边缝，压0.1cm明线，袋带处对角线封口，起加固作用，如图1-2-28所示。

（a）

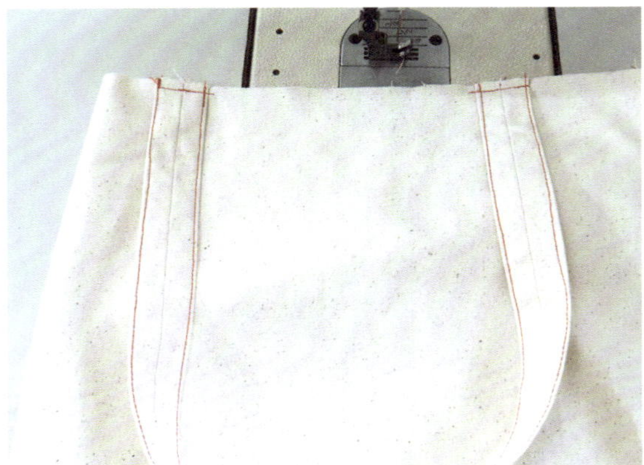

（b）

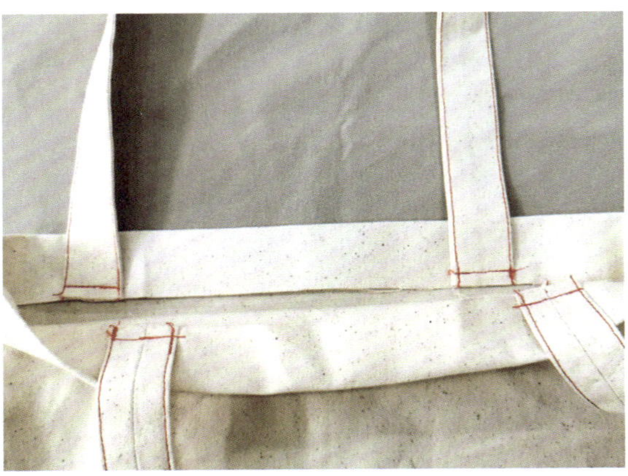

（c）

（d）

图1-2-28

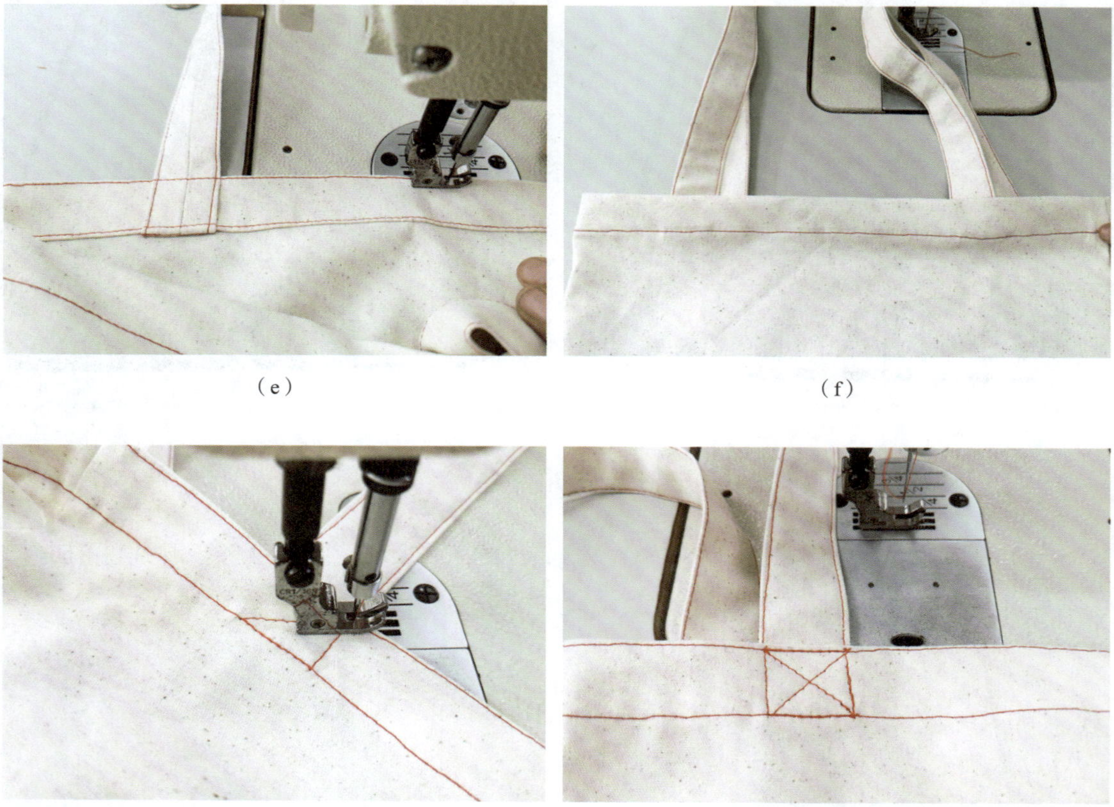

（e）　（f）　（g）　（h）

图1-2-28　装袋带

（5）成品效果（图1-2-29）。

图1-2-29　布艺工具袋成品

4. 布艺工具袋欣赏（图1-2-30）

（a）

（b）

（c）

（d）

图1-2-30 各种布艺工具袋

（二）缝制袖套

1. 缝制袖套所用材料及成品规格（表1-2-3）

表1-2-3 缝制袖套所用材料及成品规格

材料	规格
1. 棉布 2. 配色线 3. 松紧带 	裁片（长度45cm，上口40cm，下口45cm） 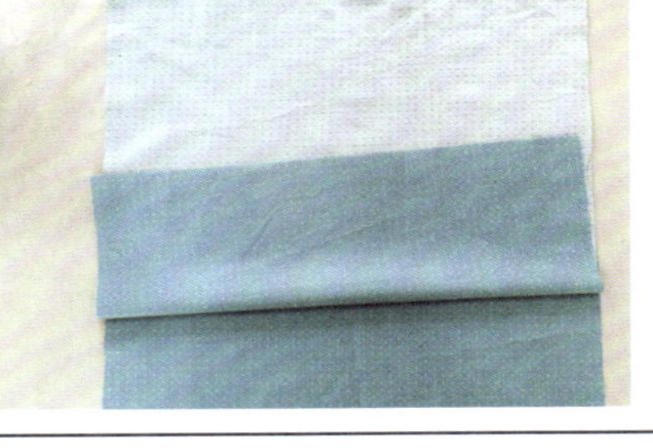

2. 工艺流程

合袖套底→装松紧带

3. 缝制工艺流程

（1）合袖套底。将面料正面与正面相叠，上层面料向左（向内）偏移0.7cm，下层面料包转露出缝份，缉压0.6cm明线。再将上层面料翻至正面，缉压0.5cm止口缝线。此处缉缝方法同暗包缝，如图1-2-31所示。

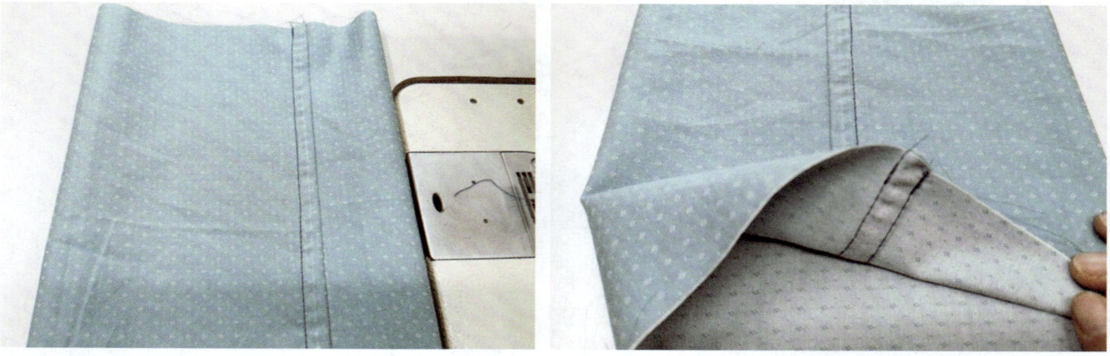

图1-2-31　合袖套底

（2）装松紧带。在套袖两端装松紧带收口，将松紧带做成圈，用卷边缝的方法，通过两次卷边包裹松紧带，如图1-2-32所示。

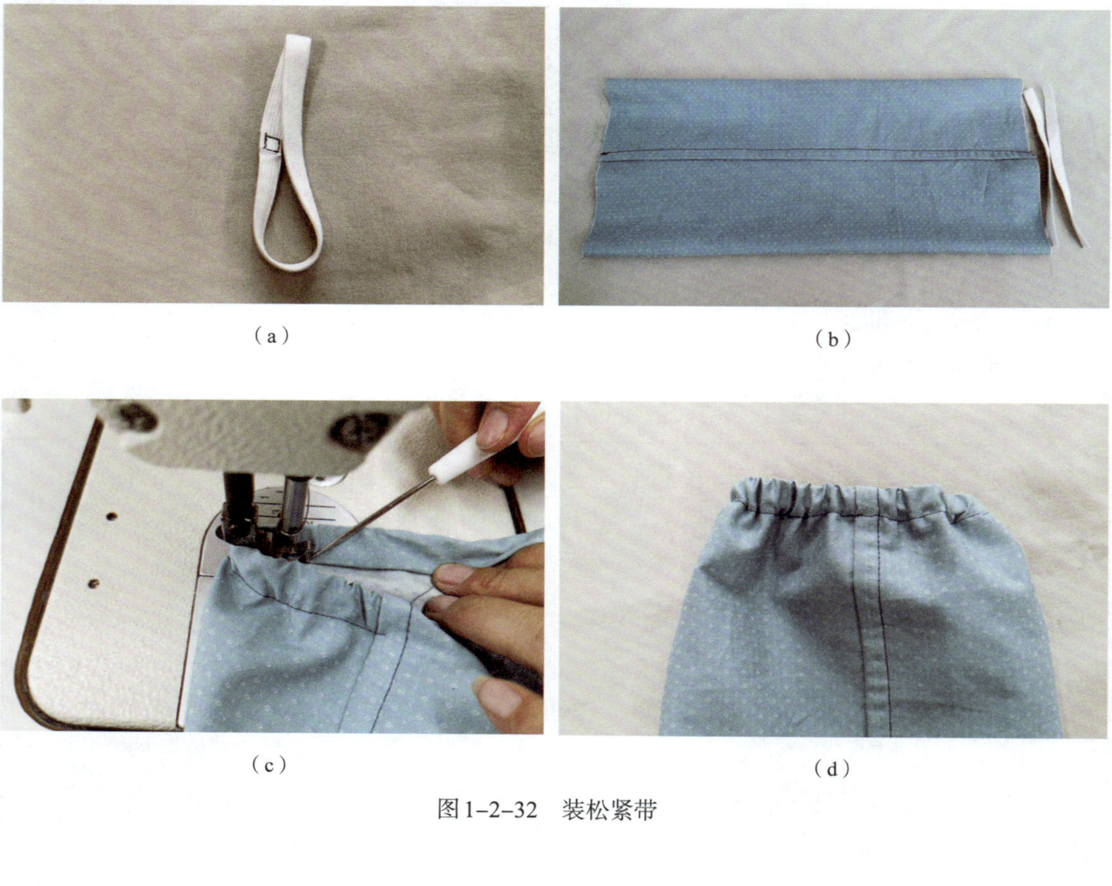

（a）　（b）

（c）　（d）

图1-2-32　装松紧带

（3）成品效果（图1-2-33）。

图1-2-33 袖套成品

企业工匠小技巧

若面料较薄，且款式较为简单，企业通常会采用来去缝来缝制一些基础缝份，如袖底缝、侧缝等，方便且高效。

4. 袖套欣赏（图1-2-34）

（a）

（b）

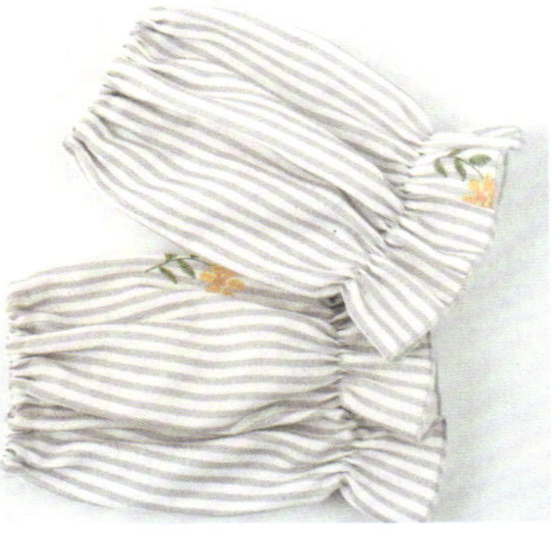

（c）

（d）

图1-2-34

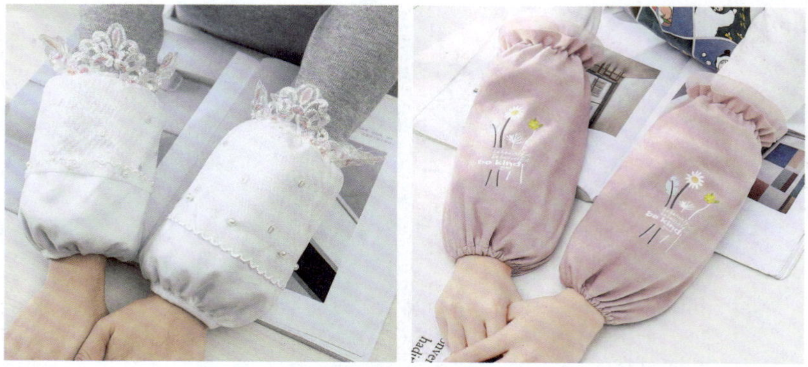

（e）　　（f）

图1-2-34　各种袖套

五、任务评价

1. 机缝工艺评价表（表1-2-4）

表1-2-4　机缝工艺评价表

评价项目	评价内容	序号	评价标准	分值	评价方式				备注
					自评	互评	师评	企业评	
知识技能目标（80分）	平缝（10分）	1	缝制平服，缉线顺直，缝份宽窄一致，回针牢固	10					
	坐缉缝（10分）	2	缝制平服，缉线宽窄均匀，无起涟	10					
	来去缝（10分）	3	缝份宽窄一致，无起涟，正反面不露毛边	10					
	暗包缝（10分）	4	缝份宽窄一致，明线顺直，正面无起涟，反面线迹均匀	10					
	明包缝（10分）	5	缝份宽窄一致，明线顺直，正面无起涟，反面线迹均匀	10					
	卷边缝（10分）	6	不露毛边，线迹与布边距离相等，无变形、无起涟	10					
	包边缝（20分）	7	不露毛边，线迹与布边距离相等，无变形、无起涟	20					
情感目标（20分）	岗位问题处理能力（9分）	8	具有客户信息分析及处理的能力	3					
		9	具有制订计划并合理实施的能力	3					
		10	具有实施过程中独立思考及解决问题的能力	3					

续表

评价项目	评价内容	序号	评价标准	分值	评价方式				备注
					自评	互评	师评	企业评	
情感目标（20分）	团队合作创新能力（6分）	11	具有团队合作意识和创新能力	3					
		12	具有按时完成任务、高效工作的能力	3					
	工匠精神（5分）	13	具有精益求精、追求卓越的工匠精神	5					
合计				100					

2. 布艺工具袋缝制评价表（表1-2-5）

表1-2-5 布艺工具袋缝制评价表

评价项目	评价内容	序号	评价标准	分值	评价方式				备注
					自评	互评	师评	企业评	
知识技能目标（80分）	工具袋尺寸（10分）	1	符合成品规格尺寸	10					
	缉袋角（10分）	2	缉缝正确，袋角方正，不露毛边	10					
	袋带（10分）	3	缉线顺直，线迹与止口边距离相等，无起涟	10					
	装袋带（10分）	4	袋口卷边缝缝份均匀，缉线顺直；袋带处牢固不易脱落	10					
	整体（20分）	5	袋身和袋带比例合适，整体干净平服，无毛边，无变形，袋角顺直	20					
	其他设计（20分）	6	袋身加手工工艺，增添效果，丰富工具袋设计	20					
情感目标（20分）	岗位问题处理能力（9分）	7	具有客户信息分析及处理的能力	3					
		8	具有制订计划并合理实施的能力	3					
		9	具有实施过程中独立思考及解决问题的能力	3					
	团队合作创新能力（6分）	10	具有团队合作意识和创新能力	3					
		11	具有按时完成任务、高效工作的能力	3					

续表

评价项目	评价内容	序号	评价标准	分值	评价方式				备注
					自评	互评	师评	企业评	
情感目标（20分）	工匠精神（5分）	12	具有精益求精、追求卓越的工匠精神	5					
合计				100					

3.袖套缝制评价表（表1-2-6）

表1-2-6　袖套缝制评价表

评价项目	评价内容	序号	评价标准	分值	评价方式				备注
					自评	互评	师评	企业评	
知识技能目标（80分）	袖套尺寸（10分）	1	符合成品规格尺寸	10					
	袖底缝（10分）	2	暗包缝缝制正确，正面缉明线均匀	10					
	装松紧（20分）	3	上、下袖口收口处松紧宽窄合适，无紧绷、无扭曲	20					
	整体（20分）	4	袖套比例合适，整体干净美观，无毛边，无变形，缉线顺直	20					
	其他设计（20分）	5	外观加手工工艺，增添效果，丰富袖套设计	20					
情感目标（20分）	岗位问题处理能力（9分）	6	具有客户信息分析及处理的能力	3					
		7	具有制订计划并合理实施的能力	3					
		8	具有实施过程中独立思考及解决问题的能力	3					
	团队合作创新能力（6分）	9	具有团队合作意识和创新能力	3					
		10	具有按时完成任务、高效工作的能力	3					
	工匠精神（5分）	11	具有精益求精、追求卓越的工匠精神	5					
合计				100					

任务三 裁剪工艺基础知识

任务导入

裁剪的任务是把整匹服装面料按所要投产的服装样板切割成不同形状的裁片，供下道工序缝制成衣。裁剪工序一般包括验布、排料、划样、铺料、裁剪、验片、打号、黏合、分包、捆扎等工艺过程。

任务描述：在裁剪过程中，能按要求对面料进行排料划样、铺料和剪切等具体操作，并能运用于实际生产中。

任务要求

1. 认识常用裁剪工具，了解裁剪设备常规操作，有强烈的安全操作意识。
2. 了解裁剪工艺中各个工序的工作内容和工艺要求。
3. 正确识别面料的正反面及面料的倒顺毛特征。
4. 能够对面料的瑕疵和色差检查判断，并能进行排料划样、铺料、剪切等环节的工艺操作。

任务准备

需准备的材料见表1-3-1。

表1-3-1 需准备材料

名称	数量	名称	数量
练习胚布（32cm×32cm）	2	机针（12号）	1
剪刀	1	画粉	1

任务实施

一、任务分析

快速熟悉服装裁剪工艺基础知识，本次任务主要是了解验布、排料、划样、铺料、裁剪、验片、打号、黏合、分包、捆扎等工艺知识，获取裁剪工艺操作的技巧方法，为从事服装制作相关工作打下基础。

裁剪工艺的重、难点：排料、划样、铺料。

二、裁剪工艺基础知识

1. 认识裁剪工具

（1）验布机。验布机是检测面料时必备的专用设备。操作人员通过目测发现面料疵点和色差并进行记录和标记，验布机可自动完成长度计算和卷装整理的工作，如图1-3-1所示。

（2）面料预缩机。通过对面料进行预缩，使织物经纬纱向有回缩的机会，以恢复纱线的平衡弯曲状态，达到服装产品生产后减少缩水的目的，如图1-3-2所示。

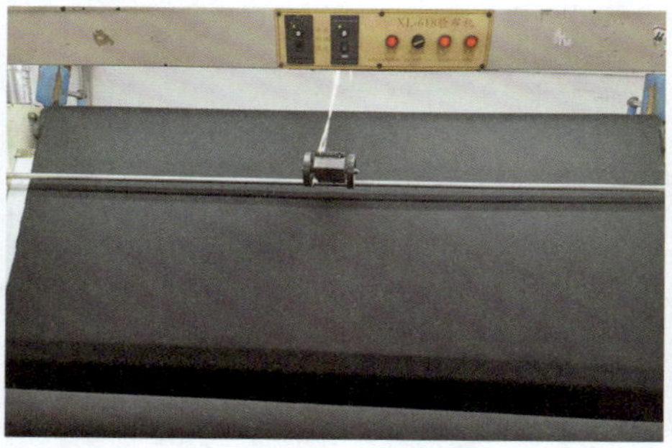

图1-3-1　验布机

图1-3-2　面料预缩机

（3）电动裁剪刀。通过电力传动机构驱动刀头进行剪切作业的手持式电动工具，如图1-3-3所示。

（4）夹布器。裁床裁布时固定面料用的夹布工具，如图1-3-4所示。

图1-3-3　电动裁剪刀

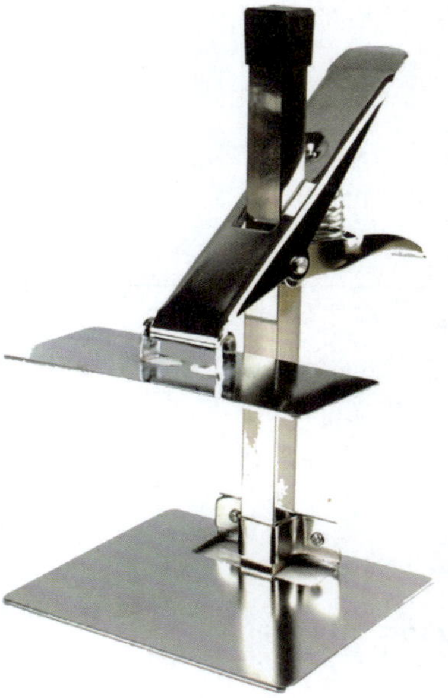

图1-3-4　夹布器

2.裁剪工艺流程

（1）验布。对布匹当中不符合服装生产要求的瑕疵点做出标记。服装企业通常会对购买的面料进行检验，以确保所投产的面料质量符合生产要求，有效防止瑕疵面料流入下一道生产工序，如图1-3-5所示。

（2）排料划样。按照样板的丝缕要求及允许偏差程度在指定的面料幅宽内进行科学排列，以最小面积或最短长度排出用料定额。排料划样的目的在于节省布料、降低成本，如图1-3-6所示。

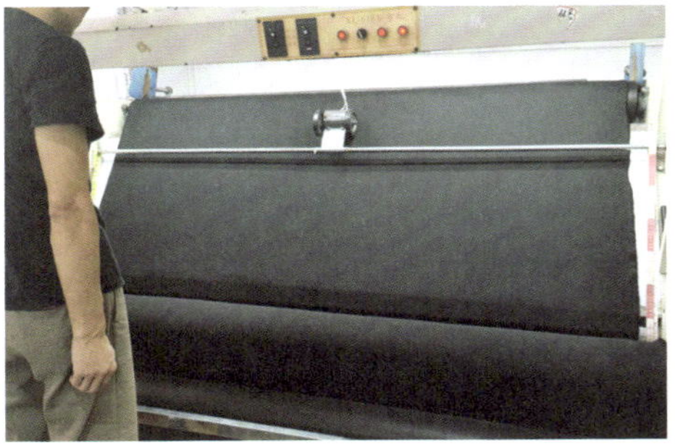

图1-3-5 验布

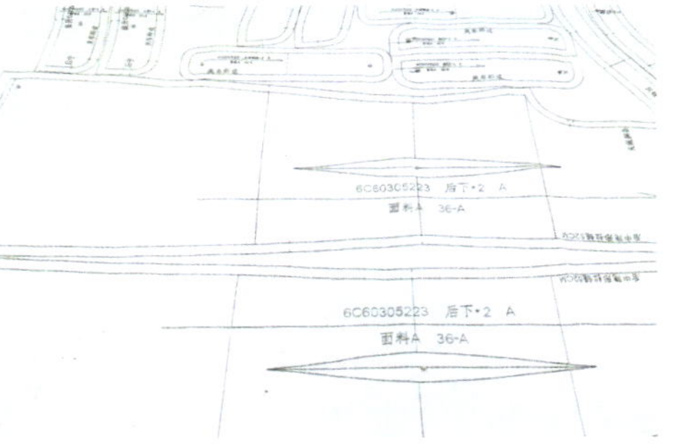

图1-3-6 排料划样

（3）铺料。铺料也称“拉布”，是根据裁剪方案所确认的排料长度和铺料层数，将面料一层一层地铺在裁床上，如图1-3-7所示。

图1-3-7 铺料

企业工匠小技巧

1. 铺料不可太厚，厚度最好在手压时为5~15cm，便于裁剪时的精确操作。

2. 杨柳皱、乔其纱类容易抽丝的面料最好能在底纸上和面纸下铺一层较软较厚的其他面料（可选仓库废料）。

3. 裁剪斜布条时，为了使斜布条在划样和裁剪的过程中不发生变形，同时又保证裁切边的顺直，可以用两层纸将面料夹在中间。

（4）裁剪。按照排料图上的衣片轮廓用裁剪刀将铺放在裁床上的面料裁成衣片，如图1-3-8、图1-3-9所示。

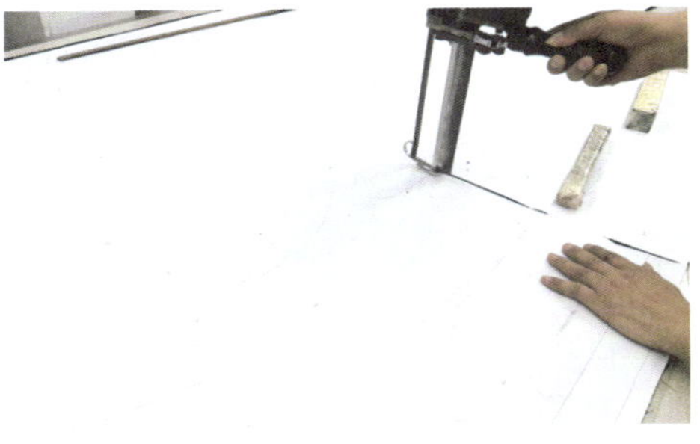

图1-3-8 电动裁剪

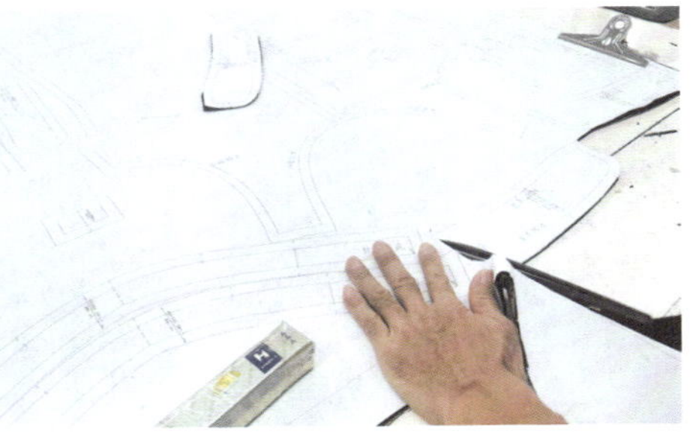

图1-3-9 手动裁剪

（5）验片。对裁片的质量进行检验，目的是及时发现裁片质量问题和面料表面的疵点，以便及时修正，避免有质量问题的衣片投入缝制工序，如图1-3-10所示。

（6）捆扎。大片部件放在外面，零部件裹在里面，每包裁片扎好后，在包外吊上标签，注明包号，避免混淆，如图1-3-11所示。

图1-3-10　验片

图1-3-11　捆扎

三、裁剪工艺实践训练

1. 排料的方法

（1）折叠排料法。折叠排料是指排料时将衣料对折，正面与正面相叠，在衣料反面划样的一种排料方法，其优点是省时省料，且不会出现裁片“同顺”的错误，如图1-3-12、图1-3-13所示。

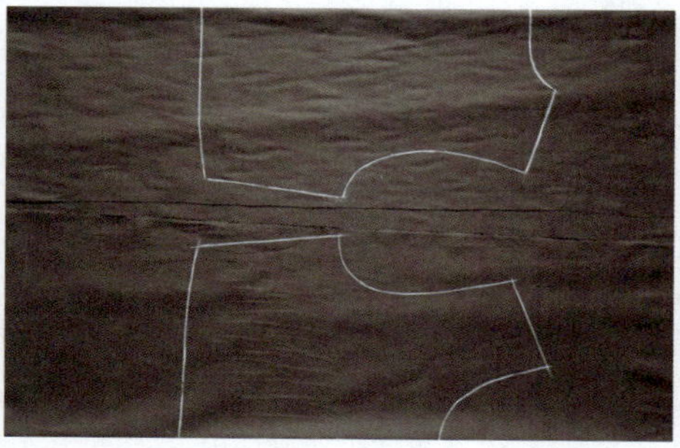

图1-3-12　同向排料

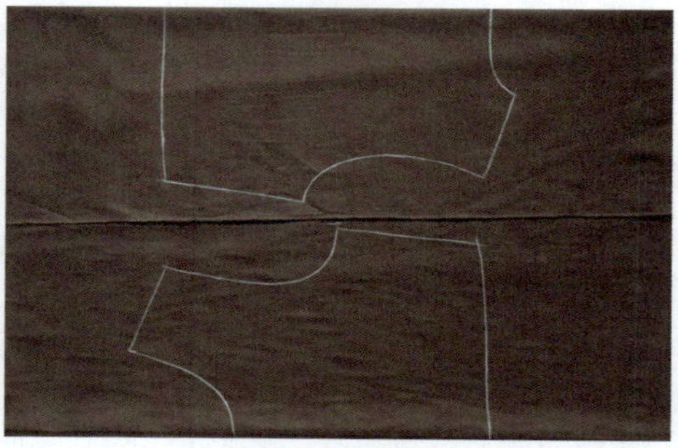

图1-3-13　异向排料

（2）单层排料法。单层排料法是指衣料全部以平面展开来进行划样、排料的一种方法，可以大幅度提高面料利用率和生产效率，也是目前工厂大批量生产常用的排料方法，如图1-3-14所示。

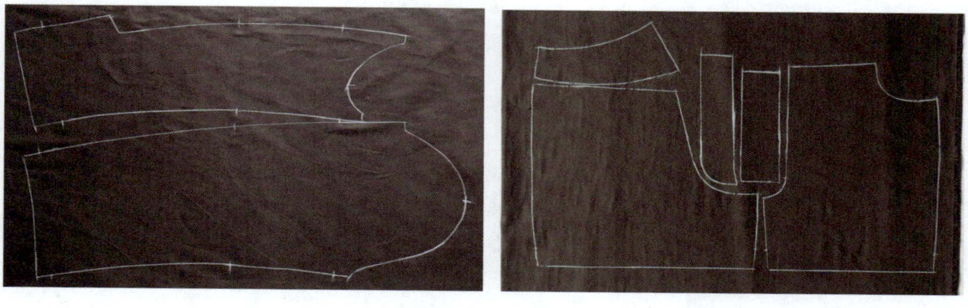

图1-3-14　单层排料

2. 排料的要求

（1）衣片的对称性。组成服装的衣片大多数是对称的，但衣片的样板只有一块，所以排料时需要正、反各排一次，令裁出的衣片为一左一右的对称裁片，如果排料时将样板排成相同模样，则会导致裁片无法制作成衣服（面料正反面相同除外），如图1-3-15所示。

（2）面料的方向性。即面料的经向、纬向、斜向，行业俗称直丝绺、横丝绺、斜丝绺。服装原料多数都由经纬纱线交织而成，在布匹原料中，长度方向称为经向（纵向、经纱），宽度方向称为纬向（纬纱），45°倾斜的方向称为斜向（斜纱），如图1-3-16所示。

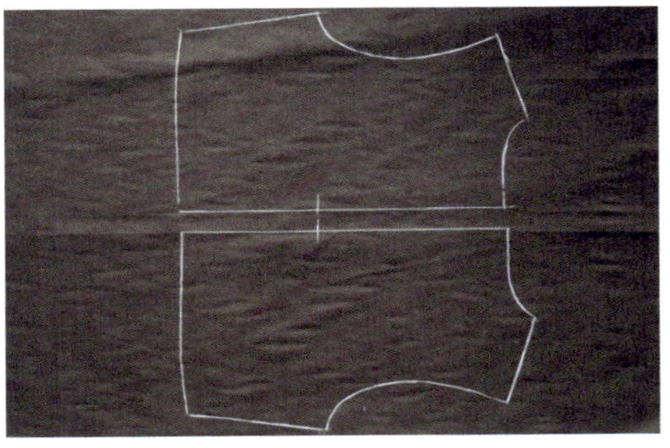
图1-3-15　衣片的对称

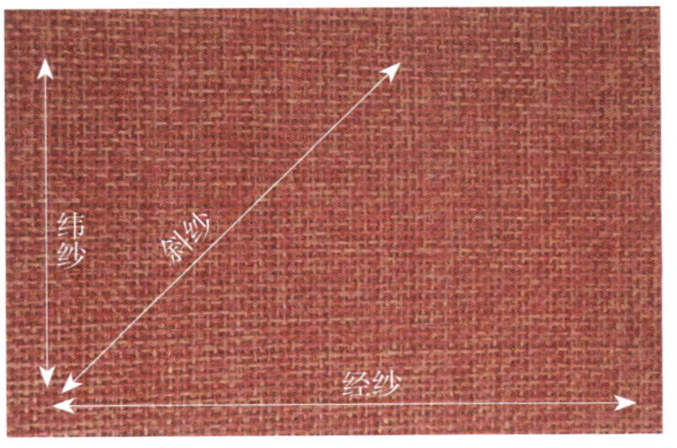

图1-3-16　面料的方向

同时，要注意以下几种面料的裁剪要求。

①条格面料。条格面料是服装成衣中较为常见的面料，根据国家质量检验标准，有明显条格且条纹宽度在0.5cm以上，格纹宽度在1cm以上，要对条对格，品质越高，条格对位越精准，如图1-3-17、图1-3-18所示。

图1-3-17　条纹

图1-3-18　格纹

②倒顺毛面料。皮草、灯芯绒等沿经纱方向的毛绒排列具有方向性，从视觉上观察会发现其色泽程度不同，从触感上来说，顺毛和倒毛的手感完全不同，所以在裁剪时要多加留意，避免出现“左倒右顺”等情况，如图1-3-19、图1-3-20所示。

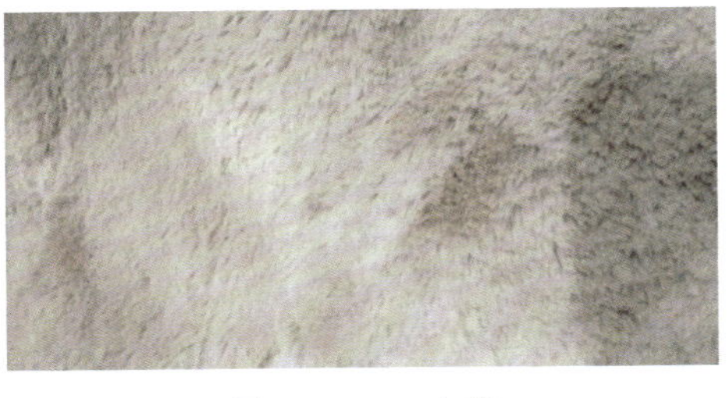
图1-3-19　皮草

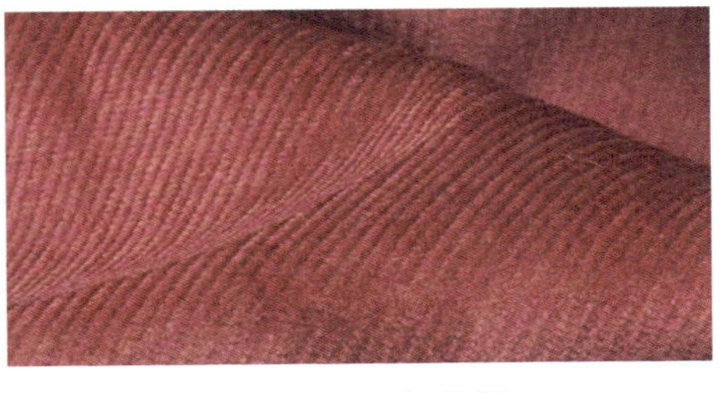
图1-3-20　灯芯绒

③图案面料。图案具有方向性，如文字、花草、树木、动物、图标等，裁剪时要以图案正立为顺向，如图1-3-21所示。

图1-3-21　方向性图案

温馨提示：

1. 面料先放置、再裁剪

一般情况下面料要全部摊开放置24h方可裁剪。因为面料出厂时在自动卷布机卷布时会被机器拉得很紧，使原来1m的面料拉长，弹力面料或毛呢料的变形程度更加严重，若打开布卷就裁剪，到制作之前就会发现布料缩短或变小，导致板型尺码出现偏差。

2. 裁剪时的对位标记

对位标记主要有刀眼和钻眼两种。按样板要求在衣片边缘打刀眼，大小为0.3cm左右，不能过大或过小；衣片内部的标记用钻眼，孔径0.2cm，钻眼位置要求偏进0.3cm，上下层垂直，进出一致，不能影响成衣的外观，如图1-3-22、图1-3-23所示。

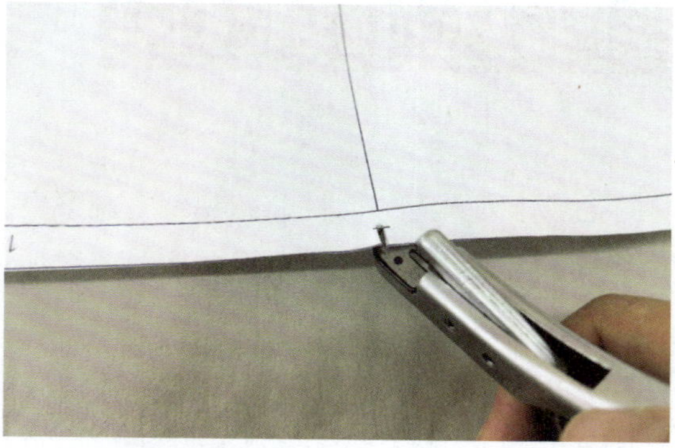

图1-3-22　打刀眼

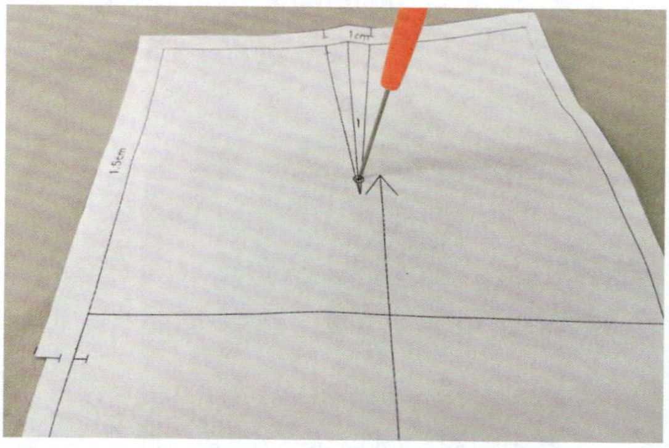

图1-3-23　钻眼

3.裁剪的操作形式

（1）排料。分传统操作形式和现代化操作形式，传统人工排料时裁剪工根据长期的生产实践经验，利用整套样板进行排料的多方案设计，从中选择最佳方案；计算机排料则使样板排料、划样自动化，大大缩短了排料的时间，提高利用率，如图1-3-24所示。

（2）铺料及裁剪。人工铺料及裁剪操作耗时费力，操作精度全凭净样，且损耗大。全自动裁床则是接入CAD后直接输出样板裁剪方案，裁剪精度高，损耗小，如图1-3-25所示。

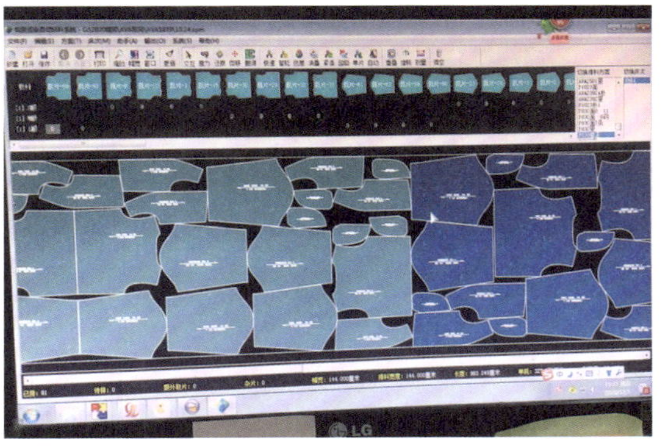

图1-3-24 计算机排料

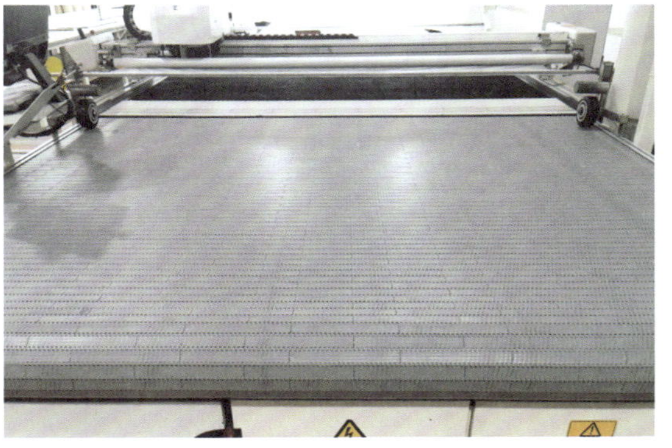

图1-3-25 电动铺料裁床

四、知识拓展

排料小诀窍

（1）先大后小。排料时先大片后小片，将主要衣片样板排好后，再排较小的零部件，充分利用各个大片样板之间的空隙，将小片样板插入。

（2）紧密套排。直边对直边、斜边对斜边、凸边对凹边、斜边颠倒排放，裁片互相之间紧密相靠。

（3）大小搭配。可将不同规格号型的样板进行套排，在同一幅宽的面料上，科学地搭配排料可以“取长补短”，有效地提高面料的利用率。

（4）合理拼接。在保证衣片质量的前提下，为了提高原材料的利用率，按有关技术标准规定，有些零部件的次要部位（如领里、挂面下端等）允许适当的拼接。

五、任务评价

裁剪工艺评价见表1-3-2。

表1-3-2 裁剪工艺评价表

评价项目	评价内容	序号	评价标准	分值	评价方式				备注
					自评	互评	师评	企业评	
知识技能目标（80分）	排料（20分）	1	折叠排料、反面划样，省时省料，无“同顺”裁片	20					
	划样（20分）	2	符合丝缕要求，科学排列划样，降低成本	20					
	对位标记（20分）	3	裁片对位边缘打刀眼，大小适中	10					

续表

评价项目	评价内容	序号	评价标准	分值	评价方式				备注
					自评	互评	师评	企业评	
知识技能目标（80分）	对位标记（20分）	4	裁片内部标记打钻眼，上下层垂直，进出一致	10					
	裁剪（20分）	5	裁剪切口均匀，平顺，无剪破、无锯齿现象	5					
		6	条格面料裁剪对位精准，无偏差	5					
		7	倒顺面料裁剪方向一致，无“左倒右顺”现象	5					
		8	图案面料方向正立	5					
情感目标（20分）	岗位问题处理能力（9分）	9	具有客户信息分析及处理的能力	3					
		10	具有制订计划并合理实施的能力	3					
		11	具有实施过程中独立思考及解决问题的能力	3					
	团队合作创新能力（6分）	12	具有团队合作意识和创新能力	3					
		13	具有按时完成任务、高效工作的能力	3					
	工匠精神（5分）	14	具有精益求精、追求卓越的工匠精神	5					
合计				100					

任务四　熨烫工艺基础知识

任务导入

熨烫技术和技巧作为服装制作的基础工艺和传统技艺，在缝制技术和工艺中占有重要的地位。从衣料的整理开始，到最后成品的完美成型，都离不开熨烫，尤其是高档服装的缝制，更需要运用熨烫技艺来保证缝制质量和外观造型的工艺效果。服装行业用“三分缝制七分熨烫”来强调熨烫技术在服装缝制过程中的地位和作用。

任务描述：在熨烫过程中，熟悉粘衬、平烫、归烫、拔烫、扣烫、分烫等基础熨烫工艺，并能进行规范操作，提高操作的熟练程度。

任务要求

1. 了解熨烫设备常规操作，有强烈的安全操作意识。
2. 熟悉常用熨烫设备及其使用方法。
3. 知道粘衬、平烫、归烫、拔烫、扣烫、分烫等基础熨烫工艺，并能进行规范操作。
4. 了解常规面料的熨烫温度、时间及熨烫方法。

任务准备

熨烫工艺材料准备见表1–4–1。

表1–4–1 熨烫工艺材料准备

名称	数量	名称	数量
练习布、裁片	若干	烫台	1
蒸汽电熨斗	1	烫凳（长、圆）	2
黏合衬	若干		

任务实施

一、任务分析

快速熟悉服装熨烫工艺基础知识，本次任务主要是通过训练尽快熟悉基础熨烫设备，并能在保证安全操作的前提下，完成粘衬、平烫、分烫、归烫、拔烫、扣烫等熨烫基础知识，提高熨烫工艺操作的熟练程度，为从事服装制作相关工作打下基础。

熨烫工艺的重、难点：归烫、拔烫、扣烫工艺。

二、熨烫工艺基础知识

1.认识熨烫工具

（1）调温电熨斗。调温电熨斗是家用熨烫的主要工具，有自动调温、控温和喷水雾等功能，使用极为方便。功率一般有300W、500W、700W三种，如图1–4–1所示。

（2）蒸汽吊瓶电熨斗。蒸汽吊瓶电熨斗是工业用熨烫工具，利用吊挂水瓶，将水通入电热蒸汽熨斗内，加热汽化后喷出。蒸汽吊瓶电熨斗的功率一般不低于1000W，适用于成品整烫及呢料织物的归烫、拔烫工艺，如图1–4–2所示。

图1–4–1 调温电熨斗

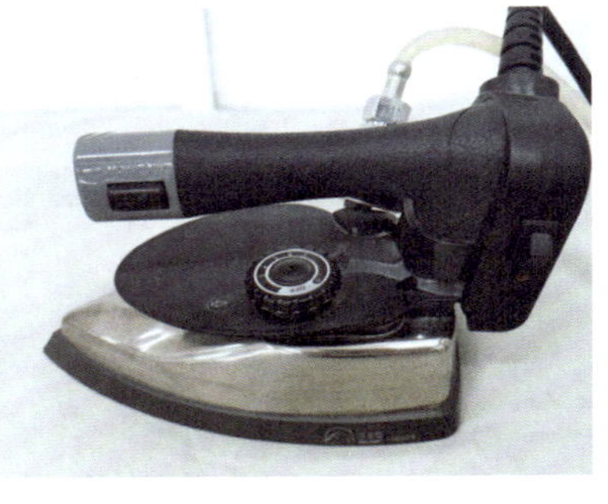

图1–4–2 蒸汽吊瓶电熨斗

（3）烫台。常用有抽气烫台和简易烫台，工业上用抽气烫台，可以把衣服中蒸汽抽掉，使熨烫后的部件或衣服快速定型、干燥，如图1–4–3所示。

（4）烫凳。烫凳是熨烫的辅助工具，上层板面铺少许棉花，中间稍厚，四周略薄，用棉布包紧，用于熨烫已缝制成圆筒的制品，如图1-4-4所示。

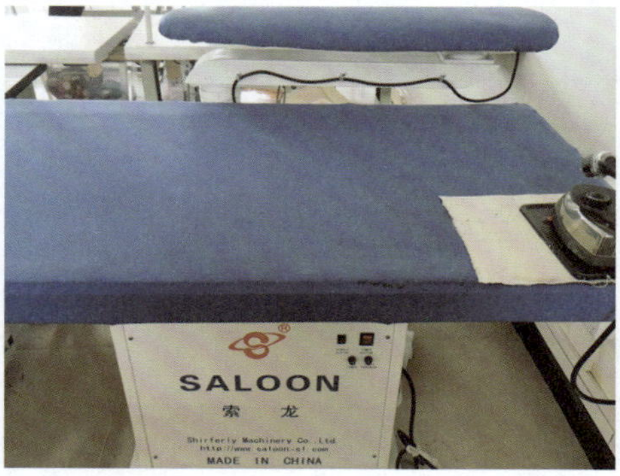

图1-4-3 烫台

图1-4-4 烫凳

2.蒸汽吊瓶电熨斗的使用方法

（1）把装满水的吊瓶挂在离工作台上方2m左右处，将水管两端分别连接在吊瓶水阀和电磁阀进水嘴接头上，如图1-4-5、图1-4-6所示。

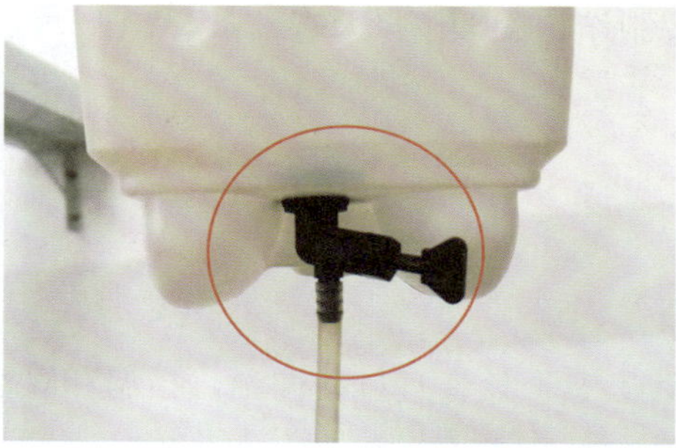

图1-4-5 吊瓶水阀

图1-4-6 电磁阀

（2）确认使用电压符合要求，然后打开电源开关，调节熨斗温度控制旋钮至所需温度的档位（1～5档），根据熨烫面料织物特征，调节至所需温度，如图1-4-7所示。

（3）待电源指示灯熄灭，按压手柄上的蒸汽开关，蒸汽喷出，开始正常熨烫，松开蒸汽开关，喷汽停止，如图1-4-8所示。

图1-4-7 温度调节旋钮

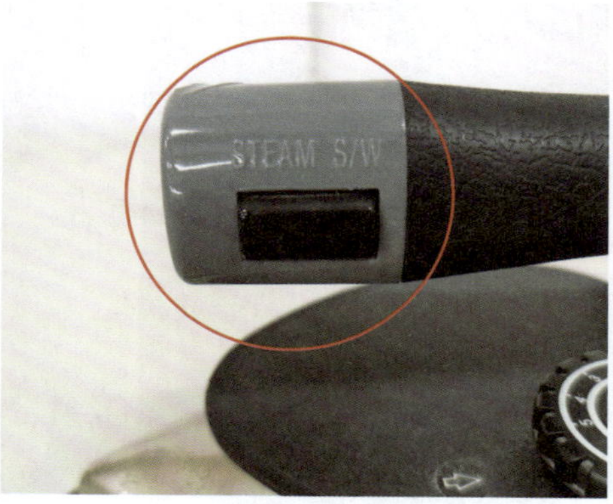

图1-4-8 蒸汽开关

（4）熨烫完毕，将熨斗放在隔热垫板上，将温度调节旋钮转到OFF处，关上电源开关，拔掉电源插座，如图1-4-9、图1-4-10所示。

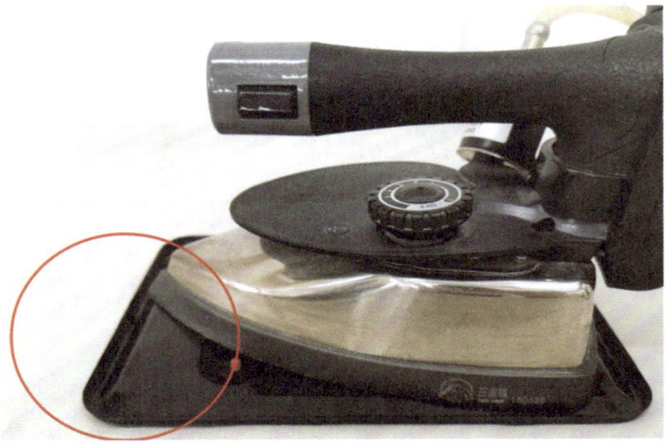

图1-4-9 隔热垫板

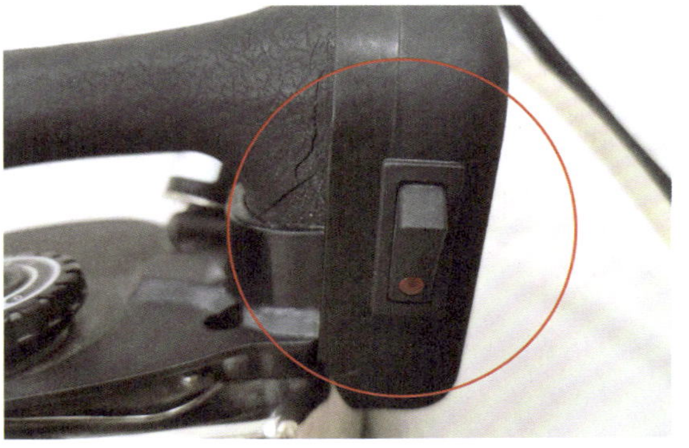

图1-4-10 电源开关

3.认识黏合衬

黏合衬是在布的一面涂上热熔胶的衬布，使服装轻、薄、挺阔，起到加固和造型的作用。

（1）有纺黏合衬。用针织物或者机织物作为基础底布，在布背面涂上热熔胶颗粒，经高温熨烫后粘在所需要区域，常用部位有衣领、前襟、衣身等，如图1-4-11所示。

（2）无纺黏合衬。用无纺布作为基础底布，在布面涂或撒上热熔胶粉制作而成，其质感不如有纺黏合衬好，但因其价格低廉，应用范围很广，如图1-4-12所示。

（3）双面黏合衬。一种很薄的衬布，主要成分是黏胶纤维，双面都有热熔胶，通常用来黏合固定两片面料，操作简单方便。

图1-4-11 有纺黏合衬

图1-4-12 无纺黏合衬

三、熨烫工艺实践训练

1.粘衬工艺（图1-4-13）

（1）面料反面朝上，黏合衬有热熔胶颗粒一面朝下，与面料反面相对，进行熨烫。

（2）在正式黏合前，要用碎料进行试粘，同时注意面料的硬度、弹性是否合适，调整到最佳温度和时间再进行正式烫衬。

（3）熨烫时熨斗的方向应从衣片中部位置开始向四周粗烫一遍，使面料与衬料初步黏合，再自上而下一步一步垂直用力压烫，熨烫时间一般控制在4～10s，也可以根据具体情况而定。

（4）切忌将熨斗在衬料上来回磨烫，否则会对面料和衬料造成损伤。

（5）刚烫好的衣片应自然冷却后再移动，确保黏合稳固到位。

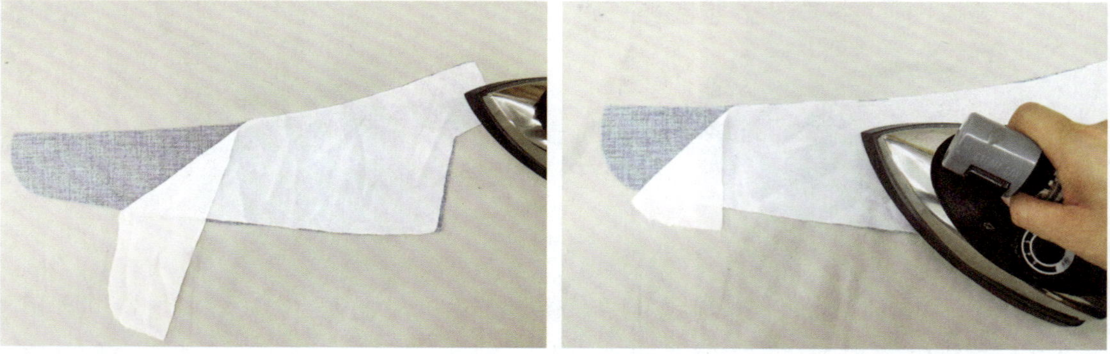

图1-4-13 烫黏合衬

2.熨烫工艺

（1）平烫。右手握住熨斗，保持熨斗方向与面料方向保持一致，轻推熨烫，将面料熨烫平服、平整，为避免正面烫焦、有黄渍等，可以隔布熨烫，如图1-4-14所示。

（2）分烫。左手将缝份推开，右手握住熨斗缓慢向前推烫，主要用于上衣的背缝、摆缝、裤子的侧缝等，要求分缝不伸、不缩、平挺，如图1-4-15所示。

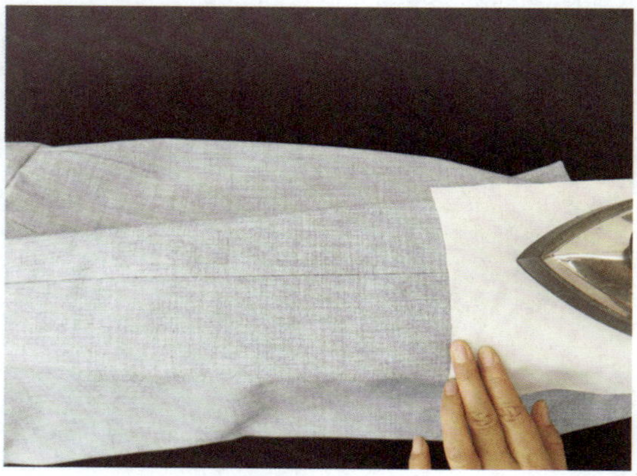

图1-4-14 平烫

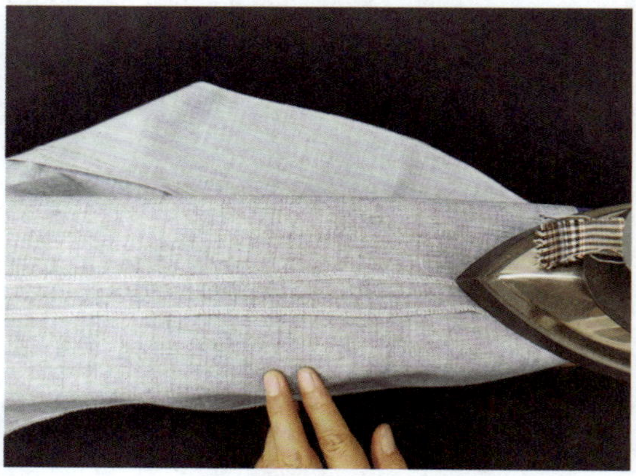

图1-4-15 分烫

（3）归烫。在衣料上喷上蒸汽，左手把衣片需要归拢的部位推进，先外后内，用力将熨斗向归拢的方向熨烫，如图1-4-16所示。

（4）拔烫。在衣料上喷上蒸汽，左手拉住衣片需拔开的部位，右手握熨斗，用力将熨斗向需要拔宽的方向熨烫，如图1-4-17所示。

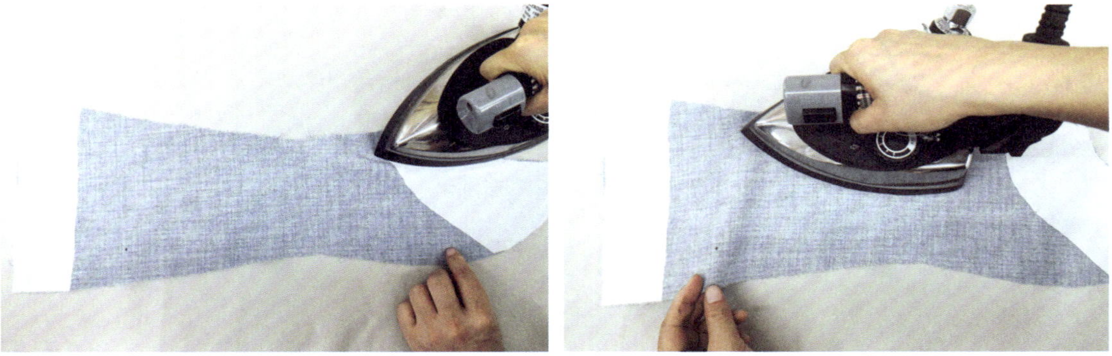

图1-4-16　归烫

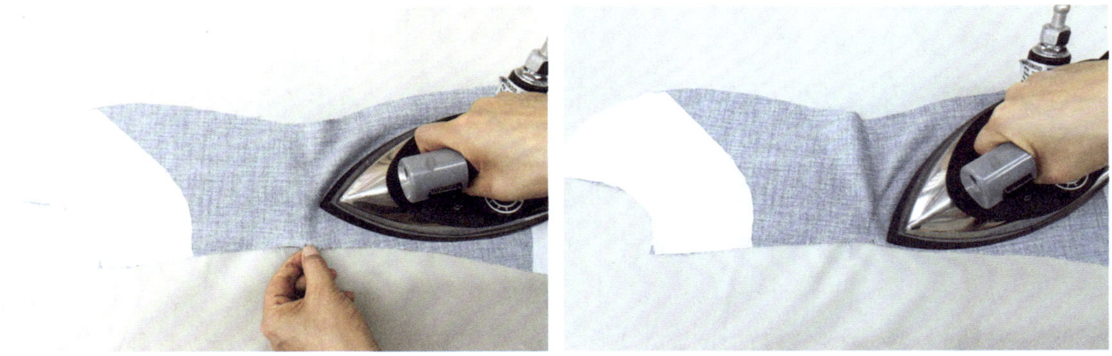

图1-4-17　拔烫

（5）扣烫。把衣片折边或翻边处按预定要求扣压烫实、定型的熨烫。按服装部位的不同，扣缝分为直角扣缝和弧形扣缝，如图1-4-18、图1-4-19所示。

图1-4-18　直角扣缝

图1-4-19　弧形扣缝

四、知识拓展

1.各类织物熨烫工艺参数

湿度、温度、压力和时间是决定熨烫效果的关键因素，所以不同织物的性能决定调温熨斗的档位和温度，见表1-4-2。

表1-4-2　织物熨烫工艺参数

档位	温度高低	温度	适合的织物	工艺要点
1档	预热	100℃		
2档	低温	100 ~ 120℃	尼龙织物	边角料试烫
3档	中温	120 ~ 150℃	丝绸、合成面料	反面熨烫
4档	高温	150 ~ 180℃	棉类、毛制品	边喷水、边熨烫
5档	高温以上	180℃以上	麻类、厚衣料	盖水布熨烫

2. 各种熨烫标志的识别

熨烫标志实际上是服装及材料的说明书，由国家统一规定的图形表示熨烫标志的识别，见表1-4-3。

表1-4-3　熨烫标志的符号识别

标志	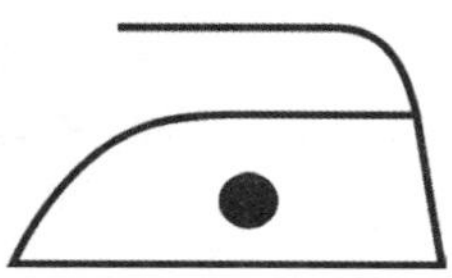	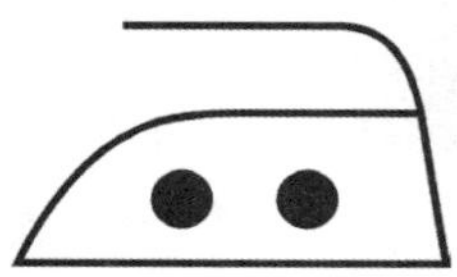	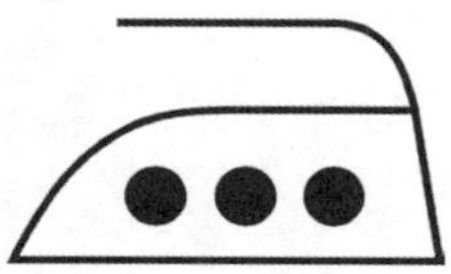
说明	表示100 ~ 120℃低温熨烫	表示120 ~ 150℃中温熨烫	表示180 ~ 200℃高温熨烫
标志	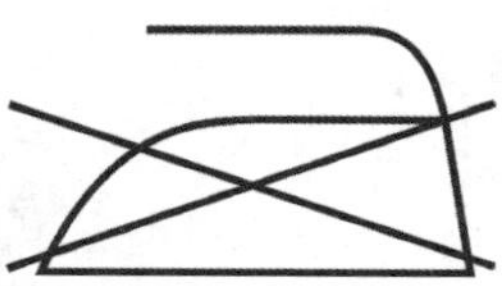	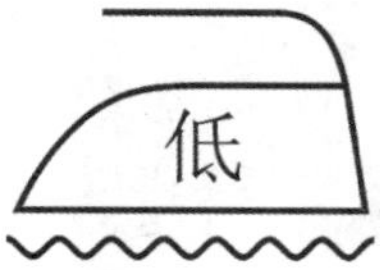	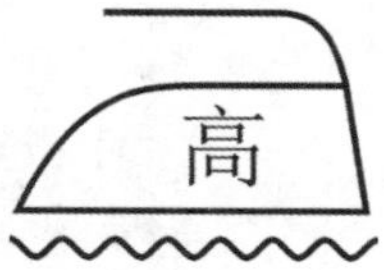
说明	表示不能用熨斗熨烫	表示垫布低温熨烫	表示垫布高温熨烫

3. 衣物熨焦处理小技巧

（1）绸料衣服上的轻微焦痕，可取适量苏打粉掺水拌成糊状，涂在焦痕处，自然干燥，焦痕可随苏打粉的脱离而消除。

（2）化纤织物烫黄后，要立即垫上湿毛巾再熨烫一下，较轻的即可恢复原状。

（3）棉织物烫黄时，可马上撒些细盐，用手轻轻揉搓，在阳光下晒一会儿，再用清水洗净，焦痕即可减轻。

五、任务评价

熨烫工艺评价见表1-4-4。

表1-4-4 熨烫工艺评价表

评价项目	评价内容	序号	评价标准	分值	评价方式				备注
					自评	互评	师评	企业评	
知识技能目标（80分）	粘衬（10分）	1	温度适中，熨烫牢固	10					
	平烫（10分）	2	熨烫平服、平整，无烫焦、无黄渍	10					
	分烫（10分）	3	分缝熨烫不伸、不缩、平挺	10					
	归烫（20分）	4	按要求烫出归拢效果	20					
	拔烫（20分）	5	按要求烫出拔宽效果	20					
	扣烫（10分）	6	按要求扣压烫实、定型	10					
情感目标（20分）	岗位问题处理能力（9分）	7	具有客户信息分析及处理的能力	3					
		8	具有制订计划并合理实施的能力	3					
		9	具有实施过程中独立思考及解决问题的能力	3					
	团队合作创新能力（6分）	10	具有团队合作意识和创新能力	3					
		11	具有按时完成任务、高效工作的能力	3					
	工匠精神（5分）	12	具有精益求精、追求卓越的工匠精神	5					
合计				100					

PART 2

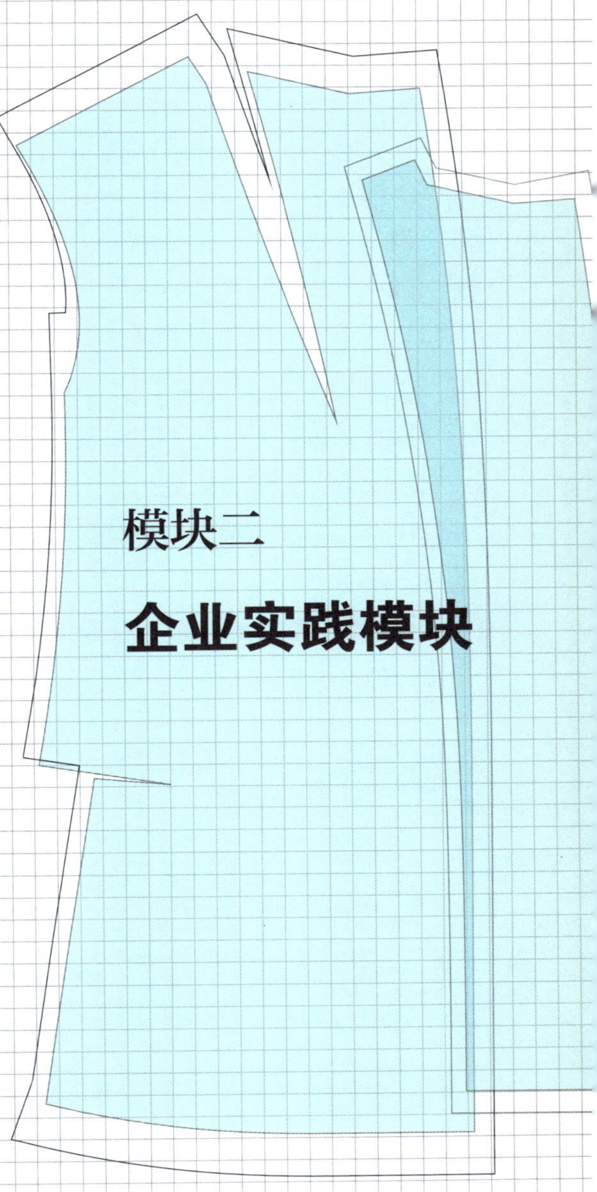

模块二

企业实践模块

项目二 裙装缝制工艺

◎项目概述

最古老的裙子当属古埃及时期出现的用四方形的布做成筒形裹在腰间的装束。13世纪，随着立体造型技术的发展与进步，出现了利用省道使得腰部合身的裙子。随着生活的多样化，裙子的设计和面料等都在快速变化，进入张扬个性着装的新时代，裙子的款式也变得更加随性、大胆、时尚。

裙子是包裹人体的一种服装品种，无裆缝，基本形态结构简单。主要分为半身裙和连衣裙两大类，它的结构工艺变化主要表现在裙腰、裙身、裙摆和袖子等方面，外型轮廓设计是决定其造型的重要构成因素。裙子包括西服裙、百褶裙、背带裙、连衣裙，其缝制工艺重点是明拉链和隐形拉链的装配、开衩的制作、褶裥的扣烫处理及装腰的方法。

本项目内容是根据服装企业设计跟单员和服装工艺师两个岗位所需的职业能力来设计的，目的是为学生未来从事服装职业岗位打下坚实基础。

◎思维导图

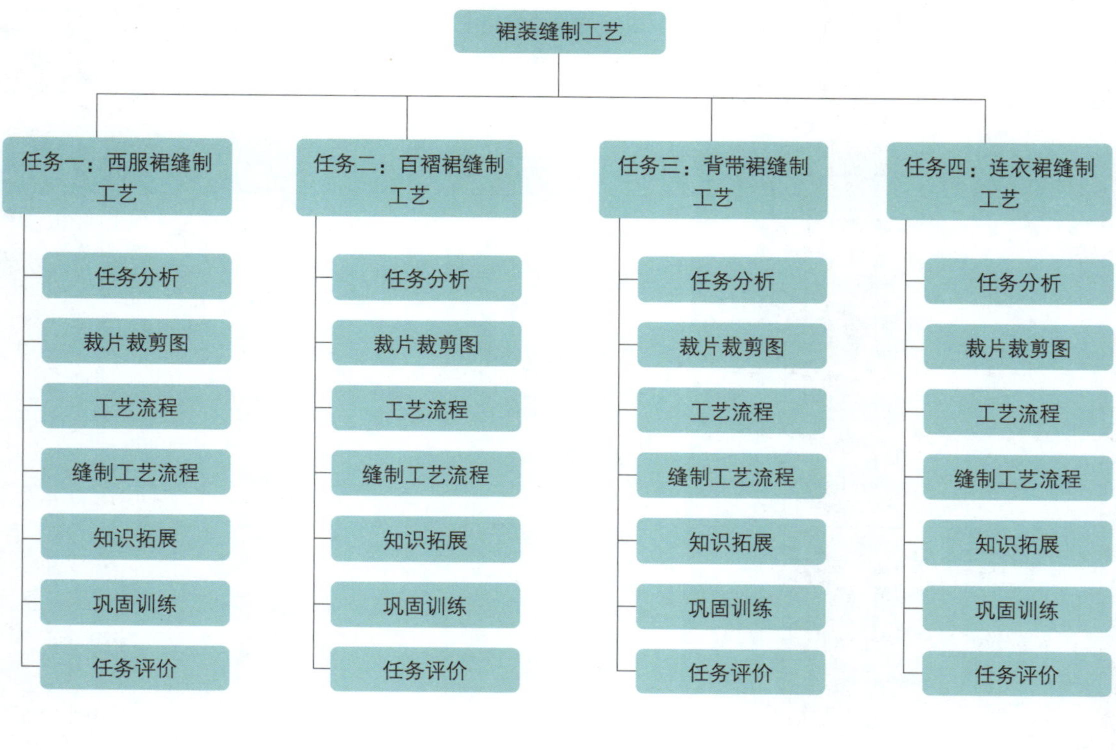

学习目标

知识目标

1. 了解裙子的外形特点，并能描述出它们在外形上的不同。
2. 了解面料的幅宽，能根据裙子样板进行铺料、排料划样、裁剪。
3. 熟悉服装企业生产工艺单及其相关的内容信息。
4. 了解面料的性能、门幅，并根据裙子的工业样板进行排料、画样、裁剪等。
5. 熟知裙子的质量标准。

技能目标

1. 能按照西服裙、百褶裙、背带裙、连衣裙款式图进行款式分析，会运用结构制图进行裁剪、工艺制作。
2. 会分析西服裙、百褶裙、背带裙、连衣裙制作的工艺流程。
3. 会编写西服裙、百褶裙、背带裙、连衣裙的生产工艺单。
4. 知道西服裙、百褶裙、背带裙、连衣裙的制作方法和技巧。
5. 能够对西服裙、百褶裙、背带裙、连衣裙做出全面的质量检验。

情感目标

1. 通过对客户提供信息的分析，培养学生合理处理信息的能力。
2. 通过制订工艺流程，培养学生制订计划并合理实施的能力。
3. 通过对样衣的制作，培养学生独立思考和解决问题的能力。
4. 通过小组合作，培养学生的团队合作意识和创新能力。
5. 通过小组合作，培养学生在工作过程中分析问题和解决问题的能力。
6. 通过对裙子这一项目的实施，培养学生精益求精、追求卓越的工匠精神。

任务一 西服裙缝制工艺

任务导入

A服饰有限公司委托B纺织科技有限公司为其定制100件西服裙，其提供效果图和尺寸，B纺织有限公司为了向客户展示最佳成衣效果，以便公司业务洽谈和开展下一步工作，需先制作西服裙M码的样衣，制作要求见表2-1-1。

表2-1-1　B纺织科技有限公司西服裙样衣制作通知单

编号	款号	下单日期
YTXQ1001	西服裙	年　月　日

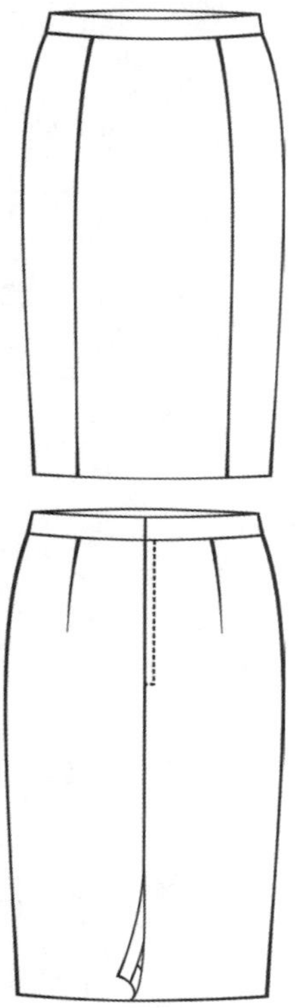

部位	规格				
	155/68A	160/72A	165/76A	170/80A	175/84A
	S	M	L	XL	XXL
裙长	55	56	57	58	59
腰围	68	72	76	80	84
臀围	88	92	96	100	104
备注：面料先缩水后再开裁					

工艺说明与技术要求

1.针距要求：14~15针/3cm

2.外观整洁，线路规整，无抽纱，无线头，无污迹，无破损及脱线等外观损伤

3.省尖熨烫平服，无起泡、酒窝现象

4.拉链：左右高低一致，拉链不能外露、豁开，拉链下端封口平服

5.开衩：衩位封口密合，开衩不裂、不豁、不搅，衩尾左右高低平齐

6.做腰头：扣烫精准定型，腰头宽窄顺直一致，装腰处腰头里比腰头面多烫出0.1cm

7.绱腰头：压明线时不漏线，腰头无涟形，腰头装拉链处两端左右高低一致

8.裙摆手针挑三角针线迹均匀、平整，不外露

款式特征概述

此款西服裙的款式特点是绱腰头，裙前片左右做纵向分割，裙后片左右各收省1个，后中缝上端装明拉链，下摆开衩，裙摆微收，平下摆，腰头门里襟处暗缝挂扣

面料：羊毛混纺、绵羊毛、涤纶混纺类色织、提花等

辅料：里布、棉类袋布、黏合衬、缝纫线、勾扣、拉链

制单	张三	工艺审核	李四	审核日期	年　月　日

任务要求

1. 掌握西服裙工业样板的排料、画样、裁剪、熨烫等技术。
2. 掌握西服裙的制作方法和技巧。
3. 掌握西服裙质量的检测。
4. 掌握西服裙生产工艺单的编写。

任务准备

西服裙工业样板（纸样）清单见表2-1-2。

表 2-1-2 西服裙工业样板（纸样）清单

毛样板名称	数量	净样板名称	数量
前中片	1	腰面	1
前侧片	2		
后裙片	2		
腰头	1		
里襟	1		

任务实施

一、任务分析

从给出的工艺通知单可知，此款西服裙的款式特点是绱腰头，裙前片左右做纵向分割，裙后片左右各收1个省，后中缝上端装拉链，下摆开衩，裙摆微收，平下摆，腰头门里襟处暗缝挂扣。

缝制工艺重点、难点：开衩、装拉链、绱腰头。

二、裁片裁剪图

160/72A 西服裙裁片裁剪图如图 2-1-1 所示。

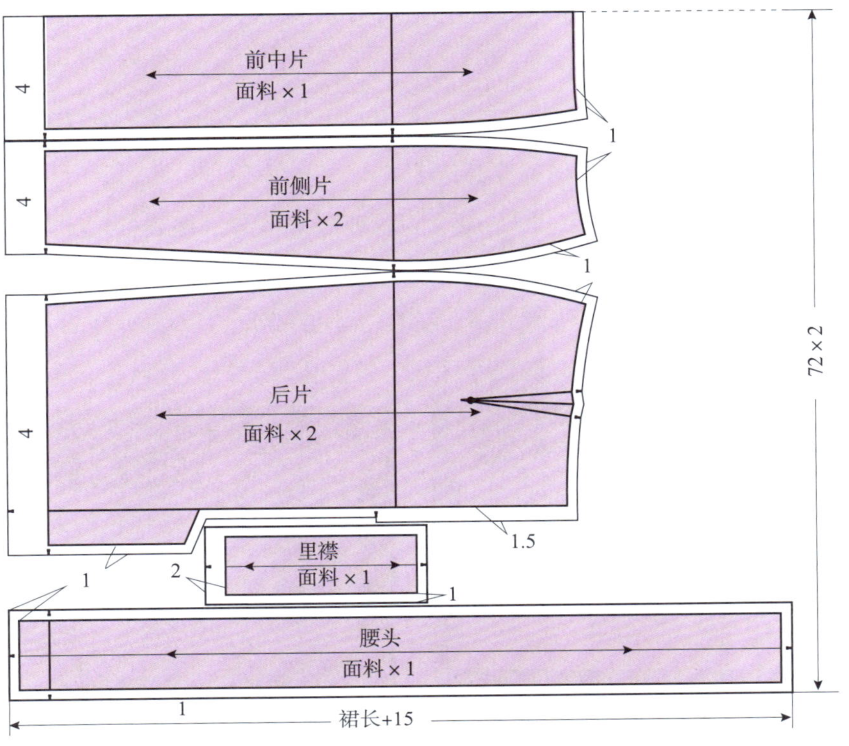

图 2-1-1 160/72A 西服裙裁片裁剪

温馨提示：

1. 用料估算：面料使用量，与面料的幅宽、腰围和臀围等因素有关。
   幅宽（144cm）：裙长 +15cm。
2. 排料的原则：排列紧凑，减少空隙；先大后小，紧密套排；大小搭配，缺口合拼。
3. 裁剪时西服裙的腰头、里襟均裁单层，请合理排料。

三、工艺流程

检查裁片→做缝制标记（粘衬、对位点、省位标记）→裁片锁边→合前片分割、收后腰省→烫前片分割、烫后腰省→缝合后中并上下留口→烫后中缝、后衩、底摆→封后衩→装拉链→缝合侧缝→烫腰头→装腰头→手工绷缝→钉扣→整烫→成衣

四、缝制工艺

1. 检查裁片

检查裁片，核实裁片数量，见表2–1–3。

表2–1–3　西服裙裁片清单

裁片名称	数量	裁片名称	数量
前中片	1	腰头	1
前侧片	2	里襟	1
后裙片	2		

2. 做缝制标记（粘衬、对位、省位标记）

根据需要在前后片、腰头处，用钻眼、划粉或眼刀等方式做好标记，以便缝制时用于定位，西服裙应在以下部位做好缝制标记。

（1）前裙片的臀围线、底摆净缝线处，如图2–1–2所示。

（2）后裙片的腰省、臀围线、底摆净缝线、拉链止口烫衬、开衩位，如图2–1–3所示。

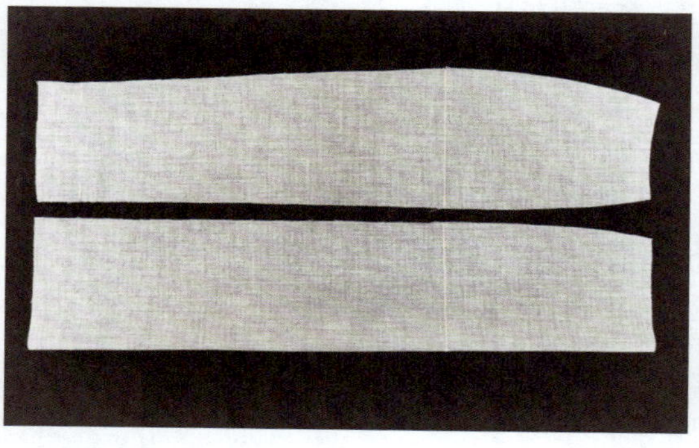

图2–1–2　前裙片

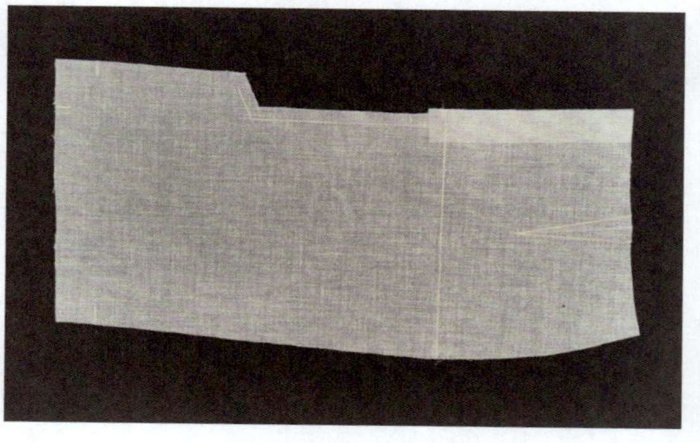

图2–1–3　后裙片

（3）腰头后中、侧缝定位；里襟反面烫衬，如图2-1-4、图2-1-5所示。

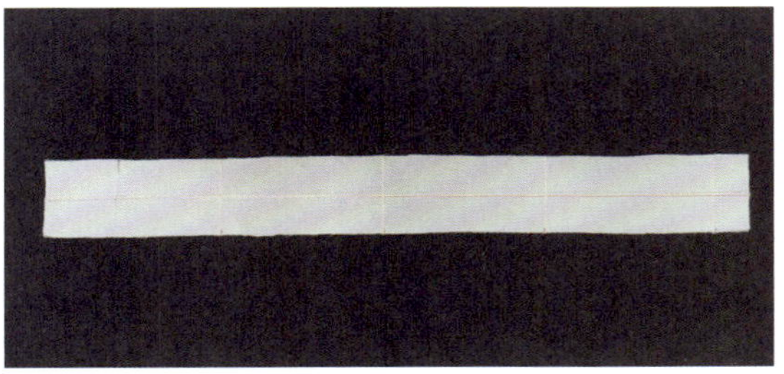

图2-1-4 腰头

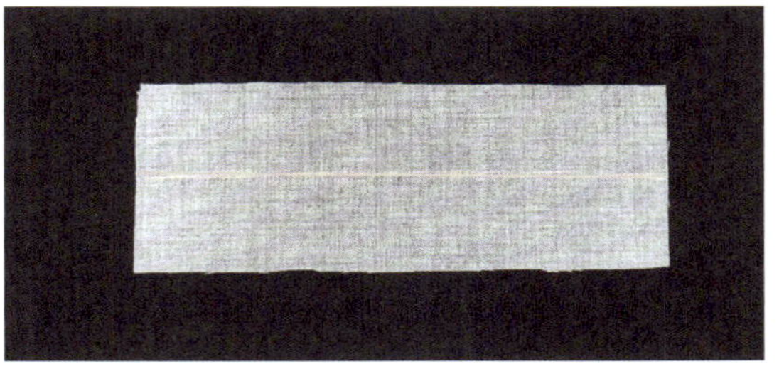

图2-1-5 里襟

3.裁片锁边

西服裙裙片除腰口以外，其余三边（分割、侧边、底边）用锁边机锁边，里襟对折锁边，如图2-1-6所示。

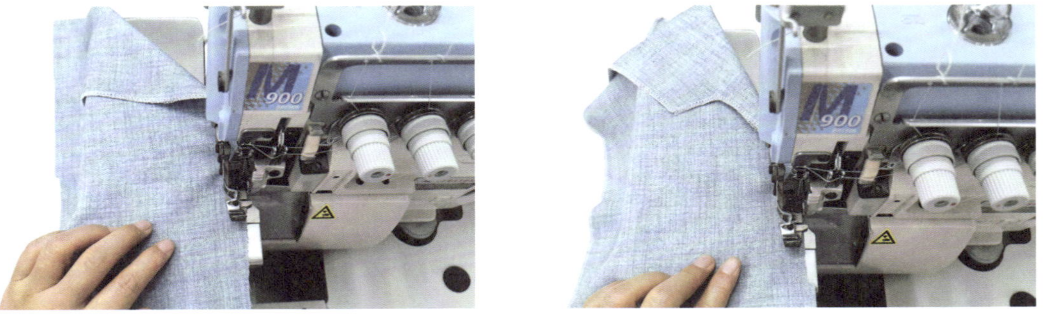

图2-1-6 锁边

企业工匠小技巧

在锁边过程中，如遇到裁片的转角小于或等于90° 时，为避免机器刀片切坏裁片，应将转角区域的面料稍微折叠，使转角处接近直线后再锁边。

4.合前片分割、收后腰省

（1）合前片分割。将前片分割正面与正面对齐，沿止口平缝车1cm缝线，注意弧形部分易拉扯变形，车缝时注意手势，上层平铺，下层稍带紧，如图2-1-7所示。

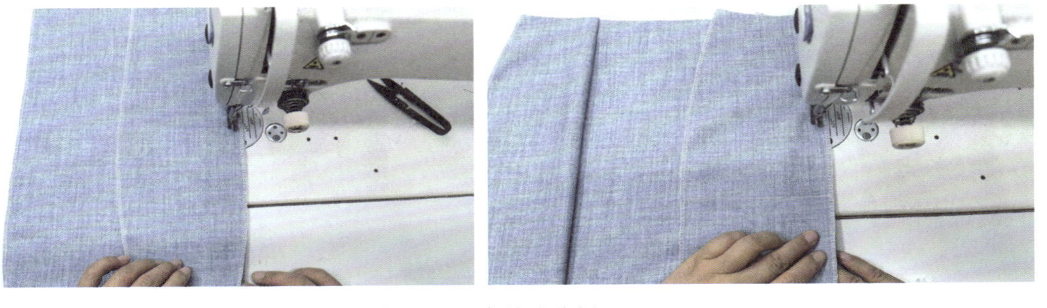

图2-1-7 合前片分割

（2）收后腰省。将裙片正面相叠，折合省中线，对准省位，由省根缉线至省尖。注意省根处打回针，省尖处不回针，留3cm线头打结，防止省尖松落，如图2–1–8所示。

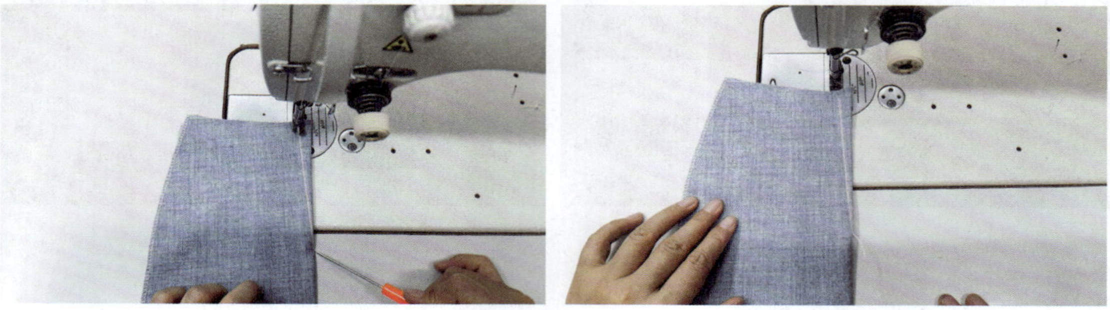

图2–1–8 缉后腰省

企业工匠小技巧

在车缝省道时，需缉缝超过省尖3～5cm后再断线，利用缝线形成线圈，避免省尖出现脱线、散开，省尖处切忌来回针。

5. 烫前片分割、烫后腰省

（1）烫前片分割。前裙片反面朝上，将前片分割处的缝份烫分开缝，熨烫时注意将裙片放在烫包上，熨斗平移熨烫，使缝份完全烫开，如图2–1–9所示。

（2）烫后腰省。后裙片反面朝上，熨烫后腰省时省缝倒向后中，由省根向省尖烫，注意省尖处应扒开，熨烫平服无褶皱，如图2–1–10所示。

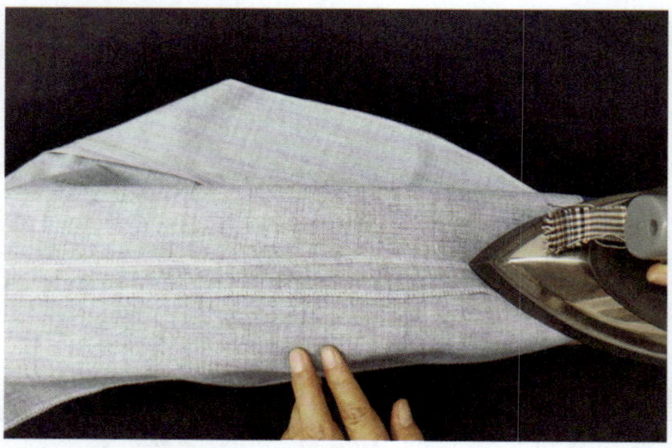

图2–1–9 烫前片分割

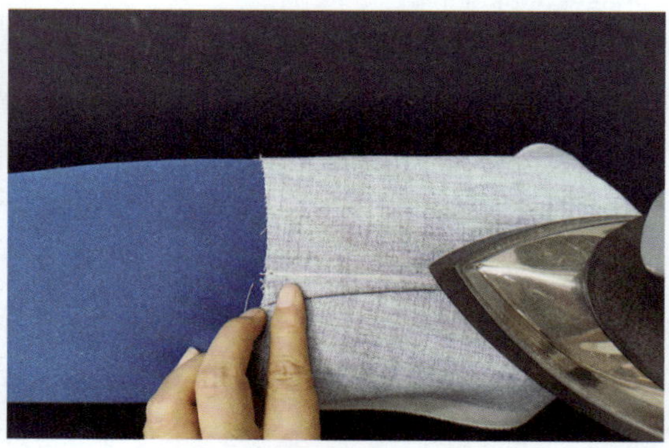

图2–1–10 烫后腰省

6. 缝合后中并上下留口

（1）烫黏合衬。在左、右后裙片装拉链部位，分别烫上黏合衬，确定拉链的止缝点，一般从腰口线向下量20cm，如图2–1–11所示。

（2）合后中缝。从拉链的止缝点开始缉线至后衩处，要求起针与落针时来回针，如图2–1–12所示。

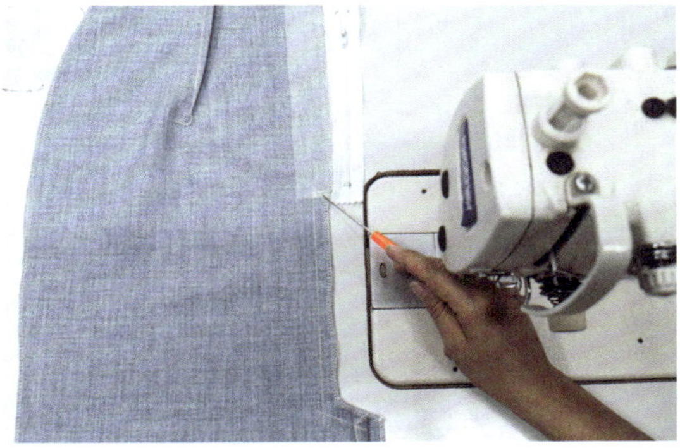

图2-1-11 拉链止口处烫黏合衬

图2-1-12 合后中缝

（3）缉后衩。将右片衩位缝份折转，从拉链的止缝点开始缉线至后衩处，起针与落针时要求来回针，如图2-1-13所示。

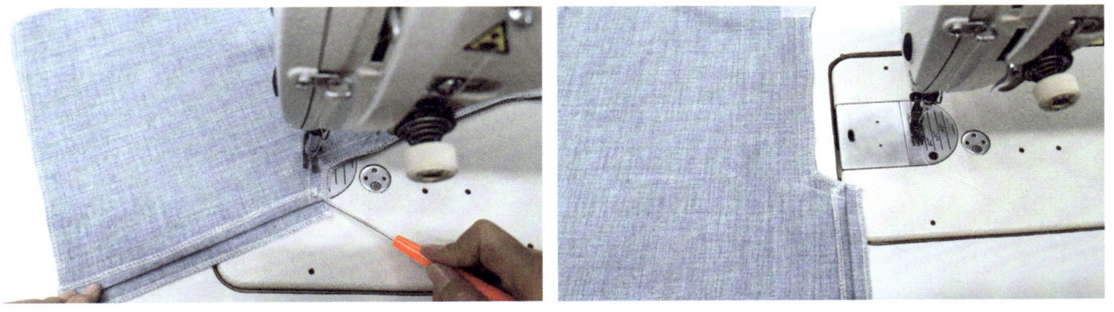

图2-1-13 缉后衩

7.烫后中缝、后衩、底摆

（1）烫后中缝。将裙片后中缝的缝份分开烫平，在后中与后衩转折处上层打剪口，便于烫分开缝，如图2-1-14所示。

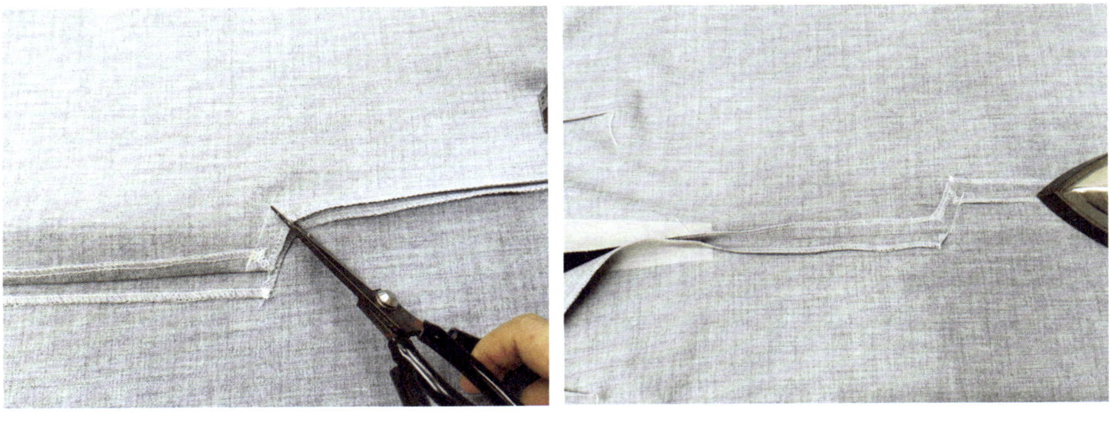

图2-1-14 烫后中缝

（2）烫后衩。将裙片反面朝上，后衩向右边裁片烫倒，如图2-1-15所示。

（3）烫底摆。将裙片底摆按净样线扣烫好，如图2-1-16所示。

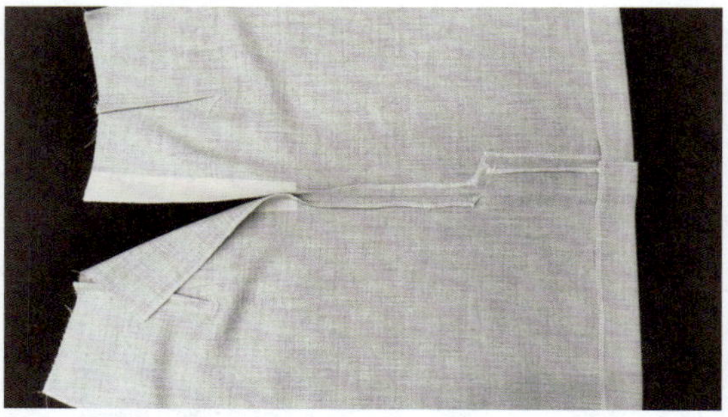

图2-1-15　烫后衩

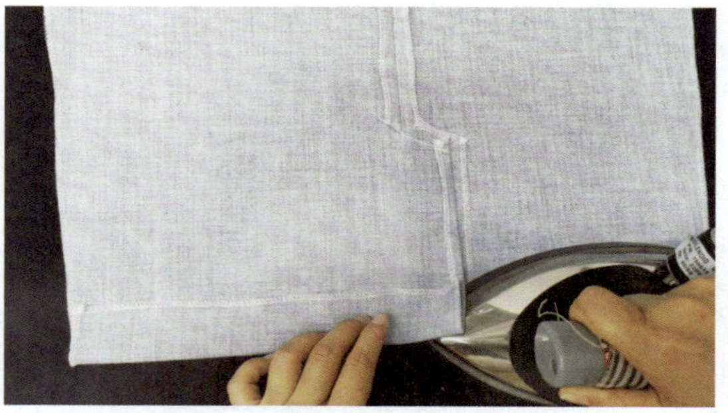

图2-1-16　烫底摆

8. 封后衩

将后衩门、里襟左右两边的缝份沿扣烫印记，分别折转缉线，如图2-1-17、图2-1-18所示。

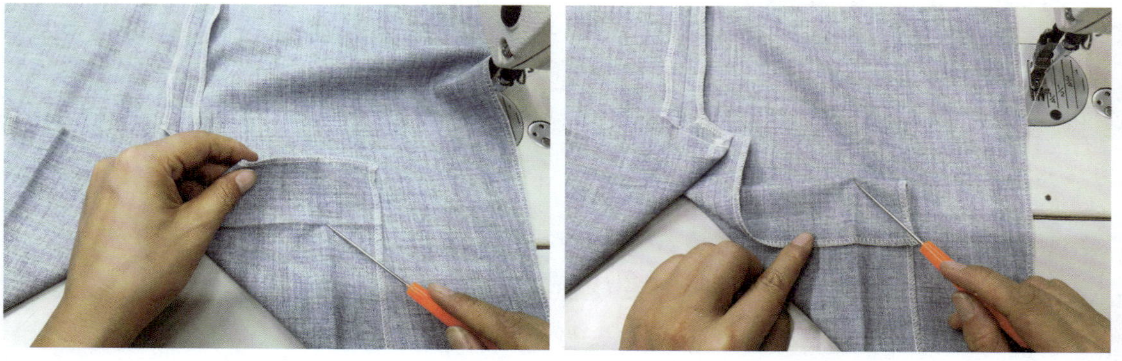

图2-1-17　封后衩门襟

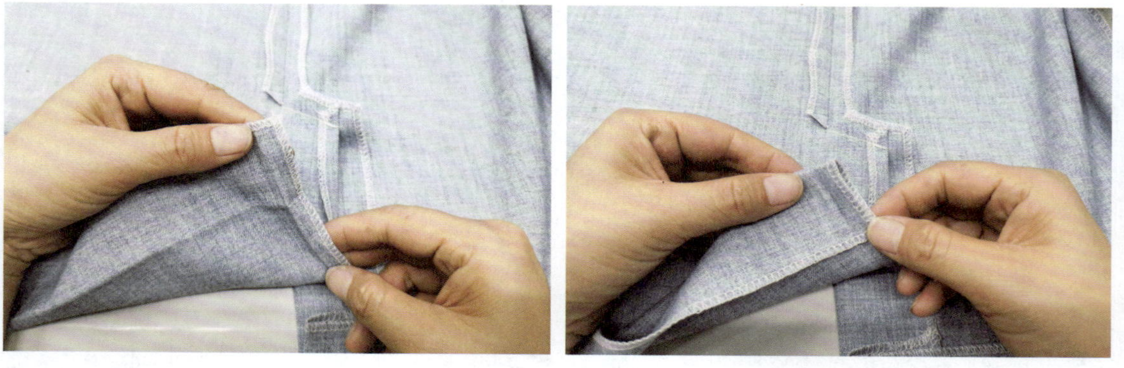

图2-1-18　封后衩里襟

9. 装拉链

（1）烫拉链止口。将拉链的缝头沿净缝线烫好，如图2-1-19所示。

（2）装拉链里襟。将拉链固定在里襟上，再将里襟、拉链与右裙片缝合，沿拉链牙齿边缉0.1cm止口，如图2-1-20所示。

西服裙-明拉链　　西服裙-后衩

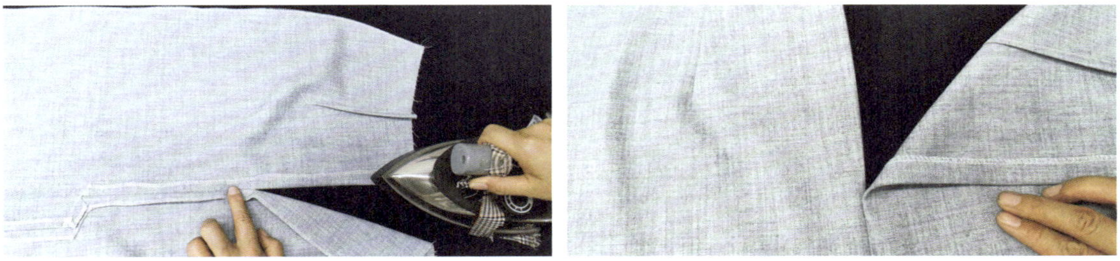

图2-1-19 烫拉链止口

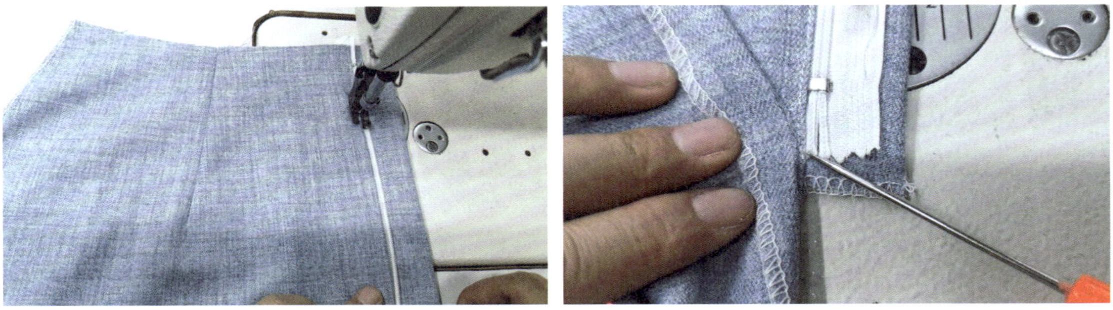

图2-1-20 装拉链里襟

（3）装拉链门襟。左片门襟盖过拉链牙齿，从拉链的缝制止点底端开始往上缉1cm，将裙片与拉链固定，如图2-1-21所示。

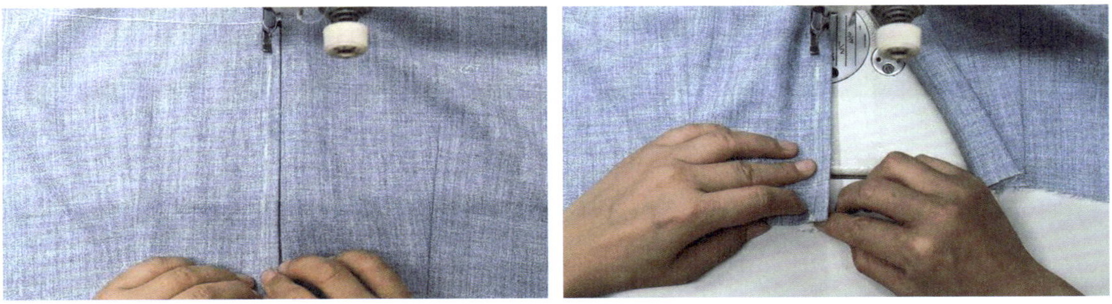

图2-1-21 装拉链门襟

（4）封口。在拉链的缝止点处来回缉3道线封口，要求将线缉在同一缝线上，如图2-1-22所示。

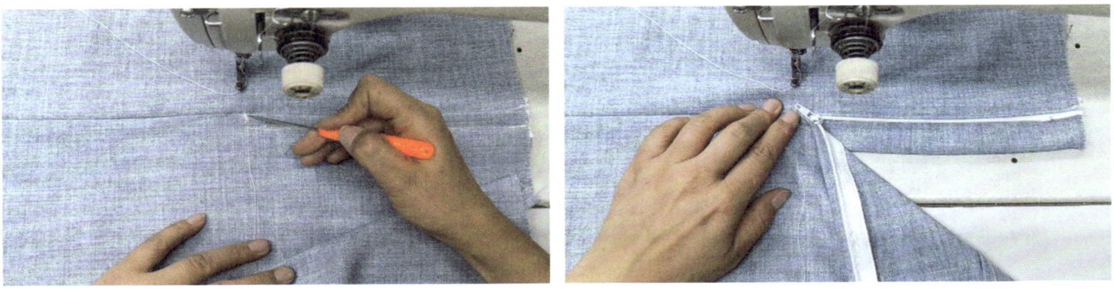

图2-1-22 封口

服装工艺小常识

装拉链时，可根据个人习惯将拉链门、里襟的制作顺序调换，若先装里襟，再缉门襟，则切记将里襟折转掀开，避免缉压门襟时将里襟封住。

10.缝合侧缝

（1）合侧缝。将裙子的前片与后片正面相叠，从腰口缉1cm缝线至底摆，起针、落针处要来回针，如图2–1–23所示。

（2）烫侧缝。裙子前、后片侧缝缝合后，将侧缝烫分开缝，如图2–1–24所示。

图2–1–23　合侧缝

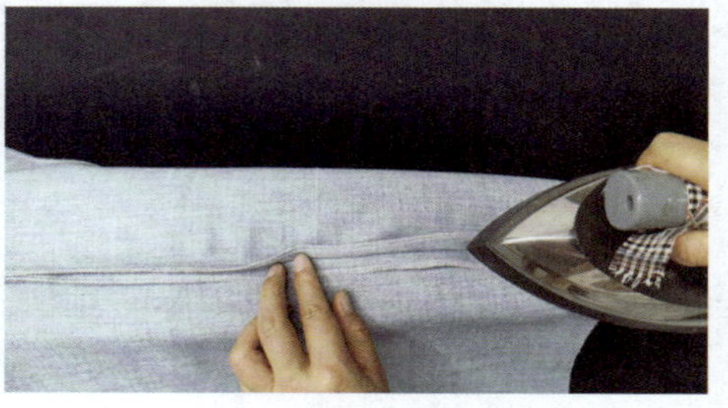

图2–1–24　烫侧缝

11.烫腰头

（1）烫腰头衬。在腰头反面烫一层布衬。

（2）烫腰头。用净样板将腰头沿中线对折扣烫，腰里比腰面宽0.1cm，为装腰头做准备，如图2–1–25所示。

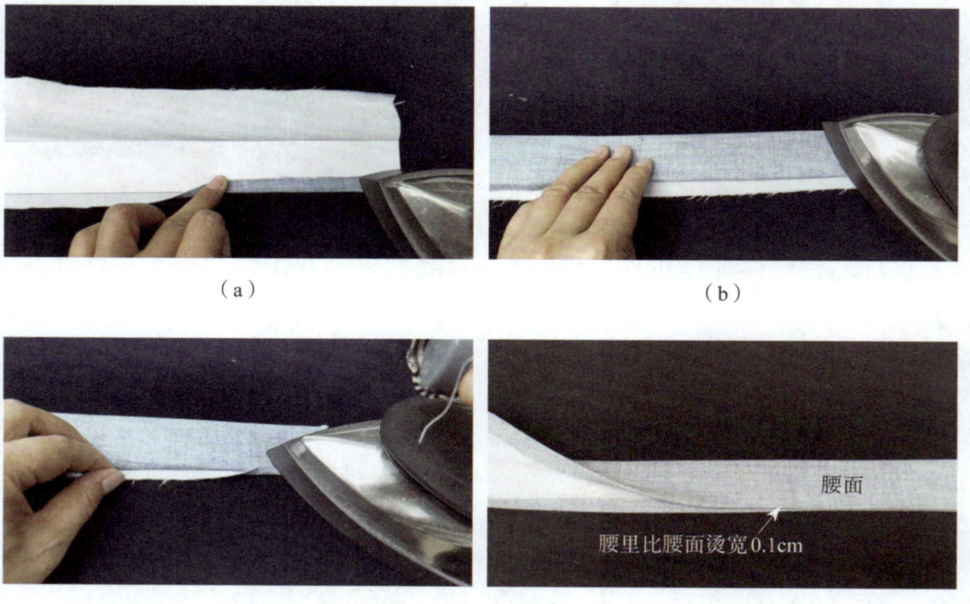

（a）　（b）

（c）　（d）

图2–1–25　烫腰头

12. 装腰头

（1）装腰头。将腰头面与裙片正面相叠，对准腰口与腰头对位点，从门襟开始缉缝到里襟，缝份为1cm，起针、落针处需来回针，如图2-1-26所示。

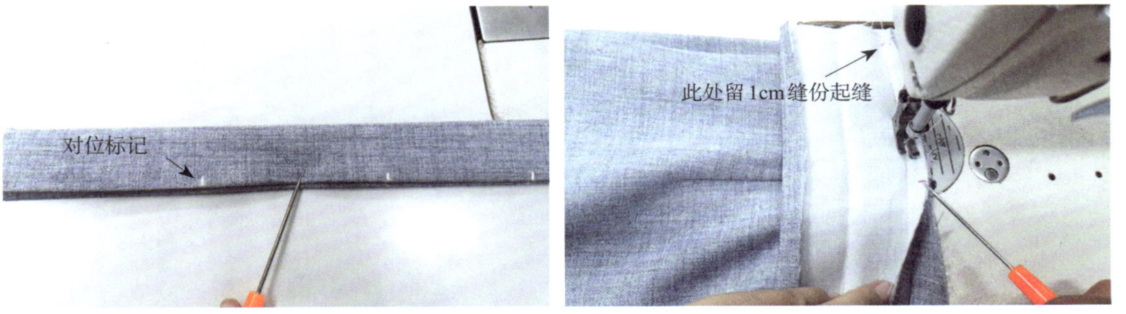

图2-1-26 装腰头

（2）封腰头。将腰头面、里沿腰宽中线正面对折，在腰头两端止口缉线，起、止点处来回针，并将缝份进行修剪，减少厚度，如图2-1-27所示。

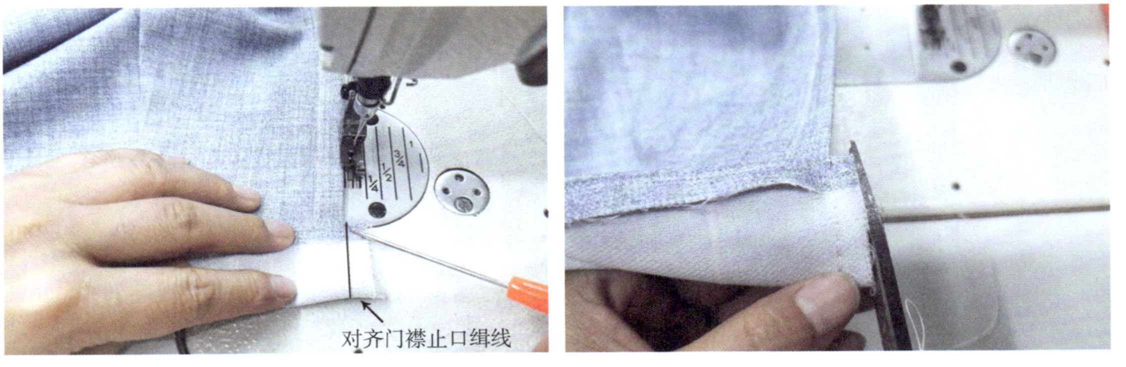

图2-1-27 封腰头

（3）翻腰头。将腰头翻转至正面，用锥子辅助将腰头转角翻平服、方正，如图2-1-28所示。

（4）封腰里。将腰头正面朝上，沿装腰缝缉线，固定腰里，如图2-1-29所示。

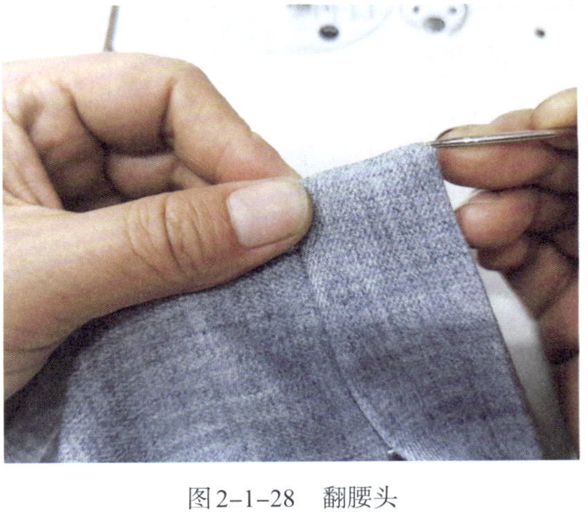

图2-1-28 翻腰头

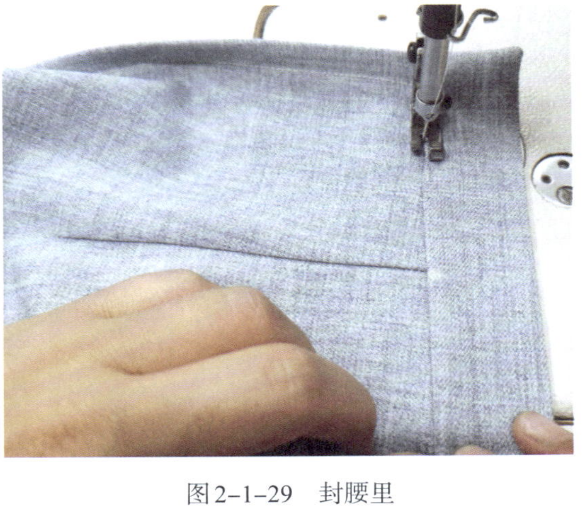

图2-1-29 封腰里

13. 手工绷缝

底边按放缝量扣烫，用手缝针沿锁边线绷缝三角针。企业则用钩边机来完成这个步骤，如图2–1–30所示。

14. 钉扣

定扣位，在腰头门、里襟钉勾扣，如图2–1–31所示。

图2–1–30　手工绷缝

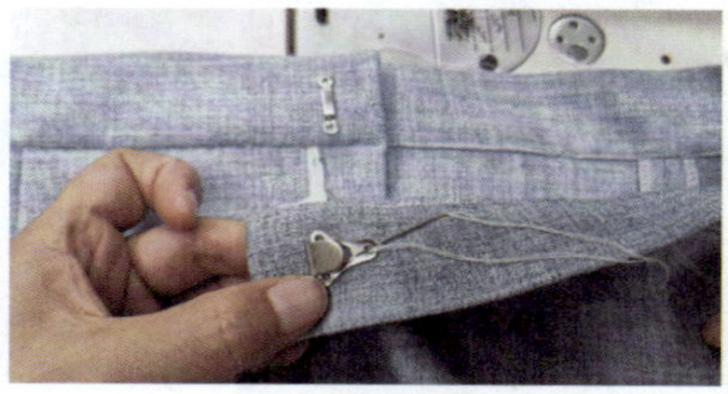

图2–1–31　钉扣

15. 整烫

按面料的性能调节好蒸汽熨斗的温度，全面整烫时注意熨斗的走向应与衣料的丝缕方向一致，防止拉扯变形，如图2–1–32所示。

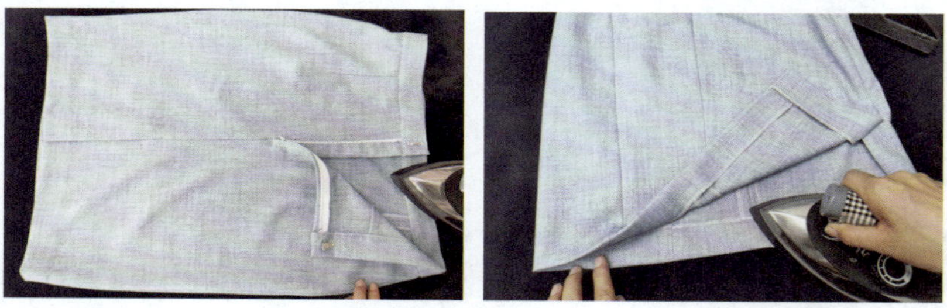

图2–1–32　整烫

16. 成衣

成衣正、背面效果如图2–1–33、图2–1–34所示。

图2–1–33　成衣正面效果

图2–1–34　成衣反面效果

五、知识拓展

西服裙熨烫小知识

西装作为女性成熟的单品，它干练知性，白领女性几乎人手几条，因为很多女性觉得西装太正式，缺少女人味，所以设计师设计出了西服裙，顾名思义，既有西装的干练知性，又有裙子的大方优雅（图2–1–35）。

图2–1–35 西服裙

这种比较硬挺的西服裙特别注重熨烫，下面分享一下西服裙的熨烫知识。

第一步：前裙片归、推熨烫3个部位。

（1）烫分前省道部位。裙子的前片省道一般有两个，烫分省道时，应将裙前片摆置在拱形烫具上熨烫，以保证分省道时不伸长。

（2）归、推熨烫臀腰段外凸侧缝弧线部位。侧缝弧线是为体型由腰部纤细过渡到臀、腹部外凸丰满的胖势而设计的，但臀、腹的隆起胖势并不在侧缝部位。因此，要把这一段外凸，则弧线归烫成直线，然后把因归烫在侧缝形成的胖势推烫到腹峰部位。

（3）环形熨烫归平前省尖腹峰部位。由于收省道、烫分省道和侧缝部位的归、推熨烫，使前片两个省尖的腹峰部分会出现泡状皱纹，所以洗衣店要进行环形熨烫，把皱纹归平。

如果前裙片为左右对称的两片，则熨烫定型后，应该将下层裙片翻到上层，重复以上归、推熨烫，使前裙片左右两片造型一致。

第二步：后裙片归、推熨烫3个部位。

（1）烫分后省道部位。后省道部位的烫分和前省道部位烫分是一样的。

（2）归、推熨烫臀腰段外凸侧缝弧线部位。将侧缝线臀腰一段外凸弧线归缩熨烫成直线，并把边弧线内产生的胖势边归边推，推烫至臀峰部位。

（3）归烫后省尖臀峰部位。熨烫方法和要求与归、推熨烫前裙片相同。

后裙片一般均为左、右对称的两片，熨烫定型后，同样应把下层后裙片翻到上层来，重复归、推熨烫，使后裙片左右两片造型一致。然后对前后裙片面对面叠合复烫，使前后裙片腰至臀段侧缝造型一致，利于合缝缉缝时更吻合。

所以，熨烫衣物时必须注意：

（1）温度：温度非常重要，温度必须符合衣服标签上的说明。

（2）压力：熨烫衣服时千万不要用力太大，只要像手握鸡蛋那样的力量就行。

（3）湿气：给衣物加湿要均匀。

摘自——网络：WTS说洗衣

六、巩固训练

C服饰有限公司接到D服饰有限公司的一批西服裙的生产任务，样衣制作通知单见表2–1–4，现在C服饰有限公司需要按照D服饰有限公司提供的样衣款式进行S码结构设计及样衣的制作。

表2–1–4　C服饰有限公司西服裙样衣制作通知单

<table>
<tr><td>编号</td><td>款号</td><td>下单日期</td><td rowspan="3">部位</td><td colspan="5">规格</td></tr>
<tr><td>YTXQ1002</td><td>西服裙</td><td>年　月　日</td><td>155/68A</td><td>160/72A</td><td>165/76A</td><td>170/80A</td><td>175/84A</td></tr>
<tr><td colspan="3" rowspan="6">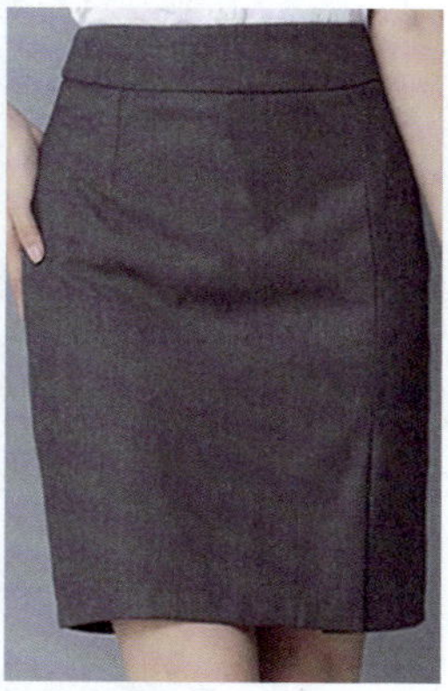
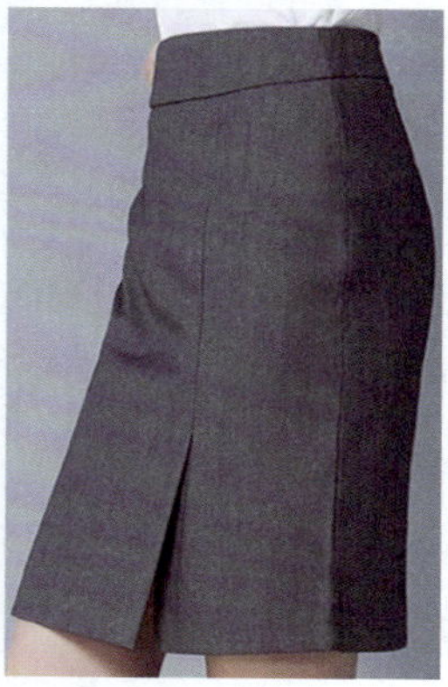</td><td>S</td><td>M</td><td>L</td><td>XL</td><td>XXL</td></tr>
<tr><td>裙长</td><td>46</td><td>47</td><td>48</td><td>49</td><td>50</td></tr>
<tr><td>腰围</td><td>68</td><td>72</td><td>76</td><td>80</td><td>84</td></tr>
<tr><td>臀围</td><td>88</td><td>92</td><td>96</td><td>100</td><td>104</td></tr>
<tr><td colspan="6">备注：面料先缩水后再开裁</td></tr>
<tr><td colspan="6">工艺说明与技术要求
1.针距要求：14~15针/3cm
2.外观整洁，线路规整，无抽纱，无线头，无污迹，无破损及脱线等外观损伤
3.省尖熨烫平服，无起泡、酒窝现象
4.拉链：左右高低一致，拉链不能外露、豁开，拉链下端封口平服
5.开衩：衩位封口密合，开衩不裂、不豁、不搅，衩尾左右高低平齐
6.做腰头：扣烫精准定型，腰头宽窄顺直一致，装腰处腰头里比腰头面多烫出0.1 cm
7.绱腰头：压明线时不漏线，腰头无涟形，腰头装拉链处两端左右高低一致
8.裙摆手针挑三角针线迹均匀、平整，不外露</td></tr>
<tr><td colspan="3">款式特征概述
此款西服裙的款式特点是绱腰头，裙前片左边做纵向分割，分割缝下端开衩，右边收一个省，裙后片左右各收省1个，后中缝破缝，上端装明拉链，裙摆微收，平下摆，腰头门、里襟处暗缝挂扣</td><td colspan="3">面料：斜纹色纺面料</td><td colspan="3">辅料：里布、黏合衬、缝纫线、拉链</td></tr>
<tr><td>制单</td><td>张三</td><td>工艺审核</td><td colspan="2">李四</td><td colspan="2">审核日期</td><td colspan="2">年　月　日</td></tr>
</table>

七、任务评价

西服裙评价见表2–1–5。

表2-1-5 西服裙评价表

评价项目	评价内容	序号	评价标准	分值	评价方式				备注
					自评	互评	师评	企业评	
知识技能目标（80分）	规格（10分）	1	裙长规格正确，不超偏差±1cm	2					
		2	腰围规格正确，不超偏差±2cm	3					
		3	臀围规格正确，不超偏差±2cm	3					
		4	裙摆规格正确，不超偏差±1cm	2					
	腰头（20分）	5	腰面、腰里、衬布平服，松紧适宜	5					
		6	腰头方正，无探头、缩进	5					
		7	腰头正面缉线顺直，无跳针	5					
		8	腰头左右对称、宽窄一致，互差不超0.1cm	5					
	分割、省（10分）	9	分割顺直、平服，左右对称	5					
			收省顺直、平服，左右对称	5					
	拉链（15分）	10	拉链缉线顺直，进出一致	5					
			拉链底端封口牢固、平整	5					
			装拉链后拉链不外露，松紧适宜	5					
	裙衩、底摆（10分）	11	裙衩左右长度一致、平整	5					
		12	底边宽窄一致，手工三角针3cm不少于5针	5					
	缝份（5分）	13	侧缝、后中缝顺直平服	5					
	整洁、牢固（10分）	14	整件产品无杂乱线头	2					
		15	各部位无脱、露、毛边现象	3					
		16	整件产品无跳针、浮线、粉印	5					
情感目标（20分）	岗位问题处理能力（7分）	17	具有客户信息分析及处理能力	2					
		18	具有制订计划并合理实施的能力	3					
		19	具有实施过程中独立思考及解决问题的能力	2					
	团队合作创新能力（8分）	20	具有团队合作意识和创新能力	3					
		21	具有按时完成任务、高效工作的能力	5					
	工匠精神（5分）	22	具有精益求精、追求卓越的工匠精神	5					
合计				100					

任务二 百褶裙缝制工艺

任务导入

A纺织科技有限公司委托B服饰有限公司为其定制150件百褶裙，其提供效果图和尺寸，B服饰有限公司为了向客户展示最佳成衣效果，以便公司业务洽谈和下一步工作开展，需先制作百褶裙M码的样衣，制作要求见表2-2-1。

表2-2-1 B服饰有限公司百褶裙样衣制作通知单

编号	款号	下单日期
ZJQ1003	百褶裙	年 月 日

部位	规格				
	155/64A	160/68A	165/72A	170/76A	175/80A
	S	M	L	XL	XXL
裙长	44	45	46	47	48
腰围	64	68	72	76	80
摆围	102	106	110	114	118

备注：面料先缩水后再开裁

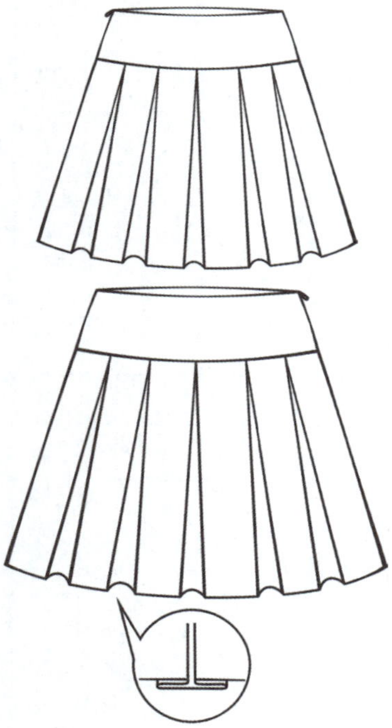

工艺说明与技术要求

1.针距要求：14~15针/3cm

2.外观整洁，线路规整，无抽纱，无线头，无污迹，无破损及脱线等外观损伤

3.裙子各裁片的经纬纱向准确

4.工字褶熨烫造型顺直、平整，定型效果良好

5.隐形拉链：左右高低一致，拉链不能外露、豁开，拉链下端封口平服

6.裙腰头边沿止口不反吐，左右高低一致

7.裙摆手针挑三角针线迹均匀、平整，不外露

款式特征概述

此款百褶裙长度在膝盖以上，中腰位无腰头，是由育克分割和褶裙组合而成。育克分割线的位置在腰下9cm处，前后相同；分割线下的裙身做纵向褶裥设计，前、后片各5个褶，褶呈规律的工字状，右侧装隐形拉链

面料：选材广泛，羊毛混纺类容易定型且保型效果好的中厚型面料最佳

辅料：黏合衬、隐形拉链、配色线等

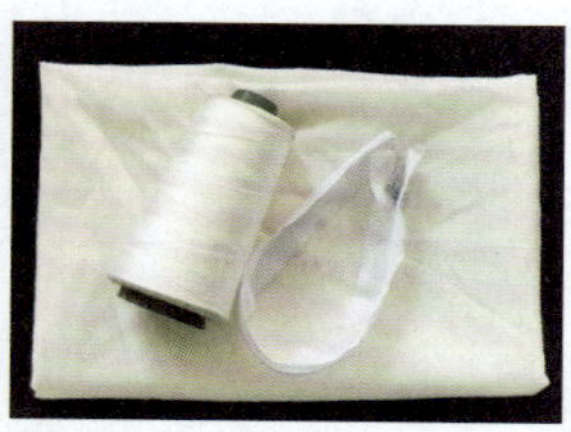

制单	张三	工艺审核	李四	审核日期	年 月 日

任务要求

1.掌握百褶裙工业样板的排料、画样、裁剪、熨烫等技术。

2.掌握百褶裙的制作方法和技巧。

3.掌握百褶裙质量的检测。

4. 掌握百褶裙生产工艺单的编写。

任务准备

百褶裙工业样板（纸样）清单见表2-2-2。

表2-2-2 百褶裙工业样板（纸样）清单

毛样板名称	数量	毛样板名称	数量
前裙片	1	后裙片	1
前育克	1	后育克	1
前腰贴	1	后腰贴	1

任务实施

一、任务分析

从给出的工艺通知单可知，此款百褶裙长度在膝盖以上，中腰位无腰头，是由育克分割和褶裙组合而成。育克分割线的位置在腰下8～9cm处，前后相同；分割线下的裙身利用纵向分割做褶裥设计，前、后片各5个褶，褶呈规律的工字状，右侧装隐形拉链。

缝制工艺重、难点：烫褶、做腰贴、装隐形拉链。

二、裁片裁剪图

160/68A百褶裙裁片裁剪图如图2-2-1所示。

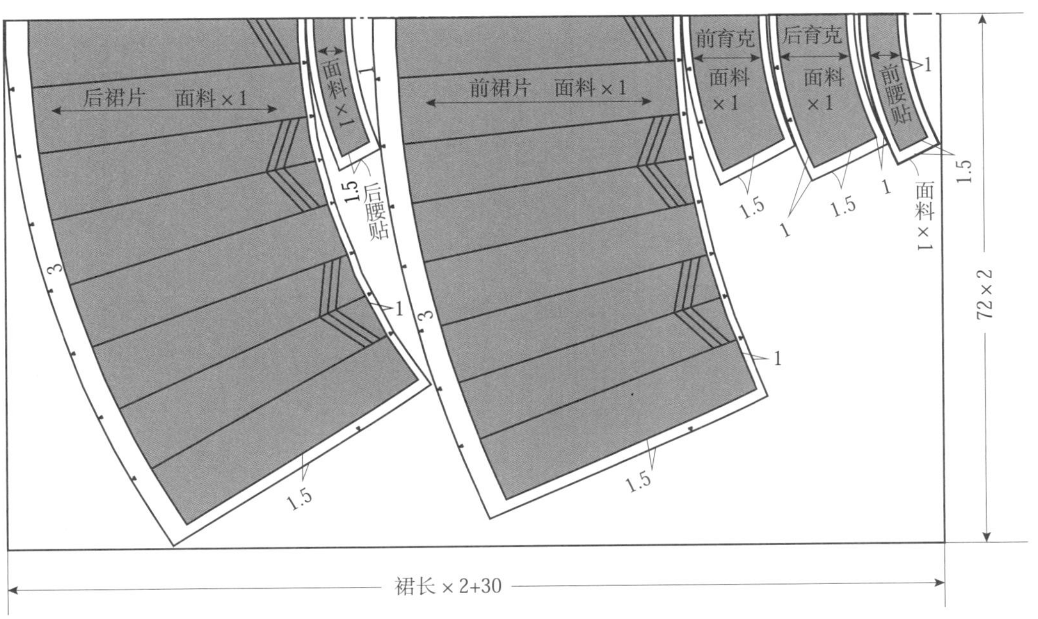

图2-2-1 160/68A百褶裙裁片裁剪图

温馨提示：

1. 用料估算：面料使用量，与面料的幅宽、腰围和臀围等因素有关。

幅宽（144cm）：裙长 ×2+30cm。

2. 排料的原则：排列紧凑，减少空隙；先大后小，紧密套排；大小搭配，缺口合拼。

三、工艺流程

检查裁片→做缝制标记→裁片锁边→收前、后片工字褶→烫前、后片工字褶→烫下摆→缝合前、后育克分割→育克分割缝锁边→缝合侧缝→装腰贴→装隐形拉链→固定腰贴→裙摆挑三角针→整烫→成衣

四、缝制工艺

1. 检查裁片

检查裁片，核实裁片数量，见表2-2-3。

表2-2-3 百褶裙裁片清单

裁片名称	数量	裁片名称	数量
前裙片	1	后裙片	1
前育克	1	后育克	1
前腰贴	1	后腰贴	1

2. 做缝制标记（粘衬、对位点、褶位标记）

根据需要在前后育克、裙片褶位等处，用划粉或眼刀等方式做好标记，以便缝制时用于定位，百褶裙应在以下部位做好缝制标记。

（1）前、后裙片。在前、后裙片褶位做对位标记，如图2-2-2、图2-2-3所示。

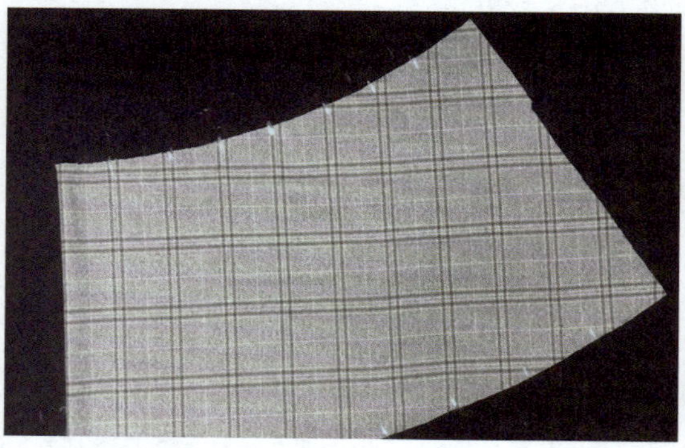

图2-2-2 前裙片

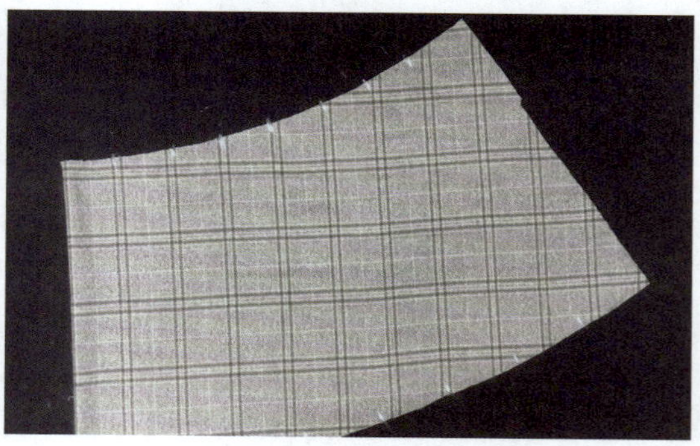

图2-2-3 后裙片

（2）前、后育克。粘衬，在前、后育克做褶位标记，中点处做对位标记（图2-2-4）。

（3）前、后腰贴。粘衬，在前、后腰贴中点处做对位标记，如图2-2-5所示。

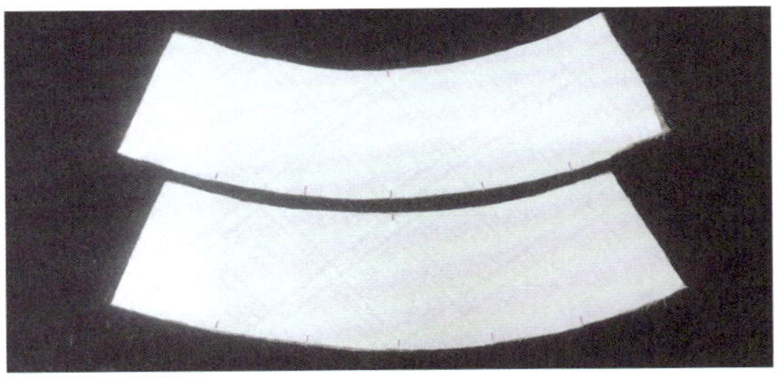

图2-2-4 前、后育克

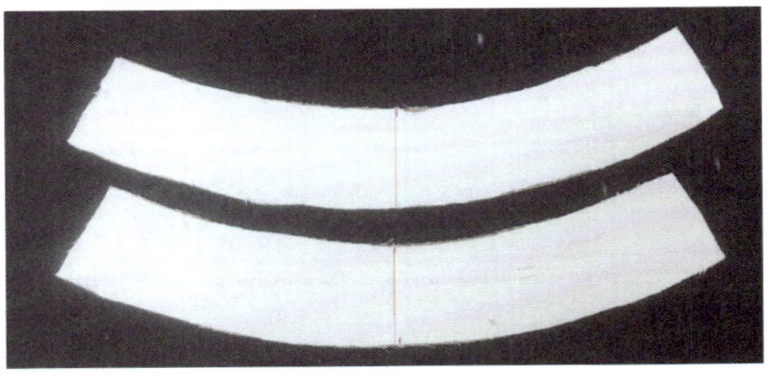

图2-2-5 前、后腰贴

3. 裁片锁边

百褶裙裙片四边用锁边机锁边，腰贴除腰口外，其他三边锁边，如图2-2-6所示。

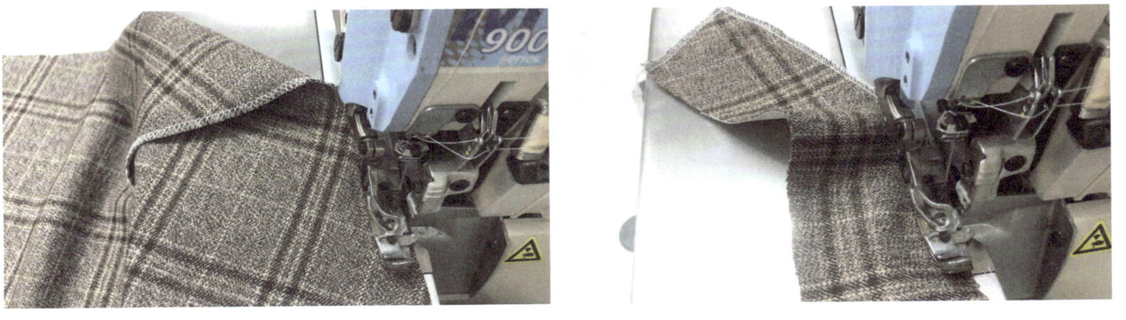

图2-2-6 锁边

4. 收前、后片工字褶

将裙片正面相对，沿褶裥的缝合点做剪口标记，沿工字褶中心位置对折，由分割位向下缉缝3cm，起止来回针，如图2-2-7、图2-2-8所示。

图2-2-7 收前、后工字褶

图2-2-8 假缝固定下摆

温馨提示：

可以用长针距以假缝方式在裙摆处沿工字褶中心线对折，缉线固定，便于熨烫及做下道工序。缝制时，除用长针距假缝外，还可用手缝、珠针、胶带等做暂时性固定，使缝制时稳定、不走位。

5.烫前、后片工字褶

（1）先熨烫褶裥上下止点，再将裙片放在烫台上，逐个对各个工字褶进行熨烫，为了保证褶裥折痕顺直，可利用剪出的纸样与熨斗配合熨烫。在工字褶折叠熨烫时，为了防止因高温蒸汽熨烫后起极光，损坏面料，可使用垫布隔烫，如图2-2-9所示。

（a）

（b）

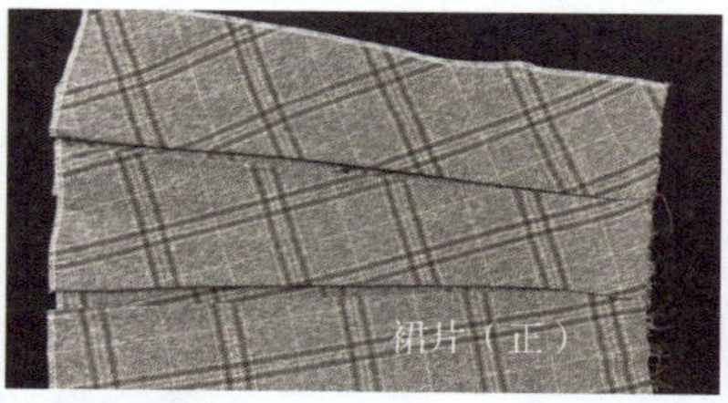

（c）

（d）

图2-2-9　烫褶

（2）为了避免烫好的工字褶走位变形，需在育克缝工字褶位假缝固定（图2-2-10）。

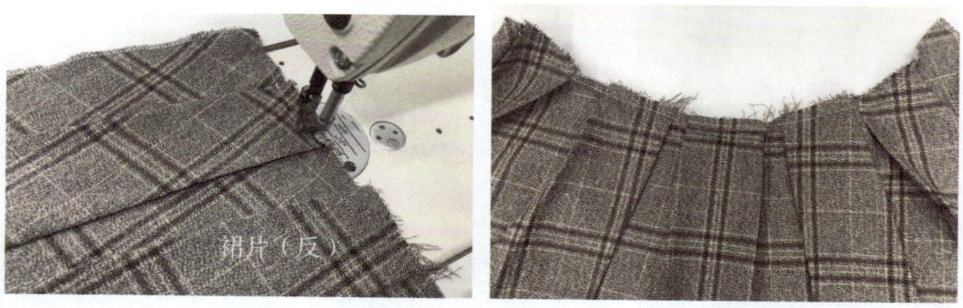

图2-2-10　固定工字褶位

6.烫下摆

拆掉下摆假缝固定线，将前后裙片下摆处沿净样线扣烫，注意扣烫均匀（图2-2-11）。

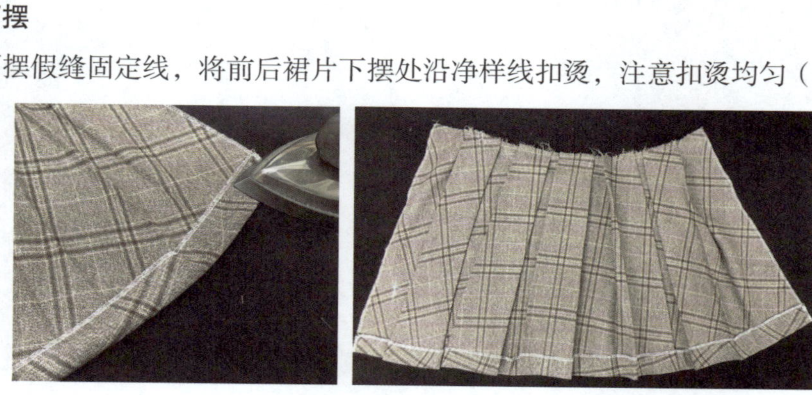
图2-2-11　烫下摆

7. 缝合前、后育克分割

将前裙片与前育克正面相对缝合1cm，注意对准褶位、前中等对位点，后片方法相同，如图2-2-12所示。

图2-2-12 缝合前、后育克分割

8. 育克分割缝锁边

前后育克与裙片缝合后，将缝合处的缝份双层一起锁边，缝份倒向育克，如图2-2-13、图2-2-14所示。

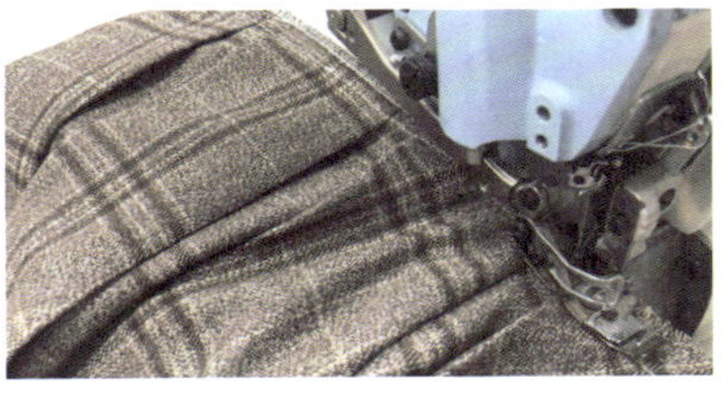

图2-2-13 育克分割缝份锁边

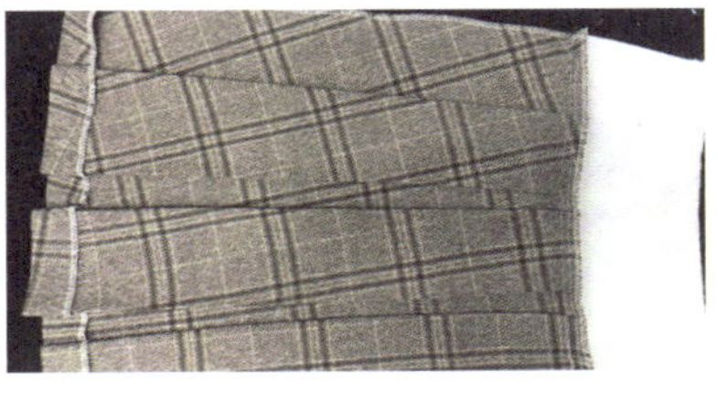

图2-2-14 育克缝向腰口烫倒

9. 缝合侧缝

（1）拼侧缝。拼合侧缝，缝份为1.5cm，左侧侧缝留拉链长度，从拉链底端开始缉缝线至底摆，起落针时要来回针，如图2-2-15、图2-2-16所示。

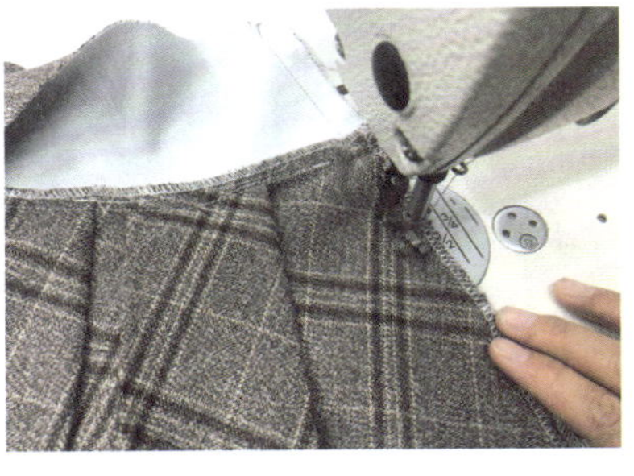

图2-2-15 拼合右侧侧缝

图2-2-16 左侧侧缝留拉链口

服装工艺小常识

为便于隐形拉链的制作，以及大小、围度上的调整、修正，一般可在装拉链的侧缝处加宽缝份至1.5cm左右。

（2）烫侧缝。将侧缝烫分缝，左侧拉链止口处烫出净缝线，如图2-2-17、图2-2-18所示。

图2-2-17　烫右侧侧缝

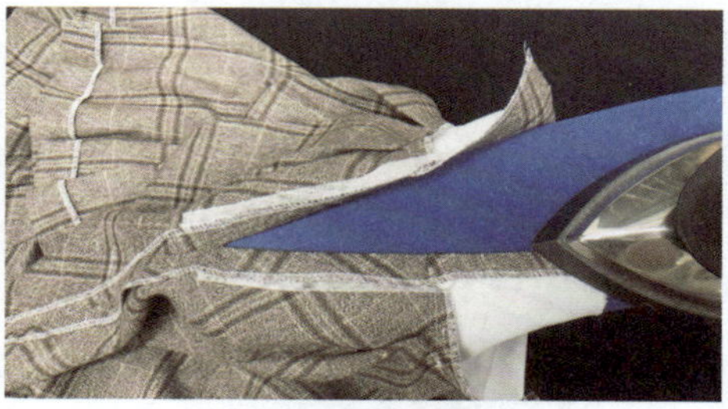

图2-2-18　烫左侧侧缝、拉链处

10.装腰贴

（1）做腰贴。根据放缝量，拼合右侧前、后腰贴，将腰贴烫分开缝（图2-2-19）。

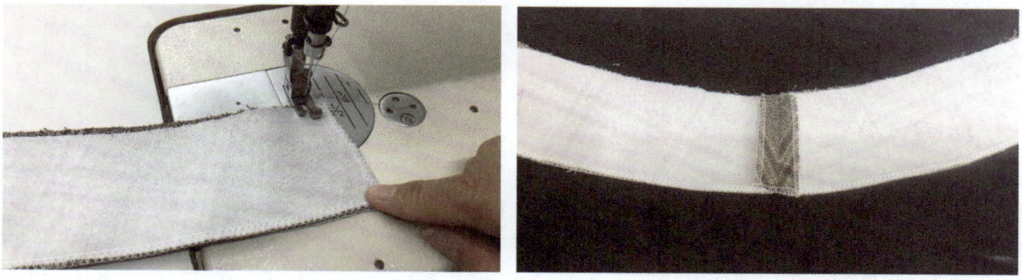

图2-2-19　做腰贴

（2）装腰贴。将腰贴和裙身育克正面相对缉缝1cm，在腰贴处缉缝0.1cm，再将腰贴熨烫平服，如图2-2-20～图2-2-23所示。

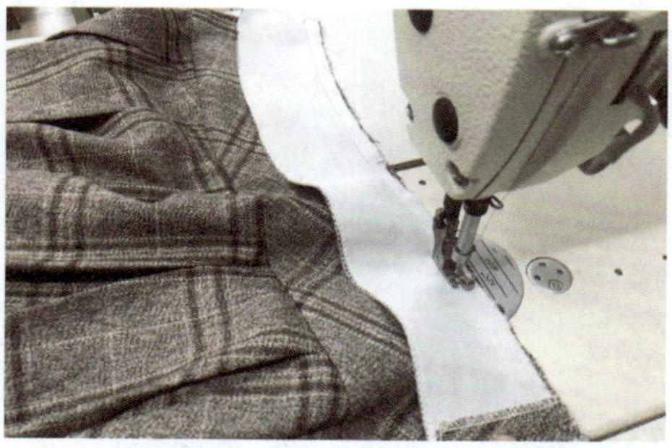

图2-2-20　装腰贴

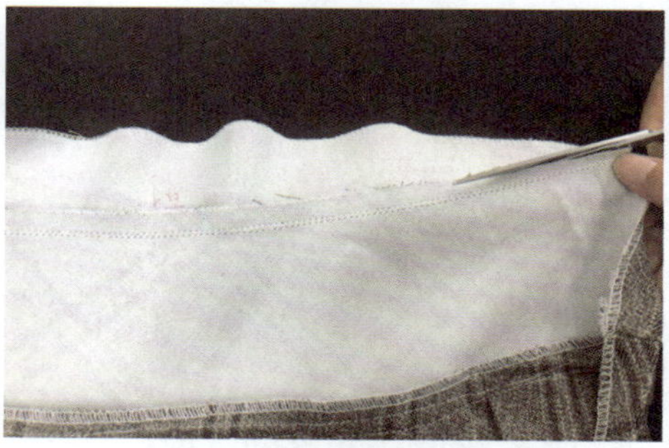

图2-2-21　修剪腰贴缝份

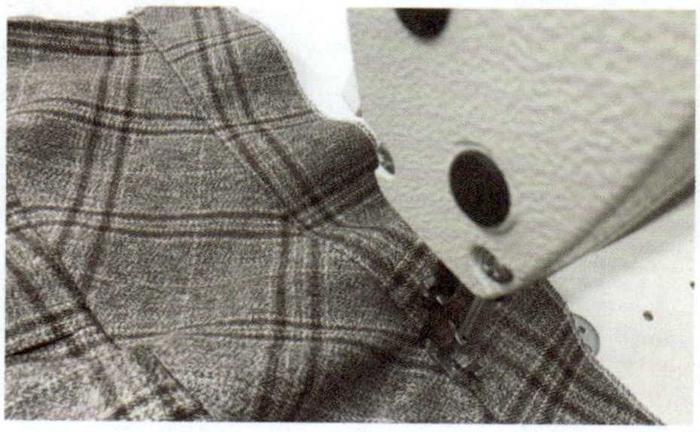

图2-2-22　腰贴坐缉缝

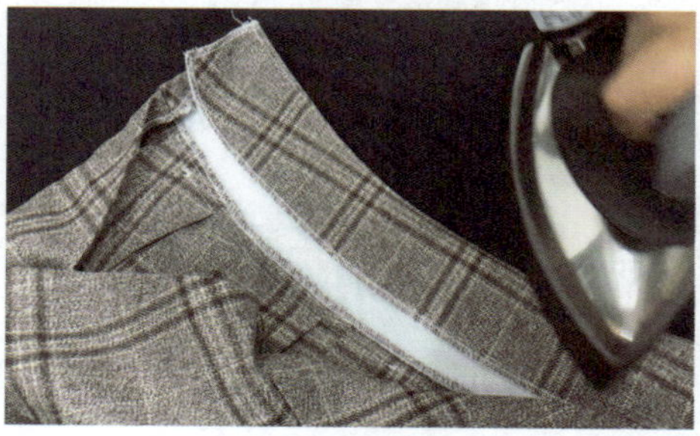

图2-2-23　烫腰贴

11. 装隐形拉链

（1）烫黏合衬。确定拉链止缝长度，将黏合衬压烫在装拉链的裙片部分，如图2–2–24、图2–2–25所示。

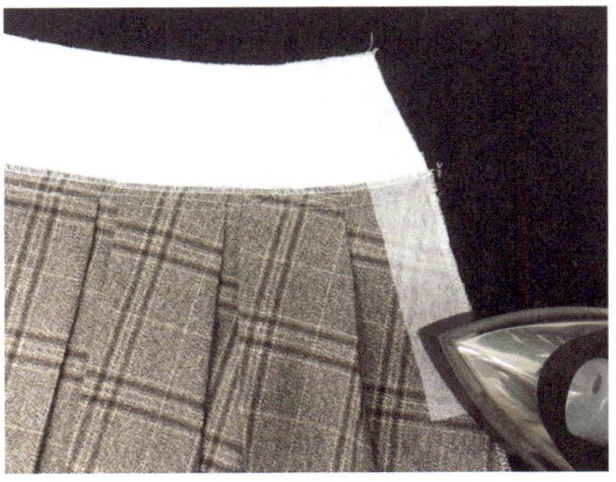

图2–2–24 烫黏合衬

图2–2–25 留拉链口

百褶裙–隐形拉链

（2）在拉链上做对位标记，便于缝制时左右对齐、不走位变形，同时更换单边压脚，如图2–2–26、图2–2–27所示。

图2–2–26 拉链对位标记

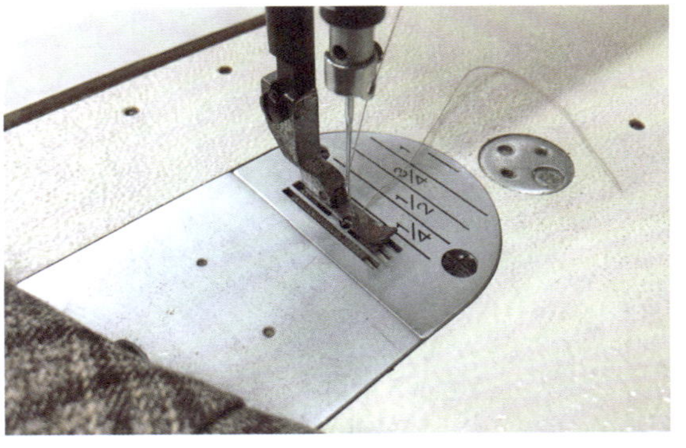

图2–2–27 换单边压脚

（3）装左边拉链。裙片正面朝上，将隐形拉链牙边对准裙片拉链处止口净缝线，稍微打开牙边，使缝线缉在牙边缝中，确保正面不露拉链，起落针需来回针（图2–2–28）。

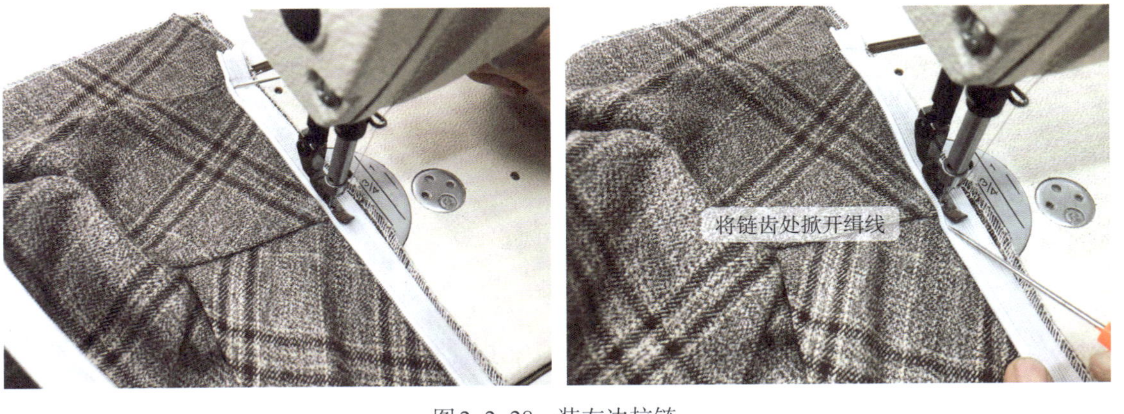

图2–2–28 装左边拉链

（4）装右边拉链。从相反方向起针，方法与装左边拉链相同。注意缉压时要稍带紧右边拉链，使左右拉链对位点对齐，如图2-2-29所示。

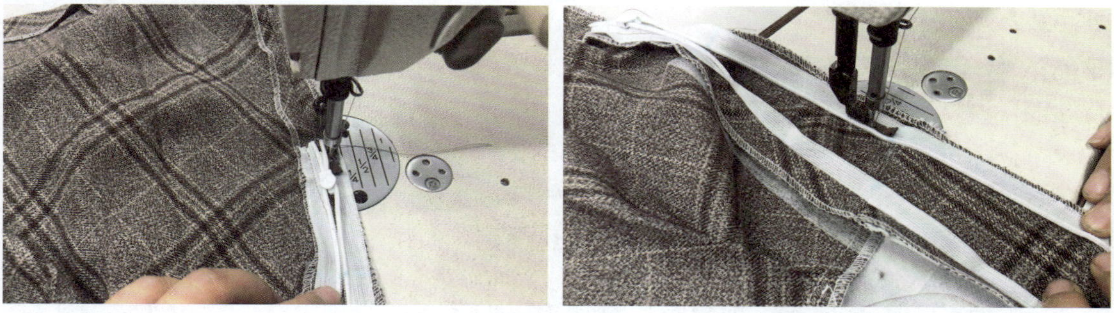

图2-2-29　装右边拉链

服装工艺小常识

缝制隐形拉链时，除较为常见的单边压脚外，企业一般会用到隐形拉链专用压脚。

（5）固定腰贴与拉链。将拉链顶端多余部分倒向裙片缝份，腰贴沿腰口线对折，反面朝上，缉线固定腰贴和拉链，如图2-2-30所示。

图2-2-30　固定腰贴与拉链

（6）拉链成品。拉链正反面效果如图2-2-31、图2-2-32所示。

图2-2-31　拉链正面

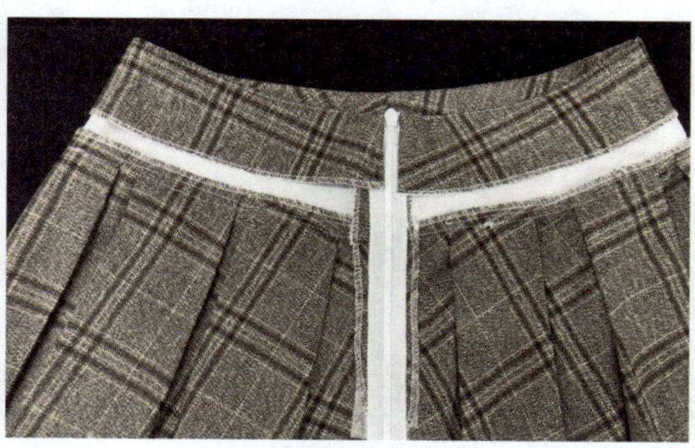

图2-2-32　拉链反面

12. 固定腰贴

将腰贴与裙片侧缝缝份手缝固定，防止腰贴外翻，如图2–2–33所示。

13. 裙摆挑三角针

裙摆按放缝量翻折扣烫，沿锁边线上下挑三角针，企业则用钩边机来完成这个步骤，如图2–2–34所示。

图2–2–33 固定腰贴

图2–2–34 裙摆挑三角针

14. 整烫

按面料的性能调节好蒸汽熨斗的温度，将百褶裙全部整烫好，熨斗的熨烫走向应与衣料的丝缕保持一致，以免裙子变形，如图2–2–35所示。

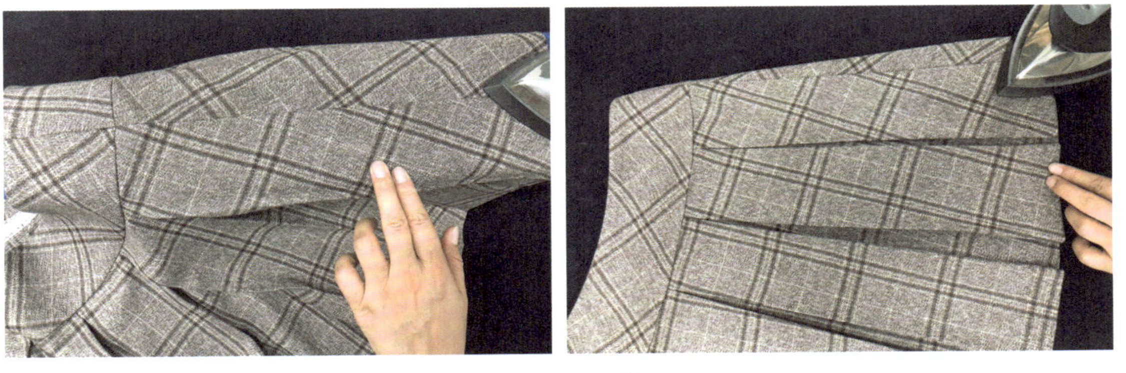

图2–2–35 整烫

15. 成品

成品效果正反面相同，如图2–2–36所示。

图2–2–36 成衣

五、知识拓展

半身裙褶皱变化

女性穿着的裙子造型设计丰富，款式千变万化，单由褶皱这一元素变化都可以产生不同的形态，几类裙子常见的褶皱变化如图2–2–37 ~ 图2–2–40所示。

图2-2-37　荷叶边褶裙

图2-2-38　碎褶裙

图2-2-39　百褶裙

图2-2-40　碎褶伞裙

六、巩固训练

C服饰有限公司接到D服饰有限公司的一批暗工字褶裙的生产任务，样衣制作通知单见表2-2-4，现在C服饰有限公司需要按照D服饰有限公司提供的样衣款式进行S码结构设计及样衣的制作。

表2-2-4　C服饰有限公司暗工字褶裙样衣制作通知单

<table>
<tr><td>编号</td><td>款号</td><td>下单日期</td><td rowspan="3">部位</td><td colspan="5">规格</td></tr>
<tr><td rowspan="2">YTXQ1002</td><td rowspan="2">百褶裙</td><td rowspan="2">年　月　日</td><td>155/68A</td><td>160/72A</td><td>165/76A</td><td>170/80A</td><td>175/84A</td></tr>
<tr><td>S</td><td>M</td><td>L</td><td>XL</td><td>XXL</td></tr>
<tr><td colspan="3" rowspan="6"></td><td>裙长</td><td>46</td><td>47</td><td>48</td><td>49</td><td>50</td></tr>
<tr><td>腰围</td><td>68</td><td>72</td><td>76</td><td>80</td><td>84</td></tr>
<tr><td>臀围</td><td>88</td><td>92</td><td>96</td><td>100</td><td>104</td></tr>
<tr><td colspan="6">备注：面料先缩水后再开裁</td></tr>
<tr><td colspan="6">工艺说明与技术要求
1.针距要求：14~15针/3cm
2.外观整洁，线路规整，无抽纱，无线头，无污迹，无破损及脱线等外观损伤
3.裙子各裁片的经纬纱向准确
4.工字褶熨烫造型顺直、平整，定型效果良好
5.隐形拉链：左右高低一致，拉链不能外露、豁开，拉链下端封口平服
6.裙腰头边沿止口不反吐，左右高低一致
7.裙摆手针挑三角针线迹均匀、平整，不外露</td></tr>
<tr></tr>
<tr><td colspan="3">款式特征概述
百褶裙长度及膝，中腰位无腰头，裙身做纵向褶裥设计，前后片各3个褶，褶呈规律工字褶状，右侧装隐形拉链，腰口做贴边，内里做活动式裙衬，底摆处做三角针固定</td><td colspan="3">面料：精仿羊毛暗纹面料</td><td colspan="3">辅料：里料、黏合衬、隐形拉链、配色线</td></tr>
<tr><td>制单</td><td>张三</td><td>工艺审核</td><td>李四</td><td colspan="2">审核日期</td><td colspan="3">年　月　日</td></tr>
</table>

七、任务评价

百褶裙评价见表2-2-5。

表2-2-5 百褶裙评价表

评价项目	评价内容	序号	评价标准	分值	评价方式				备注
					自评	互评	师评	企业评	
知识技能目标（80分）	规格（20分）	1	裙长规格正确，不超偏差±1cm	10					
		2	腰围规格正确，不超偏差±2cm	10					
	收褶（10分）	3	工字褶扣烫顺直、平整，熨烫定型效果好	10					
	育克分割（10分）	4	育克分割圆顺、平服，前后对称	10					
	隐形拉链（10分）	5	腰口处平齐，长短一致	5					
		6	拉链正面隐形，无外露	5					
	底摆（10分）	7	卷边宽窄一致，平服不起扭	10					
	缝份（10分）	8	侧缝、后中缝顺直平服	10					
	外观造型（10分）	9	成品外观与款式相符，整洁无线头	5					
		10	各部位无脱、露、毛边、污迹、极光、烫黄现象	5					
情感目标（20分）	岗位问题处理能力（7分）	11	具有客户信息分析及处理的能力	2					
		12	具有制订计划并合理实施的能力	3					
		13	具有实施过程中独立思考及解决问题的能力	2					
	团队合作创新能力（8分）	14	具有团队合作意识和创新能力	3					
		15	具有按时完成任务、高效工作的能力	5					
	工匠精神（5分）	16	具有精益求精、追求卓越的工匠精神	5					
合计				100					

任务三　背带裙缝制工艺

任务导入

A服饰有限公司接到童装背带裙100\110\120\130\140每个码各100条的订单，生产单上有详细要求和具体尺寸。为了更好地合作洽谈，本部门需先制作背带裙120码的样衣，制作要求见表2-3-1。

表2-3-1　A服饰有限公司背带裙样衣制作通知单

<table>
<tr><td>编号</td><td>款号</td><td>下单日期</td><td rowspan="2">部位</td><td colspan="5">规格</td></tr>
<tr><td>TZ141300</td><td>背带裙</td><td>年　月　日</td><td>100</td><td>110</td><td>120</td><td>130</td><td>140</td></tr>
<tr><td colspan="3" rowspan="6">
</td><td>裙长</td><td>61</td><td>65</td><td>69</td><td>73</td><td>77</td></tr>
<tr><td>胸围</td><td>60</td><td>64</td><td>68</td><td>72</td><td>76</td></tr>
<tr><td>腰围</td><td>58</td><td>62</td><td>66</td><td>70</td><td>74</td></tr>
<tr><td>背带长</td><td>48</td><td>50</td><td>52</td><td>54</td><td>56</td></tr>
<tr><td colspan="6">备注：面料先缩水后再开裁</td></tr>
<tr><td colspan="6">工艺说明与技术要求
1.针距要求：14~15针/3cm
2.外观整洁，线路规整，无抽纱，无线头，无污迹，无破损及脱线等外观损伤
3.贴袋左右对称，袋角圆顺，明线宽窄一致，止口圆顺
4.裙摆褶裥分布均匀，底边无起涟，贴边折转宽窄一致，缉线顺直
5.装腰宽窄一致，橡皮筋长短适宜
6.背带平整，宽窄一致，缉线顺直，背带里不反吐
7.锁眼精致，针脚均匀，长短一致；钉扣牢固，位置准确</td></tr>
<tr><td colspan="3">款式特征概述
此款背带裙为童装，裙摆为三层蛋糕裙，前胸装圆角贴袋，两根平行背带，前胸扣纽扣，后腰装松紧带</td><td colspan="6">面料：灯芯绒面料、涤棉混纺类色织或提花面料、纯棉面料等均可
辅料：缝线、纽扣、松紧带
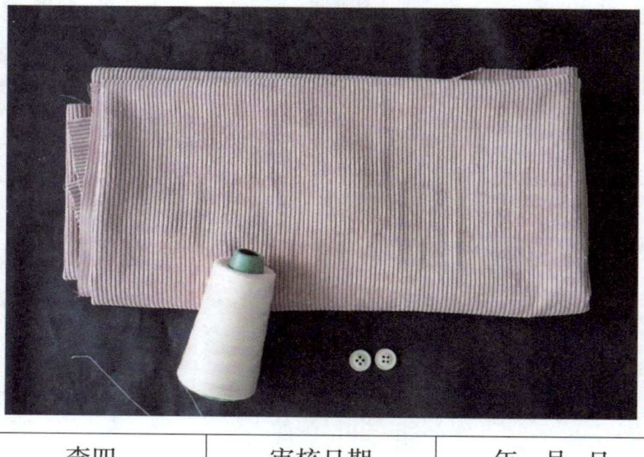</td></tr>
<tr><td>制单</td><td>张三</td><td>工艺审核</td><td colspan="2">李四</td><td colspan="2">审核日期</td><td colspan="2">年　月　日</td></tr>
</table>

任务要求

1. 掌握童装背带裙工业样板的排料、画样、裁剪、熨烫等技术。
2. 掌握背带裙的制作方法和技巧。
3. 掌握背带裙质量的检测。
4. 掌握背带裙生产工艺单的编写。

任务准备

背带裙工业样板（纸样）清单见表2-3-2。

表2-3-2 背带裙工业样板（纸样）清单

毛样板名称	数量	毛样板名称	数量	净样板名称	数量
前胸片	1	贴袋	1	贴袋	1
上裙片	1	背带	1		
中裙片	1	腰头	2		
下裙片	1				

任务实施

一、任务分析

从给出的工艺通知单可知，此款背带裙为童装，款式特点是：裙摆为三层蛋糕裙，前胸装圆角贴袋，两根平行背带，前胸扣纽扣，后腰装松紧。

缝制工艺重点、难点：装贴袋、合裙片、做背带。

二、裁片裁剪图

背带裙裁片裁剪图如图2-3-1所示。

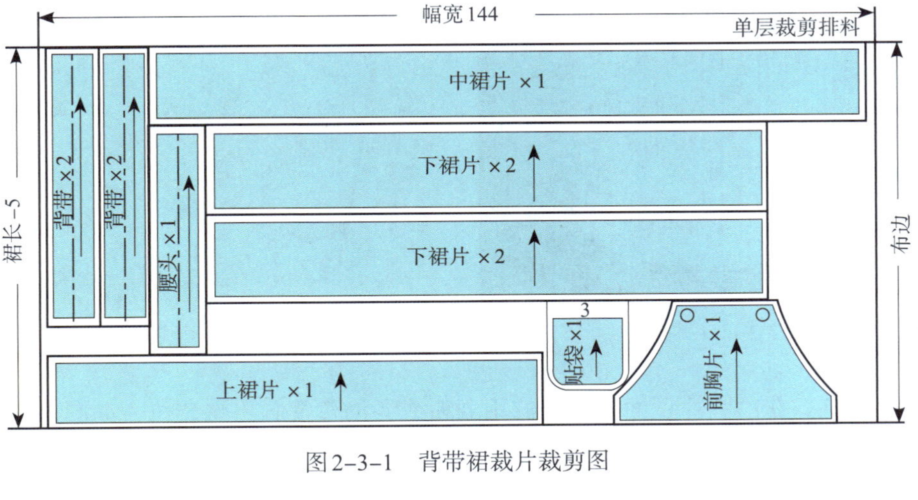

图2-3-1 背带裙裁片裁剪图

温馨提示：

1. 用料估算：面料幅宽 144cm，使用量为裙长 −5cm。

2. 本款裙子采用单层排料更省面料，同时由于它是采用灯芯绒面料制作的，因此排料时要注意面料的倒顺毛方向。

三、工艺流程

检查裁片→做、装胸贴袋→缝制前胸片→缝制裙片→缝制背带→做、装腰头→锁眼、钉纽→整烫

四、缝制工艺

1. 检查裁片

核实裁片，数量见表2–3–3。

表2–3–3　背带裙裁片清单

裁片名称	数量	裁片名称	数量
前胸片面	1	前胸片里	1
上裙片	1	贴袋	1
中裙片	1	背带	2
下裙片	2	腰头	1

2. 做、装胸贴袋

（1）烫贴袋。将贴袋按照净样将缝份熨烫到贴袋反面，如图2–3–2所示。

（2）缉贴袋上口。沿着贴袋上口缝份缉1.5cm，如图2–3–3所示。

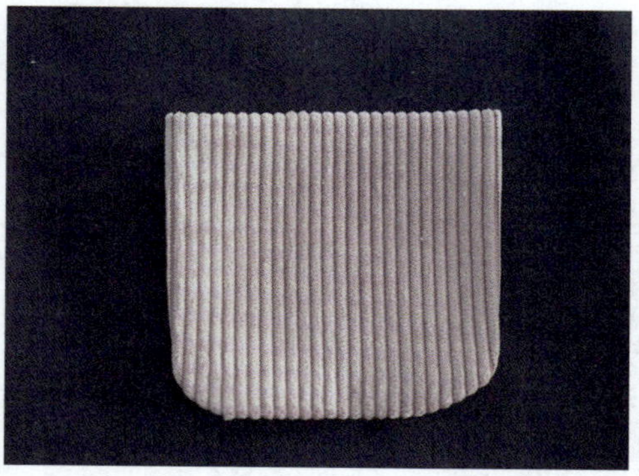

图2–3–2　烫贴袋

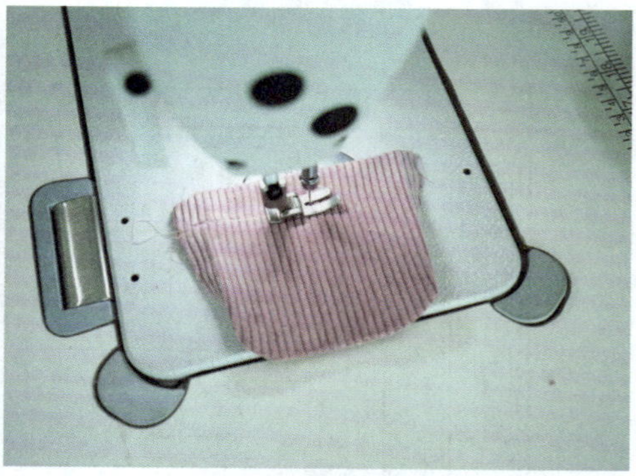

图2–3–3　缉贴袋上口

（3）定袋位。在前胸片正面将贴袋位用划粉或者消色笔画出贴袋位，如图2–3–4所示。

（4）装贴袋。将贴袋放置在贴袋位，然后沿着贴袋三边缉0.1cm止口，如图2–3–5所示。

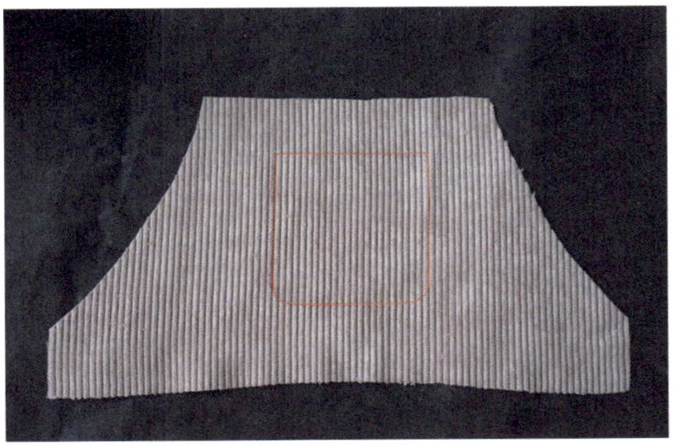

图2-3-4 定袋位

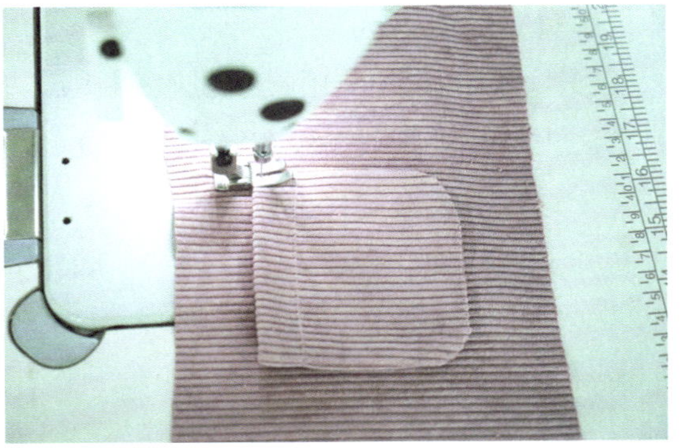

图2-3-5 装贴袋

3.缝制前胸片

（1）缝合前胸片面和里。将前胸片里与前胸片面正面相叠，将前胸片侧边和上口平缝车1cm缝线，如图2-3-6所示。

（2）修剪前胸片。将前胸片缝头均匀地修剪成0.5cm，如图2-3-7所示。

图2-3-6 缝合前胸片面和里

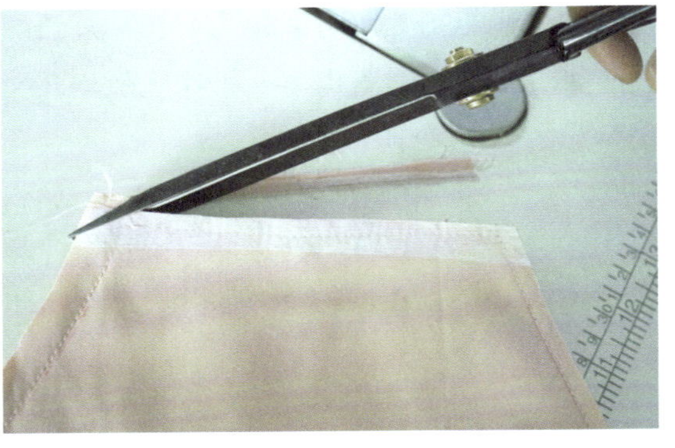

图2-3-7 修剪前胸片

（3）翻转前胸片。将前胸片翻转至正面并熨烫平整，熨烫时要注意里外均匀，前胸片里不可反吐，如图2-3-8所示。

（4）固定前胸片下口。将前胸片面与里对齐，缉0.5cm缝头固定面和里，如图2-3-9所示。

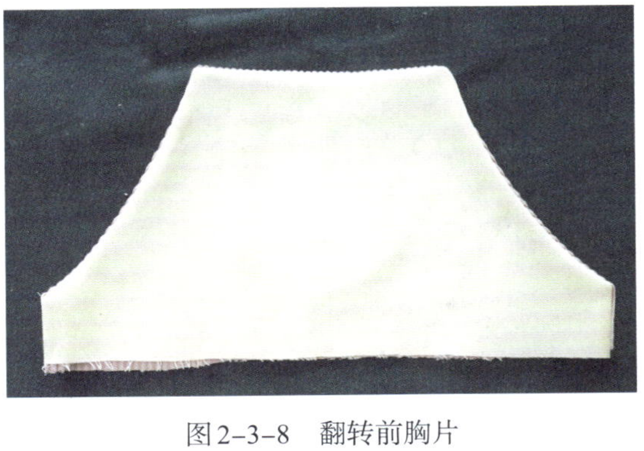

图2-3-8 翻转前胸片

图2-3-9 固定前胸片下口

4.缝制裙片

（1）缉裙摆底边。用卷边压脚将裙摆底边缝份折转两次，沿内侧缉0.1cm止口（图2-3-10）。

（2）缉裙片碎褶。衣车针距调至最大后，将上、中、下三层裙片上口缉0.5cm，然后将裙片上口收紧，上裙片上口长度收成衣片腰身的长度；中裙片上口收成上裙片下口的长度；下裙片上口收成中裙片下口的长度，如图2-3-11所示。

图2-3-10　缉裙摆底边

图2-3-11　缉裙片碎褶

（3）拼合裙片。将下裙片与中裙片正面相叠，下裙片上口与中裙片下口缝份对齐，缉1cm缝头；再将中裙片与上裙片正面相叠，中裙片上口与上裙片下口缝份对齐，缉1cm缝头，如图2-3-12所示。

图2-3-12　拼合裙片

（4）合侧缝。裙片正面朝外反折，侧缝对齐，缉1cm缝头，如图2-3-13所示。

图2-3-13　合侧缝

5.缝制背带

（1）缝合背带。背带反折，两侧对齐，将背带侧边与前端缉1cm缝头（图2-3-14）。

（2）缉背带明线。将背带翻到正面，熨烫平整，然后沿着背带两侧与前端缉0.8cm明止口，如图2-3-15所示。

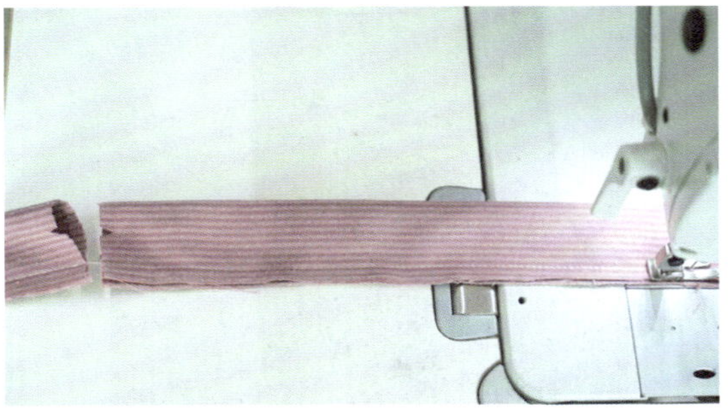

图2-3-14 缝合背带

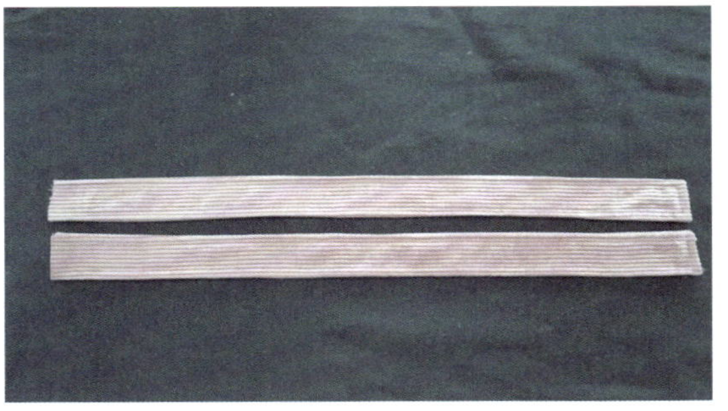

图2-3-15 缉背带明线

6.做腰头、装腰头

（1）做腰头。腰头正面朝外对折，将松紧带夹在腰头中间，缉线固定松紧带两端腰头下口，如图2-3-16所示。

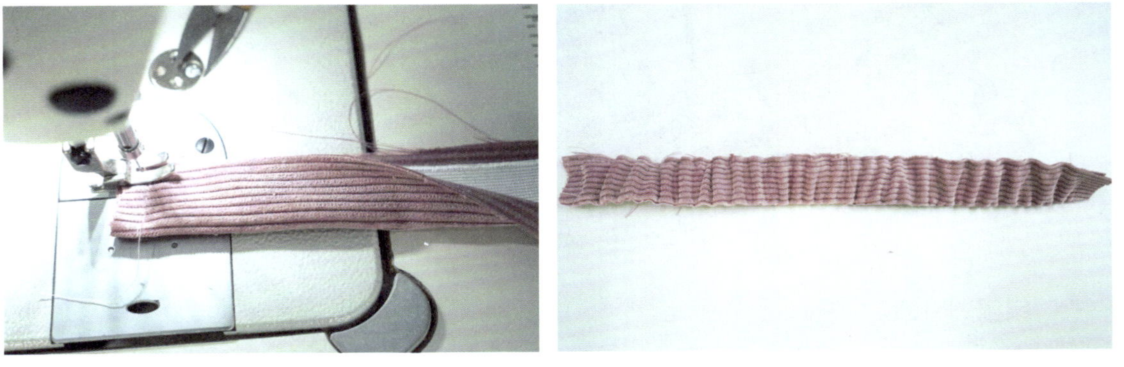

图2-3-16 做腰头

（2）缝合腰头与前胸片。前胸片面与前胸片里的腰侧正面相叠，将腰头两侧夹在其中，缝头对齐，缉1cm，然后将腰头拉平，前胸片翻正，如图2-3-17所示。

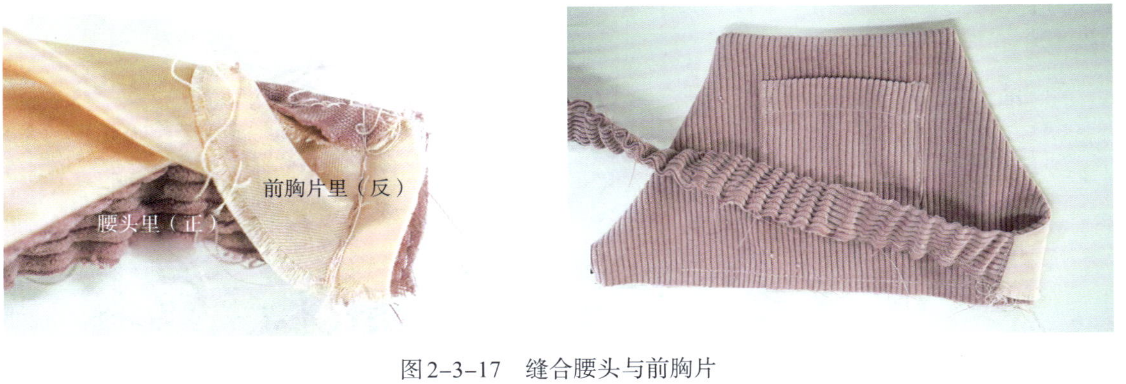

图2-3-17 缝合腰头与前胸片

（3）装腰头。将腰头、前胸片与裙片腰口对齐，正面与正面相叠，沿腰口缉线1圈，缝头1cm，如图2-3-18所示。

（4）固定背带。将背带放在装腰位置，背带后端缝头与腰头对齐，缉1cm缝头，如图2-3-19所示。

图2-3-18　装腰头

图2-3-19　固定背带

（5）固定腰口与背带。将背带翻正，缉0.5cm明止口固定腰口与背带（图2-3-20）。

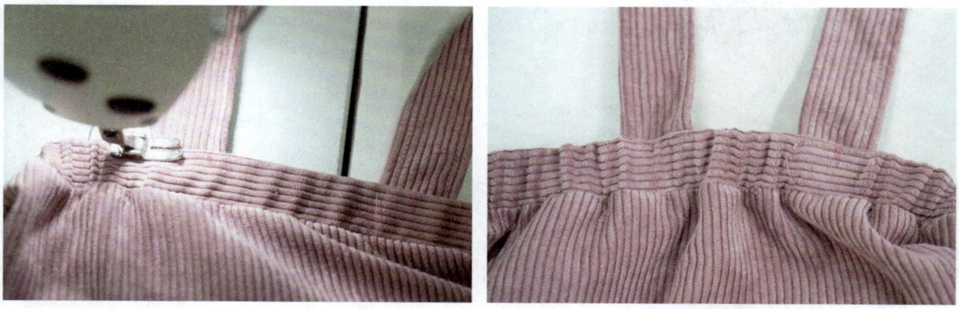

图2-3-20　固定腰口与背带

7.锁眼、钉纽

（1）定扣眼位。在背带前端位置画好扣眼位置，扣眼的大小可以按扣子的直径加0.2～0.3 cm，如图2-3-21所示。

（2）锁扣眼。根据扣眼的位置，在背带前端采用机器或手缝的方式进行锁眼，如图2-3-22所示。

图2-3-21　定扣眼位

图2-3-22　锁扣眼

（3）钉纽扣。扣子钉在前胸片面纽扣位置，如图2-3-23所示。

图2-3-23 钉纽扣

8. 整烫

（1）按面料的性能调节好蒸汽熨斗的温度，整烫背带裙，如图2-3-24所示。

（2）最后效果呈现如图2-3-25～图2-3-27所示。

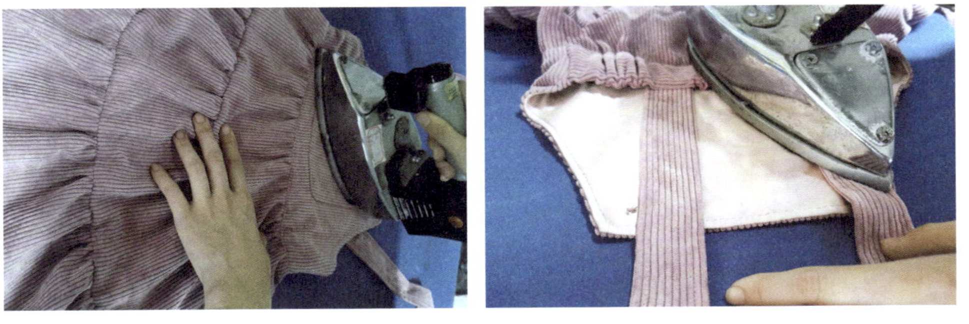

图2-3-24 整烫

图2-3-25 成品（正面）

图2-3-26 成品（侧面）

图2-3-27 成品（背面）

五、知识拓展

背带裙部件缝制工艺

1.成品图（图2-3-28）

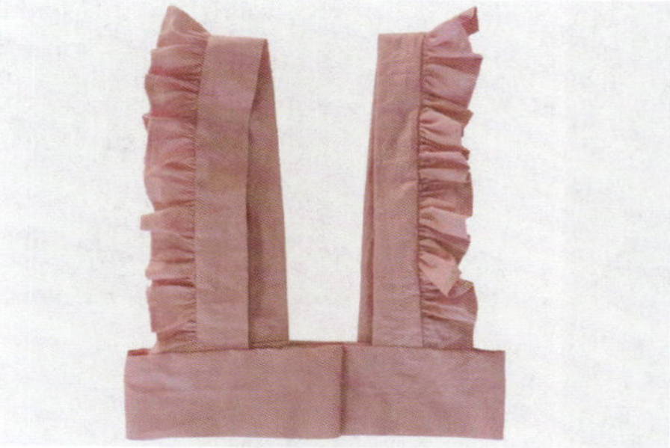

图2-3-28　花边背带

2.部件规格

内侧背带宽4cm，花边宽4cm。

3.材料准备

花边 ×2，背带 ×2，衣片 ×2。

4.工艺流程

做缝制标记→缉花边外止口→收花边褶裥→缝合花边与背带→翻转、熨烫背带与花边→固定背带与衣片→缝合背带与衣片

5.缝制工艺步骤

（1）做缝制标记。根据需要在门、里襟止口处烫衬，并在领口及底摆用画粉或眼刀的方式做好标记，以便扣烫及缝制时用于定位，如图2-3-29所示。

（2）缉花边外止口。将花边外口折转2次，净宽0.4cm，缉0.1cm明止口，如图2-3-30所示。

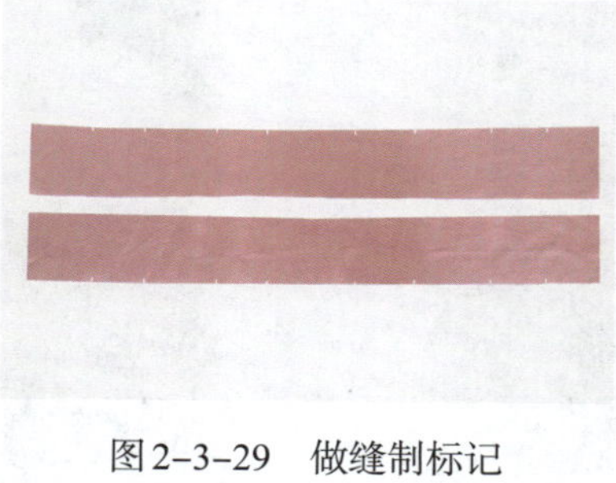

图2-3-29　做缝制标记

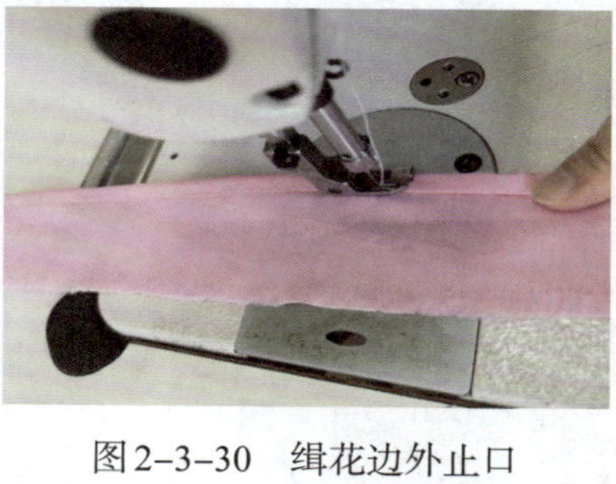

图2-3-30　缉花边外止口

温馨提示：

花边卷边宽窄要一致，缉线宽窄一致，不可出现漏落针，不能出现起涟行的现象。

（3）收花边褶裥。将衣车的针距调至最大，沿着花边内口缉0.6cm缝头，缉线时，食指顶住压脚后侧的花边，让花边形成细碎的褶裥印迹，然后将缝线拉紧，让花边收缩，形成均匀的细碎褶裥，如图2-3-31所示。

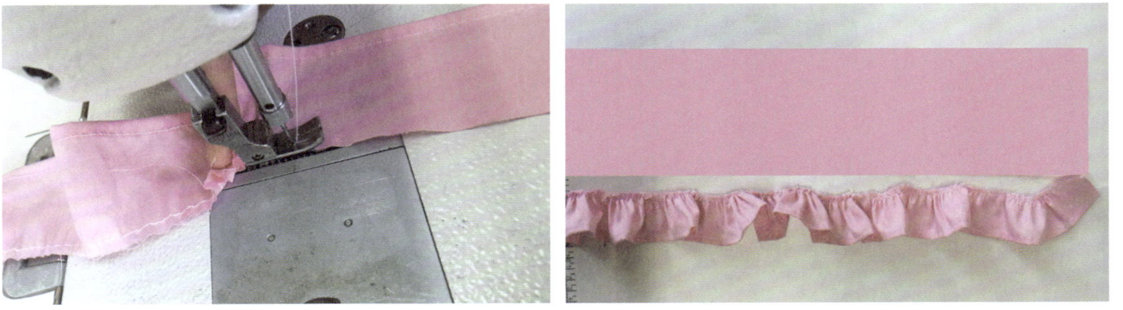

图2-3-31 收花边褶裥

（4）缝合花边与背带。将背带反面朝外对折，然后将花边夹入背带中，背带的缝份与花边缝份对齐，缝1cm缝头，如图2-3-32所示。

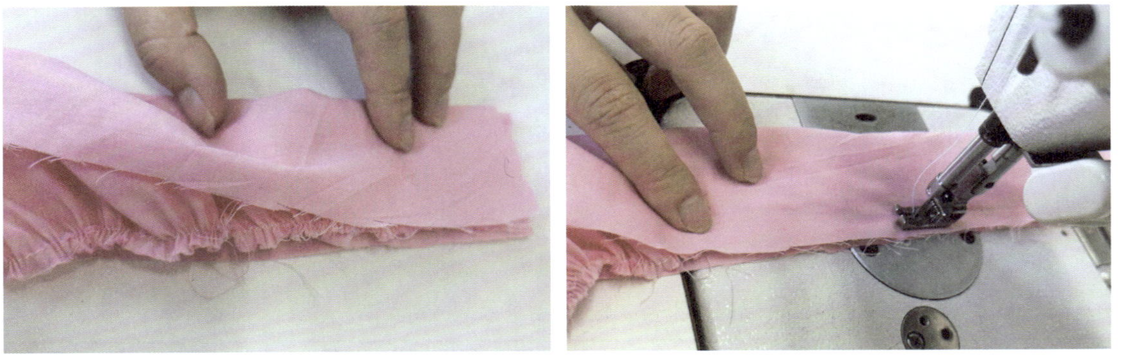

图2-3-32 缝合花边与背带

（5）翻转、熨烫背带与花边。将背带翻转到正面，整理好花边后将背带与花边进行熨烫，如图2-3-33所示。

（6）固定背带与衣片。将背带放置在衣片里正面背带跟衣片上的对位标记处，缉0.6cm缝头固定，如图2-3-34所示。

图2-3-33 翻转、熨烫背带与花边

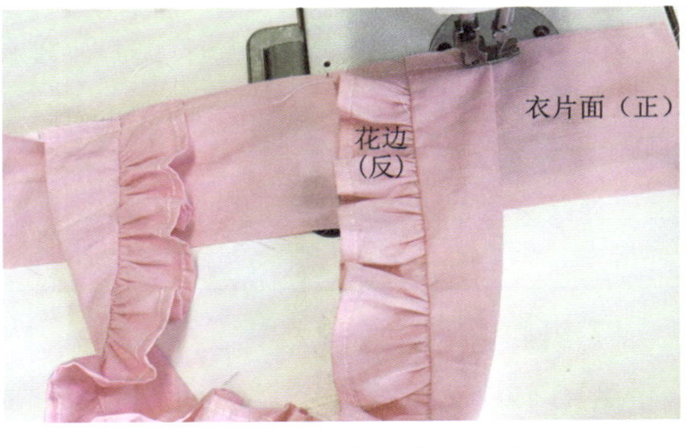

图2-3-34 固定背带与衣片

（7）缝合背带与衣片。将衣片面与背带正面相叠，沿着衣片两端及上口缝合1cm缝头，如图2-3-35所示。

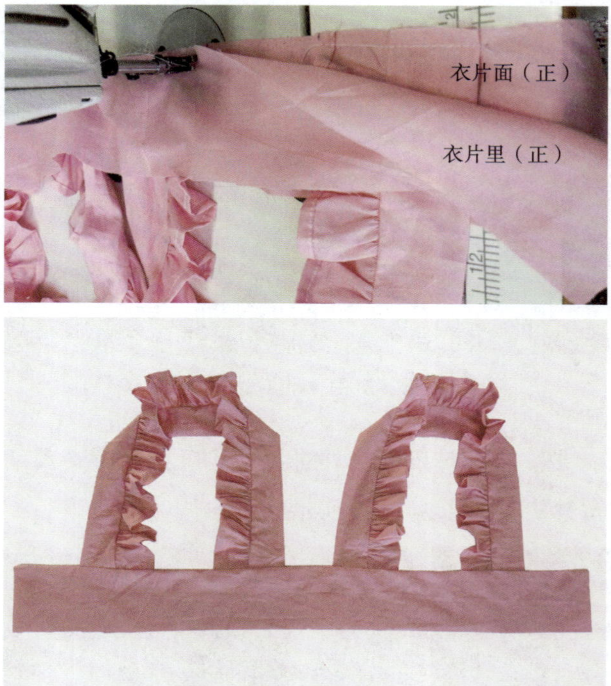

图2-3-35　缝合背带与衣片

6. 任务要求及评分标准（表2-3-4）

表2-3-4　任务要求及评分标准

评价内容	序号	评价标准	分值	评价方式			
				自评	互评	师评	企业评
背带	1	花边外止口顺直，明线宽窄一致，无涟形	25				
	2	花边收碎褶均匀，长短与背带一致	20				
	3	背带平整，宽窄一致	25				
拼合衣片与背带	4	背带与衣片缝合位置准确，无偏移	10				
	5	衣片缝合平整，门里襟位置顺直，转角方正	20				
小计			100				
合计							

7. 巩固训练

（1）以个人形式进行实践训练。

（2）学习花边背带的制作方法，自行练习2～3遍，直到掌握为止。

六、任务评价

背带裙评价见表2-3-5。

表2-3-5 背带裙评价表

部位	序号	标准与分值	分值	评价方式				备注
				自评	互评	师评	企业评	
规格（20分）	1	裙长规格正确，不超偏差±1cm	5					
	2	腰围规格正确，不超偏差±2cm	5					
	3	臀围规格正确，不超偏差±2cm	5					
	4	裙摆规格正确，不超偏差±1cm	5					
衣身（15分）	5	衣身面、里松紧适宜，止口不外吐	5					
	6	衣身正面缉线顺直，无跳针、无接线	5					
	7	贴袋左右对称，袋角圆顺，明线宽窄一致，止口圆顺	5					
裙身（15分）	8	三层分割线分布均匀，每层宽窄一致，拼接合理	5					
	9	分割线抽褶均匀，符合尺寸要求	5					
	10	裙摆卷边宽窄一致，缉线顺直，无跳针、无落坑、无起涟等现象	5					
腰头（10分）	11	装腰宽窄一致，对位准确	5					
	12	腰头橡筋长短适宜，符合成品规格	5					
背带（15分）	13	背带平整，宽窄一致	5					
	14	背带缉线顺直，针距要求：14~15针/3cm	5					
	15	背带里比面略窄0.1cm，止口不反吐	5					
锁眼、钉纽（10分）	16	锁眼精致，针脚均匀，长短一致	5					
	17	钉扣牢固，位置准确	5					
整洁、牢固（15分）	18	整件产品外观整洁干净，无毛边、无破损及脱线等外观损伤	5					
	19	整件产品无跳针、浮线、粉印	5					
	20	线路规整，无抽纱，无线头，熨烫无污渍	5					
合计			100					

七、巩固训练

某服饰有限公司接到订单，制作一批牛仔裙，订货方提供样衣制作通知单见表2-3-6。

表2-3-6　某服饰有限公司背带裙样衣制作通知单

编号	款号	下单日期
CR3213	背带裙	年　月　日

部位	规格				
	XS	S	M	L	XL
裙长	72	74	76	78	80
腰围	68.5	71	73.5	76	78.5
臀围	85	87.5	90	92.5	95
腰高	4.5	4.5	4.5	4.5	4.5

备注：面料先缩水后再开裁

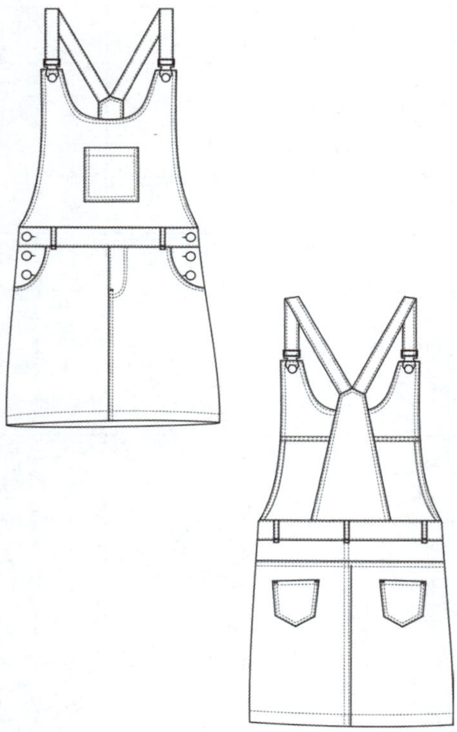

工艺说明与技术要求

1.针距要求：14~15针/3cm；全件不能接线

2.背带3cm宽，长短、宽窄一致，定位准确

3.前袋做法跟板，口袋有双明线装饰，线距跟板，不能跳针或有接线现象

4.做腰头：扣烫精准定型，腰头宽窄顺直一致，装腰处腰头里比腰头面多烫出0.1cm

5.绱腰头：压明线时不漏线，腰头无涟形，腰头装拉链处两端左右高低一致

6.裙摆底摆卷边宽窄一致，缉线顺直

7.熨烫无焦黄、无极光、无水花、无污渍等

8.车缝线：底面线松紧适宜，无串珠，无起涟，面线无接线、无跳针

面料：牛仔布

辅料：工字纽、拉链、撞钉、环挂勾扣

款式特征概述

此款背带裙的款式特点是装腰，前胸处有一个方形贴袋，压明线装饰；上端装背带2条，有2个葫芦扣挂钩，背带可调节长短；裙身为直筒裙

制单	张三	工艺审核	李四	审核日期	年　月　日

任务四　连衣裙缝制工艺

任务导入

A服饰有限公司委托B纺织科技有限公司为其定制100件连衣裙，并提供效果图和尺寸。B纺织有限公司为了向客户展示最佳成衣效果，以便公司业务洽谈和下一步工作开展，需先制作连衣裙M码的样衣，制作要求见表2-4-1。

表2-4-1 B纺织科技有限公司连衣裙样衣制作通知单

编号	款号	下单日期
LYQ3003	连衣裙	年 月 日

部位	规格				
	155/76A	160/80A	165/84A	170/88A	175/92A
	XS	S	M	L	XL
裙长	94	95	96	97	98
腰长	35.8	36.4	37	37.6	38.2
胸围	82	86	90	94	98
腰围	66	70	74	78	82
袖长	18	19	20	21	22
袖口	28	29	30	31	32
肩宽	34	35	36	37	38

备注：面料先缩水后再开裁

工艺说明与技术要求

1. 针距要求：14~15针/3cm
2. 外观整洁，线路规整，无抽纱，无线头，无污迹，无破损及脱线等外观损伤
3. 腰省省尖熨烫平服，无起泡、酒窝现象
4. 隐形拉链：左右高低一致，拉链不能外露、豁开，拉链下端封口平服
5. 领圈弧线圆顺，领口贴边不反吐
6. 袖子圆顺饱满，袖口折边均匀
7. 裙摆不起扭

面料：棉绸布、纯棉、天丝棉、麻料等透气吸汗面料均可

辅料：黏合衬、隐形拉链、配色线

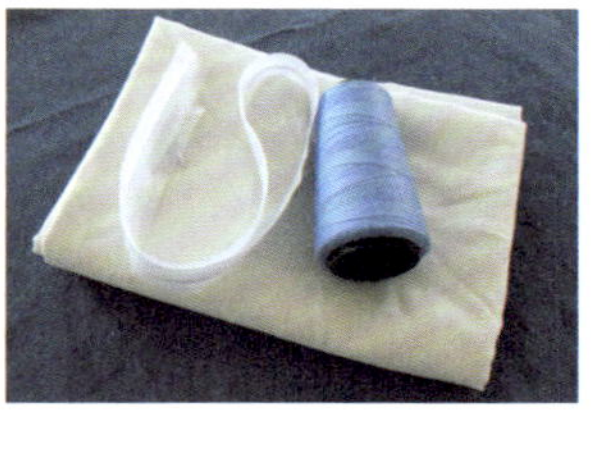

款式特征概述

此款为断腰式连衣裙，圆领装领贴，短袖，袖口处做折边，前、后衣身左右各收一个腰省，下摆为波浪摆，后中缝装隐形拉链

制单	张三	工艺审核	李四	审核日期	年 月 日

任务要求

1. 掌握连衣裙工业样板的排料、画样、裁剪、熨烫等技术。
2. 掌握连衣裙的制作方法和技巧。
3. 掌握连衣裙质量的检测。
4. 掌握连衣裙生产工艺单的编写。

任务准备

连衣裙工业样板（纸样）清单见表2-4-2所示。

表2-4-2　连衣裙工业样板（纸样）清单

毛样板名称	数量	毛样板名称	数量
前衣片	1	袖片	2
后衣片	2	前领贴	1
前裙片	1	后领贴	2
后裙片	2		

任务实施

一、任务分析

从给出的工艺通知单可知，此款为断腰式连衣裙，圆领装领贴，短袖，袖口处做折边，前、后衣身左右各收一个腰省，下摆为波浪摆，后中缝装隐形拉链。

缝制工艺重点、难点：装领贴、装隐形拉链。

二、裁片裁剪图

165/84A连衣裙裁片裁剪图如图2-4-1所示。

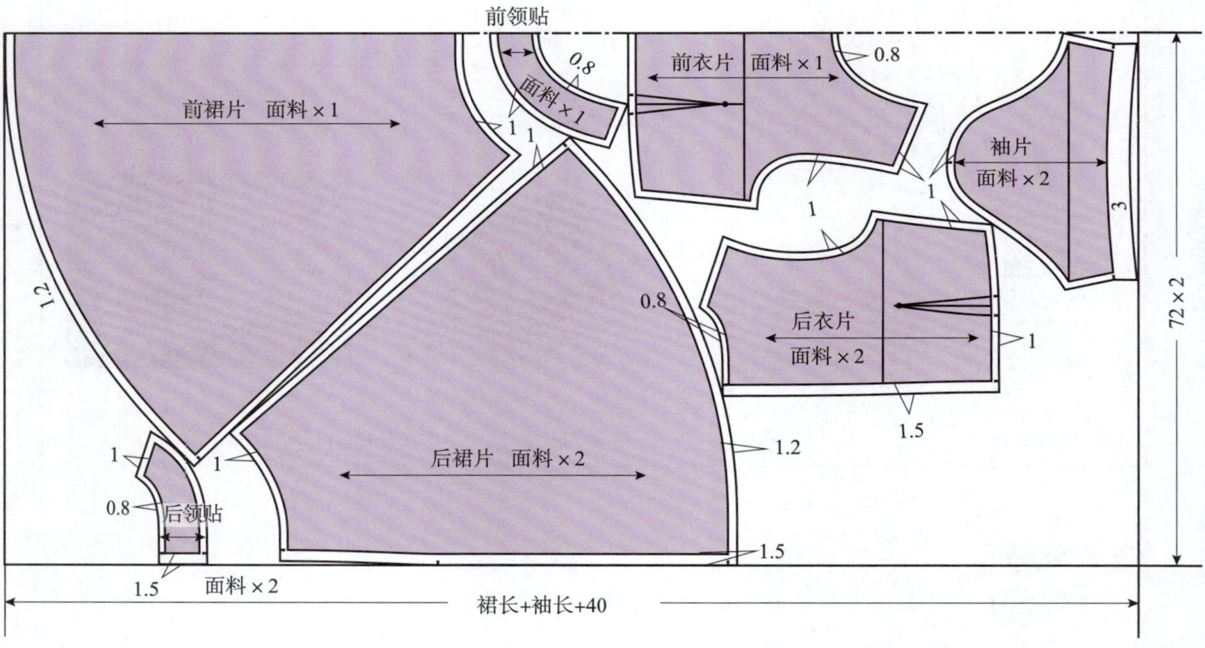

图2-4-1　165/84A连衣裙裁片裁剪图

温馨提示：

1. 用料估算：面料使用量与面料的幅宽、裙长、摆围以及零部件的形态等因素有关。

幅宽（144cm）：裙长 + 袖长 +40cm。

2. 排料的原则：排列紧凑，减少空隙；先大后小，紧密套排；大小搭配，缺口合拼。

3. 排料时注意前衣片、前裙片、前领贴必须对折裁剪。

三、工艺流程

检查裁片→做缝制标记→裁片锁边→收前、后片腰省→烫前、后片腰省→合肩缝并锁边→拼合前、后领贴及烫领贴肩缝→装、烫并固定领贴→合前、后衣片侧缝并锁边→合前、后裙片侧缝并锁边→做袖→装袖并锁边→拼合衣身、裙摆→拼合后中→装隐形拉链→缉底边→整烫→成品

四、缝制工艺

1. 检查裁片

检查裁片，核实裁片数量，见表2-4-3。

表2-4-3 连衣裙裁片清单

裁片名称	数量	裁片名称	数量
前衣片	1	前领贴	1
后衣片	2	后领贴	2
前裙片	1	前领贴黏合衬	1
后裙片	2	后领贴黏合衬	2
袖片	2		

2. 做缝制标记（对位标记、画省、粘衬）

根据需要在前后片腰省、腰头处，用钻眼、划粉或眼刀等方式做好标记，以便缝制时用于定位，西服裙应在以下部位做好缝制标记。

（1）前、后衣片画腰省，如图2-4-2、图2-4-3所示。

图2-4-2 前衣片

图2-4-3 后衣片

（2）前、后裙片做对位标记，如图2-4-4、图2-4-5所示。

图2-4-4　前裙片

图2-4-5　后裙片

（3）袖片、衬料做对位标记，如图2-4-6、图2-4-7所示。

（4）前、后领贴做对位标记，在反面烫黏合衬，如图2-4-8、图2-4-9所示。

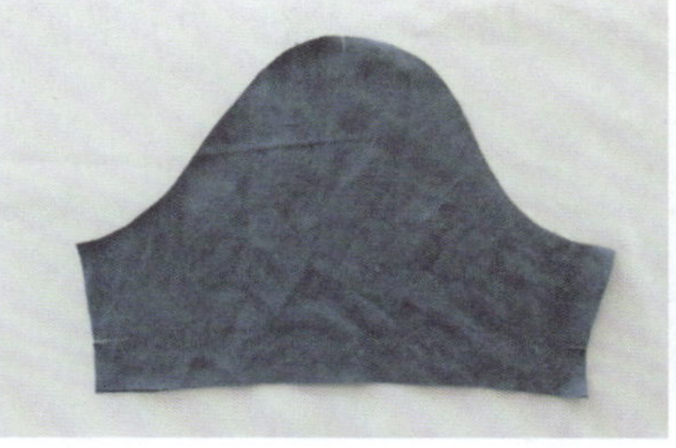

图2-4-6　袖片

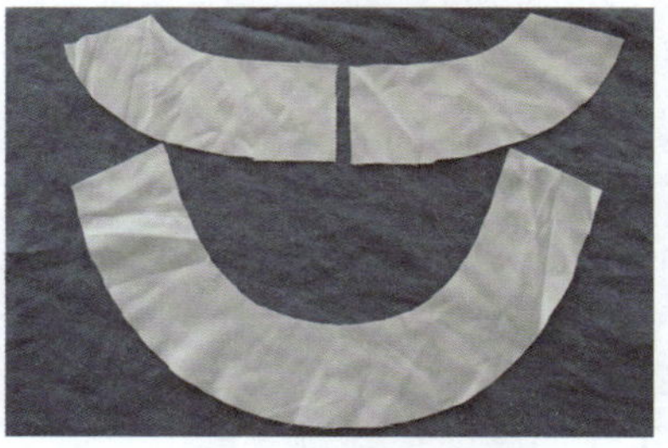

图2-4-7　衬料

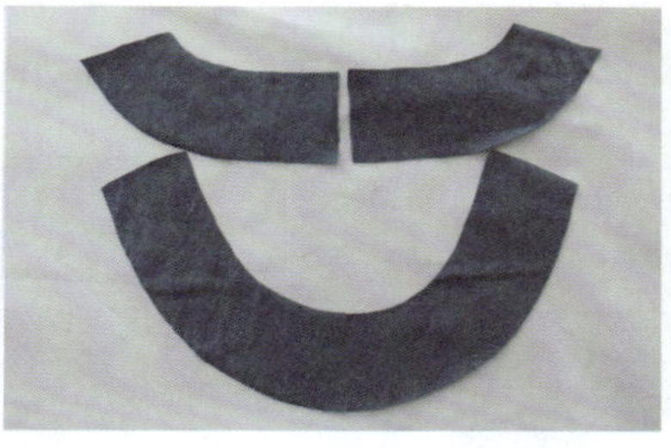

图2-4-8　前、后领贴

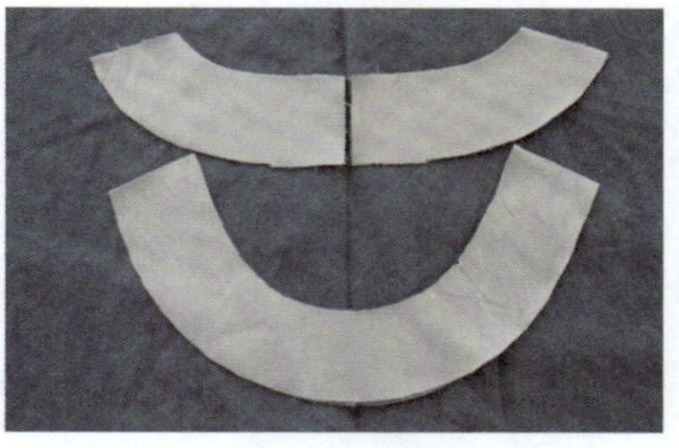

图2-4-9　前、后领黏合衬

3.裁片锁边

前、后领贴，裙底摆锁边，如图2-4-10所示。注意肩缝、侧缝、腰缝、袖底缝等部位需边做边锁边。

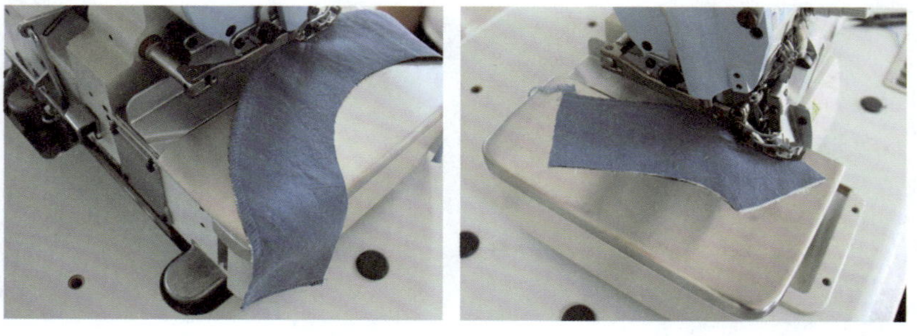

图2-4-10　锁边

4.收前、后片腰省

将衣片前片正面相对，折合省中线，对准省位，由省根缉线至省尖。注意省根处打回针，省尖处不回针，留3cm线头打结，防止省尖松落。后片方法相同，如图2-4-11、图2-4-12所示。

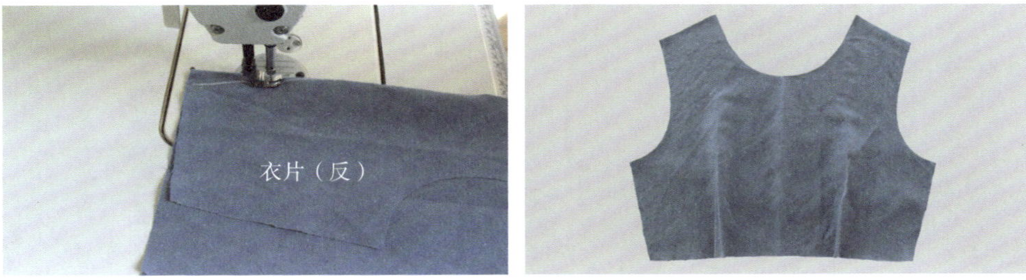

图2-4-11 缉前衣片腰省

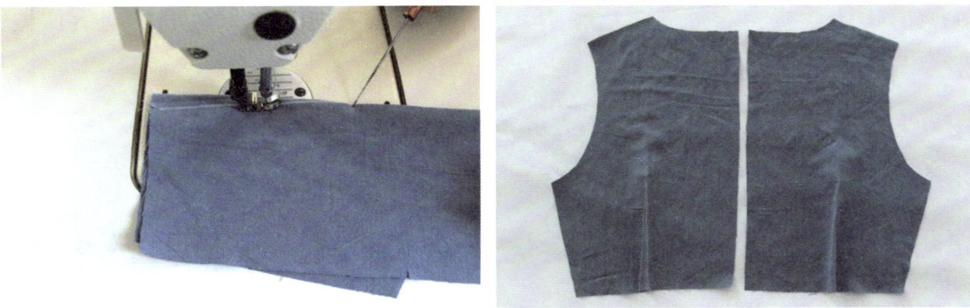

图2-4-12 缉后衣片腰省

5.烫前、后片腰省

前、后衣片反面朝上，熨烫腰省时前片省缝倒向前中，后片省缝倒向后中，由省根向省尖烫，注意省尖处应扒开，熨烫无褶皱，平服，如图2-4-13、图2-4-14所示。

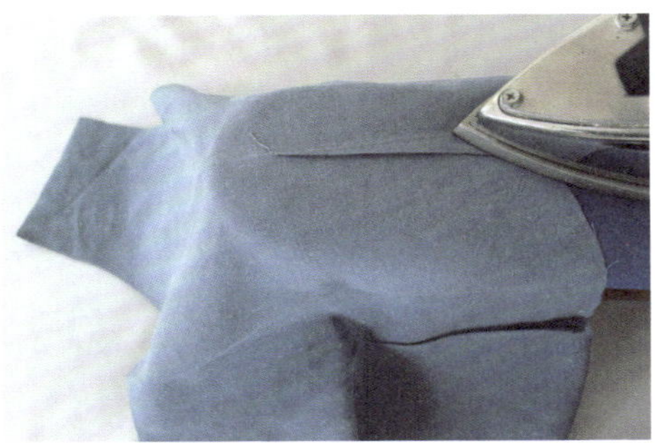

图2-4-13 烫前衣片腰省

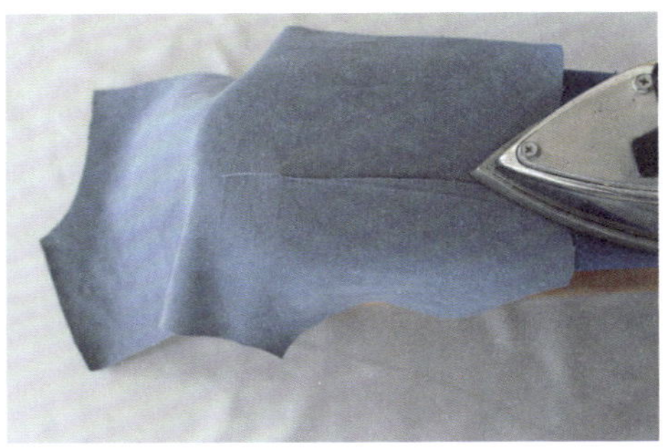

图2-4-14 烫后衣片腰省

企业工匠小技巧

一般来说，企业在熨烫时，省的倒向是有规律的，如前、后腰省分别向前、后中烫倒，腋下省向袖窿烫倒。

6. 合肩缝并锁边

（1）合肩缝。将前、后衣片正面相对，肩缝对齐，缉1cm缝份，注意缝份宽窄一致，起针与落针时要求来回针，如图2-4-15所示。

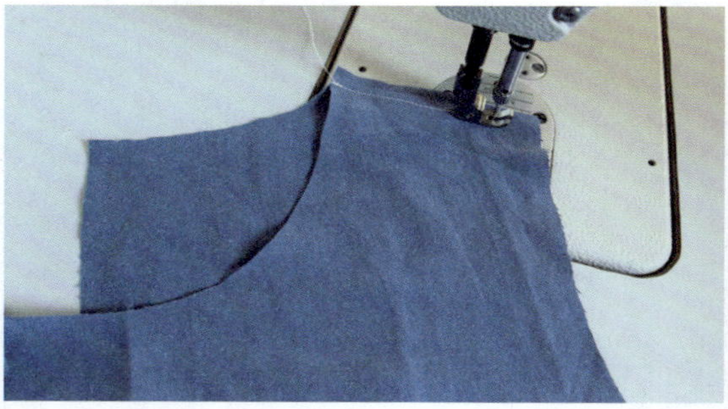

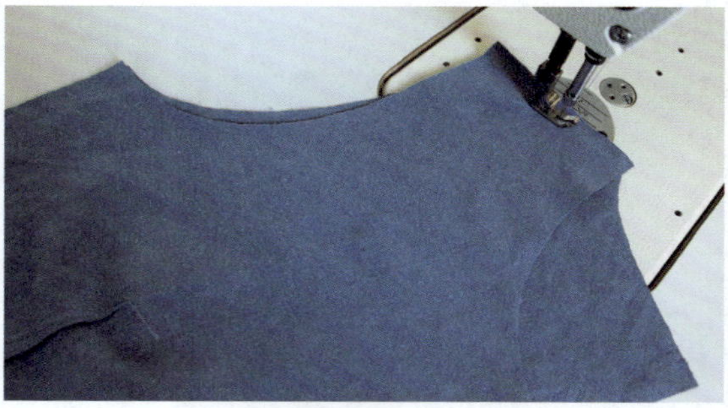

图2-4-15　合肩缝

（2）肩缝锁边。拼合衣片肩缝后锁边，锁边线正面在前片，肩缝缝份向后片烫倒，如图2-4-16、图2-4-17所示。

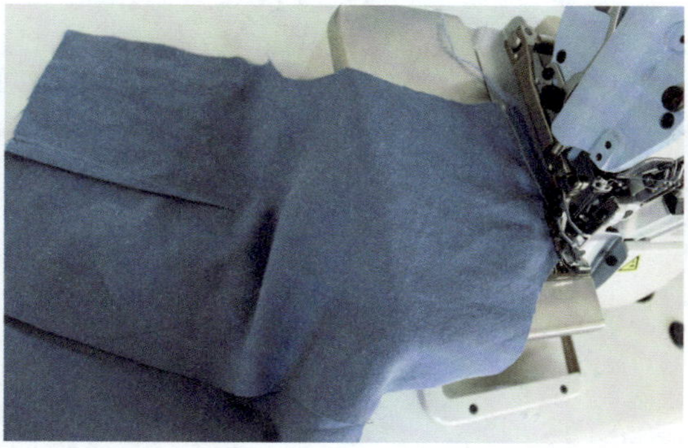

图2-4-16　肩缝锁边

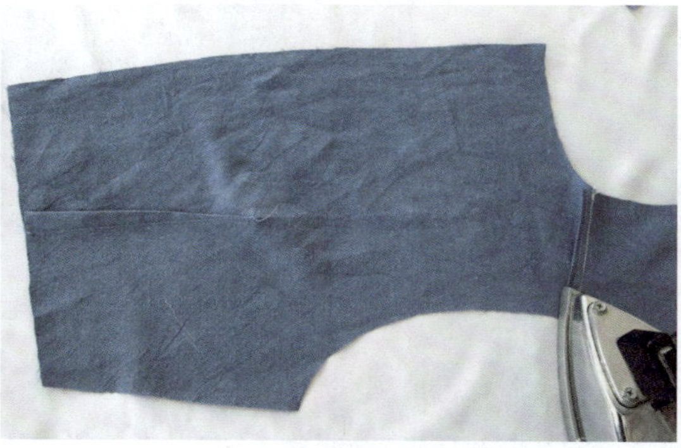

图2-4-17　烫肩缝

7. 拼合前、后领贴及烫领贴肩缝

（1）拼合前、后领贴。将前、后领贴正面相对，肩缝对齐，缉1cm缝份，注意缝份宽窄一致，起针与落针时要求来回针，如图2-4-18所示。

（2）烫领贴肩缝。领贴肩缝烫分缝，减小其面料厚度，便于做领，如图2-4-19所示。

图2-4-18　拼合前、后领贴

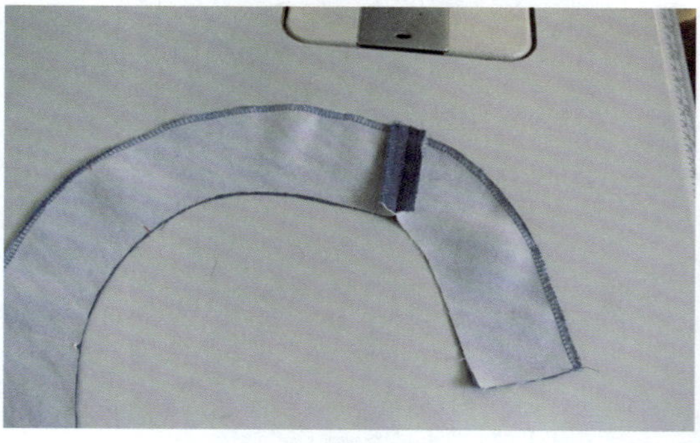

图2-4-19　烫领贴肩缝

8.装、烫并固定领贴

（1）装领贴。将前、后衣身领圈与前、后领贴领圈正面相对，由后中起针，缉线0.8cm，注意左、右肩缝处对齐。修剪缝份至0.5cm，在领圈较弯的位置打1～2个剪口，便于翻至正面时圆顺平服，注意剪口位离缉线处0.2cm左右。再将缝份倒向领贴，坐缉缝缉0.1cm明线，如图2-4-20所示。

（a）

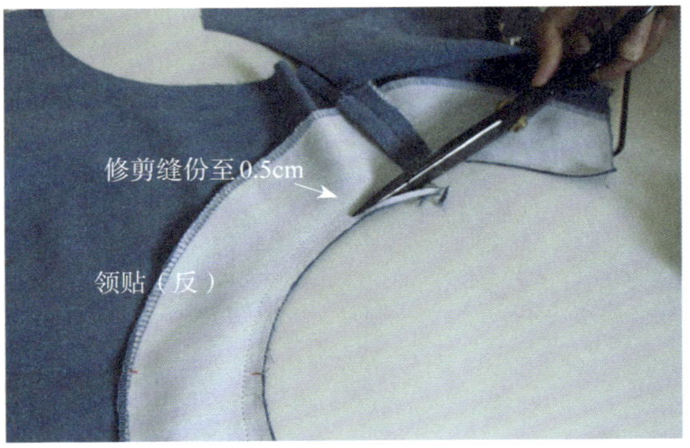

（b）

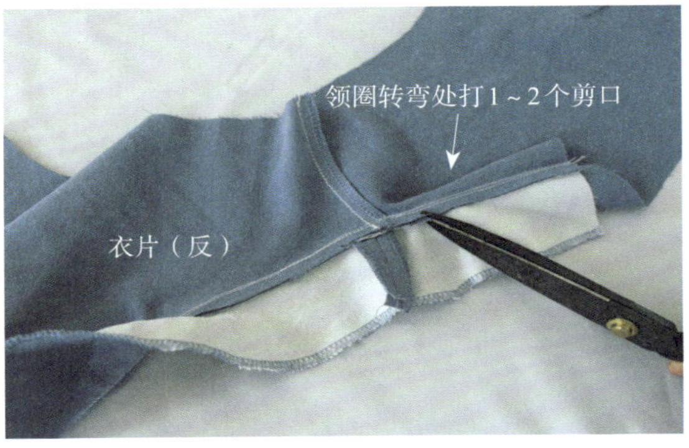

（c）

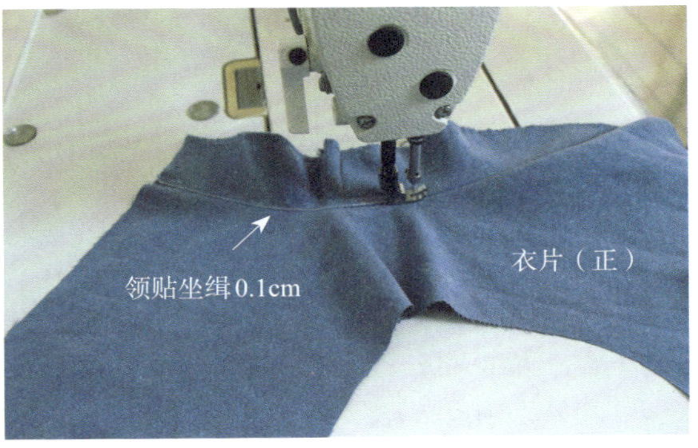

（d）

图2-4-20 装领贴

（2）烫领贴。将领贴烫平服，如图2-4-21所示。

（3）固定领贴。将领贴与衣片肩缝的缝份固定，避免领贴外翻，如图2-4-22所示。

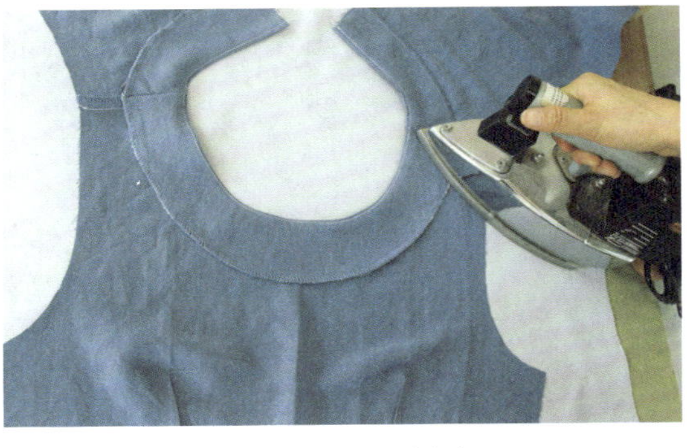

图2-4-21 烫领贴

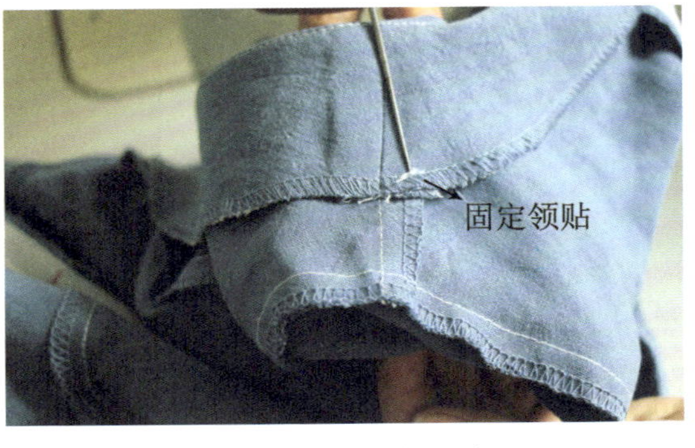

图2-4-22 固定领贴

9. 合前、后衣片侧缝并锁边、烫倒

（1）合前、后衣片侧缝。将前、后衣片正面相对，在侧缝处缉缝1cm，起针与落针时要求来回针，如图2-4-23所示。

图2-4-23　合侧缝

（2）锁边、烫倒。锁边线正面在前片，缝份向后片烫倒，如图2-4-24、图2-4-25所示。

图2-4-24　侧缝锁边

图2-4-25　侧缝烫倒

10. 合前、后裙片侧缝并锁边、烫倒

（1）合前、后裙片侧缝。将前、后裙片正面相对，在侧缝处缉缝1cm，起针与落针时要求来回针，如图2-4-26所示。

（2）锁边、烫倒。锁边线正面在前片，缝份向后片烫倒，如图2-4-27所示。

图2-4-26　合侧缝

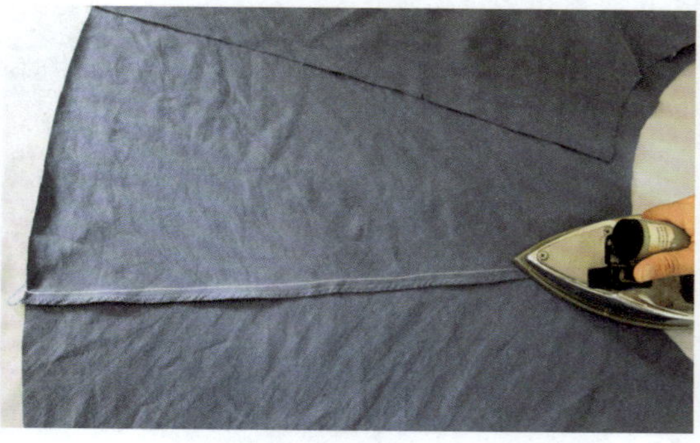

图2-4-27　锁边、烫倒

11. 做袖

（1）合袖底。袖片正面相对，在袖底处缉缝1cm后锁边，锁边线正面在后袖，缝份向前袖烫倒，如图2-4-28所示。

（2）烫袖口。将袖口沿净样线烫折，在袖片上做好前、后袖区分标记，如图2-4-29所示。

图2-4-28 合袖底

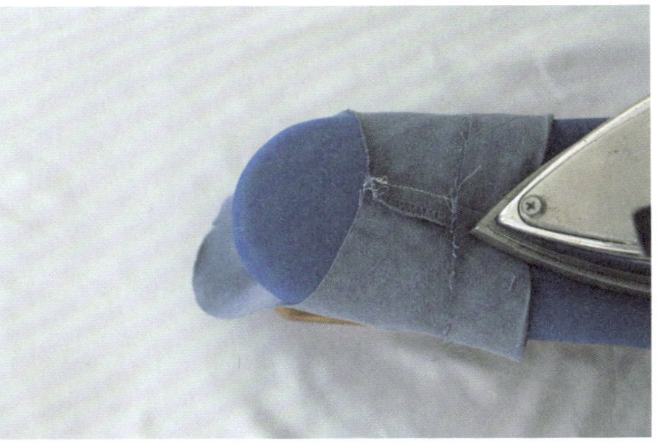

图2-4-29 烫袖口

（3）做袖口。将袖口毛边折转0.5cm，再折2.5cm，缉线0.1cm做卷边缝，沿着止口线烫转翻折边，使所缉明线藏于折边之中，达到款式所需效果，如图2-4-30所示。

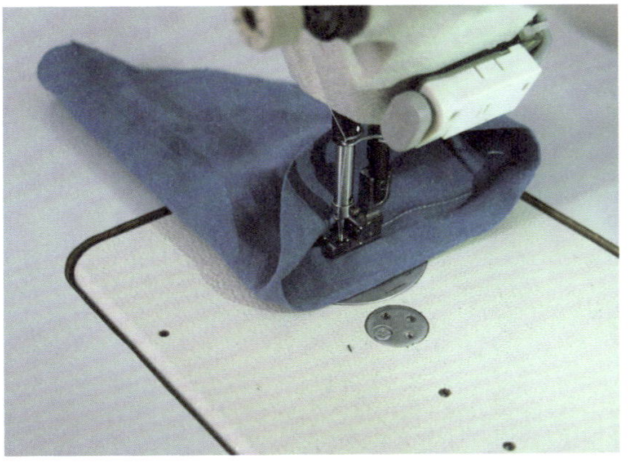

（a）

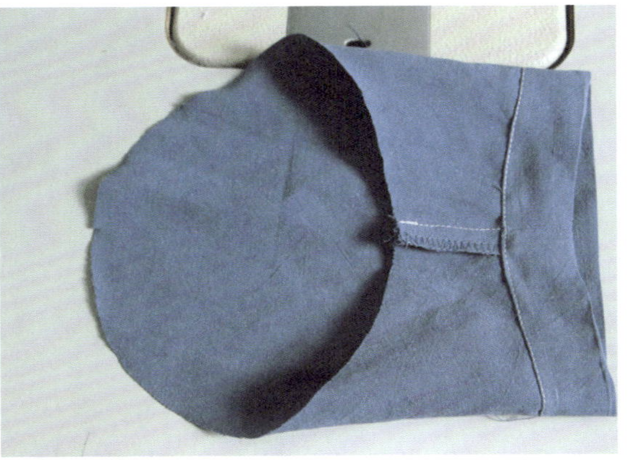

（b）

（c）

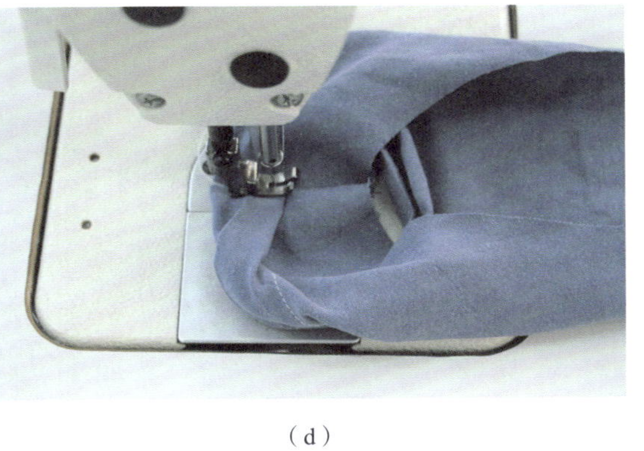

（d）

图2-4-30

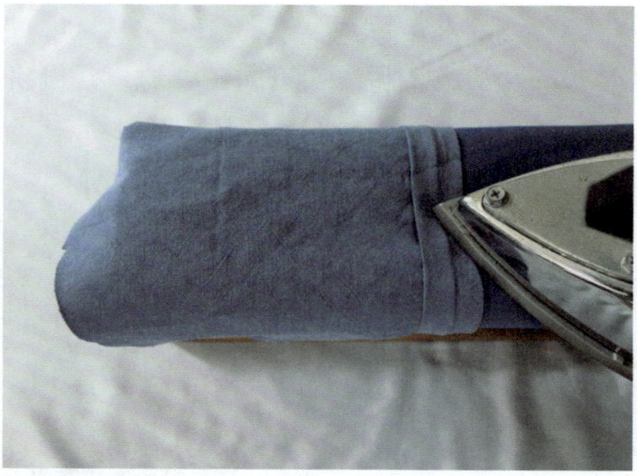

（e）

（f）

图2-4-30　做袖口

（4）袖山吃势。扭动调节针距至稀疏状态，在袖山处缉线0.5cm抽碎褶，吃势目的是让袖山更饱满，同时使袖山弧线长度与袖窿弧线长度一致，如图2-4-31所示。

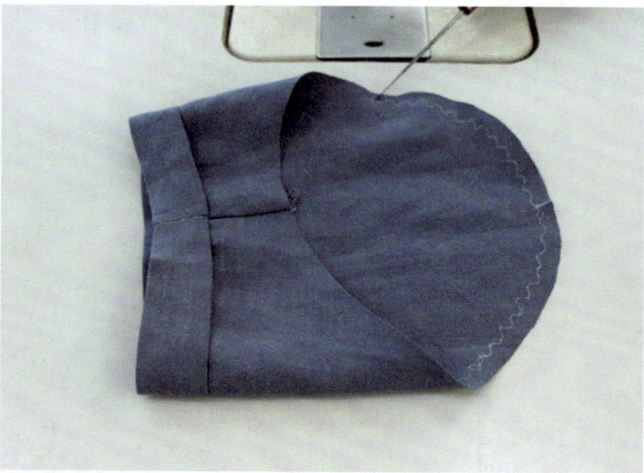

（a）

（b）

（c）

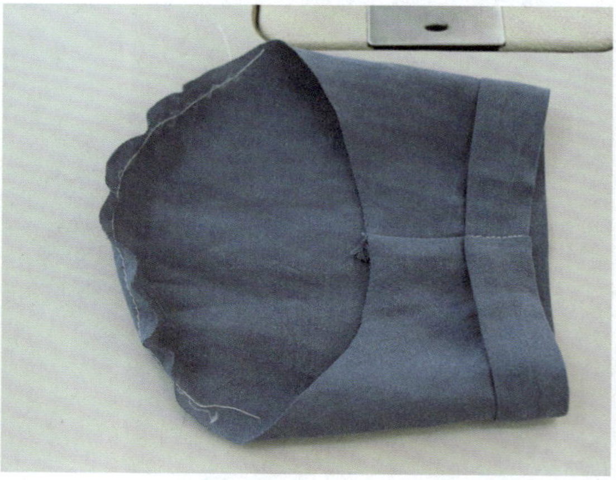

（d）

图2-4-31　袖山吃势

12. 装袖并锁边

（1）装袖。先区分左、右袖，将袖片与衣片正面相对，袖底缝对齐衣片侧缝，从袖底开始沿袖窿缉缝1cm，注意袖山顶点对齐肩缝，让碎褶形成的吃势集中在袖山部分，使袖山饱满有立体感，如图2–4–32所示。

（2）锁边。装袖后沿袖窿锁边，锁边线正面在衣片，缝份向袖片烫倒，如图2–4–33所示。

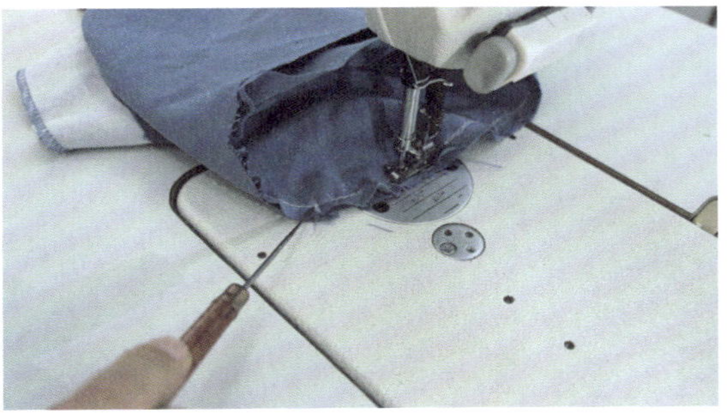

图2–4–32 装袖

图2–4–33 锁边

13. 拼合衣身、裙摆

（1）合腰口分割。将衣身、裙摆正面相对，沿着腰口线缉缝1cm，注意衣身和裙片的侧缝位置对位整齐，如图2–4–34所示。

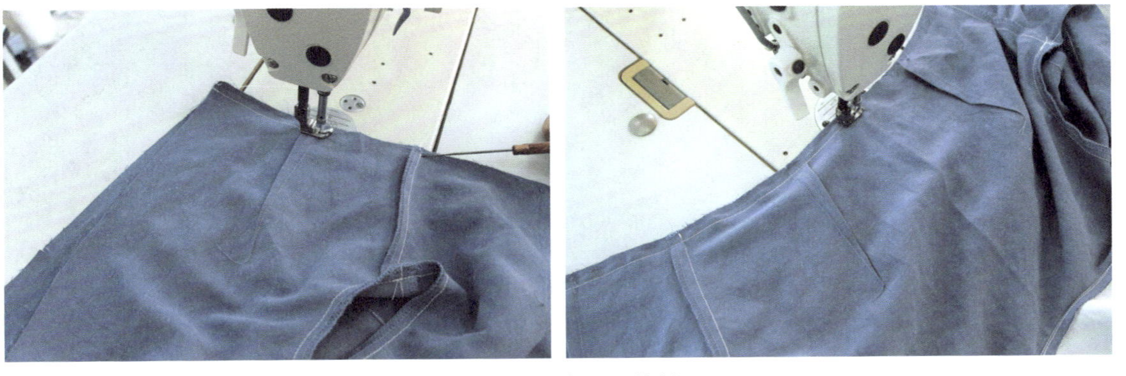

图2–4–34 合腰口分割

（2）腰缝锁边。锁边线正面在裙片，缝份向上（衣身）烫倒，如图2–4–35所示。

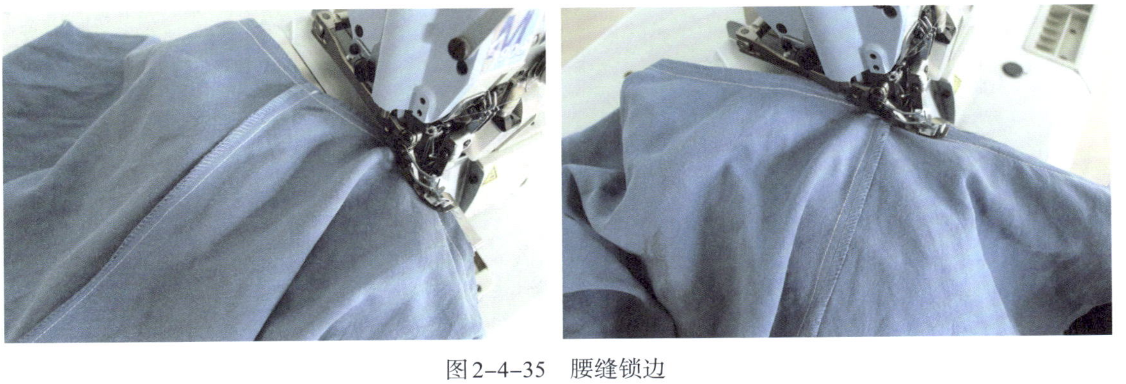

图2–4–35 腰缝锁边

14. 拼合后中

（1）锁边。后中正面朝上锁边，如图2-4-36所示。

（2）拼合后中，留拉链口。将左、右后片正面相对，沿后中缉缝1.5cm（根据后中放缝宽度决定）至拉链止口处回针结束，如图2-4-37所示。

图2-4-36　后中锁边

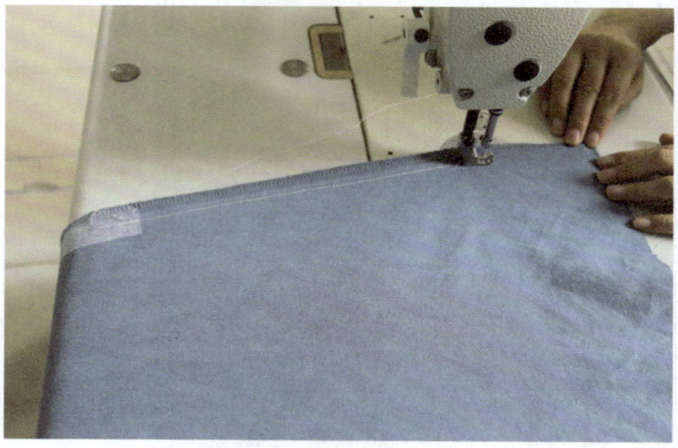

图2-4-37　拼合后中（留拉链口）

（3）烫后中。后中缝烫分开缝，如图2-4-38所示。

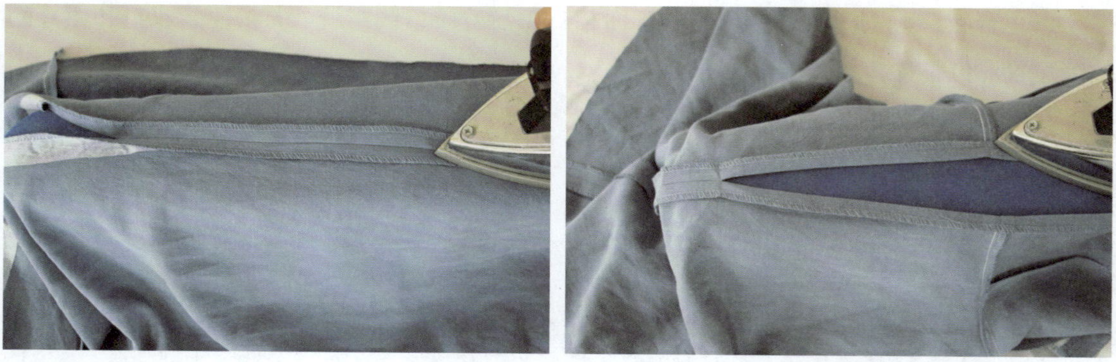

图2-4-38　烫后中

15. 装隐形拉链

（1）烫黏合衬。确定拉链止缝长度，将黏合衬压烫在装拉链的部分（图2-4-39）。

（2）对位。在拉链上做好对位标记，便于缝制时左右对齐、不走位变形（图2-4-40）。

图2-4-39　烫黏合衬

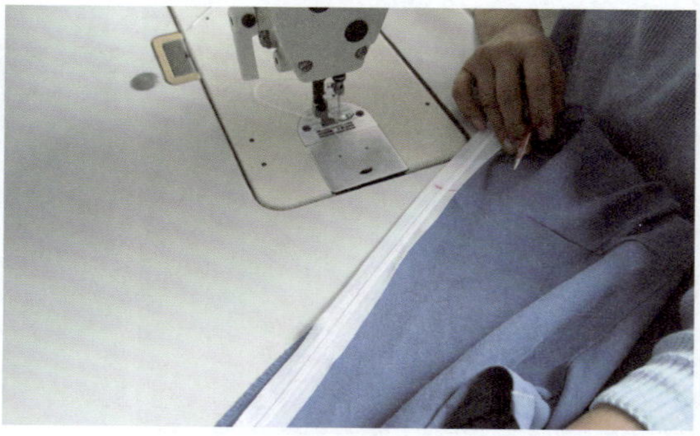

图2-4-40　对位标记

（3）装拉链。更换单边压脚。打开裙片正面朝上，将隐形拉链牙边对准裙片拉链处止口净缝线，起落针需来回针。注意稍微打开牙边，使缝线缉在牙边缝中，确保正面不露拉链；装右边时从相反方向起针，对齐对位点，方法同上，如图2-4-41所示。

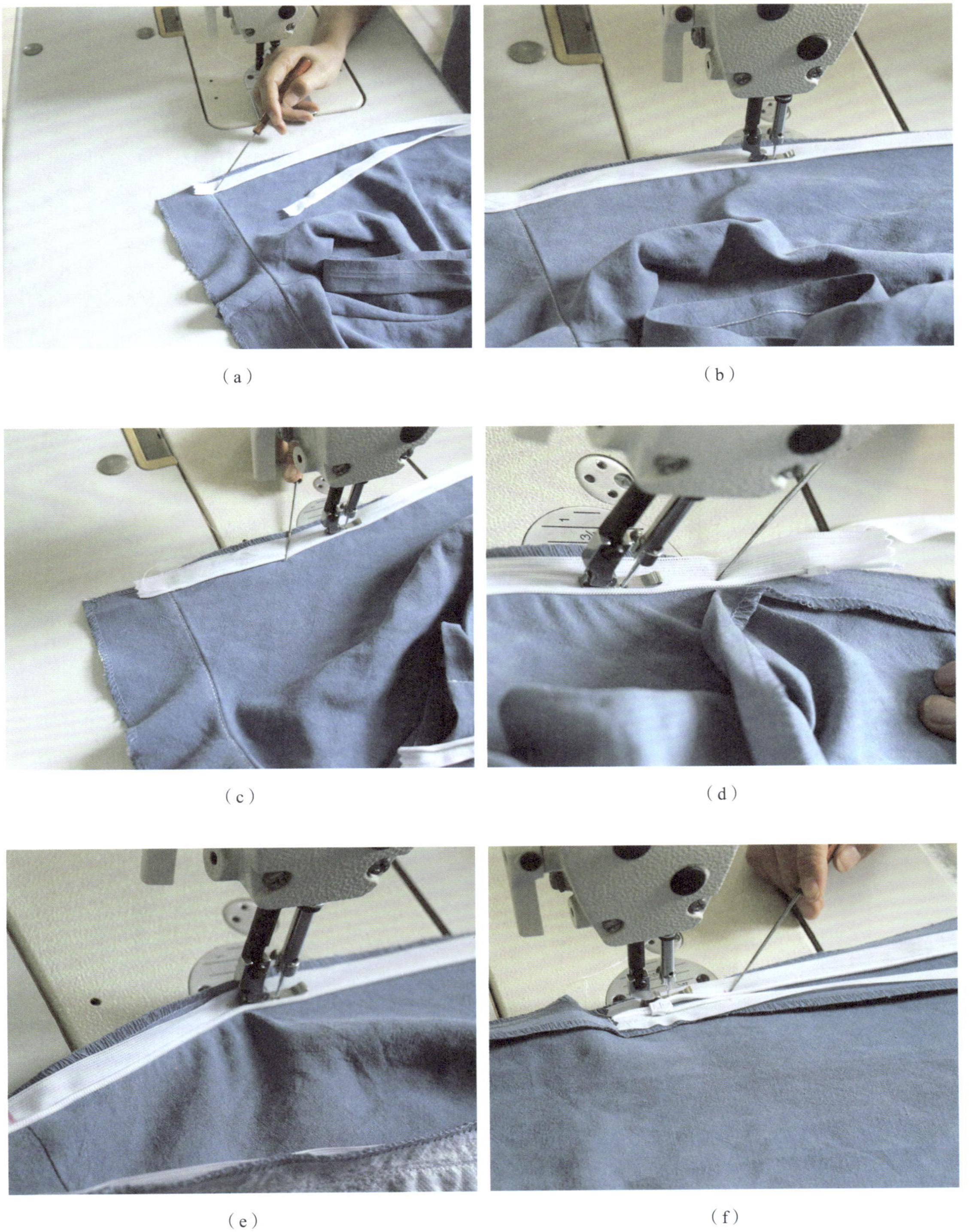

（a） （b）

（c） （d）

（e） （f）

图2-4-41

（g）

（h）

（i）

（j）

（k）

（l）

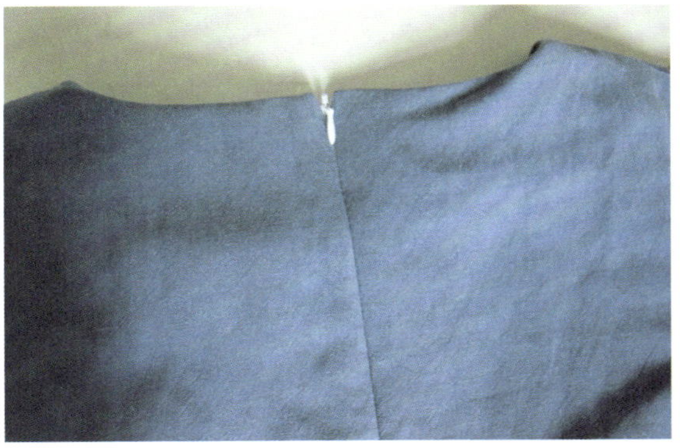

（m）

（n）

图2-4-41 装拉链

16.缉底边

将底边缝份沿净样扣烫，用勾脚边机固定底边缝份，如图2-4-42、图2-4-43所示。

图2-4-42 烫底边

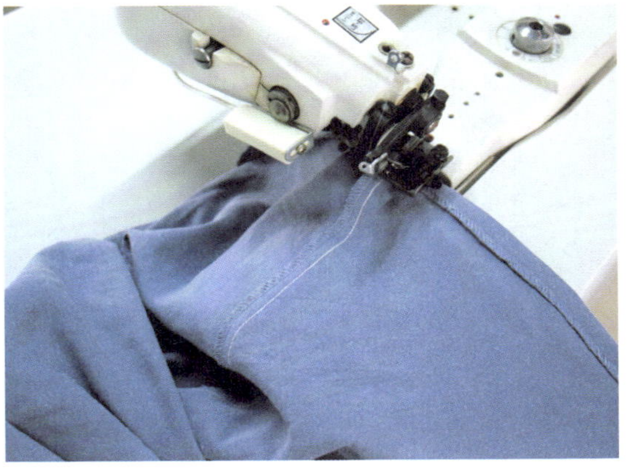

图2-4-43 勾底边

17.整烫

将连衣裙按照从上至下，从领圈至裙摆的顺序逐步扣烫，直至各部位平服，如图2-4-44所示。

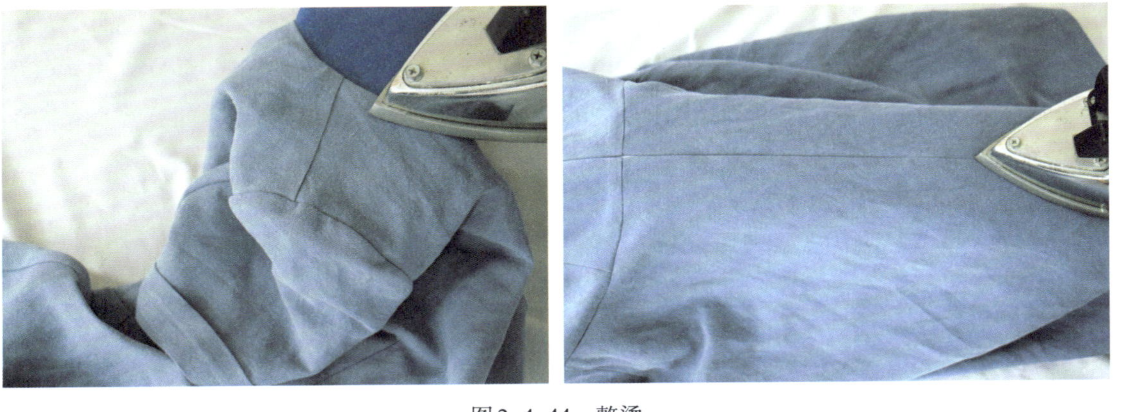

图2-4-44 整烫

服装工艺小常识

在熨烫较厚或厚面料时，肩缝、侧缝等部位需单片锁边，缝份可熨烫分缝；在熨烫较薄面料时，肩缝、侧缝等缝份可拼合后再进行锁边，缝份向后片烫倒。

18. 成品

成品正面、侧面、背面效果如图2-4-45～图2-4-47所示。

图2-4-45　成品正面效果

图2-4-46　成品侧面效果

图2-4-47　成品背面效果

五、知识拓展

连衣裙开襟小知识

随着时代的发展，人们对美的追求也永不停歇，在女性着装中，最凸显女性温柔气质的当属连衣裙。众所周知，服装可以从中间、侧边或者其他部分打开的，叫开襟，常见的连衣裙开襟方式有全开襟和半开襟。

1. 全开襟

连衣裙全开襟设计是指连衣裙从上至下做结构分开设计，工艺方法可以选择钉纽扣、装拉链等，形式多样，多运用在前中、后中、分割线等处，如图2-4-48、图2-4-49所示。

图2-4-48 前中全开襟

图2-4-49 后中全开襟

2. 半开襟

连衣裙半开襟设计是指在衣身局部做结构的分开设计，如前、后中开襟，长度由领圈至腰、臀；侧缝开襟，长度由胸至臀，类型及工艺方法与全开襟类似，如图2-4-50、图2-4-51所示。

图2-4-50 前中半开襟

图2-4-51 后中半开襟

六、巩固训练

C服饰有限公司接到D服饰有限公司的一批连衣裙的生产任务，样衣制作通知单见表2-4-4，现在C服饰有限公司需要按照D服饰有限公司提供的样衣款式先进行M码结构设计及样衣的制作。

表2-4-4　C服饰有限公司连衣裙样衣制作通知单

<table>
<tr><td>编号</td><td>款号</td><td>下单日期</td><td rowspan="3">部位</td><td colspan="5">规格</td></tr>
<tr><td>LYQ3004</td><td>连衣裙</td><td>年　月　日</td><td>155/68A</td><td>160/72A</td><td>165/76A</td><td>170/80A</td><td>175/84A</td></tr>
<tr><td colspan="3" rowspan="10">
</td><td>S</td><td>M</td><td>L</td><td>XL</td><td>XXL</td></tr>
<tr><td>裙长</td><td>85</td><td>86</td><td>87</td><td>88</td><td>89</td></tr>
<tr><td>腰长</td><td>36.4</td><td>37</td><td>37.6</td><td>38.2</td><td>38.8</td></tr>
<tr><td>胸围</td><td>84</td><td>88</td><td>92</td><td>96</td><td>100</td></tr>
<tr><td>腰围</td><td>70</td><td>74</td><td>78</td><td>82</td><td>86</td></tr>
<tr><td>肩宽</td><td>34</td><td>35</td><td>36</td><td>37</td><td>38</td></tr>
<tr><td>摆围</td><td>190</td><td>194</td><td>198</td><td>202</td><td>206</td></tr>
<tr><td colspan="6">备注：面料先缩水后再开裁</td></tr>
<tr><td colspan="6">工艺说明与技术要求
1.针距要求：14~15针/3cm
2.外观整洁，线路规整，无抽纱，无线头，无污迹，无破损及脱线等外观损伤
3.公主分割缝熨烫平服，无起泡、酒窝现象
4.隐形拉链左右高低一致，拉链不能外露、豁开，拉链下端平服
5.领圈弧线圆顺，领口贴边不反吐
6.袖窿弧线圆顺，领口贴边不反吐
7.裙摆工字褶左右对称，底边不起扭</td></tr>
<tr></tr>
<tr><td colspan="3">款式特征概述：
此款为断腰式连衣裙，一字领、无袖，领口、袖口装贴边，前、后衣身左右做公主分割，下摆腰口处左右各做一个暗工字褶，后中缝装隐形拉链</td><td colspan="3">面料：红色暗纹提花面料</td><td colspan="3">辅料：黏合衬、隐形拉链、配色线</td></tr>
<tr><td>制单</td><td>张三</td><td>工艺审核</td><td colspan="2">李四</td><td colspan="2">审核日期</td><td colspan="2">年　月　日</td></tr>
</table>

七、任务评价

连衣裙评价见表2-4-5。

表2-4-5 连衣裙评价表

评价项目	评价内容	序号	评价标准	分值	评价方式				备注
					自评	互评	师评	企业评	
知识技能目标（80分）	规格（10分）	1	裙长规格正确，不超偏差±1cm	2					
		2	胸围规格正确，不超偏差±2cm	2					
		3	腰围规格正确，不超偏差±2cm	2					
		4	肩宽规格正确，不超偏差±0.8cm	2					
		5	袖长规格正确，不超偏差±0.8cm	2					
	领（10分）	6	领口圆顺、平整	5					
		7	领贴平服、无外露、无毛边	5					
	袖（10分）	8	袖山饱满，无起褶	5					
		9	袖口折边方法正确，无毛边，无起涟	5					
	省（5分）	10	收省顺直、平服，省尖熨烫无起泡、无酒窝	5					
	隐形拉链（15分）	11	拉链缉线顺直，进出一致	5					
		12	拉链底端封口牢固、平整	5					
		13	隐形拉链不外露，松紧适宜	5					
	底摆（5分）	14	裙摆无扭曲变形，勾线平服、宽窄一致	5					
	缝份（10分）	15	肩缝、侧缝、后中缝、腰缝顺直平服，倒向正确	5					
		16	袖底十字裆对准	5					
	整洁、牢固（15分）	17	整件产品无杂乱线头	5					
		18	各部位无脱线、露线、毛边现象	5					
		19	整件产品无跳针、浮线、粉印	5					
情感目标（20分）	岗位问题处理能力（7分）	20	具有客户信息分析及处理的能力	2					
		21	具有制订计划并合理实施的能力	3					
		22	具有独立思考及解决问题的能力	2					
	团队合作创新能力（8分）	23	具有团队合作意识和创新能力	3					
		24	具有按时完成任务、高效工作的能力	5					
	工匠精神（5分）	25	具有精益求精、追求卓越的工匠精神	5					
合计				100					

项目三 裤装缝制工艺

◎项目概述

裤子是人体下半身及两腿分别包裹起来的服装，英文名trousers，它与裙子最大的区别就是有裆缝，一条裤子一般由裤腰、裤裆和裤腿三部分组成。

早在春秋时期，人们就已经穿着裤子，穿裤子能使下肢活动自如，裤子作为便装，是现代服饰中的重要“一员”。裤子的结构变化主要在于长度，其次造型，最后是细节。按照长度分类，可分为长裤、九分裤、八分裤、七分裤、及膝短裤、短裤和超短裤；按廓型分类，可分为铅笔裤、直筒裤、喇叭裤和灯笼裤；按腰位结构和高低分类，可分为装腰裤、连腰裤、无腰裤、高腰裤、中腰裤和低腰裤。裤子的工艺变化主要在腰头、口袋、门襟、里襟、脚口等方面。

本项目内容是根据服装企业裤子跟单员和服装工艺师两个岗位所需的职业能力来设计的，目的是为学生未来从事服装职业岗位打下坚实基础。

◎思维导图

- 裤装缝制工艺
  - 任务一　女西裤缝制工艺
    - 任务分析
    - 裁片裁剪图
    - 工艺流程
    - 缝制工艺流程
    - 知识拓展
    - 任务评价
    - 巩固训练
  - 任务二　男西裤缝制工艺
    - 任务分析
    - 裁片裁剪图
    - 工艺流程
    - 缝制工艺流程
    - 知识拓展
    - 任务评价
    - 巩固训练
  - 任务三　牛仔裤缝制工艺
    - 任务分析
    - 裁片裁剪图
    - 工艺流程
    - 缝制工艺流程
    - 知识拓展
    - 任务评价
    - 巩固训练

◎学习目标

知识目标

1. 知道裤子的外形特点，能描述其款式特征，并能区分男西裤、女西裤和牛仔裤的不同。

2. 了解设计跟单员、工艺师岗位职业能力和现代服装企业裁剪、缝纫、后整理流水线生产技术基本工作流程。

3. 熟悉服装企业裤子生产工艺单及其相关的内容信息。

4. 了解面料的性能、门幅，并能根据裤子的工业样板进行排料、画样、裁剪等。

5. 能叙述裤子的质量标准，并能正确评价裤子质量。

技能目标

1. 会查找裤子成品制作需要的相关资料。

2. 能识读裤子生产工艺单，明确工艺要求，正确核对制作所需要样板的种类和数量。

3. 能制订裤子的裁剪方案。

4. 能按照生产工艺单制作女西裤、男西裤和牛仔裤的常见变化款式的零部件。

5. 能制订女西裤、男西裤和牛仔裤的生产工艺单，编写生产工艺书。

6. 能按照生产工艺单要求，进行裤子过程与成品检验，并能正确判定是否合格，对裤子弊病进行修正。

情感目标

1. 通过对客户提供信息的分析，培养学生合理处理信息的能力。

2. 通过制订工艺流程，培养学生制订计划并进行合理实施的能力。

3. 通过对样衣的制作，培养学生独立思考和解决问题的能力。

4. 通过小组合作，培养学生的团队合作意识和创新能力。

5. 通过小组合作，培养学生在工作过程中分析问题和解决问题的能力。

6. 通过按时完成工作任务，培养学生高效的工作习惯。

7. 通过对样衣的质量评价，培养学生树立质量意识。

8. 通过样衣的评价展示，培养学生的语言表达能力。

9. 通过对裤子这一项目的实施，培养学生精益求精、追求卓越的工匠精神。

任务一　女西裤缝制工艺

任务导入

A服饰有限公司接到B服饰有限公司的生产订单，制作800件女西裤，并要求其根据提供的样衣生产制造通知单的具体尺寸要求，进行M码样衣的制作，具体制作要求详见表3-1-1。

表3-1-1 A服饰有限公司女西裤样衣制作通知单

编号	款号	下单日期
K1008	女西裤	年 月 日

部位	规格				
	150/60A	155/64A	160/68A	165/72A	170/76A
	XS	S	M	L	XL
裤长	94	97	100	103	106
腰围	66	68	70	72	74
臀围	86	90	94	98	100
直裆	24	24.5	25	25.5	26
横裆	57	58	59	60	61
脚口	34	36	38	40	42
腰头宽	3.5	3.5	3.5	3.5	3.5

备注：面料先缩水后再开裁

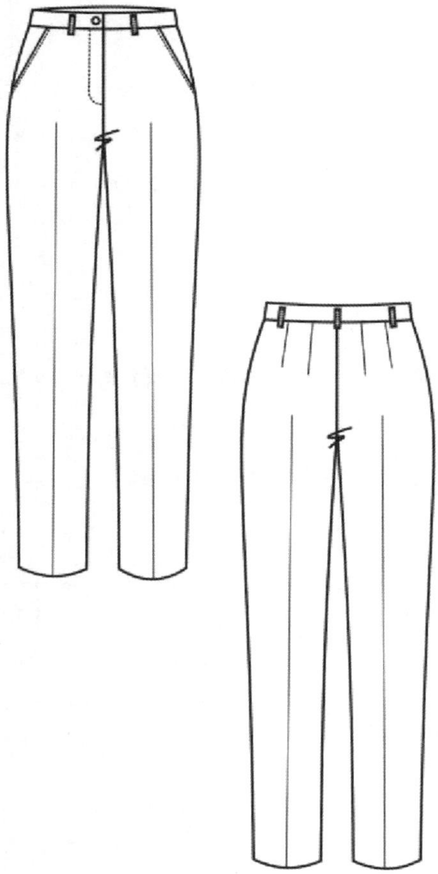

款式特征概述

锥型裤，装方形直腰头，腰头装串带襻5个，前中门里襟装拉链，前裤片侧缝处左右各设斜插袋1个，后裤片腰口左右各收省2个，平脚口

工艺说明与技术要求

1.针距要求：14~15针/3cm

2.腰头：面、里、衬平服，不扭曲，松紧适宜，串带襻长短一致，位置准确

3.门襟、里襟、拉链：拉链平服，不外露，长短互差不大于0.3cm，门襟缉线要顺直

4.前后裆：圆顺，平服。裆底十字缝互差不大于0.2cm

5.裤袋：袋口平服，牢固，袋位高低、袋口大小互差不大于0.3cm

6.裤腿、脚口：裤腿长短、肥瘦一致，脚口边缘顺直

7.外观整洁，线路规整，无抽纱，无线头，无污迹，无破损及脱线等外观损伤

面料：毛涤类、亚麻、化纤、混纺均可	辅料：拉链、袋布、衬布、纽扣、配色线、洗水唛等
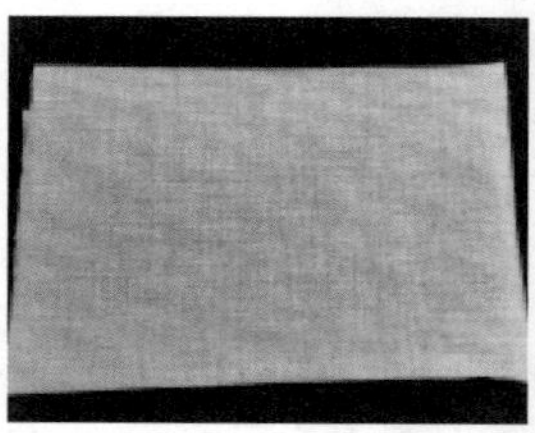	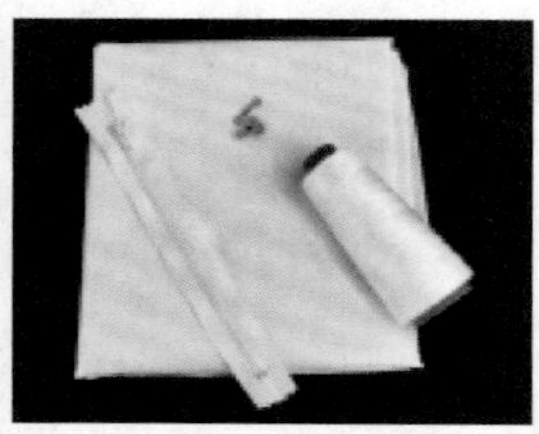

工艺编制	张三	工艺审核	李四	审核日期	年 月 日

任务要求

1.掌握女西裤工业样板的排料、画样、裁剪、熨烫等技术。

2.掌握女西裤的制作方法和技巧。

3.掌握女西裤质量的检测。

4.掌握女西裤生产工艺单的制订以及生产工艺书的编写。

任务准备

女西裤工业样板（纸样）清单见表3–1–2。

表3–1–2 女西裤工业样板（纸样）清单

毛样板名称	数量	净样板名称	数量
前裤片	1	门襟	1
后裤片	1	腰头	1
腰头	1	串带襻（耳仔）	1
门襟	1		
里襟	1		
斜插袋袋布	1		
斜插袋上袋垫	1		
斜插袋下袋垫	1		
串带襻（耳仔）	1		

任务实施

一、任务分析

从提供的样衣生产制造通知单可知，此款裤子是简约适身锥型女裤，腰部紧贴、臀部稍松，吻合人体日常穿着，其工艺特点是装方形直腰头，腰头装串带襻5个，前中门里襟装拉链，前裤片侧缝处左右各设斜插袋1个，后裤片腰口左右各收省2个，平脚口。

缝制工艺重点、难点：做斜插袋、装拉链、装腰头。

二、裁片裁剪图

（1）160/68A女西裤裁片裁剪图如图3–1–1所示。

（2）160/68A女西裤袋布裁剪图如图3–1–2所示。

温馨提示：

用料估算：面料使用量与面料的幅宽、裤长及布料缩水率等因素有关，具体如下。

（1）窄幅宽（90cm）：裤长 ×2+（15 ~ 20cm）。

（2）中幅宽（114cm）：裤长 +（20 ~ 30cm）。

（3）宽幅宽（144cm）：裤长 +（5 ~ 10cm）。

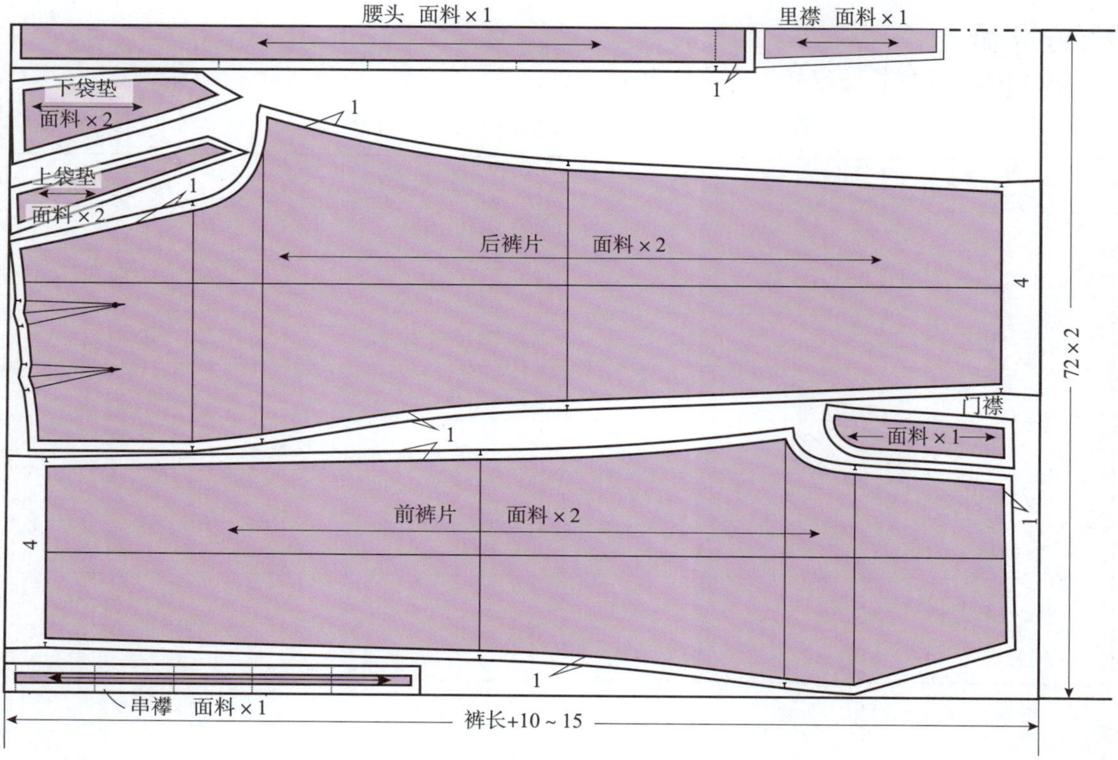

图3-1-1 160/68A女西裤裁片裁剪图

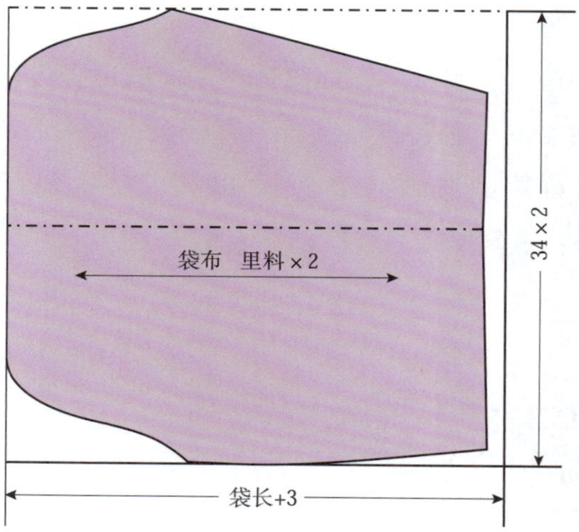

图3-1-2 160/68A女西裤袋布裁剪图

三、工艺流程

检查裁片→做缝制标记（粘衬、对位标记、画省）→锁边→缉省、烫省→制作斜插袋→合侧缝、分烫侧缝、缉缝下层袋布、封袋口→合下裆缝、分烫下裆缝→烫前后挺缝线、脚口线→缝合前后裆缝线并分烫裆缝线→装门里襟、拉链→做、装串带襻→做腰头→装腰头、固定串带襻→压缉串带襻→手工撬裤脚边→钉裤勾→整烫→成衣

四、缝制工艺

1.检查裁片

检查裁片，核实裁片数量，见表3-1-3。

表3-1-3　女西裤裁片清单

裁片名称	数量	裁片名称	数量
前裤片	2	腰头	1
后裤片	2	斜插袋垫（上层）	2
门襟	1	斜插袋垫（下层）	2
里襟	1	斜插袋布	2

2.做缝制标记（粘衬、对位标记）

（1）粘衬部位。腰头反面粘专用腰衬或布衬，门里襟反面粘衬，如图3-1-3、图3-1-4所示。

图3-1-3　门里襟粘衬

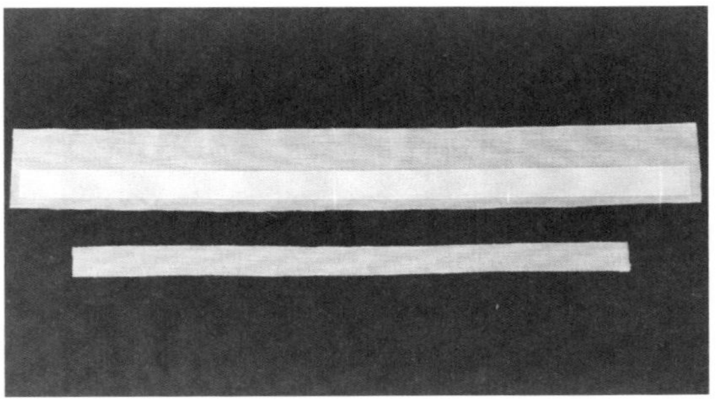

图3-1-4　腰面粘衬与定位

（2）做标记。根据需要在前片、后片、腰头等处，用钻眼、划粉或眼刀等方式做好标记，要求眼刀深不超过0.5cm，钻眼在省位上0.5cm。

①前裤片做标记位点。侧缝臀围线处，侧缝横档线处，下裆缝和侧缝的中裆线处，脚口卷边4cm处，前裆弧线的门襟、里襟、拉链对位点，侧缝斜插袋袋位大小，如图3-1-4所示。

②后裤片做标记位点。侧缝臀围线处，侧缝横档线处，下裆缝和侧缝的中裆线处，脚口卷边4cm处，腰口线上的省位，省尖，如图3-1-5所示。

③腰头做标记位点。左右侧缝点、后裆弧线止点、里襟，如图3-1-6所示。

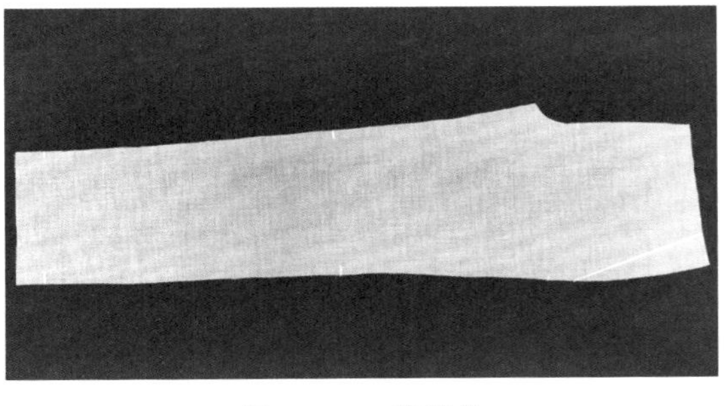

图3-1-5　前裤片

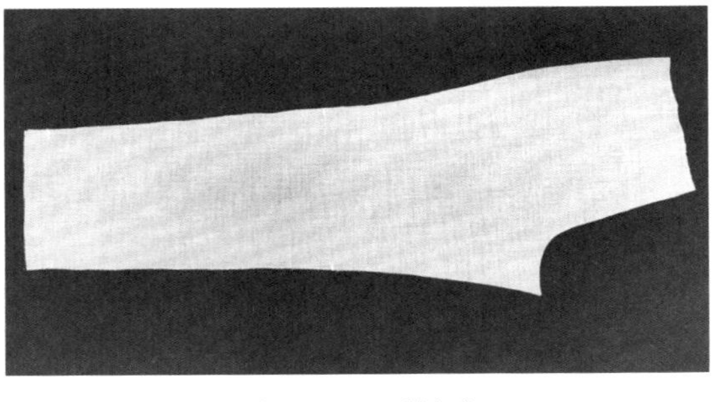

图3-1-6　后裤片

3. 锁边

（1）前后裤片。除了腰口线外的裆缝线、侧缝线、下裆缝线和脚口线都要锁边。

（2）零部件。门襟外口锁边，里襟对折锁边，袋垫除腰口线外的两边锁边。

4. 缉省、烫省

（1）缉省。按后裤片上的省位标记，沿省道车缝，注意线缉省时省尖要缉尖，但不可来回针，在两端留有2～3cm的线头，然后打好线结，如图3–1–7所示。

（2）烫省。后裤片反面朝上，将后裤片放在烫包上，由上到下熨烫，省倒向后裆弧线，注意省尖处应扒开，熨烫无褶皱，平服，如图3–1–8所示。

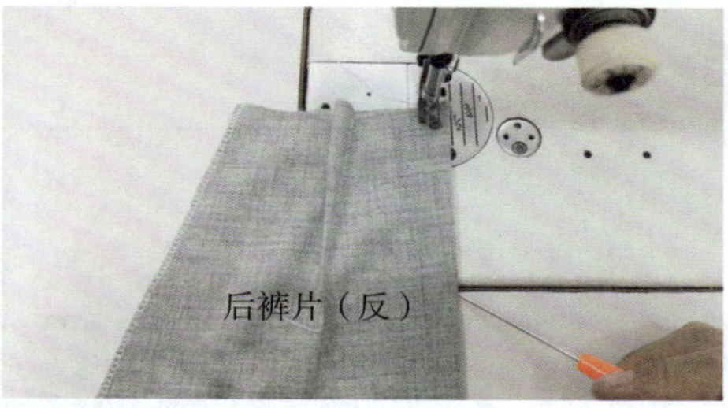

图3–1–7　缉省

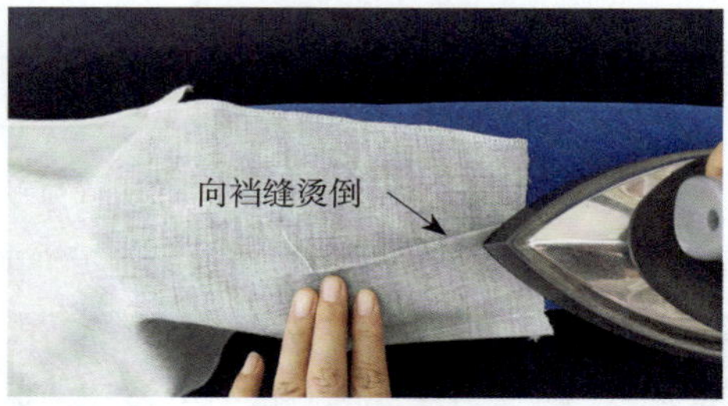

图3–1–8　烫省

5. 制作斜插袋

（1）车缝袋垫布。沿袋垫布包缝线缉0.5cm将上层袋垫布固定在上层斜袋布上；将下层袋垫布固定在下层斜袋布上，下层注意距离边缘1cm，下端留1.5cm不要缉住，如图3–1–9、图3–1–10所示。

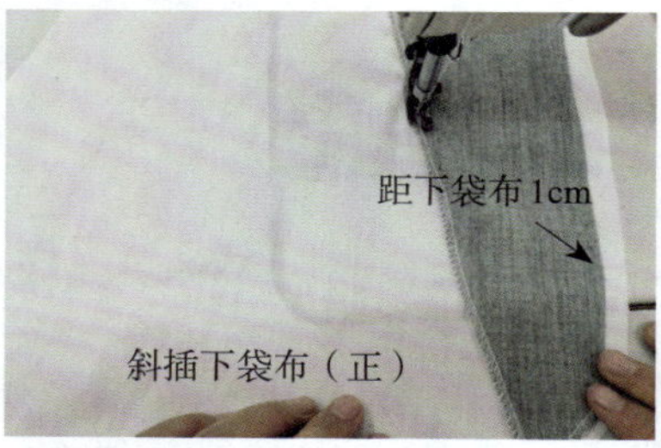

图3–1–9　缉下层袋贴

图3–1–10　缉上层袋垫布

女西裤–斜插袋

（2）兜袋底。袋布下口用来去缝，第一道缉0.4cm，距离上袋片口1.5cm处不缉线，起针收针都要打回针。再将袋布翻至正面，第二道缉0.6cm，缉至袋口1.5cm，缉线慢慢变小成0.2cm，把上袋片上端不缉线的部分拉开，下袋片处折光缉到头，如图3–1–11所示。

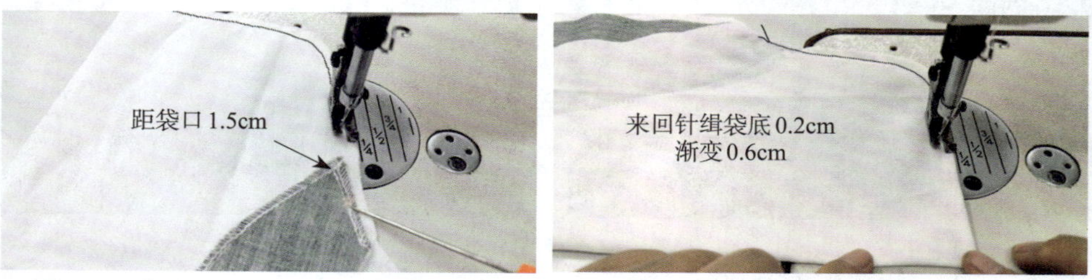

图3–1–11　兜袋底

（3）装袋布、缉袋口、固定袋口和袋布。

①装袋布、缉袋口。将上袋布袋口边与前裤片袋口净样线对齐缉1cm，翻转后距边缘缉0.8cm袋口明线，如图3-1-12、图3-1-13所示。

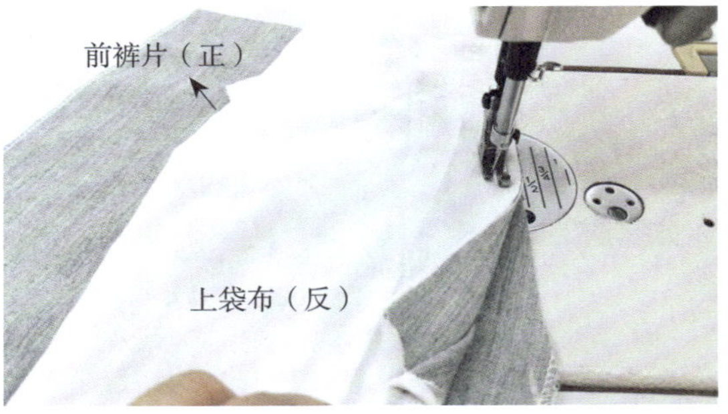

图3-1-12 缉袋口

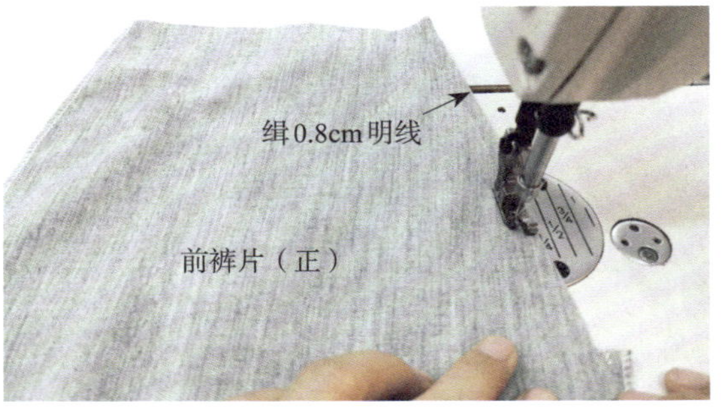

图3-1-13 缉袋口明线

②固定袋口、袋布。摆正袋布，斜袋口上端和下端暂时固定，再将裤片腰口与袋布上口0.5cm缝份暂时固定，如图3-1-14、图3-1-15所示。

图3-1-14 固定袋口

图3-1-15 固定袋布

6. 合侧缝、分烫侧缝、缉缝下层袋布、封袋口

（1）合侧缝、分烫侧缝。前裤片在上，后裤子片在下，正面相对缝合侧缝，缝份为1cm，注意对齐横裆、中裆和脚口线的对位标记，注意缝至袋垫下端时，将袋垫布与后裤片一起缝合，并将整条缝分烫平服，如图3-1-16、图3-1-17所示。

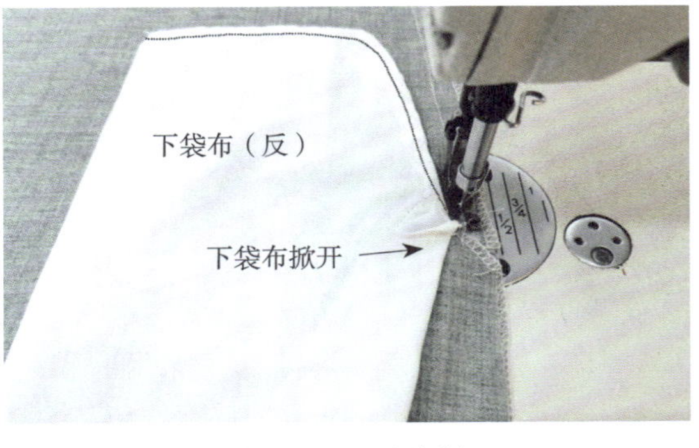

图3-1-16 合侧缝

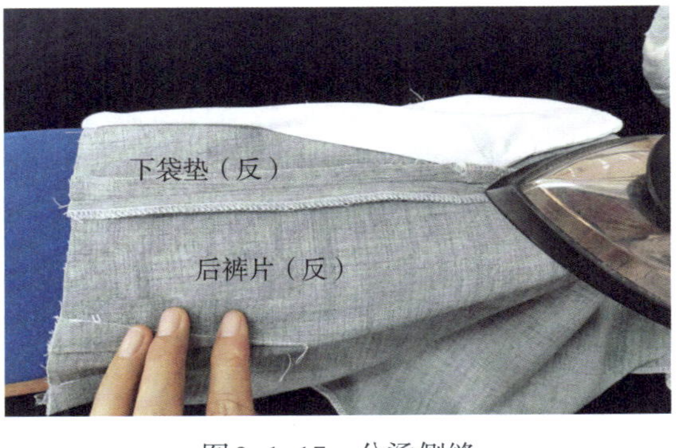

图3-1-17 分烫侧缝

（2）缉缝下层袋布。袋尾整理平整，辑兜袋底的线，沿边线缉压0.2cm，固定在后片侧缝份上；沿袋布边缘缉0.1的明线，一直到侧缝线的腰口处并打回针，如图3-1-18所示。

（3）封袋口。斜袋口处，定好袋口大小（15cm），垂直于袋口装饰线，封口打回针固定，如图3-1-19所示。

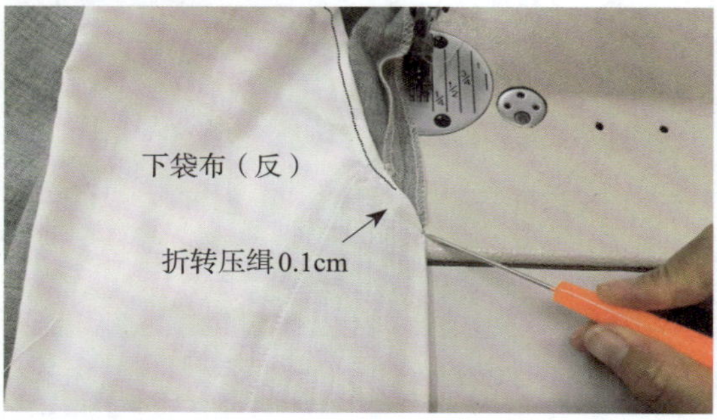

图3-1-18　缝下层袋布

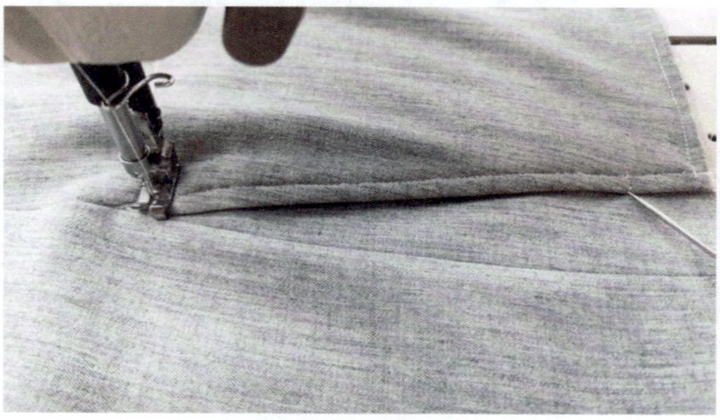

图3-1-19　封袋口

7. 合下裆缝、分烫下裆缝

前裤片放上，后裤片放下，对齐下裆缝沿边缉1cm缝份，注意两层要平顺，对齐中裆和脚口对位标记，然后分开烫平，如图3-1-20、图3-1-21所示。

图3-1-20　缝合下裆缝

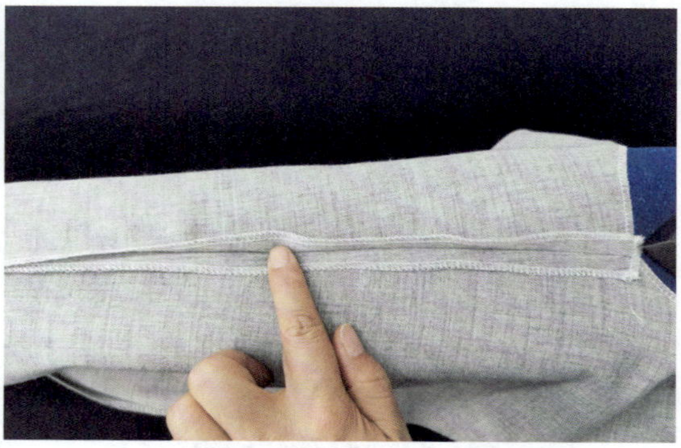

图3-1-21　分烫下裆缝

8. 烫前后挺缝线和脚口线

将下裆缝与侧缝的分烫缝对齐，烫出前后挺缝线，再按眼刀扣烫脚口，如图3-1-22、图3-1-23所示。

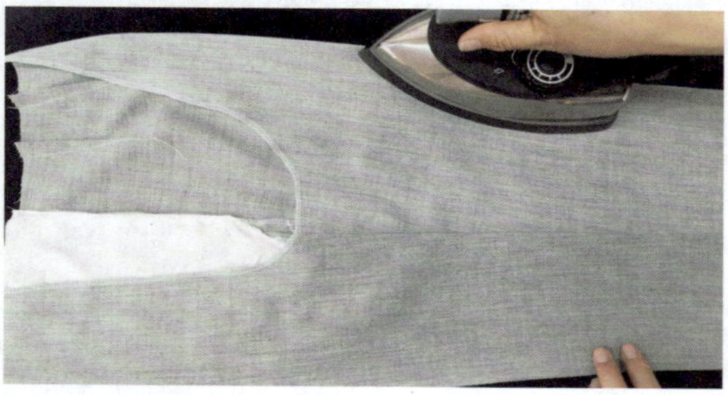

图3-1-22　烫前后挺缝线

图3-1-23　烫脚口线

9.缝合前后裆缝线并分烫裆缝线

根据拉链长度加0.5cm，确定前裆缝缝合起点，对齐前后裆缝、裆底十字缝，缉0.8cm来回两道双轨线，如图3-1-24、图3-1-25所示。

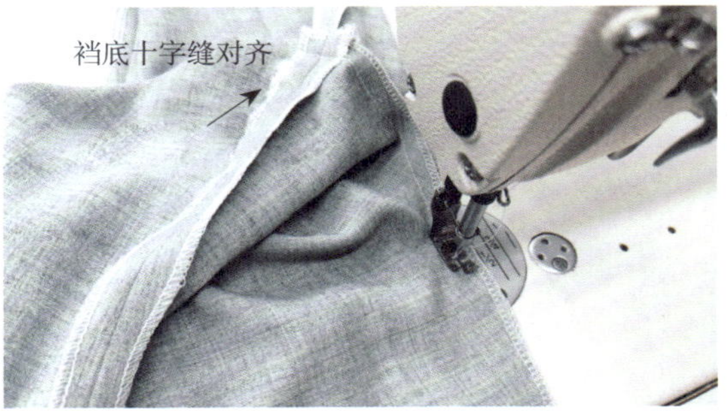

图3-1-24　缝合裆缝线

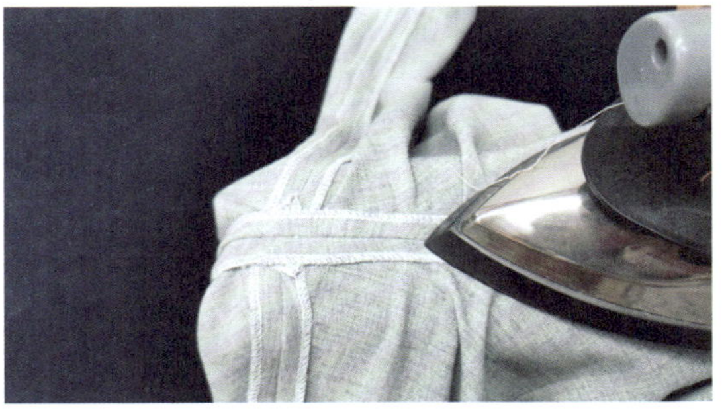

图3-1-25　分烫裆缝线

10.装门里襟、拉链

（1）缝合门襟。门襟面与右前片正面相对，从上端起针缝合到开口止点以下1.5cm，缝份由1cm慢慢变小至0.8cm，并在门襟上压0.1cm坐缉缝，如图3-1-26、图3-1-27所示。

女西裤－装拉链

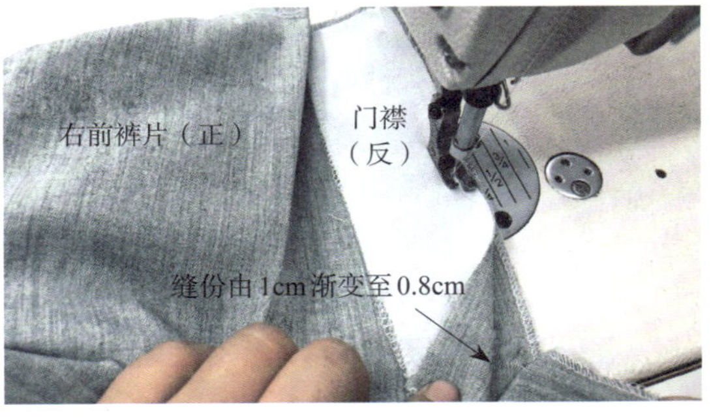

图3-1-26　缝合门襟

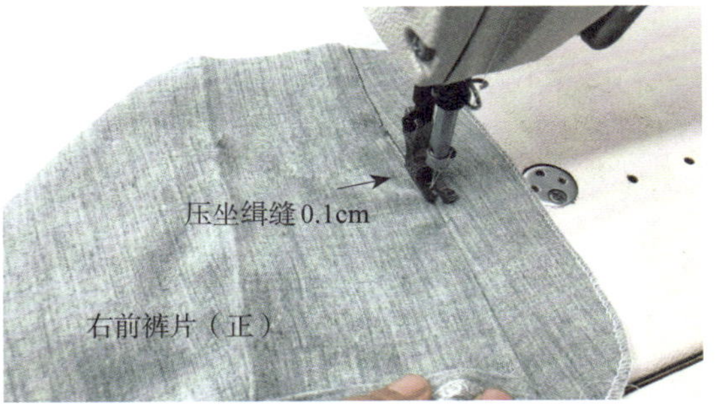

图3-1-27　压门襟坐缉缝

（2）固定里襟与拉链。里襟的设置在左边，将拉链沿里襟锁边线固定，如图3-1-28所示。

（3）缝合左前片与里襟及拉链。将左前裤片开口片折进0.8cm的缝份，与里襟拉链0.1cm明线压缉，注意不要拉长变形，如图3-1-29所示。

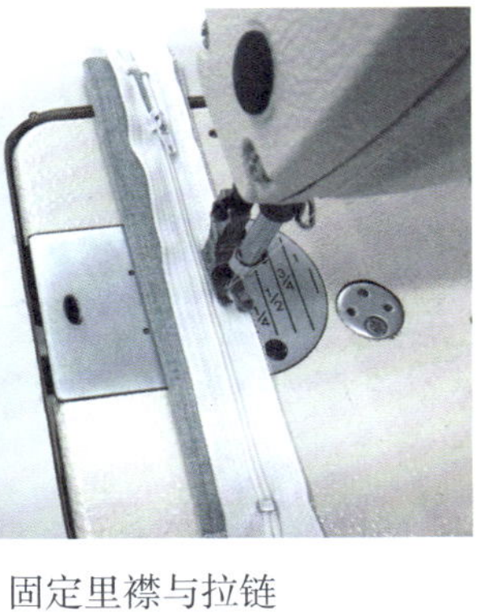

图3-1-28　固定里襟与拉链

图3-1-29　缝合左前片与里襟拉链

（4）固定拉链与门襟。将右前裤片裆缝止口盖住左前裤片0.5cm，翻到反面，将另一侧拉链与门襟车缝固定，如图3-1-30、图3-1-31所示。

图3-1-30　确定门襟与拉链位置

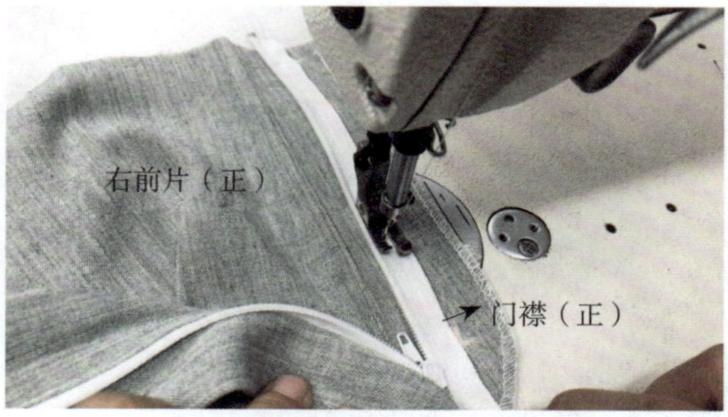

图3-1-31　固定拉链与门襟

（5）缉门襟明线。掀开里襟，按门襟样板缉线，最后将里襟放回原处，在裤片的反面将门襟、里襟底部固定，如图3-1-32所示。

图3-1-32　缉门襟明线

服装工艺小常识

现在所穿衣服的门襟设置规定是“男左女右”，包括裤子也是如此，现在标准女装也采用右襟的方式，但现在服装越来越中性化，很多女装也采用左门襟。

11.做、装串带襻（耳仔）

（1）做串带襻（耳仔）。将串带襻反面对折，车缝0.5cm，修剪缝头至0.3cm，分缝烫平，再翻转至正面，熨烫平整，沿两边压缉0.1cm明线。串带襻共5条，长8cm，如图3-1-33所示。

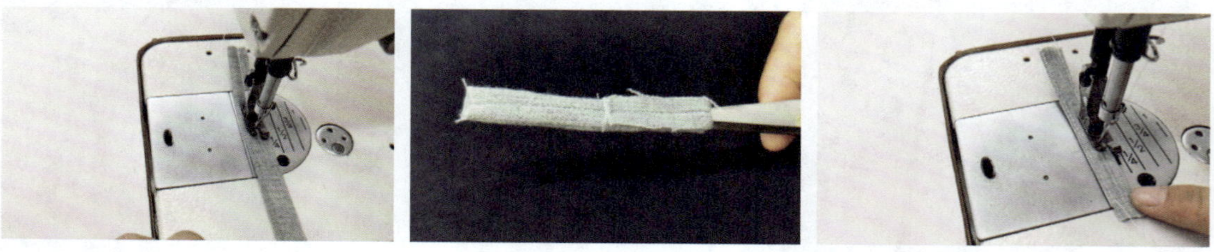
（a）　（b）　（c）

图3-1-33　做串带襻（耳仔）

（2）装串带襻（耳仔）。前串带襻对准门襟过8cm处，后串带襻准后裆缝，中间串带襻在前后串带襻中点。串带襻正面与裤片正面相对，上口与腰口对齐，按0.5cm的缝份固定，在距离1.5cm再来回针固定3道线，如图3-1-34所示。

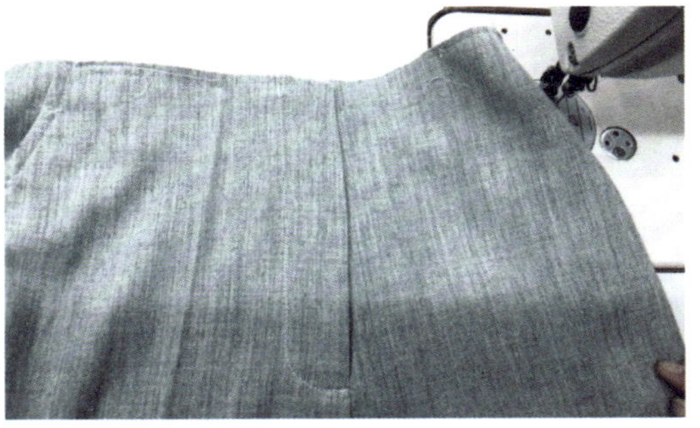

图3-1-34 装串带襻（耳仔）

12.做腰头

将腰面一侧按1cm缝份扣烫后，然后按中心线对折烫平，再折转腰头里包住腰头面扣烫0.9cm，特别注意，腰头腰里比腰面多出0.1cm，最后在腰头上画出与裤腰口的对位标记，如图3-1-35所示。

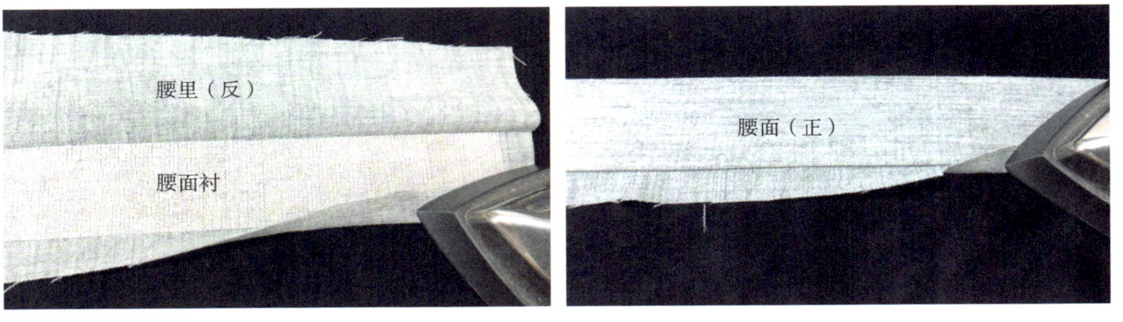

图3-1-35 扣烫腰头

13.装腰头、固定串带襻

（1）装腰头面。将腰头面与裤片正面相对，距离腰衬0.1cm，车缝1cm，并对齐各对位标记，如图3-1-36、图3-1-37所示。

图3-1-36 门里襟腰头定位点

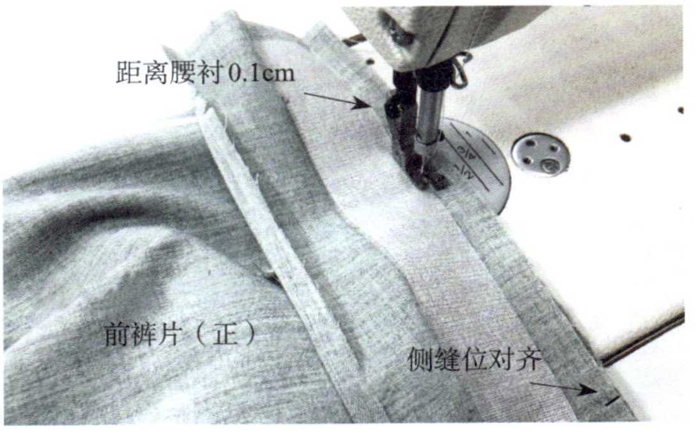

图3-1-37 装腰头面

企业工匠小技巧

腰头的工艺处理方法有两种：一种是根据成品规格腰头长度先车缝腰头两端后，再装腰；另一种是装完腰头面后再来车缝腰头的门襟和里襟两端。两种方法各有所长。

（2）固定腰头两端。腰面腰里正面相对，在门里襟两端车缝1cm固定。注意要方正，左右对称，大小一致，如图3–1–38、图3–1–39所示。

图3–1–38　固定门襟腰头

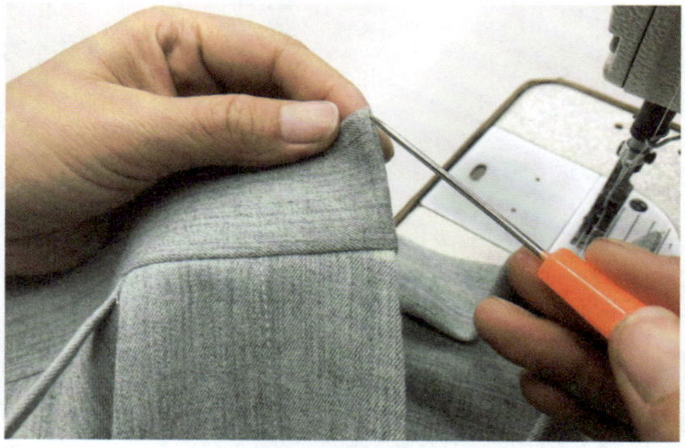

图3–1–39　翻门襟腰头

（3）装腰头里。翻转腰头，将腰头里与腰口线用漏落缝进行固定。注意，腰头里一定要车住，如图3–1–40所示。

（4）固定串带襻。将串带襻翻上并扣烫，注意距离上腰口0.3cm，在串带襻里用明线来回针固定，也可用大枣专机直接压缉。如图3–1–41所示。

图3–1–40　固定腰里

图3–1–41　固定串带襻

14. 手工撬裤脚边

用三角针沿三线包缝线手针缲缝一周，注意用本色单线，缝线不能外露，松紧适宜，如图3–1–42所示。

15. 钉裤勾

在距离前中1.2cm的腰头右端挂勾，在腰头左端里襟相应位置钉挂勾片，如图3–1–43所示。

图3-1-42　撬裤脚边

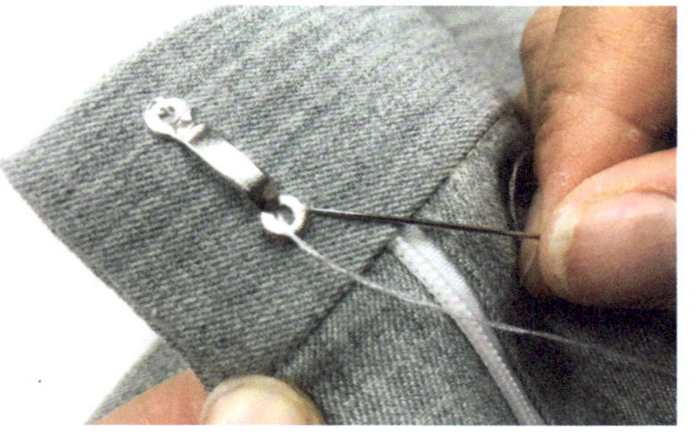

图3-1-43　钉裤勾

16.整烫

根据面料的性能调节好蒸汽熨斗的温度，按先反面后正面，先烫前后挺缝线，后烫省与袋，最后烫腰头的顺序进行整烫。特别在正面熨烫中，要把侧缝线与下裆线对齐，烫平烫飒前、后挺缝线，如图3-1-44所示。

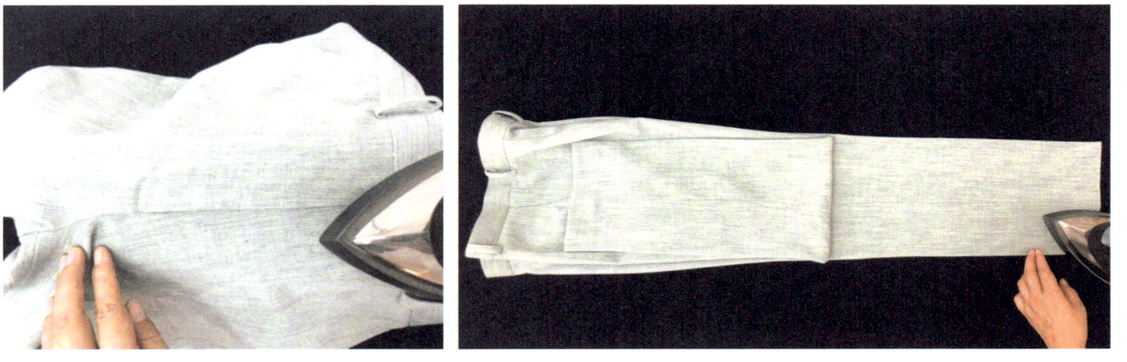

图3-1-44　整烫

17.成衣

成品效果如图3-1-45所示。

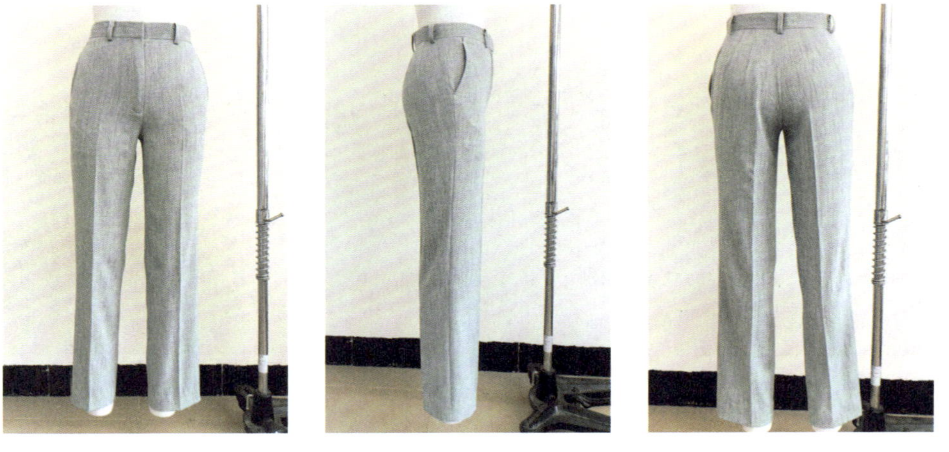

（a）　（b）　（c）

图3-1-45　成衣效果

五、知识拓展

裤子腰头钉纽工艺

裤子的腰头造型千变万化，特别在门襟腰头与里襟腰头钉纽方面也很讲究，男女西裤有别，休闲裤与正装裤有别，如图3-1-46所示。

（a）此款门襟腰头有宝剑造型，装四合挂扣，另有钉纽与开眼，一般用于男西裤。

（b）此款门襟腰头为直角造型，装四合勾扣，一般适用于男女西裤。

（c）此款门襟腰头为直角造型，里襟腰头处装摇头扣，门襟腰头开凤眼，一般适用于牛仔裤。

（d）此款门襟里襟拉链造型直至腰头止口，拉链为装饰明拉链，在里襟处开一直眼，在腰贴门襟钉扣，一般适用于休闲女裤

（e）此款裤子装隐形拉链至腰止口，无门里襟与钉扣开纽工艺，一般适用于时装女裤

图3-1-46　腰头钉纽工艺

六、巩固训练

C服饰有限公司接到D服饰有限公司生产订单，要求根据提供的裤子成品效果图，制作样衣生产制造单，并进行M码结构设计、纸样制作及样衣的制作。如图3-1-47、图3-1-48所示。

图3-1-47　裤子（正）

图3-1-48　裤子（背）

七、任务评价

女西裤评价见表3-1-4。

表3-1-4　女西裤评价表

评价项目	评价内容	序号	评价标准	分值	评价方式				备注
					自评	互评	师评	企业评	
知识技能目标（80分）	规格（8分）	1	裤长规格正确，不超偏差 ±1cm	2					
		2	腰围规格正确，不超偏差 ±0.5cm	2					
		3	臀围规格正确，不超偏差 ±1cm	2					
		4	脚口规格正确，不超偏差 ±0.5cm	2					
	腰头（10分）	5	腰面、腰衬、腰里平服，不起皱	3					
		6	腰头方正	2					
		7	腰头左右对称，宽窄一致	5					

续表

评价项目	评价内容	序号	评价标准	分值	评价方式				备注
					自评	互评	师评	企业评	
知识技能目标（80分）	串带襻（5分）	8	长短一致，宽窄一致，封结牢固	5					
	门襟和里襟装拉链（10分）	9	门襟和里襟顺直、平服，止口不反吐	5					
		10	门襟和里襟封口牢固	2					
		11	拉链平服，位置准确	3					
	省、裥（10分）	12	前片褶裥左右对称，大小一致，倒向前中	5					
		13	后片收省顺直，平服，有窝势	5					
	袋位（12分）	14	斜插袋平服，不反吐，袋口牢固	5					
		15	左右袋口大小一致	5					
		16	袋布平服，圆顺	2					
	侧缝、裆缝（10分）	17	线条顺直，无跳线，平服	5					
		18	十字裆缝对位准确	5					
	脚口（5分）	19	左右脚口大小一致	2					
		20	平服，折边宽窄一致，三角针均匀，不外露	3					
	整洁牢固（10分）	21	表面无污渍、无焦黄、无极光	5					
		22	14~15针/3cm	2					
		23	无断线或轻微毛脱	3					
情感目标（20分）	岗位问题处理能力（12分）	24	具有客户信息分析及处理的能力	5					
		25	具有制订计划并合理实施的能力	5					
		26	具有实施过程中独立思考及解决问题的能力	2					
	团队合作创新能力（6分）	27	具有团队合作意识和创新能力	3					
		28	具有按时完成任务、高效工作的能力	3					
	工匠精神（2分）	29	具有精益求精、追求卓越的工匠精神	2					
合计				100					

任务二　男西裤缝制工艺

任务导入

A服饰有限公司接到B服饰有限公司的生产订单，制作1000件男西裤，并要求其根据提供的样衣生产制造通知单的具体尺寸及工艺要求，进行M码样衣的制作，具体制作要求详见表3-2-1。

表3-2-1　B服饰有限公司男西裤样衣制作通知单

编号	款号	下单日期
KZ2022001	男西裤	年　月　日

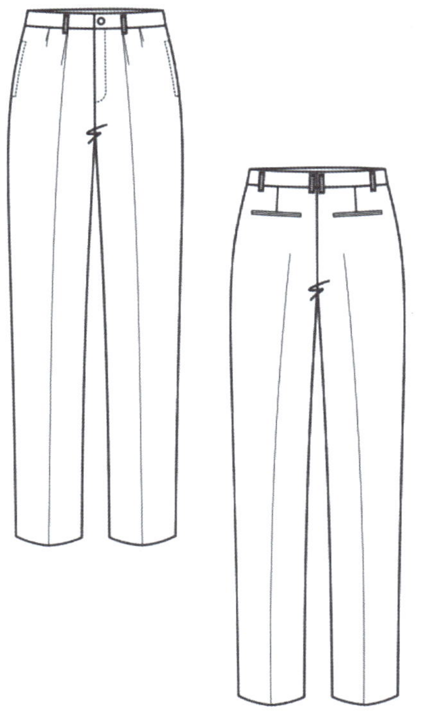

部位	规格				
	160/66A	165/70A	170/74A	175/78A	180/82A
	XS	S	M	L	XL
裤长	94	97	100	103	106
腰围	68	72	76	80	84
臀围	90	94	98	102	104
直裆	22	23	24	25	26
横裆	58	59	60	61	62
脚口	36	38	40	42	44
腰宽	4	4	4	4	4

备注：面料先缩水后再开裁

工艺说明与技术要求

1.针距要求：14~15针/3cm

2.腰头：面、里、衬平服，不扭曲，松紧适宜，串带襻长短一致，位置准确

3.门襟、里襟、拉链：拉链平服，不外露、长短互差不大于0.3cm，门襟缉线要顺直

4.前后裆：圆顺，平服。裆底十字缝互差不大于0.2cm

5.裤袋：袋口平服，牢固，袋位高低、袋口大小互差不大于0.3cm

6.裤腿、脚口：裤腿长短、肥瘦一致，脚口边缘顺直

7.外观整洁，线路规整，无抽纱，无线头，无污迹，无破损及脱线等外观损伤

面料：毛涤类、亚麻、化纤、混纺均可

辅料：拉链、袋布、衬布、纽扣、配色线、洗水唛等

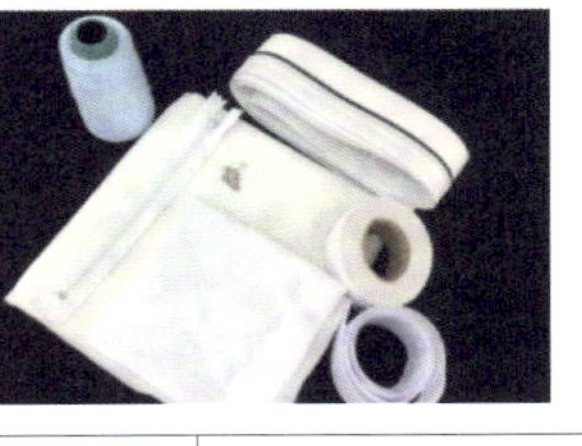

款式特征概述

装方形直腰头，腰头装串带襻6个，前中门里襟装拉链，前裤片腰口左右各设反向褶2个，侧缝处左右各设直插袋1个，后裤片腰口左右各收省1个，后臀部左右各设双嵌线开袋1个，平脚口

工艺编制	张三	工艺审核	李四	审核日期	年　月　日

任务要求

1.掌握男西裤工业样板的排料、画样、裁剪、熨烫等技术。

2. 掌握男西裤的制作方法和技巧。

3. 掌握男西裤质量的检测。

4. 掌握男西裤生产工艺单的制订以及生产工艺书的编写。

任务准备

男西裤工业样板（纸样）清单见表3-2-2。

表3-2-2 男西裤工业样板（纸样）清单

毛样板名称	数量	净样板名称	数量
前裤片	1	门襟	1
后裤片	1	门襟腰头	1
门襟腰头	1	里襟腰头	1
里襟腰头	1	串带襻（耳仔）	1
门襟	1	嵌条	1
里襟	1		
里襟里	1		
直插袋布	1		
直插袋垫	1		
后袋嵌条	1		
后袋垫	1		
后袋小袋布	1		
后袋大袋布	1		
串带襻（耳仔）	1		

任务实施

一、任务分析

从提供的样衣生产制造通知单可知，此款裤子是常规适身型男西裤，腰部紧贴、臀部稍松，吻合人体日常穿着，其工艺特点是直腰头，装串带襻6个，前中门里襟装拉链，前裤片腰口左右各设反向褶2个，侧缝处左右各设直插袋1个，后裤片腰口左右各收省1个，后臀部左右各设双嵌线开袋1个，平脚口。

缝制工艺的重点、难点：做直插袋、装门里襟、装拉链、装腰头。

二、裁片裁剪图

（1）170/74A男西裤面料裁剪图如图3-2-1所示。

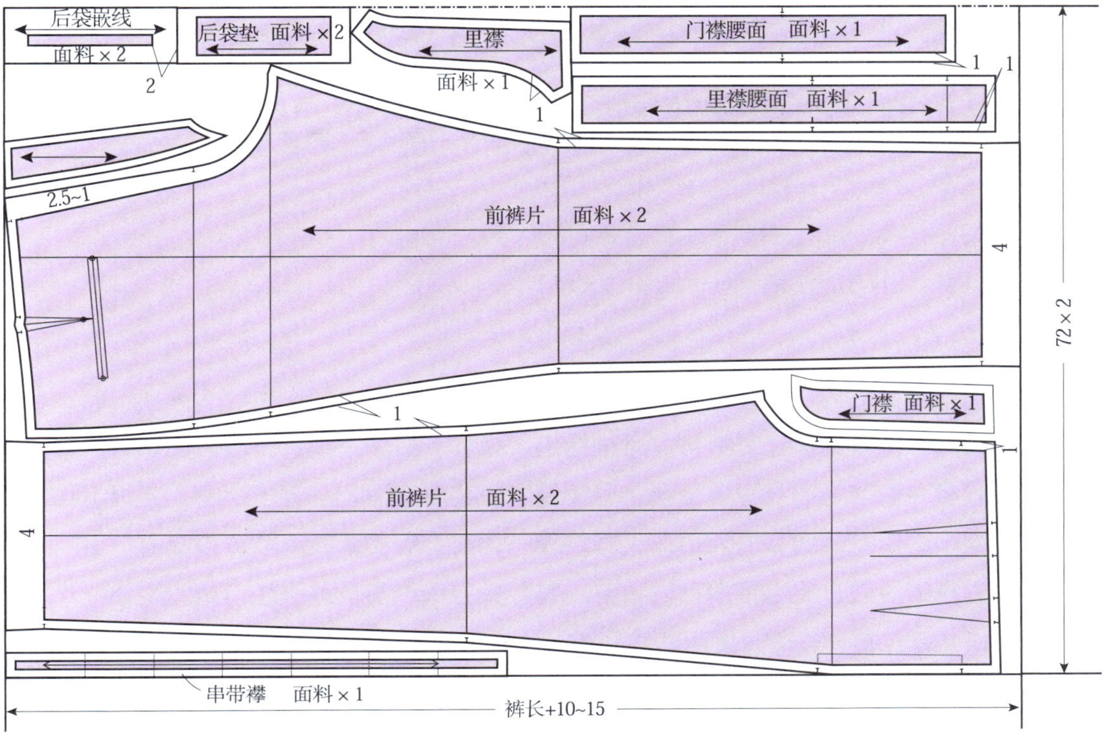

图3-2-1　170/74A男西裤面料裁剪图

（2）170/74A男西裤辅料裁剪图如图3-2-2所示。

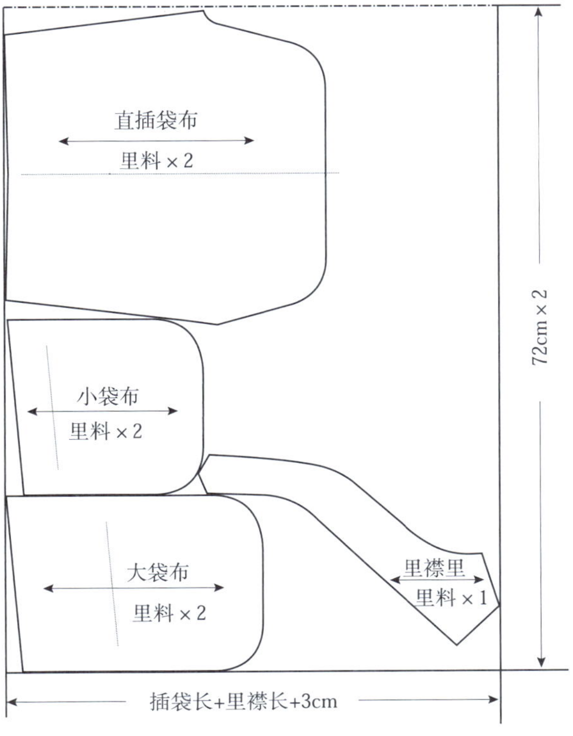

图3-2-2　170/74A男西裤辅料裁剪图

温馨提示：

用料估算：面料使用量与面料的幅宽、裤长及布料缩水率有关，具体如下。

①窄幅宽（90cm）：裤长 ×2+（10 ~ 15cm）。

②中幅宽（114cm）：裤长 +（30 ~ 40cm）。

③宽幅宽（144cm）：裤长 +（10 ~ 15cm）。

三、工艺流程

检查裁片→做缝制标记（粘衬、对位标记、画省、褶）→锁边→做褶、缉省、烫省→挖后双嵌线袋→做前直插袋→合侧缝、分烫侧缝→装前直插袋→合下裆缝、分烫下裆缝→烫前片褶裥、前后挺缝线、前片褶裥、脚口线→合前、后裆缝线、分烫裆缝线→做、装门襟、里襟和拉链→做、装串带襻→做腰头→装腰头→压缉串带襻→压门襟明线→缝十字裆里→攮脚口、钉勾扣→整烫→男西裤成品图

四、缝制工艺

1.检查裁片

检查裁片，核实裁片数量，见表3-2-3。

表3-2-3　男西裤裁片清单

裁片名称	数量	裁片名称	数量
前裤片	2	直插袋布	2
后裤片	2	直插袋垫	2
门襟腰头	1	后袋嵌条	2
里襟腰头	1	后袋垫	2
门襟	1	后袋小袋布	2
里襟	1	后袋大袋布	2
里襟里	1	串带襻（耳仔）	6

2.做缝制标记（粘衬、对位标记）

（1）粘衬部位。腰头反面粘专用腰衬，门襟、里襟和后袋嵌线布反面粘布衬，前片直袋袋口处、后袋位粘纸衬，如图3-2-3、图3-2-4所示。

（2）做标记。根据需要在前后片、腰头等处，用钻眼、划粉或眼刀等方式做好标记，要求眼刀深不超过0.5cm，钻眼在省尖位上0.5cm，男西裤应在以下部位做好缝制标记。

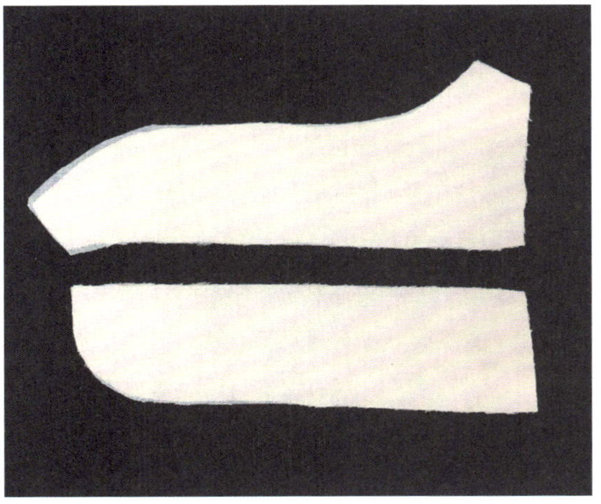

图3-2-3　门褶、里襟

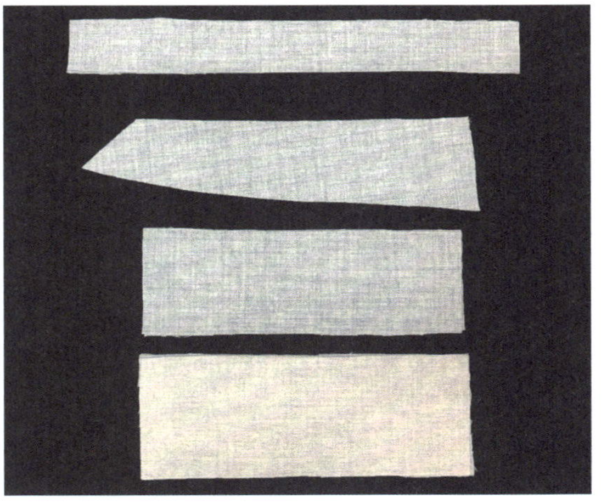

图3-2-4　嵌条、袋垫

①前裤片。褶裥线、侧缝袋位线、侧缝臀围线、侧缝横档线处、下裆缝和侧缝的中裆线、脚口线，前裆弧线的装门襟、里襟、拉链对位点，如图3-2-5所示。

②后裤片。后裆缝放缝处、侧缝臀围线、侧缝横档线、下裆缝和侧缝的中裆线、脚口线、腰口线上的省大、省尖、后挖袋的袋位，如图3-2-6所示。

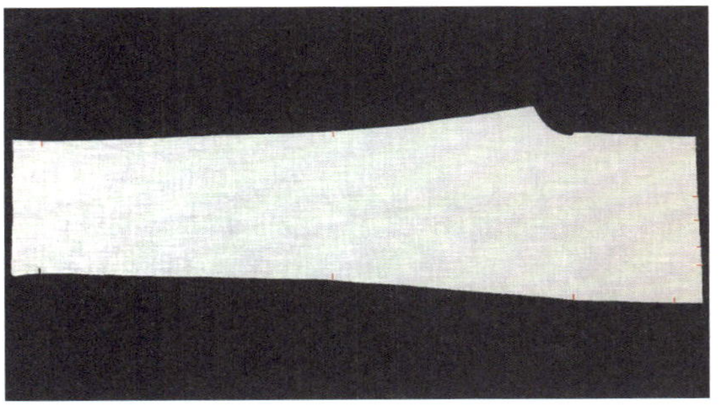

图3-2-5　前裤片

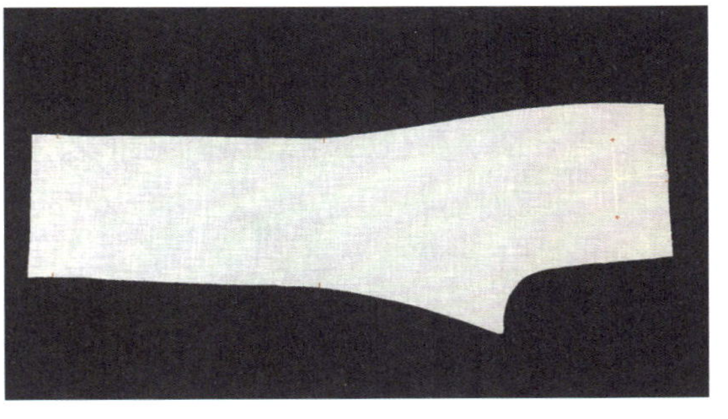

图3-2-6　后裤片

③腰头。侧缝处、左腰头腰止口处、右腰头里襟处等，如图3-2-7所示。

④直插袋。袋布对折点，如图3-2-8所示。

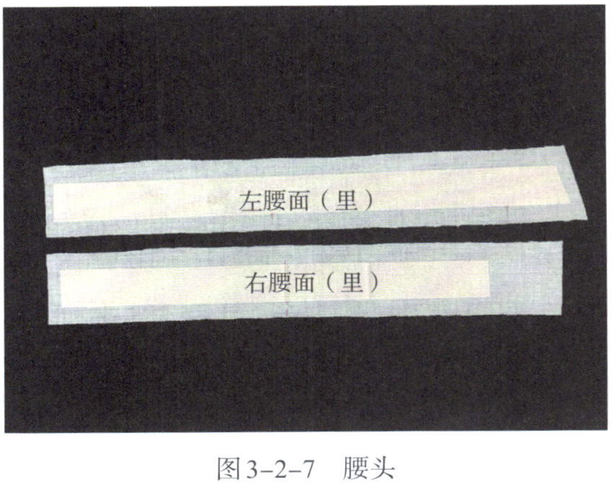

图3-2-7　腰头

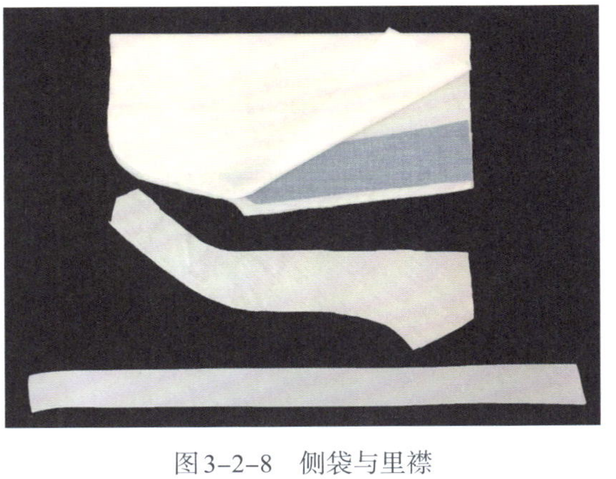

图3-2-8　侧袋与里襟

3.锁边

（1）前、后裤片。除了腰口线外的裆缝线、侧缝线、下裆缝线和脚口线都要锁边，如图3–2–9所示。

（2）零部件。门襟外口锁边，侧袋袋垫除腰口线外的两边锁边，后袋垫下口锁边。

4.做褶、缉省和烫省

（1）做前片褶。按褶大小缉缝4cm，注意要打回针，如图3–2–10所示。

图3–2–9　裤片锁边

图3–2–10　缉前片褶

（2）缉省。按后裤片上的省位标记，沿省道车缝，注意线缉省时省尖要缉尖，但不可来回针，在两端留有2～3cm的线头，然后打好线结，如图3–2–11所示。

（3）烫省。后裤片反面朝上，将后裤片放在烫包上，由上到下熨烫，省倒向后裆弧线，注意省尖处应扒开，熨烫无褶皱，平服，如图3–2–12所示。

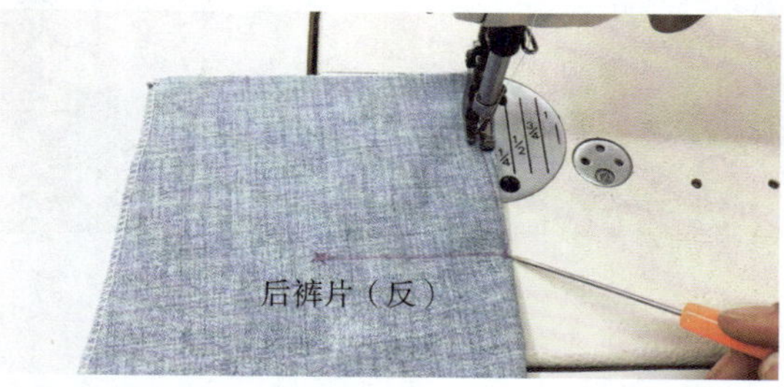

图3–2–11　缉省

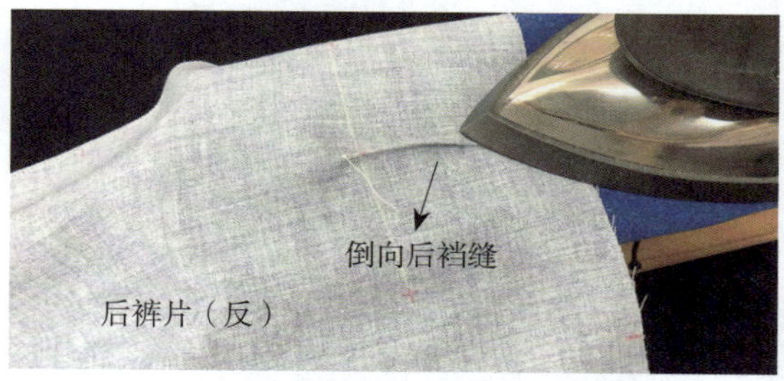

图3–2–12　烫省

5.挖后双嵌线袋

（1）粘衬、烫嵌线布、定袋位。在袋位线的反面粘上纸衬，并在后裤片正面用汽消笔画出袋位线，再扣烫嵌线布，先烫2cm，再折烫2cm，如图3–2–13～图3–2–15所示。

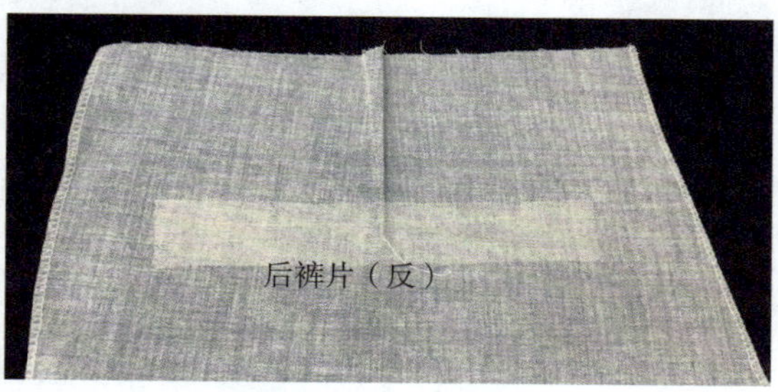

图3–2–13　烫袋位衬

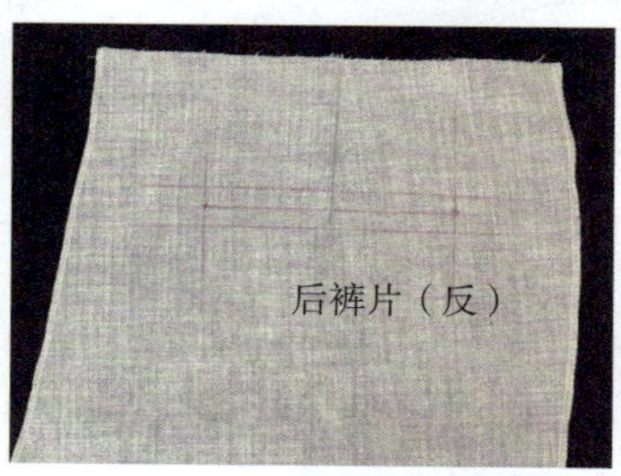

图3–2–14　定袋位

男西裤－双嵌线袋

（2）放小袋布。在后袋袋位的反面放小袋布，要求上提2cm，左右位置要相对均匀准确，如图3-2-16所示。

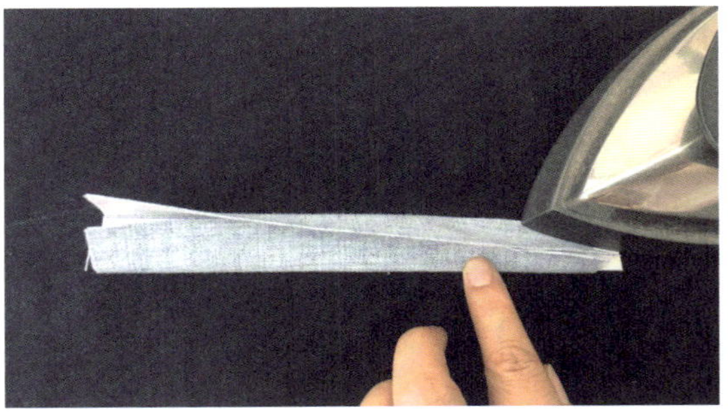

图3-2-15　扣烫嵌条

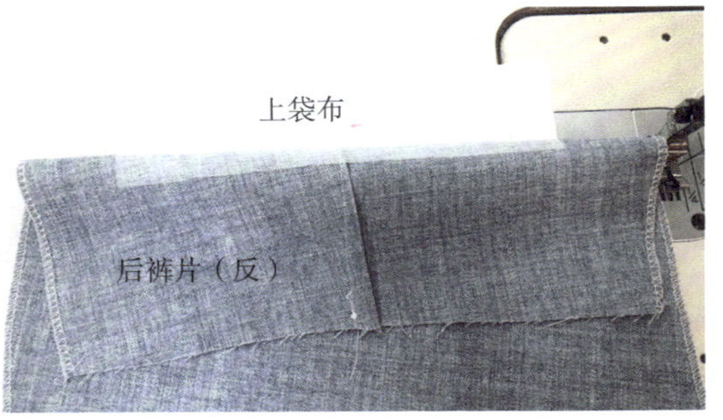

图3-2-16　放小袋布

（3）缉嵌线条。将扣烫好的嵌线布对准袋位线，缉缝上下两条0.5cm的线，两端要打回针，两条线间距1cm，且要平行，如图3-2-17所示。

图3-2-17　缉嵌线条

企业工匠小技巧

双嵌线开袋，可采用整一块布往里扣烫车缝后再剪成两条嵌条，也可采用两条嵌线布分别车缝嵌线，两种方法各有所长，建议采用一块布往里扣烫的方法，这种方法嵌线宽，更准确。

（4）剪袋口。把嵌条缝头掀开，从中间往两边剪，剪到两端距离1cm处时，要剪成倒Y型，剪三角要注意剪到位，但也不能不足，更不能剪断线，如图3-2-18所示。

（5）翻烫嵌条并封三角。翻烫嵌条后，将下嵌条卷边缝或者包缝后固定在小袋布上，再将两边三角进行回针固定，如图3-2-19、图3-2-20所示。

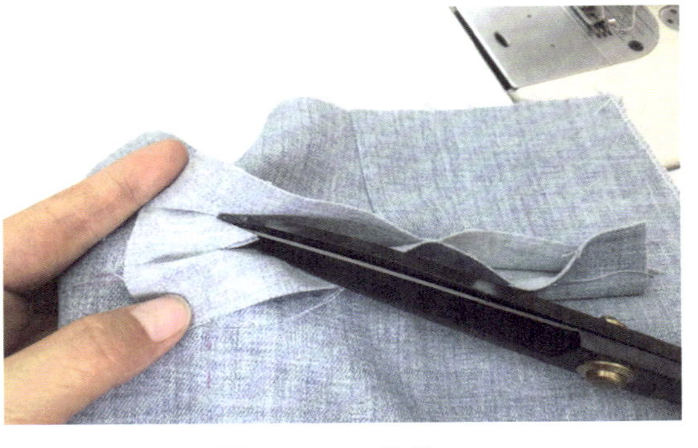

图3-2-18　剪袋口

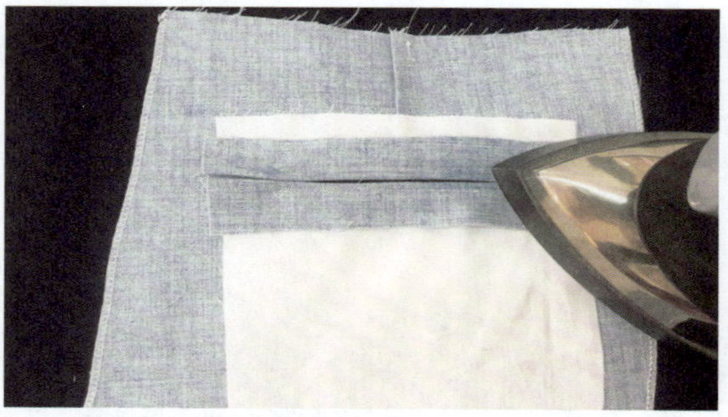

图3-2-19　翻烫嵌线条

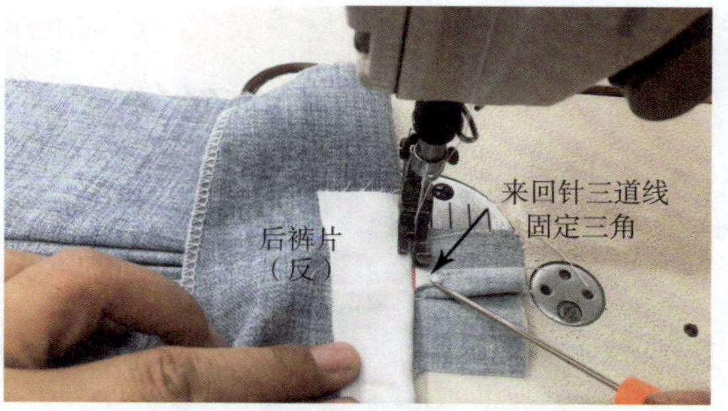

图3-2-20　封三角

（6）固定袋垫布。找准位置固定后袋垫布在大袋布上，将袋垫下口折光，如图3-2-21所示。

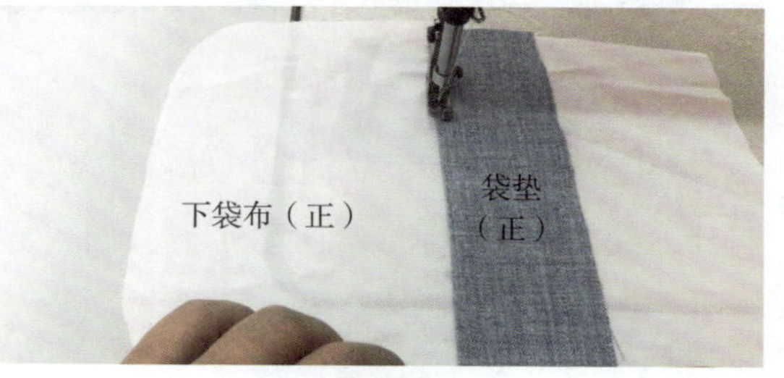

图3-2-21　固定袋垫布

（7）三边封口。大小袋布对齐后，从袋口三角位一端起，经过上袋口嵌线到另一端的三角位，注意起针收针都要打回针，袋口封口为门框型，如图3-2-22、图3-2-23所示。

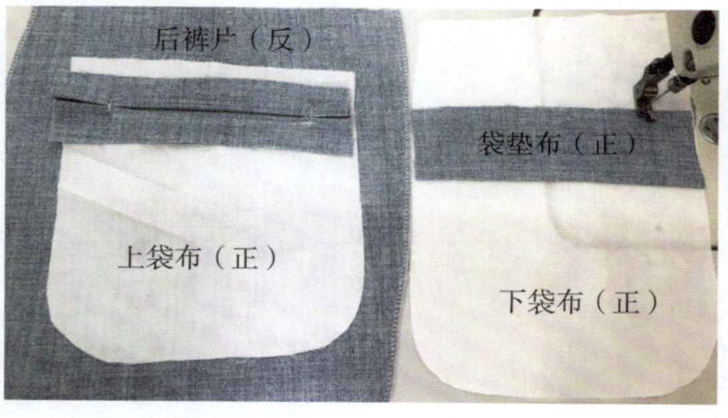

图3-2-22　大小袋布

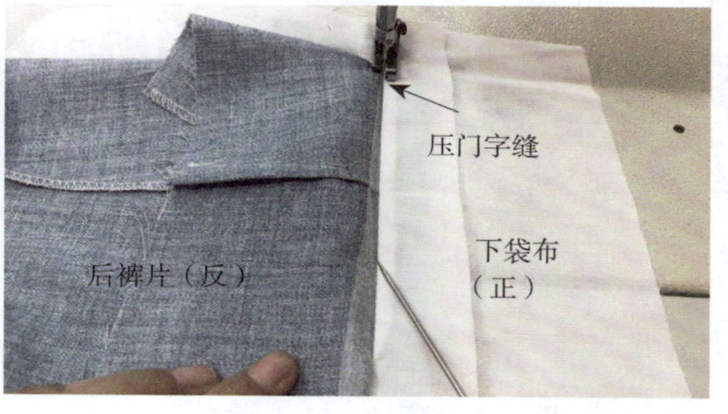

图3-2-23　封门框

（8）兜缉袋布并包边。按0.5cm缝头，兜缉袋一周，再用专用包边布进行包缝，也可采用拉筒进行包边，如图3-2-24所示。

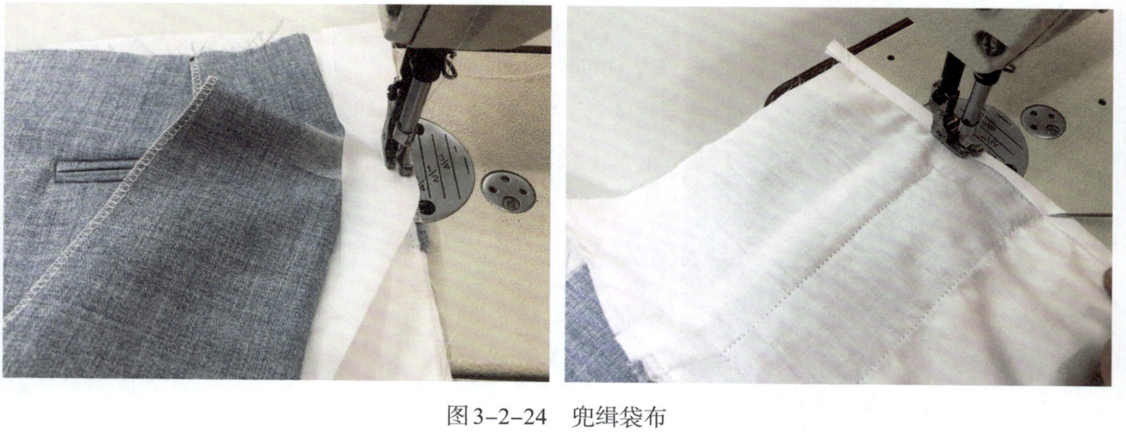

图3-2-24　兜缉袋布

企业工匠小技巧

现代企业的包边直接采用包边拉筒器，可一步到位，不仅质量好，还效率高，普通衣车也可外加装一个包边器。

（9）嵌线袋成品图如图3-2-25、图3-2-26所示。

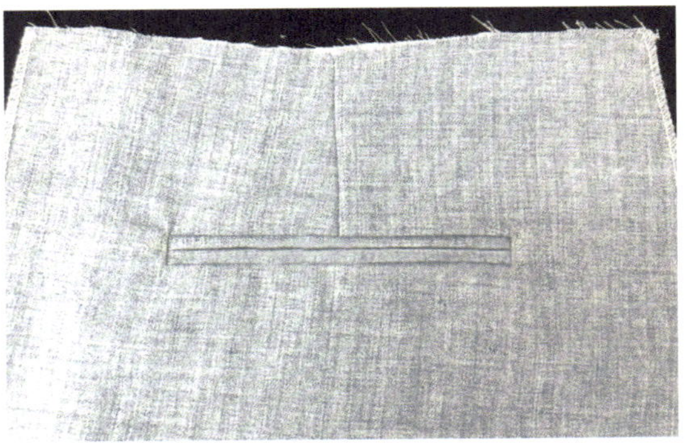

图3-2-25 嵌线袋（正面）

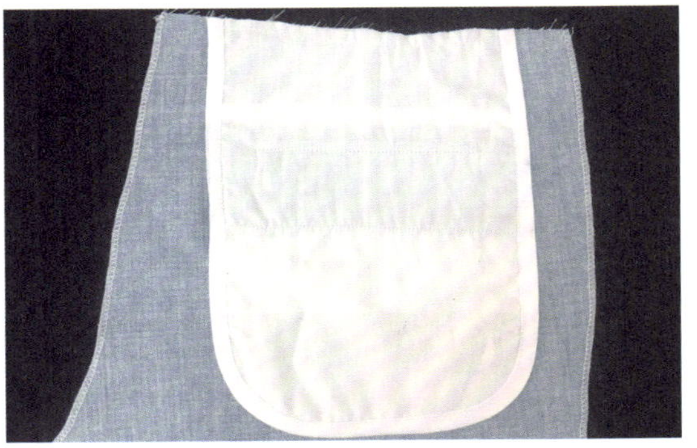

图3-2-26 嵌线袋（背面）

6.做前直插袋布

（1）车缝袋垫布。沿袋垫布包缝线缉0.5cm，将袋垫布固定在下层斜袋布上。注意距离边缘1cm，下端留1.5cm不要缉住，如图3-2-27所示。

男西裤-直插袋

（2）兜袋底。袋布下口用来去缝，第一道线缉0.4cm，距离上袋片口1.5cm处不缉线，起针收针都要打回针。再将袋布翻至正面，第二道缉0.6cm，缉至袋口1.5cm处，缉线慢慢变小成0.1cm，把上袋片上端不缉线的部分拉开，下袋片处折光缉到头，如图3-2-28所示。

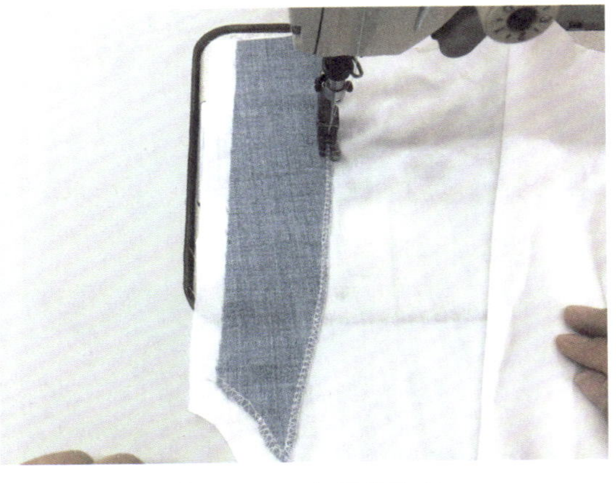

图3-2-27 车缝袋垫布

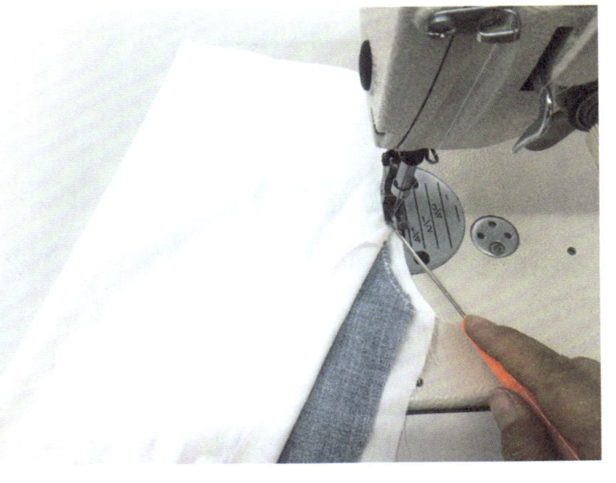

图3-2-28 兜袋底

7.合侧缝、分烫侧缝

（1）烫衬。在袋口位烫2cm纸衬，加固袋口并定型，如图3-2-29所示。

（2）合侧缝、分烫侧缝。预留口袋位，前裤片在上，后裤子片在下，正面相对缝合侧缝，缝份为1cm，注意对齐横裆、中裆和脚口线的对位标记，整条缝分烫平服，如图3-2-30、图3-2-31所示。

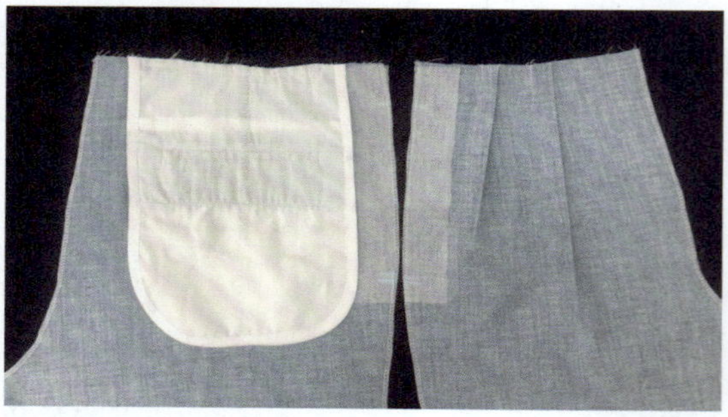

图3-2-29　袋口烫纸衬

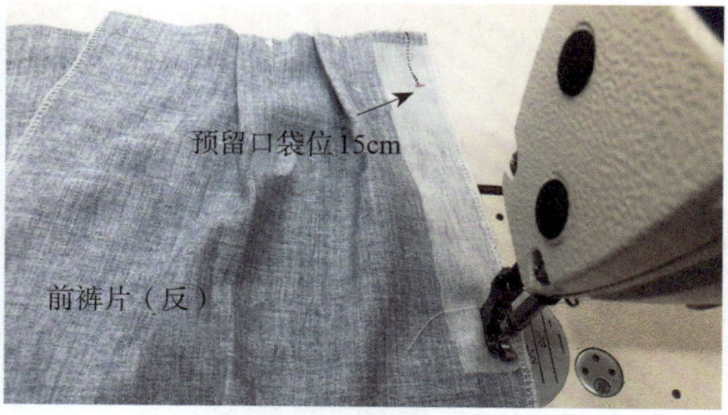

图3-2-30　合侧缝

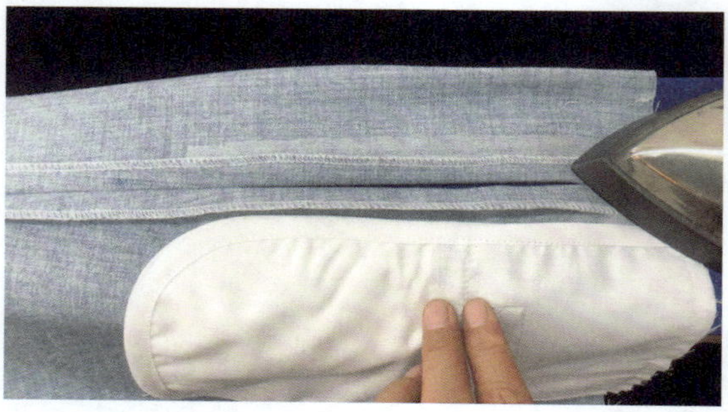

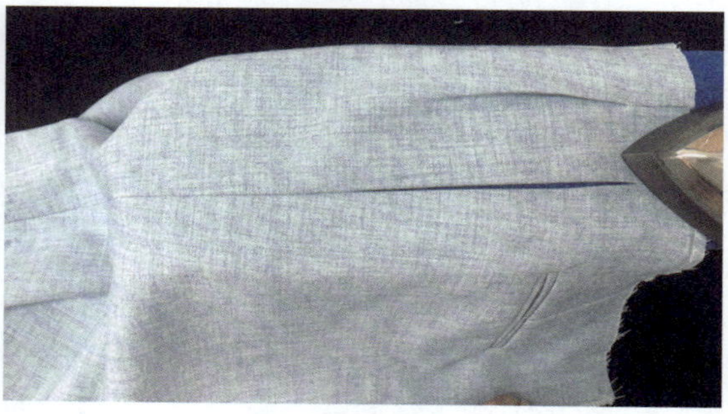

图3-2-31　分烫侧缝

企业工匠小技巧

直插袋的缝制，在袋口处可采用最大稀针距临时固定，袋口两端也要打回针加固，待成品时再拆，这样制作的直插袋更精致美观。

8. 装前直插袋

（1）装上层袋布与前裤片。将上层袋布与前裤片侧缝袋口净线对齐缉缝，注意不要反吐，翻至正面烫平后，在袋口处压缉0.8cm的明线，如图3-2-32、图3-2-33所示。

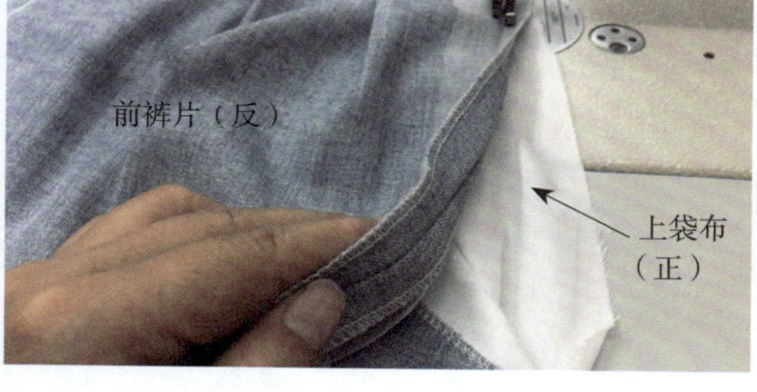

图3-2-32　装上层袋布

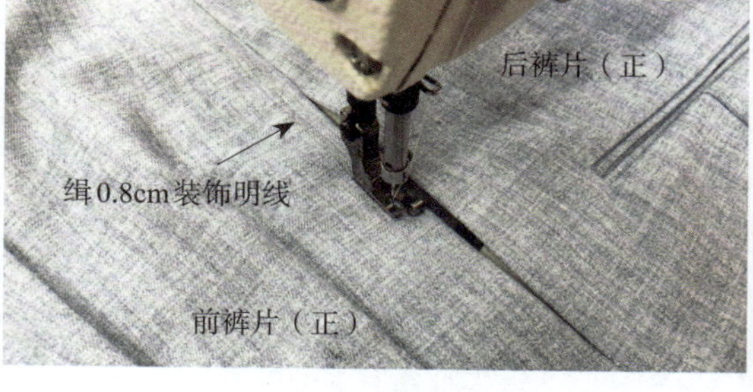

图3-2-33　压袋口明线

（2）装下层袋布与后裤片。将后裤片侧缝袋口净线与袋垫对齐缉缝，并烫分开缝，然后把后袋布覆盖在后裤片与袋布的分开缝上，沿袋布折光的边上压缉0.1cm，如图3-2-34所示。

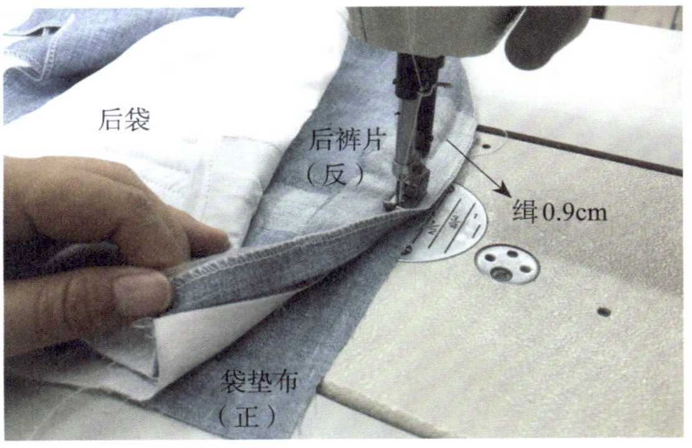

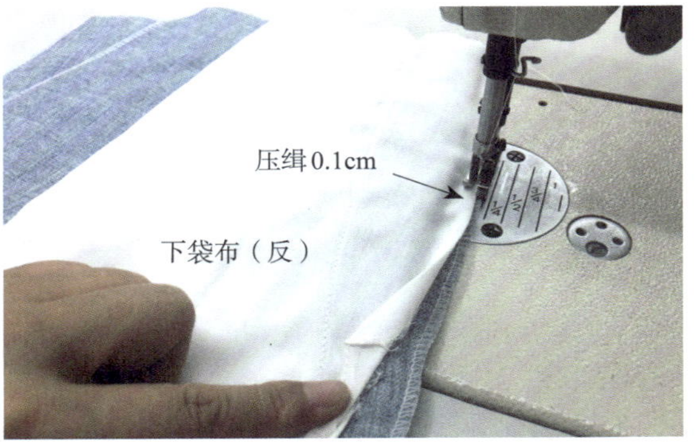

图3-2-34　装下层袋布

（3）封袋口。根据袋口位置与大小，在袋口的两端打回针封袋口，注意封口平行，来回针不能出现双轨线，并在腰上口固定袋布，如图3-2-35、图3-2-36所示。

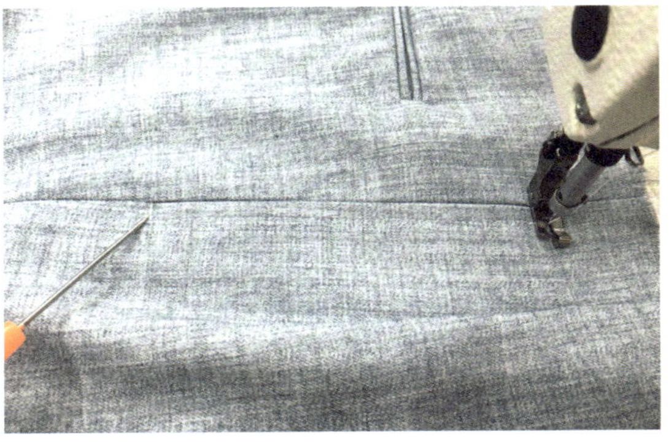

图3-2-35　封袋口

图3-2-36　固定袋布与腰口线

9. 合下裆缝、分烫下裆缝

前裤片放上，后裤片放下，对齐下裆缝沿边缉1cm缝份，注意两层要平顺，对齐中裆和脚口对位标记，然后分开烫平，如图3-2-37、图3-2-38所示。

图3-2-37　合下裆缝

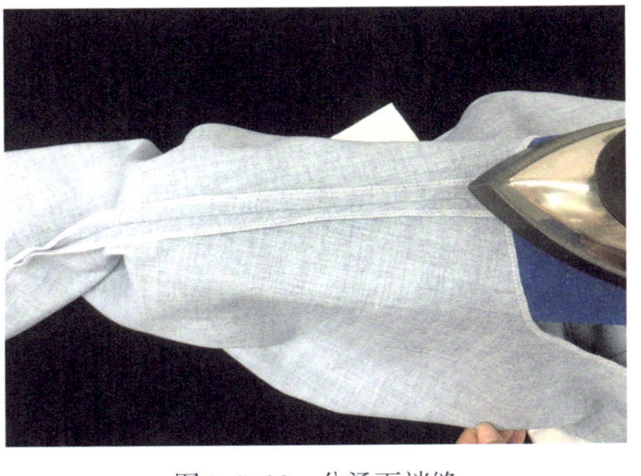

图3-2-38　分烫下裆缝

10. 烫前片褶裥、前后挺缝线、脚口线

（1）烫前片褶裥。褶裥往中心线烫倒（从反面看），中心线上的褶消失在中心线臀围处，靠口袋的褶消失在臀围线上4cm，如图3-2-39所示。

（2）烫前后挺缝线、脚口线。将下裆缝与侧缝的分烫缝对齐，烫出前、后挺缝线，再按眼刀扣烫脚口，如图3-2-40所示。

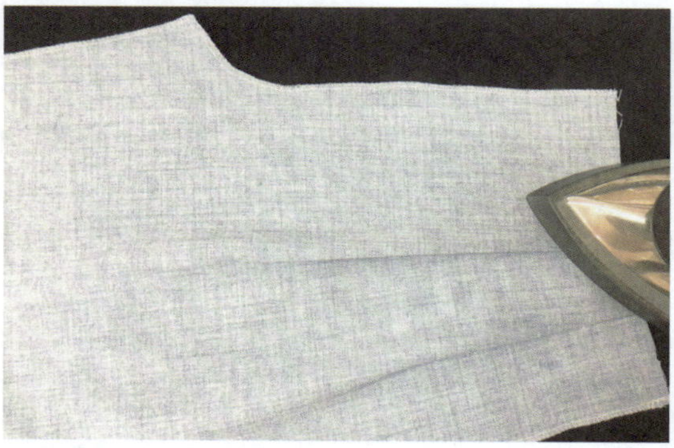

图3-2-39　烫前片褶裥

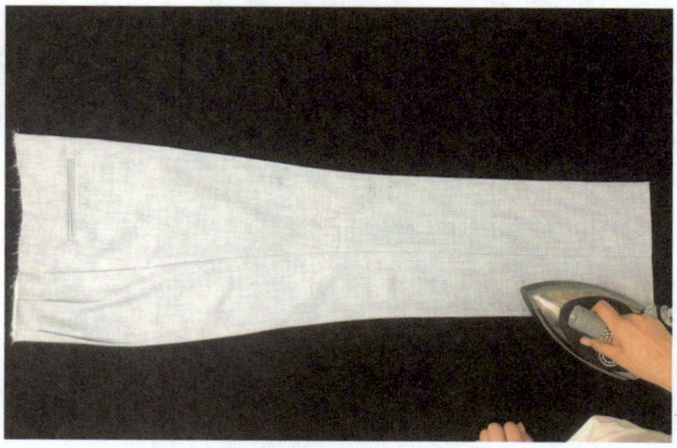

图3-2-40　烫前后挺缝线、脚口线

11. 合前、后裆缝线、分烫裆缝线

根据拉链长度加0.5cm，确定前裆缝缝合起点，对齐前后裆缝、裆底十字缝，缉0.8cm来回两道双轨线，如图3-2-41、图3-2-42所示。

图3-2-41　合裆缝线

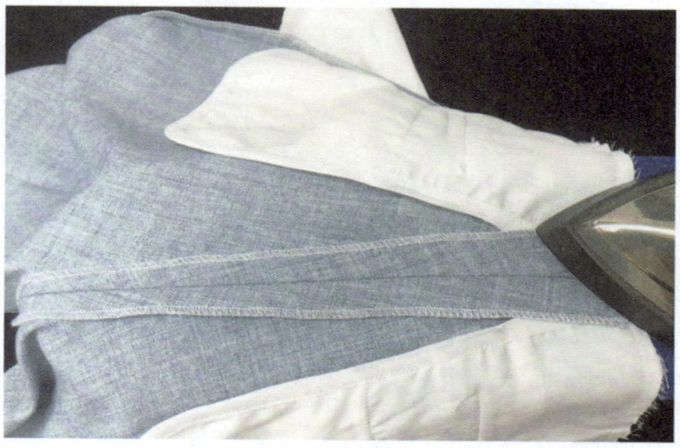

图3-2-42　烫裆缝线

12. 做、装门襟、里襟和拉链

（1）缝合门襟。门襟面与左前片正面相对，从上端起针裆缝缝合到开口止点，缝份由1cm慢慢减至0.8cm，并在门襟上压0.1cm坐缉缝，如图3-2-43所示。

（2）做里襟。根据里襟净样线缝合里襟面布与里布，并翻至正面，熨烫平整，如图3-2-44所示。

图3-2-43　缝合门襟

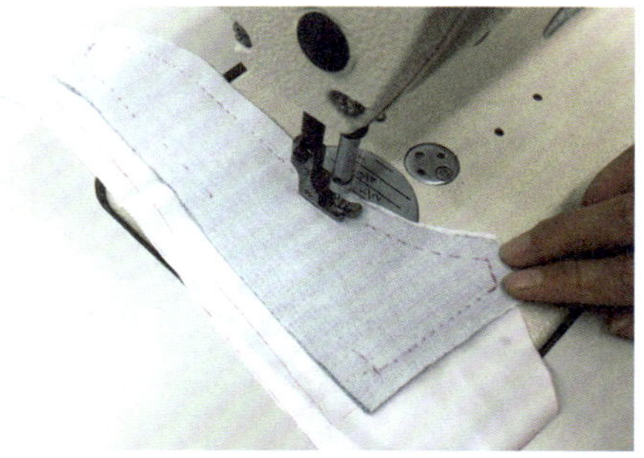

图3-2-44　做里襟

（3）固定里襟与拉链。拉链正面在上沿里襟面正面缉缝0.5cm，注意要固定在里襟里上，如图3-2-45所示。

（4）缝合右前片和里襟。把里襟里掀开，将里襟面、拉链和右前裤片缝合，注意拉链在中间，缉缝0.8cm，与裆缝拉链止点缝头有0.2cm余量，如图3-2-46所示。

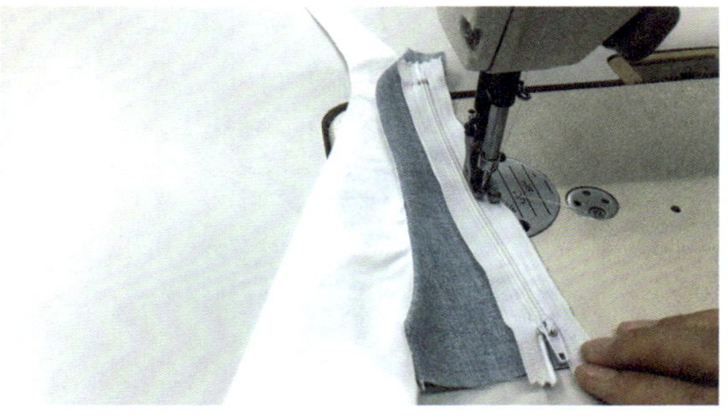

图3-2-45　固定里襟与拉链

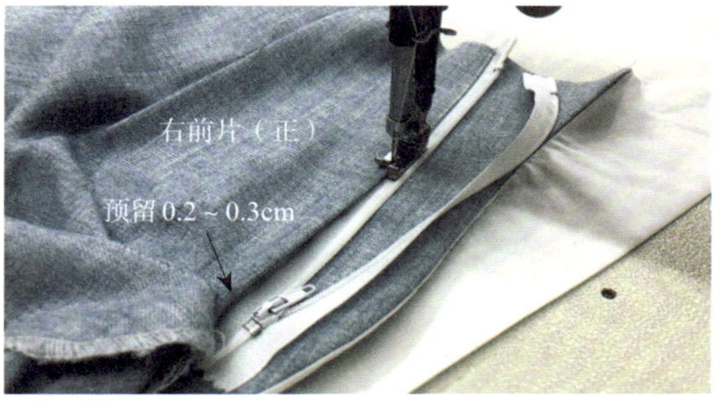

图3-2-46　缝合里襟

（5）固定拉链与门襟。将拉链拉上，门里襟闭合，确定拉链在门襟的位置，并做好标记；然后沿拉链缉线0.5cm，如图3-2-47所示。

13.做、装串带襻

（1）做串带襻（耳仔）。将串带襻反面对折，车缝1cm，修剪缝头至0.3cm，分缝烫平，再翻转至正面，熨烫平整，沿两边压缉0.1cm明线。串带襻共6条，长9cm，如图3-2-48所示。

图3-2-47　固定拉链与门襟

图3-2-48　做串带襻（耳仔）

（2）装串带襻（耳仔）。前裤片串带襻对准第一个褶左右各一个处，后串带襻距离后中裆缝2cm左右各一个，中间串带襻在前后串带襻之间。串带襻正面与裤片正面相对，上口与腰口对齐，按0.5cm的缝份固定，在距离1.5cm再来回针固定3道线，如图3-2-49所示。

图3-2-49 固定串带襻（耳仔）

14. 做腰头

（1）烫腰头衬。采用腰头专用衬，先烫腰衬，再扣烫两边，如图3-2-50所示。

（2）缝合腰头面与腰里。将专用腰头里上口沿着腰头面扣烫折痕下移0.2cm处搭缝缉明线0.1cm；再拼合左右腰头，注意腰里要预留3cm余量，在拼合时车入缝份里，如图3-2-51所示。

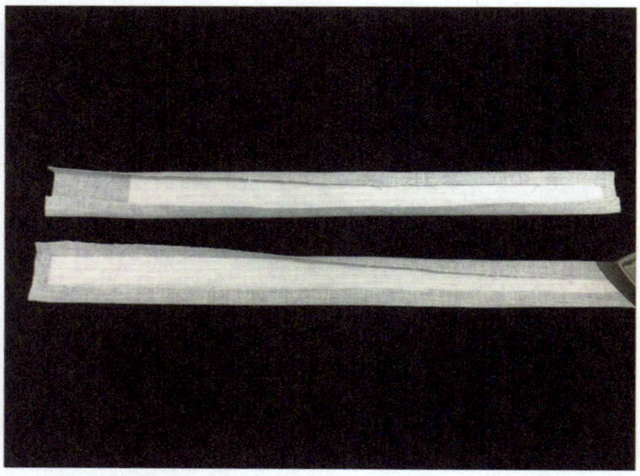

图3-2-50 扣烫腰头衬

图3-2-51 缝合腰头面与腰里

15. 装腰头

（1）装腰头面。腰头面与裤片正面相对，注意离开腰衬0.1cm，特别注意门襟要打开缝制，如图3-2-52、图3-2-53所示。

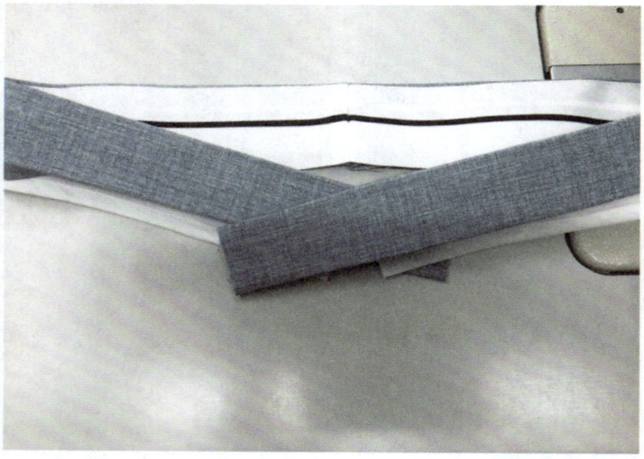

图3-2-52 腰头成品

图3-2-53 装腰头面

（2）做门襟腰头。将腰头按门襟止口对折，车缝1cm，注意与腰止口平齐，缉线后翻烫平服，如图3-2-54所示。

（3）做里襟腰头。根据里襟净样板延长斜角至腰头止口，缉线翻烫平服，再沿里襟与拉链边沿压缉，固定里襟里，如图3-2-55所示。

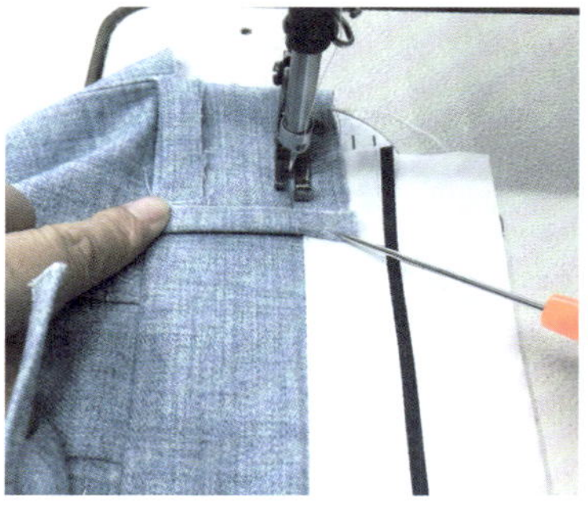
（a）

（b）

（c）

图3-2-54　做门襟腰头

（a）

（b）
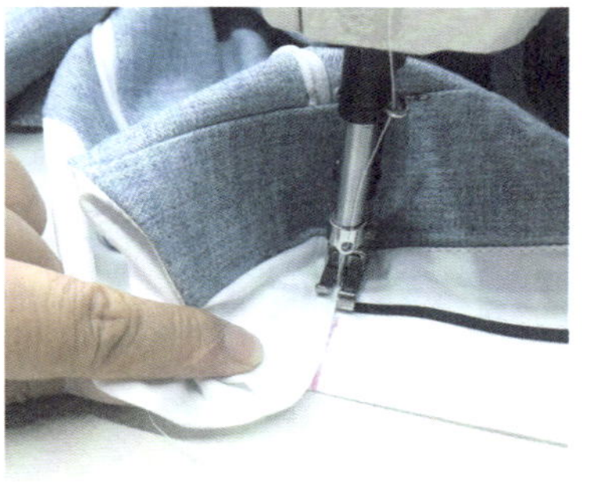
（c）

图3-2-55　做里襟腰头

（4）固定里襟里。沿里襟与拉链边沿压缉漏落缝，固定里襟里，如图3-2-56所示。

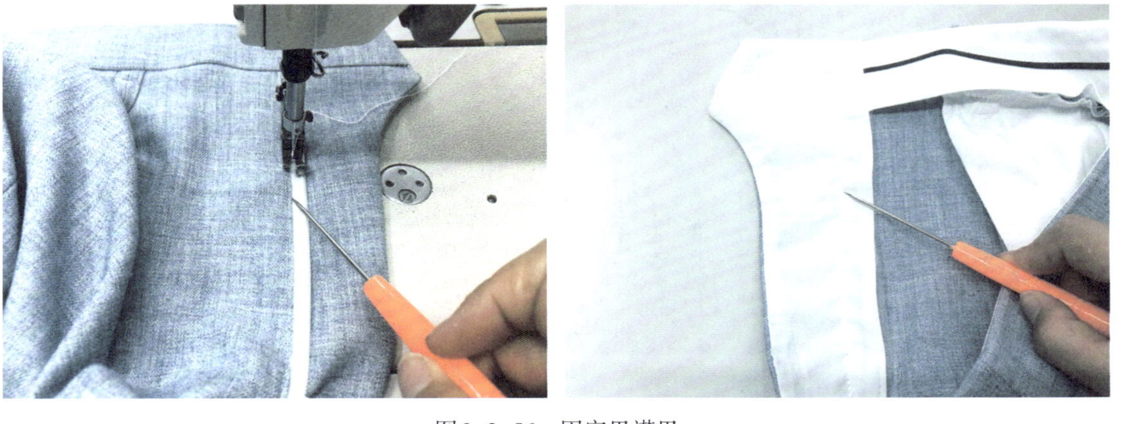

图3-2-56　固定里襟里

（5）固定腰里。在裤正面沿腰下口缉漏落缝，注意不要缉住腰里外层，如图3-2-57所示。

图3-2-57　固定腰里

16. 压缉串带襻

将串带襻固定在腰面上，注意不要歪斜，再用电脑套结机加固。

17. 压门襟明线

用汽消笔按门襟净样板先描绘门襟线，再根据明线缉线，特别注意不能跳线、不能断线，不能在转弯处压住里襟，如图3-2-58所示。

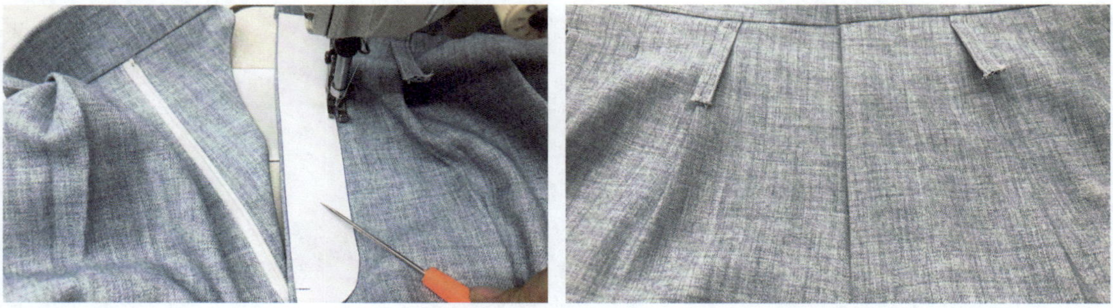

图3-2-58　压门襟明线

18. 缝十字裆里

根据裆底缝份宽度，直接压缉0.1cm，如图3-2-59所示。

图3-2-59　缝十字裆里

19. 撬脚口、钉勾扣

（1）撬脚口。用三角针沿三线包缝线手针缲缝一周，注意用本色单线，缝线不能外露，松紧适宜，如图3-2-60所示。

（2）钉勾扣。在距离前中1.2cm的左腰头端钉勾扣，在腰头右端里襟相应位置钉勾扣片，如图3-2-61所示。

图3-2-60　撬裤脚边

图3-2-61　钉勾扣

20. 整烫

根据面料的性能调节好蒸汽熨斗的温度，按先反面后正面，先烫前后挺缝线，后烫省与袋，最后烫腰头顺序进行整烫。特别是在正面熨烫中，要使侧缝线与下裆线对齐，烫平烫飒前后挺缝线，如图3-2-62所示。

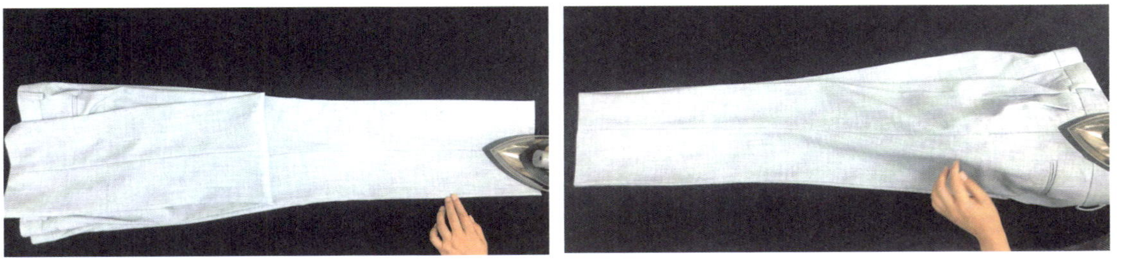

图3-2-62　整烫

21. 男西裤成品图（图3-2-63～图3-2-65）

图3-2-63　男西裤（正面）

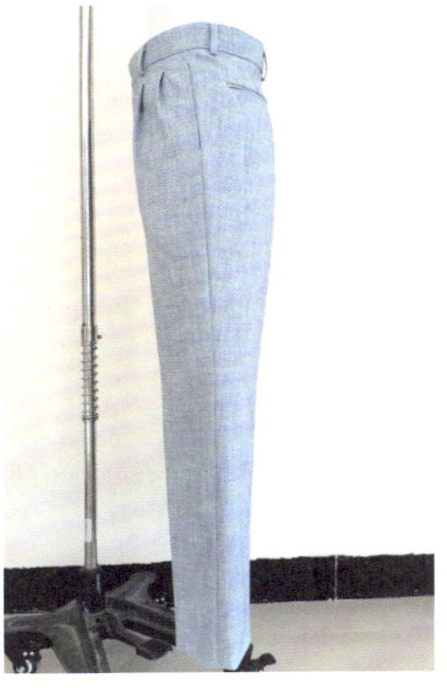

图3-2-64　男西裤（侧面）

图3-2-65　男西裤（背面）

五、知识拓展

男西裤的褶裥

男西裤的裤褶不单单是装饰作用，还可配合颜色、面料、质感和款式，一起提升穿着者的气质。褶位能够在腰头下方提供额外面料，当裤身受力时褶量会延展出更多的空间以容许大活动量，当然褶位越多余量越大。男西裤的褶有三种：单褶、双褶和无褶。

1.单褶西裤

腰线下有一条褶，单褶显得更加利落干练，适合喜欢传统风格、体型丰满、针对严肃场合的男士穿，如图3-2-66所示。

2.双褶西裤

腰线部位有两条褶，由于高腰与阔身裁剪，对比起来比单褶裤更宽松、更传统，适合臀腰差较大、厚重型的男士穿着，能穿出老牌绅士的优雅与时代感，如图3-2-67所示。

3.无褶西裤

前腰线部位下无褶设计，是当下比较流行的，如今大多数人喜欢简朴主义的着装，穿起来显得人很精神，也是现在最常见的西裤裤型，如图3-2-68所示。

图3-2-66　单褶西裤

图3-2-67　双褶西裤

图3-2-68　无褶西裤

（图片来源：报喜鸟）

六、巩固训练

请结合所学男西裤工艺，为家人量身定制一条男西裤，款式自定，规格自定，面料自定，并编制男西裤制作工艺单一份。

七、任务评价

男西裤评价见表3-2-4。

表3-2-4 男西裤评价表

评价项目	评价内容	序号	评价标准	分值	评价方式				备注
					自评	互评	师评	企业评	
知识技能目标（80分）	规格（8分）	1	裤长规格正确，不超偏差±1cm	2					
		2	腰围规格正确，不超偏差±0.5cm	2					
		3	臀围规格正确，不超偏差±1cm	2					
		4	脚口规格正确，不超偏差±0.5cm	2					
	腰头（10分）	5	腰面、腰衬、腰里平服，不起皱	5					
		6	腰头方正	2					
		7	腰头左右对称，宽窄一致	3					
	串带襻（5分）	8	长短一致，宽窄一致，封结牢固	5					
	门襟和里襟装拉链（10分）	9	门襟和里襟顺直、平服，止口不反吐	5					
		10	门襟和里襟封口牢固	2					
		11	拉链平服，位置准确	3					
	省、裥（8分）	12	前片褶裥左右对称，大小一致，倒向前中	5					
		13	后片收省顺直，平服，有窝势	3					
	袋位（16分）	14	直插袋平服，不反吐，袋口牢固	5					
		15	后双嵌线袋袋角方正，不毛角	5					
		16	左右袋口大小一致	3					
		17	袋布平服，圆顺，无洞	3					
	侧缝、裆缝（8分）	18	线条顺直，无跳线，平服	5					
		19	十字裆缝对位准确	3					
	脚口（5分）	20	左右脚口大小一致	2					
		21	平服，折边宽窄一致，三角针均匀，不外露	3					
	整洁牢固（10分）	22	表面无污渍、无焦黄、无极光	5					
		23	14~15针/3cm	2					
		24	无断线或轻微毛脱	3					
情感目标（20分）	岗位问题处理能力（12分）	25	具有客户信息分析及处理的能力	5					
		26	具有制订计划并合理实施的能力	5					
		27	具有实施过程中独立思考及解决问题的能力	2					
	团队合作创新能力（6分）	28	具有团队合作意识和创新能力	3					
		29	具有按时完成任务、高效工作的能力	3					
	工匠精神（2分）	30	具有精益求精、追求卓越的工匠精神	2					
合计				100					

任务三 牛仔裤缝制工艺

任务导入

A外贸服饰有限公司委托B服饰有限公司定制1000条五袋款女装牛仔裤，A公司提供款式图、尺寸和制作要求，B公司根据生产制造单先制造一条L码的牛仔样裤，制作要求见表3-3-1。

表3-3-1 B服饰有限公司女装牛仔裤制作通知单

客户		原版号		款号	MUTXXK0305	下单日期:			
主面料	GT638蓝色	款式	牛仔休闲裤	数量	1000件	出货日期:			
号型	S	M	L	XL	XXL	实裁数	1030件	要求：要先松布后裁	
比例	100	250	300	250	100	缩水	L：3%，W：5%	布料成分	97%棉，3%氨纶

洗水后尺寸/cm						洗水前尺寸/cm					
名称	S	M	L	XL	XXL	名称	S	M	L	XL	XXL
裤长（外侧骨长）	97	99	101	103	105	裤长（外侧骨长）	100	102	104	106	108.2
腰围（拉平量）	63.5	66	68.5	71	73.5	腰围（拉平量）	66.7	69.3	71.9	76	77.2
臀围（浪上7cmV量）	83.5	86	88.5	91	93.5	臀围（浪上7cmV量）	87.7	90.3	93	95.6	98.2
髀围（浪底量）	51.4	52.7	54	55.3	56.6	髀围（浪底量）	56.5	58	59.3	60.8	62.2
膝围（浪下32cm）	33.4	34.2	35	35.8	36.6	膝围（浪下32cm）	36.7	37.6	38.5	39.3	40.2
脚口	26.8	27.4	28	28.6	29.2	脚口	29.5	30.1	30.8	31.4	32
前浪（连腰）	21.8	22.4	23	23.6	24.2	前浪（连腰）	24	24.6	23.5	26	26.6
后浪（连腰）	33.8	34.4	35	35.6	36.2	后浪（连腰）	37.1	37.8	36.7	39	39.8
腰高	4	4	4	4	4	腰高	4.2	4.2	4.2	4.2	4.2

洗水前辅料				洗水后辅料			
名称	规格数量	名称	规格数量	名称	规格数量	名称	规格数量
面线	608白色	洗水唛/尺码	数字织唛	纽	1	长唛	无
底线	604白色	主唛+小尺码	有	钉	无	横唛	无
三线拷边	803白色	凤眼线	跟版	吊牌	1	旗唛	无
五线拷边	604白色	打枣线	跟版	合格证	1	皮牌	无

续表

<table>
<tr><td>

车间生产工艺要求（跟版与制单，问清楚再开大货

1.三线拷边：门襟、里襟与前代垫；五线拷边：下裆缝

2.前右袋小表袋缝双明线；前袋袋口缝双明线，袋底车来回针

3.装拉链：左拉链门襟车（0.1+0.7）cm双明线，缉线要顺直

4.单针1/16线埋上浪，双针埋下浪

5.埋夹：机头包裤身，后浪左包右

6.脚口：脚口反折2次，净宽1.5cm，压缉0.1cm止口

7.双针贴后袋，后袋口环扣1/4，单针。耳仔打套结，平车装裤头，单针封嘴

8.车缝线：底面线松紧适宜，无串珠，无起链，面线无驳线

</td><td rowspan="2">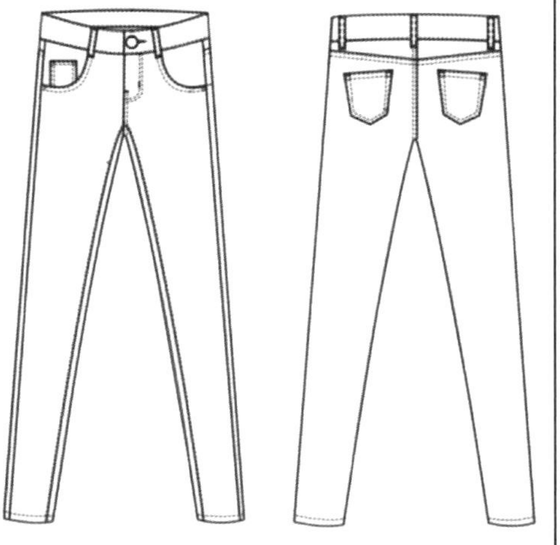</td></tr>
<tr><td>

后整工艺要求

1.各部位线头清理干净，大烫整烫平服，从里往外烫，不可极光，成品整洁

2.单件单码装箱，每箱50件，外用封箱胶密封；要装结实，注明货号、码数、数量，并打井字包装带

</td></tr>
</table>

任务要求

1.掌握牛仔裤工业样板的排料、画样、裁剪、熨烫等技术。

2.掌握牛仔裤的制作方法和技巧。

3.掌握牛仔裤质量的检测。

4.掌握牛仔裤生产工艺单的编写。

任务准备

牛仔裤工业样板（纸样）清单见表3-3-2。

表3-3-2 牛仔裤工业样板（纸样）清单

面料毛样板名称	数量	面料毛样板名称	数量	里料毛样板名称	数量	里料净样板名称	数量
前裤片	2	里襟	1	袋布	1	腰头	1
后裤片	2	拉链	1		1	后袋	1
机头（后育克）	2	后袋	1		1	门襟	1
袋垫	2	弯腰头	2		2		
表袋	1	耳仔（串带襻）	2		2		
门襟	1		1		1		

任务实施

一、任务分析

从工艺通知单可知，这条牛仔裤是经典的五袋款牛仔裤。长款牛仔裤，装腰头，前中

装铜拉链，前片两个前弯袋，后片两个贴袋，后片机头分割，腰头装五根耳仔，各部位缉（0.1+0.6）cm双明线，前中腰头一枚工字扣，前后袋口打枣封口，袋角打钻钉，洗水工艺与风格相搭配，主要进行了石磨、酵洗加马骝等洗水工艺。

缝制工艺的重点、难点：做前弯袋、装拉链、装腰头。

二、裁片裁剪图

160/68A牛仔裤裁片裁剪图如图3-3-1所示。

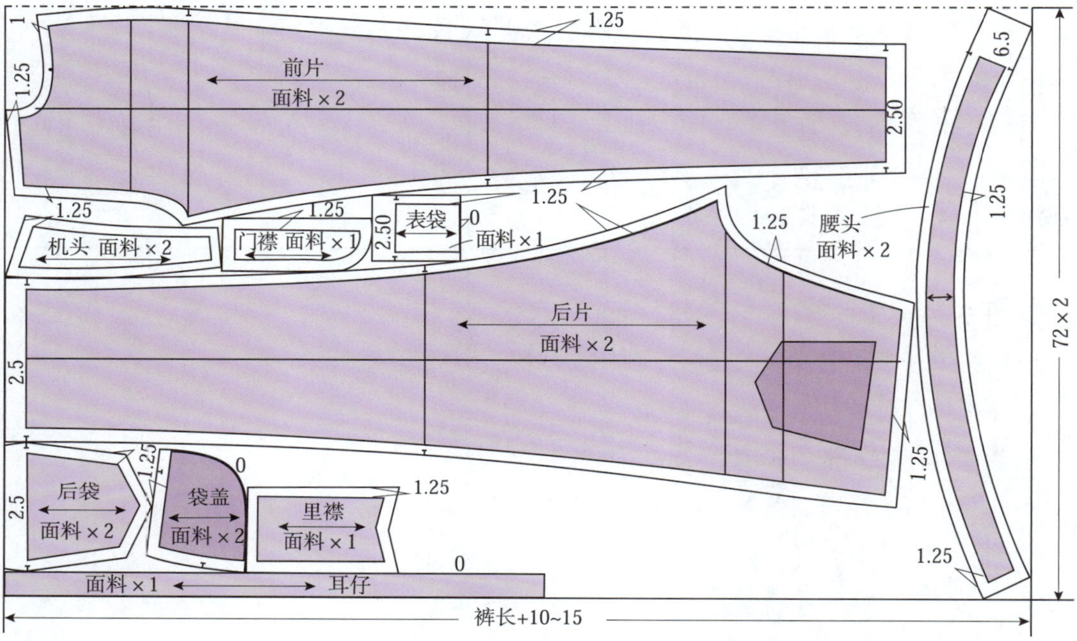

图3-3-1　160/68A牛仔裤裁片裁剪图

温馨提示：

此牛仔裤是边做、边烫、边锁边，故在下面的工艺流程中不再单独写锁边这个流程。

三、工艺流程

检查裁片→前弯袋的制作→缉门、里襟、装拉链和合小裆→拼机头、合后裆缝→做、装后贴袋→合内侧缝→合外侧缝→装腰头、装耳仔→缝脚口→锁眼、钉纽、打枣（套结）→整烫

四、缝制工艺

1. 检查裁片

检查裁片，核实裁片数量，见表3-3-3。

表3-3-3　牛仔裤裁片清单

毛样板名称	数量	毛样板名称	数量
前裤片	2	门襟	1
后裤片	2	里襟	1
机头（后育克）	2	拉链	1
袋垫	2	后袋	2
表袋	1	弯腰头	2
袋布	2	耳仔（串带襻）	1

2.前弯袋的制作

（1）做表袋。表袋上袋口往反面折烫两次，宽度为1cm，折光止口后缉（0.1+0.6）cm双明线，如图3-3-2所示。

（2）装表袋。表袋两侧往反面熨烫1cm缝头，然后在右袋垫上做好装袋标记，两侧缉（0.1+0.6）cm双明线后，拷边，如图3-3-3所示。

牛仔裤：前弯袋

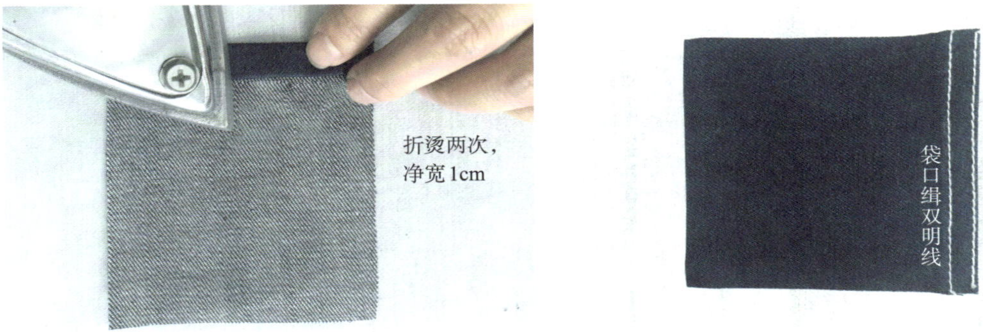

图3-3-2　做表袋

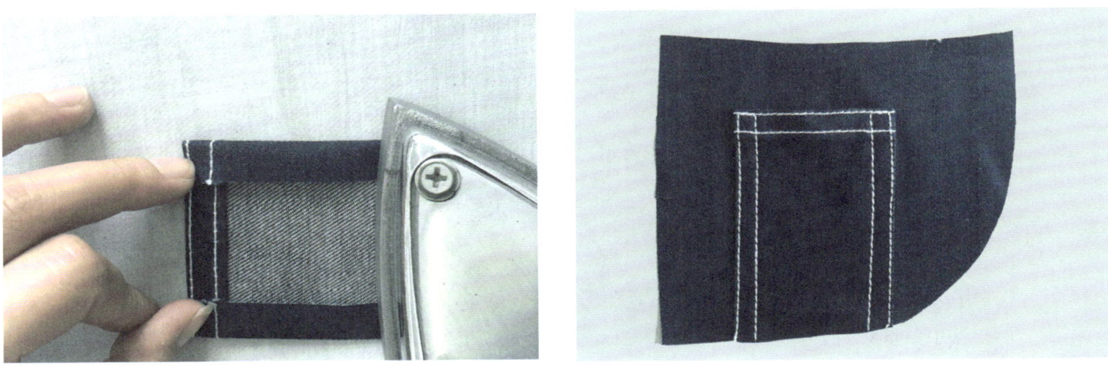
图3-3-3　装表袋

（3）固定袋垫布与袋布。袋垫布反面与袋布反面对叠，在袋垫布正面沿拷边弧线缉0.5cm缝合线，如图3-3-4所示。

（4）缉袋底。将袋底中线对折，用来去缝在袋底反面缉0.5cm缝头后，将袋布正面翻出，然后在袋底正面缉0.8cm止口，如图3-3-5所示。

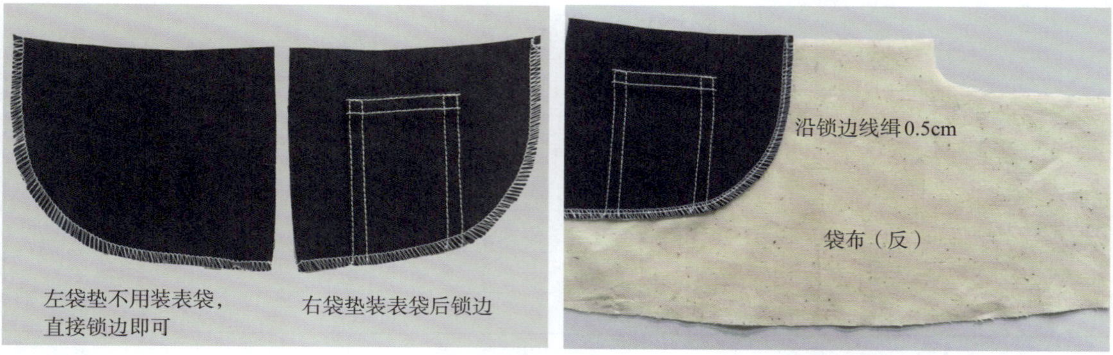

图3-3-4　固定袋垫布与袋布

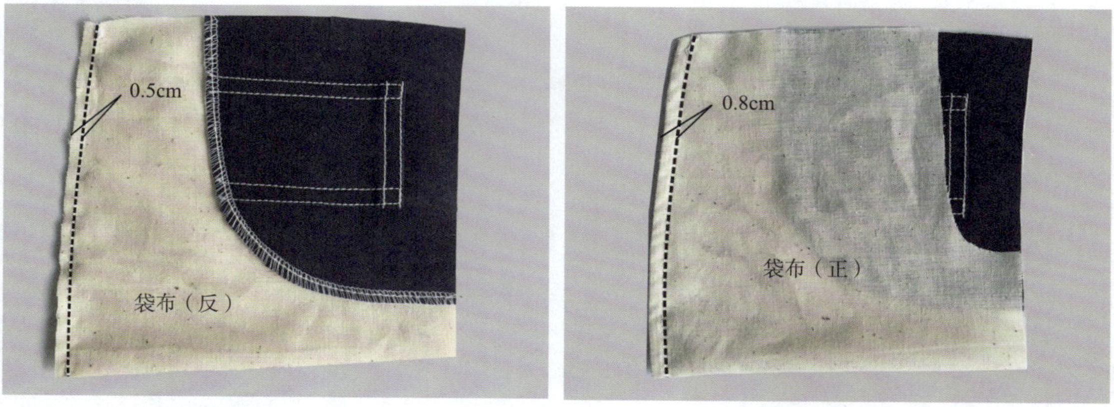

图3-3-5　缉袋底

（5）缉袋口。将袋布袋口与裤片袋口对齐缝合1cm缝头，在弯位处打剪口，以便翻出正面，注意剪口切勿剪断缝合线，需要距离缝合线0.3cm左右，如图3-3-6所示。

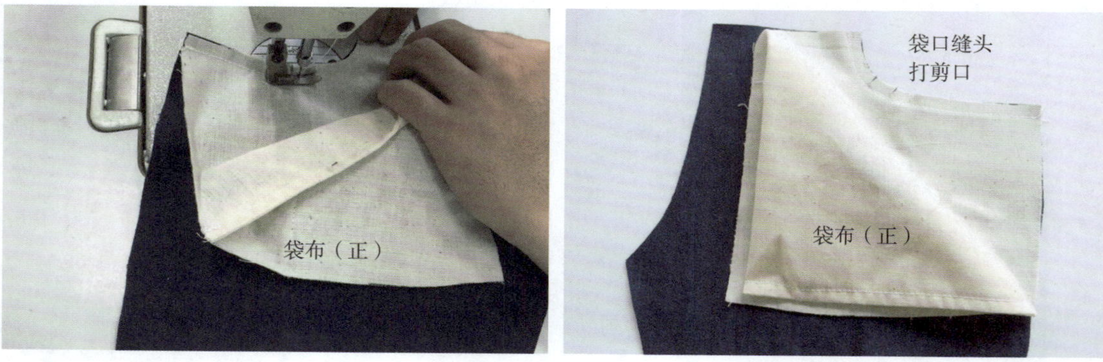

图3-3-6　缉袋口

（6）缉袋口明线。将袋布翻到裤片反面，在裤片正面缉（0.1+0.6）cm明线，注意缉线顺直、宽窄一致，止口不外吐，如图3-3-7所示。

（7）固定袋口与袋垫。袋口两端与装袋标记位对齐，缉0.3cm将袋口固定在袋垫布上，如图3-3-8所示。

图3-3-7 缉袋口明线

图3-3-8 固定袋口与袋垫

企业工匠小技巧

前弯袋的袋口是内凹造型，因此要将裤片和袋布两层缝份错位剪口，避免缺口缝份出现断层和落空现象。

牛仔裤-装拉链

3.缉门襟、里襟，装拉链和合小裆

（1）缝制门襟、里襟。将里襟正面对叠，沿着里襟下端缉1cm缝份，然后将里襟翻到正面，沿着直边锁边，如图3-3-9所示。

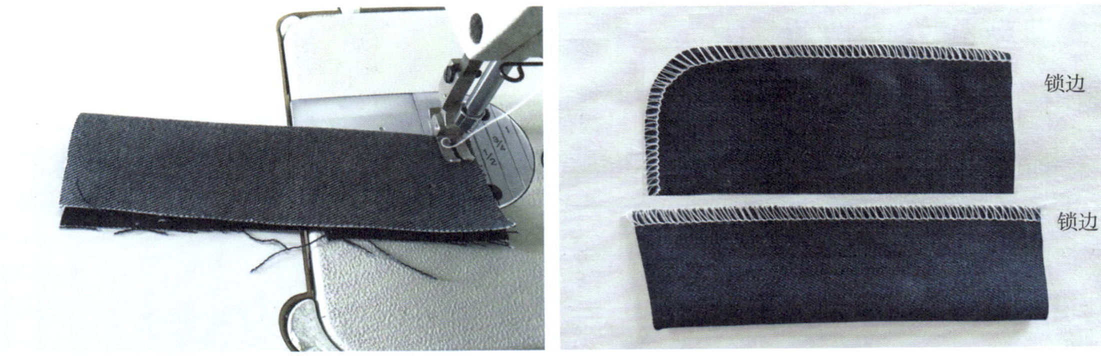

图3-3-9 缝制门襟、里襟

（2）固定拉链与门襟。门襟弯位拷边，将拉链正面与门襟正面对叠，拉链布边缘比门襟直边往里1cm，然后将另一边的拉链布与门襟缉双明线固定，如图3-3-10所示。

（3）缝合门襟与裤片。将门襟正面与裤片正面对叠，在反面缝合1cm缝头，注意将拉链掀开，不要缝住拉链，如图3-3-11所示。

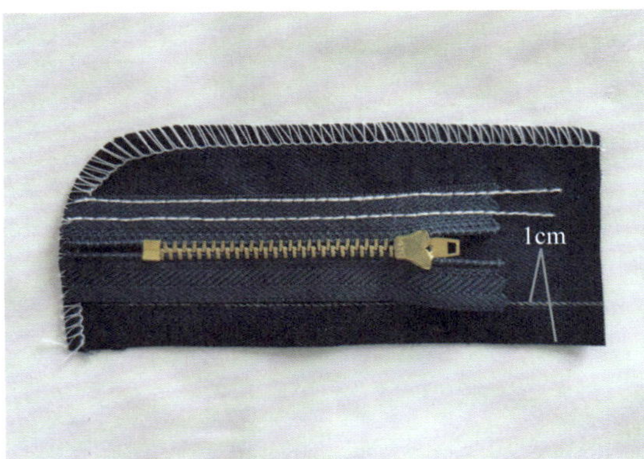

图3-3-10 固定拉链与门襟

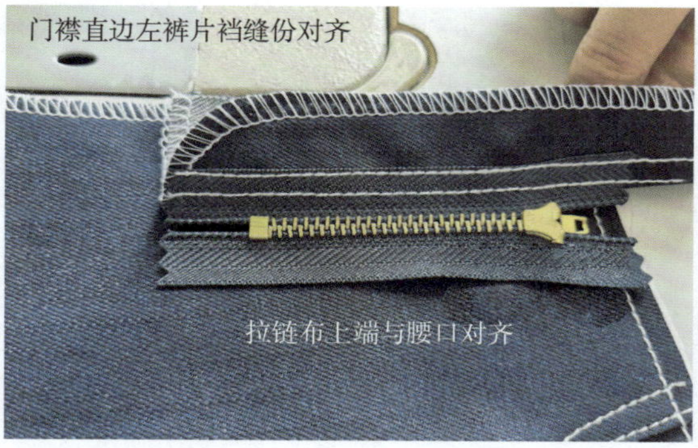

图3-3-11　缝合门襟与裤片

（4）缉门襟明线。将门襟翻到反面，在裤片正面止口处缉0.1cm明线，注意不要缉住拉链，止口不外吐。然后画门襟明线，在门襟距离止口3cm处，从上至下缉压（0.3+0.6）cm明线，下口将线头留长。注意明线要圆顺，宽窄一致，如图3-3-12所示。

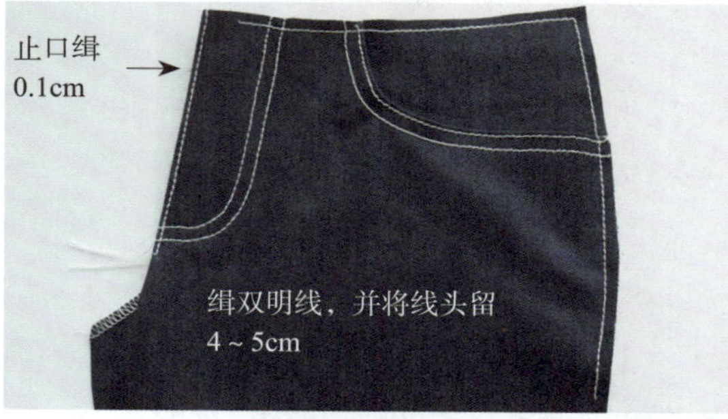

图3-3-12　缉门襟明线

企业工匠小技巧

缉门襟明线时，可以先在布料上画出净样，然后将净样板放在布料上，沿着净样板弧线的边缘缉线，这样既可以防止净样走位，又使线迹更圆顺。

（5）固定里襟与拉链。先将拉链固定在里襟上，然后将右裤片前小裆向反面折1cm的缝份，如图3-3-13所示。

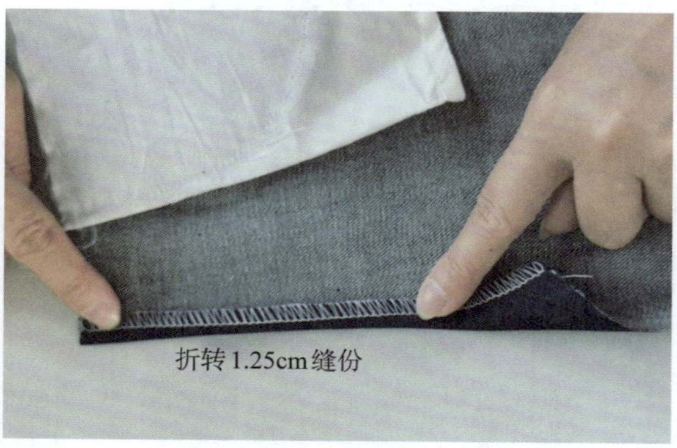

图3-3-13　固定里襟与拉链

（6）缝合里襟与右裤片。将里襟底端与门襟底端对齐，左右裤片的裤腰对齐，右裤片裆缝覆盖在里襟拉链上，缉0.1cm明线固定里襟、拉链布和右前裤片。然后在拉链齿往下

1cm处，将裤片里襟缝份剪口，如图3-3-14所示。

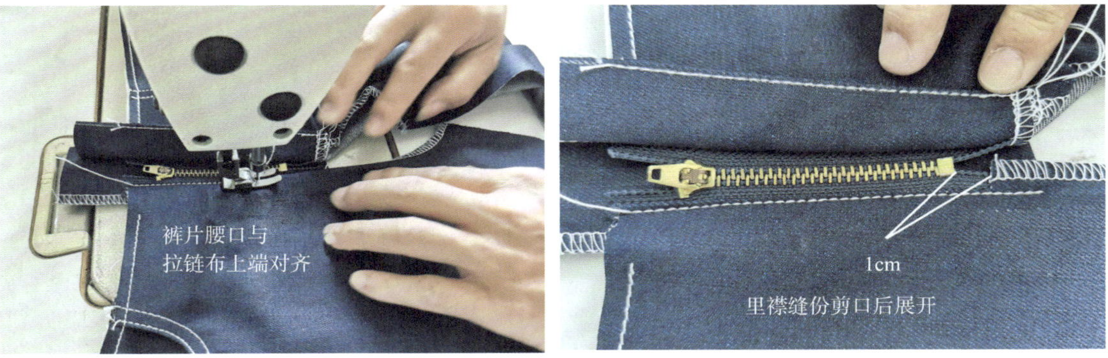

图3-3-14 缝合里襟与右裤片

（7）处理门襟线头及缝份。将留长的门襟明线线头藏于左前片的反面，左前片前弯裆缝份反面折转1cm缝头，如图3-3-15所示。

（8）缉前小裆双明线。将左前片弯裆缝覆盖住右前片弯裆缝，从裤子正面前弯裆尾端起缉0.1cm明线，车缝至门襟双明线往上0.7cm处掉头往回缉0.6cm的明线，要求明线顺直，宽窄一致，如图3-3-16所示。

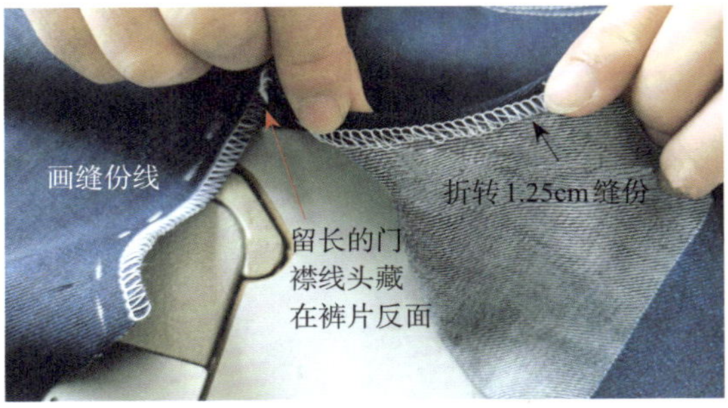

图3-3-15 处理门襟线头及缝份

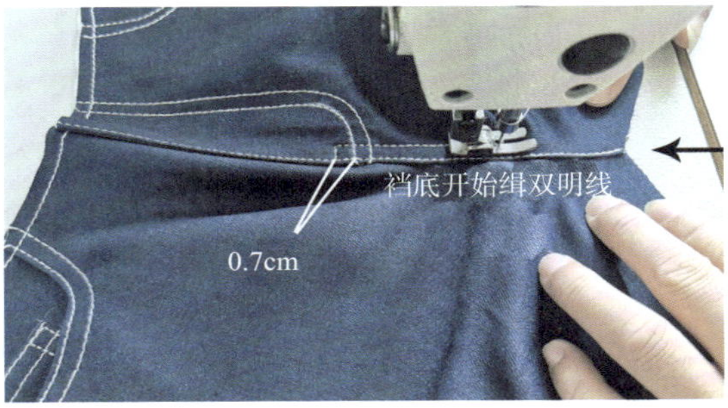

图3-3-16 缉前小裆双明线

4.拼机头、合后裆缝

（1）拼机头。机头正面与后裤片正面对叠，沿分割弧线缝合1cm缝头后，拷边。再将缝头倒向脚口，在后裤片正面缉（0.1+0.6）cm双明线，注意缉线顺直，宽窄一致（图3-3-17）。

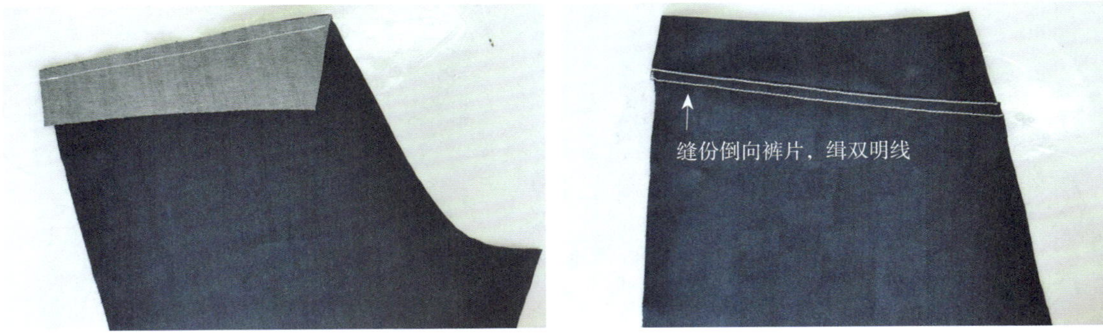

图3-3-17 拼机头

（2）合后裆缝。后裤片正面与正面对叠，后裆缝对齐，在反面缝合1cm缝头后，拷边。缝头倒向左裤片，在左裤片正面缉（0.1+0.6）cm明线，注意机头缝合处对齐，缉线顺直，如图3-3-18所示。

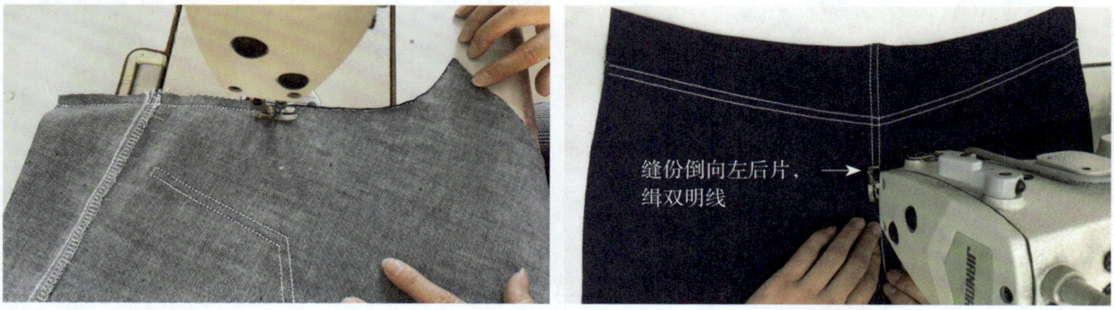
缝份倒向左后片，
缉双明线

图3-3-18　合后裆缝

5.做、装后贴袋

牛仔裤-后贴袋

（1）熨烫贴袋。根据样板烫贴袋。袋口贴边两折后净宽1cm，贴袋上口边，如图3-3-19所示。

（2）做贴袋。贴袋上口缉（0.1+0.6）cm的双明线，再将贴袋三边缝份按净样折光扣烫平整，如图3-3-20所示。

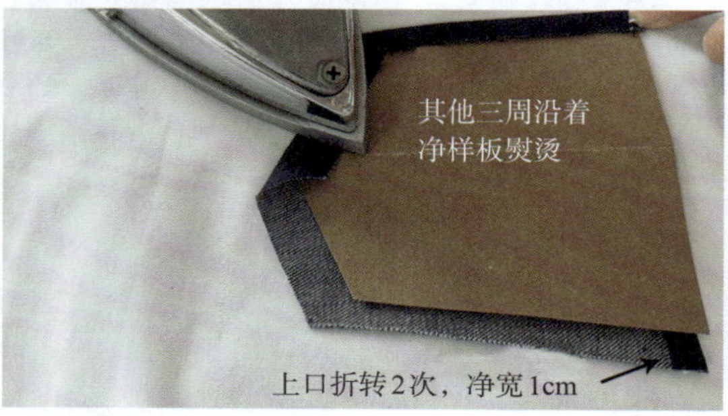
其他三周沿着
净样板熨烫
上口折转2次，净宽1cm

图3-3-19　熨烫贴袋

图3-3-20　做贴袋

（3）装贴袋。贴袋上口缉（0.1+0.6）cm的双明线，再将贴袋三边缝份按净样折光扣烫平整装后贴袋：在后裤片上对准装袋标记，沿贴袋四周缉（0.1+0.6）cm双明线。注意缉线转角到位，不能出现落坑和缉过头现象，如图3-3-21所示。

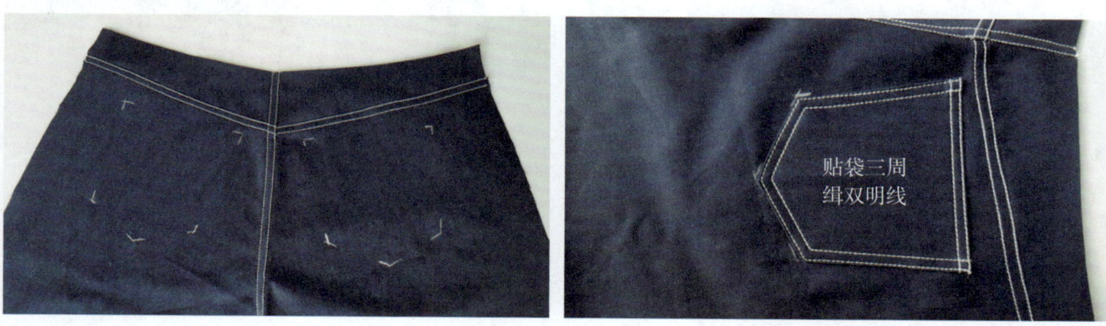
贴袋三周
缉双明线

图3-3-21　装贴袋

6. 合内侧缝

（1）缉内侧缝。前后裤片的内裆缝正面与正面对叠，十字缝对齐，从脚口开始缉1cm缝头后拷边，如图3-3-22所示。

（2）压缉内侧缝明线。打开裤片，缝头倒向后裤片，在后裤片正面缉0.1cm明线，如图3-3-23所示。

图3-3-22　缉内侧缝

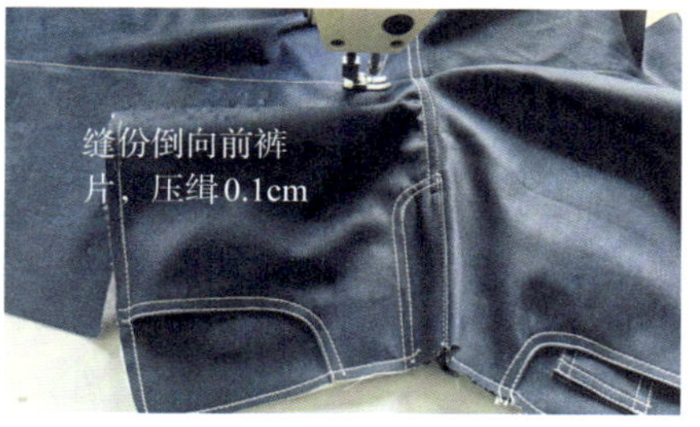

图3-3-23　压缉内侧缝明线

7. 合外侧缝

（1）缉外侧缝。前后裤片的外侧缝正面与正面对叠，后裤片放下层，缉1cm缝头后拷边，如图3-3-24所示。

（2）压缉外侧缝明线。打开裤片，缝头倒向后裤片，在后裤片腰口往下20cm处开始向腰口缉0.1cm明线，如图3-3-25所示。

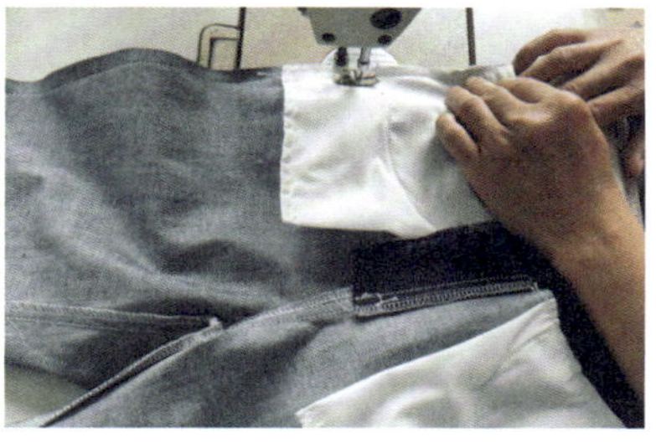

图3-3-24　缉外侧缝

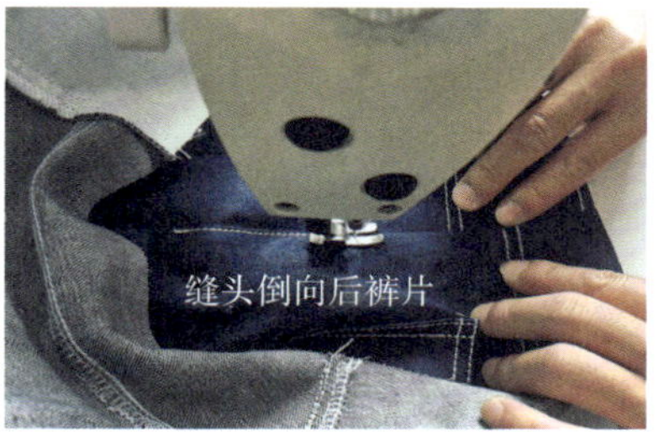

图3-3-25　压缉外侧缝明线

8. 装腰头、装耳仔

（1）熨烫腰头。在腰面、腰里上放腰头净样纸板，然后将上口与下口均按照净样熨烫牢固，如图3-3-26所示。

（2）做腰头。腰面与腰里反面相叠，熨烫后的止口对齐，从前裆缝位置开始，沿着腰上口缉0.1cm明止口，如图3-3-27所示。

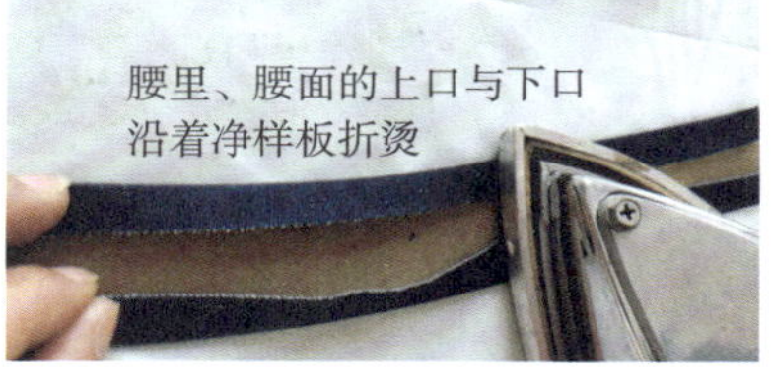

图3-3-26　熨烫腰头

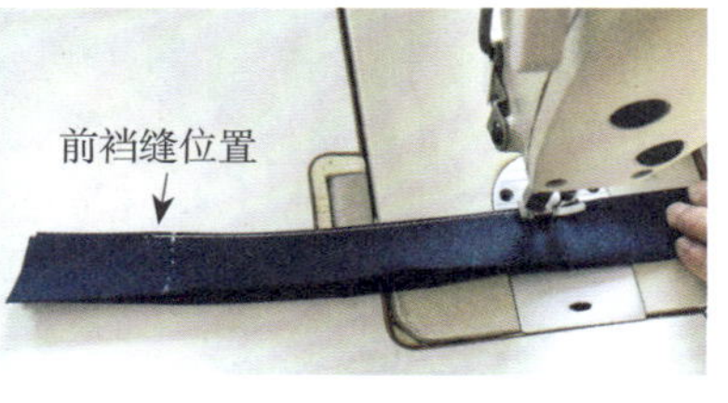

图3-3-27　做腰头

（3）装腰头。将腰里与裤片反面相叠，缝份对齐，前裆缝对准腰头的定位标记，从前裆缝位置开缉1cm缝头，如图3-3-28所示。

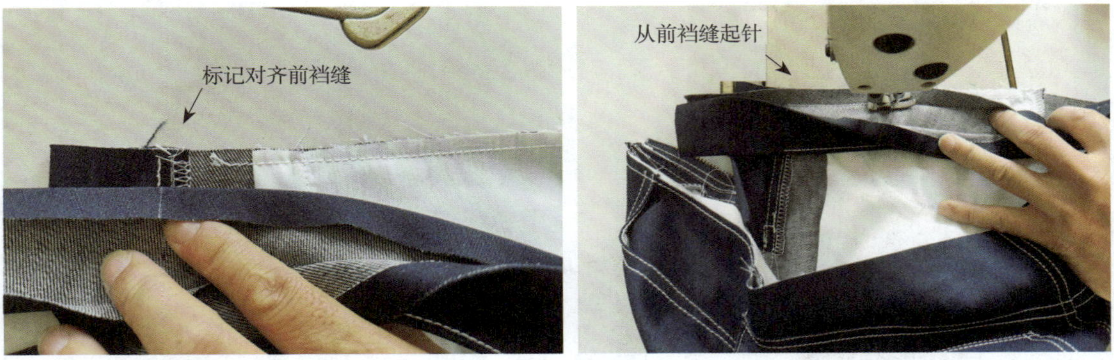

图3-3-28　装腰头

（4）压缉腰头明线。腰头翻转至腰面，从腰头往里6cm处压缉0.1cm明止口，腰头两端缝份折转夹于两层腰头之间，如图3-3-29所示。

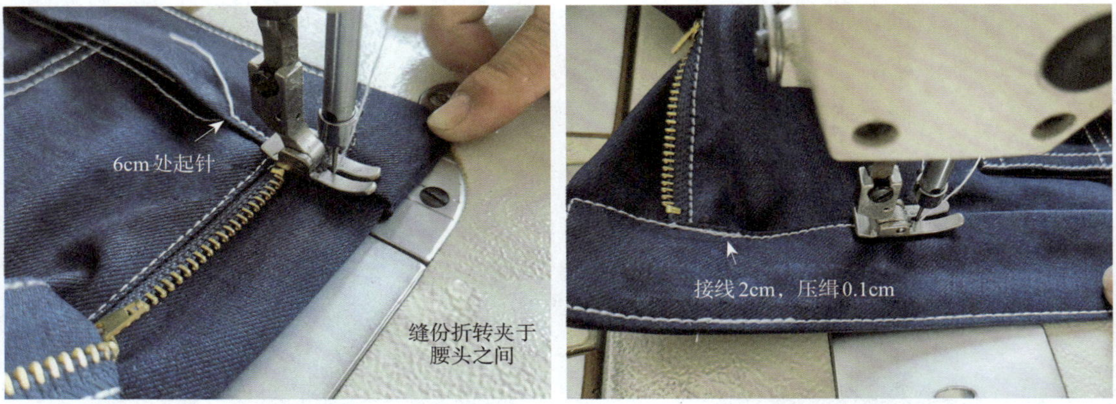

图3-3-29　压缉腰头明线

（5）做耳仔。用耳仔机制作耳仔，耳仔布的宽窄要适合拉筒的大小，将耳仔布引入拉筒，踩动机器，即能拉出成品耳仔，然后裁剪5个10cm长的耳仔，如图3-3-30所示。

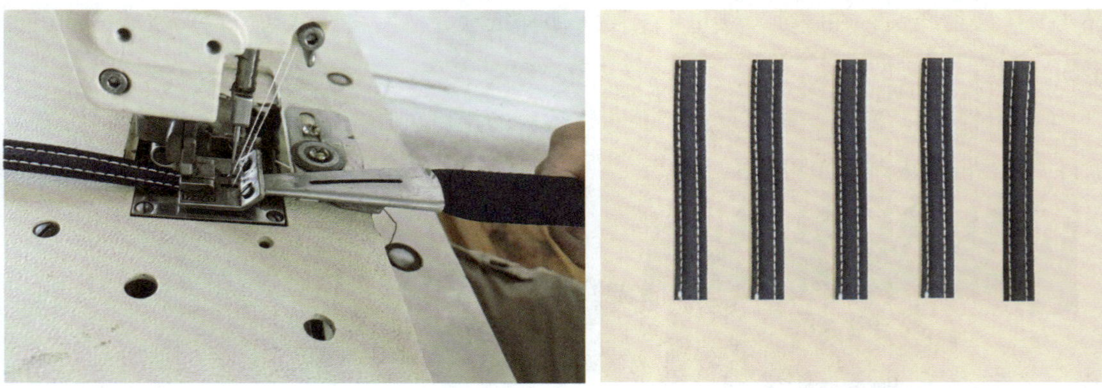

图3-3-30　做耳仔

（6）装耳仔。耳仔净长为5.5cm，将剪好的耳仔两端缝份折向底面。用打枣机按照款式需求固定在规定位置，如图3-3-31所示。

图3-3-31　装耳仔

9.缝脚口

（1）烫脚口。脚口对齐，将多余的部分修剪好，然后将脚口往反面折转两次，净宽1.5cm，如图3-3-32所示。

（2）缉脚口。沿着脚口缝份的里边缉0.1cm明止口，缉线一圈后沿着起针处明线重叠缉线2cm，防止线头松脱。要求缉线顺直，线距宽窄一致，如图3-3-33所示。

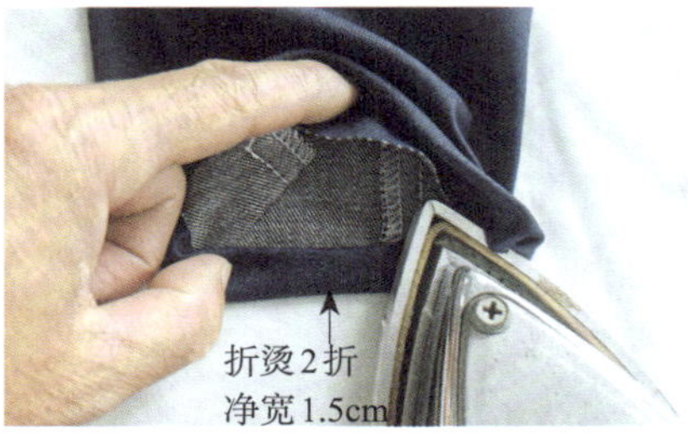

图3-3-32　烫脚口

图3-3-33　缉脚口

牛仔裤－卷脚口

10.锁眼、钉纽、套结（打枣）

（1）定纽位、扣眼位。在门襟裤腰里上画好扣眼位置，在里襟裤腰面上画定纽位置，扣眼大小根据纽扣的大小而定，如图3-3-34所示。

（2）锁眼。将门襟裤腰里朝上放于扣眼压脚下，选好开扣眼的位置，按动扣眼开关，机器自动生成完整的扣眼，如图3-3-35所示。

（3）钉纽。将纽扣放入钉纽机里，里襟裤腰面朝上，对准钉纽位置钉纽（图3-3-36）。

图3-3-34　定纽位、扣眼位

图3-3-35　锁眼

图3-3-36　钉纽

（4）打枣。采用打枣机（套结机），在牛仔裤门襟、侧缝明线下口、后贴袋上口两端进行打枣固定，如图3–3–37所示。

图3–3–37　打枣

11. 整烫

（1）用蒸汽熨斗将裤子的前袋布、腰头、脚口、后贴袋、前弯袋、门里襟、侧缝、下裆缝进行全面的熨烫，如图3–3–38所示。

（2）最后效果呈现如图3–3–39～图3–3–41所示。

图3–3–38　整烫

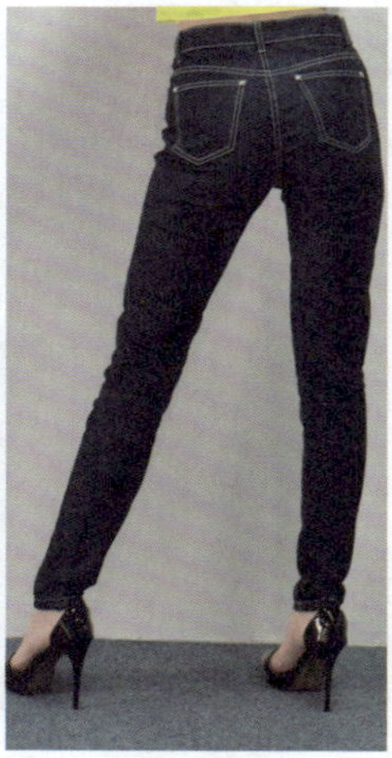

图3–3–39　正面　　图3–3–40　侧面　　图3–3–41　背面

五、知识拓展

牛仔裤部件缝制工艺

1. 成品图（图3-3-42）

图3-3-42 牛仔裤后贴袋

2. 部件规格

袋宽13.5cm，袋高15.5cm。

3. 材料准备

后裤片 ×1，袋布 ×1，后育克 ×1，后袋净板。

4. 工艺流程

拼合育克→画袋位→缉贴袋图案→扣烫后贴袋→绱贴袋

5. 缝制工艺步骤

（1）拼合育克。后育克与后裤片面面相对，缉缝1cm后锁边，再将缝份倒向育克，在育克上压缉0.1cm+0.6cm双明线，如图3-3-43所示。

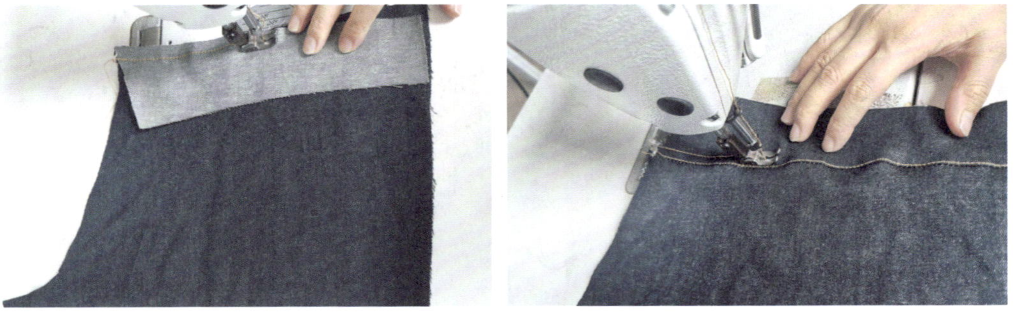

图3-3-43 拼合育克

（2）画袋位。用口袋净板，根据纸样位置画出后贴袋位置，如图3-3-44所示。

（3）缉贴袋图案。根据设计图在后贴袋上画出装饰明线，再按线缝出装饰图案，如图3-3-45所示。

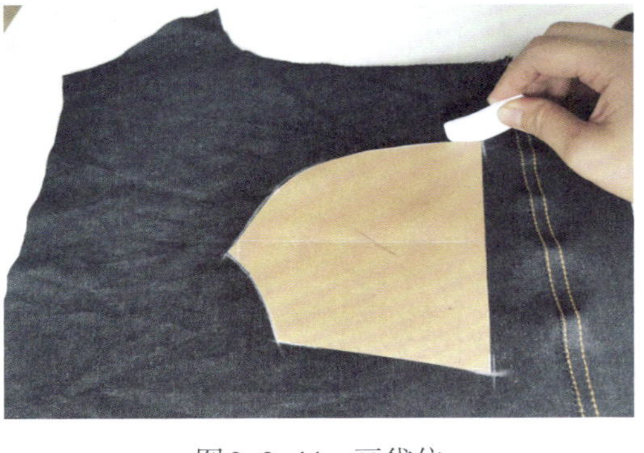

图3-3-44 画袋位

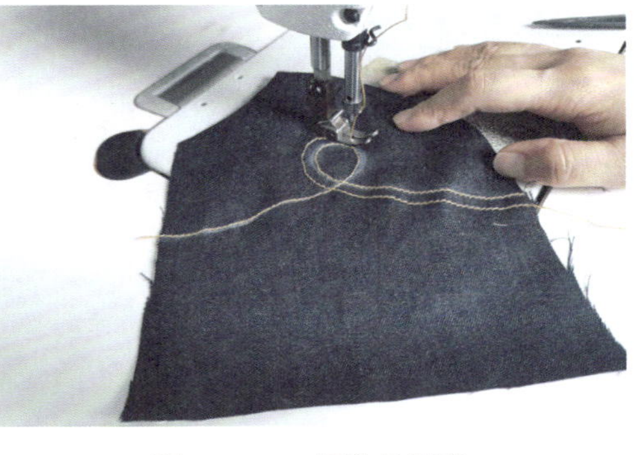

图3-3-45 缉贴袋图案

（4）扣烫后贴袋。将车好装饰明线的后贴袋按净样板进行扣烫，先熨烫贴袋上口，将缝份两折后净宽1cm，然后将贴袋三周的缝头沿着纸样扣烫，如图3-3-46所示。

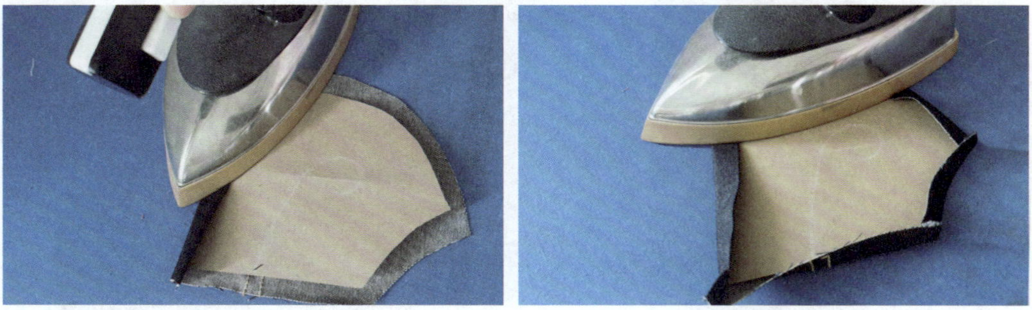

图3-3-46　扣烫后贴袋

（5）缉贴袋上口。将贴袋上口缉双明线，如图3-3-47所示。

（6）绱贴袋。将贴袋按袋位置摆放，按0.1cm+1cm渐变至0.2cm双明线固定贴袋，注意袋口要留有0.2cm松量，不能过于平服，以防止穿着时出现袋口紧绷的现象出现，如图3-3-48所示。

图3-3-47　缉贴袋上口

图3-3-48　绱贴袋

6. 任务要求及评分标准（表3-3-4）

表3-3-4　任务要求及评分标准

评价内容	评价标准	分值	评价方式			
			自评	互评	师评	企业评
贴袋	1.大小、位置、造型准确	25				
	2.袋口松紧合适，有一定松量，不豁不紧	25				
	3.袋角方正，无毛出	25				
	4.袋口封结牢固	25				
小计		100				
合计						

7.巩固训练

（1）以个人形式进行实践训练。

（2）学习牛仔裤后贴袋的制作方法，自行练习2～3遍，直到掌握为止。

（3）上网查找各种后贴袋的设计变化，分析其制作方法。

六、任务评价

牛仔裤评价见表3-3-5。

表3-3-5　牛仔裤评价表

评价项目	评价内容	序号	评价标准	分值	评价方式				备注
					自评	互评	师评	企业评	
知识技能目标（80分）	规格（8分）	1	裤长规格正确，不超偏差±1cm	2					
		2	腰围规格正确，不超偏差±0.5cm	2					
		3	臀围规格正确，不超偏差±1cm	2					
		4	脚口规格正确，不超偏差±0.5cm	2					
	腰头（10分）	5	腰面、腰衬、腰里平服，不起皱	4					
		6	腰头方正	3					
		7	腰头左右对称，宽窄一致	3					
	耳仔（5分）	8	长短一致，宽窄一致，封结牢固	5					
	门襟和里襟装拉链（10分）	9	门襟和里襟顺直、平服，止口不反吐	5					
		10	门襟和里襟封口牢固	2					
		11	拉链平服，位置准确	3					
	机头（10分）	12	后片机头左右对称、高低一致	5					
		13	缝头向左坐倒，明线顺直，宽窄一致	5					
	袋位（12分）	14	前月亮弯袋口平服，不反吐，袋口牢固	5					
		15	后袋左右袋口大小高低一致，后袋止口不外吐，线迹均匀，无跳线	4					
		16	袋布平服，圆顺	3					
	侧缝、裆缝（10分）	17	线条顺直，无跳线，平服	5					
		18	裆底缝对位准确	5					
	脚口（5分）	19	左右脚口大小一致	2					
		20	平服，折边宽窄一致，线迹均匀，明线宽窄一致	3					
	整洁牢固（10分）	21	表面无污渍、无焦黄、无极光	5					
		22	8~10针/3cm	2					
		23	无明显接线或轻微毛脱	3					

续表

<table>
<tr><th rowspan="2">评价项目</th><th rowspan="2">评价内容</th><th rowspan="2">序号</th><th rowspan="2">评价标准</th><th rowspan="2">分值</th><th colspan="4">评价方式</th><th rowspan="2">备注</th></tr>
<tr><th>自评</th><th>互评</th><th>师评</th><th>企业评</th></tr>
<tr><td rowspan="6">情感目标（20分）</td><td rowspan="3">岗位问题处理能力（12分）</td><td>24</td><td>具有客户信息、生产单的分析及处理的能力</td><td>4</td><td></td><td></td><td></td><td></td><td></td></tr>
<tr><td>25</td><td>具有制订计划并合理实施计划的能力</td><td>4</td><td></td><td></td><td></td><td></td><td></td></tr>
<tr><td>26</td><td>具有实施过程中独立思考及解决问题的能力</td><td>4</td><td></td><td></td><td></td><td></td><td></td></tr>
<tr><td rowspan="2">团队合作创新能力（6分）</td><td>27</td><td>具有良好的团队合作精神和养成积极、高效的工作习惯</td><td>4</td><td></td><td></td><td></td><td></td><td></td></tr>
<tr><td>28</td><td>具有创新能力，能拓展思维，学以致用</td><td>2</td><td></td><td></td><td></td><td></td><td></td></tr>
<tr><td>工匠精神（2分）</td><td>29</td><td>爱岗敬业，具有精益求精、追求卓越、不断创新的工匠精神（2分）</td><td>2</td><td></td><td></td><td></td><td></td><td></td></tr>
<tr><td colspan="4">合计</td><td>100</td><td></td><td></td><td></td><td></td><td></td></tr>
</table>

七、巩固训练

C服饰有限公司接到D服饰有限公司的一批牛仔裤的生产任务，样衣制作通知单见表3–3–6，现在C限公司按照D服饰有限公司提供的样衣款式先进行M码结构设计及样衣的制作。

表3–3–6　D服饰有限公司牛仔裤样衣制作通知单

<table>
<tr><td>客户</td><td colspan="2"></td><td colspan="2">原版号</td><td></td><td>款号</td><td>MUTXXK0305</td><td colspan="2">下单日期:</td></tr>
<tr><td>主面</td><td colspan="2">T675蓝色</td><td colspan="2">款式</td><td>撞色牛仔裤</td><td>数量</td><td>500件</td><td colspan="2">出货日期:</td></tr>
<tr><td>号型</td><td>S</td><td>M</td><td>L</td><td>XL</td><td>XXL</td><td>实裁数</td><td>515</td><td colspan="2">要求：要先松布后裁</td></tr>
<tr><td>比例</td><td>50</td><td>125</td><td>1</td><td>125</td><td>50</td><td>缩水率</td><td>L：5%
W：3%</td><td>布料成分</td><td>97%棉，3%氨纶</td></tr>
<tr><td colspan="6">水前辅料</td><td colspan="4">水后辅料</td></tr>
<tr><td>名称</td><td colspan="2">规格数量</td><td colspan="2">名称</td><td>规格数量</td><td>名称</td><td>规格数量</td><td>名称</td><td>规格数量</td></tr>
<tr><td>面线</td><td colspan="2">608土黄</td><td colspan="2">洗水唛/尺码</td><td>数字织唛</td><td>纽</td><td>1</td><td>长唛</td><td>无</td></tr>
<tr><td>底线</td><td colspan="2">604土黄+宝蓝</td><td colspan="2">主唛+小尺码</td><td>有</td><td>钉</td><td>无</td><td>横唛</td><td>无</td></tr>
<tr><td>及骨三线</td><td colspan="2">803宝蓝</td><td colspan="2">凤眼线</td><td>跟版</td><td>吊牌</td><td>1</td><td>旗唛</td><td>无</td></tr>
<tr><td>及骨五线</td><td colspan="2">604宝蓝</td><td colspan="2">绣花贴布</td><td>3个</td><td>合格证</td><td>1</td><td>皮牌</td><td>无</td></tr>
<tr><td>打枣线</td><td colspan="2">跟版</td><td colspan="2">小胶袋</td><td>45×35</td><td>拷贝纸</td><td>1</td><td></td><td></td></tr>
</table>

续表

水后尺寸/cm						水前尺寸/cm					
名称	S	M	L	XL	XXL	名称	S	M	L	XL	XXL
裤长	96	98	100	102	104	裤长	100	102.1	104.2	106.3	108.3
腰围	61	63.5	66	68.5	71	腰围	69.3	72.2	75	77.8	80.7
臀围	79	81.5	84	86.5	89	臀围	89.8	92.6	95.5	98.3	101.1
膝围 1/2	15.5	16	16.5	17	17.5	膝围 1/2	17.6	18.2	18.8	19.3	19.9
脚口 1/2	16.5	17	17.5	18	18.5	脚口 1/2	18.8	19.3	19.9	20.5	21
直裆深	15.3	15.9	16.5	17.1	17.7	直裆深	15.9	16.5	17.1	17.7	18.3
腰高	4.5	4.5	4.5	4.5	4.5	腰高	4.7	4.7	4.7	4.7	4.7

车间生产工艺要求（跟版与制单，问清楚再开大货）

1. 三线：单双利与前袋贴；五线：髀骨浪底
2. 前裤片纵向分割拼接，前右袋衬双线小表袋，环口双针，来回针车袋底
3. 右前中落拉链车1/16单线
4. 双针车右拉链明线，链牌宽为11/2
5. 单针1/16线埋上浪，双针埋下浪
6. 埋夹：机头包裤身，后浪左包右
7. 双针后贴袋，耳仔打套结，专车拉裤头，单针封咀
8. 车缝线：底面线松紧适宜，无串珠，无起链，面线无驳线

后整工艺要求

1. 各部位线头清理干净，大烫整烫平服，从里往外烫，不可极光，成品整洁
2. 单件单码装箱，每箱50件，外用封箱胶密封；要装结实，注明货号、码数、数量，并打井字包装带

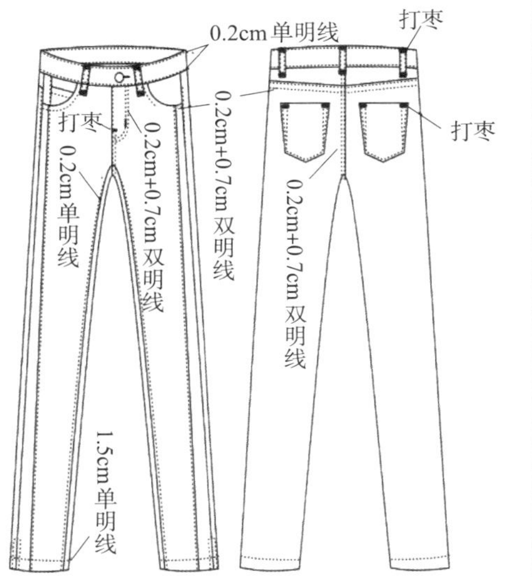

生产车间	1车间3组	跟单		审核	

◯ 项目四 / 衬衫缝制工艺

◎项目概述

衬衫是一种穿在内外上衣之间、也可单独穿的上衣。中国周代已有衬衫，宋代已用衬衫之名，现称为中式衬衫。19世纪40年代，西式衬衫传入我国，衬衫最初多为男用，20世纪50年代开始被女子采用，现已成为男、女常用服装之一。随着社会的发展，我国现已成为世界衬衫生产大国，每年有数以亿计的衬衫从中国生产、包装、销往世界各地，如此大的市场需求，给中国服装从业人员带来了非常多的就业机会。

本项目内容是根据服装衬衫企业设计跟单员和服装工艺师两个岗位所需的职业能力来设计的，目的是为学生未来从事服装职业岗位打下坚实基础。

◎思维导图

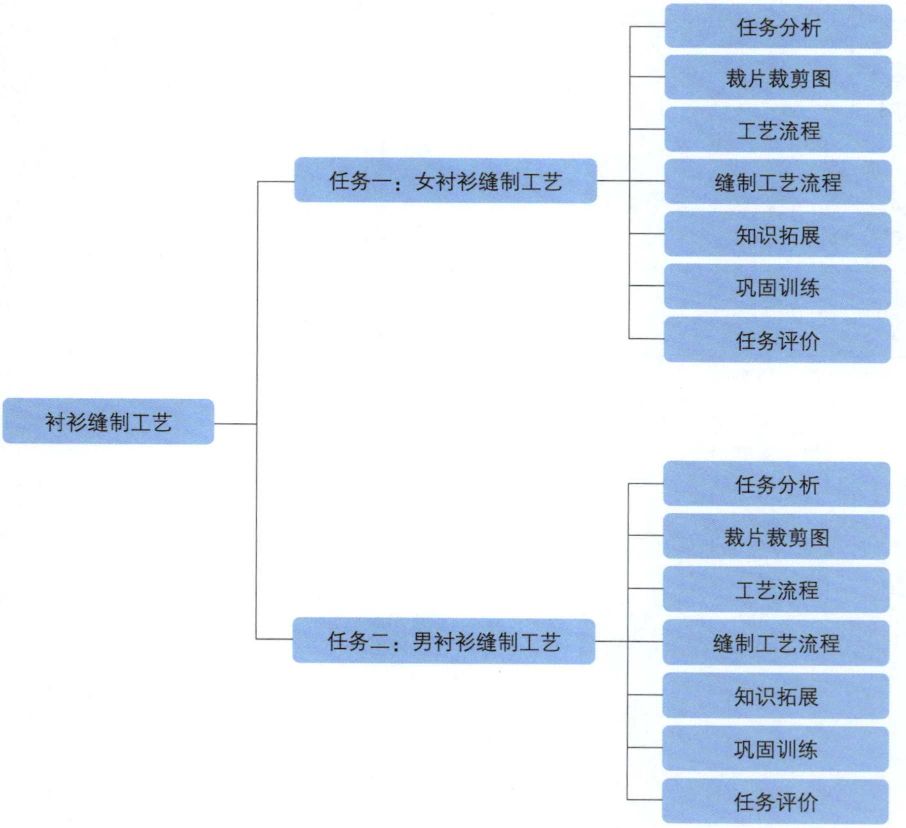

◎学习目标

知识目标

1.了解男、女衬衫外形特征，并能描述出它们在外形上的不同。

2.了解设计跟单员、服装工艺师岗位职业能力和现代服装企业裁剪、缝纫、后整理、流水线生产技术基本工作流程。

3.熟悉服装企业生产工艺单及其相关的内容信息。

4.了解面料的性能、门幅及根据衬衫的工业样板进行排料、画样、裁剪等。

5.了解衬衫的质量标准。

技能目标

1.掌握男、女衬衫的制作方法和技巧。

2.掌握男、女衬衫及常见变化款式部件的制作。

3.能制订男、女衬衫生产工艺单以及编写生产工艺书。

情感目标

1.通过对客户提供信息的分析，培养学生合理处理信息的能力。

2.通过制订工艺流程，培养学生制订计划并进行合理实施的能力。

3.通过对样衣的制作，培养学生独立思考和解决问题的能力。

4.通过小组合作，培养学生的团队合作意识和创新能力。

5.通过小组合作，培养学生在工作过程中分析问题和解决问题的能力。

6.培养学生按时完成工作任务，养成高效的工作习惯。

7.培养学生安全实操的工作能力。

8.通过对衬衫这一项目的实施，培养学生精益求精、追求卓越的工匠精神。

任务一 女衬衫缝制工艺

任务导入

A纺织科技有限公司委托B服饰有限公司为其定制1000件女衬衫，其提供效果图和尺寸，B服饰有限公司为了向客户展示最佳成衣效果和进一步业务洽谈的需要，分析款式、制作样板且制作M码的样衣，制作要求见表4-1-1。

表4-1-1　B服饰有限公司女衬衫样衣制作通知单

编号	款号	下单日期
YTCS1001	长袖女衬衫	年　月　日

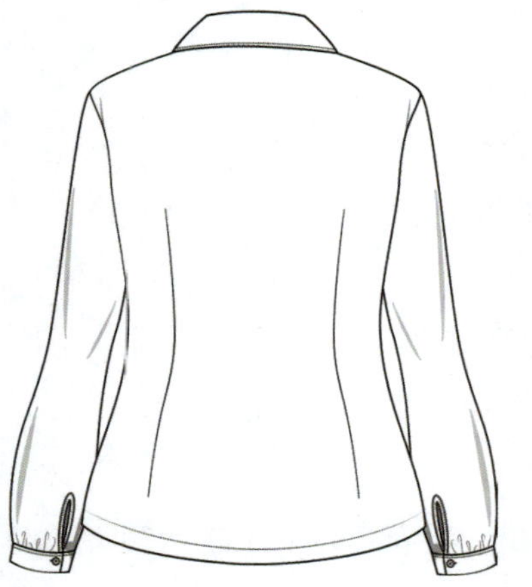

部位	规格				
	155/80A	160/84A	165/88A	170/92A	175/96A
	S	M	L	XL	XXL
衣长	60.5	62	63.5	65	66.5
肩宽	37	38	39	40	41
胸围	92	96	100	104	108
腰围	76	80	84	88	92
领围	36	37	38	39	40
袖长	55	56	57	58	59
袖口	20	21	22	23	24

备注：面料先缩水后再开裁

工艺说明与技术要求

1.针距要求：14~15针/3cm

2.外观整洁，线路规整，无抽纱，无线头，无污迹，无破损及脱线等外观损伤

3.领子：小圆角一片领，翻领后中宽6cm，要求领面、领里松紧一致，领角左右对称，有窝势

4.袖子：一片袖，袖口抽细褶，开一字衩，装克夫（介英）

5.前衣片：收腋下省和腰省，左右对称，长短一致

6.后衣片：收腰省，左右对称，长短一致

7.下摆：底边宽窄一致，缉线顺直

面料：该款衬衫面料选材广泛，全棉、亚麻、化纤、混纺均可

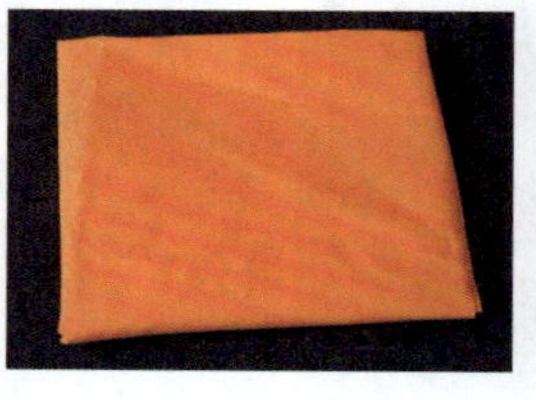

辅料：黏合衬若干，纽扣7粒，缝纫线1个

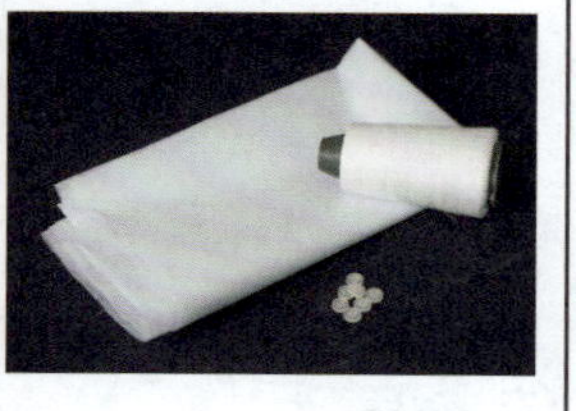

款式特征概述

女式一片领，小圆角，前襟钉纽扣5粒，前片收腋下省和腰省，后片收腰省，直下摆，一片袖，袖口抽细褶，开一字衩，装袖克夫（介英），钉纽1粒

制单	张三	工艺审核	李四	审核日期	年　月　日

任务要求

1.掌握女衬衫工业样板的排料、画样、裁剪、制作、熨烫等技术，做到精益求精。

2.掌握女衬衫的制作方法和技巧。

3.掌握女衬衫质量的检测，严把质量关。

4.掌握女衬衫生产工艺单的编写，做好客户信息分析和处理。

5.掌握工艺流程图的绘制，合理制订计划并实施。

任务准备

女衬衫工业样板（纸样）清单见表4–1–2。

表4–1–2　女衬衫工业样板（纸样）清单

毛样板名称	数量	净样板名称	数量
前片	1	领面	1
后片	1	袖克夫（介英）	1
袖片	1	袖衩条	1
领面	1		
领里	1		
袖克夫（介英）	1		
袖衩条	1		

任务实施

一、任务分析

从给出的工艺通知单可知，这件衬衫是女衬衫款式中比较简单的，女式一片领，小圆角，前襟钉纽扣5粒，前片收腋下省和腰省，后片收腰省，直下摆，一片袖，袖口抽细褶，开一字衩，装袖克夫（介英），钉纽1粒。

缝制工艺的重、难点：做领子、装领子，做袖子、装袖子

二、裁片裁剪图

160/84A女衬衫裁片裁剪图如图4–1–1所示。

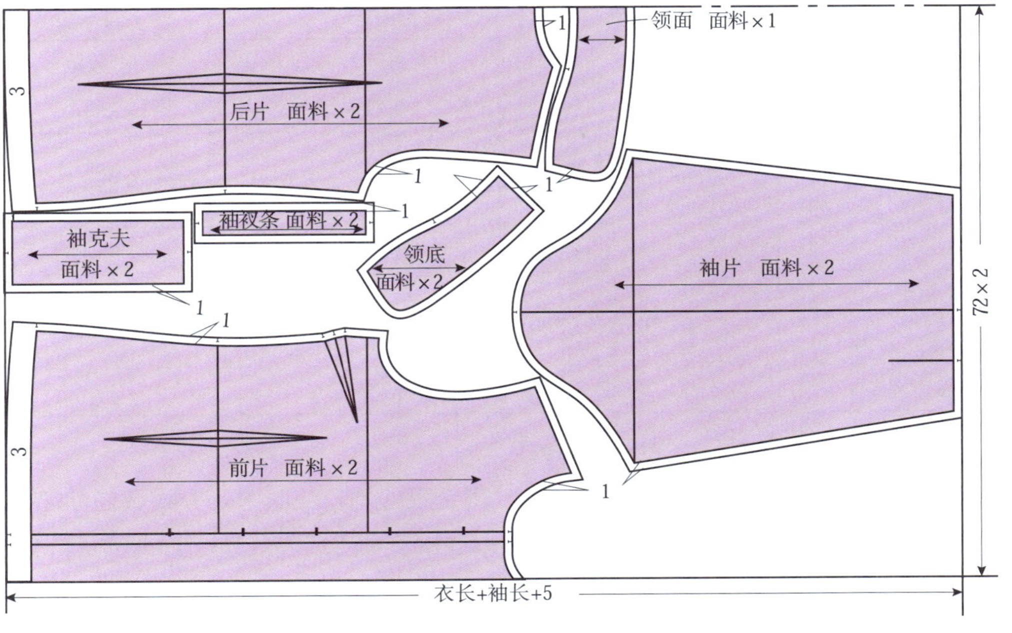

图4–1–1　160/84A女衬衫裁片裁剪图

服装工艺小常识

用料估算：面料使用量与面料的幅宽、胸围的大小、衣长和袖长等因素有关。

（1）窄幅宽（90cm）：衣长 ×2+ 袖长 +（5 ~ 10cm）。

（2）中幅宽（114cm）：衣长 ×2+（15 ~ 20cm）。

（3）宽幅宽（144cm）：衣长 + 袖长 +（5 ~ 10cm）。

三、工艺流程

检查裁片→做缝制标记（对位标记、画省、粘衬）→缉省、烫省→扣烫门襟→合肩缝、烫肩缝→做领→装领→做袖衩→装袖→缝合袖底缝、摆缝→做、装袖克夫→缉底边→锁眼、钉扣→整烫

温馨提示：

此衬衫是边做、边烫、边锁边，故在下面的工艺流程中不再单独写锁边这个流程。

四、缝制工艺

1.检查裁片

检查裁片，核实裁片数量，见表4–1–3。

表4–1–3　女衬衫裁片清单

面料裁片名称	数量	衬料裁片名称	数量
前片	2	领面	1
后片	1	袖克夫	2
袖片	2	门襟贴边	2
领面	1		
领里	1		
袖克夫（介英）	2		
袖衩条	2		

2.做缝制标记（对位标记、画省、粘衬）

根据需要在前、后片、袖片、领片等处，用钻眼、划粉或眼刀等方式做好标记，以便缝制时用于定位，女衬衫应在以下部位做好缝制标记。

（1）前片。腋下省大小和省尖、腰省大小和省尖、门襟止口位、搭门宽，如图4–1–2所示。

（2）后片。腰省大小和省尖、后领圈中点，如图4–1–3所示。

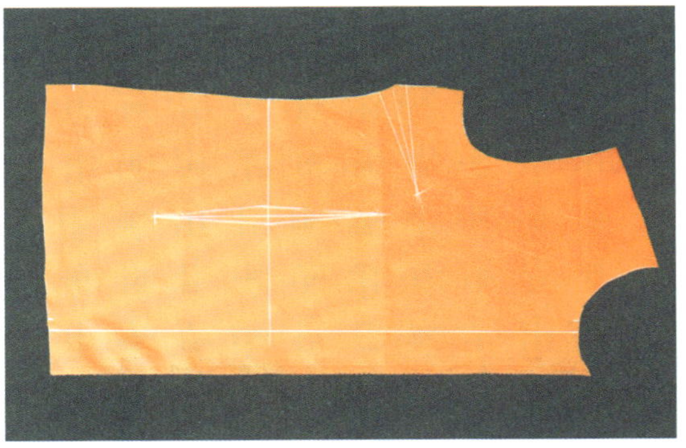

图4–1–2 前片

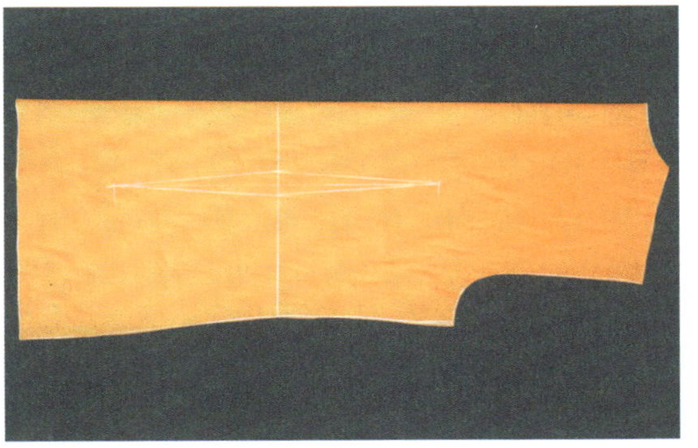

图4–1–3 后片

（3）袖子、袖克夫。袖山顶点、袖口开衩位、袖克夫宽1/2对折处，如图4–1–4所示。

（4）领片。1/2对折处，如图4–1–5所示。

图4–1–4 袖子、袖克夫

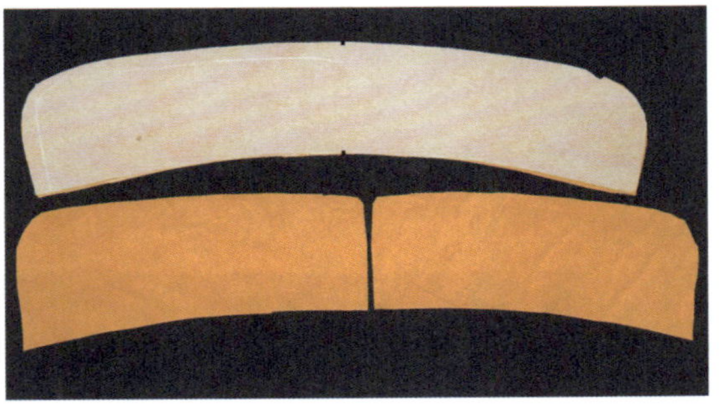

图4–1–5 领片

3.缉省、烫省

（1）缉省。在衣片反面折合省中线，按照粉印缉前腰省、腋下省和后腰省，注意缉省时省尖要缉尖，但不可来回针，在两端留有2～3cm的线头，然后打好线结，如图4–1–6所示。

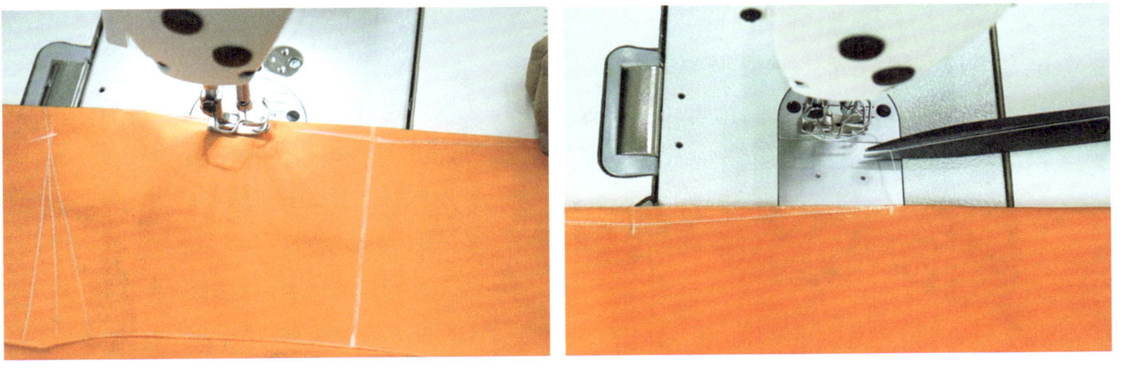

图4–1–6 缉省

（2）烫省。衣片反面朝上，熨烫前腰省时省缝倒向门襟，熨烫后腰省时省缝倒向后中。将衣片放在烫包上，由下到上熨烫，不能出现折裥现象；熨烫腋下省时，省缝倒向袖窿，

企业工匠小技巧

缉腋下省时，由于两条省边所处的纱向不同，在缉省时，接近斜纱的省边线放在上层，同时用 1.5 ~ 2cm 宽的细砂纸减少面料与压脚的摩擦力，还可以避免省道出现起链现象。

由侧缝向省尖烫，注意省尖处应拔开，熨烫无酒窝，自然、立体，如图4-1-7所示。

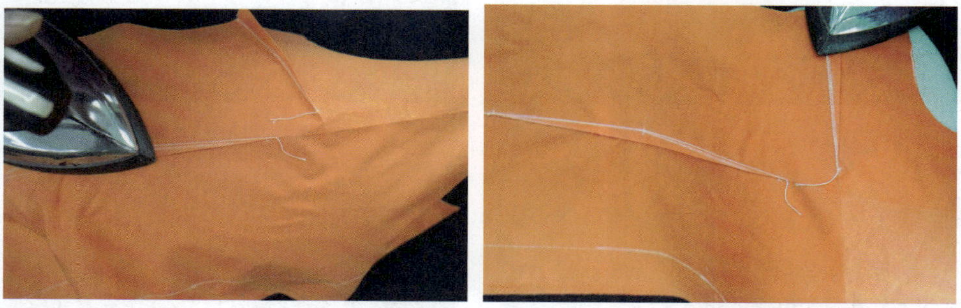

图4-1-7　烫省

4. 扣烫门襟

将衣片反面朝上，贴边沿止口往里进行扣烫，如图4-1-8所示。

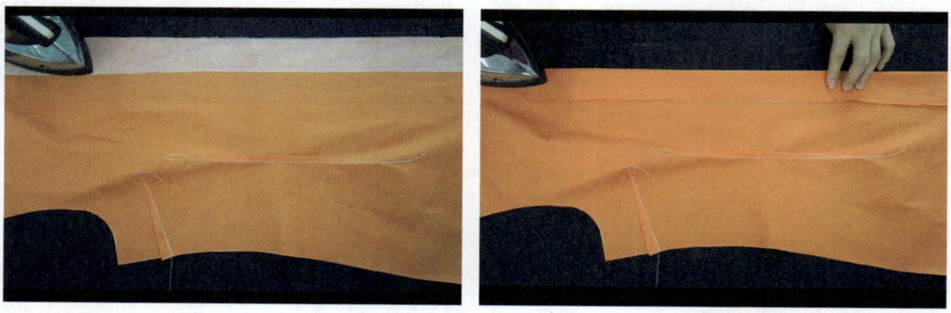

图4-1-8　扣烫门襟

5. 合肩缝、烫肩缝

前、后衣片正面相对，前肩在上，后肩在下，缝头对齐，缉线1cm，后肩中段略有吃势。熨烫肩缝时缝份倒向后片，缝份压实、平服，如图4-1-9、图4-1-10所示。

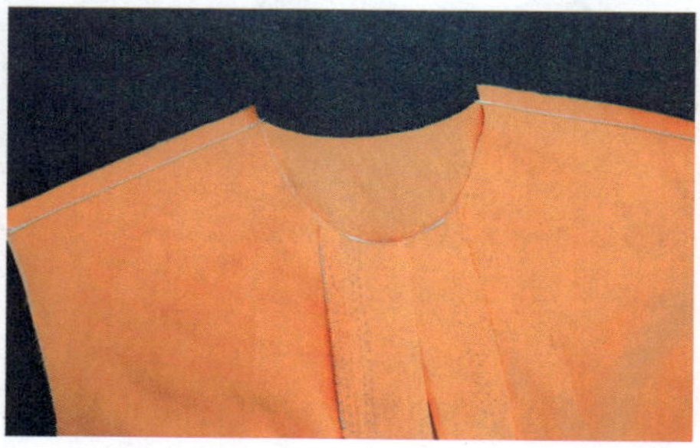

图4-1-9　合肩缝

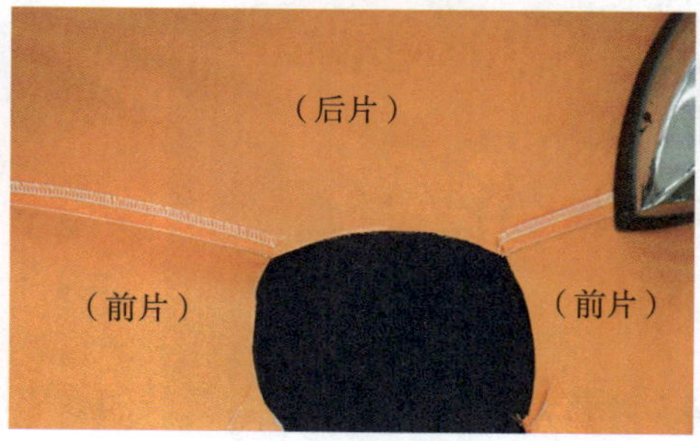

图4-1-10　烫肩缝

6.做领

女衬衫-翻领制作

（1）缝合领面、领里。领面、领里正面相对，领面在上，领里在下，按净样线缝合，缝份1cm，里紧面松，领角弧形处切不可漏针，缉完后，领角有窝势，自然向领里弯曲，如图4-1-11、图4-1-12所示。

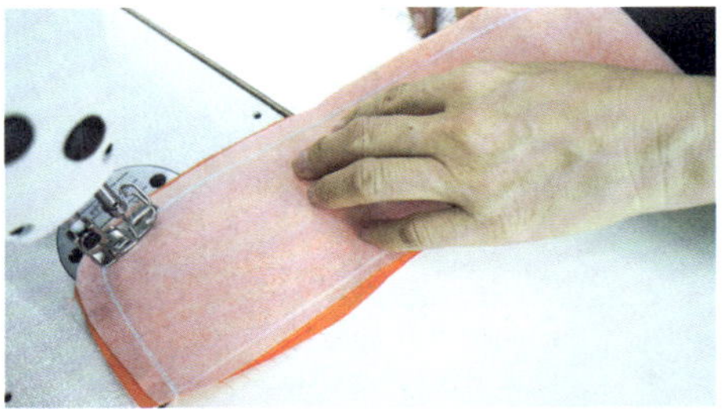
图4-1-11 缝合领面、领里

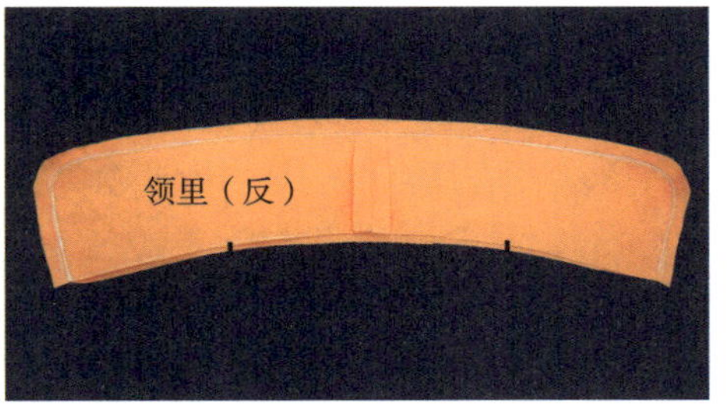

图4-1-12 领角有窝势

（2）修剪缝份。领角修成0.3cm，其余修成0.5cm，如图4-1-13、图4-1-14所示。

图4-1-13 修剪缝份

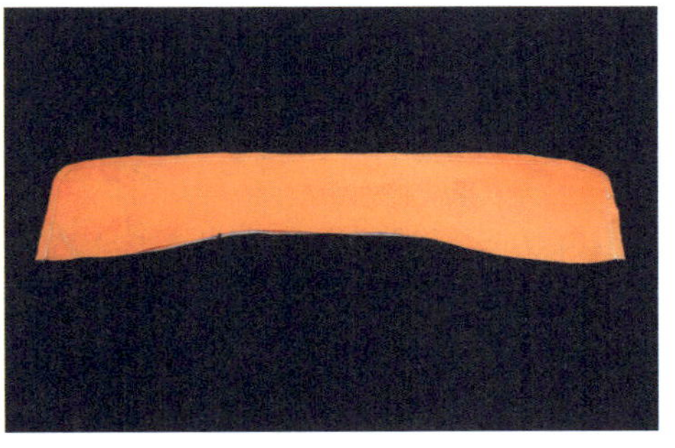
图4-1-14 缝份修剪后效果

（3）翻领。按缉线将缝份朝领里扣倒，翻出领角熨烫，要翻足，领里不可反吐止口，最后在领面缉压0.5cm的明线，并做好左右肩缝、领中的对位眼刀，如图4-1-15、图4-1-16所示。

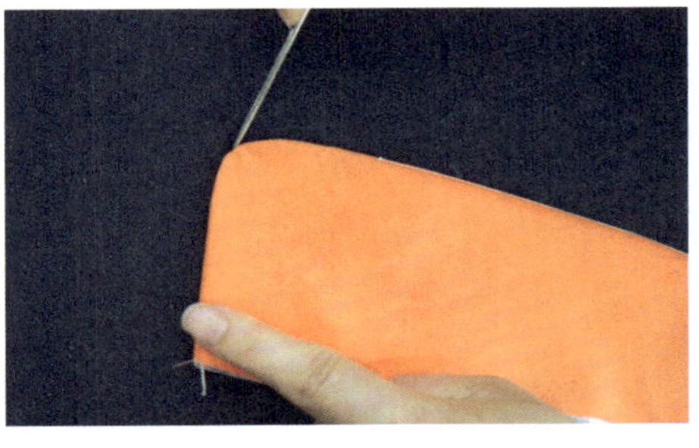
图4-1-15 翻领

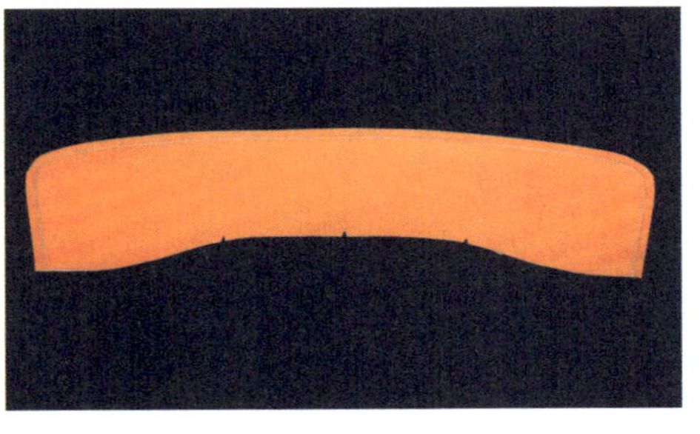
图4-1-16 压明线

企业工匠小技巧

做领子圆角时，可以先在布料上画出净样，然后把用砂纸做好的净样板放在布料上，沿着砂纸的边缘缉圆角，这样既可以防止净样走位，又可以把圆角缉得更圆。

7.装领

（1）从左襟开始缉线，把门襟贴边按止口反向折转，领子夹在中间，领前端对准叠门处装领眼刀，领角与领圈缝头对齐缉线，起止点需来回针，缉至离贴边1cm处，4层缝份一起打剪口，剪口朝止口方向倾斜45°，剪口深度0.95cm（距离缝线1～2根纱为宜），然后将领面和贴边掀开，顺势将领里和大身领圈并齐，继续缉线，大身肩缝、后中分别与领子的肩缝、领中对准，如图4-1-17、图4-1-18所示。

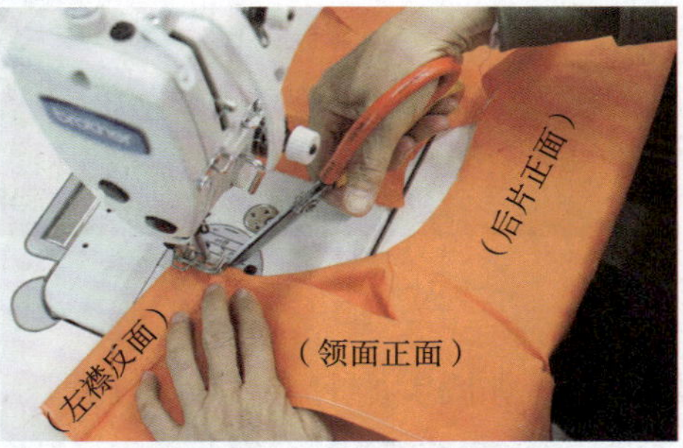

图4-1-17　装领

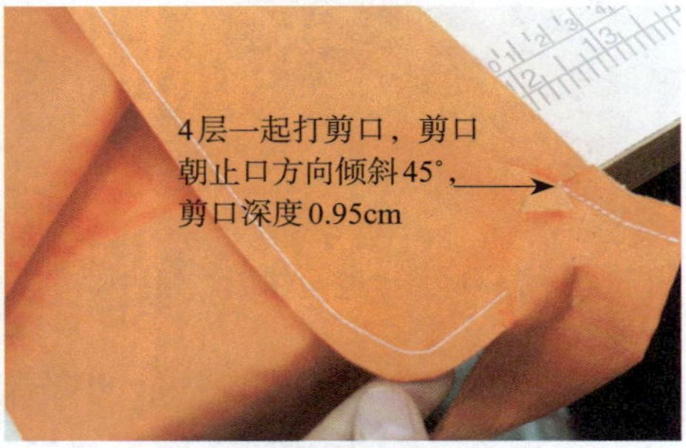

图4-1-18　打剪口

（2）压领。先将门襟贴边翻至正面，领圈、领里的缝份拨向领里，领面下口折转0.9cm，盖过领里装领线，在领面上缉压0.1～0.15cm的明线，如图4-1-19所示。

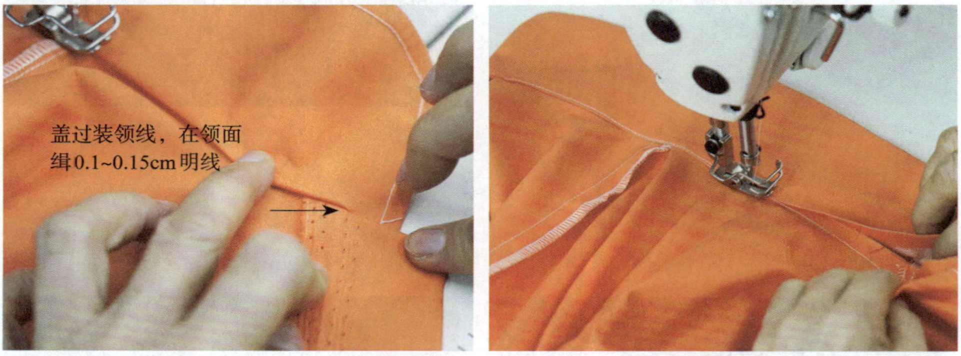

图4-1-19　压领

8.做袖衩

（1）将包衩布用熨斗扣烫好，袖衩剪开8cm，如图4-1-20、图4-1-21所示。

女衬衫－一字袖衩和袖克夫制作

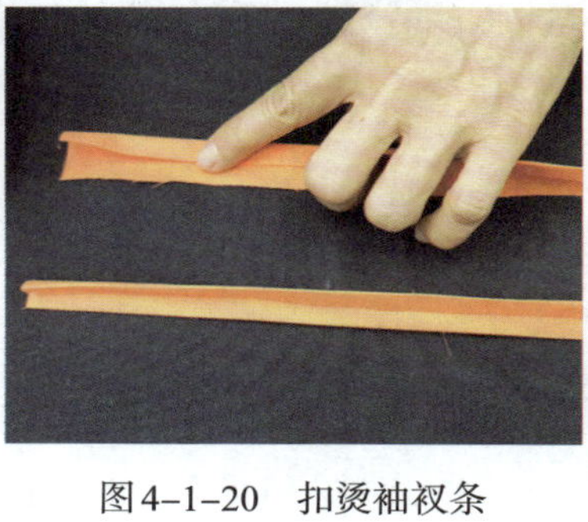

图4-1-20　扣烫袖衩条

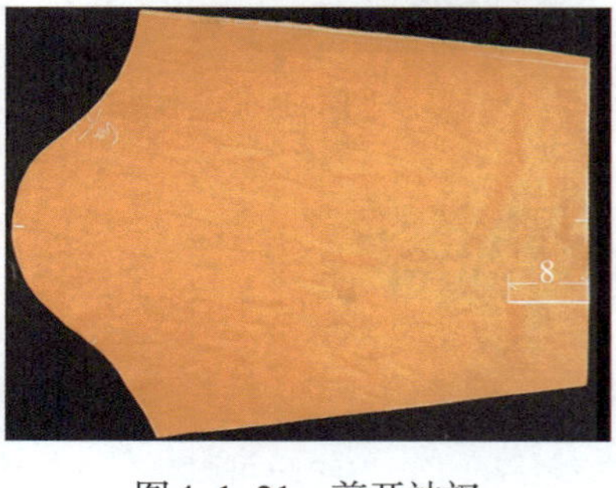

图4-1-21　剪开袖衩

（2）将袖衩位拉直与包衩条拼合，拼合好后正面压0.1～0.15cm的明线，注意不能有漏落针，然后将袖片沿衩位对折，正面相叠，在衩高1cm处以45°进行缉线，如图4-1-22、图4-1-23所示。

图4-1-22　袖衩位与包衩条拼合

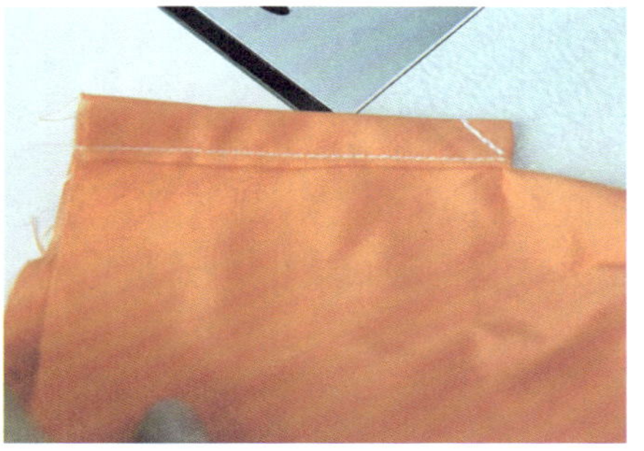

图4-1-23　缉三角

9.装袖

（1）袖头抽细褶。将袖头用稀针距缝上一条0.5cm的抽袖线，适当抽拉（A区不抽，C区微抽，B区重抽），如图4-1-24、图4-1-25所示。

图4-1-24　袖头抽细褶区域

图4-1-25　袖头抽细褶效果

（2）袖片与衣片缝合。装袖时大身放下层，袖子放上层，正面相对，袖山头眼刀与肩缝对准，全部缝份为1cm，缝好后的缝份倒向袖子，如图4-1-26、图4-1-27所示。

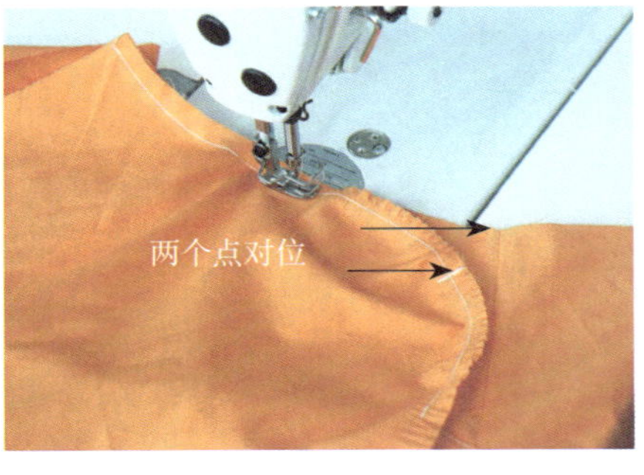

图4-1-26　缝合袖片与衣片

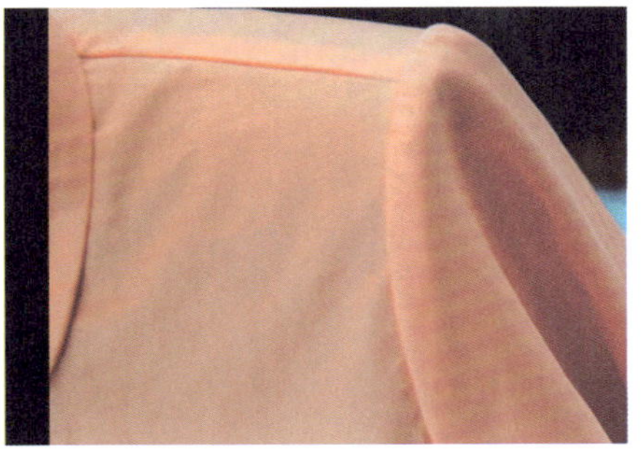

图4-1-27　装袖效果

10.缝合袖底缝、摆缝

前、后片正面相对，侧缝、袖底缝对齐，袖底十字位对准，缉线1cm，如图4-1-28、图4-1-29所示。

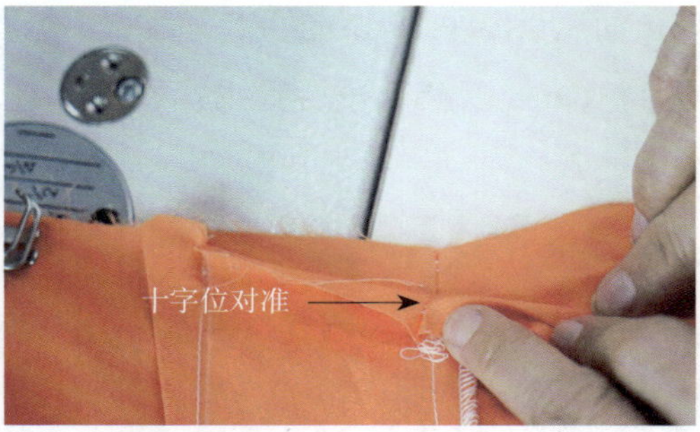

图4-1-28　袖底缝十字位对准

图4-1-29　袖底缝、摆缝缝合效果

11. 做、装袖克夫

（1）做袖克夫。先将烫好粘衬的袖克夫宽度对折，画上净样，并将袖克夫面扣烫1cm缝份，然后再按袖克夫的净样线把两头缉好，缝份1cm，翻过正面，烫好，烫煞，如图4-1-30、图4-1-31所示。

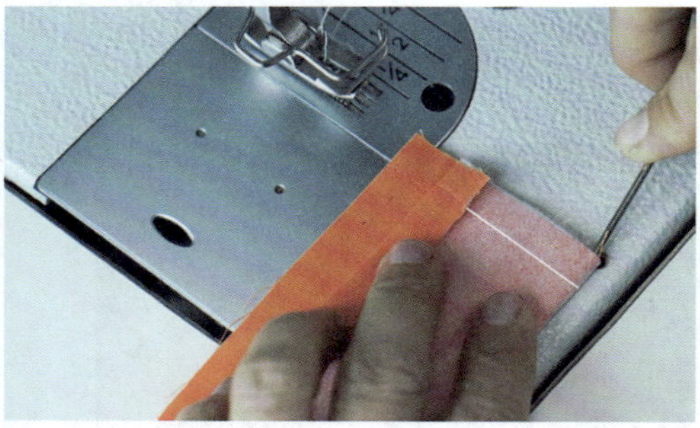

图4-1-30　缉袖克夫

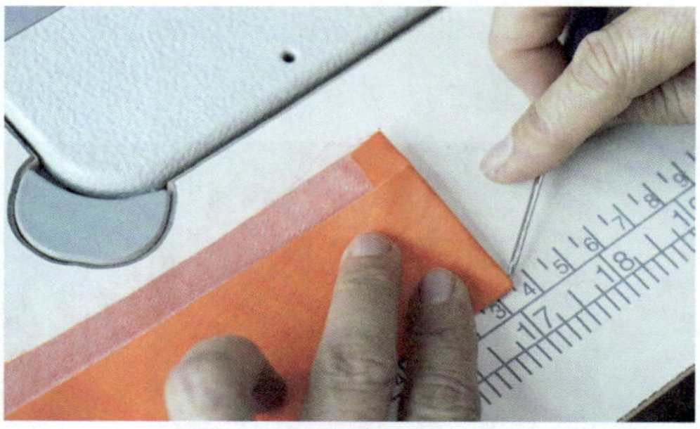

图4-1-31　袖克夫效果展示

（2）装袖克夫。袖口抽细褶后，袖子反面与袖克夫里正面相对，沿净粉缉缝1cm，袖衩门襟往里折转，所有缝份拨向袖克夫里面，两端塞平塞足，然后沿袖克夫正面缉0.1～0.15cm止口明线，如图4-1-32、图4-1-33所示。

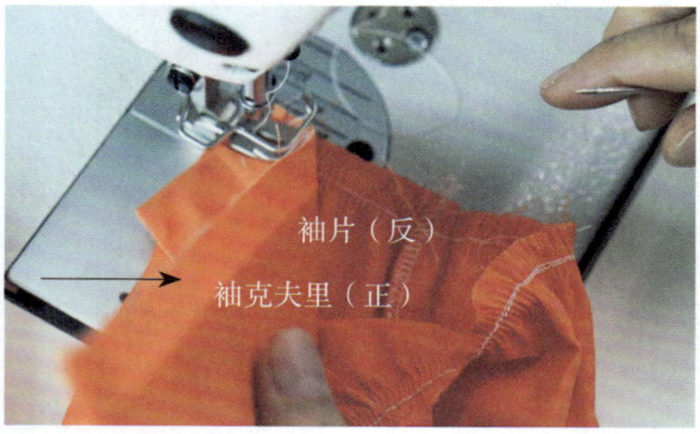

图4-1-32　装袖克夫

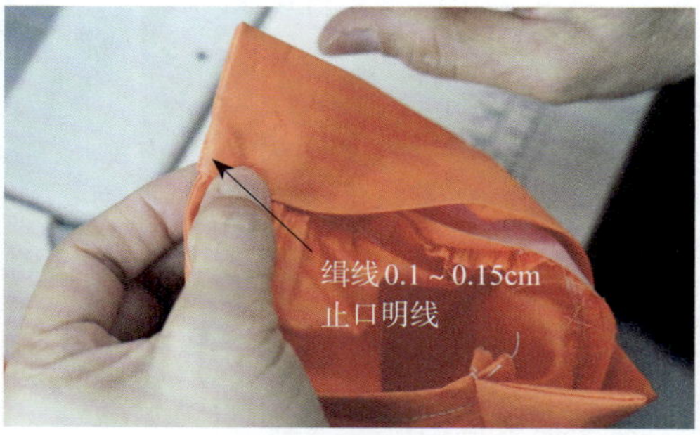

图4-1-33　压明线

12. 缉底边

衣片门襟处底边缉法如图4-1-34所示，衣片底边采用卷边的方式，先扣烫0.5cm，再扣烫2cm，反面压缉0.1cm，熨烫平服，缉线要求均匀，无断线，无漏针现象。

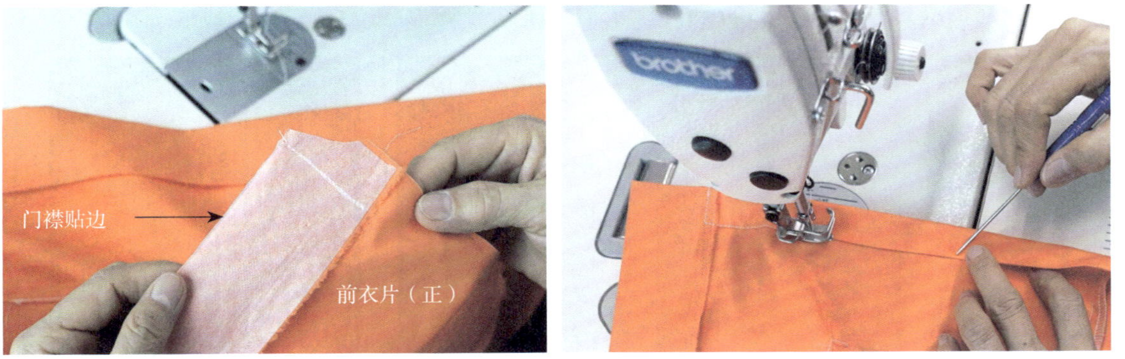

图4-1-34　缉底边

13. 锁眼、钉扣

根据扣眼的位置，在右门襟处采用机器或手缝的方式进行锁眼，扣眼的大小可以按扣子的直径加0.2～0.3 cm，扣子按扣眼位钉在左门襟处，如图4-1-35、图4-1-36所示。

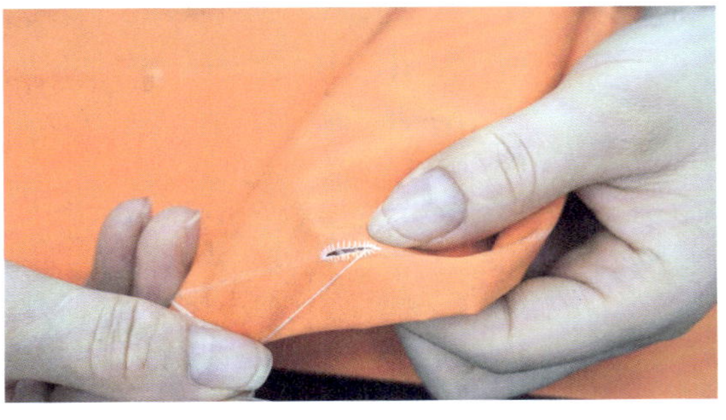

图4-1-35　锁眼

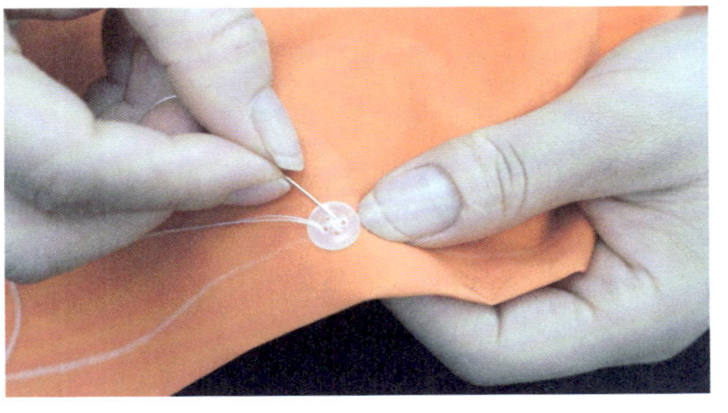

图4-1-36　钉扣

14. 整烫

（1）按面料的性能调节好蒸汽熨斗的温度，按照烫领→烫袖→烫大身的顺序整烫女衬衫，如图4-1-37所示。

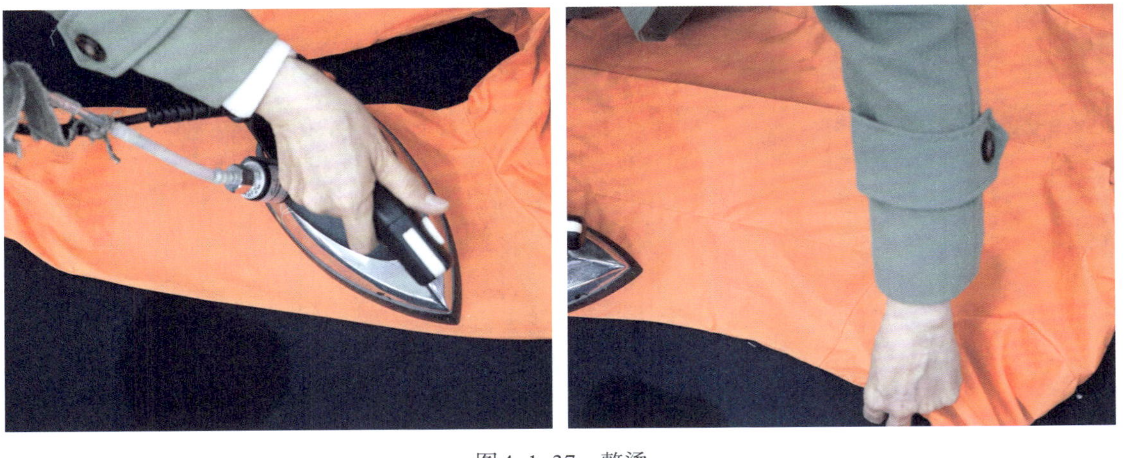

图4-1-37　整烫

（2）最后效果呈现如图4-1-38～图4-1-40所示。

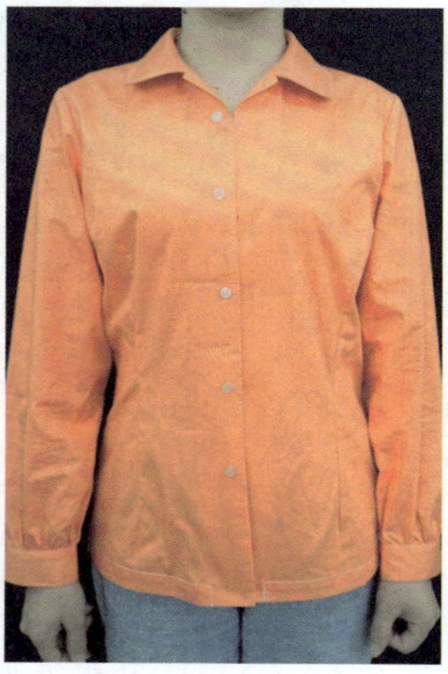

图4-1-38　成品（正面）

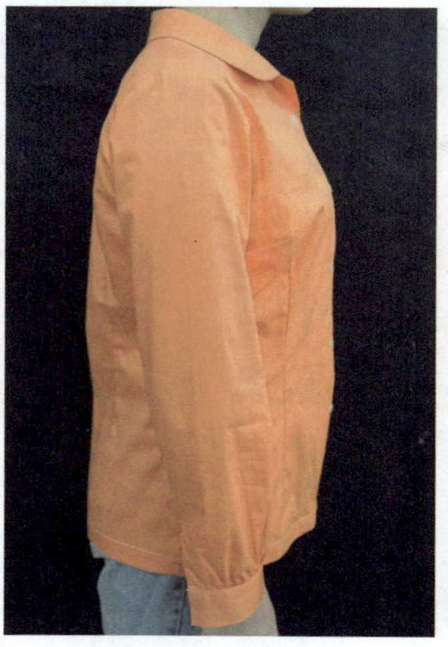

图4-1-39　成品（侧面）

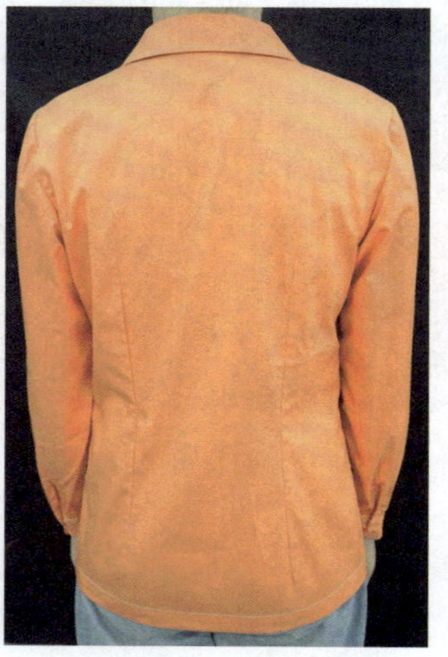

图4-1-40　成品（背面）

五、知识拓展

（一）女衬衫部件缝制工艺

1.成品图（图4-1-41）

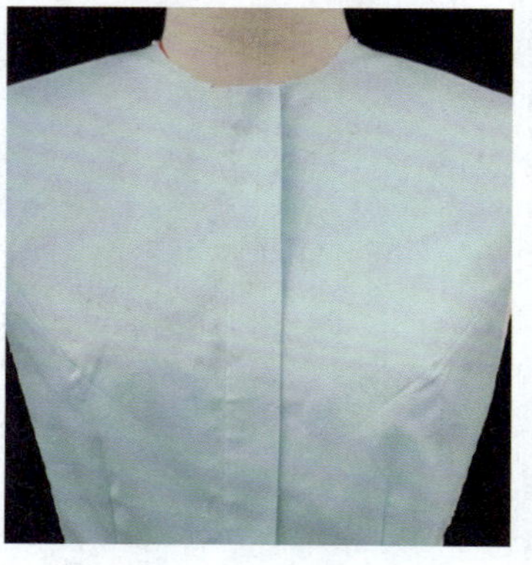

图4-1-41　女衬衫暗门襟

2.部件规格

门襟宽2.5cm，里襟宽1.7cm。

3.材料准备

前衣片×2。

4.工艺流程

做缝制标记→按标记进行门襟、里襟的折扣烫→扣眼之间用来回针固定→门襟、里襟正面压明线

5.缝制工艺步骤

（1）做缝制标记。根据需要在门襟、里襟止口处烫衬，并在领口及底摆，用划粉或眼刀的方式做好标记，以便折扣烫及缝制时用于定位，如图4-1-42、图4-1-43所示。

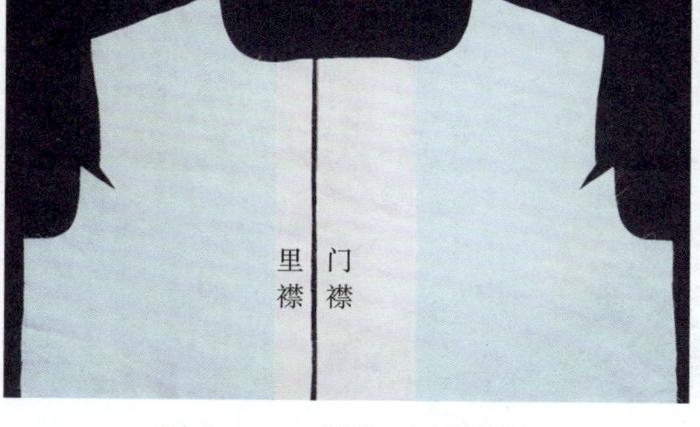

图4-1-42　门襟、里襟烫衬

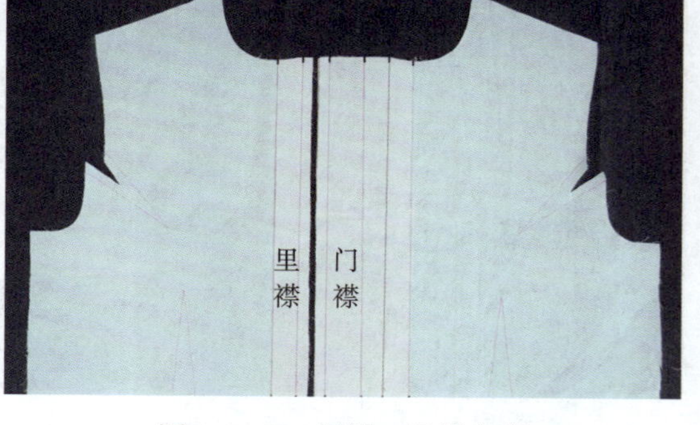

图4-1-43　门襟、里襟定位

（2）按标记进行门襟、里襟的折扣烫。门襟片从止口放缝8.6cm，共需折扣烫四条直线，首先沿止口线向反面折扣烫第一条直线，要求一定要顺直；第二条按照第一条的方法沿反方向折扣烫2.6cm，第三条线按照第一条的方法折扣烫2.5cm，最后一层向反面扣烫1cm；里襟片先向衣片反面折扣烫1.8cm，然后再向反面扣烫1cm，如图4-1-44、图4-1-45所示。

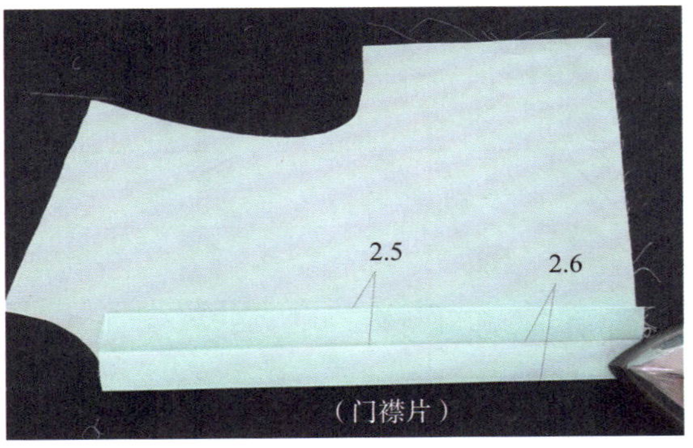

图4-1-44　扣烫门襟

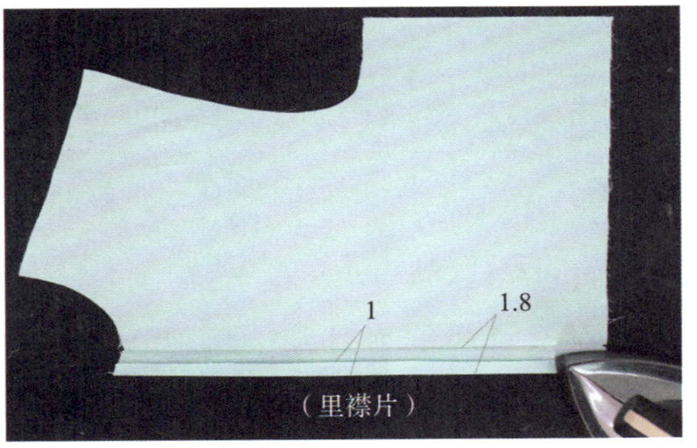

图4-1-45　扣烫里襟

（3）扣眼之间用来回针固定。在门襟片反面做好扣眼记号，然后在两只扣眼之间用来回针做固定，如图4-1-46、图4-1-47所示。

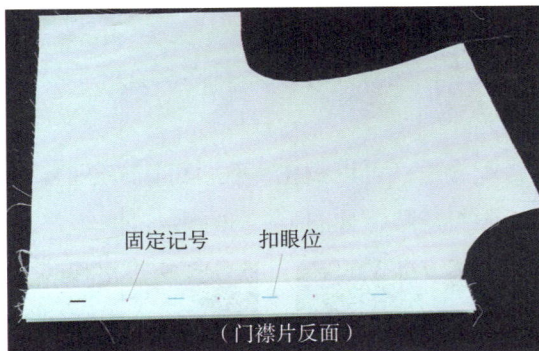

图4-1-46　做固定记号

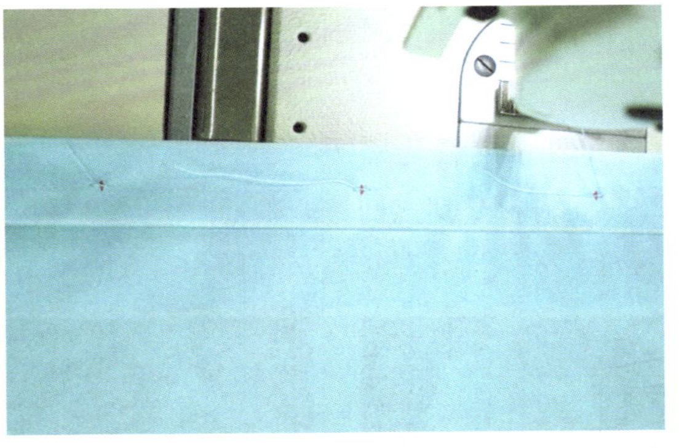

图4-1-47　来回针固定

（4）门、里襟正面压明线。在门襟片正面压明线2.5cm，里襟片正面压明线1.7cm，两条明线都要防止反面出现漏针现象，如图4-1-48、图4-1-49所示。

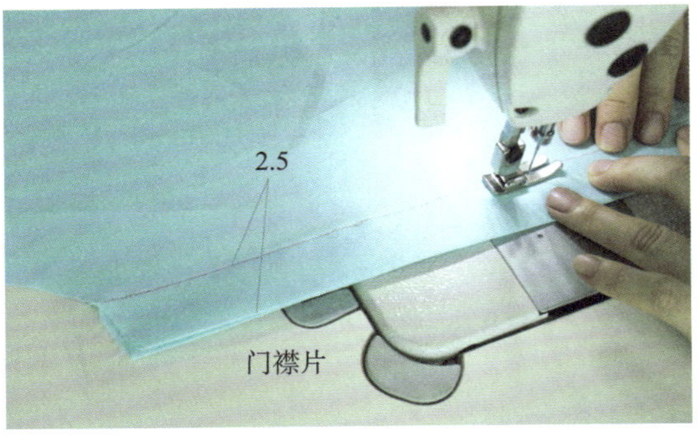

图4-1-48　门襟压明线

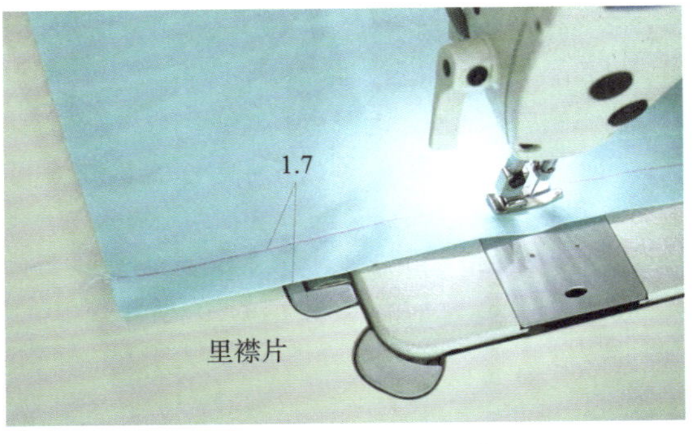

图4-1-49　里襟压明线

6. 任务要求及评分标准（表 4-1-4）

表 4-1-4　任务要求及评分标准

评价内容	评价标准	分值	评价方式			
			自评	互评	师评	企业评
门襟	1.门襟正面明线顺直，明线到止口距离符合尺寸要求	20				
	2.门襟折扣烫后止口顺直，不吐锁眼层的面料	20				
	3.门襟反面无毛边，无漏针	20				
里襟	1.里襟正面明线顺直，明线到止口距离符合尺寸要求	20				
	2.里襟反面无毛边，无漏针	20				
小计		100				
合计						

7. 巩固训练

（1）以个人形式训练暗门襟的制作，练习 2～3 遍，直到熟练为止。

（2）以小组为单位，上网检索女衬衫门襟的款式变化图，分析讨论其制作方法。

（二）衬衫巧搭配

女衬衫是女孩们衣橱里基础级的单品，只要搭配合适，可以端庄优雅也可以清新时尚。下面选择一款适合你的女衬衫，给你的生活带来无限新意吧，如图 4-1-50 所示。

（a）白色刺绣圆领女衬衫，尽显女性温文儒雅，搭配浅绿色半身裙，让年轻的你更加充满青春与活力

（b）花色的长袖女衬衫，搭配宽松的牛仔长裤，整体休闲，但上衣错位的扣纽扣的方式，十分点睛，很有潮流感

（c）蓝白搭配的长袖女衬衫，休闲、大气，搭配洞洞牛仔长裤，尽显时尚，有个性

（d）白色的印花长袖女衬衫，上花下素，搭配深色的牛仔短裤，显得干练与知性

图 4-1-50　衬衫巧搭配

六、巩固训练

C服饰有限公司接到D服饰有限公司的一批女衬衫的生产任务，样衣制作通知单见表4–1–5，现在C服饰有限公司需要按照D服饰有限公司提供的样衣款式先进行M码结构设计以及样衣的制作，严把质量关。

表4–1–5　C服饰有限公司女衬衫样衣制作通知单

<table>
<tr><td>编号</td><td>款号</td><td>下单日期</td><td rowspan="3">部位</td><td colspan="5">规格</td></tr>
<tr><td>YSCS1005</td><td>中袖女衬衫</td><td>年　月　日</td><td>155/80A</td><td>160/84A</td><td>165/88A</td><td>170/92A</td><td>175/96A</td></tr>
<tr><td colspan="3" rowspan="10">
</td><td>S</td><td>M</td><td>L</td><td>XL</td><td>XXL</td></tr>
<tr><td>衣长</td><td>65</td><td>66</td><td>67</td><td>68</td><td>69</td></tr>
<tr><td>肩宽</td><td>38</td><td>39</td><td>40</td><td>41</td><td>42</td></tr>
<tr><td>胸围</td><td>94</td><td>98</td><td>102</td><td>106</td><td>108</td></tr>
<tr><td>腰围</td><td>93</td><td>97</td><td>101</td><td>105</td><td>109</td></tr>
<tr><td>领围</td><td>36</td><td>37</td><td>38</td><td>39</td><td>40</td></tr>
<tr><td>袖长</td><td>35</td><td>36</td><td>37</td><td>38</td><td>39</td></tr>
<tr><td>袖口</td><td>23</td><td>24</td><td>25</td><td>26</td><td>27</td></tr>
<tr><td colspan="6">备注：面料先缩水后再开裁</td></tr>
<tr><td colspan="6">工艺说明与技术要求
1.针距要求：14~15针/3cm
2.外观整洁，线路规整，无抽纱，无线头，无污迹，无破损及脱线等外观损伤
3.领子：飘带领，飘带后中宽4cm，前端最宽6.5cm，飘带领面、里松紧一致
4.袖子：一片中袖，袖口抽细褶，开一字衩，装克夫（介英），钉扣2粒
5.前衣片：门襟翻边，5粒扣，无腰省，收腋下省一个
6.后衣片：装过肩，后衣片后中部位抽细褶
7.下摆：直下摆，底边宽窄一致，缉线顺直</td></tr>
<tr><td colspan="3">款式特征概述
女式中袖衬衫，飘带领，前襟钉纽扣5粒，腋下省，直腰身，一片中袖，袖口抽细褶，开一字衩，装袖克夫（介英），钉纽2粒</td><td colspan="3">面料：白色雪纺</td><td colspan="3">辅料：黏合衬若干、配色线、7粒扣</td></tr>
<tr><td>制单</td><td>张三</td><td>工艺审核</td><td colspan="2">李四</td><td colspan="2">审核日期</td><td colspan="2">年　月　日</td></tr>
</table>

七、任务评价

女衬衫评价见表4–1–6。

表4-1-6　女衬衫评价表

评价项目	评价内容	序号	评价标准	分值	评价方式				备注
					自评	互评	师评	企业评	
知识技能目标（80分）	规格（10分）	1	衣长规格正确，不超偏差 ±1cm	2					
		2	胸围规格正确，不超偏差 ±2cm	2					
		3	肩宽规格正确，不超偏差 ±0.8cm	2					
		4	袖长规格正确，不超偏差 ±0.8cm	2					
		5	领围规格准确，不超偏差 ±0.6cm	2					
	领子（10分）	6	领面、领里松紧一致，不起皱	3					
		7	领角左右对称有窝势，互差不超 0.1cm	3					
		8	领面明线宽窄一致，领里不吐止口	2					
		9	绱领缉线顺直，无下坑，互差不超 0.1cm	2					
	缉省（5分）	10	长短一致，大小一致，左右对称	5					
	门襟、里襟（5分）	11	门襟、里襟丝绺归正，顺直、平服，互差不超 0.3cm	5					
	绱袖（10分）	12	绱袖层势均匀，圆顺、平服	5					
		13	缉线顺直、宽窄一致，互差不超 0.1cm	5					
	袖衩（10分）	14	袖衩平服、长短一致，无毛、漏针现象	5					
		15	袖子细褶均匀，左右对称	5					
	袖克夫（10分）	16	袖克夫方正、左右对称	5					
		17	袖克夫缉线顺直、不吐止口	5					
	袖底缝、侧缝（5分）	18	袖底十字裆对准	3					
		19	缉线顺直、平服、宽窄一致	2					
	底摆（5分）	20	平服，底边宽窄一致，缉线顺直	5					
	整洁牢固（10分）	21	表面无污渍、无焦黄、无极光	5					
		22	14~15针/3cm	2					
		23	无断线或轻微毛脱	3					
情感目标（20分）	岗位问题处理能力（12分）	24	具有客户信息分析及处理的能力	3					
		25	具有制订计划并合理实施的能力	3					
		26	具有独立思考及解决问题的能力	4					
		27	具有安全实操的能力	2					
	团队合作创新能力（6分）	28	具有团队合作意识和创新能力	3					
		29	具有按时完成任务、高效工作的能力	3					
	工匠精神（2分）	30	具有精益求精、追求卓越的工匠精神（2分）	2					
合计				100					

任务二 男衬衫缝制工艺

任务导入

A服装公司接到一订单，定制男衬衣300件，应客户要求，公司需要先制作M码的样衣给客户看，款式图和制作要求见表4-2-1。

表4-2-1 A服装有限公司男衬衫样衣制作通知单

编号	款号	下单日期
CS2021	男衬衫	年 月 日

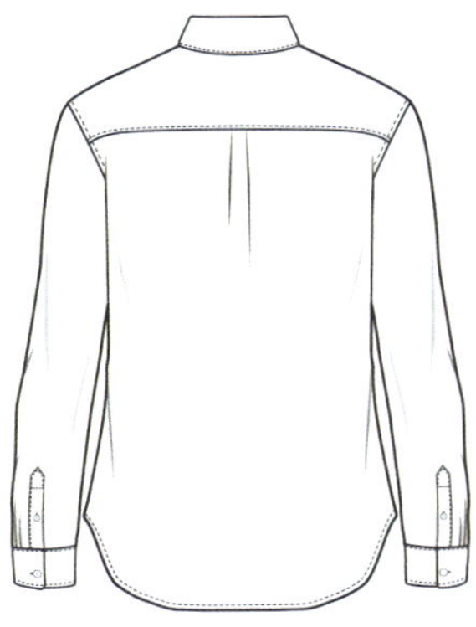

部位	规格						
	37	38	39	40	41	42	43
	160/80A	165/84A	170/88A	175/92A	180/96A	185/100A	190/104A
	XS	S	M	L	XL	XXL	XXXL
衣长	70	72	74	76	78	80	82
肩宽	43.6	44.8	46	47.2	48.4	49.6	50.8
胸围	96	100	104	108	112	116	120
腰围	88	92	96	100	104	108	112
领围	37	38	39	40	41	42	43
袖长	56.5	58	59.5	61	62.5	64	65.5
袖口	23	23.5	24	24.5	25	25.5	26

备注：面料先缩水后再开裁

工艺说明与技术要求

1.针距要求：外观整洁、平服，线路顺直，缝纫线密度不少于12针/3cm

2.领子：尖角立翻领，领座后中宽3cm，前宽2.5cm，翻领后中宽3.5cm，前领角6.5cm，领面明线0.6cm，要求领面、领里松紧一致，领角左右对称有窝势

3.袖子：一片袖，袖口2个褶裥，宝剑头袖衩，装袖克夫（介英）

4.前衣片：左、右门襟外翻边3cm，左胸贴袋一个

5.后衣片：肩部过肩（担干或复司）双层

6.袖、侧缝：采用暗包缝，在大身部位缉0.6cm明线

7.底摆：弧形底摆，底边宽窄一致，缉线顺直

8.整烫：表面无污渍、无焦黄、无极光、无破损及脱线等外观损伤

款式特征概述

男式立翻领，尖角，前中开襟，翻门襟，钉纽扣7粒，左胸贴袋1个，肩部过肩（担干）双层，长袖，一片袖，袖口收裥2只，宝剑头袖衩钉纽1粒，装圆角袖克夫（介英），钉纽1粒

面料：该款衬衫面料选用广泛，全棉、亚麻、混纺均可

辅料：黏合衬若干、大白扣9粒，小白扣2粒

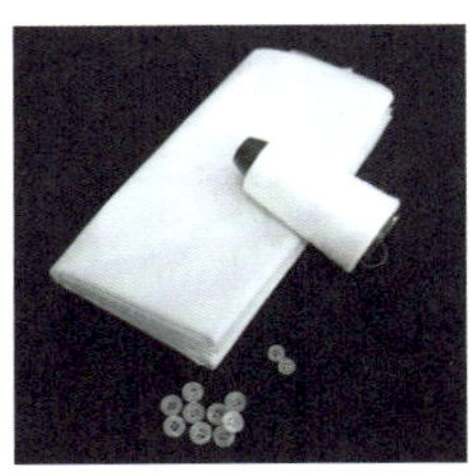

制单	王五	工艺审核	赵六	审核日期	年 月 日

任务要求

1. 掌握男衬衫工业样板的排料、画样、裁剪、熨烫等技术，做到精益求精。
2. 掌握男衬衫的制作方法和技巧。
3. 掌握男衬衫质量的检测，严把质量关。
4. 掌握男衬衫生产工艺单的编写，做好客户信息分析和处理。
5. 掌握工艺流程图的绘制，合理制订计划并实施。

任务准备

男衬衫工业样板（纸样）清单见表4-2-2。

表4-2-2　男衬衫工业样板（纸样）清单

毛样板名称	数量	净样板名称	数量
前片	1	胸贴袋	1
后片	1	翻领	1
胸贴袋	1	领座	1
门襟翻边	1	袖克夫（介英）	1
过肩（担干）	1	袖衩门襟	1
翻领	1	袖衩里襟	1
领座	1		
袖片	1		
袖克夫（介英）	1		
袖衩门襟	1		
袖衩里襟	1		

任务实施

一、任务分析

本件男衬衫的款式是：男式立翻领，尖角，前中开襟，翻门襟，钉纽扣7粒，左胸贴袋1个，肩部过肩（担干）双层，长袖，一片袖，袖口收裥2只，宝剑头袖衩钉纽1粒，装圆角袖克夫（介英），钉纽1粒。

缝制工艺的重点、难点：做领子、装领子，做袖子、装袖子。

二、裁片裁剪图

170/88A男衬衫裁片裁剪图如图4-2-1所示。

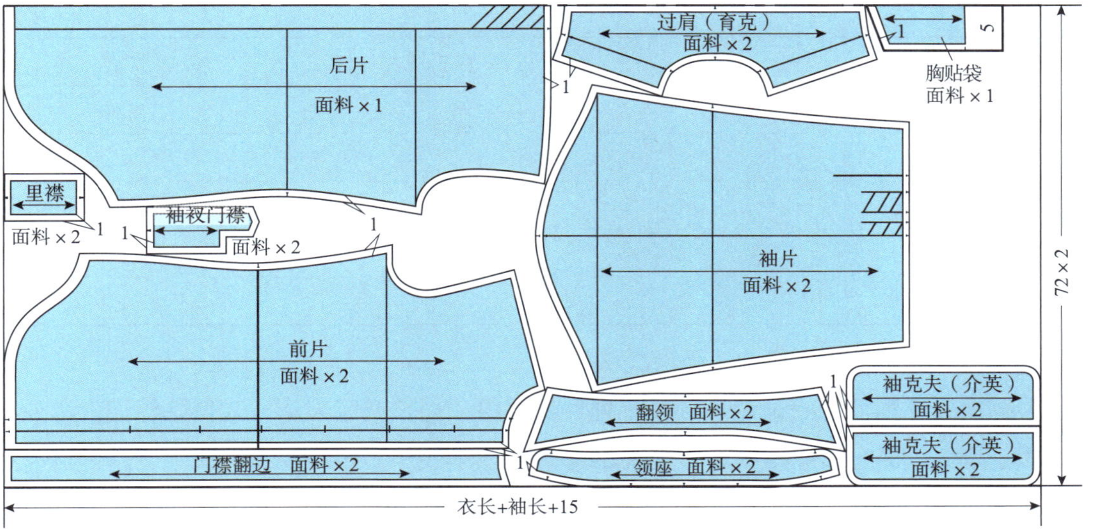

图4-2-1　170/88A男衬衫裁片裁剪图

三、工艺流程

检查裁片→做缝制标记（对位标记、画褶、粘衬）→做翻门襟→做、装胸贴袋→做背褶、缝合过肩→合肩缝→做领→装领→做、装袖衩→装袖→缝合袖底缝、摆缝→做、装袖克夫→缉底边→锁眼、钉扣→整烫

温馨提示：

此衬衫是边做、边烫，故在下面的工艺流程里中烫全都省略，只写最后整烫环节。

四、缝制工艺

1.检查裁片

检查裁片，核实裁片数量，见表4-2-3。

表4-2-3　男衬衫裁片清单

面料裁片名称	数量	衬料裁片名称	数量
前片	2	门襟翻边	2
后片	1	翻领	2
胸贴袋	1	领座	2
门襟翻边	2	袖克夫	2
过肩（担干）	2		
翻领	2		

续表

面料裁片名称	数量	衬料裁片名称	数量
领座	2		
袖片	2		
袖克夫（介英）	4		
袖衩门襟	2		
袖衩里襟	2		

2. 做缝制标记（对位标记、画褶、粘衬）

根据需要在前后片、袖片、领片等处，用钻眼、划粉或眼刀等方式做好标记，以便缝制时用于定位，男衬衫应在以下部位做好缝制标记。

（1）前片。门襟宽、胸袋位、腰节线，如图4-2-2所示。

（2）后片、过肩。后背中点、后背褶位、腰节线、后中对位点、肩点与袖山对位点、后领圈中点、领座与肩点对位点，如图4-2-3所示。

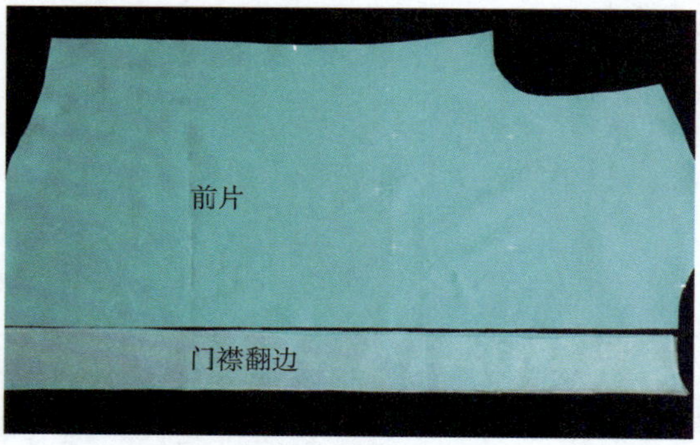

图4-2-2　前片

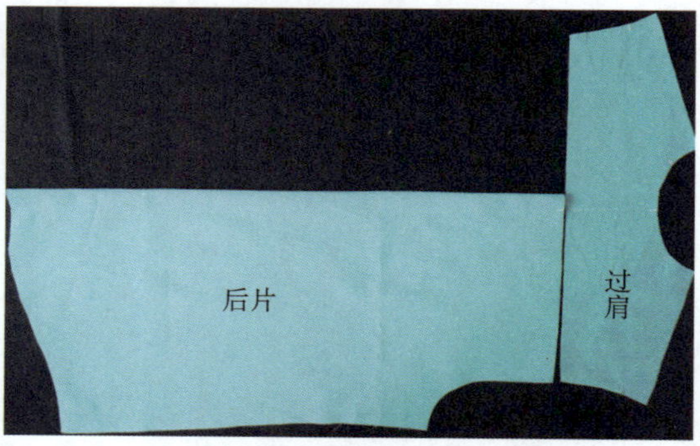

图4-2-3　后片、过肩

（3）袖片。袖山顶点、袖口开衩位、袖口褶位，如图4-2-4所示。

（4）翻领、领座。后中心点、领座与肩点对位点，翻领前端与领座对位点，如图4-2-5所示。

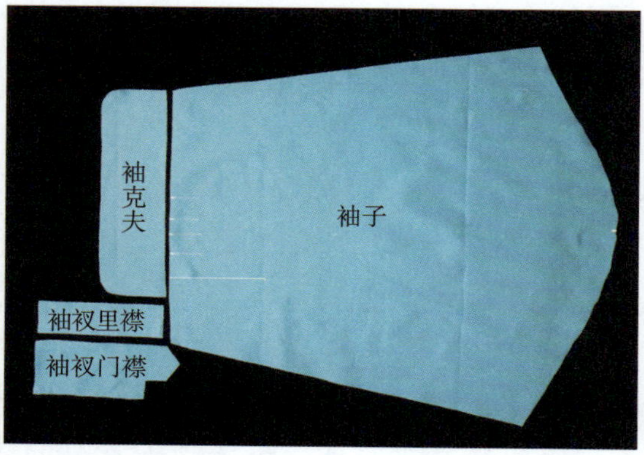

图4-2-4　袖片

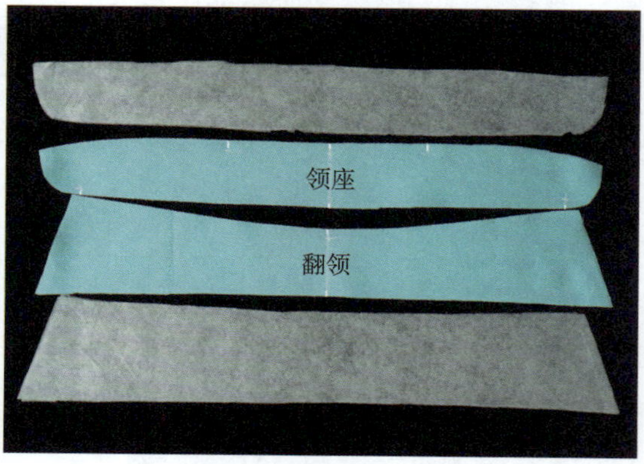

图4-2-5　领片

3. 做翻门襟

（1）将门襟翻边。按1cm缝份朝反面扣烫，然后再将前衣片反面与扣好缝份的门襟贴边正面相对，缉1cm缝份，如图4-2-6、图4-2-7所示。

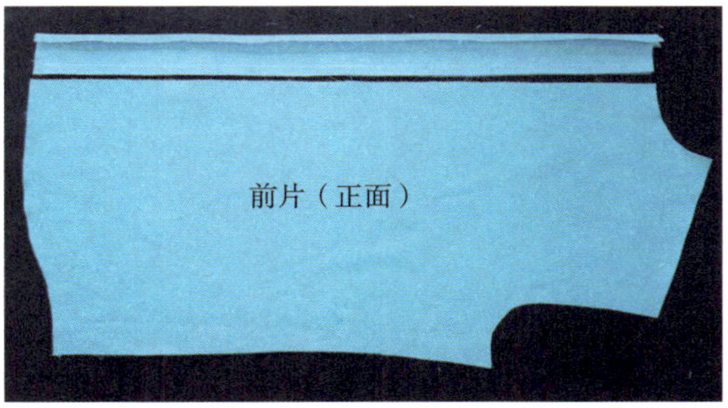

图4-2-6 扣烫门襟翻边

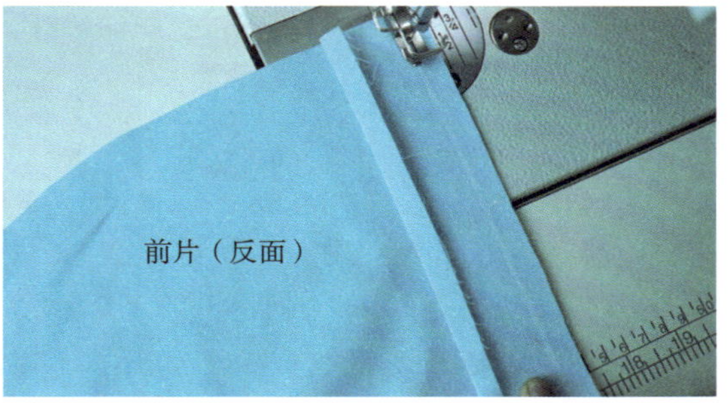

图4-2-7 衣片与门襟翻边缝合

（2）缝份与衣片压缉0.1cm明线，便于里外烫匀，然后再将门襟贴边翻转至正面，分别压两道0.5cm的双明线，如图4-2-8、图4-2-9所示。

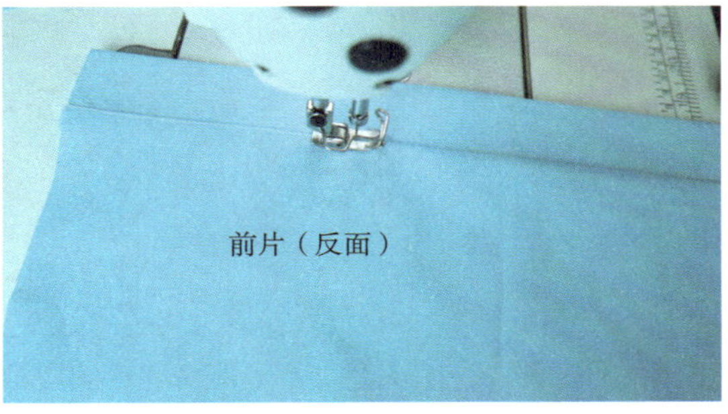

图4-2-8 缝份与衣片压缉明线

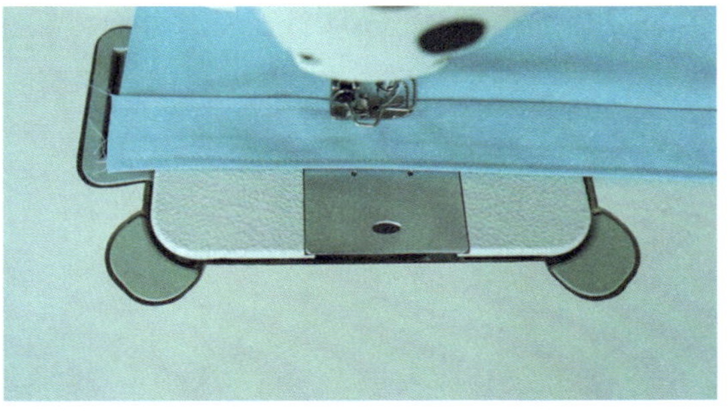
图4-2-9 门襟翻转正面压明线

4. 做、装胸贴袋

（1）将胸贴袋净样板放在胸袋面布反面，袋口按2.5cm宽度扣烫两次，其余四边扣烫1cm，如图4-2-10所示。

（2）在袋口2.5cm的位置，将扣烫好的折边压0.1cm明线，如图4-2-11所示。

图4-2-10 扣烫胸贴袋

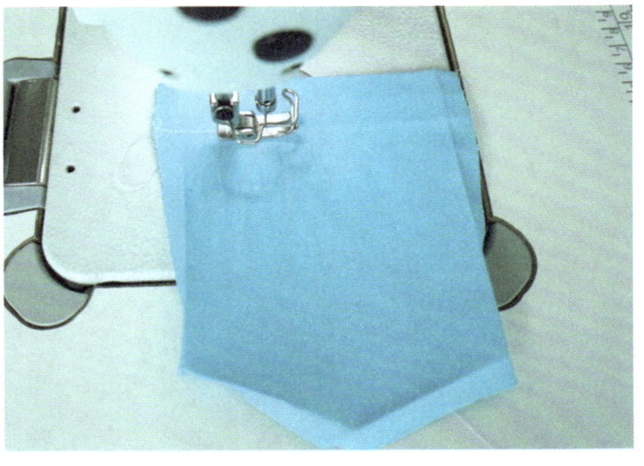
图4-2-11 胸袋压明线

（3）根据左衣片胸贴袋定位标记，将贴袋缉在衣片上，明线0.1cm，注意袋口可缉成U形或三角形，缉线要顺直，如图4–2–12、图4–2–13所示。

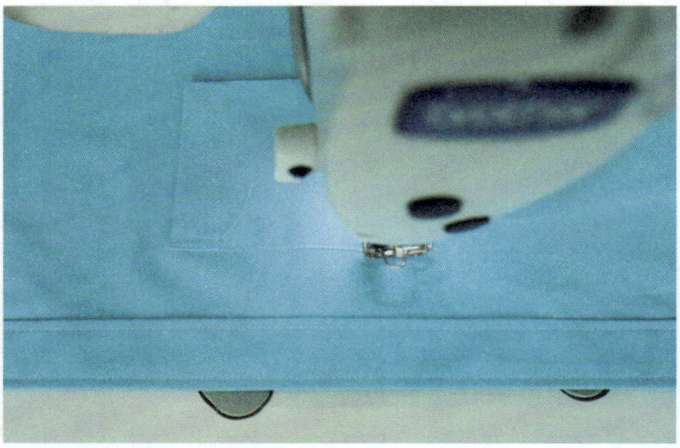

图4–2–12　固定胸贴袋

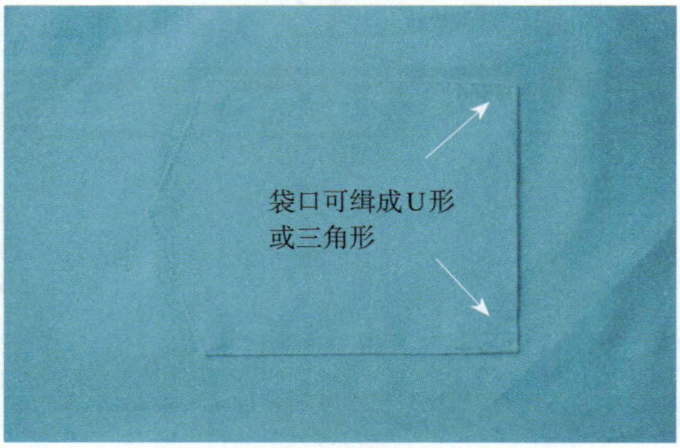

图4–2–13　胸贴袋最后效果

5.做背褶、缝合过肩

按眼刀位做成工字褶，然后将两片过肩正面相对，后片夹在过肩里，缉线1cm，翻至正面烫平，再缉0.5cm明线，如图4–2–14、图4–2–15所示。

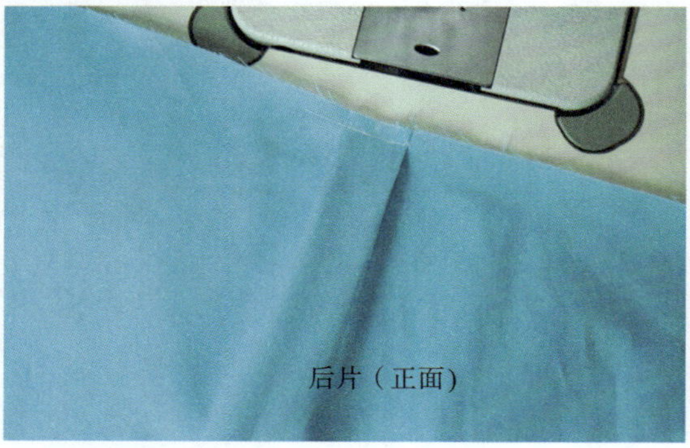

图4–2–14　做背褶

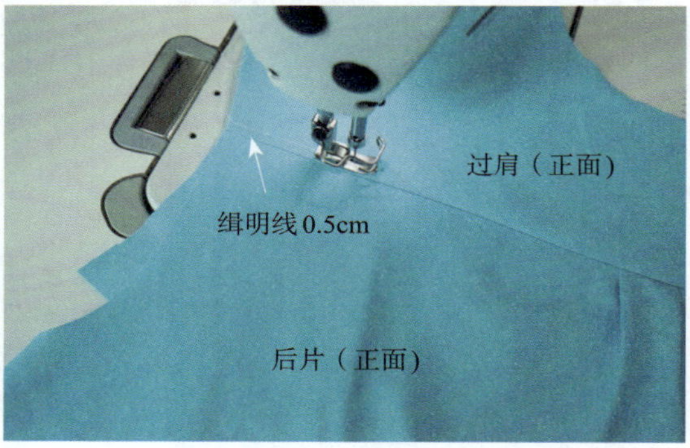

图4–2–15　过肩缉明线

6.合肩缝

把前片肩缝夹在过肩之间，捏住三层缝头，左肩从肩端点缉向领口，右肩从领口缉向肩端点，翻至正面烫平，缉明线0.5cm，如图4–2–16、图4–2–17所示。

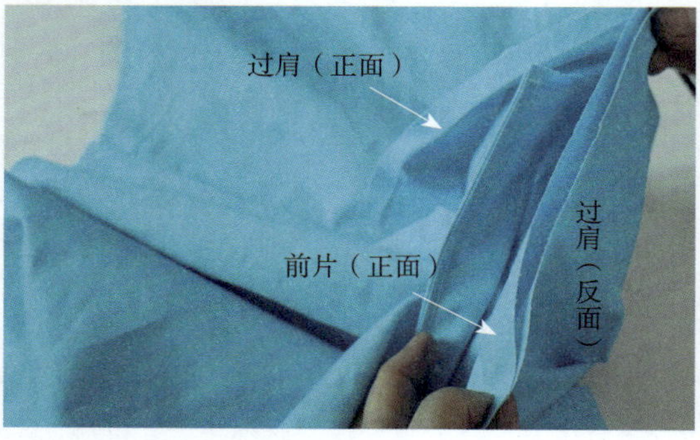

图4–2–16　合肩缝

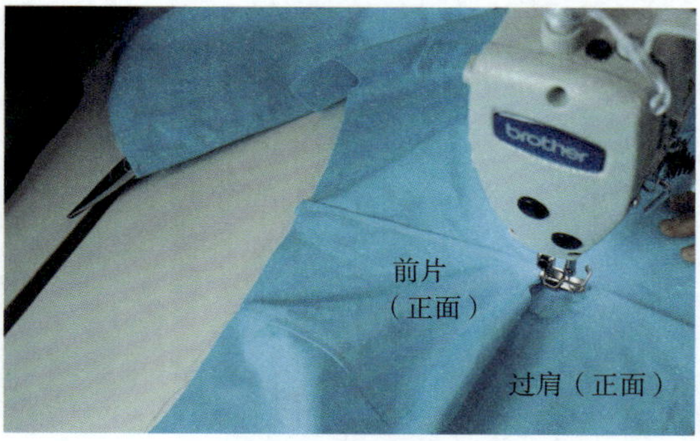

图4–2–17　过肩缉明线

7.做领

（1）缉翻领。在领面上画出净样，正面相对，沿净样线缉线1cm，里紧外松，领角切不可漏针，为了让领角缝份完全拉出，可在领角处套根双线，缉完后，领角有窝势，自然向里弯曲，如图4-2-18、图4-2-19所示。

男衬衫-立翻领制作

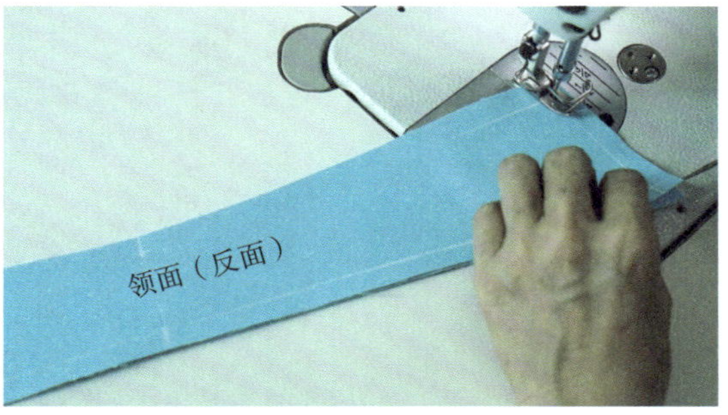

图4-2-18　缝合领面、领里

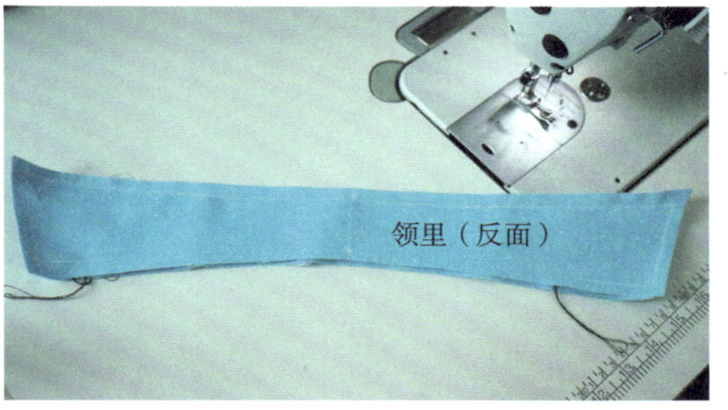

图4-2-19　领角有窝势

（2）修剪缝份、翻领。将缝份修成0.5cm，领角可修成0.3cm，然后将领角按缝份折好，将套线拉出，如图4-2-20、图4-2-21所示。

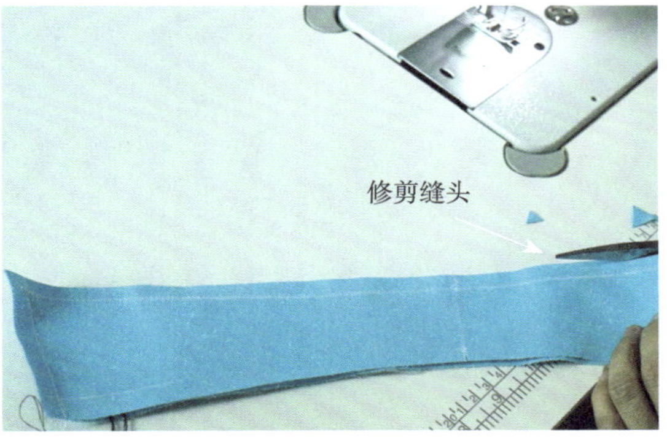

图4-2-20　修剪缝头

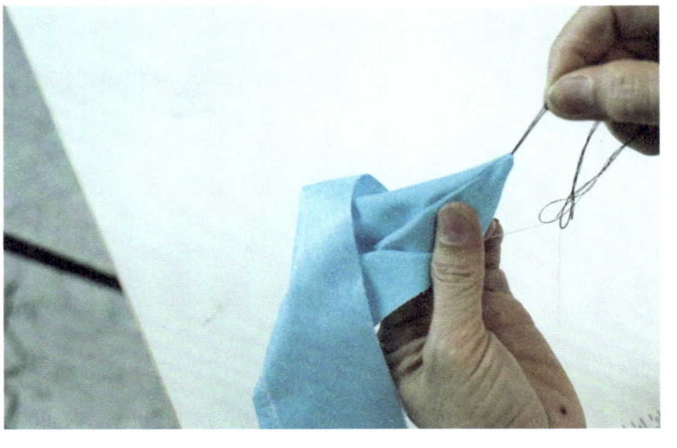

图4-2-21　拉领角

（3）翻领、领座缉明线。将翻领翻出、烫出窝势，然后在领面缉压0.5cm的明线；领座面按净样画好，沿净样扣烫领座下口，并在缝份上缉0.6cm的明线，如图4-2-22、图4-2-23所示。

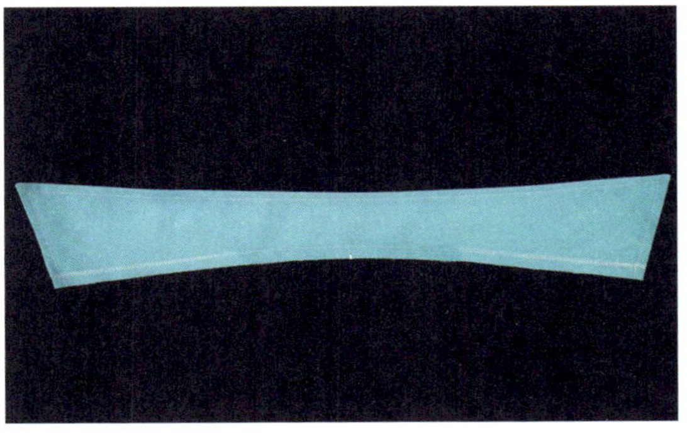

图4-2-22　翻领缉明线

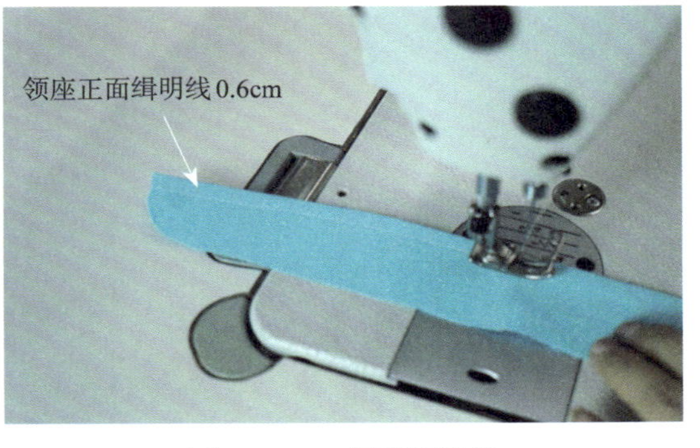

图4-2-23　领座缉明线

（4）拼合翻领与领座。把领座正面相对，翻领夹在两层领座之间，按领座净样线缉1cm，翻领面与领座面相对，翻领前端与领座对位点对准，如图4–2–24所示。

男衬衫–拼合立翻领

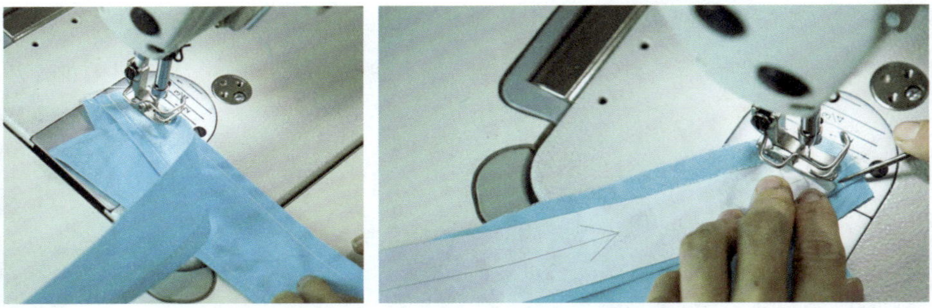

图4–2–24　拼合翻领与领座

（5）修剪缝份。将拼合后的领子缝份修剪为0.5cm，前端弧形位置修剪成0.3cm，领下口缝份修剪成1cm，如图4–2–25、图4–2–26所示。

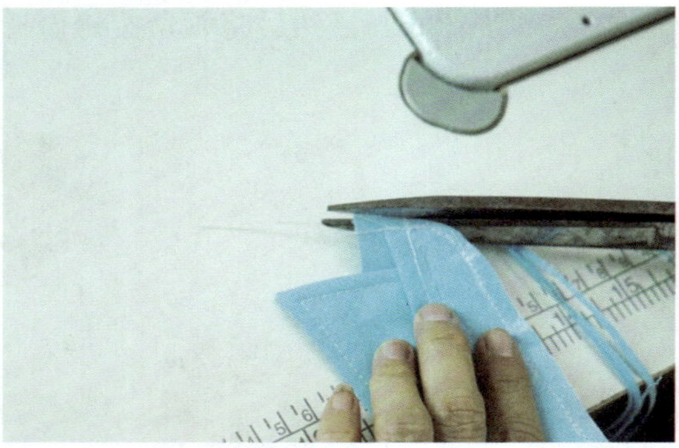

图4–2–25　修剪缝份

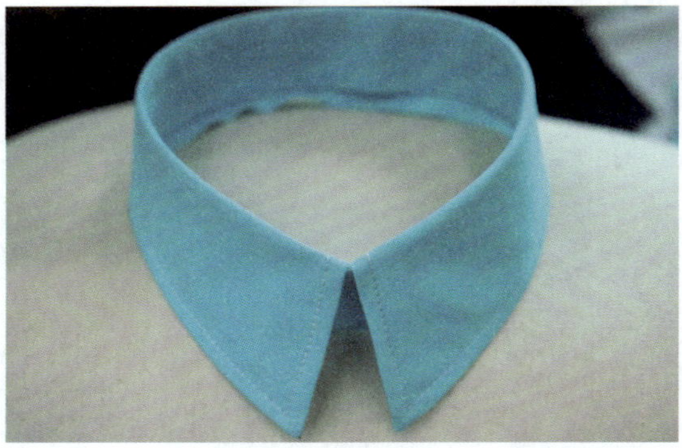

图4–2–26　领座最后效果

8.装领

（1）领座与领圈缝合。先校对领座与领圈弧线是否一致，然后将衣片正面与领座里正面相对，领座稍突出门襟0.1cm，从左门襟处开始缉线，缝份1cm，大身肩缝、后中分别与领子的肩缝、领中对准，兜缉一圈，如图4–2–27、图4–2–28所示。

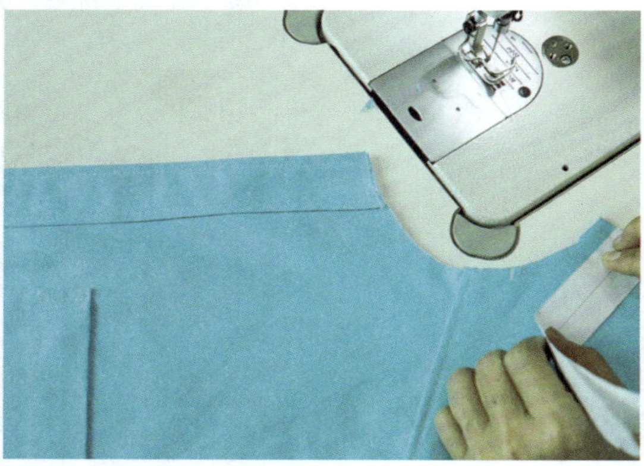

图4–2–27　校对领座与领圈弧线

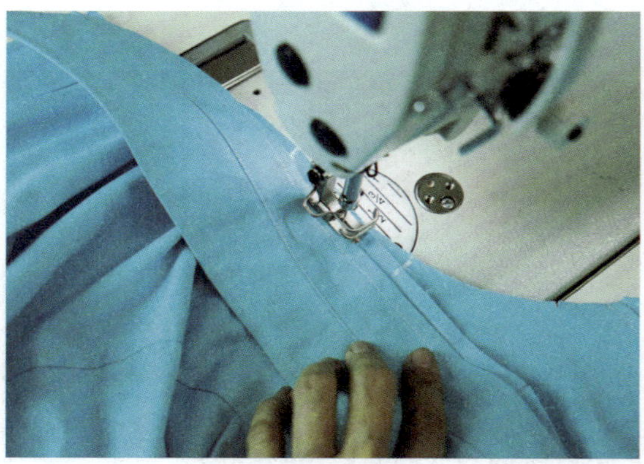

图4–2–28　领座与领圈缝合

（2）压领。将领圈、领里的缝份拨向领里，从左襟翻门襟处开始起针，盖过领里装领线，在领座面上缉压0.1 ~ 0.15cm的明线，绕整个领座兜缉一周，门襟两头要塞足、塞平，如图4-2-29、图4-2-30所示。

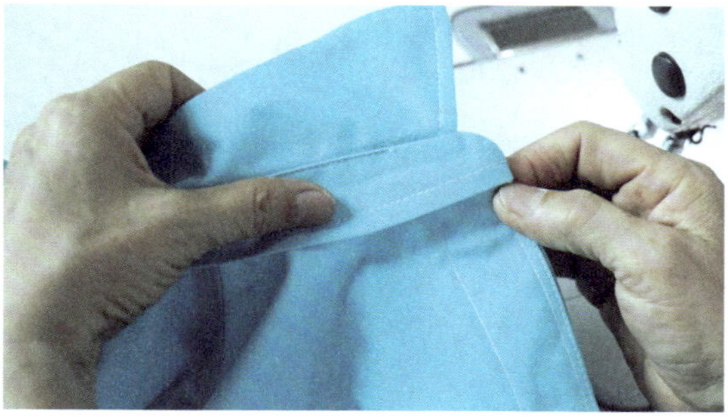

图4-2-29　缝份塞进领座

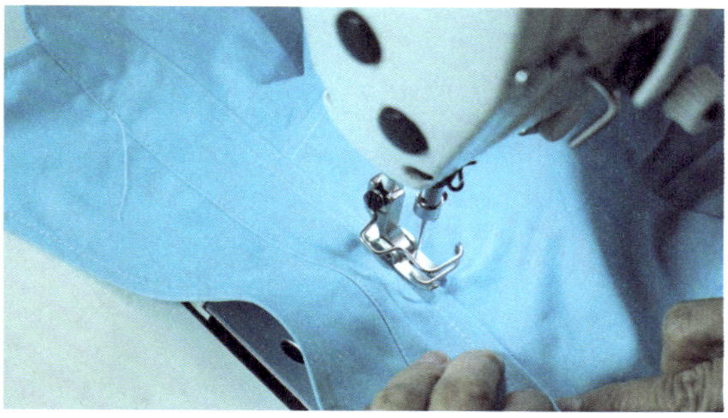

图4-2-30　领座压线

9.做、装袖衩

男衬衫－袖衩制作

（1）烫门、里襟条。将袖衩的门、里襟按净样烫好，扣烫时面小于里0.1cm，宝剑头要烫对称，三角要尖，在袖片的反面画出开衩的位置，并沿开衩线剪开，末端剪出三角，三角要到位，如图4-2-31、图4-2-32所示。

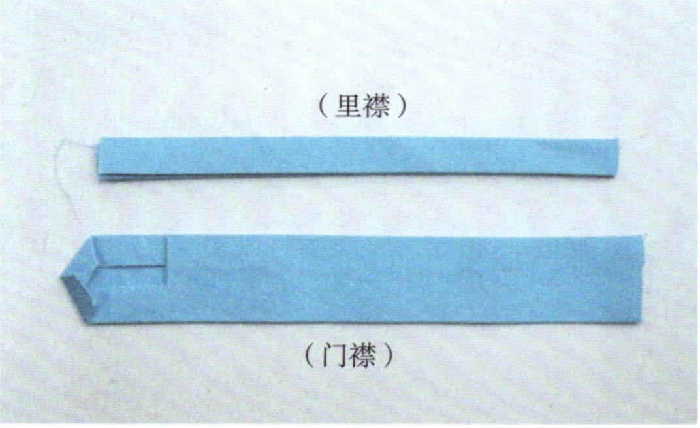

图4-2-31　扣烫门、里襟条

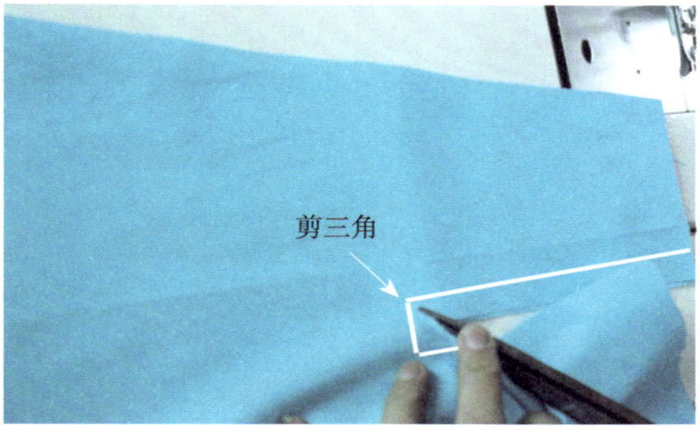

图4-2-32　剪三角

（2）缉袖衩里襟。在衣片正面，将里襟放在袖片的小片处，在里襟正面压缉0.1cm，不能漏针，然后把三角与袖衩里襟固定在一起，如图4-2-33、图4-2-34所示。

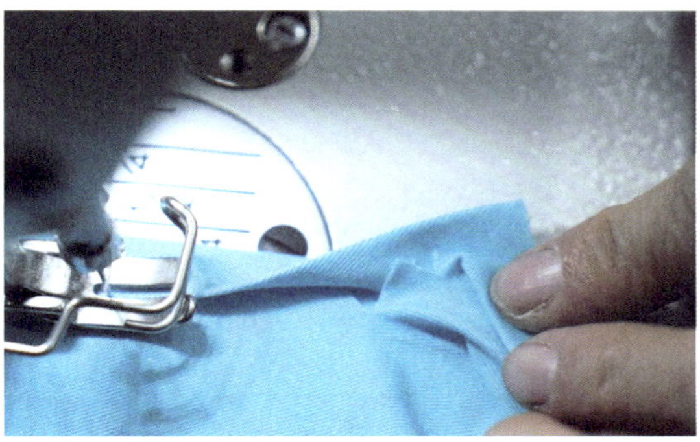

图4-2-33　缉袖衩里襟

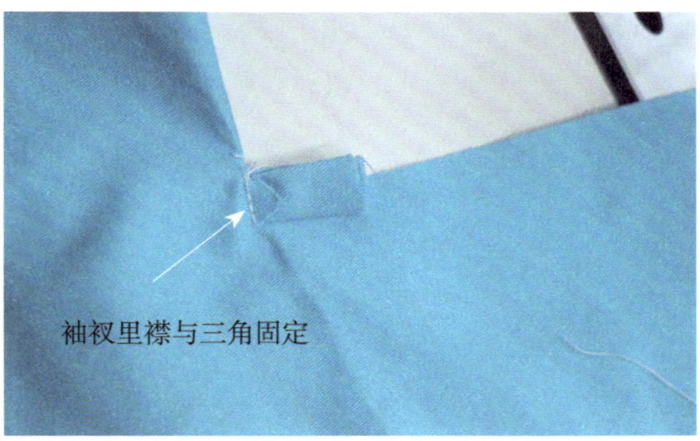

图4-2-34　袖衩里襟与三角固定

（3）缉袖衩门襟。在衣片正面，将门襟放在袖片的大片处，沿止口处压缉0.1cm的明线，在开衩处打来回针封口，然后将宝剑头缉0.1cm明线，如图4-2-35、图4-2-36所示。

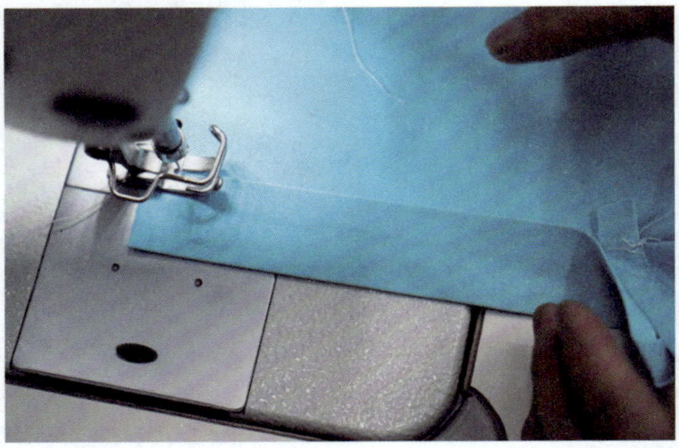
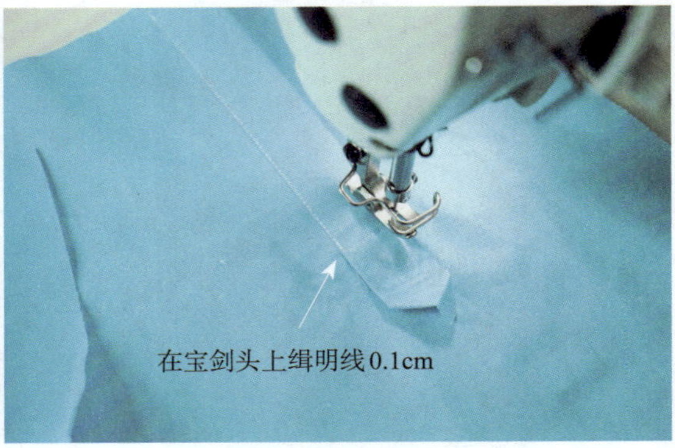

图4-2-35　缉袖衩门襟

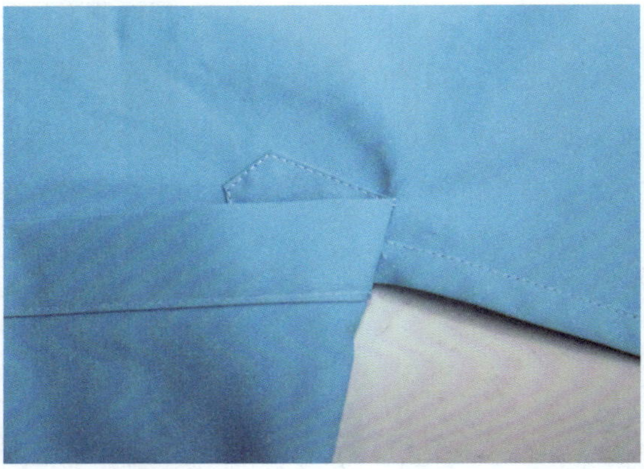

图4-2-36　袖衩效果

10. 装袖

采用暗包缝装袖。袖片与衣片正面相对，衣身在上，袖子在下，袖子长出衣身0.6cm，将0.6cm全部折转包住衣身缉0.1cm固定，然后将衣身翻至正面，在衣身正面压明线0.6cm，注意下层的缝份缉合牢固，不能有漏落针，如图4-2-37～图4-2-40所示。

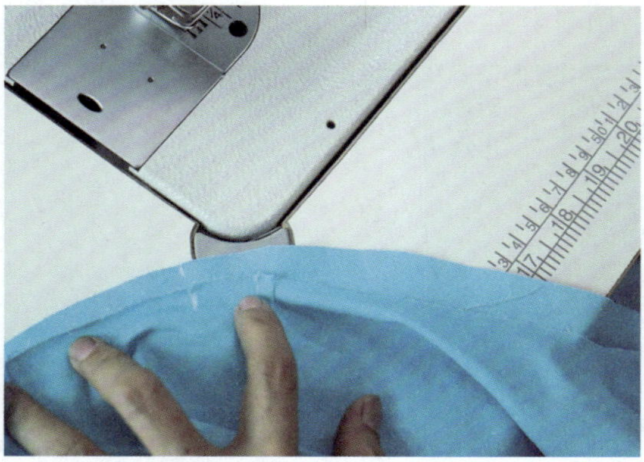

图4-2-37　校对袖窿与袖山弧线

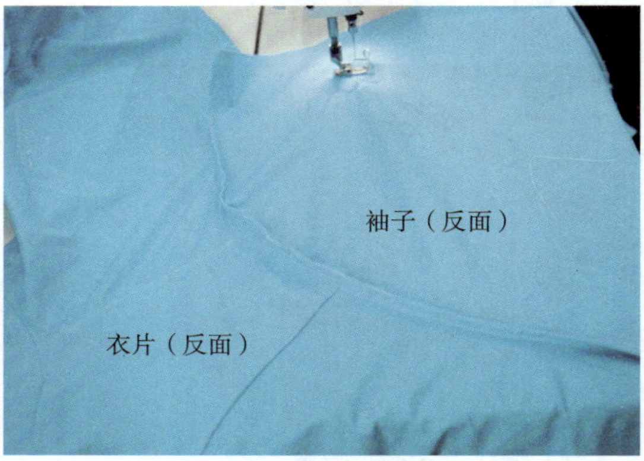

图4-2-38　暗包缝袖山与袖窿

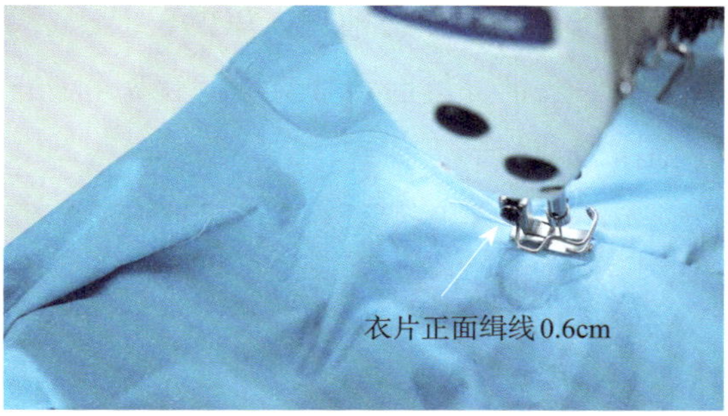

图4-2-39 衣片压明线

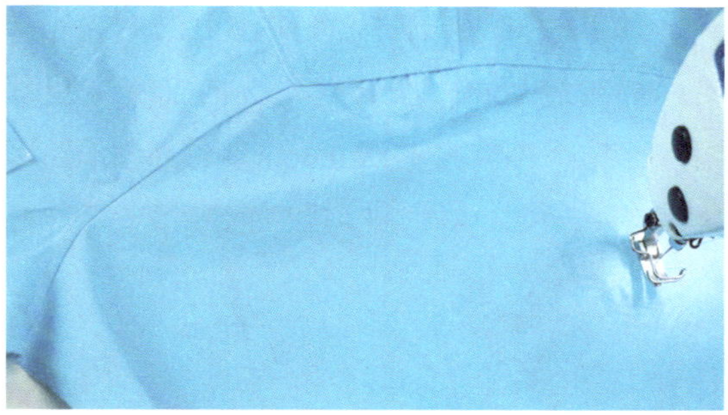

图4-2-40 装袖效果

11.缝合袖底缝、摆缝

采用暗包缝缝合袖底缝、摆缝，缝合左身时从下摆向袖口方向缝合，缝合右身时从袖口向下摆方向缝合，袖底十字缝对齐，后衣身和后袖正面缉有0.6cm的明线，如图4-2-41、图4-2-42所示。

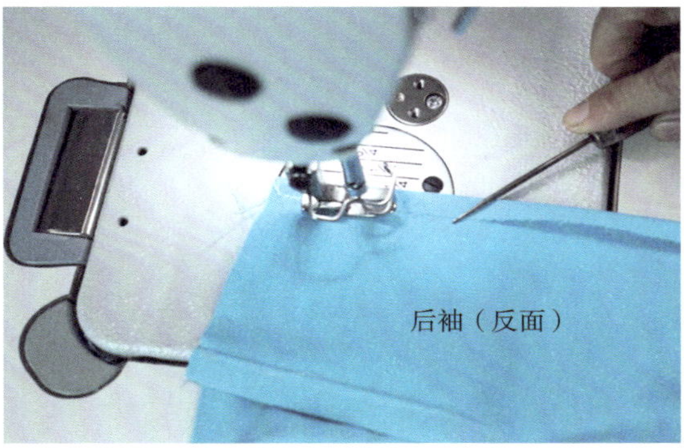

图4-2-41 缝合袖底缝、摆缝

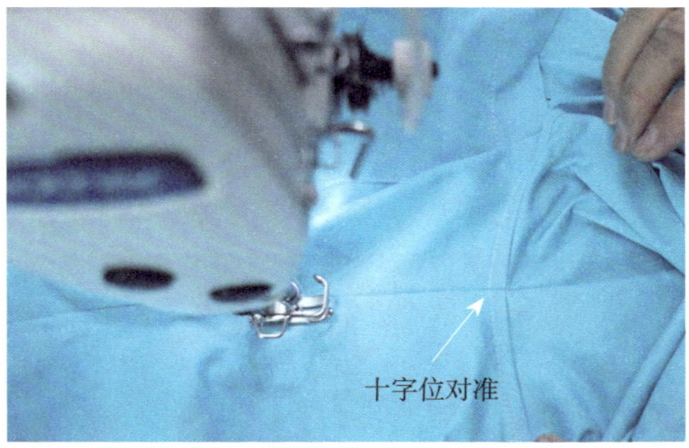

图4-2-42 十字位对准

12.做、装袖克夫

男衬衫-袖克夫制作

（1）先在烫好粘衬的袖克夫上画出净样，并将袖克夫面扣烫1cm缝份，在缝份上缉0.6cm宽的明线，袖克夫面与袖克夫里正面相对缉线，缉线时袖克夫面在弧形位置要略带紧，使之形成自然的窝势，修剪好缝份，翻过正面，烫平烫煞，如图4-2-43所示。

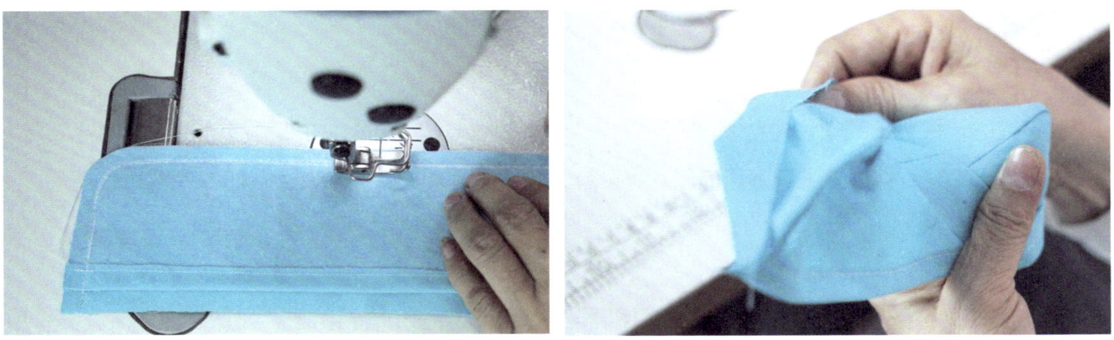

图4-2-43 做袖克夫

（2）装袖克夫。先将袖口上的两个褶缉好，然后将袖子反面与袖克夫里的正面相对，沿净样缉缝1cm，所有缝份拨向袖克夫里面，两端塞平塞足，然后沿袖克夫正面缉0.1cm明线，整个袖克夫兜缉0.6cm明线，如图4-2-44、图4-2-45所示。

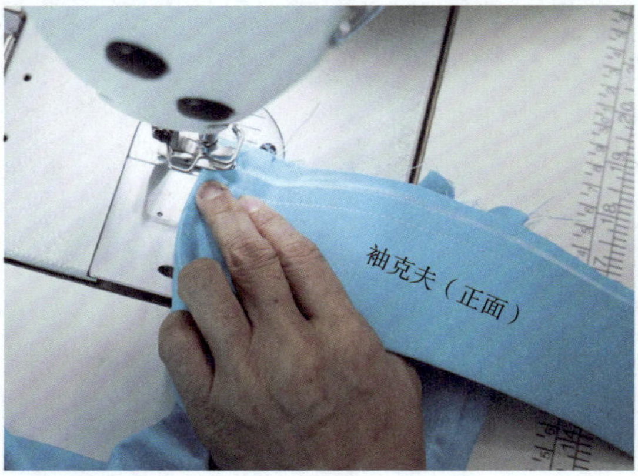

图4-2-44　装袖克夫

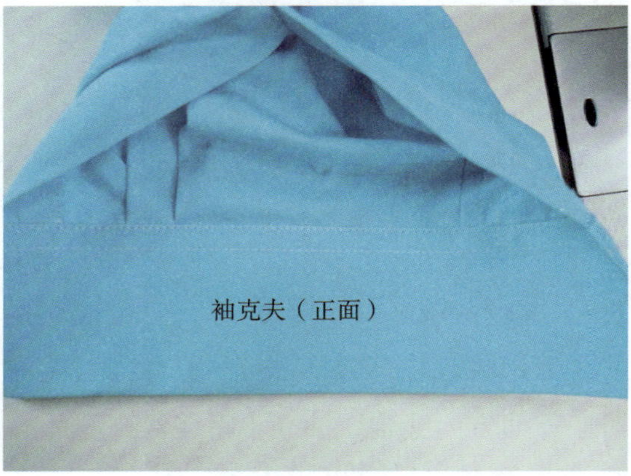

图4-2-45　最后效果展示

13. 缉底边

衣片底边采用卷边的方式，先扣烫0.5cm，再卷边0.5cm，在反面压缉0.1cm，熨烫平服，缉线要求均匀，无断线，无漏针现象，如图4-2-46、图4-2-47所示。

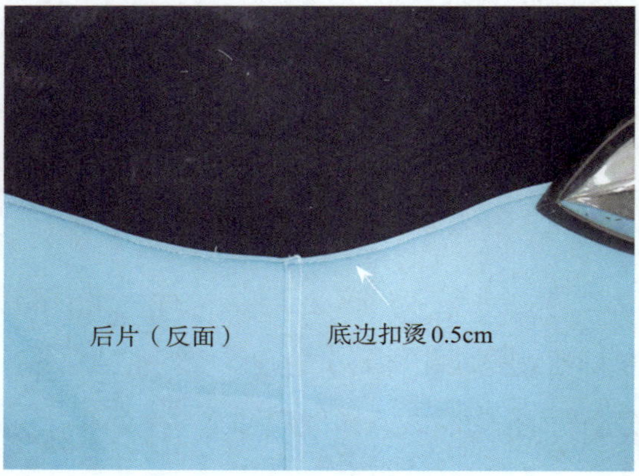

图4-2-46　扣烫底边

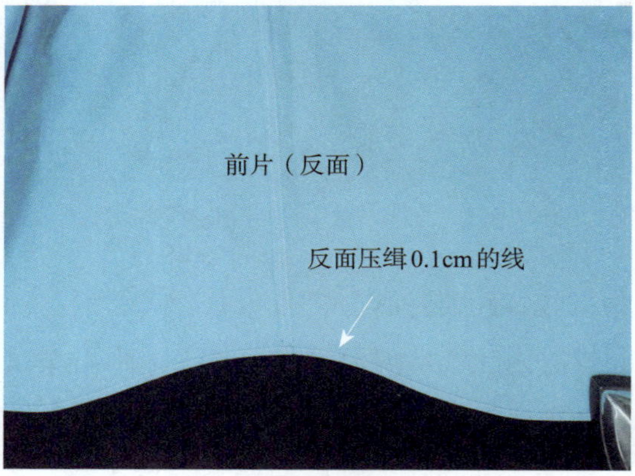

图4-2-47　缉底边

企业工匠小技巧

卷边的边线为曲线时，卷边量一般控制在0.5 ~ 1cm，车缝时，内凹弧线的卷边要带紧上层面料，外凸弧线的卷边要带紧下层面料。如果弧线的曲度太大时，只能通过其他的工艺方法处理。

14. 锁眼、钉扣

根据扣眼的位置，在左门襟处采用机器或手缝的方式进行锁眼，扣眼的大小可以按扣子的直径加0.2 ~ 0.3 cm，扣子按扣眼位钉在右门襟上，如图4-2-48、图4-2-49所示。

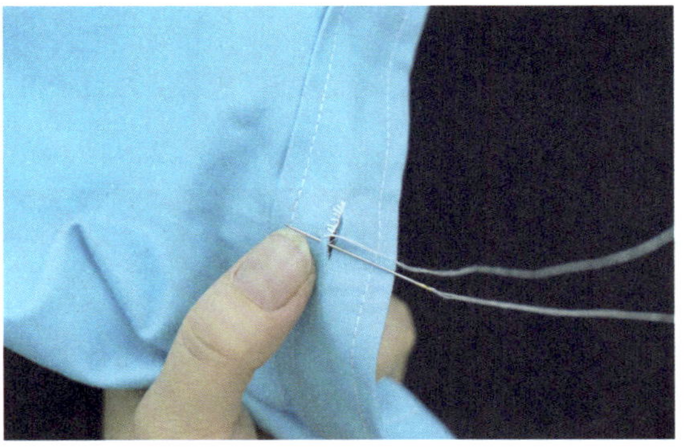

图4-2-48　锁眼

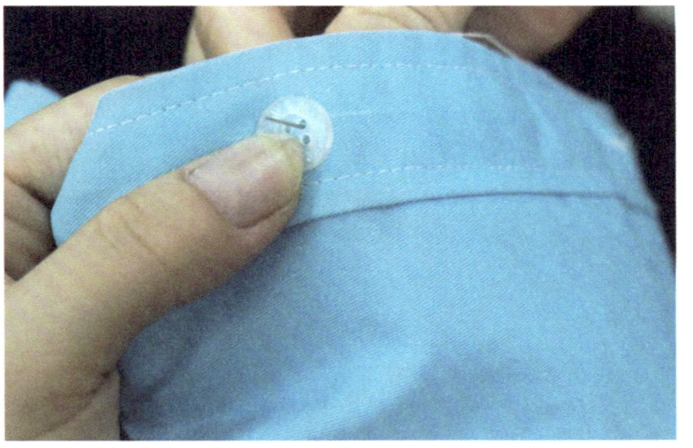

图4-2-49　钉扣

15.整烫

按面料的性能调节好蒸汽熨斗的温度，按照烫领→烫袖→烫大身的顺序将男衬衫进行整烫，呈现最后效果，如图4-2-50～图4-2-52所示。

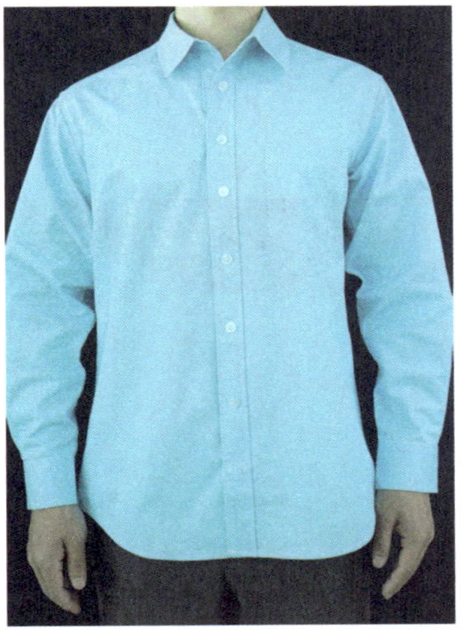

图4-2-50　成品（正面）

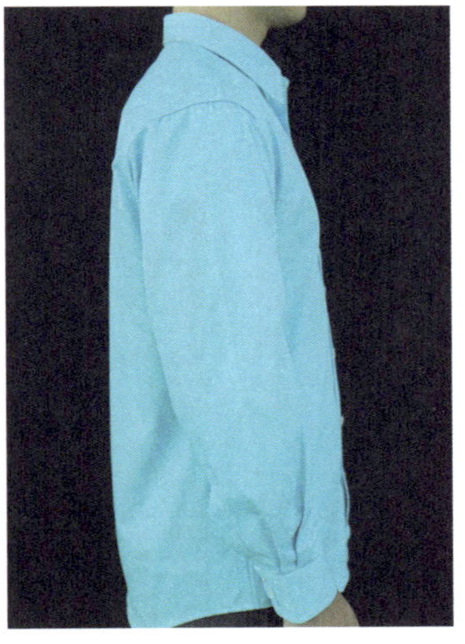

图4-2-51　成品（侧面）

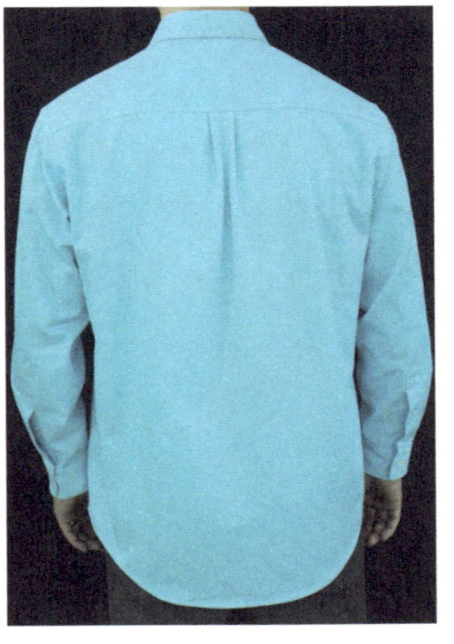

图4-2-52　成品（背面）

五、知识拓展

（一）男衬衫立领缝制工艺

1.成品图（图4-2-53）

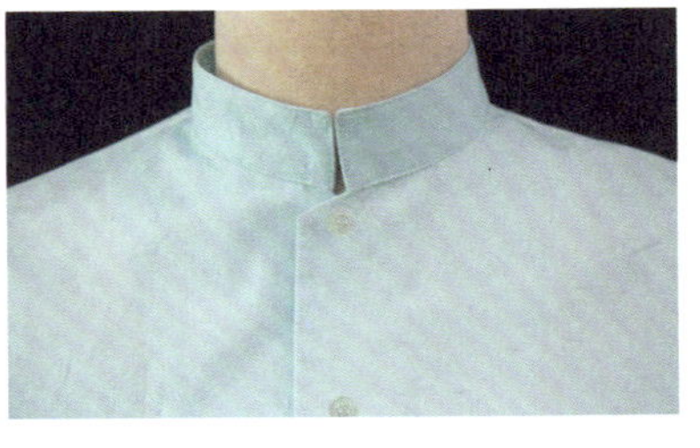

图4-2-53　男衬衫立领

2.部件规格

领围大40cm，立领高3cm，前门襟搭门宽1.8cm。

3.材料准备

前片×2，后片×1，挂面×2，领片×2，粘衬若干，纽扣3粒。

4.工艺流程

做缝制标记、烫衬→做挂面→缝合肩缝、烫肩缝→做领→装领

5.缝制工艺步骤

（1）做缝制标记、烫衬。根据需要在左右门襟、挂面、领面烫衬并做好相应的缝制标记，如图4-2-54、图4-2-55所示。

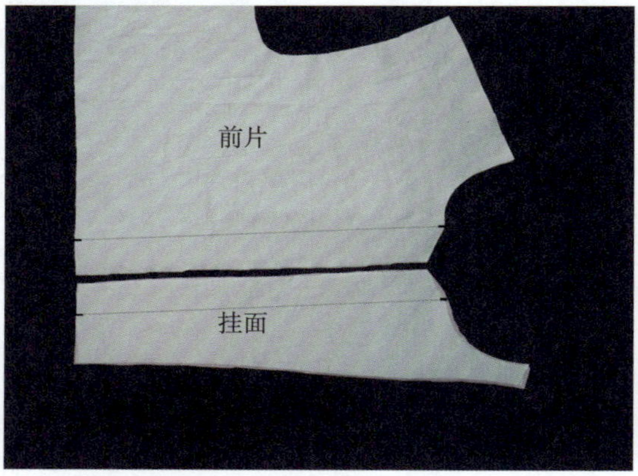

图4-2-54　门襟和挂面烫衬、做标记

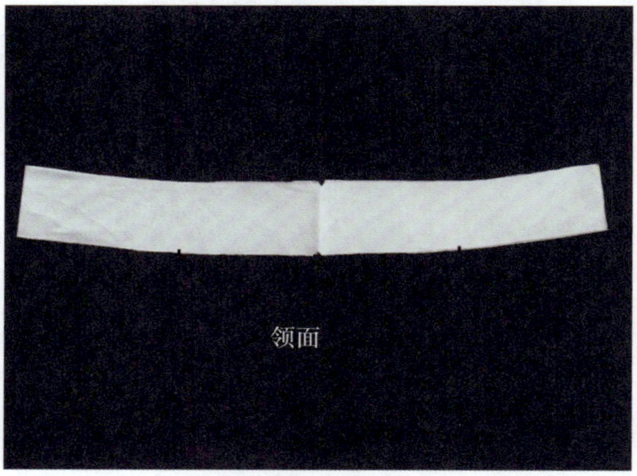

图4-2-55　领面烫衬、做标记

（2）做挂面。先将挂面按净样画好，然后把挂面与衣片正面相对沿净样缉线，缝份1cm，修剪缝份后，翻到正面烫平，如图4-2-56、图4-2-57所示。

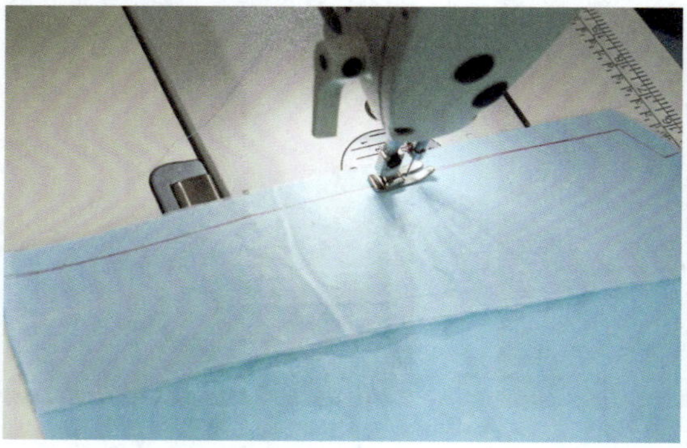

图4-2-56　做挂面

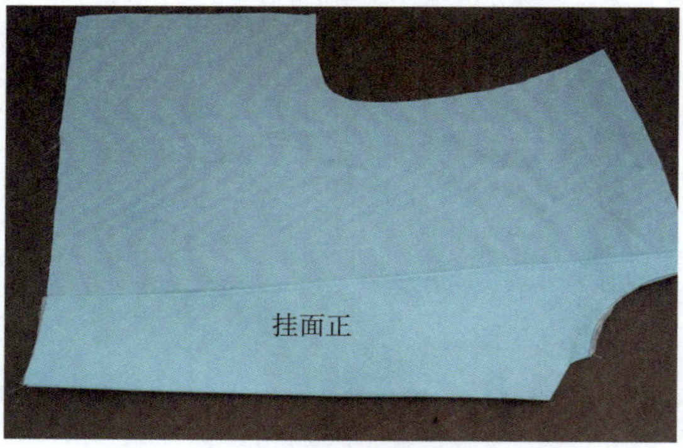

图4-2-57　挂面做好后效果

（3）缝合肩缝、烫肩缝。前、后衣片正面相对，前肩在上，后肩在下，缝头对齐，缉线1cm，后肩中段略有吃势，肩缝分开烫平，如图4-2-58、图4-2-59所示。

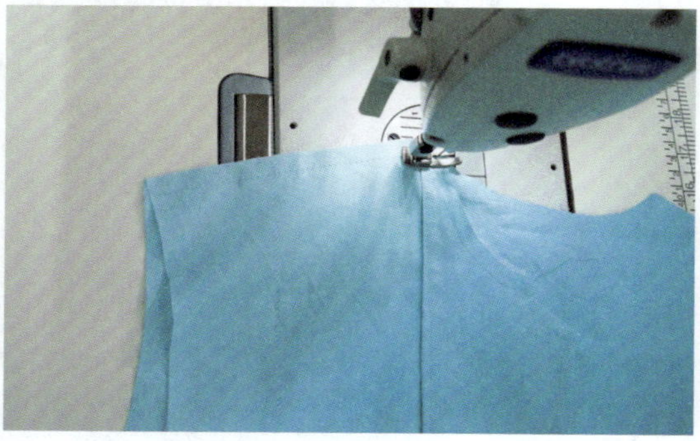

图4-2-58　合肩缝

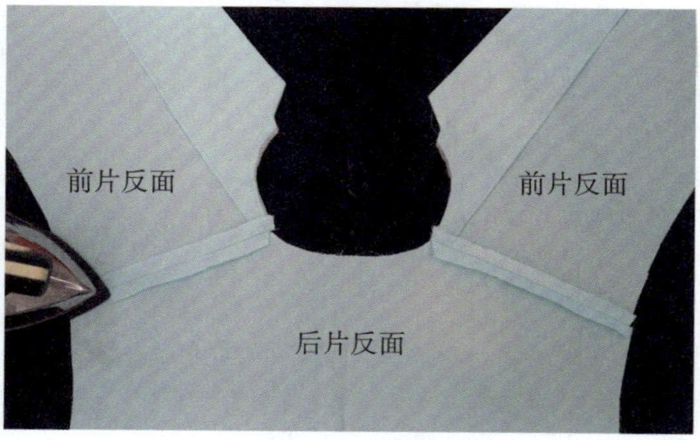

图4-2-59　烫肩缝

（4）做领。

①先将领面画好净样，然后把领面的下领口缝份沿净样线反面扣烫，如图4-2-60、图4-2-61所示。

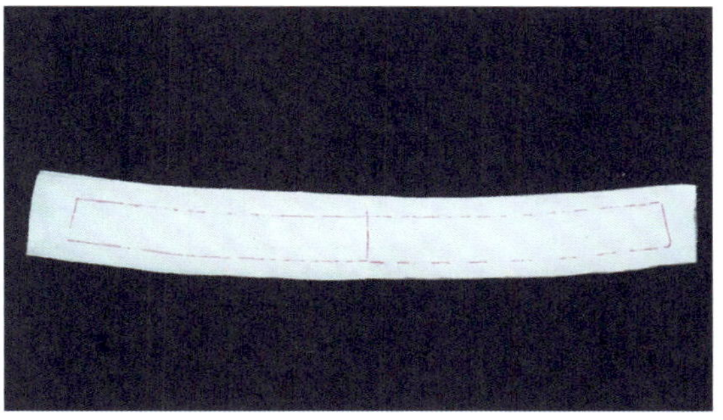

图4-2-60　画领子净样

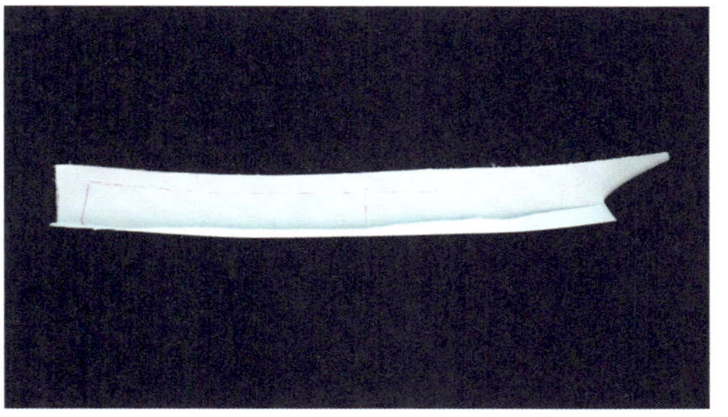

图4-2-61　烫领面下领口弧线

②正面相对，领里、领面按净样线缝合1cm，里紧外松，领角处切不可漏针，缉完后，领角有窝势，修剪缝份，翻出领角熨烫，要翻足，领里不可反吐止口，最后做好左右肩缝、领中的对位眼刀，如图4-2-62、图4-2-63所示。

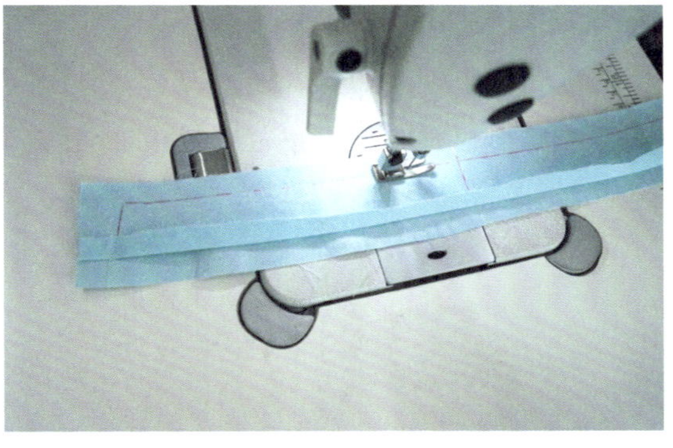

图4-2-62　做立领

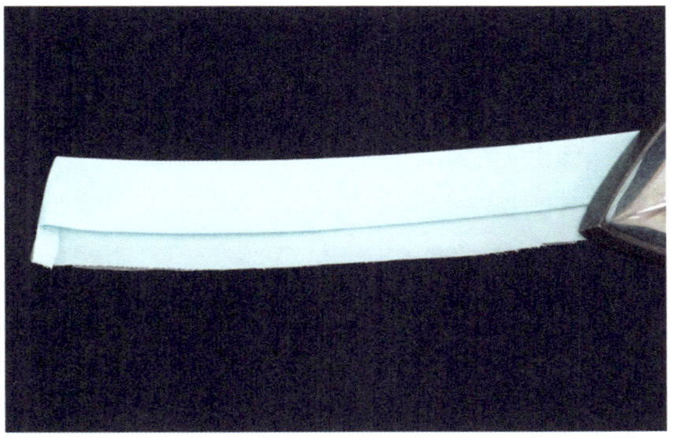

图4-2-63　烫立领

（5）装领。将领里正面与衣身反面相对，从右襟装领处开始缉线，衣身在下，领子在上，肩点、后领中心点对齐，完成后将缝份全部拨向领里，在正面缉0.1～0.15cm的明线，如图4-2-64、图4-2-65所示。

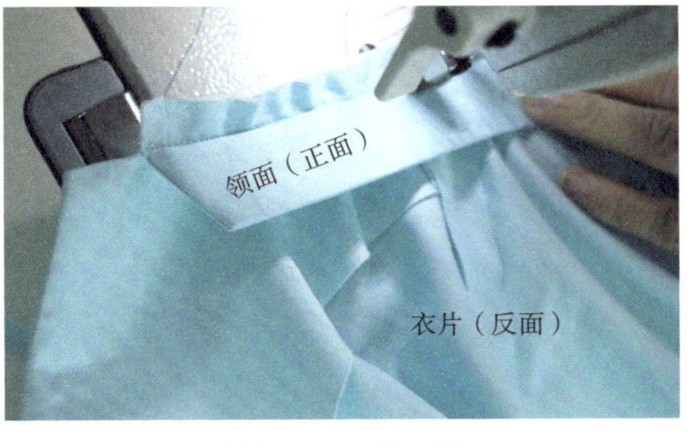

图4-2-64　装立领

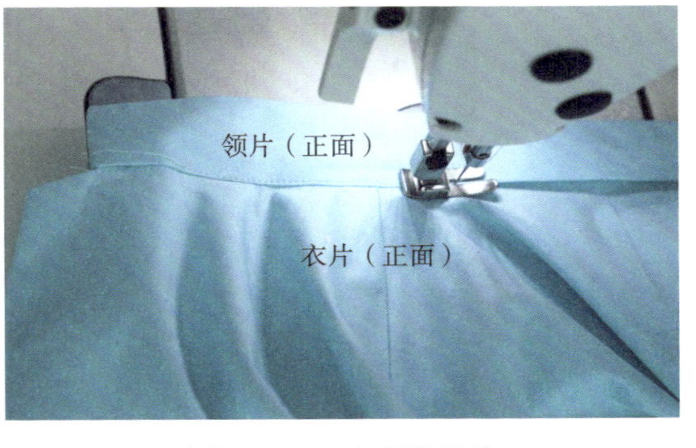

图4-2-65　立领缉明线

6. 任务要求及评分标准（表4-2-4）

表4-2-4　任务要求及评分标准

评价内容	评价标准	分值	评价方式			
			自评	互评	师评	企业或客户评
立领	1.领面平整，无皱、无泡、不反吐	50				
	2.领头左右对称，高低一致；门襟、里襟上口平服，装领点不露毛缝，领面明线顺直	50				
小计		100				
合计						

7. 巩固训练

（1）以个人形式进行实践训练，学习立领的制作方法，练习2～3遍，直到熟练为止。

（2）以小组为单位，分析讨论立领与男式衬衫领外形上的区别，分析其在结构、工艺上有什么不同。

（二）男、女衬衫的纽扣位置有区别，你了解吗？

男、女衬衫扣子的位置不同源自欧洲，17世纪，纽扣刚刚出现时，只有有钱人的外套上才有纽扣，那时的习俗是男士自己穿衣服，而女人的衣服则由她们的仆人穿，为了方便仆人为女主人穿衣服，女士衬衣上的扣子就钉在了左边，而男士衬衫的扣子在右边，同时也为了方便男士用右手拔出挂在左腰的剑，不会被衬衫挡住，如图4-2-66、图4-2-67所示。

图4-2-66　女衬衫

图4-2-67　男衬衫

——文字摘自豆瓣，图片来自摄图网

六、巩固训练

A服饰有限公司接到某连锁婚庆公司的生产订单，制作200件男衬衫，并要求其根据提供的M码样衣规格和工艺要求，进行工艺单的制作，然后再分别制作S/M/L/XL/XXL五个码的成衣，样衣正面以及局部如图4-2-68、图4-2-69所示。

图4-2-68　男衬衫（正面）

图4-2-69　男衬衫（局部）

七、任务评价

男衬衫评价见表4-2-5。

表4-2-5　男衬衫评价表

评价项目	评价内容	序号	评价标准	分值	评价方式				备注
					自评	互评	师评	企业评	
知识技能目标（80分）	规格（10分）	1	衣长规格正确，不超偏差 ±1cm	2					
		2	胸围规格正确，不超偏差 ±2cm	2					
		3	肩宽规格正确，不超偏差 ±0.8cm	2					
		4	袖长规格正确，不超偏差 ±0.8cm	2					
		5	领围规格准确，不超偏差 ±0.6cm	2					
	门襟、里襟（5分）	6	门襟、里襟丝绺归正，顺直、长短一致	2					
		7	明线顺直，宽窄一致	3					
	胸贴袋（5分）	8	符合尺寸要求，袋位正确，不歪斜	2					
		9	袋角方正，明线顺直	3					
	过肩（10分）	10	过肩缝褶裥位置正确，平服	5					
		11	肩缝顺直平服，左右对称，明线宽窄一致	5					

续表

评价项目	评价内容	序号	评价标准	分值	评价方式				备注
					自评	互评	师评	企业评	
知识技能目标（80分）	领子（10分）	12	领面、领里松紧一致，不起皱	2					
		13	翻领、领座左右对称，互差不超0.1cm	2					
		14	翻领、领座明线宽窄一致，领角有窝势	3					
		15	绱领缉线顺直，无下坑，互差不超0.1cm	3					
	绱袖（10分）	16	包缝缉线顺直，宽窄一致，绱袖圆顺、平服	5					
		17	正面明线顺直、宽窄一致，无跳针现象	5					
	袖衩（5分）	18	袖衩平服、长短一致，无毛、漏针现象	2					
		19	袖子褶裥大小一致，左右对称	3					
	袖克夫（5分）	20	袖克夫圆角圆顺有窝势，左右对称	2					
		21	袖克夫缉线顺直，正面明线无跳针现象	3					
	袖底缝、侧缝（5分）	22	包缝缉线顺直，宽窄一致，袖底十字裆对准	2					
		23	袖底缝、侧缝松紧适宜	3					
	底摆（5分）	24	平服、底边宽窄一致，底摆弧线缉线顺直	5					
	整洁牢固（10分）	25	表面无污渍、无焦黄、无极光	5					
		26	14~15针/3cm	2					
		27	无断线或轻微毛脱	3					
情感目标（20分）	岗位问题处理能力（12分）	28	具有客户信息分析及处理的能力	3					
		29	具有制订计划并合理实施的能力	3					
		30	具有独立思考及解决问题的能力	4					
		31	具有安全实操的能力	2					
	团队合作创新能力（6分）	32	具有团队合作意识和创新能力	3					
		33	具有按时完成任务、高效工作的能力	3					
	工匠精神（2分）	34	具有安全操作的能力以及精益求精、追求卓越的工匠精神	2					
合计				100					

项目五　四开身上衣缝制工艺

◎项目概述

何为四开身？四开身就是把衣服扣好摆平，前后片对折处有缝的叫四开身，实际上就是把胸围周长分为四等分，每片占胸围的1/4，常用于一些宽松或休闲的服装，如衬衫、夹克衫、外套等。四开身服装非常常见，款式变化也非常多，其款式变化经常出现在领子、袖子、门襟、底摆或口袋等处，女装的变化比男装变化更多。

本项目内容是根据外套企业设计跟单员和服装工艺师两个岗位所需的职业能力来设计的，目的是为学生未来从事服装职业岗位打下坚实基础。

◎思维导图

◎学习目标

知识目标

1.了解女春秋上衣、男夹克、女风衣在外形上有何不同，并能描述各类服装的款式特点。

2.了解设计跟单员、服装工艺师岗位职业能力和现代服装企业裁剪、缝纫、后整理、流水线生产技术基本工作流程。

3.熟悉服装企业生产工艺单及其相关的内容信息。

4.了解面料的性能、门幅，根据其工业样板进行排料、画样、裁剪等。

5.了解女外套、男夹克、女风衣的质量标准。

技能目标

1.掌握女外套、男夹克、女风衣的制作方法和技巧。

2.掌握女外套、男夹克、女风衣及常见变化款式各零部件的制作。

3.能制订女外套、男夹克、女风衣生产工艺单以及编写生产工艺书。

4.能按照生产工艺单要求，进行女外套、男夹克、女风衣制作过程与成品检验，并能正确判定是否合格，且能对弊病进行修正。

情感目标

1.通过分析客户提供的信息，培养学生合理处理信息的能力。

2.通过制订工艺流程，培养学生制订计划并进行合理实施的能力。

3.通过对样衣的制作，培养学生独立思考和解决问题的能力。

4.通过小组合作，培养学生的团队合作意识和创新能力；培养学生在工作过程中分析问题和解决问题的能力。

5.培养学生按时完成工作任务，养成高效的工作习惯。

6.通过对项目的实施，培养学生安全操作的习惯和精益求精、追求卓越的工匠精神。

任务一　女春秋上衣缝制工艺

任务导入

H纺织科技有限公司委托J服饰有限公司为其定制200件女春秋上衣，并提供款式图和尺寸。J服饰有限公司为了向客户展示最佳成衣效果和进一步业务洽谈的需要，需先制作女春秋外套M码的样衣，制作要求见表5-1-1。

表5-1-1　J服饰有限公司女春秋上衣样衣制作通知单

编号	款号	下单日期
SY1005	女春秋上衣	年　月　日

部位	规格				
	155/80A	160/84A	165/88A	170/92A	175/96A
	S	M	L	XL	XXL
后衣长	50.5	52	53.5	55	56.5
肩宽	32	33	34	35	36
胸围	84	88	92	96	100
袖长	54.5	56	57.5	59	60.5
袖口	24.5	25	25.5	26	26.5

备注：面料先缩水后再开裁

工艺说明与技术要求

1.针距要求：14~15针/3cm

2.外观整洁，线路规整，无抽纱，无线头，无污迹，无破损及脱线等外观损伤

3.领子：圆形无领，要求衣身面、里松紧一致，自然有窝势

4.袖子：一片式泡泡袖，袖肘收肘省

5.前衣片：弧形刀背分割，左右装饰口袋，门襟底边呈圆角

6.后衣片：后中开背缝，左右弧形刀背分割

7.下摆：直下摆

面料：该款衬衫面料选材广泛，化纤、混纺均可

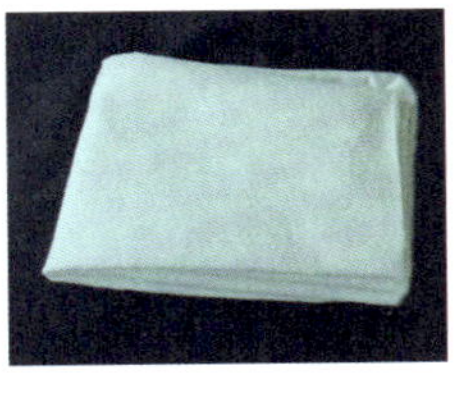

辅料：黏合衬若干，纽扣5粒，缝纫线1个，宽彩带条若干

款式特征概述

女式合体型春秋上衣，圆形无领，前中开门5粒扣，底边呈圆角，前片弧形刀背分割，左右装饰口袋，后中开背缝，左右弧形刀背分割，一片式泡泡袖，袖肘收肘省，直下摆

制单		工艺审核		审核日期	年　月　日

任务要求

1.掌握女春秋上衣工业样板的排料、画样、裁剪、熨烫等技术，做到精益求精。

2.掌握女春秋上衣的制作方法和技巧。

3.掌握女春秋上衣质量的检测，严把质量关。

4.掌握女春秋上衣生产工艺单的编写，做好客户信息分析和处理。

5.掌握工艺流程图的绘制，合理制订计划并实施。

任务准备

女春秋上衣工业样板（纸样）清单见表5-1-2。

表5-1-2　女春秋上衣工业样板（纸样）清单

面料毛样板名称	数量	里料毛样板名称	数量	衬料毛样板名称	数量	净样板名称	数量
前中片	1	前中片	1	前中片	1	挂面	1
前侧片	1	前侧片	1	挂面	1		
后中片	1	后中片	1	后领托	1		
后侧片	1	后侧片	1				
后领贴	1	袖子	1				
挂面	1						
袖子	1						

任务实施

一、任务分析

从给出的工艺通知单可知，这件春秋上衣款式比较简单，圆形无领，前中开门5粒扣，底边呈圆角，前片弧形刀背分割，左右装饰口袋，后中开背缝，左右弧形刀背分割，一片式泡泡袖，袖肘收肘省，直下摆

缝制工艺的重点、难点：做袖、装袖。

二、裁片裁剪图

160/84A女春秋上衣裁片裁剪图如图5-1-1～图5-1-3所示。

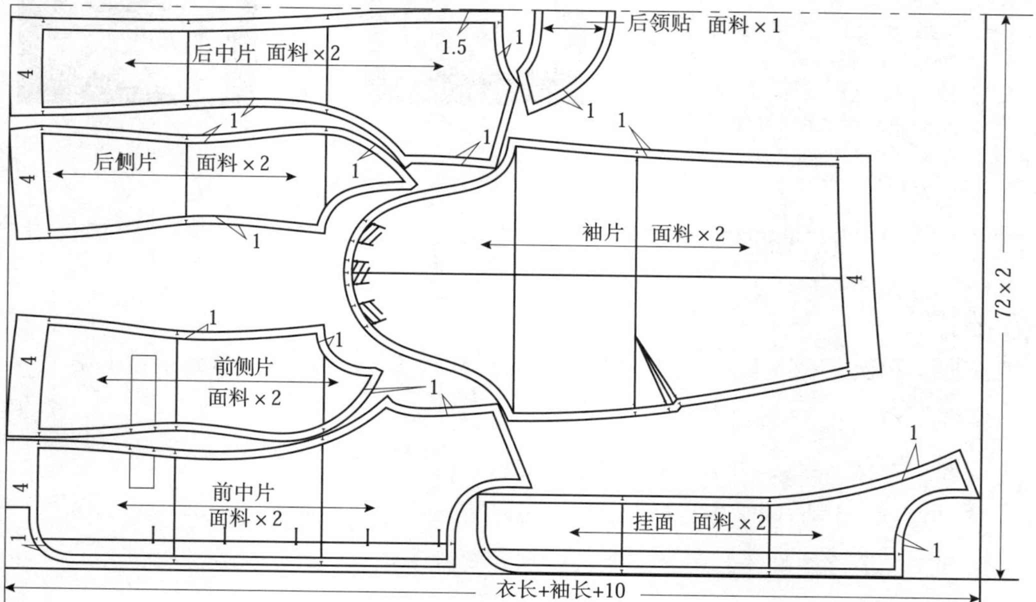

图5-1-1　160/84A女春秋上衣面料裁剪图

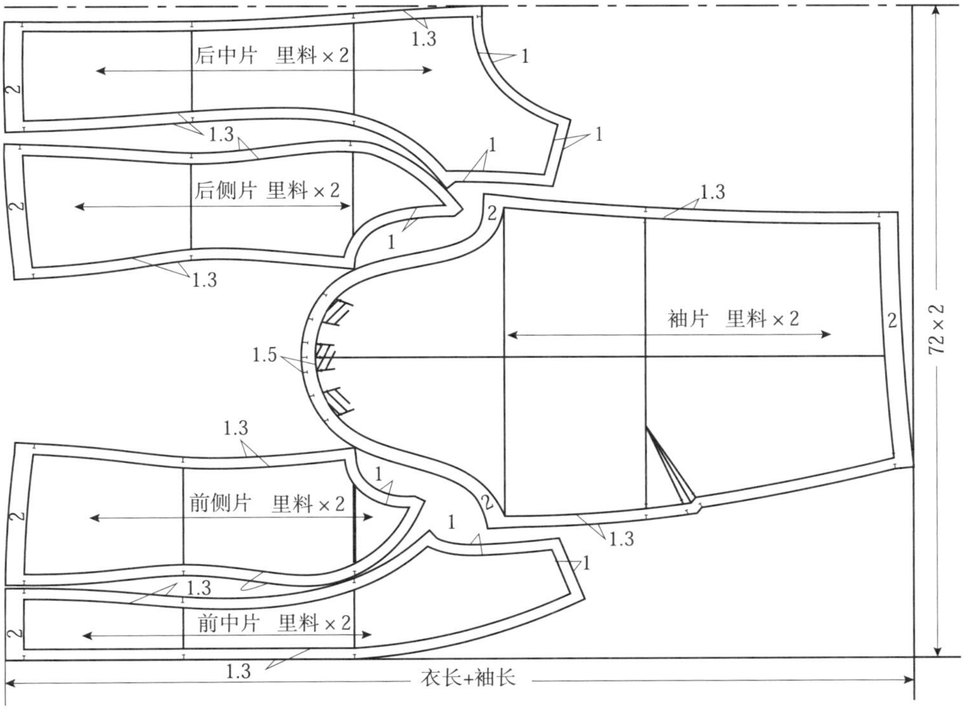

图5-1-2　160/84A女春秋上衣里料裁剪图

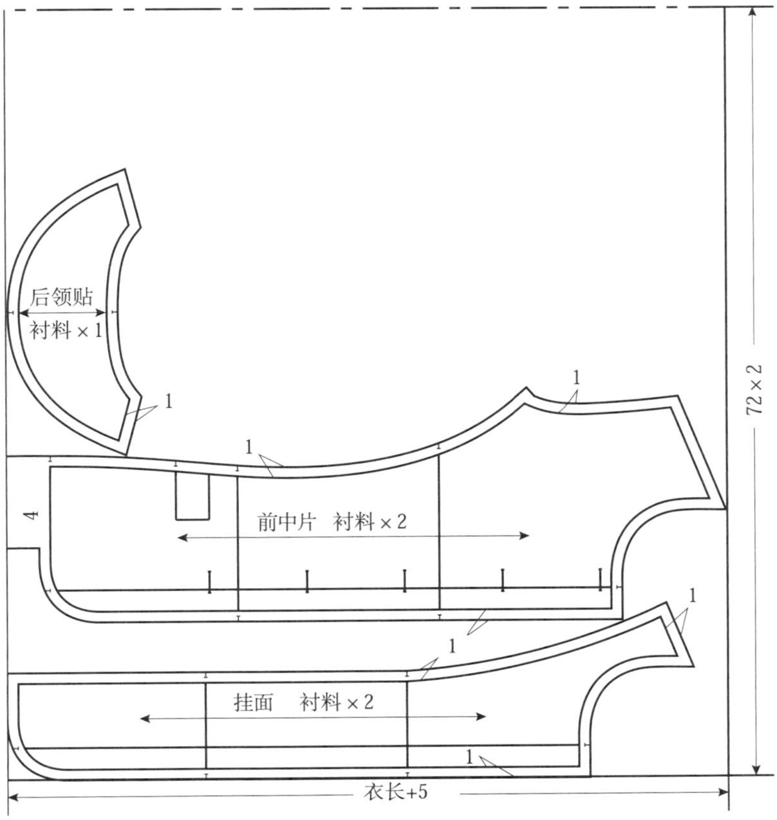

图5-1-3　160/84A女春秋上衣衬料裁剪图

三、工艺流程

检查裁片→做缝制标记（对位标记、画省、粘衬）→缝合前片面布弧形刀背→缝合后片面布→做装饰口袋→缝合挂面与前片里布→做后片里布→分别缝合面、里布肩缝→做门襟止口→做领圈→缝合底边→缝合面、里布侧缝→做袖→装袖→锁眼、钉扣→整烫

四、缝制工艺

1.检查裁片

检查裁片，核实裁片数量，见表5-1-3。

表5-1-3　女春秋上衣裁片清单

面布裁片名称	数量	里布裁片名称	数量	衬料裁片名称	数量
前中片	2	前中片	2	前中片	2
前侧片	2	前侧片	2	挂面	2
后中片	2	后中片	2	后领贴	1
后侧片	2	后侧片	2		
后领贴	1	袖子	2		
挂面	2				
袖子	2				

2.做缝制标记（对位标记、画省、粘衬）

根据需要在前后片、袖片等处，用钻眼、划粉或眼刀等方式做好标记，以便缝制时用于定位，女春秋上衣面、里布应在以下部位做好缝制标记。

（1）前衣片（面布、里布）。胸围线、腰节线、底边缝份宽，如图5-1-4、图5-1-5所示。

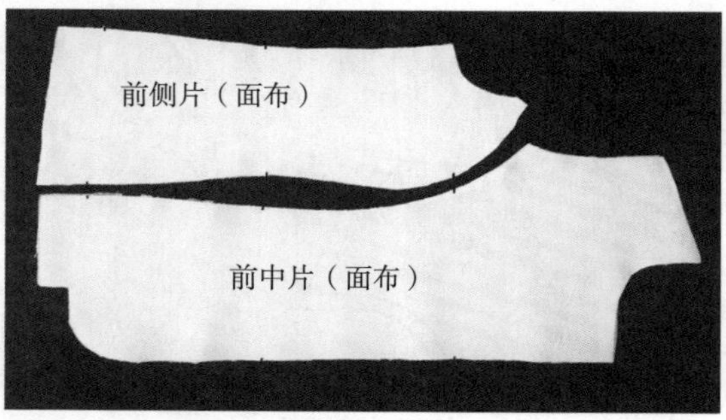

图5-1-4　前衣片（面布）

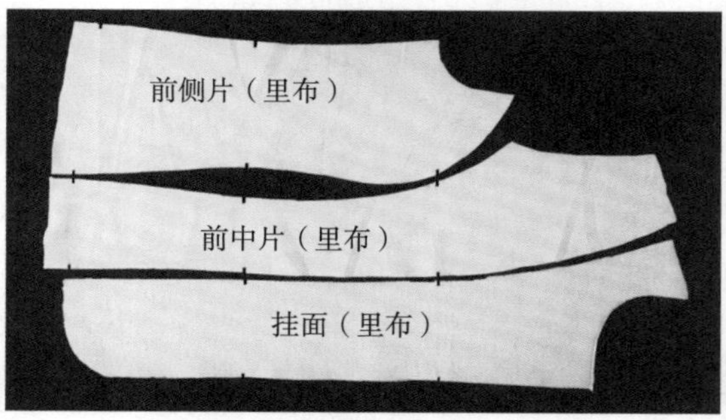

图5-1-5　前衣片（里布）

（2）后衣片（面布、里布）。胸围线、腰节线、底边缝份宽，里布还要标记后中对位点，如图5-1-6、图5-1-7所示。

（3）袖子（面布、里布）。袖山顶点、袖头褶位、袖肘线、袖肘省、袖口缝份宽，如图5-1-8、图5-1-9所示。

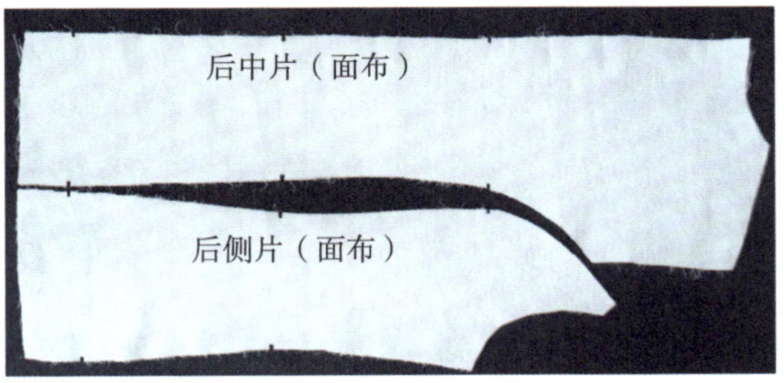

图5-1-6　后衣片（面布）

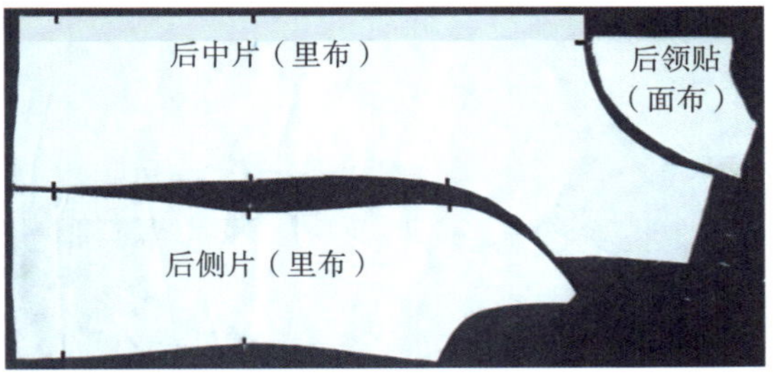

图5-1-7　后衣片（里布）

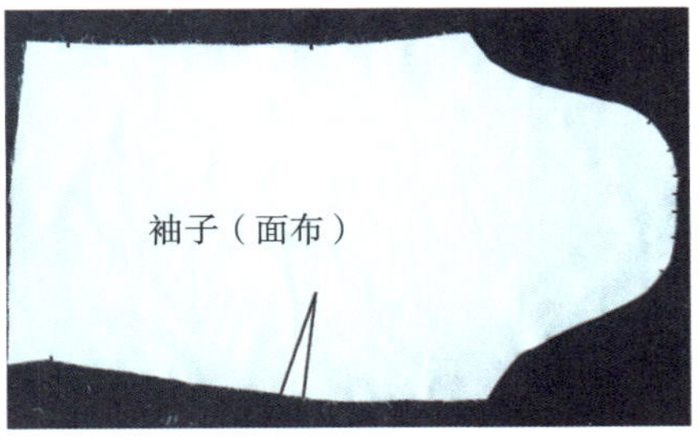

图5-1-8　袖子（面布）

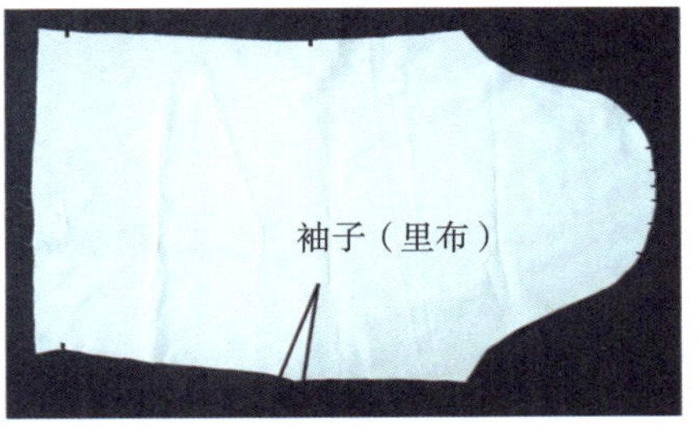

图5-1-9　袖子（里布）

3.缝合前片面布弧形刀背

将前中片与前侧片正面相对，前中片在下，前侧片在上，缉线1cm，前侧片可以在弧线位置稍微融缩一点量，熨烫时前中片也可在弧线位置做几个剪口，便于熨烫平服，如图5-1-10、图5-1-11所示。

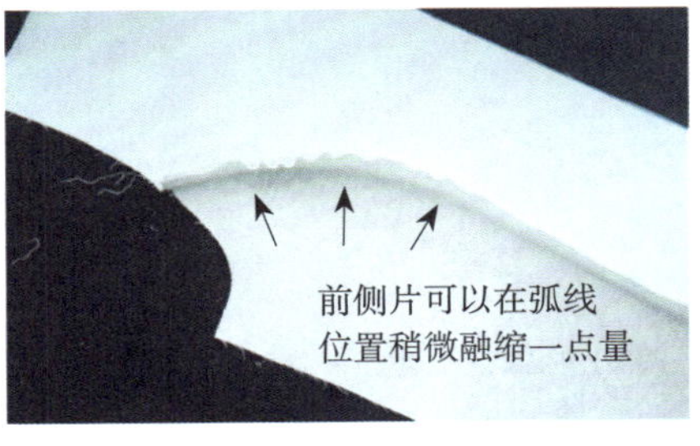

图5-1-10　缝合前片弧形刀背

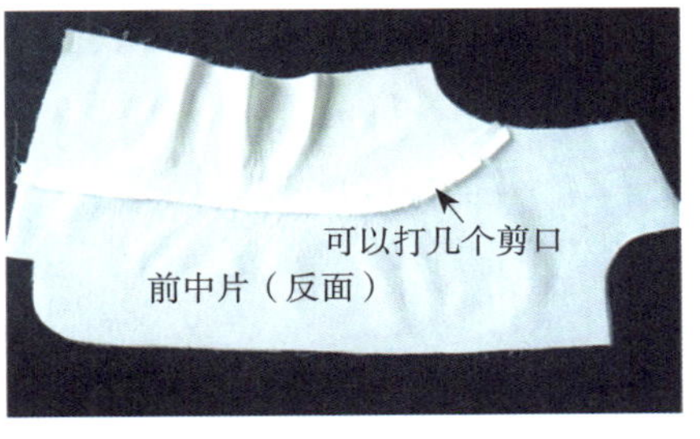

图5-1-11　熨烫前片弧形刀背

4.缝合后片面布

后片弧形刀背的缝合方法与前片弧形刀背缝合相同，后中缝平缝，缝份1cm，缝份烫开，如图5-1-12、图5-1-13所示。

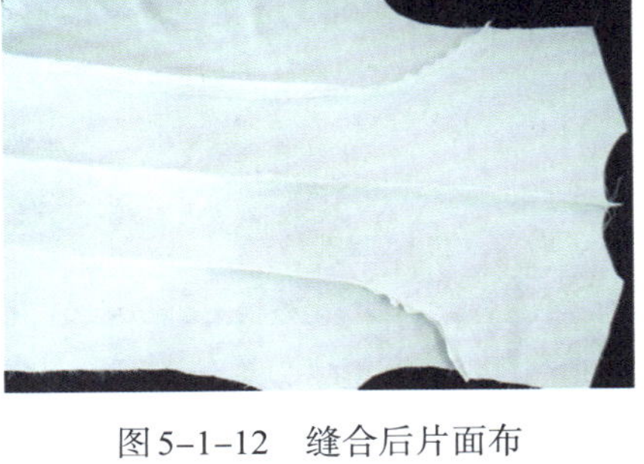

图5-1-12　缝合后片面布

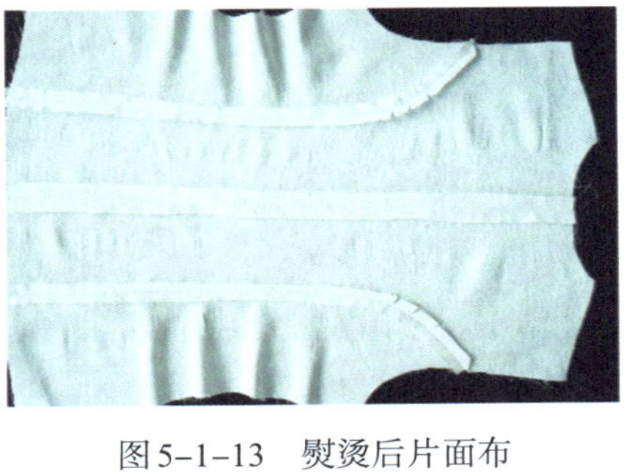

图5-1-13　熨烫后片面布

5.做装饰口袋

找出前衣片纸样上装饰口袋的位置，并在衣片上做好标记，然后将彩带条两头毛边折进1cm扣烫，最后在面布上压明线0.1～0.15cm，如图5-1-14、图5-1-15所示。

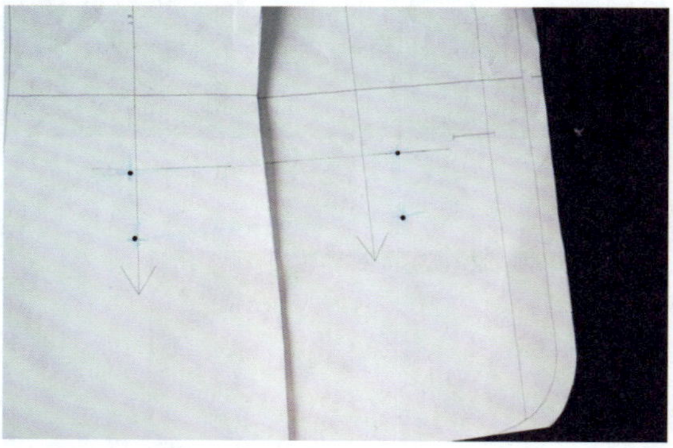

图5-1-14　定袋位

图5-1-15　固定装饰袋

6.缝合挂面与前片里布

先在挂面的底边处折一个小三角，并缉0.1cm明线，然后从挂面量上来2cm处开始缉线，缝份1cm，里布弧形刀背的缝合与面布弧形刀背缝合方法一致，最后将缝份倒向侧缝，烫平，如图5-1-16～图5-1-19所示。

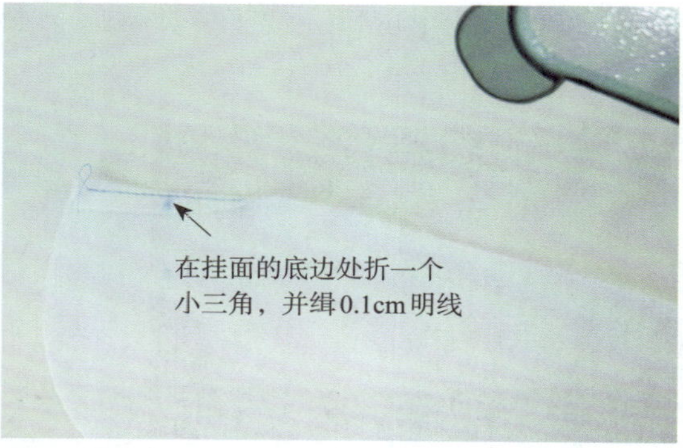
在挂面的底边处折一个
小三角，并缉0.1cm明线

图5-1-16　折三角缉明线

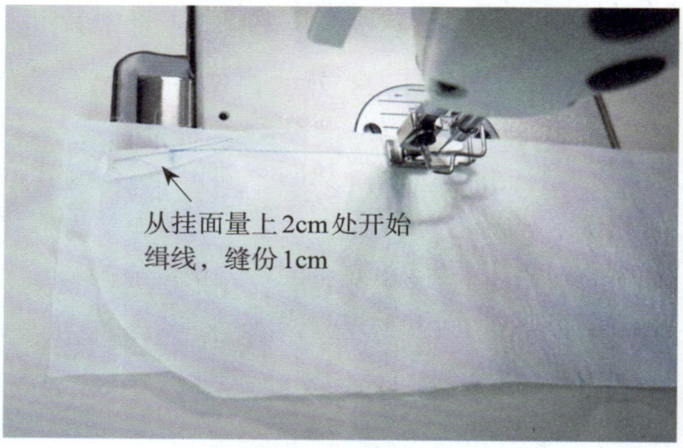
从挂面量上2cm处开始
缉线，缝份1cm

图5-1-17　做挂面

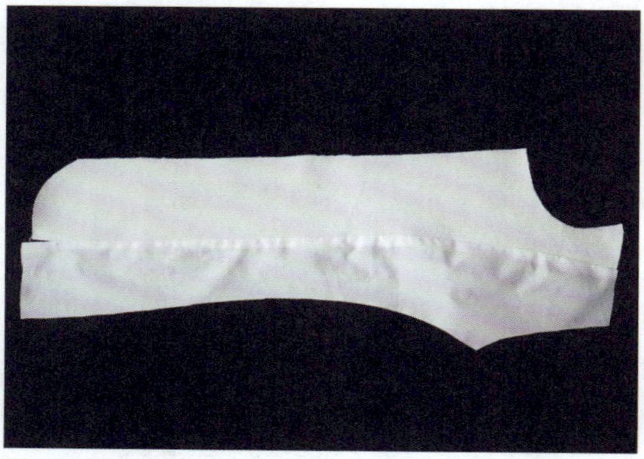

图5-1-18　挂面缉好后效果

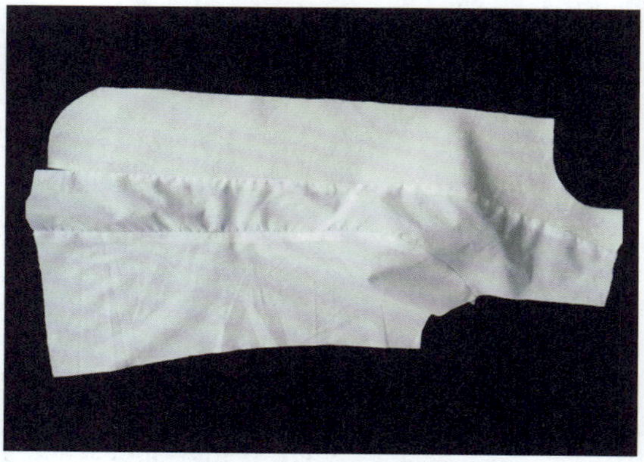

图5-1-19　前片里布缉好后效果

7.做后片里布

后片里布缝合时都是正面相对，平缝、缝份1.2cm倒缝，后中做后好褶位，领贴与后中片缝合时后中剪口与后中缝要对准，缝份倒向衣身，烫平，如图5–1–20～图5–1–23所示。

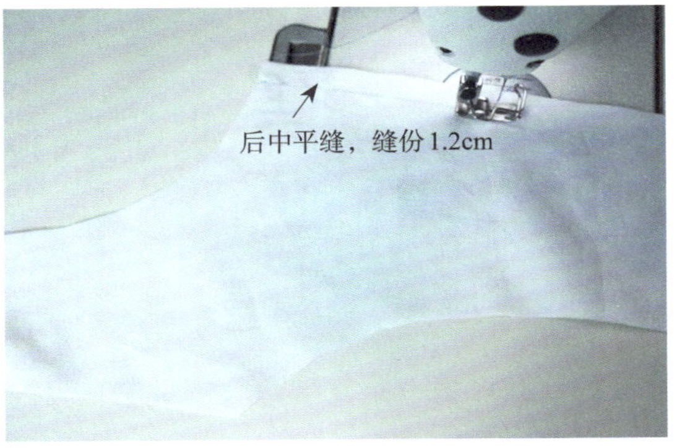

图5–1–20　拼合里布后中

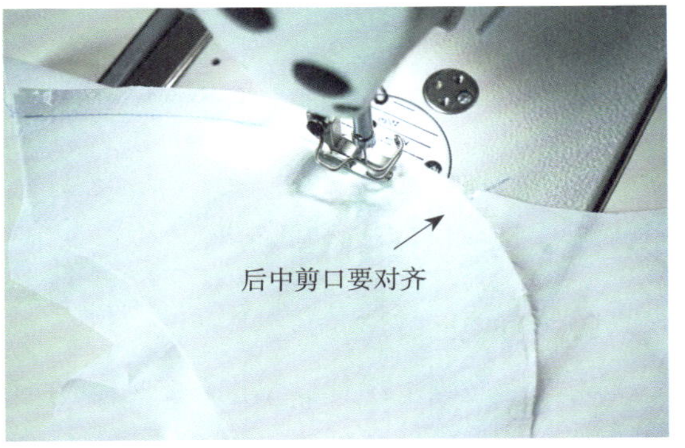

图5–1–21　领托与后衣身缝合

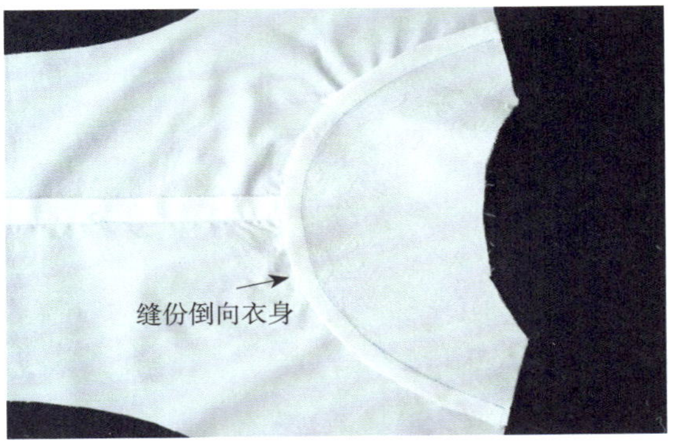

图5–1–22　领贴缝份倒向衣身

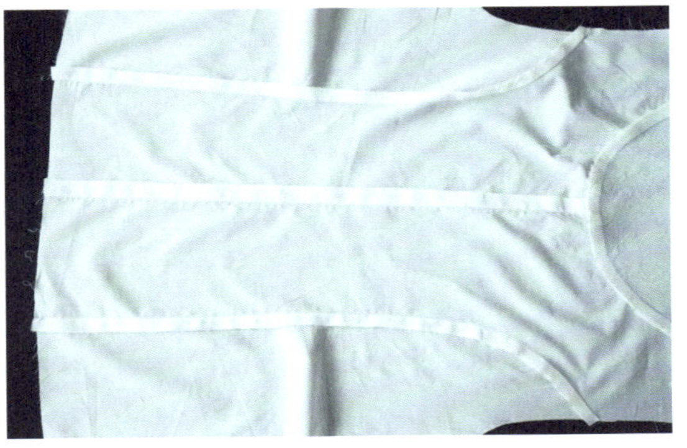

图5–1–23　后片里布缝合效果

8.分别缝合面、里布肩缝

前、后衣片正面相对，前肩在上，后肩在下，缝份对齐，面布缉线1cm，里布缉线1.2cm，分开缝份烫平服，如图5–1–24～图5–1–27所示。

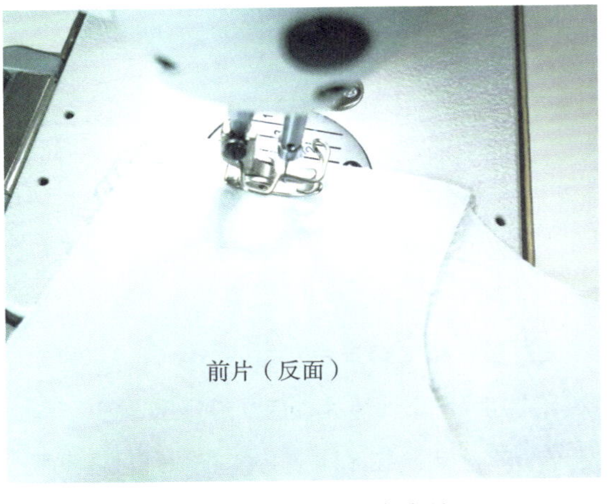

图5–1–24　拼合面布肩缝

图5–1–25　面布肩缝分开缝

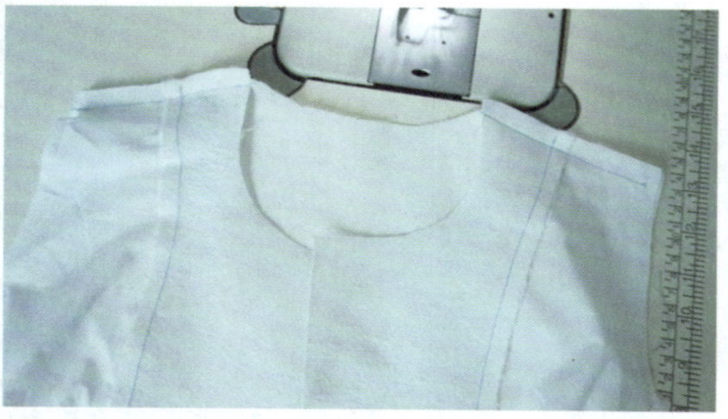

图5-1-26　拼合里布肩缝

图5-1-27　里布肩缝分开缝

9. 做门襟止口

先将挂面画上净样，沿净样缉线，在底边弧形处挂面可稍带紧，缉完后校对左右门襟是否对称，然后把缝份全部修剪成0.5cm，弧形底边处挂面可修剪成0.2～0.3cm，形成高低缝份，使之熨烫后形成更加自然的窝势，如图5-1-28～图5-1-31所示。

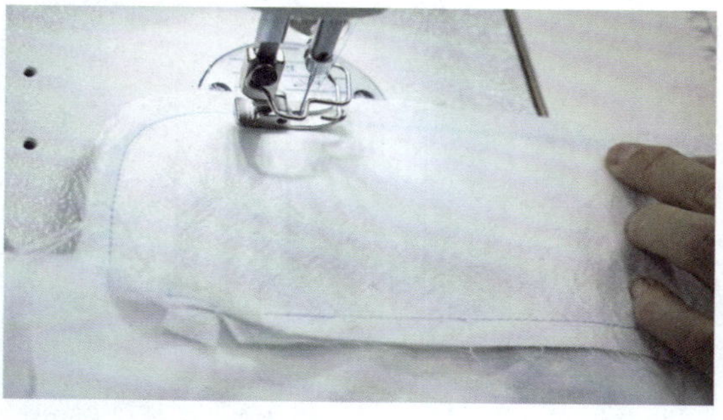

图5-1-28　挂面按净样缉线

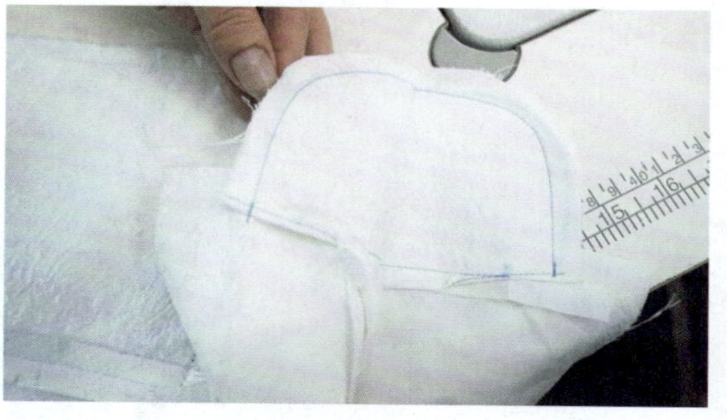

图5-1-29　校对左右挂面

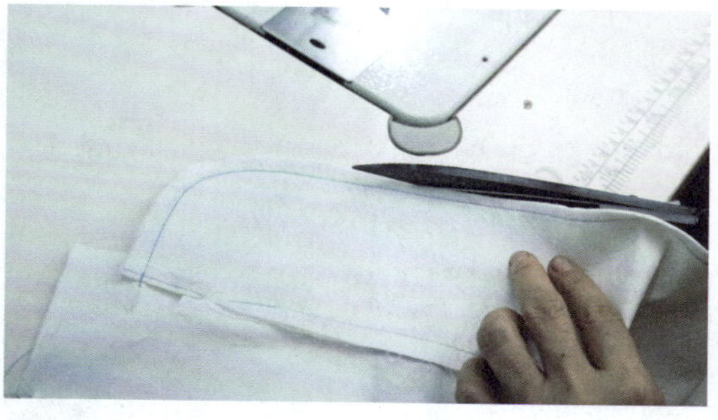

图5-1-30　修剪挂面缝份

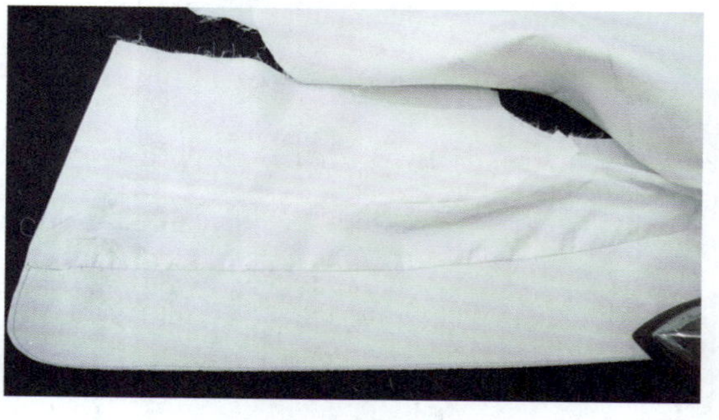

图5-1-31　熨烫门襟挂面

服装工艺小常识

里外匀就是外层衣料比里层衣料均匀长出一些，使两层衣料相贴呈自然弯曲状态，从止口正面看去，只能看到上层正面的衣缝，止口没有反凸现象。门襟止口、领面等处都应处理好里外匀工艺。

里外匀工艺对高品质服装来说是很重要的关键工艺，有一定的技术难度，如在缉线时注意面料较宽松，弧形或转角位置夹里略带紧；修剪缝份时修成高低缝份；非外凸边的缝份要修剪短一点。

10.做领圈

先将领圈长短进行对比，肩缝、后领中全部对准，按领圈净样缉线，缉好后校对左右两边领圈是否对称，然后把缝份全部修剪成0.5cm，最后烫平、烫煞，领圈不吐止口，如图5-1-32～图5-1-35所示。

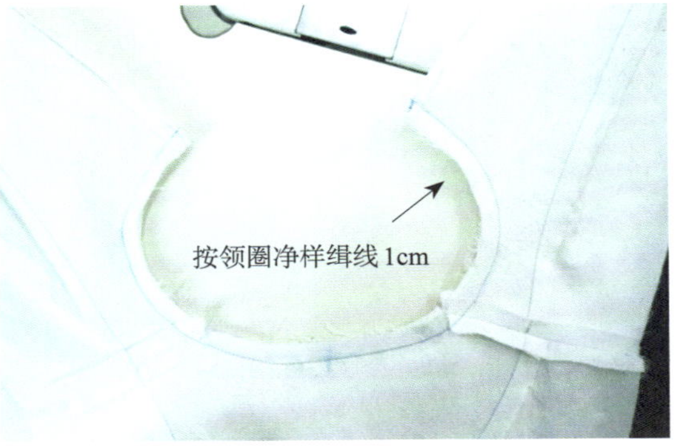

图5-1-32　挂面按净样缉线

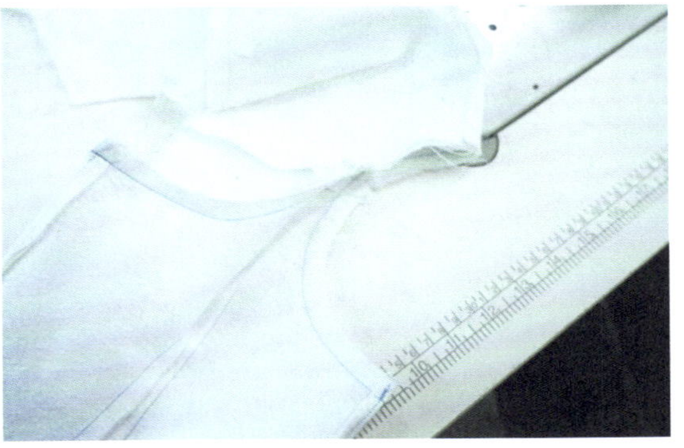

图5-1-33　校对领圈

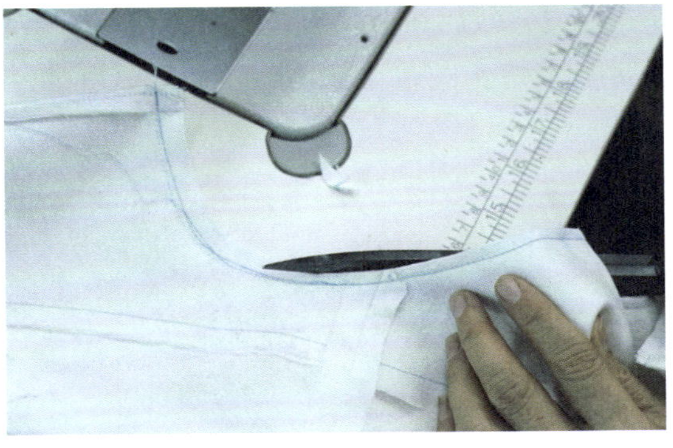

图5-1-34　修剪领圈缝份

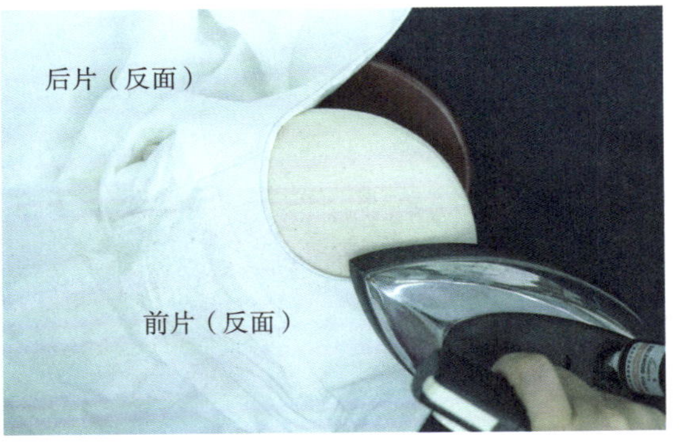

图5-1-35　整烫领圈

11.缝合底边

将后片面、里布正面相对，后中缝、后片弧形刀背缝位分别对准，缉线1cm，然后按面、里布缝份分别烫好，将两侧底边缝份与里布固定，如图5-1-36、图5-1-37所示。

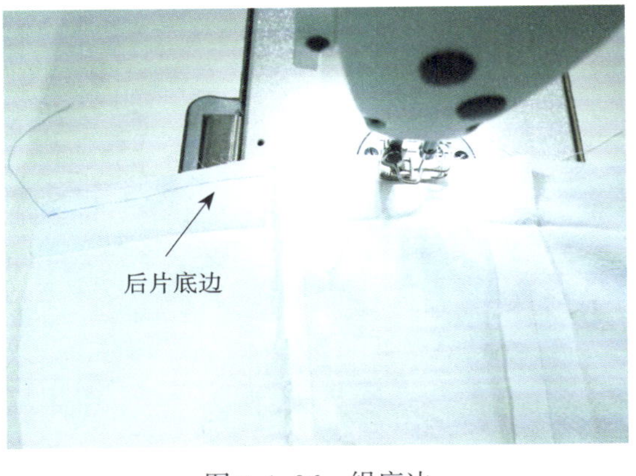

图5-1-36　缉底边

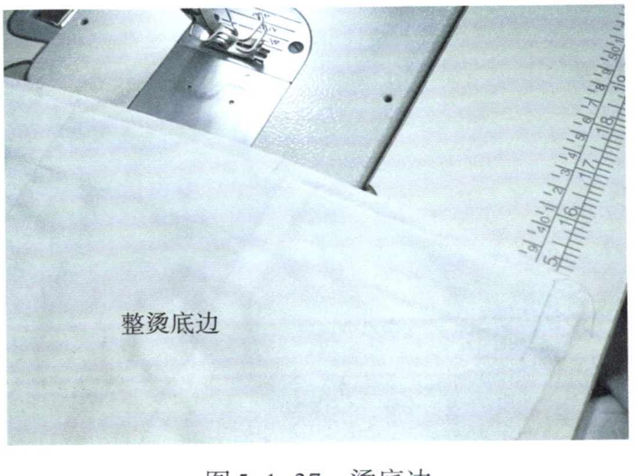

图5-1-37　烫底边

12. 缝合面、里布侧缝

面布正面相对，底边缝份对准，从面布袖窿缉至底边，然后从底边缉至里布袖窿处，缉线1cm，分开缝烫好，如图5-1-38、图5-1-39所示。

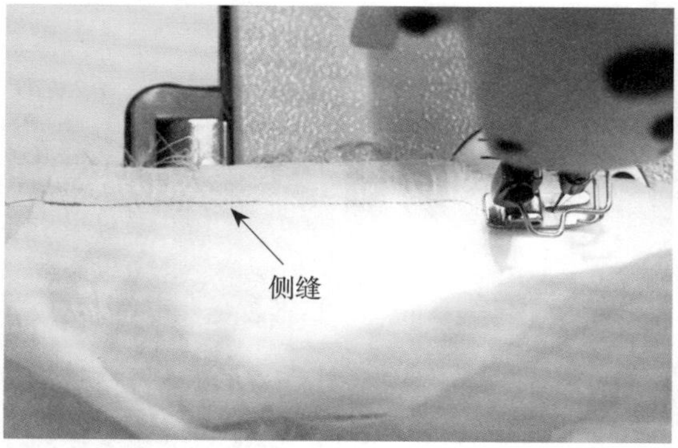

图5-1-38　缉侧缝

图5-1-39　整烫侧缝

13. 做袖

（1）缉省、固定袖口。将袖肘省按纸样画好并缉线，然后将面、里布的袖口缉线1cm，并按面、里布缝份分别烫平，最后在两侧将底边缝份与里布固定，袖口中间部位缝份可以用暗针固定，如图5-1-40 ~ 图5-1-43所示。

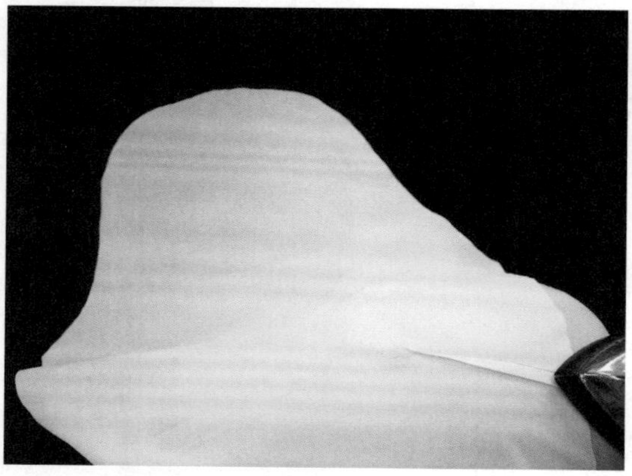

图5-1-40　缉袖肘省、烫省

图5-1-41　袖口面、里布缝合

图5-1-42　烫袖口缝份

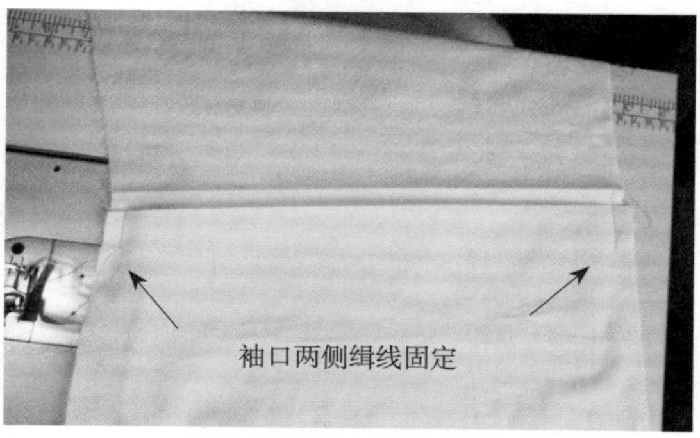

图5-1-43　袖口缉线固定

（2）面、里布袖底缝缝合。将面、里布袖底缝分别按缝份缉线，左袖里布袖肘处留出15～20cm不缝合，袖肘线、袖口线分别对准，为防止里布下吊，可在袖口、袖肘处缉线固定，如图5-1-44～图5-1-47所示。

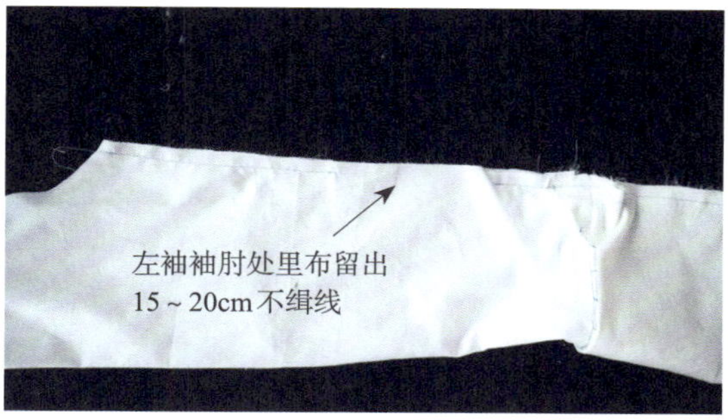

图5-1-44 缝合袖底线

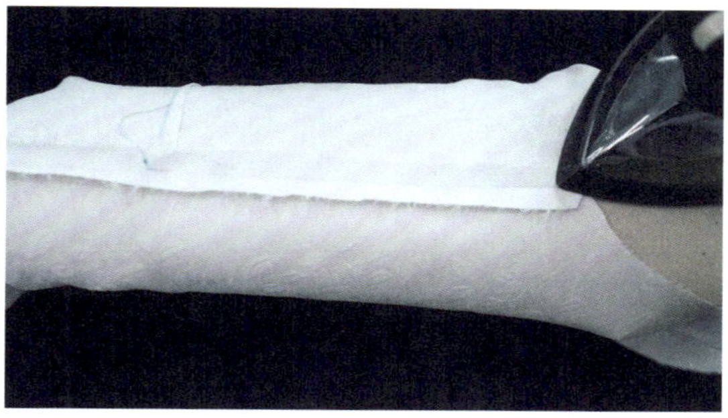

图5-1-45 烫袖底缝

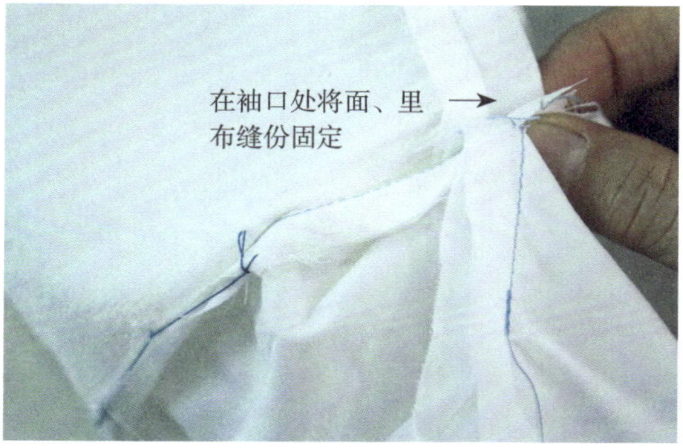

图5-1-46 袖口处固定

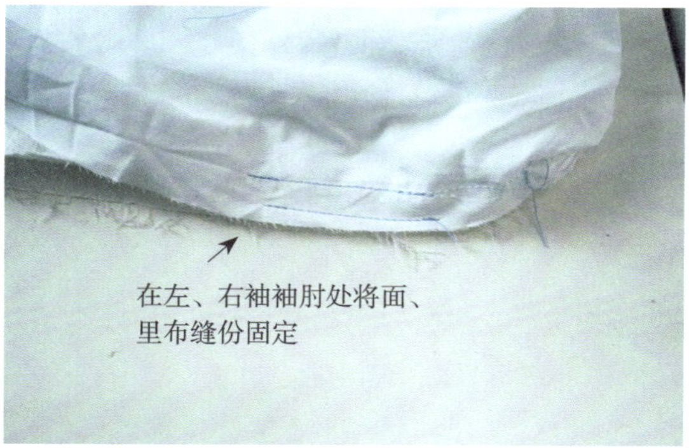

图5-1-47 袖肘处固定

14. 装袖

（1）缉泡泡袖褶裥。将面、里布袖头按眼刀标记缉好泡泡袖的褶裥，褶裥要均匀，然后校对袖窿与袖山弧线长短，如图5-1-48、图5-1-49所示。

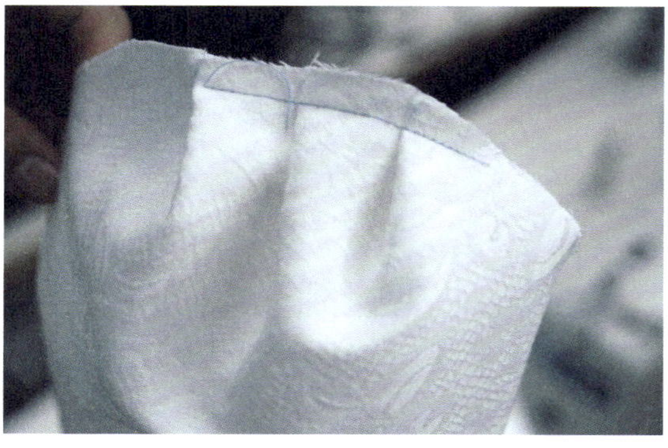

图5-1-48 缉褶裥

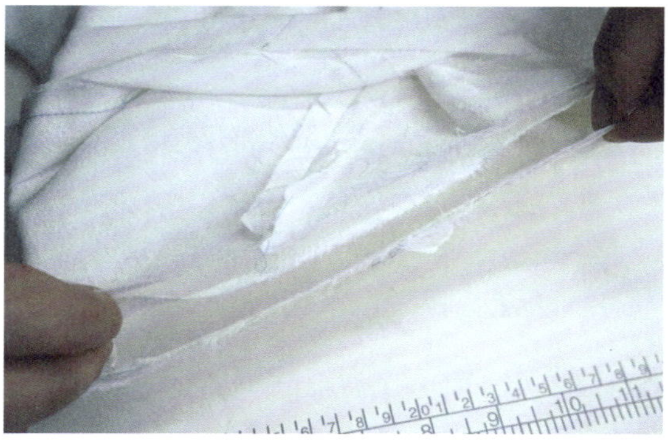

图5-1-49 校对袖窿与袖山弧线长

（2）装袖、固定袖子。袖窿与袖山弧线校对好后，就开始装袖，衣片与袖子正面相对，袖子在上，衣身在下，按1cm缝份缉一周，袖山对位点与肩缝对准，前袖山对位点与前袖窿对位点对准，后袖山对位点与后袖窿对位点对准，袖底对位点与侧缝对准。肩部可用一块小布条将面、里布固定，如图5-1-50～图5-1-53所示。

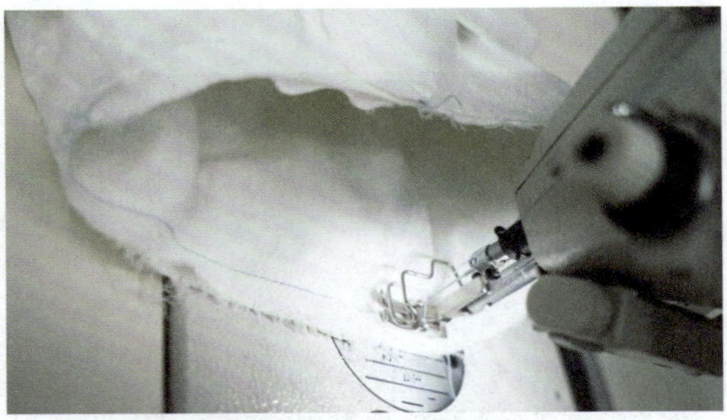

图5-1-50 装袖子

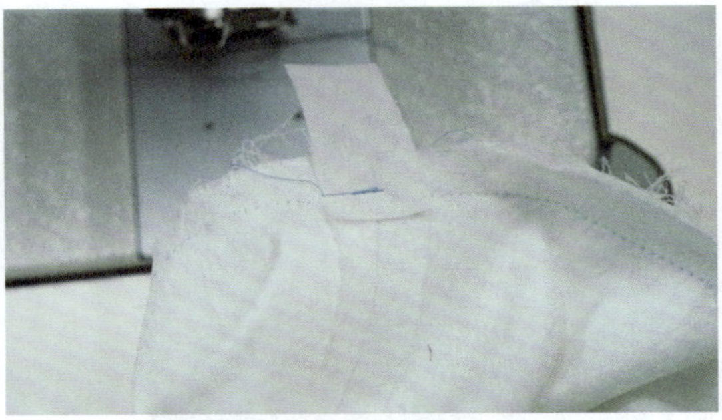

图5-1-51 固定袖子肩缝（1）

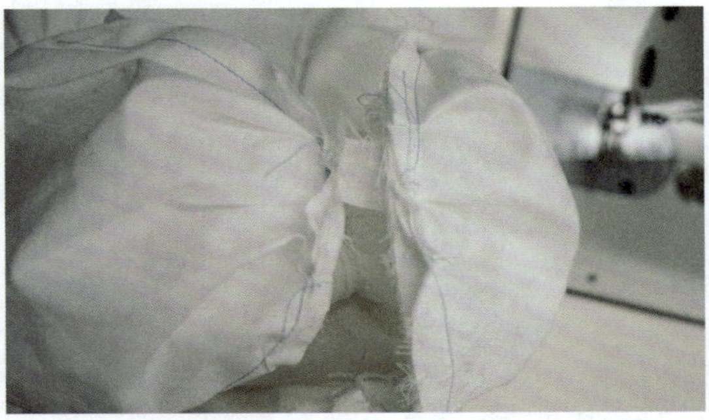

图5-1-52 固定袖子肩缝（2）

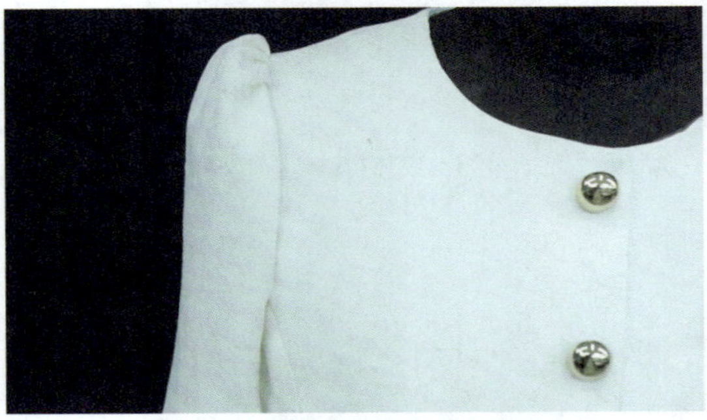

图5-1-53 装袖最后效果

15. 锁眼、钉扣

根据扣眼的位置，在右门襟处采用机器或手缝的方式进行锁眼，扣眼的大小可以按扣子的直径加0.2～0.3cm，扣子按扣眼位钉在左门襟处，如图5-1-54、图5-1-55所示。

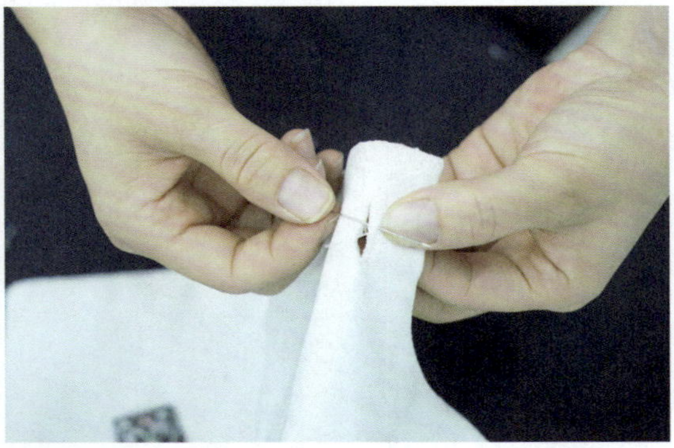

图5-1-54 锁眼

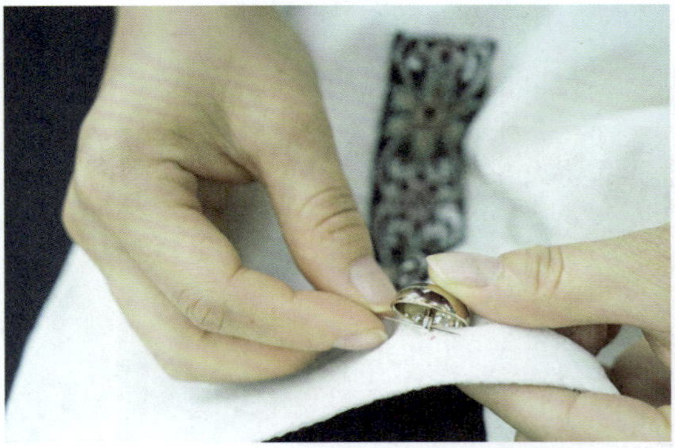

图5-1-55 钉扣

16. 整烫

（1）按面料的性能调节好蒸汽熨斗的温度，按照烫领→烫袖→烫大身的顺序将女春秋上衣全部整烫好，如图5-1-56、图5-1-57所示。

（2）成品效果如图5-1-58、图5-1-59所示。

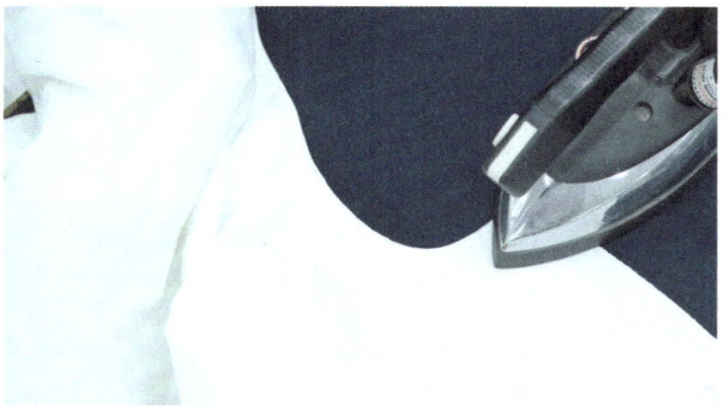

图5-1-56　烫领子

图5-1-57　烫袖子

图5-1-58　成衣（正面）

图5-1-59　成衣（背面）

五、知识拓展

（一）青果领缝制工艺

1.成品图（图5-1-60）

2.部件规格

领围大40cm，领宽（后中翻折后）4cm，驳头宽7cm。

3.材料准备

前中片×2，前侧片×2，后中片×2，后侧片×2，挂面×2，后领托×1，粘衬若干。

4.工艺流程

检查裁片、做缝制标记、烫衬→缉领省、烫省→缝合领中线→缝合前、后片肩缝、领圈→衣片与挂面缝合

图5-1-60　青果领

5.缝制工艺步骤

（1）检查裁片、烫衬、做缝制标记。根据需要在前中片、挂面、领托烫衬并做好相应的缝制标记，如图5-1-61、图5-1-62所示。

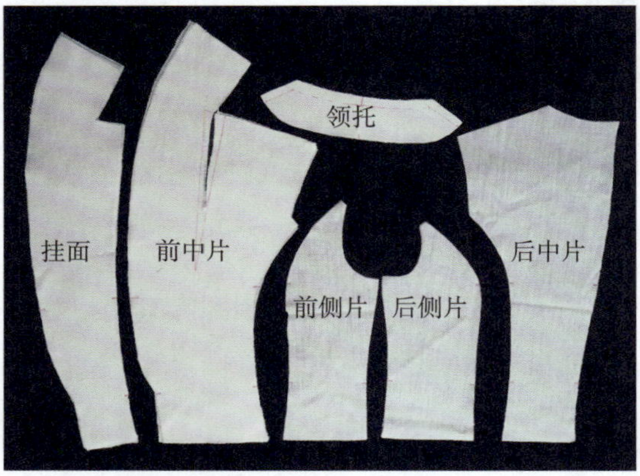

图5-1-61　检查裁片

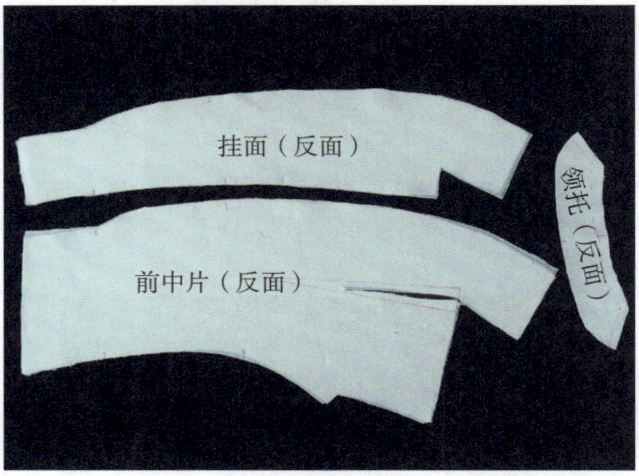

图5-1-62　烫衬、做标记

（2）缉领省、烫省。将领省两边对齐，按省的大小缉线，省尖要缉尖，缝份分开烫平、烫煞，如图5-1-63、图5-1-64所示。

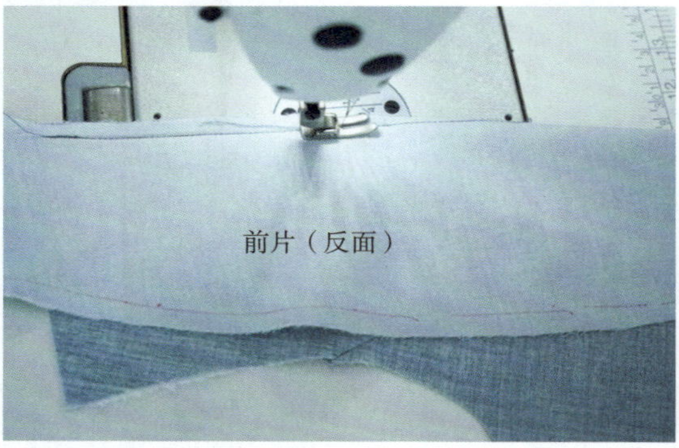

图5-1-63　缉领省

图5-1-64　烫领省

（3）缝合领中线。将领中线缝合，分开烫平，如图5-1-65、图5-1-66所示。

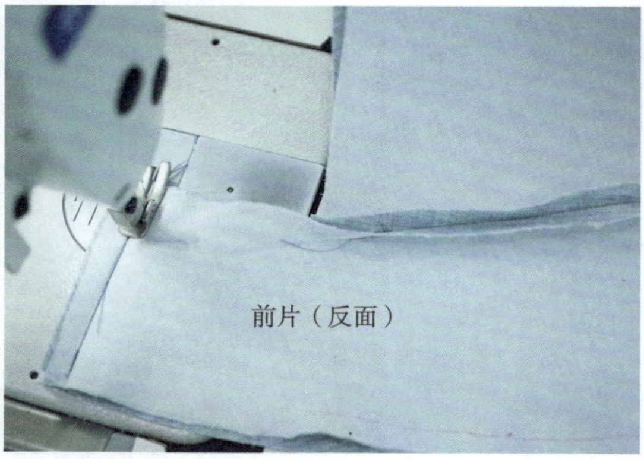

图5-1-65　缝合领中线

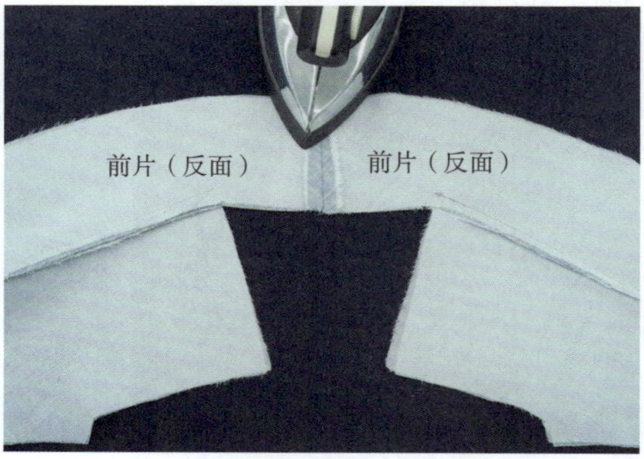

图5-1-66　烫领中线

（4）缝合前后片肩缝、领圈。

①前、后片正面相对，前片在上，后片在下，缝头对齐，沿肩缝、领圈缉线，缝份1cm，在颈肩点转弯处不能漏针，缝合后在弯位处打剪口，将缝份分开烫平，如图5-1-67~图5-1-69所示。

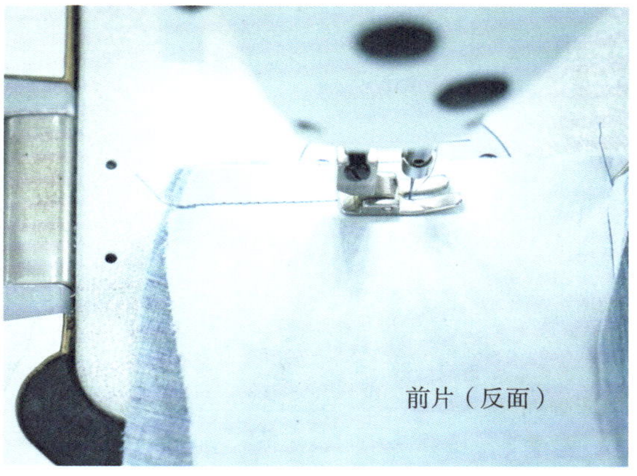

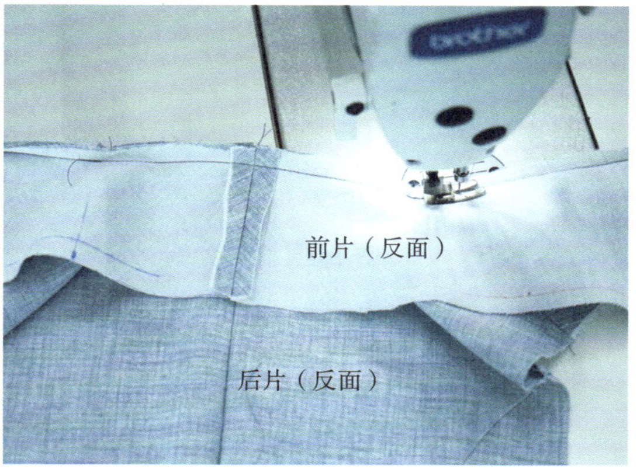

图5-1-67 缝合肩缝、领圈

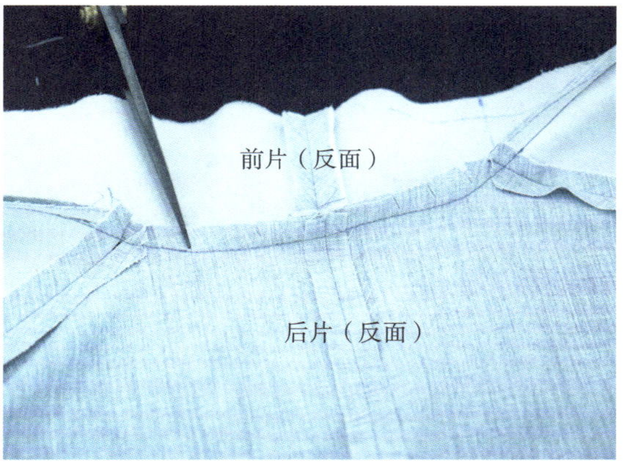

图5-1-68 领圈打剪口

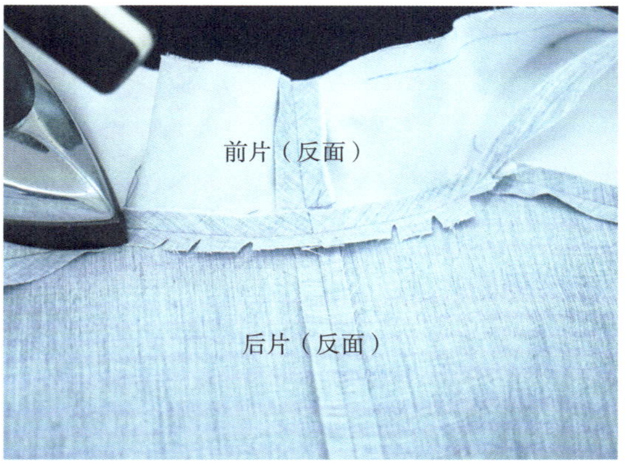

图5-1-69 烫肩缝、领圈

②挂面、领托缝合方法与面布一致，如图5-1-70、图5-1-71所示。

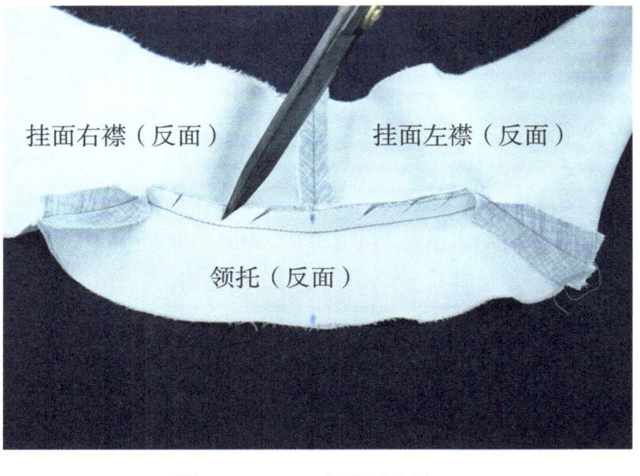

图5-1-70 领圈打剪口

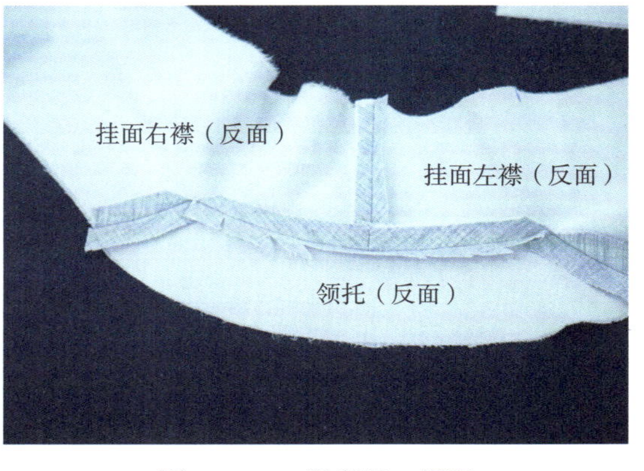

图5-1-71 烫肩缝、领圈

（5）衣片与挂面缝合。将衣身画出净样，然后衣身与挂面正面相对，挂面在下，衣身在上，沿右片门襟→右襟驳头→领子→左襟驳头→左片门襟净样线缉线，在前门襟处将挂面略带紧，驳头、领子处衣身略带紧，使得翻出后形成自然的窝势，如图5-1-72~图5-1-75所示。

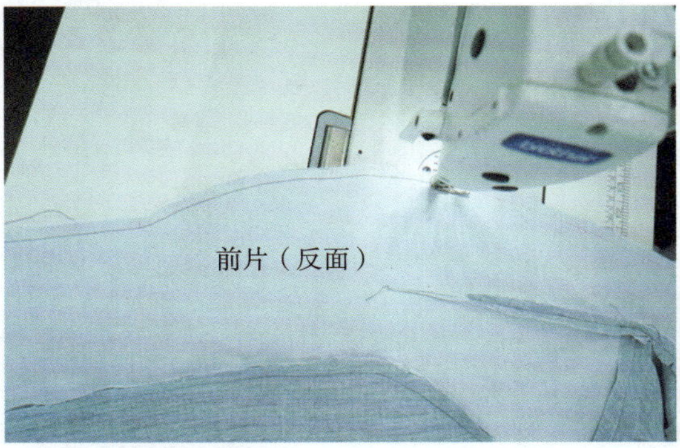

图5-1-72　衣片与挂面缝合

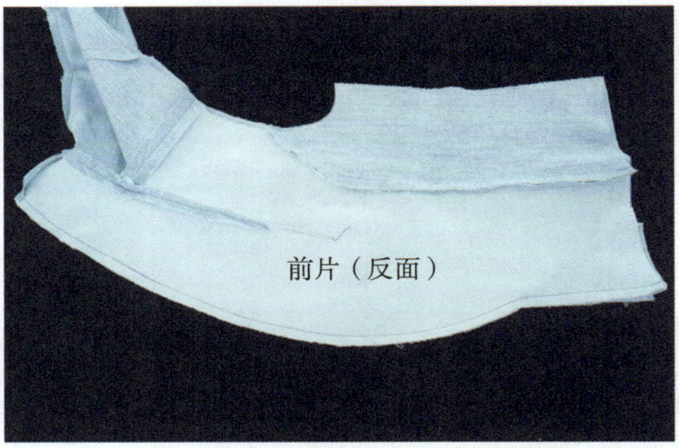

图5-1-73　衣片与挂面缝合后效果

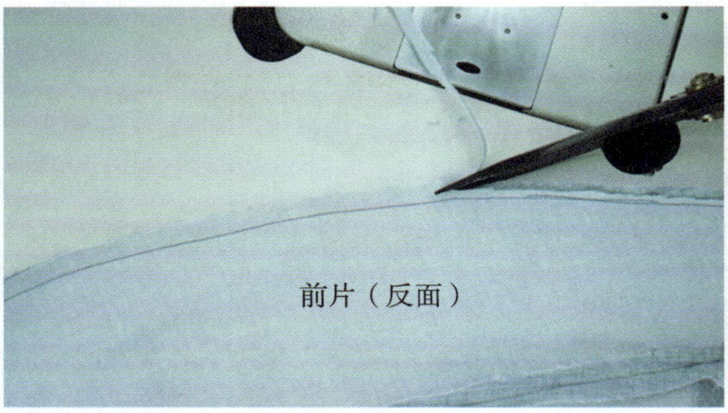

图5-1-74　修剪衣身缝份

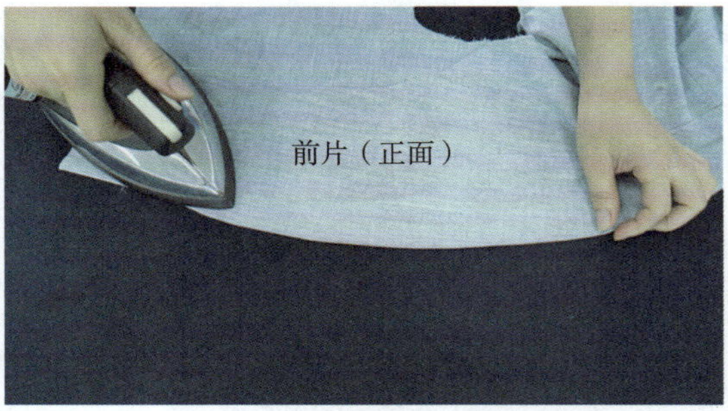

图5-1-75　烫门襟止口

6. 任务要求及评分标准（表5-1-4）

表5-1-4　任务要求及评分标准

评价内容	评价标准	分值	评价方式			
			自评	互评	师评	企业评
青果领	1.领面平整，无皱、无泡、不反吐	30				
	2.驳点位置准确、领面左右宽窄一致、领外口弧线圆顺	40				
	3.门襟止口平服，领面形成自然窝势	30				
小计		100				
合计						

7. 巩固训练

（1）个人进行实践训练，学习青果领的制作方法，练习2~3遍，直到熟练为止。

（2）以小组为单位分析青果领与西装领外形上的区别，分析其在结构和工艺上的不同。

（二）无领造型欣赏

无领的造型变化非常多，下面介绍几款无领造型供大家欣赏，如图5-1-76所示。

（a）　（b）　（c）

（d）　（e）　（f）

图5-1-76　无领欣赏

六、巩固训练

A服饰有限公司接到B服饰有限公司的一批春秋女外套的生产任务，样衣制作通知单见表5-1-5，现在A服饰有限公司需要按照B服饰有限公司提供的样衣款式进行M码结构设计及样衣的制作。

表5-1-5　A服饰有限公司春秋女外套样衣制作通知单

<table>
<tr><td>编号</td><td>款号</td><td>下单日期</td><td rowspan="3">部位</td><td colspan="5">规格</td></tr>
<tr><td rowspan="2">NWTS1005</td><td rowspan="2">春秋女外套</td><td rowspan="2">年　月　日</td><td>155/80A</td><td>160/84A</td><td>165/88A</td><td>170/92A</td><td>175/96A</td></tr>
<tr><td>S</td><td>M</td><td>L</td><td>XL</td><td>XXL</td></tr>
<tr><td colspan="3" rowspan="8">
</td><td>衣长</td><td>57</td><td>58</td><td>58</td><td>59</td><td>60</td></tr>
<tr><td>肩宽</td><td>36</td><td>37</td><td>38</td><td>39</td><td>40</td></tr>
<tr><td>胸围</td><td>88</td><td>92</td><td>96</td><td>100</td><td>102</td></tr>
<tr><td>腰围</td><td>68</td><td>72</td><td>76</td><td>80</td><td>84</td></tr>
<tr><td>袖长</td><td>54</td><td>55</td><td>56</td><td>57</td><td>58</td></tr>
<tr><td>袖口</td><td>24</td><td>25</td><td>26</td><td>27</td><td>28</td></tr>
<tr><td colspan="6">备注：面料先缩水后再开裁</td></tr>
<tr><td colspan="6">工艺说明与技术要求
1.针距要求：14~15针/3cm
2.外观整洁，线路规整，无抽纱，无线头，无污迹，无破损及脱线等外观损伤
3.领子：无领
4.袖子：一片式长袖，袖肘绢肘省
5.前衣片：双排一粒扣，袖窿弧形刀背至腰节，腰部断开，底摆做波浪造型
6.后衣片：后中做背缝，袖窿弧形刀背至腰节，腰部断开，底摆做波浪造型
7.下摆：直下摆，底边宽窄一致，绢线顺直</td></tr>
<tr><td colspan="3">款式特征概述
女式春秋短外套，无领双排2粒扣，前、后片袖窿弧形刀背至腰节，腰部断开，底摆做波浪造型；一片式长袖，袖肘绢肘省</td><td colspan="3">面料：该款衬衫面料选材广泛，化纤、混纺均可</td><td colspan="3">辅料：黏合衬若干，配色线，2粒扣</td></tr>
<tr><td>制单</td><td>张三</td><td>工艺审核</td><td colspan="2">李四</td><td colspan="2">审核日期</td><td colspan="2">年　月　日</td></tr>
</table>

七、任务评价

女春秋上衣评价见表5-1-6。

表5-1-6　女春秋上衣评价表

<table>
<tr><td rowspan="2">评价项目</td><td rowspan="2">评价内容</td><td rowspan="2">序号</td><td rowspan="2">评价标准</td><td rowspan="2">分值</td><td colspan="4">评价方式</td><td rowspan="2">备注</td></tr>
<tr><td>自评</td><td>互评</td><td>师评</td><td>企业评</td></tr>
<tr><td rowspan="5">知识技能目标（80分）</td><td rowspan="5">规格（10分）</td><td>1</td><td>衣长规格正确，不超偏差±1cm</td><td>2</td><td></td><td></td><td></td><td></td><td></td></tr>
<tr><td>2</td><td>胸围规格正确，不超偏差±2cm</td><td>2</td><td></td><td></td><td></td><td></td><td></td></tr>
<tr><td>3</td><td>肩宽规格正确，不超偏差±0.8cm</td><td>2</td><td></td><td></td><td></td><td></td><td></td></tr>
<tr><td>4</td><td>袖长规格正确，不超偏差±0.8cm</td><td>2</td><td></td><td></td><td></td><td></td><td></td></tr>
<tr><td>5</td><td>领口规格准确，不超偏差±0.5cm</td><td>2</td><td></td><td></td><td></td><td></td><td></td></tr>
</table>

续表

<table>
<tr><th rowspan="2">评价项目</th><th rowspan="2">评价内容</th><th rowspan="2">序号</th><th rowspan="2">评价标准</th><th rowspan="2">分值</th><th colspan="4">评价方式</th><th rowspan="2">备注</th></tr>
<tr><th>自评</th><th>互评</th><th>师评</th><th>企业评</th></tr>
<tr><td rowspan="16">知识技能目标（80分）</td><td rowspan="2">领子（12分）</td><td>6</td><td>领口和衣身的面、里松紧一致，自然有窝势</td><td>6</td><td></td><td></td><td></td><td></td><td></td></tr>
<tr><td>7</td><td>领圈缉线圆顺，无歪斜，互差不超0.2cm</td><td>6</td><td></td><td></td><td></td><td></td><td></td></tr>
<tr><td rowspan="2">弧形刀背、装饰袋（8分）</td><td>8</td><td>缉线顺直，弧形位置自然、圆顺</td><td>5</td><td></td><td></td><td></td><td></td><td></td></tr>
<tr><td>9</td><td>前片装饰口袋左右对称</td><td>3</td><td></td><td></td><td></td><td></td><td></td></tr>
<tr><td rowspan="2">门、里襟（5分）</td><td>10</td><td>门、里襟丝绺归正，顺直、平服，互差不超0.2cm</td><td>3</td><td></td><td></td><td></td><td></td><td></td></tr>
<tr><td>11</td><td>门襟底边弧形左右对称，圆角窝势自然</td><td>2</td><td></td><td></td><td></td><td></td><td></td></tr>
<tr><td rowspan="4">绱袖（20分）</td><td>12</td><td>泡泡造型均匀、美观</td><td>5</td><td></td><td></td><td></td><td></td><td></td></tr>
<tr><td>13</td><td>缉线顺直、宽窄一致，互差不超0.1cm</td><td>5</td><td></td><td></td><td></td><td></td><td></td></tr>
<tr><td>14</td><td>袖肘缉省顺直，省尖无酒窝</td><td>5</td><td></td><td></td><td></td><td></td><td></td></tr>
<tr><td>15</td><td>袖口平服，底边有“双眼皮”且宽窄一致</td><td>5</td><td></td><td></td><td></td><td></td><td></td></tr>
<tr><td rowspan="2">袖底缝、侧缝（7分）</td><td>16</td><td>袖底十字裆对准</td><td>4</td><td></td><td></td><td></td><td></td><td></td></tr>
<tr><td>17</td><td>缉线顺直、平服、宽窄一致</td><td>3</td><td></td><td></td><td></td><td></td><td></td></tr>
<tr><td>底摆（8分）</td><td>18</td><td>平服，底边有“双眼皮”且宽窄一致</td><td>8</td><td></td><td></td><td></td><td></td><td></td></tr>
<tr><td rowspan="3">整洁牢固（10分）</td><td>19</td><td>表面无污渍、无焦黄、无极光</td><td>5</td><td></td><td></td><td></td><td></td><td></td></tr>
<tr><td>20</td><td>14~15针/3cm</td><td>2</td><td></td><td></td><td></td><td></td><td></td></tr>
<tr><td>21</td><td>无断线或轻微毛脱</td><td>3</td><td></td><td></td><td></td><td></td><td></td></tr>
<tr><td rowspan="7">情感目标（20分）</td><td rowspan="4">岗位问题处理能力（12分）</td><td>22</td><td>具有客户信息分析及处理的能力</td><td>3</td><td></td><td></td><td></td><td></td><td></td></tr>
<tr><td>23</td><td>具有制订计划并合理实施的能力</td><td>3</td><td></td><td></td><td></td><td></td><td></td></tr>
<tr><td>24</td><td>具有实施过程中独立思考及解决问题的能力</td><td>4</td><td></td><td></td><td></td><td></td><td></td></tr>
<tr><td>25</td><td>具有安全实操的能力</td><td>2</td><td></td><td></td><td></td><td></td><td></td></tr>
<tr><td rowspan="2">团队合作创新能力（6分）</td><td>26</td><td>具有团队合作意识和创新能力</td><td>3</td><td></td><td></td><td></td><td></td><td></td></tr>
<tr><td>27</td><td>具有按时完成任务、高效工作的能力</td><td>3</td><td></td><td></td><td></td><td></td><td></td></tr>
<tr><td>工匠精神（2分）</td><td>28</td><td>具有精益求精、追求卓越的工匠精神</td><td>2</td><td></td><td></td><td></td><td></td><td></td></tr>
<tr><td colspan="4">合计</td><td>100</td><td></td><td></td><td></td><td></td><td></td></tr>
</table>

任务二　男夹克缝制工艺

任务导入

A服装有限公司接到B服装有限公司的生产订单，要为B服装有限公司加工500件男夹克，S/M/L/XL/XXL 5个码各生产100件，B公司需提供M码的样衣，具体制作要求见表5-2-1。

表5-2-1　A服装有限公司男夹克制作通知单

编号	款号	下单日期
NJK1001	男夹克	年　月　日

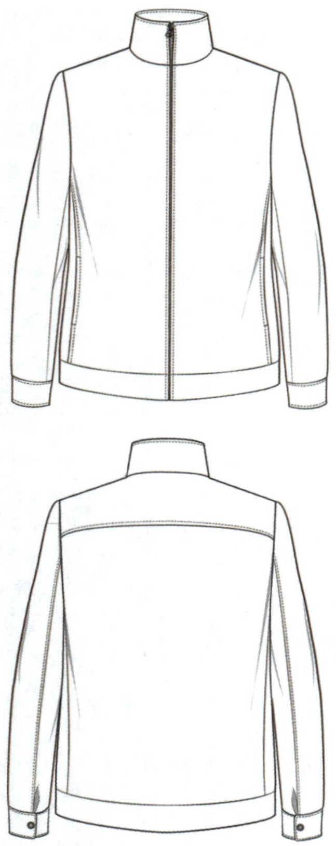

款式特征概述

立领，前片两个借缝插袋，下摆装登闩，前中开襟装拉链，拉链从登闩装至立领，后片上端做过肩，缉明线装饰，两片袖，袖缝处装三角袖衩，袖口装袖克夫，钉金属纽1粒

部位	规格				
	165/84A	170/88A	175/92A	180/96A	185/100A
	S	M	L	XL	XXL
衣长	67	69	71	73	75
肩宽	44	45.2	46.4	47.6	48.8
胸围	104	108	112	116	120
腰围	98	102	106	110	114
袖长	58.5	60	61.5	63	64.5
袖口	12.5	13	13.5	14	14.5

备注：面料先缩水后再开裁

工艺说明与技术要求

1. 针距要求：14~15针/3cm
2. 外观整洁，线路规整，无抽纱，无线头，无污迹，无破损及脱线等外观损伤
3. 领子：立领，要求领面、领里松紧一致，装拉链处上、下口高低一致
4. 袖子：两片袖，袖缝装三角袖衩，袖口装克夫，钉金属纽1粒
5. 前衣片：前片两个借缝插袋，下摆装登闩，前中开襟装拉链，从登闩装至立领
6. 后衣片：上端做过肩，缉明线装饰
7. 下摆：装登闩

面料：该款夹克面料选材广泛，化纤、混纺均可
辅料：黏合衬若干，长拉链1根，配色线1个，金属纽扣2副

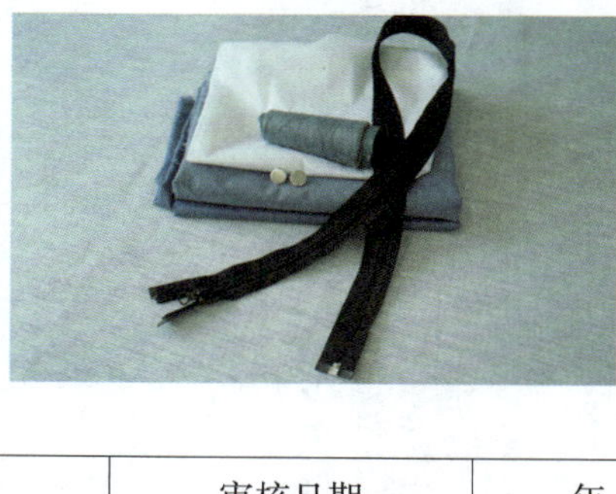

制单	张三	工艺审核	李四	审核日期	年　月　日

任务要求

1. 掌握男夹克工业样板的排料、画样、裁剪、熨烫等技术，做到精益求精。

2. 掌握男夹克的制作方法和技巧。

3. 掌握男夹克质量的检测，严把质量关。

4. 掌握男夹克生产工艺单的编写，做好客户信息分析和处理。

5. 掌握工艺流程图的绘制，合理制订计划并实施。

任务准备

男夹克工业样板（纸样）清单见表5-2-2。

表5-2-2　男夹克工业样板（纸样）清单

面料		里料		衬料		净样板名称	数量
毛样板名称	数量	毛样板名称	数量	毛样板名称	数量		
前中片	1	前中片	1	挂面	1	挂面	1
前侧片	1	前侧片	1	领子	1	领子	1
后片	1	后片	1	登闩	1	登闩	1
过肩	1	过肩	1	袖克夫	1	袖克夫	1
领子	1	大袖片	1				
挂面	1	小袖片	1				
登闩	1	袋布	1				
大袖片	1						
小袖片	1						
袖克夫	1						
袖口小三角	1						

任务实施

一、任务分析

从给出的工艺通知单可知，这件男夹克是立领，前片两个借缝插袋，下摆装登闩，前中开襟装拉链，拉链从登闩装至立领，后片上端做过肩，缉明线装饰，两片袖，袖缝处装三角袖衩，袖口装袖克夫，钉金属纽1粒。

缝制工艺的重点、难点：做领子、装领子，做袖子、装袖子。

二、裁片裁剪图

170/88A男夹克裁片裁剪图如图5–2–1～图5–2–3所示。

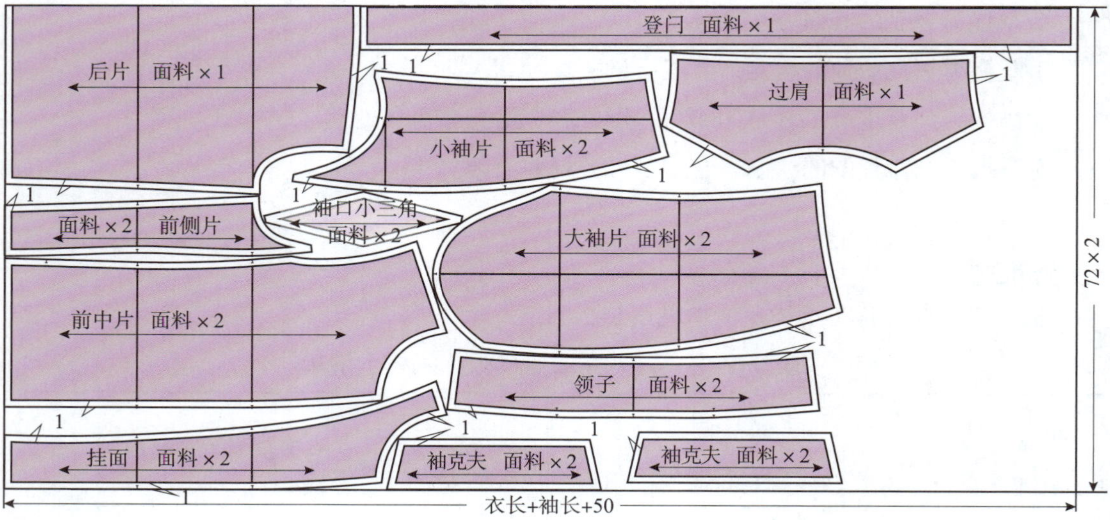

图5–2–1　170/88A男夹克面料裁剪图

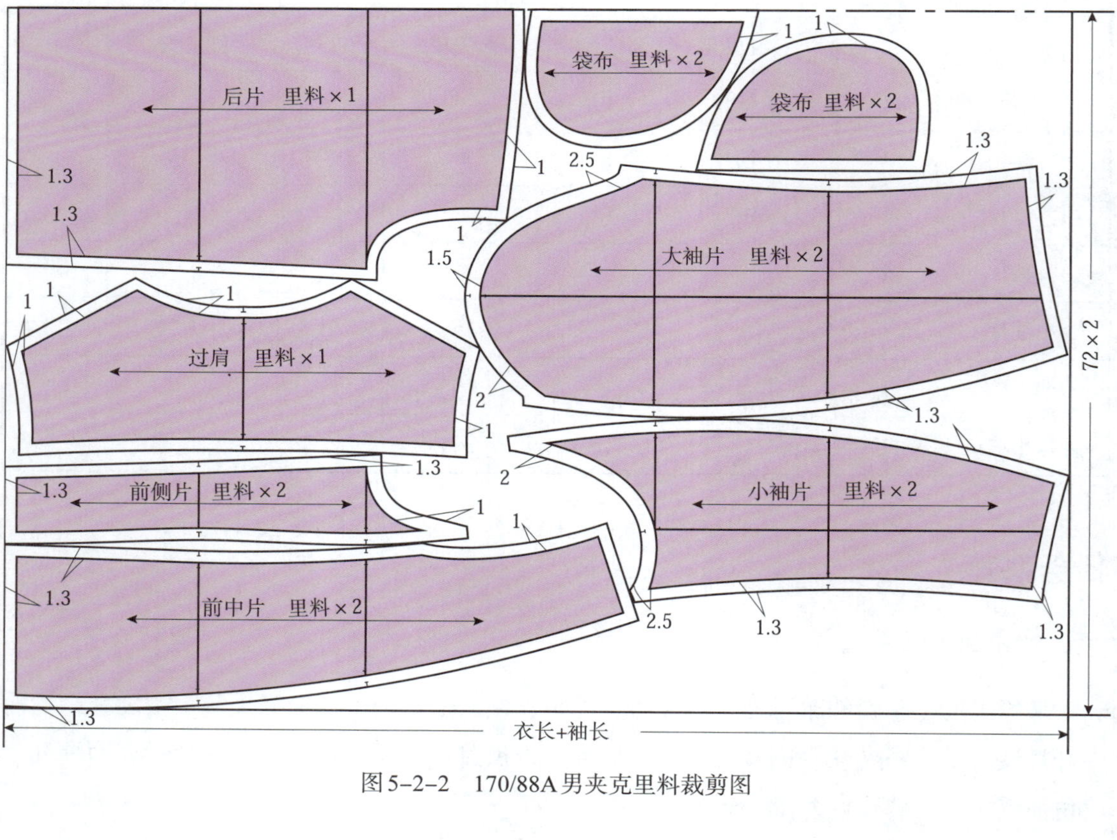

图5–2–2　170/88A男夹克里料裁剪图

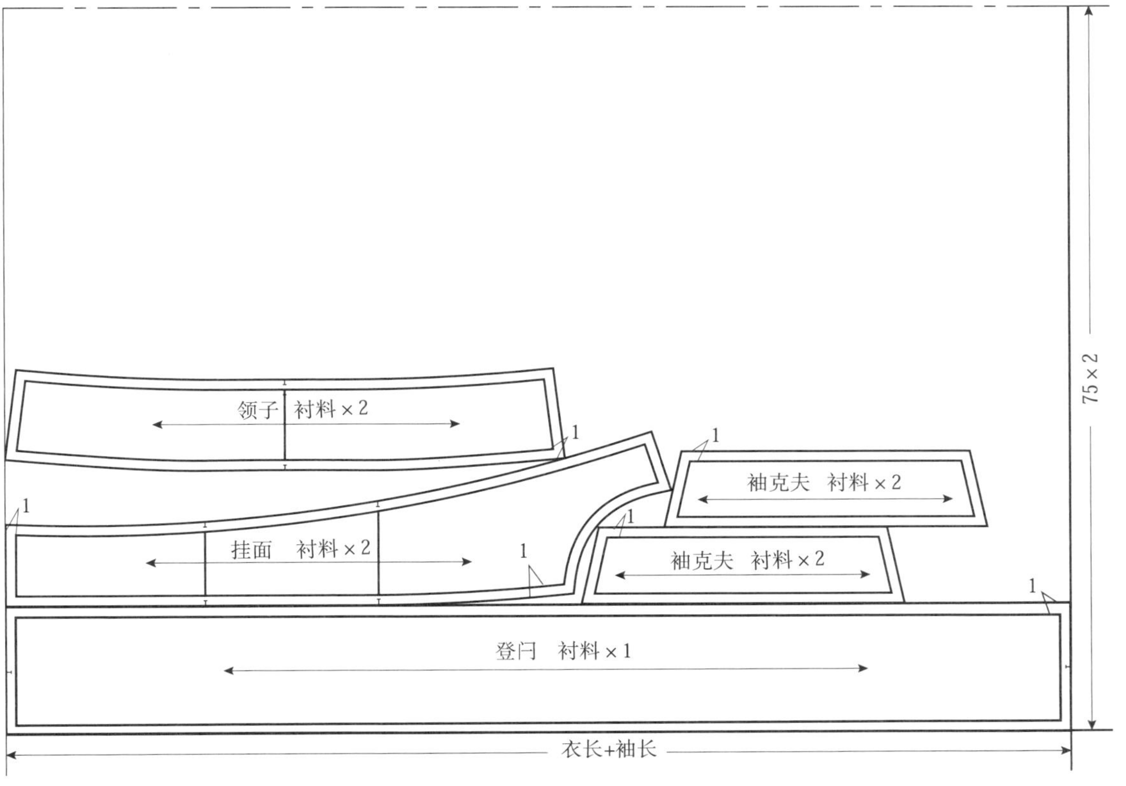

图5-2-3　170/88A男夹克衬料及裁剪图

三、工艺流程

检查裁片→做缝制标记（对位标记、粘衬）→前中片与前侧片缝合→做借缝插袋→缝合后片与过肩→缝合肩缝→缝合领面与衣身→缝合侧缝→做前、后片里子→固定登闩前端、装拉链→固定领子、缉明线→做袖子→装袖克夫→装袖子→装登闩→袖子封口→袖口钉金属纽扣→整烫

四、缝制工艺

1.检查裁片

检查裁片，核实裁片数量，见表5-2-3。

表5-2-3　男夹克裁片清单

面布裁片名称	数量	里布裁片名称	数量	衬料裁片名称	数量
前中片	2	前中片	2	挂面	2
前侧片	2	前侧片	2	领子	2
后片	1	后片	1	登闩	1
过肩	1	过肩	1	袖克夫	4
领子	2	大袖	2		

续表

面布裁片名称	数量	里布裁片名称	数量	衬料裁片名称	数量
挂面	2	小袖	2		
登闩	1	袋布	4		
大袖	2				
小袖	2				
袖克夫	4				
袖口小三角	2				

2.做缝制标记（对位标记、粘衬）

根据需要在前后片、袖片等处，用划粉或眼刀等方式做好标记，以便缝制时用于定位，男夹克面、里布应在以下部位做好缝制标记。

（1）前、后衣片（面布）。后片中点、过肩中点、领中点、登闩中点、借缝插袋位、腰节线、胸围线，如图5-2-4所示。

（2）前、后衣片（里布）。后片中点、过肩中点、腰节线、胸围线、袋布装袋位如图5-2-5所示。

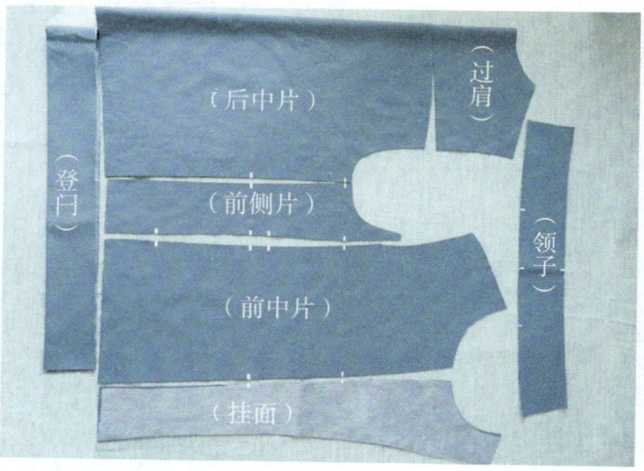

图5-2-4　前、后衣片（面布）

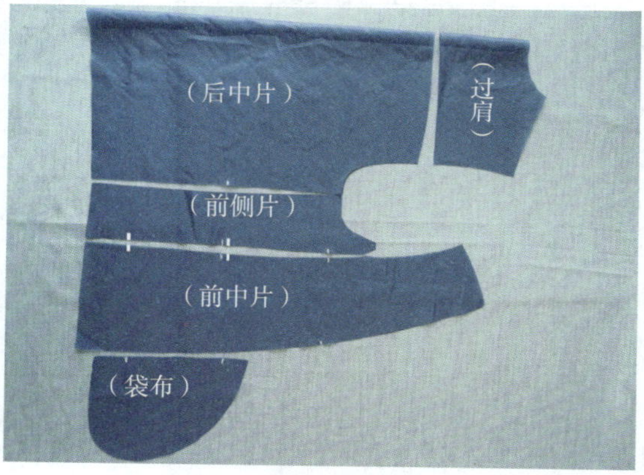

图5-2-5　前、后衣片（里布）

（3）袖子（面布、里布）。袖山顶点、袖肘线、袖底对位点，如图5-2-6、图5-2-7所示。

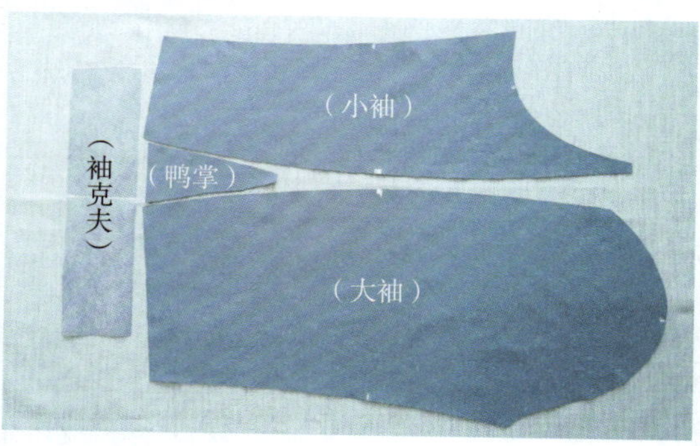

图5-2-6　袖子（面布）

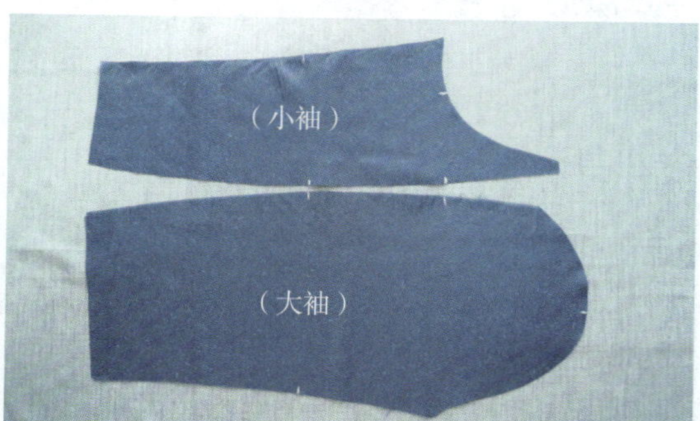

图5-2-7　袖子（里布）

3.前中片与前侧片缝合

将前中片与前侧片正面相对，缉线1cm，借缝插袋位置预留出来，不需缉线，如图5-2-8、图5-2-9所示。

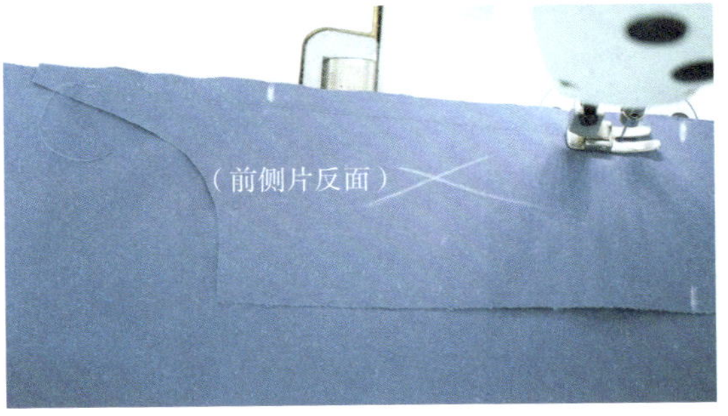

图5-2-8　前中片与前侧片缝合

图5-2-9　预留借缝插袋位置

4.做借缝插袋

（1）将袋布A与袋布B分别与前中片和前侧片缝合，注意袋布口两端分别预留1cm不缝合，翻至正面烫平，在前中片上压缉0.5cm的明线，如图5-2-10、图5-2-11所示。

男夹克-借缝开袋

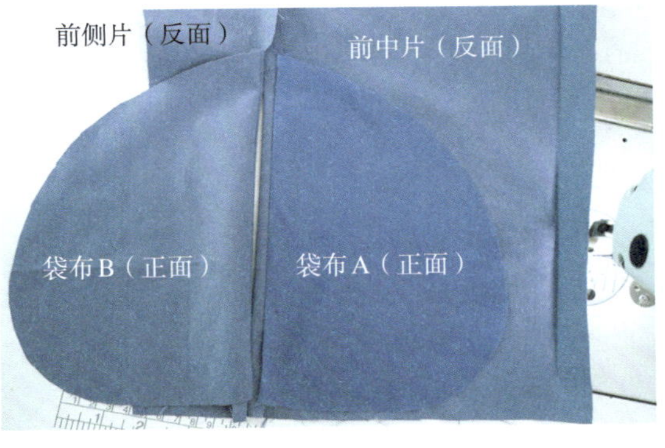

图5-2-10　缝合袋布A与B

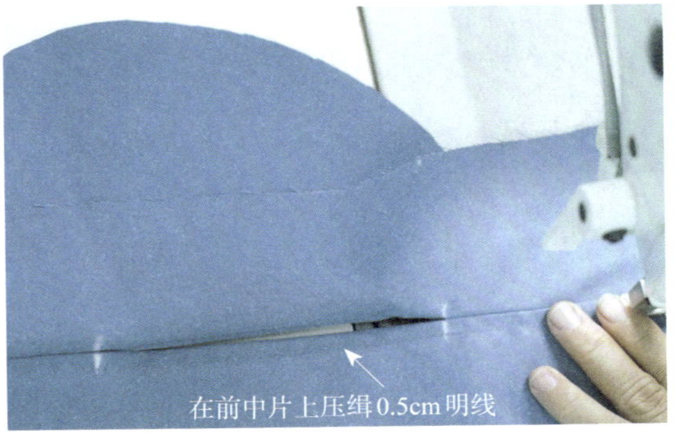

图5-2-11　压缉明线

（2）兜缉袋布并修剪缝份，翻至正面封袋口，缉线要与原来的明线垂直，如图5-2-12、图5-2-13所示。

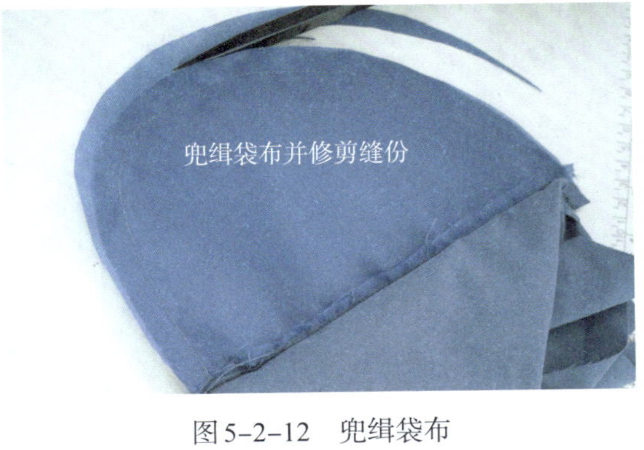

图5-2-12　兜缉袋布

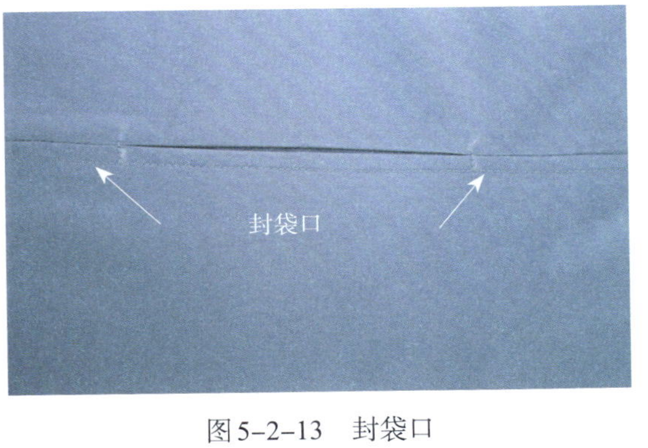

图5-2-13　封袋口

5. 缝合后片与过肩

后片与过肩正面相对，后片中点与过肩中点对准，缉线1cm，两层缝份倒向过肩烫平，翻至正面压缉0.6cm明线，如图5-2-14、图5-2-15所示。

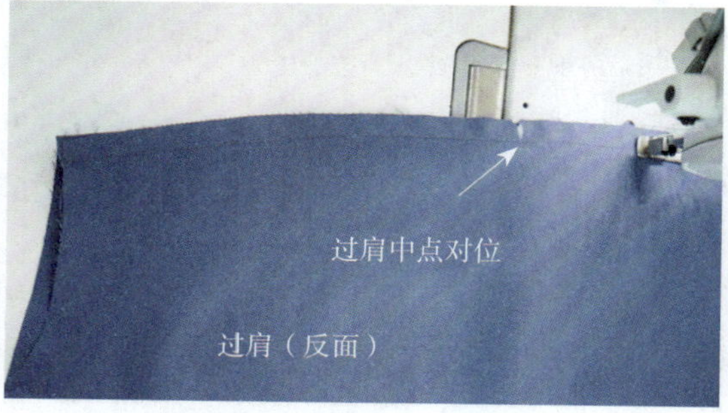

图5-2-14　缝合过肩

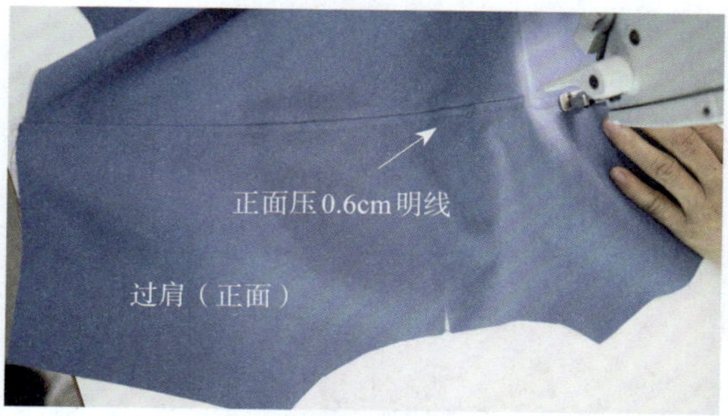

图5-2-15　过肩压明线

6. 缝合肩缝

前片与后片正面相对，左肩从肩端点缉向领口，右肩从领口缉向肩端点，缝份倒向后片烫平，正面缉0.6cm明线，如图5-2-16、图5-2-17所示。

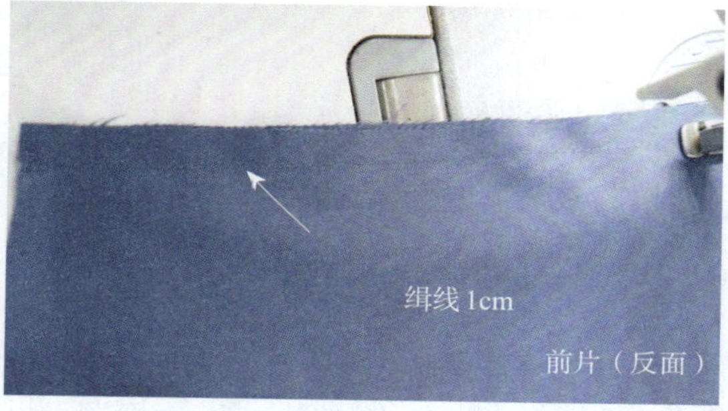

图5-2-16　缝合肩缝

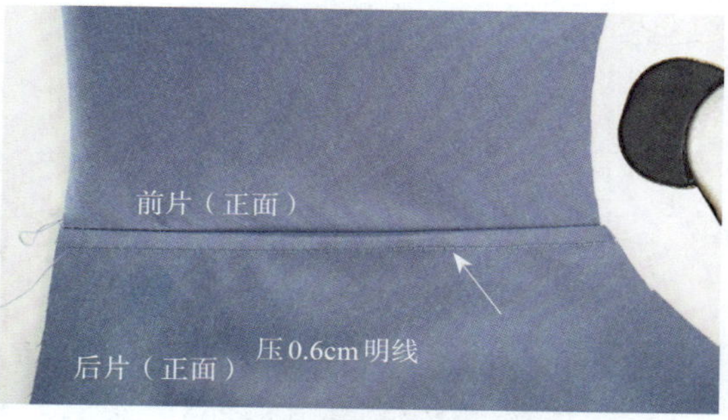

图5-2-17　后肩压明线

7. 缝合领面与衣身

先将领面的领底弧线与领圈弧线校对长短，然后将领面正面与衣身正面相对，从左前片领口开始缉线1cm，衣片的肩缝点、后中点分别与领底弧线上相对应的点对齐，如图5-2-18、图5-2-19所示。

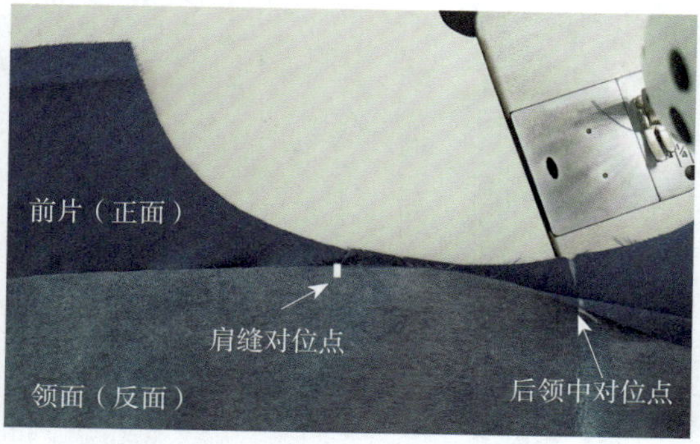

图5-2-18　领底弧线与领圈弧线校对

图5-2-19　领底与领圈缝合

8.缝合侧缝

前、后片正面相对，在侧缝处缉线1cm，分开缝份烫平，如图5-2-20、图5-2-21所示。

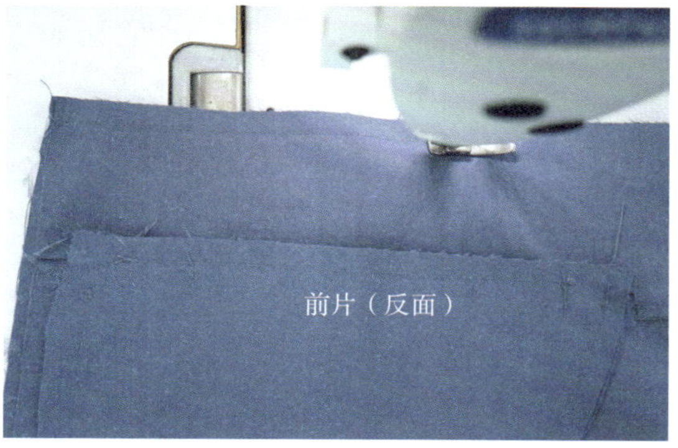

图5-2-20　缝合侧缝

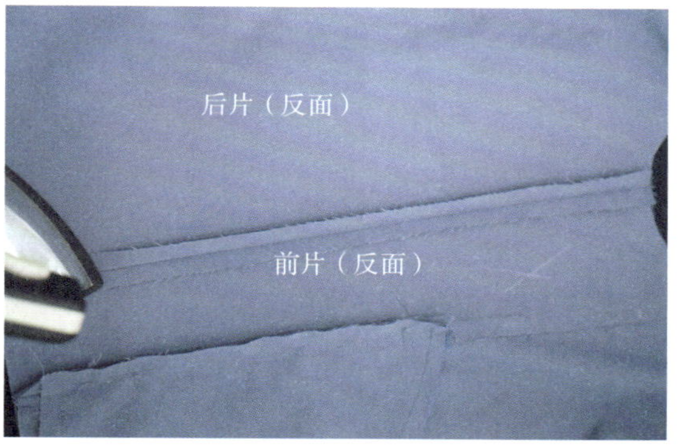

图5-2-21　烫开侧缝

9.做前、后片里布

（1）做前、后片里布。将挂面与前中片、前中片与前侧片以及后中片与过肩分别缝合，方法与面布方法一致，缝份1.2cm，前片双层缝份倒向侧缝，后片过肩缝份倒向后中片，烫平，如图5-2-22、图5-2-23所示。

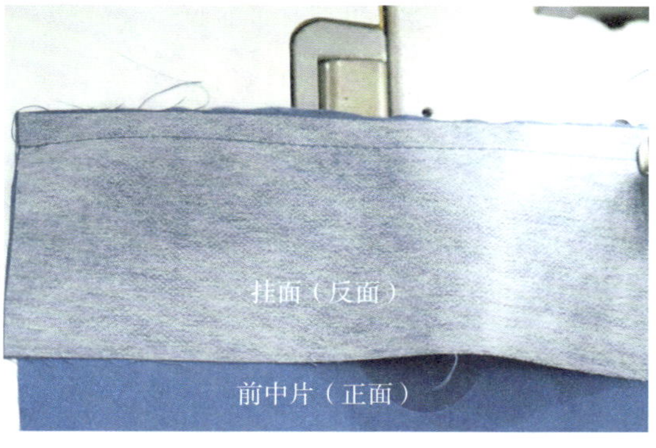

图5-2-22　做前片里布

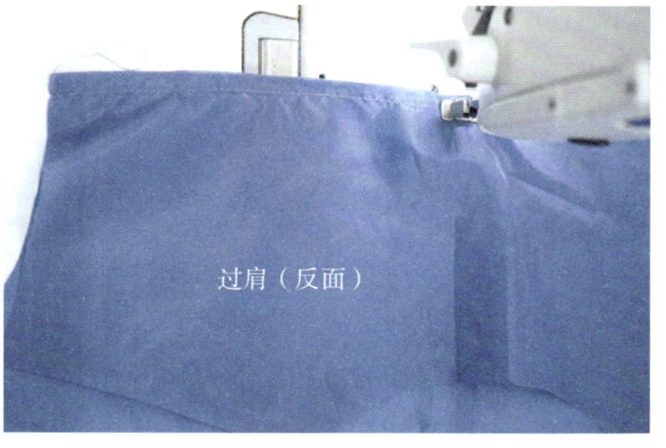

图5-2-23　做后片里布

（2）缝合肩缝、侧缝。前、后片里布正面相对，在肩缝、侧缝处分别缉线1.2cm，缝份倒向后片，如图5-2-24、图5-2-25所示。

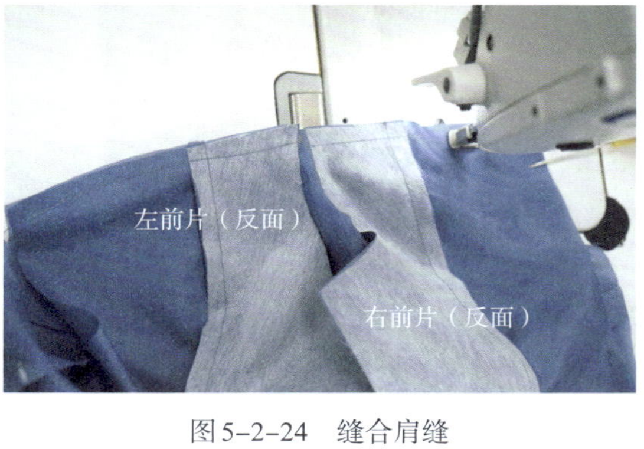

图5-2-24　缝合肩缝

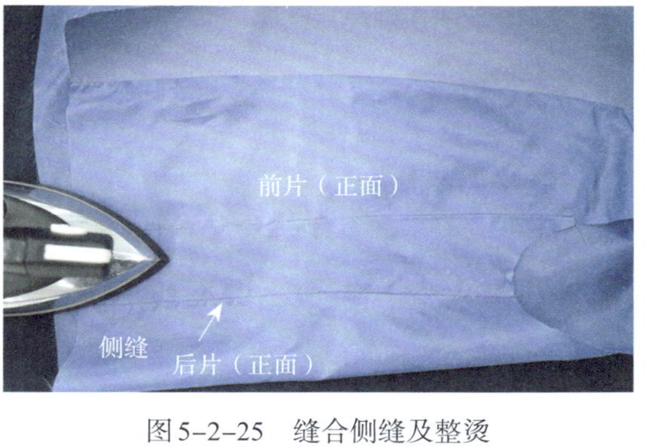

图5-2-25　缝合侧缝及整烫

（3）领里与衣身里布缝合。方法同领面与衣身缝合，分开缝，如图5-2-26、图5-2-27所示。

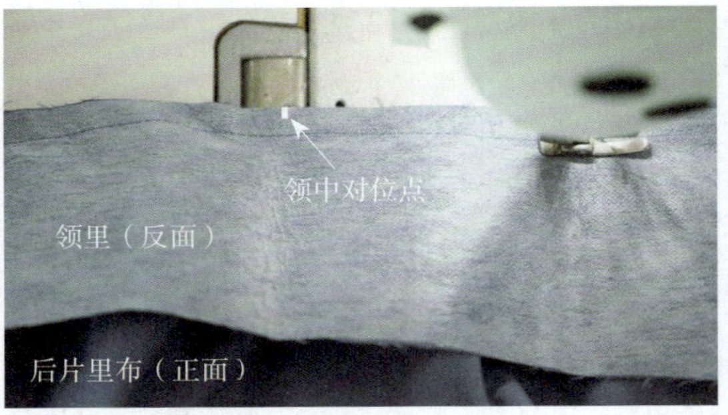

图5-2-26　领里与衣身里布缝合

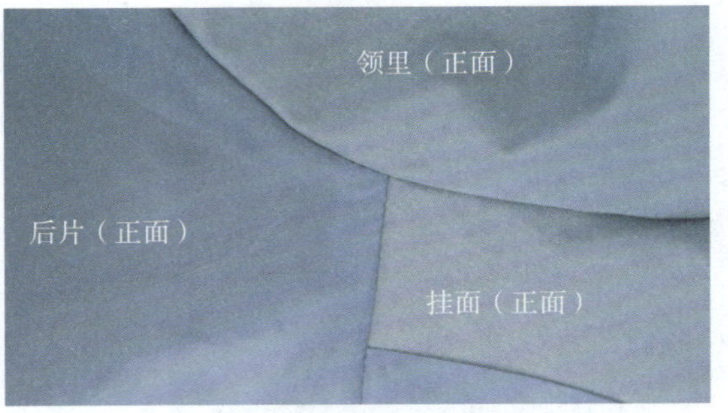

图5-2-27　缝合后效果

10. 固定登门前端、装拉链

（1）登门前端与衣片正面相对，缉线1cm，分开缝烫平，然后将左拉链的正面与左前片的正面相叠，缉线0.8cm，拉链下口与登门1/2处平齐，上口预留1cm缝份，拉链翻转后缉线固定，如图5-2-28、图5-2-29所示。

男夹克-门襟拉链制作

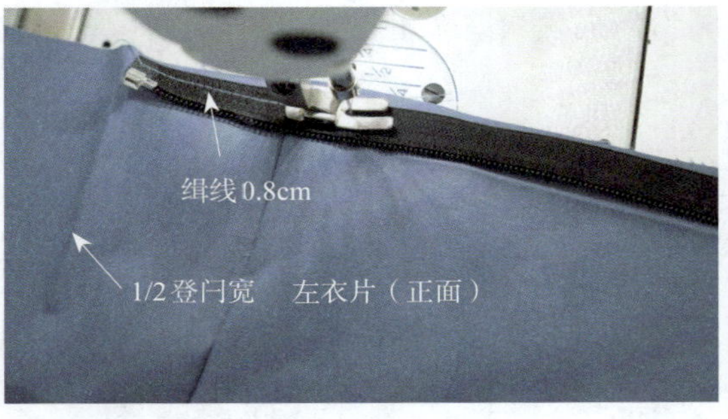

图5-2-28　拉链下口固定

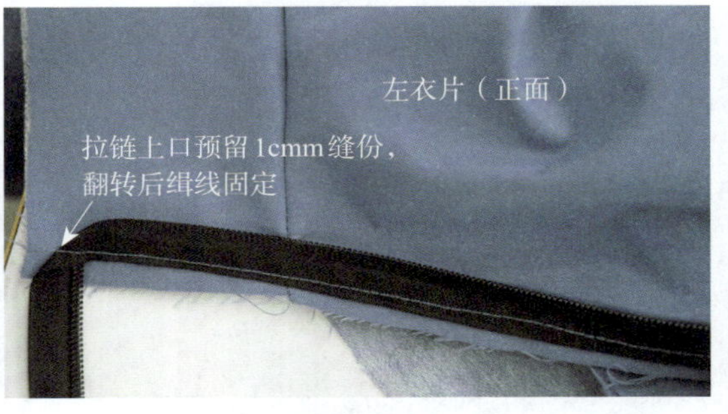

图5-2-29　拉链上口固定

（2）挂面与面布、拉链缝合。先将里布下端与登门前端缝合，缉线1cm做分开缝，再将领面、领里正面相对缝合，缉线1cm，然后把固定好拉链的前片与挂面缝合，缉线0.8cm；要求登门、领口左右高低一致，如图5-2-30～图5-2-32所示。

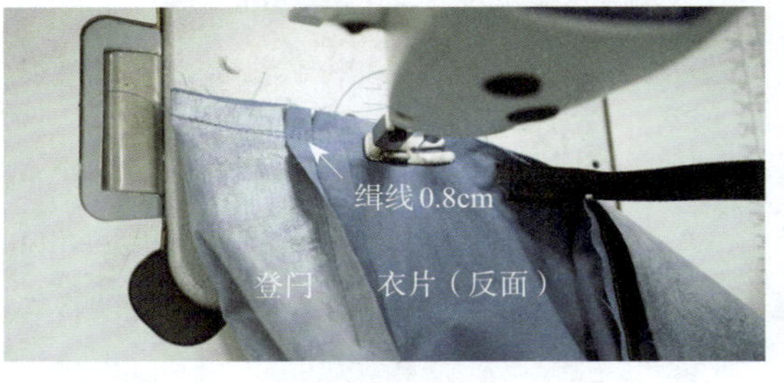

图5-2-30　挂面与面布、拉链缝合

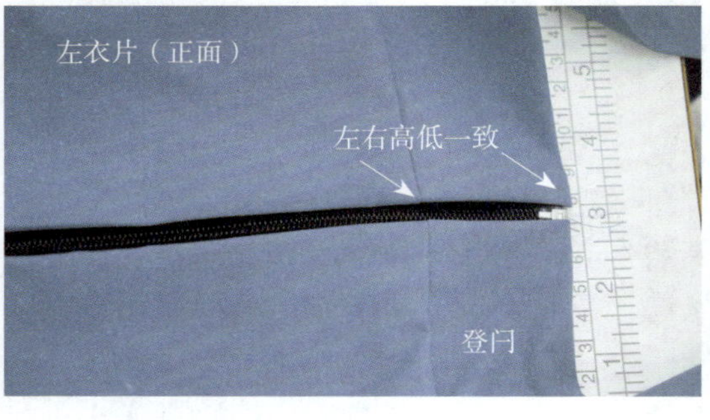

图5-2-31　拉链固定后登门处效果

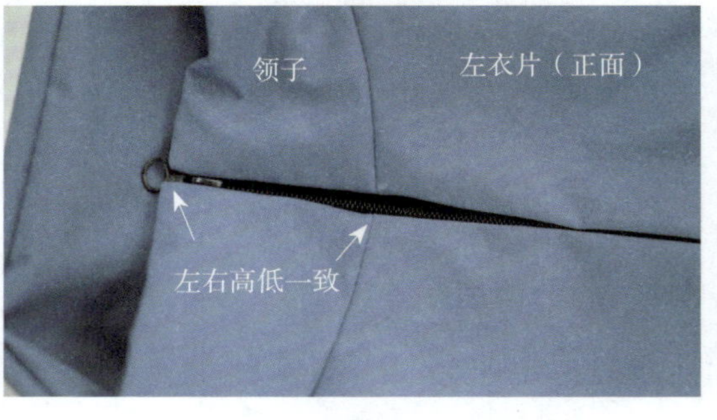

图5-2-32　拉链固定后领口处效果

11. 固定领子、缉明线

领面、领里装领后缝份烫开，将两层衣身缝份缉线固定，领子、衣身、登闩整烫平整，最后按左襟下端登闩处→左襟门襟→领子→右襟门襟→右襟下端登闩处的顺序，正面缉明线0.6cm，明线缉好后衣片闭合较好，如图5-2-33～图5-2-35所示。

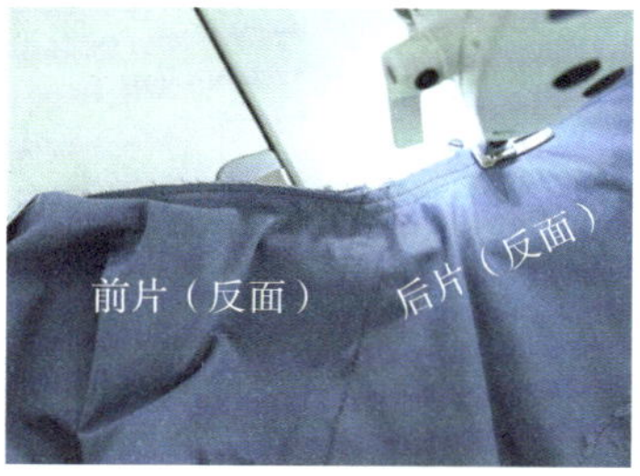

图5-2-33　固定领子

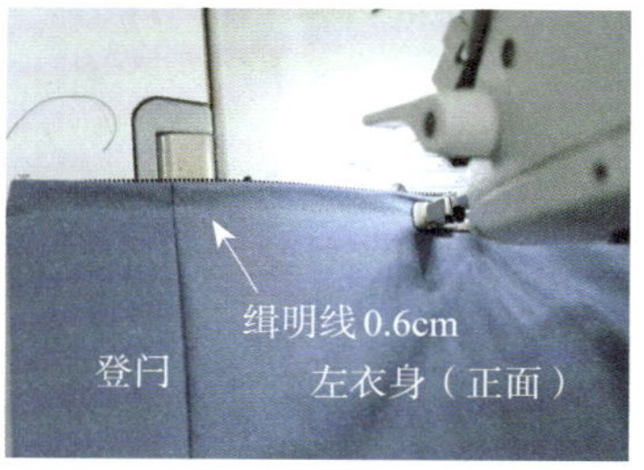

图5-2-34　拉链处缉明线效果

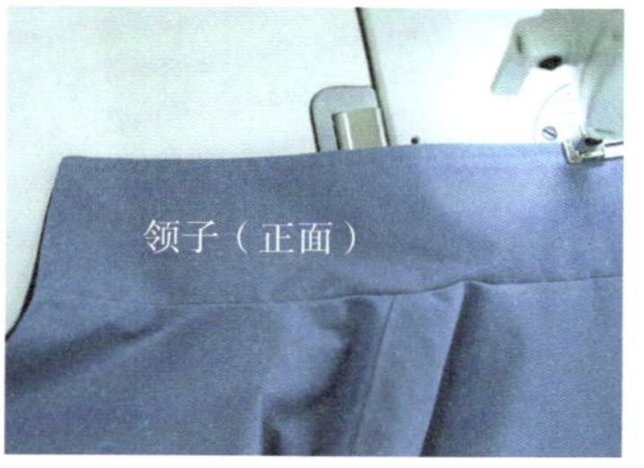

图5-2-35　领子缉明线效果

12. 做袖子

（1）做面布。

①缝合后袖缝。大袖在下，小袖在上，正面相对，袖肘点对准，缉线1cm，袖口处预留10cm做开衩位不缝合，小袖片打一斜剪口，如图5-2-36、图5-2-37所示。

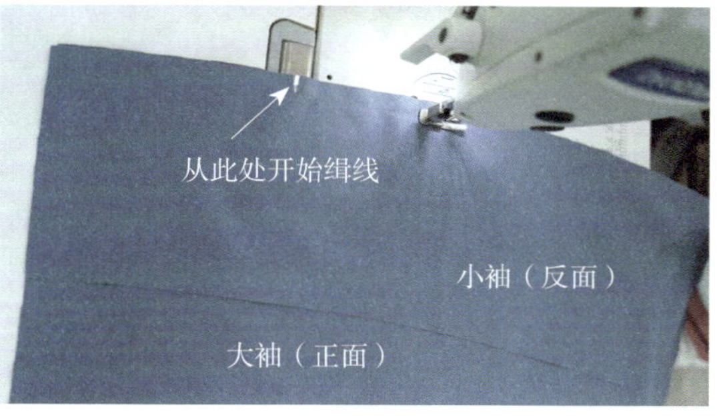

图5-2-36　缝合后袖缝

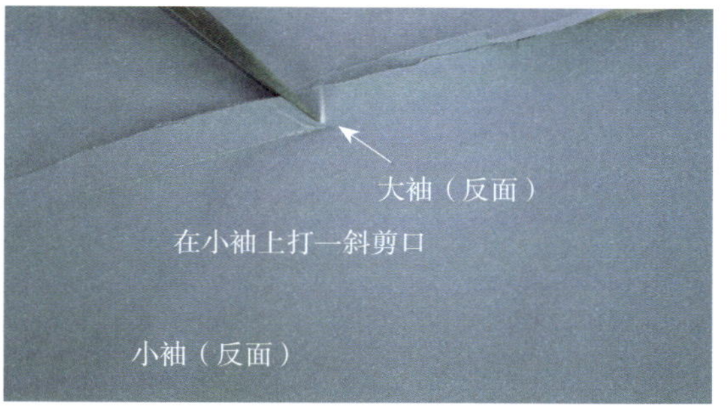

图5-2-37　小袖片打剪口

②做袖衩。将小三角对折烫平，然后分别与袖缝开衩位缝合，缉线1cm，将后袖缝缝份倒向大袖，在大袖正面缉0.6cm明线，如图5-2-38～图5-2-41所示。

男夹克-三角袖衩制作

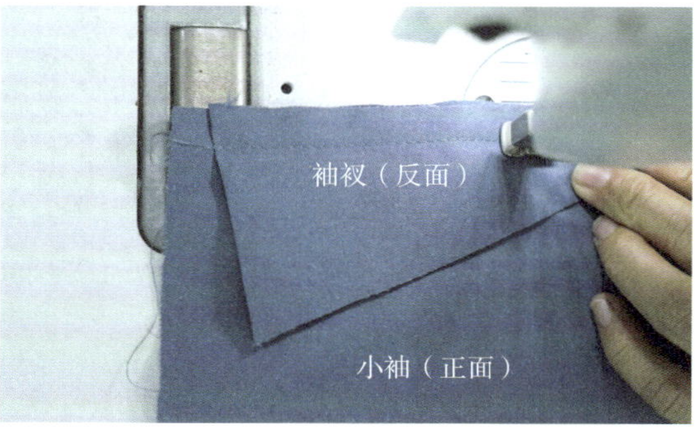

图5-2-38　装小三角

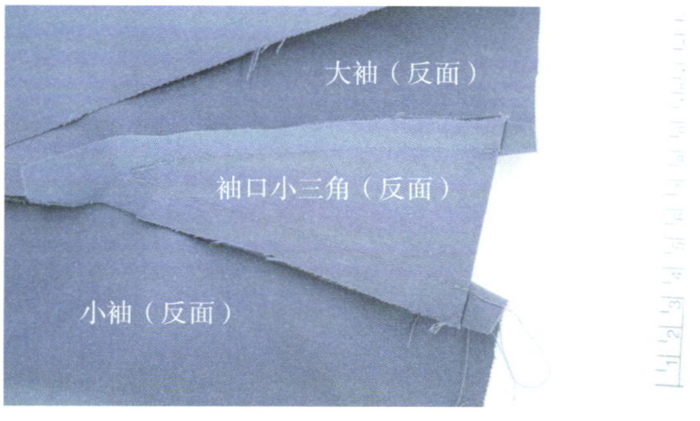

图5-2-39　装小三角反面效果

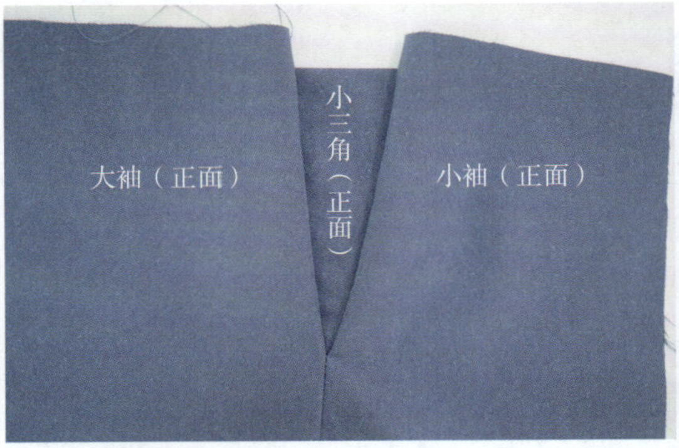

图5-2-40 装小三角正面效果

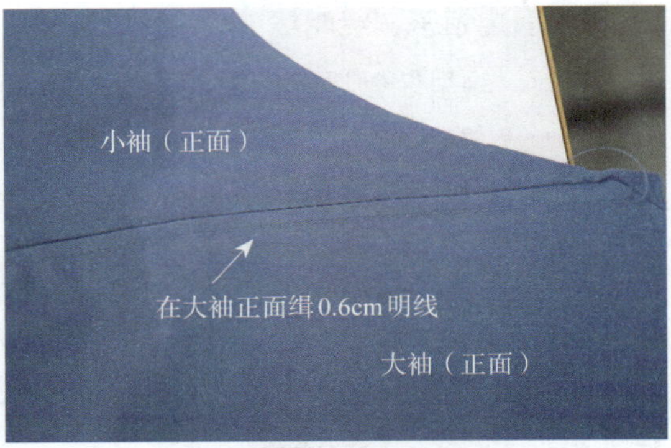

图5-2-41 大袖正面缉明线

（2）做里布。缝合后袖缝的方法与面布相同，左袖前袖缝袖肘处里布留出15～20cm不缝合，衩位处里布大、小袖缝份分别与面布大、小袖缝份固定缝合，如图5-2-42、图5-2-43所示。

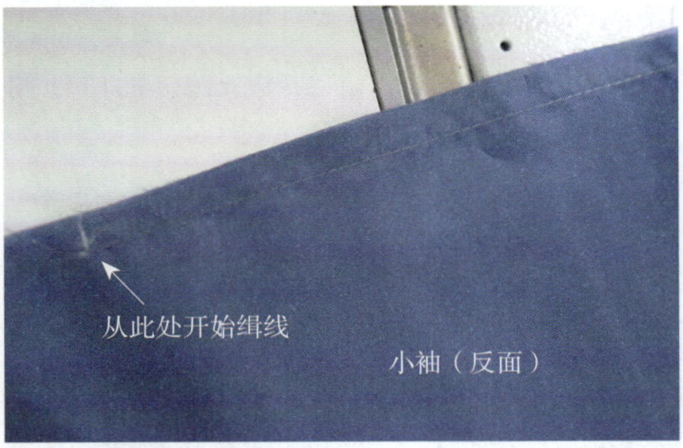

图5-2-42 缝合里布后袖缝

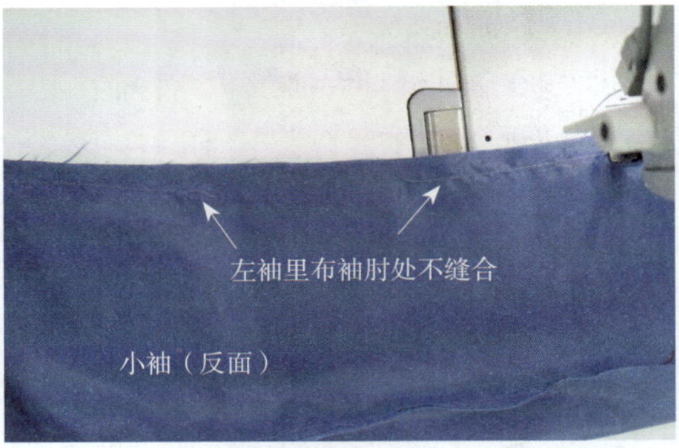

图5-2-43 左袖袖肘处不缝合

13.装袖克夫

先将两片袖克夫的长边分别与袖子面布、里布缝合，然后把袖克夫的三边分别按净样缝合起来，缉线1cm，修剪袖克夫缝份后翻至正面，袖克夫尖角用锥子挑方正，然后密缝袖克夫，最后在袖克夫和小三角正面缉明线，宽度分别为0.6cm和0.1cm，烫平，如图5-2-44～图5-2-49所示。

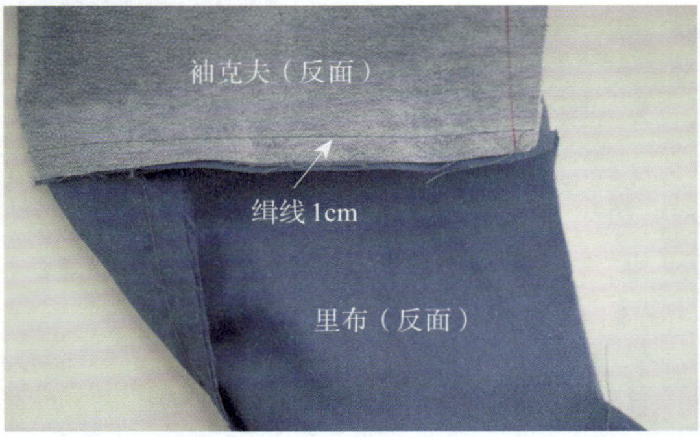

图5-2-44 袖克夫分别与袖子面布、里布缝合

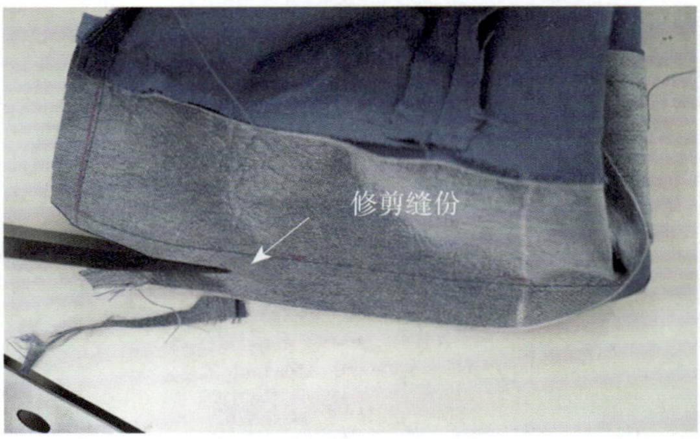

图5-2-45 修剪缝份

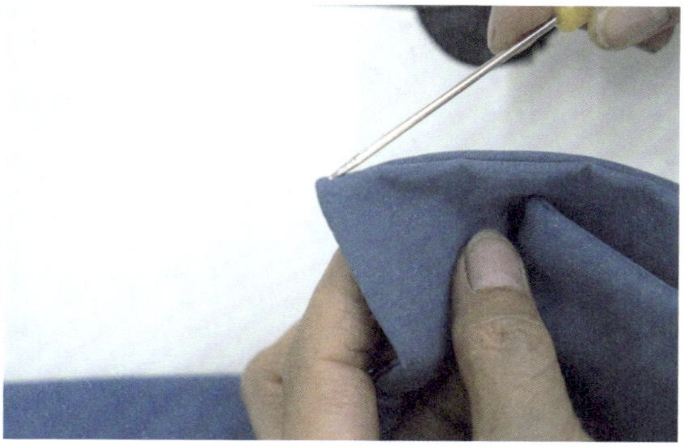

图 5-2-46　袖克夫尖角要挑方正

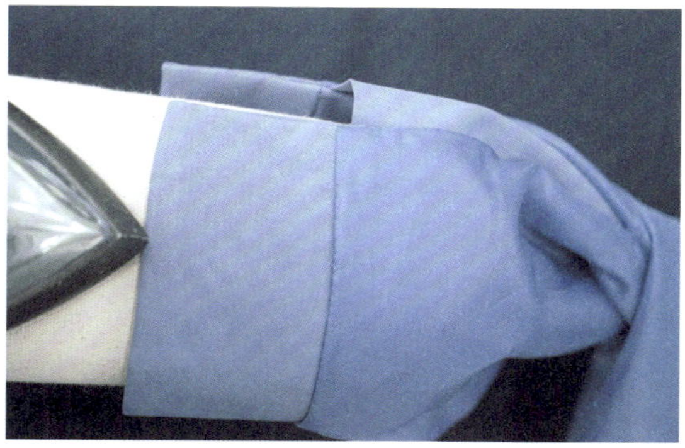

图 5-2-47　熨烫袖克夫

图 5-2-48　密缝袖克夫

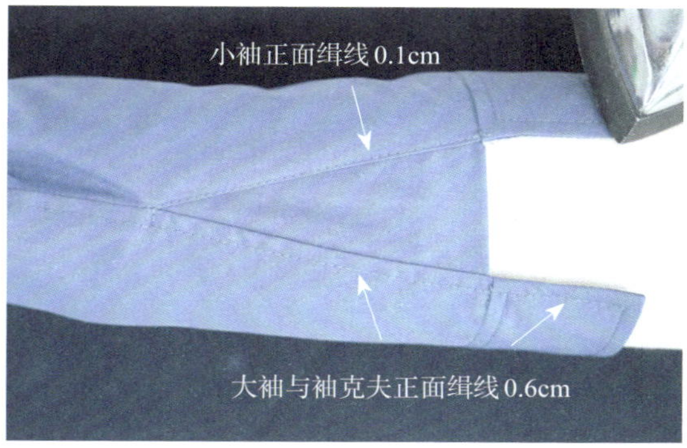

图 5-2-49　正面缉明线

14. 装袖子

先将袖山头进行适当融缩，使袖山与袖窿长度相等，然后将袖子与衣身正面相对，袖子在上，衣身在下，缉缝一周，袖山对位点与肩缝对准，前袖山对位点与前袖窿对位点对准，后袖山对位点与后袖窿对位点对准，袖底对位点与侧缝对准，如图 5-2-50、图 5-2-51 所示。

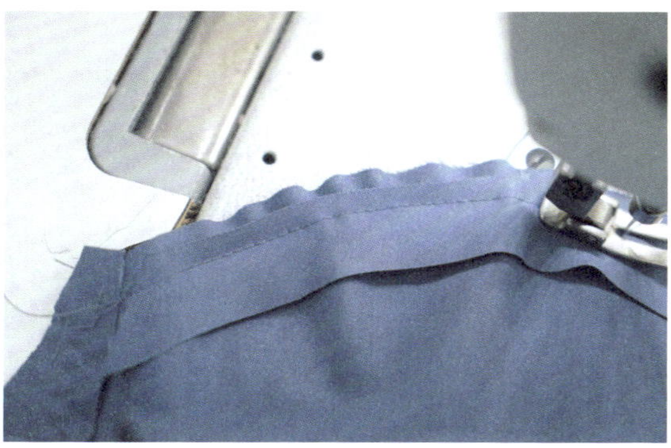

图 5-2-50　抽袖山

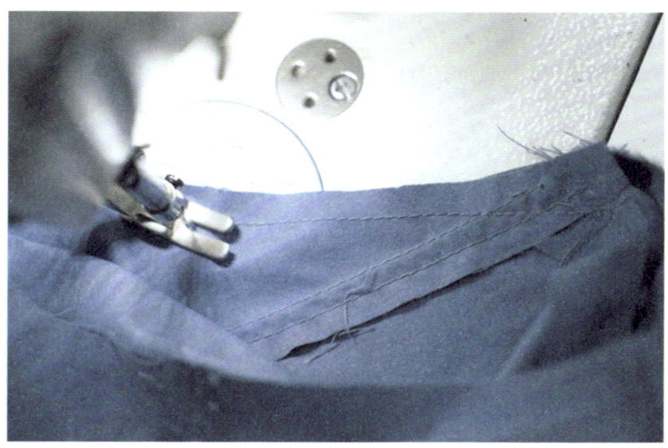

图 5-2-51　装袖

15. 做登门

对折后的登门长度边与衣身面布、里布四层一起缝合，缝份 1cm，如图 5-2-52、图 5-2-53 所示。

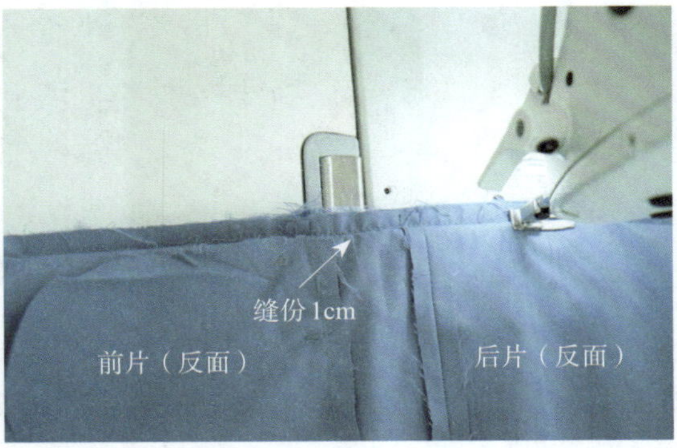

图5-2-52　登闩与衣身缝合

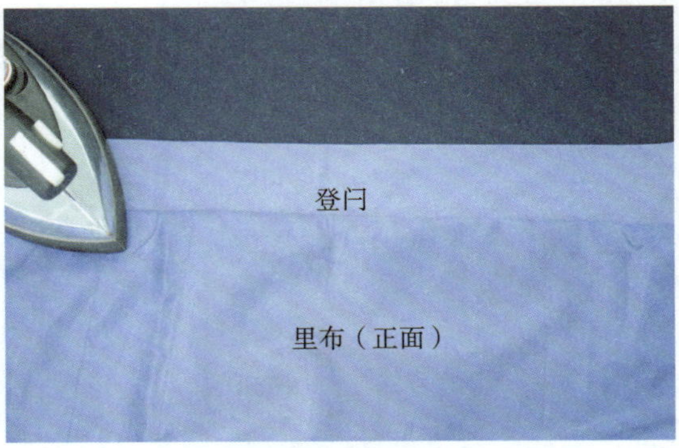

图5-2-53　烫登闩

16. 袖子封口

用棉线将衣身与里子缝合固定，然后将衣服全部从袖子预留出口处翻出，整理平整，然后将左袖后袖缝预留口缉0.1～0.2cm封口，如图5-2-54、图5-2-55所示。

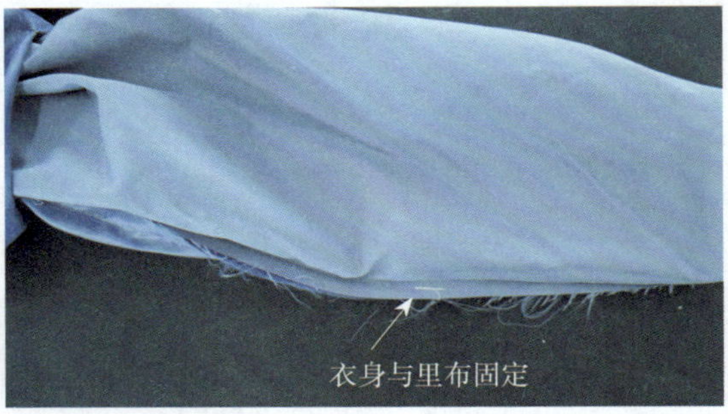

图5-2-54　衣身与里布固定

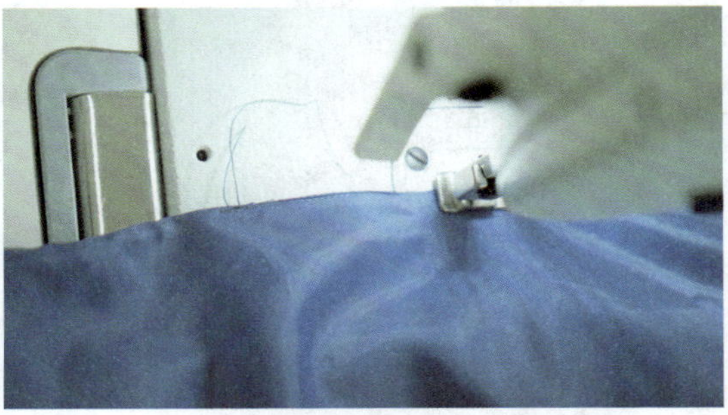

图5-2-55　袖子封口

17. 袖口钉金属纽扣

面扣钉在大袖，底扣钉在小袖，位置适中。企业有专门设备安装金属扣，安装后效果如图5-2-56、图5-2-57所示。

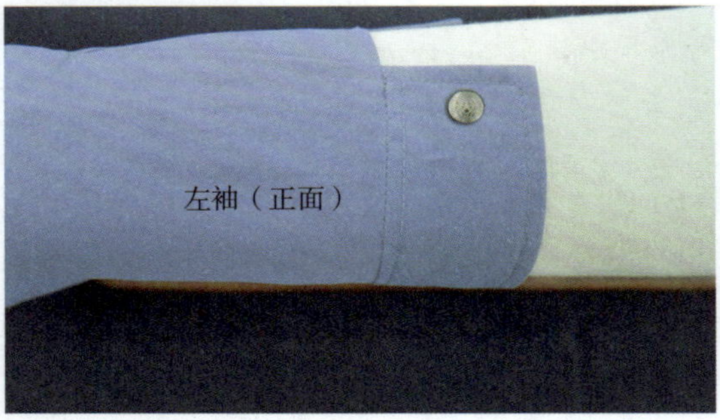

图5-2-56　金属面扣安装后效果

图5-2-57　面扣、底扣安装后效果

18. 整烫

按面料的性能调节好蒸汽熨斗的温度，按照烫领→烫袖→烫大身的顺序将男夹克全部整烫好，最后效果呈现如图5-2-58～图5-2-60所示。

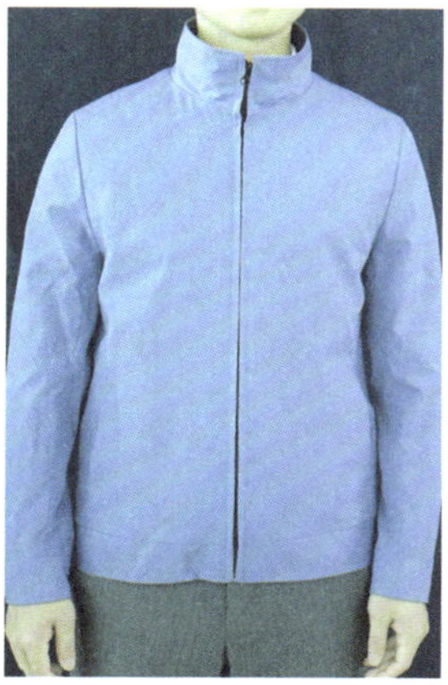

图5-2-58　成品（正面）

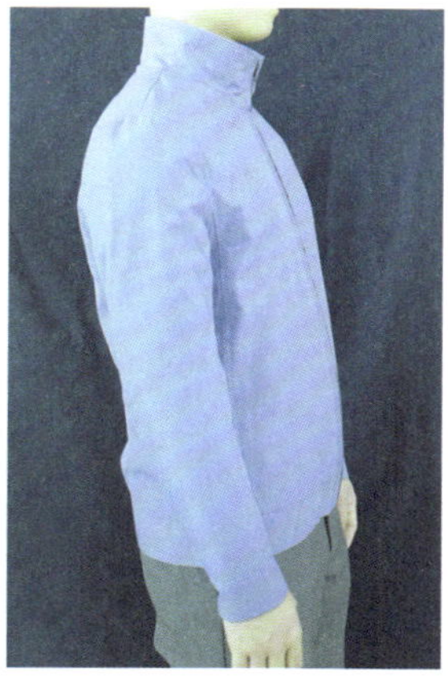

图5-2-59　成品（侧面）

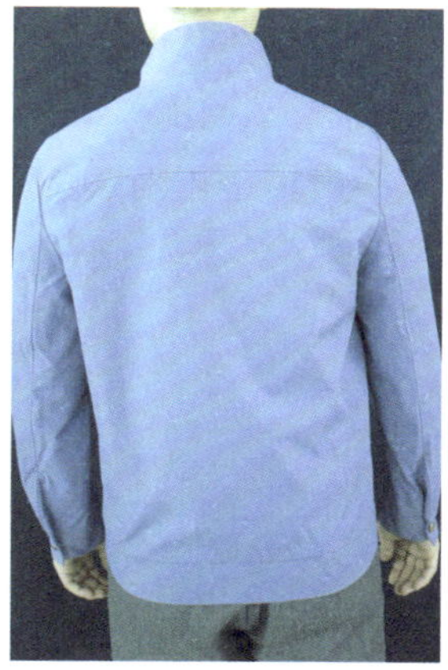

图5-2-60　成品（背面）

五、知识拓展

（一）男夹克暗门襟缝制工艺

1.成品图（图5-2-61）

图5-2-61　男夹克暗门襟

2.部件规格

门襟宽6.5cm，里襟宽3cm。

3.材料准备

前片×2，后片×1，领片×2，挂面×2，门襟×1，里襟×1，登闩×1，拉链×1，金属纽扣2副。

4.工艺流程

缝合肩缝→领面与领圈缝合→固定登闩前端、装拉链→做、装门襟

5. 缝制工艺步骤

（1）缝合肩缝。前片与后片正面相对，左肩从肩端点缉向领口，右肩从领口缉向肩端点，缝份倒向后片，正面缉0.6cm明线，烫平，如图5-2-62、图5-2-63所示。

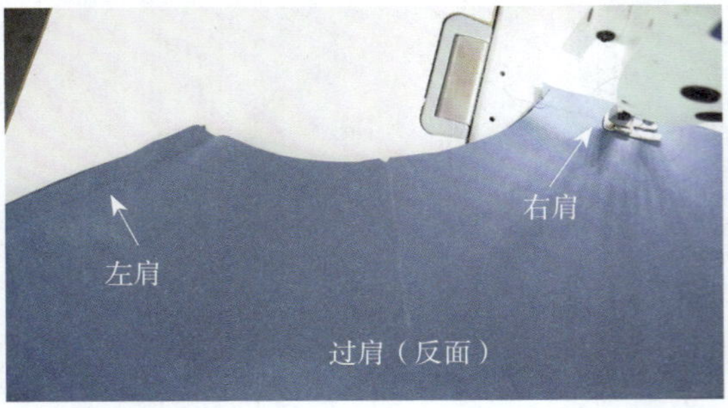

图5-2-62　缝合肩缝

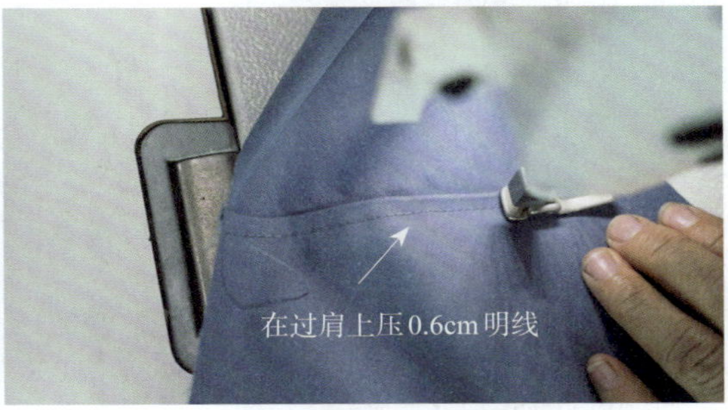

图5-2-63　后片压明线

（2）领面与领圈缝合。先将领底弧线与领圈弧线校对长短，然后将领面正面与衣身正面相对，从左前片领口开始缉线，缝份1cm，左右衣片的肩缝对位点、后中点分别与领面对应的点对准，如图5-2-64、图5-2-65所示。

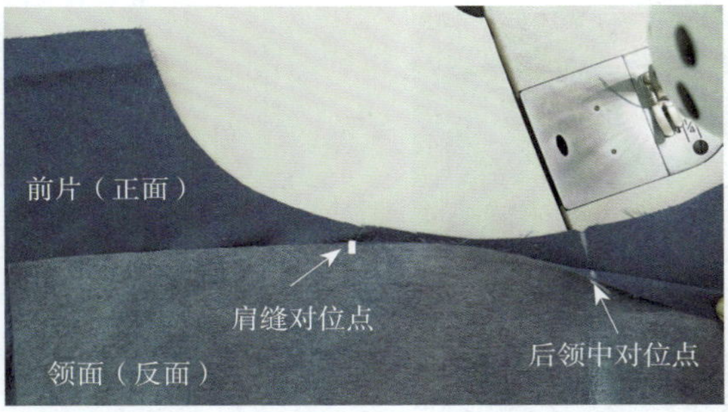

图5-2-64　领底弧线与领圈弧线校对

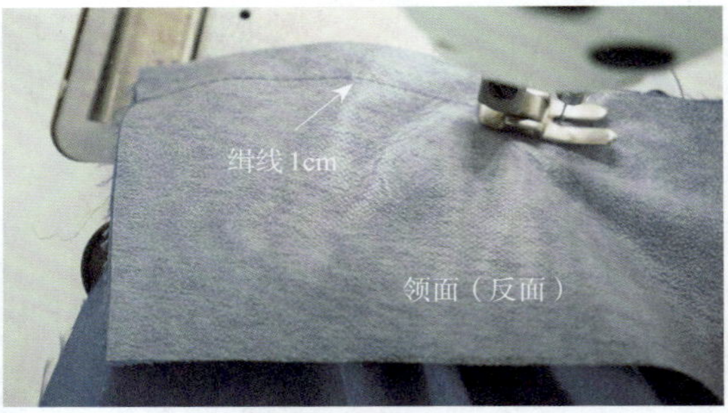

图5-2-65　领面与领圈缝合

（3）固定登闩前端、装拉链。

①固定右襟拉链。先将衣身与登闩缝合，再画出里襟净样，在里襟反面两头缉线1cm，翻转沿中线烫平，并在里襟正面缉0.6cm明线，然后将里襟正面与衣片正面相对，领子上口留1cm缝份，下端与1/2登闩宽平齐，缉线1cm，如图5-2-66～图5-2-69所示。

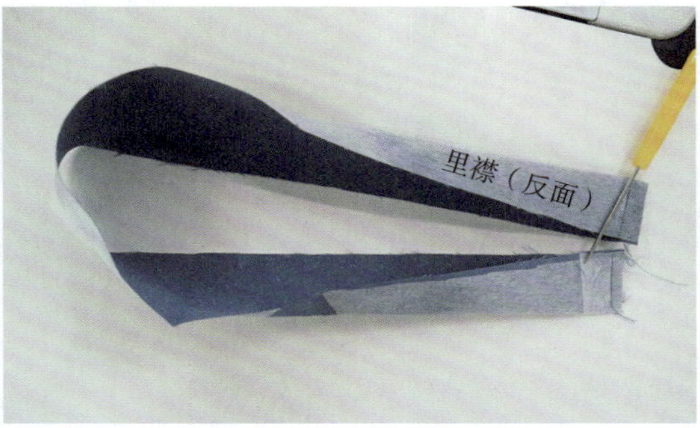

图5-2-66　里襟反面两头缉线

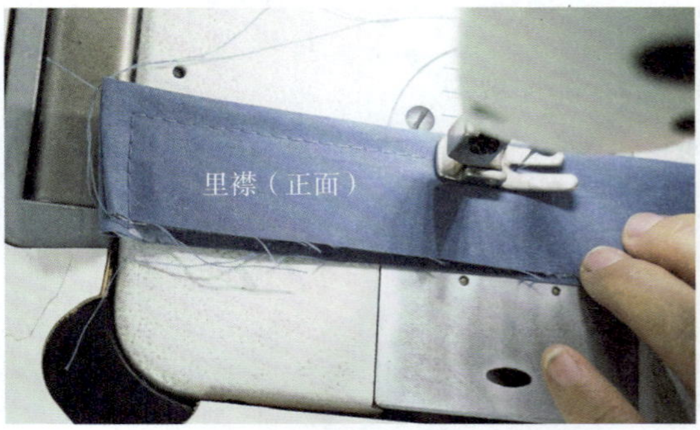

图5-2-67　里襟正面缉明线

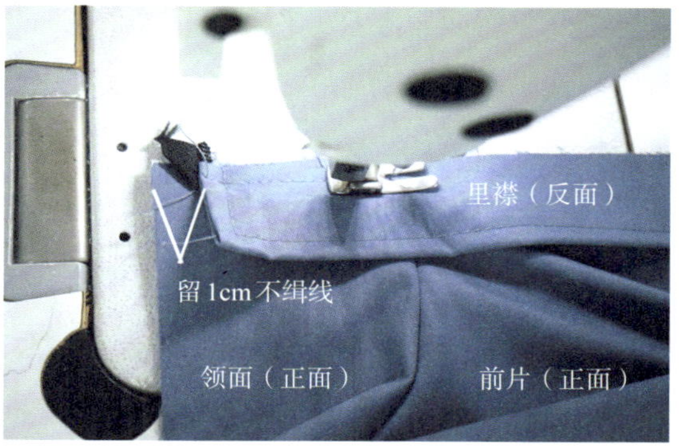

图5-2-68　里襟在领上口缝合效果

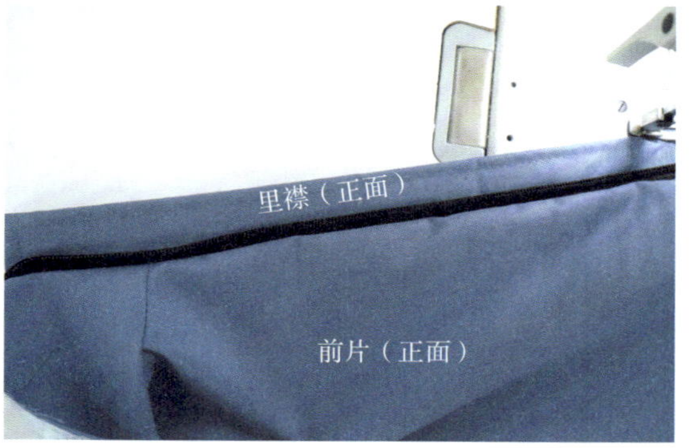

图5-2-69　里襟、拉链缝合后效果

②固定左襟拉链。登闩前端与衣片正面相对，缉线1cm，分开缝烫平，然后将拉链的正面与前片的正面相叠，缉线0.8cm，拉链下口与登闩1/2处平齐，上口预留1cm缝份，如图5-2-70、图5-2-71所示。

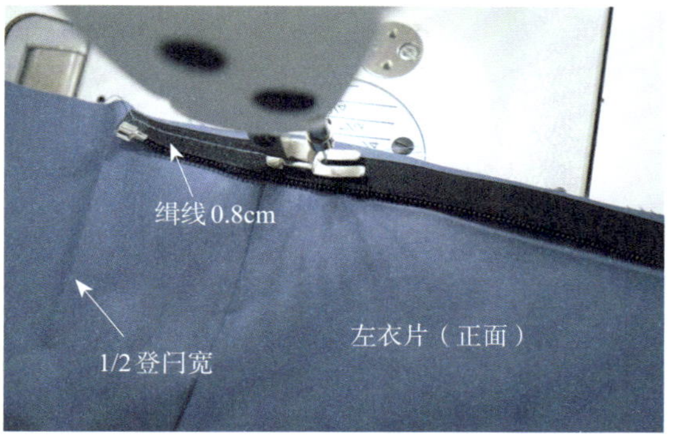

图5-2-70　拉链下口固定

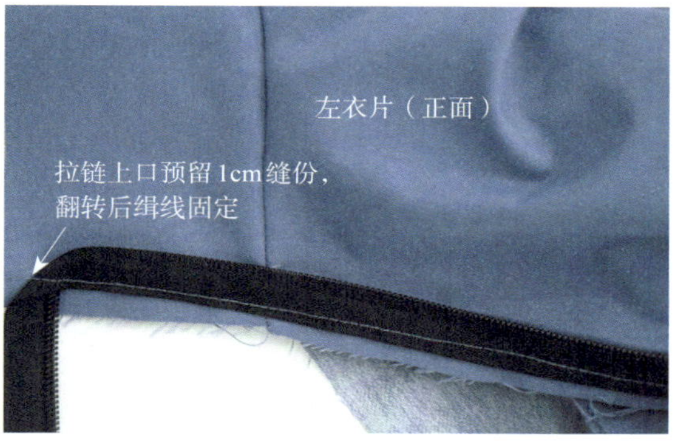

图5-2-71　拉链上口固定

③缝合挂面与衣片。先将挂面下端与登闩前端缝合，上端与领里的领底弧线缝合，缉线1cm做分开缝，再把固定好拉链的前片与挂面一起缝合，最后将领面、领里缝合，缉线1cm，翻至正面后要求登闩、领口高低一致，拉链装好后衣片闭性合较好，如图5-2-72、图5-2-73所示。

图5-2-72　挂面与衣片缝合

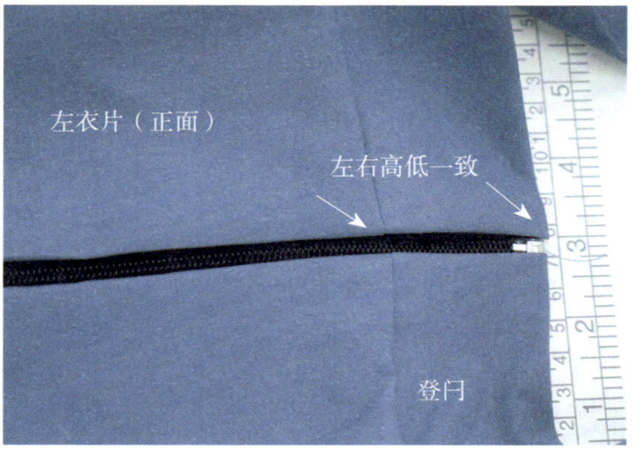

图5-2-73　挂面与衣片缝合后效果

⑤固定领子、缉明线。领面、领里装领后缝份烫开，将两层衣身缝份缉线固定，领子、衣身、登闩整烫平整，最后按左襟登闩→左襟门襟→领子→右襟门襟拉链→右襟登闩顺序，正面缉明线0.6cm，如图5-2-74～图5-2-77所示。

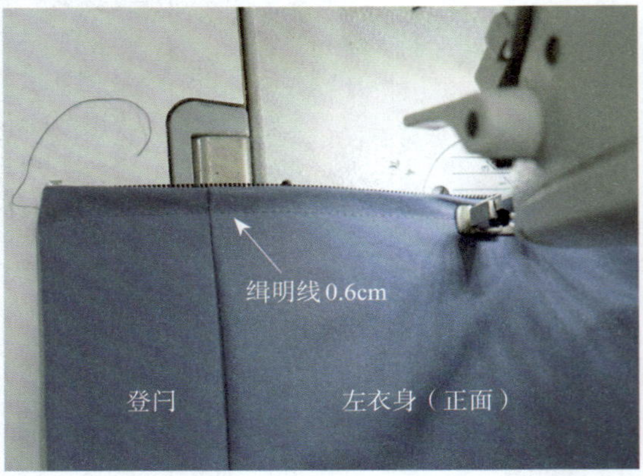

图5-2-74　左襟登闩处效果

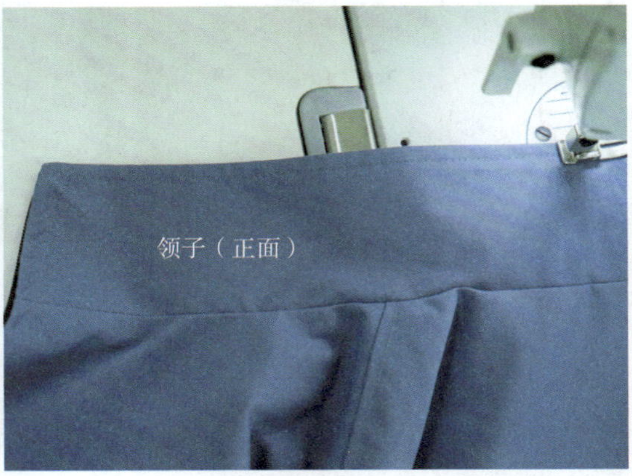

图5-2-75　左襟领子处效果

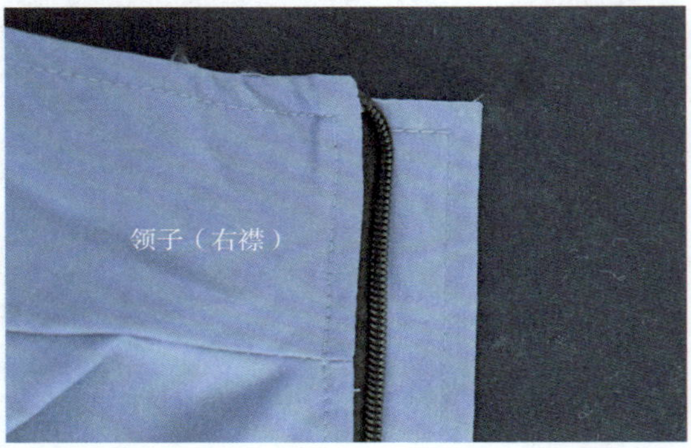

图5-2-76　右襟领子处效果

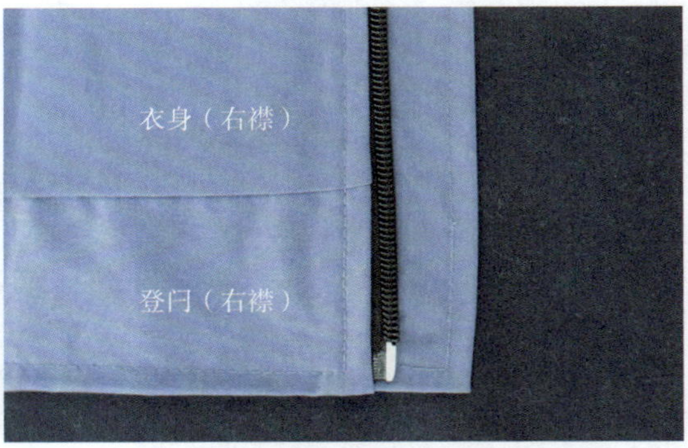

图5-2-77　右襟登闩处效果

（4）做、装门襟。

①将门襟对折两头缉线，翻至正面烫平，缉明线0.6cm，没有缝合的一端缉0.3cm固定并修剪缝份，如图5-2-78、图5-2-79所示。

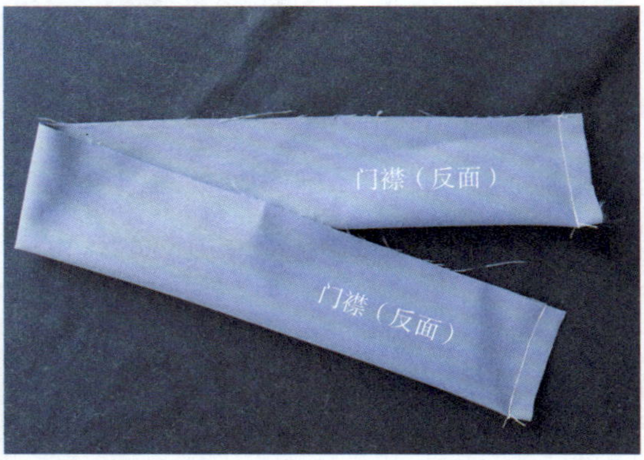

图5-2-78　门襟反面两头缉线

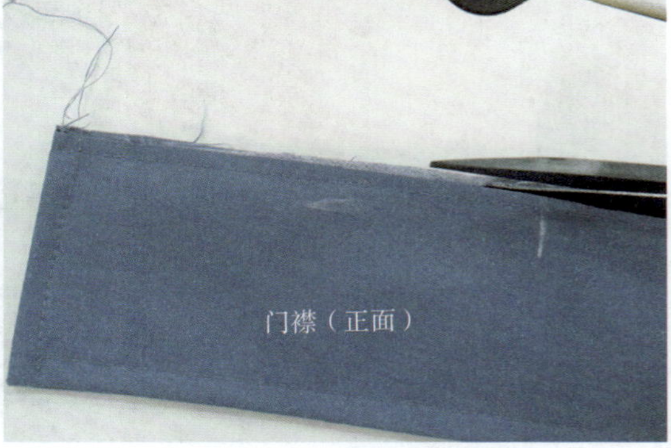

图5-2-79　门襟缉明线并修剪缝份

②先用划粉在左衣片正面画出装门襟位置，然后将做好的门襟正面与衣身正面相对，门襟净样线与划粉印重叠缉线，上端与领口平齐，下端与登闩平齐，缉线1cm，修剪缝份至0.3～0.4cm后，再把门襟翻转盖过缉缝线，在正面缉线0.6cm，如图5-2-80～图5-2-82所示。

（5）安装金属暗扣，面扣钉在左襟，底扣钉在右襟，拉好拉链，确定装扣位置，企业有专门设备安装金属扣，安装后效果如图5-2-83、图5-2-84所示。

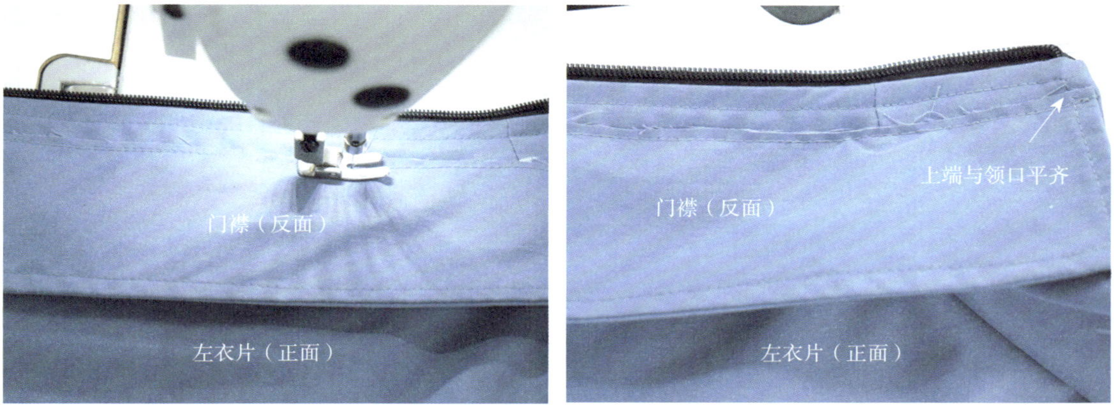

图5-2-80 门襟缉线

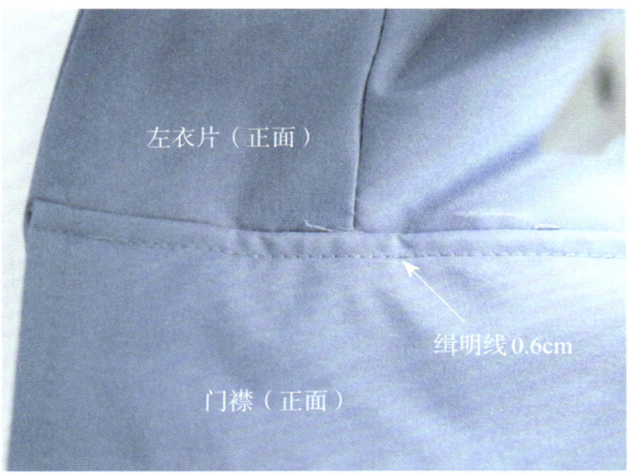

图5-2-81 登闩处缉明线效果

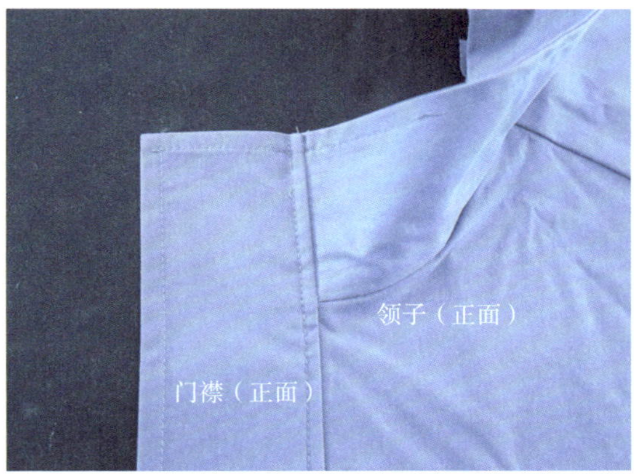

图5-2-82 领子处缉明线效果

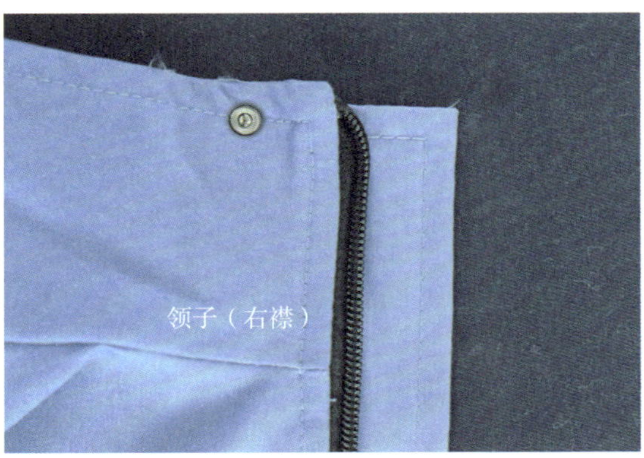

图5-2-83 金属底扣安装后效果

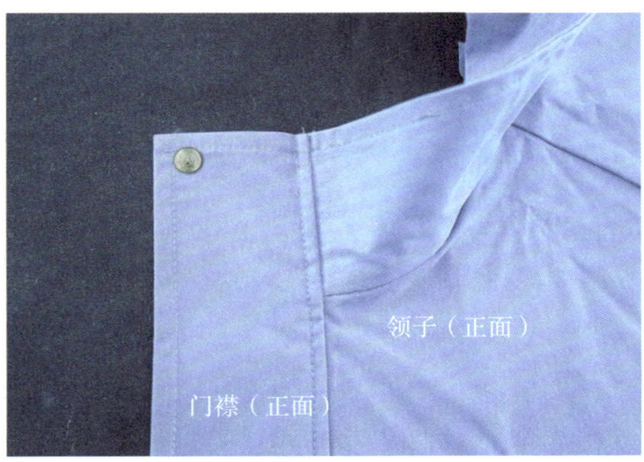

图5-2-84 金属面扣安装后效果

6. 任务要求及评分标准（表5-2-4）

表5-2-4　任务要求及评分标准

评价内容	评价标准	分值	评价方式			
			自评	互评	师评	企业评
门襟	1.门襟正面明线顺直，门襟宽窄一致，符合尺寸要求	10				
	2.门襟翻转缉明线后不露第一道线毛边	10				
	3.门襟上端与领口平齐，下端与登闩平齐	10				
	4.金属暗扣安装位置适中	10				
里襟	1.里襟宽窄一致，符合尺寸要求	10				
	2.门襟上端与领口平齐，下端与登闩平齐	10				
装拉链	1.拉链上、下口高低一致，登闩、领口高低一致	20				
	2.缉线顺直，拉链平服	10				
	3.拉链装好后衣片闭性合较好	10				
小计		100				
合计						

7. 巩固训练

（1）个人进行实践训练，学习暗门襟拉链的制作方法，练习2～3遍，直到熟练为止。

（2）以小组为单位，上网查找男式各类门襟装拉链的款式5～10款，并分析其制作方法。

六、巩固训练

A服装有限公司再次接到B服装有限公司的生产订单，要为B服装有限公司加工另一款男夹克，数量700件，S/M/L/XL/2XL/3XL/4XL 7个码各生产100件，其提供M码的样衣，具体款式详情如图5-2-85、图5-2-86所示。

图5-2-85　男夹克（正面）

图5-2-86　男夹克（背面）

七、任务评价

男夹克评价见表5-2-5。

表5-2-5　男夹克评价表

评价项目	评价内容	序号	评价标准	分值	评价方式				备注
					自评	互评	师评	企业评	
知识技能目标（80分）	规格（10分）	1	衣长规格正确，不超偏差±1cm	2					
		2	胸围规格正确，不超偏差±2cm	2					
		3	肩宽规格正确，不超偏差±0.8cm	2					
		4	袖长规格正确，不超偏差±0.8cm	2					
		5	袖口规格准确，不超偏差±0.2cm	2					
	装领（15分）	6	领面、领里松紧一致，不起扭	5					
		7	领面明线宽窄一致，领里不吐止口	5					
		8	绱领缉线顺直，无下坑，装领位置左右对称	5					
	装拉链（10分）	9	拉链上口平齐，装领线、登闩处高低一致	5					
		10	拉链闭合性较好，正面不露拉链	5					
	绱袖（10分）	11	绱袖层势均匀，圆顺、平服	5					
		12	缉线顺直、宽窄一致，互差不超0.1cm	5					
	袖衩、袖克夫（15分）	13	袖子三角衩平服、长短一致，无毛、漏针现象	5					
		14	袖克夫方正、左右对称	5					
		15	袖克夫密缝顺直，外明缉线顺直、不歪斜	5					

续表

评价项目	评价内容	序号	评价标准	分值	评价方式				备注
					自评	互评	师评	企业评	
知识技能目标（80分）	袖底缝、侧缝（5分）	16	袖底十字裆对准	3					
		17	缉线顺直、平服、宽窄一致	2					
	登门（5分）	18	平服，底边宽窄一致，缉线顺直	5					
	整洁牢固（10分）	19	表面无污渍、无焦黄、无极光	5					
		20	14~15针/3cm	2					
		21	无断线或轻微脱毛	3					
情感目标（20分）	岗位问题处理能力（12分）	22	具有客户信息分析及处理的能力	3					
		23	具有制订计划并合理实施的能力	3					
		24	具有实施过程中独立思考及解决问题的能力	4					
		25	具有安全实操的能力	2					
	团队合作创新能力（6分）	26	具有团队合作意识和创新能力	3					
		27	具有按时完成任务、高效工作的能力	3					
	工匠精神（2分）	28	具有精益求精、追求卓越的工匠精神	2					
合计				100					

任务三 女风衣缝制工艺

任务导入

H服饰有限公司接到B服饰有限公司的生产订单，制作100件女风衣，并要求其根据提供的样衣生产制造通知单的具体尺寸要求，进行M码样衣的制作，具体制作要求详见表5-3-1。

表5-3-1　H服饰有限公司女风衣样衣制作通知单

编号	款号	下单日期
FY2531	女风衣	年　月　日

部位	规格				
	155/80A	160/84A	165/88A	170/92A	175/96A
	S	M	L	XL	XXL
衣长	91	92	93	94	95
胸围	92	96	100	104	108
腰围	82	86	90	94	98
袖长	56	56.5	57	57.5	58
肩宽	37	38	39	40	41

备注：面料先缩水后再开裁

工艺说明与技术要求

1.针距要求：14~15针/3cm

2.外观平服，衣身干净、整洁，线路规整，无线头，无污迹，无破损及脱线等外观损伤

3.领子：领面、领座光滑平顺，外领口弧线长度合适，翻领、驳领及门襟止口缉0.6cm明线

4.袖子：袖子吃势均匀，圆度饱满，大、小袖拼缝缉0.6cm明线

5.衣身：前后衣片纵向分割、后中顺直，坐缉缝缉0.6cm明线，前后肩覆缉0.6cm明线

6.口袋：袋口缉0.1~0.6cm双明线，明线均匀，袋角平服方正，无起涟，无豁口

7.腰带：腰带缉0.6cm明线，腰带带角平服方正，长度适中，无起涟，无变形

8.里布、粘衬：全里，倒缝，有后领托；粘衬平整，无起皱、起泡现象

9.整烫：各部位熨烫到位，无亮光、水花，底边平直无起浪现象

款式特征概述

此款风衣为翻驳领，双排6粒扣，前衣片左、右做纵向分割，开挖袋，左前胸做肩覆；后衣片左右做纵向分割，后背做后肩覆，袖子为合体两片圆装袖，肩部、袖子做肩襻、袖襻、钉1粒扣，腰部做串带袢，系腰带，挂里

面料：锦/棉、聚酯纤维、化纤混纺均可

辅料：袋布、衬布、纽扣、配色线、洗水唛等

工艺编制	张三	工艺审核	李四	审核日期	年　月　日

任务要求

1.掌握女风衣工业样板的排料、画样、裁剪、熨烫等技术；

2.掌握女风衣的制作方法和技巧；

3.掌握女风衣质量的检测；

4.掌握女风衣生产工艺单的制订以及生产工艺书的编写。

任务准备

女风衣工业样板（纸样）清单见表5-3-2所示。

表5-3-2　女风衣工业样板（纸样）清单

样板名称（面料）	数量	样板名称（里料）	数量	样板名称（净样板）	数量
前中片	1	前中片	1	挂面（净样板）	1
前侧片	1	前侧片	1	翻领（净样板）	1
后中片	1	后中片	1	领座（净样板）	1
后侧片	1	后侧片		嵌条（净样板）	1
大袖片	1	大袖里	1	挂面	1
小袖片	1	小袖里	1	翻领	1
翻领	1	上袋布	1	领座	1
领座	1	下袋布	1	肩襻	1
挂面	1	左前肩覆	1	袖襻	1
后领贴	1	后肩覆	1	袋位	1
嵌线布	1	肩襻	1	嵌线布	1
袋垫布	1	袖襻	1	小袖底	1
肩襻	1			大袖底	1
袖襻	1			后领贴	1
左前肩覆	1				
后肩覆	1				
腰带	1				
串带襻	1				

任务实施

一、任务分析

从提供的样衣生产制造通知单可知，此款女风衣是风衣中的基本款，翻驳领，双排6粒扣，前衣片左右做纵向分割，开挖袋，左前胸做肩覆；后衣片左右做纵向分割，后背做后肩覆，袖子为合体两片圆装袖，肩部、袖子做肩襻、袖襻、钉1粒扣，腰部做串带襻，系腰带，挂里。

缝制工艺的重、难点：挖袋、装领、装袖以及挂里工艺。

二、裁片裁剪图

160/84A女风衣裁片裁剪图，具体有面料排料、里料排料和衬料排料，如图5-3-1～图5-3-3所示。

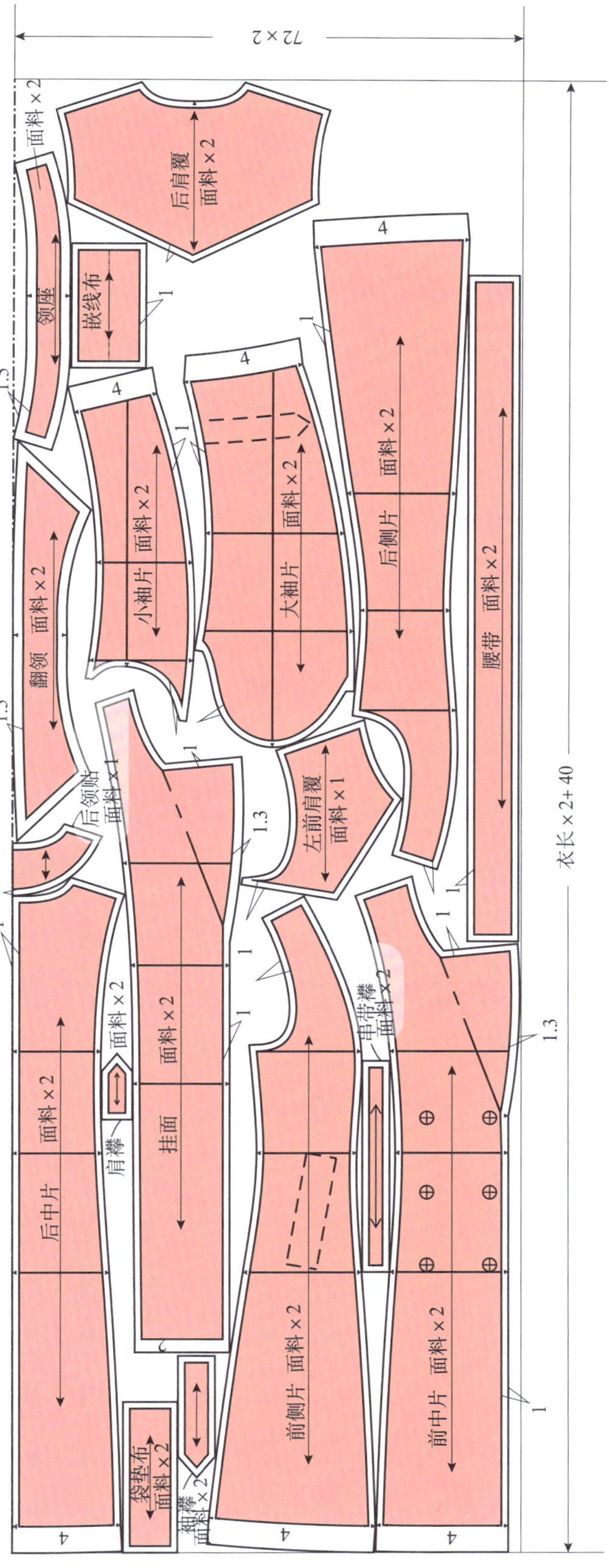

图5-3-1　160/84A女风衣面料裁剪图

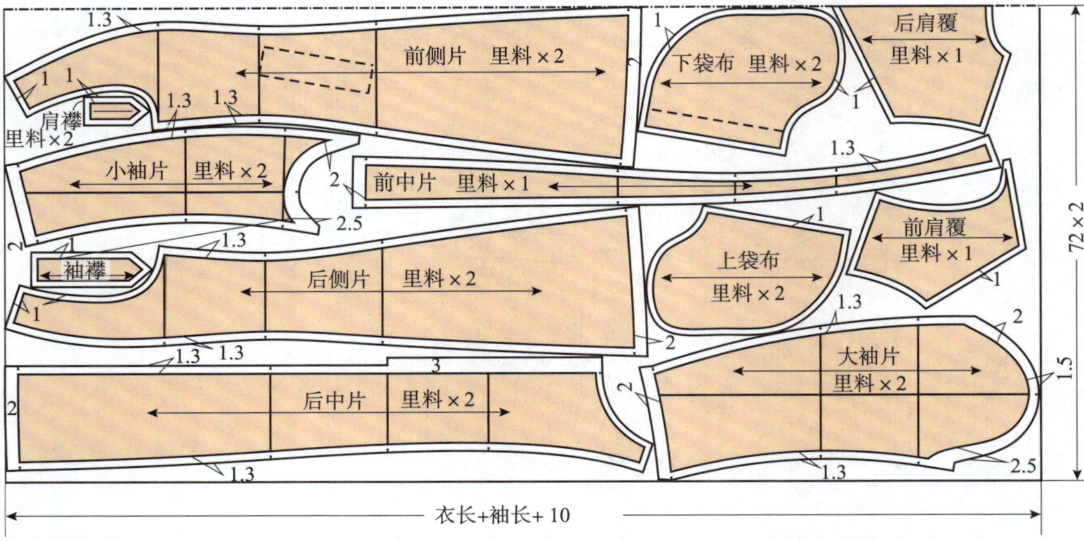

图5-3-2 160/84A女风衣里料裁剪图

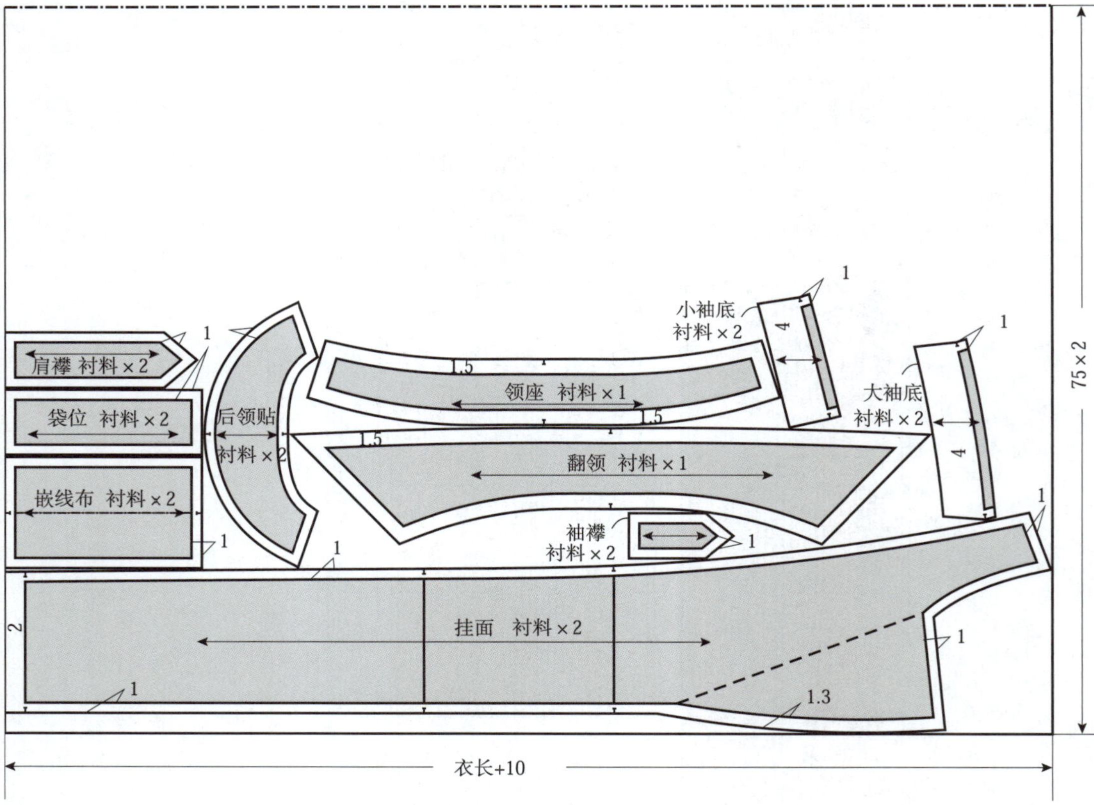

图5-3-3 160/84A女风衣衬料裁剪图

温馨提示：

（1）用料估算。面料使用量与面料的幅宽、胸围和袖长等因素有关。

幅宽（144cm）：衣长 ×2+40cm

（2）排料的原则。先大后小，紧密套排；大小搭配，缺口合拼；排列紧凑，减少空隙。

（3）面、里料裁剪时，左前肩覆和后肩覆均为单层裁剪，注意面、里料单层裁剪时的左右、正反关系。

三、工艺流程

检查裁片→做缝制标记（粘衬、画省和对位标记）→合前片分割→开挖袋→做前肩覆、固定前肩覆→拼合前片里→做前片驳头与门襟止口、烫止口→拼合后片→做后肩覆、固定后肩覆→拼合后片里→做肩襻→拼合肩缝→做领→装领→拼合侧缝→做串带襻、腰带→烫底边、合底边→做袖→装袖→锁眼、钉扣→整烫→成品

四、缝制工艺

1. 检查裁片

检查裁片，核实裁片数量，见表5-3-3。

表5-3-3　女风衣裁片清单

裁片名称	数量	裁片名称	数量
前中片	2	后中片里	2
前侧片	2	后侧片里	2
后中片	2	大袖里	2
后侧片	2	小袖里	2
大袖片	2	上袋布	2
小袖片	2	下袋布	2
翻领	2	左前肩覆里	1
领座	2	后肩覆里	1
挂面	2	肩襻里	2
后领贴	1	袖襻里	2
嵌线布	2	挂面衬	2
袋垫布	2	翻领衬	1
肩襻	2	领座衬	1
袖襻	2	肩襻衬	1

续表

裁片名称	数量	裁片名称	数量
左前肩覆	1	袖襻衬	1
后肩覆	1	袋位衬	2
腰带	2	嵌线布衬	2
串带襻	2	小袖底衬	2
前中片里	2	大袖底衬	2
前侧片里	2	后领贴衬	1

2.做缝制标记（粘衬、画省和对位标记）

根据需要在前侧片袋位、大小袖口、肩襻、袖襻领面和领座等处粘衬，并用钻眼、划粉或眼刀等方式在裁片上做好标记，以便缝制时用于定位，女风衣应在以下部位做好缝制标记。

（1）前中片。腰节线位、胸线位、驳领止点、底边位等，如图5–3–4所示。

（2）前侧片。腰节线位、胸线位、口袋位、绱袖对位点、底边位等，如图5–3–5所示。

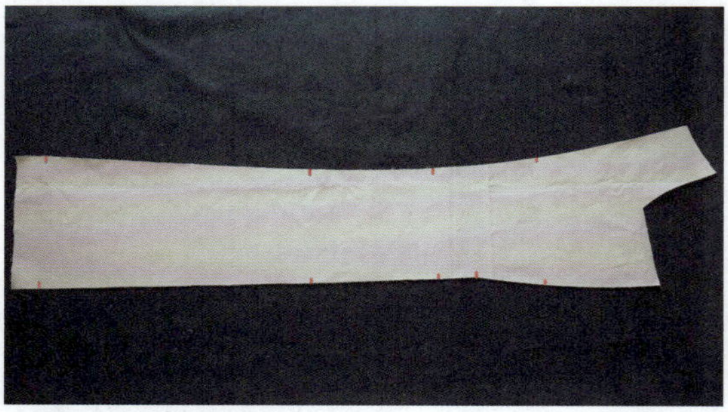

图5–3–4　前中片

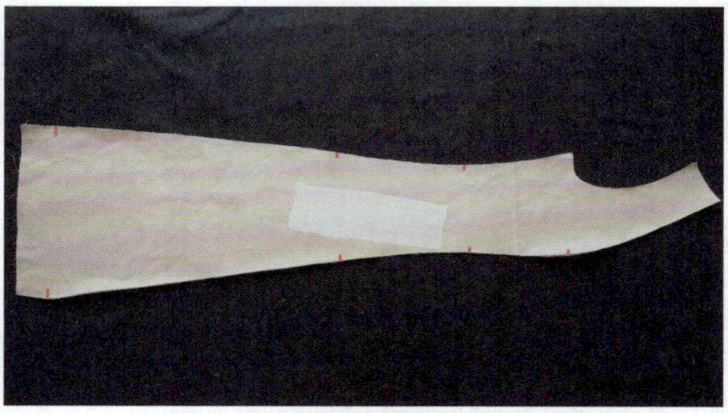

图5–3–5　前侧片

（3）后中片、后侧片。腰节线位、胸线位、底边位等，如图5–3–6、图5–3–7所示。

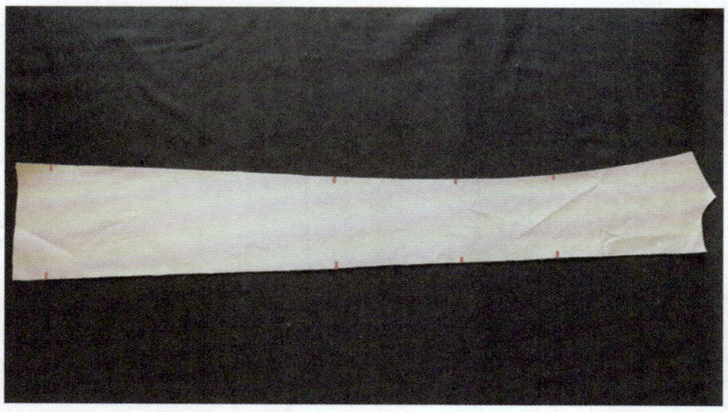

图5–3–6　后中片

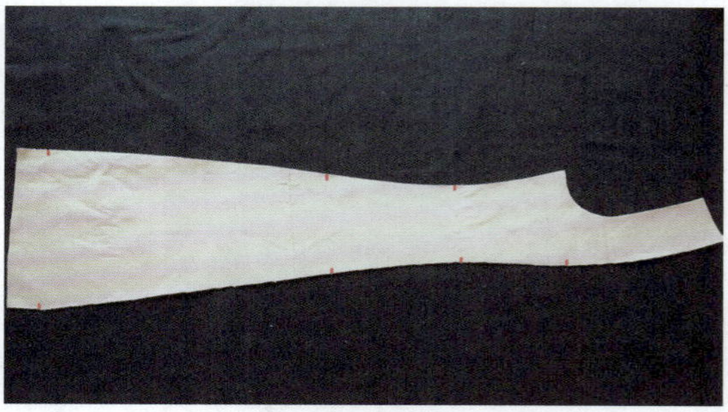

图5–3–7　后侧片

（4）大、小袖片。袖山顶点、袖底、绱袖对位点、袖肥线、袖肘线、袖口线等，如图5–3–8所示。

（5）领子、后领贴。后领中点、绱领对位点等，如图5–3–9所示。

（6）挂面、前后肩覆。驳领止点、翻折线、胸线位，后肩覆领圈中点等，如图5–3–10、

图5-3-11所示。

图5-3-8　大、小袖片

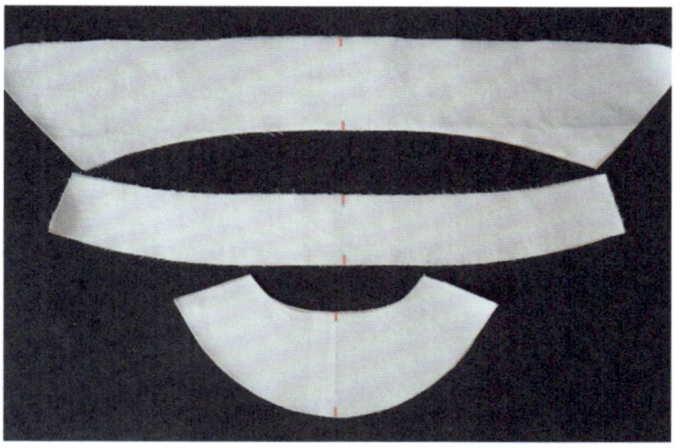

图5-3-9　领子、后领贴

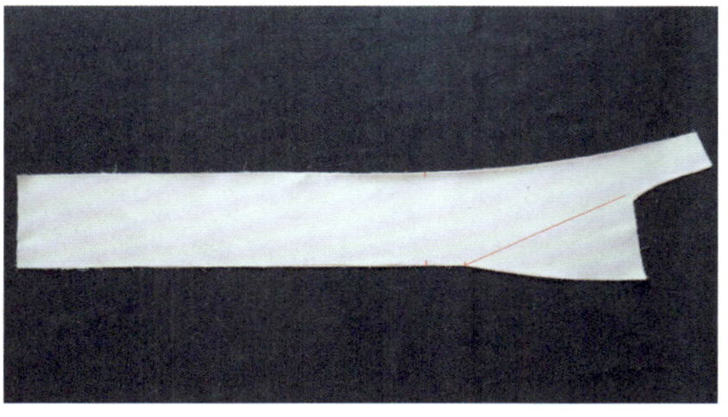

图5-3-10　挂面

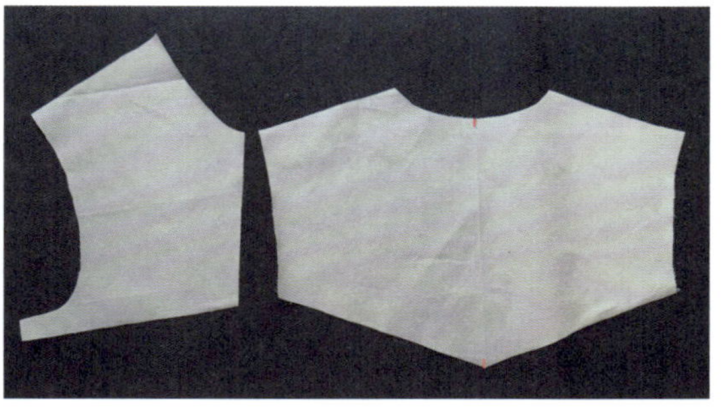

图5-3-11　前、后肩覆

（7）腰带、串带襻。中点对折位等，如图5-3-12、图5-3-13所示。

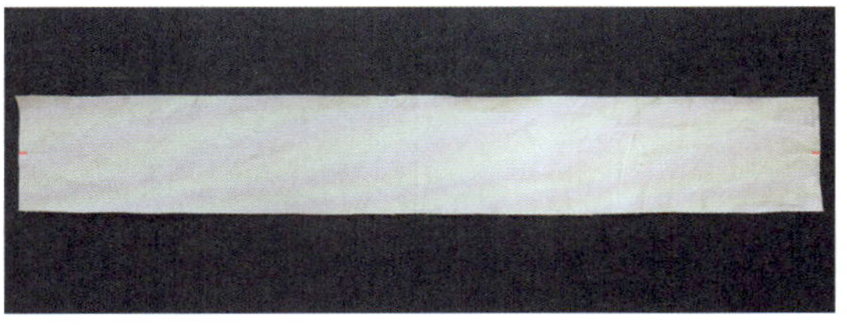

图5-3-12　腰带

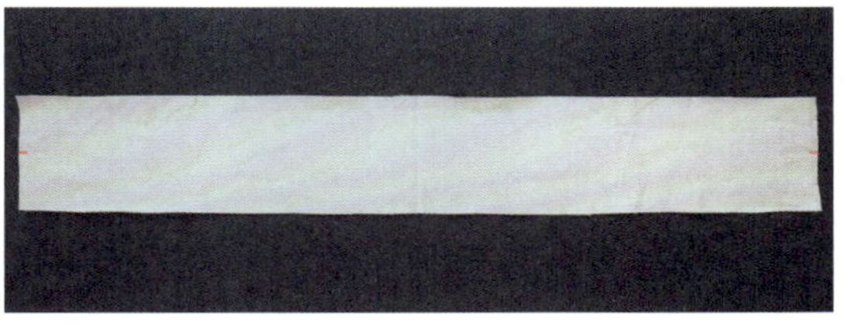

图5-3-13　串带襻

（8）前后中片里、前后侧片里。腰节线位、胸线位、底边位等，如图5-3-14、图5-3-15所示。

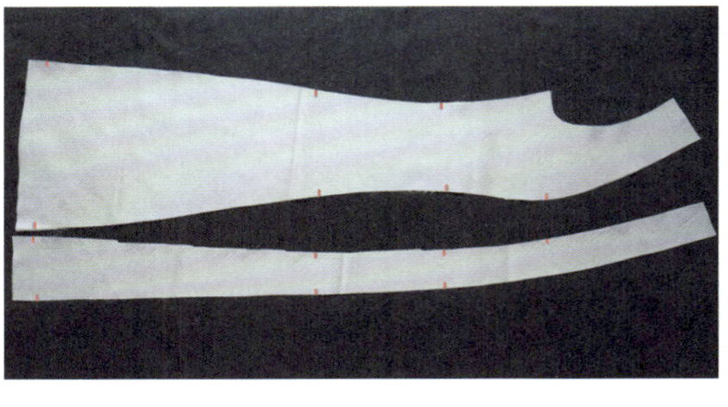

图5-3-14　前片里

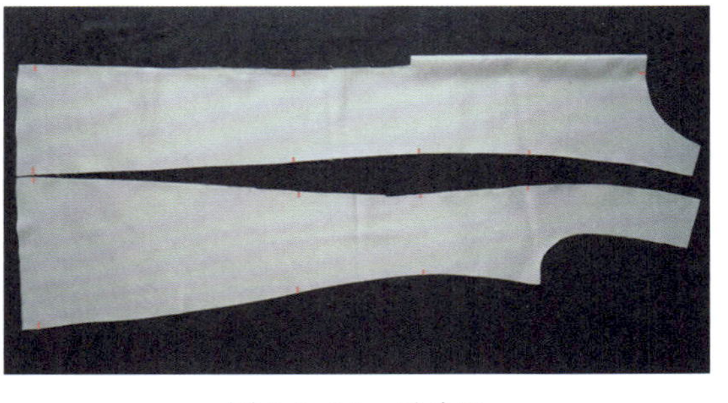

图5-3-15　后片里

（9）大、小袖片里。袖山顶点、袖底、绱袖对位点、袖肥线、袖肘线、袖口线等，如图5-3-16所示。

（10）前、后肩覆里。后肩覆领圈中点等，如图5-3-17所示。

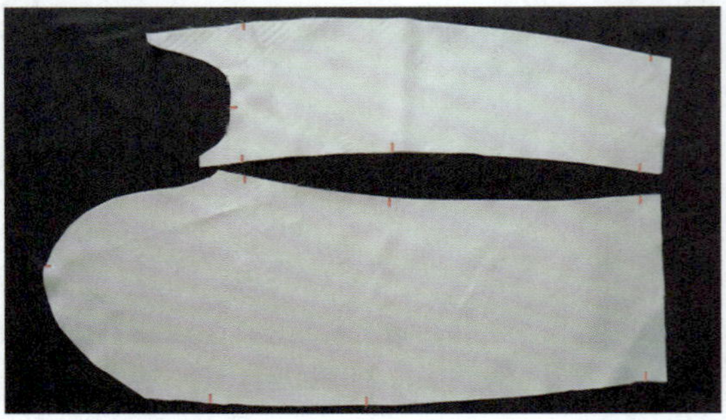

图5-3-16　大、小袖里

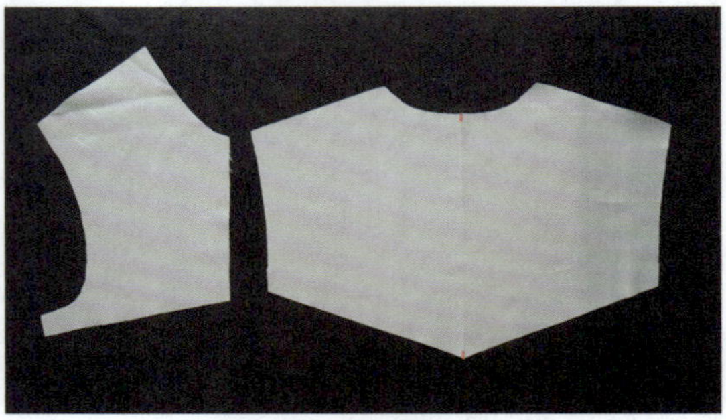

图5-3-17　前、后肩覆里

（11）肩襻、袖襻、袋嵌布、袋布。中点对折位等，如图5-3-18、图5-3-19所示。

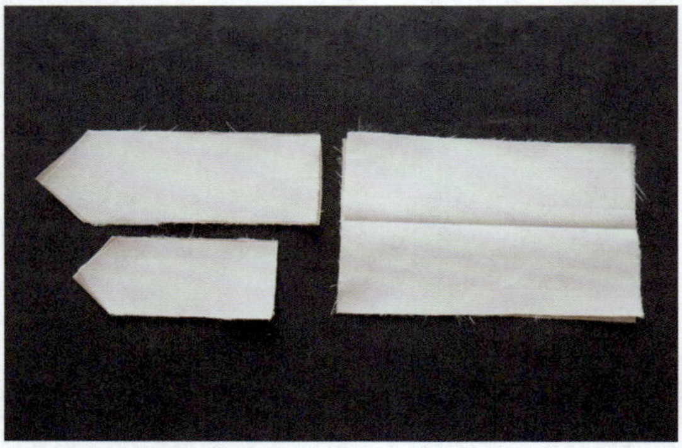

图5-3-18　肩襻、袖襻、嵌线布

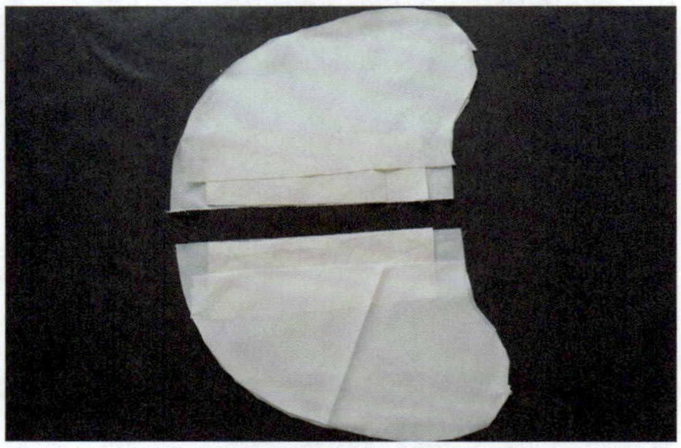

图5-3-19　袋垫布、袋布

3.合前片分割

（1）合前片分割。前侧片口袋位粘衬，将前中片与前侧片正面相对，沿分割线缉缝1cm缝份，注意缝合时对齐胸线位、腰线位、底边对位点，如图5-3-20所示。

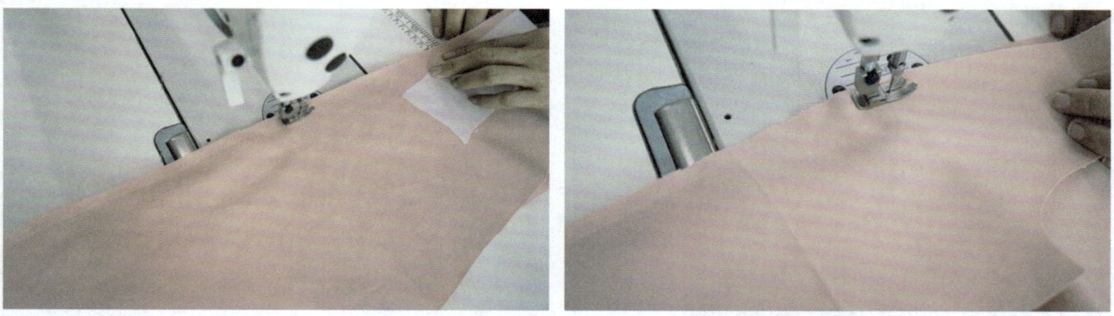

图5-3-20　合前片分割

（2）烫前片分割。将缝份向前中烫倒，便于在前侧片分割处缉明线，如图5-3-21所示。

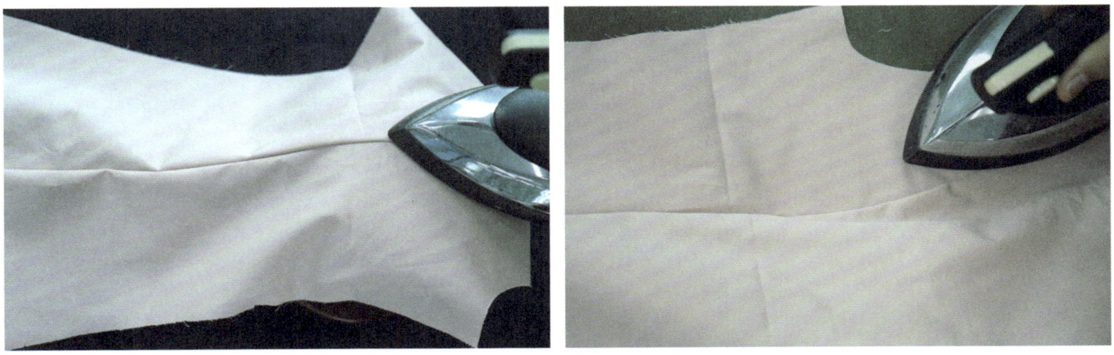

图5-3-21　烫分割

服装工艺小常识

在缝制服装时，为了保证衣服的平顺，基本上都会采用边做边烫，在烫面料正面时要特别注意熨斗温度，不能烫黄、烫焦，建议使用其他面料进行隔布熨烫。

（3）前片分割缉明线。在前中片缉0.6cm明线，注意明线与分割缝宽窄一致，如图5-3-22所示。

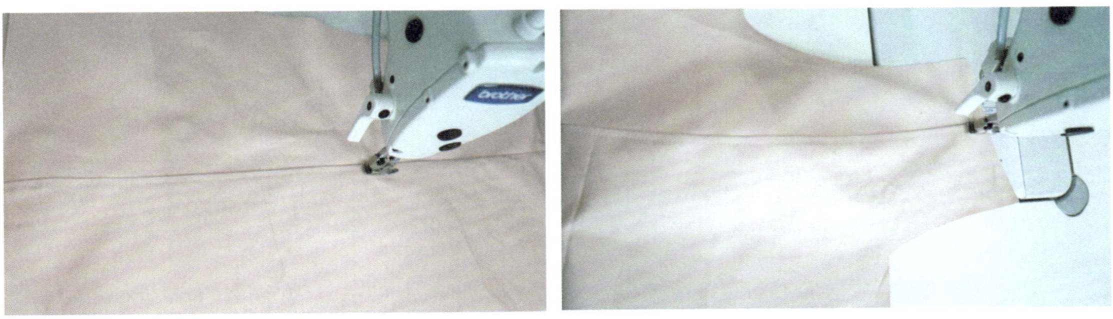

图5-3-22　前片分割缉明线

4.开挖袋

（1）定袋位。按照口袋位置，在前衣片定出袋位，如图5-3-23所示。

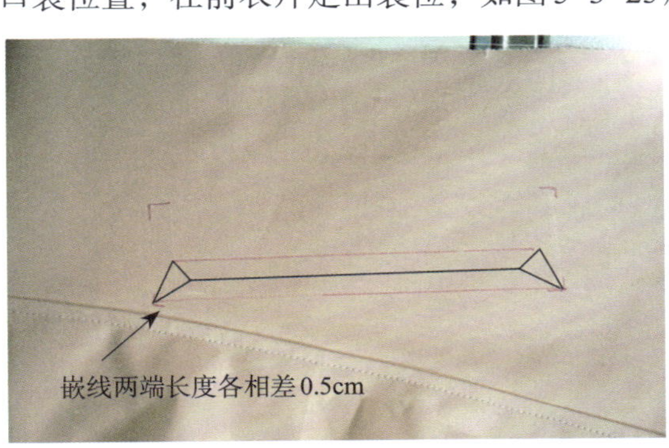

图5-3-23　定袋位

女风衣-挖袋

（2）缉嵌线。沿袋嵌线净样板画线，缉缝袋嵌左右两端，起针需回针，将缝份修剪至0.5cm，翻至正面熨烫平整，如图5-3-24所示。

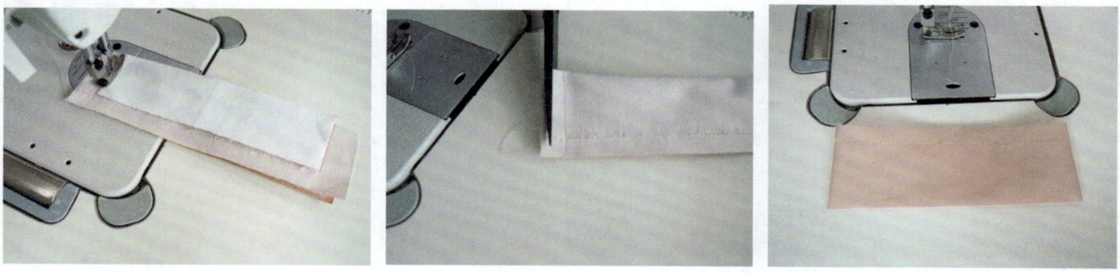

（a）　（b）　（c）

图5-3-24　缉嵌线

（3）固定嵌线与袋布。沿嵌线净样板画线，将嵌线与袋布固定，如图5-3-25所示。

（4）固定袋垫布与袋布。将袋垫布折扣1cm缝份，与袋布固定，缉0.1cm明线，如图5-3-26所示。

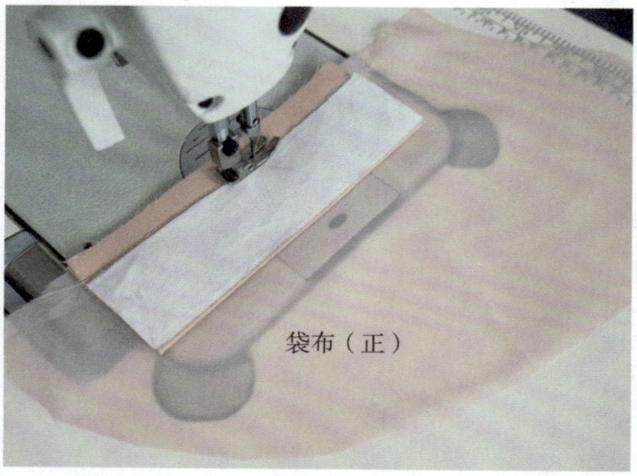

图5-3-25　固定嵌线与袋布

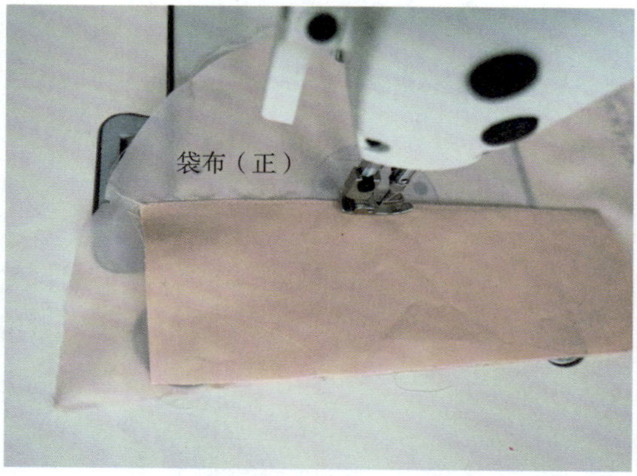

图5-3-26　固定袋垫布与袋布

（5）开袋。将嵌线布与袋布固定在口袋下位（近分割），袋布在上，嵌线布在下，沿口袋净样画线缉缝，起止点需来回针；将袋垫布与袋布固定在口袋上位（近侧缝），袋布在上，袋垫布在下，沿口袋净样画线缉缝，起止点需来回针，如图5-3-27所示。

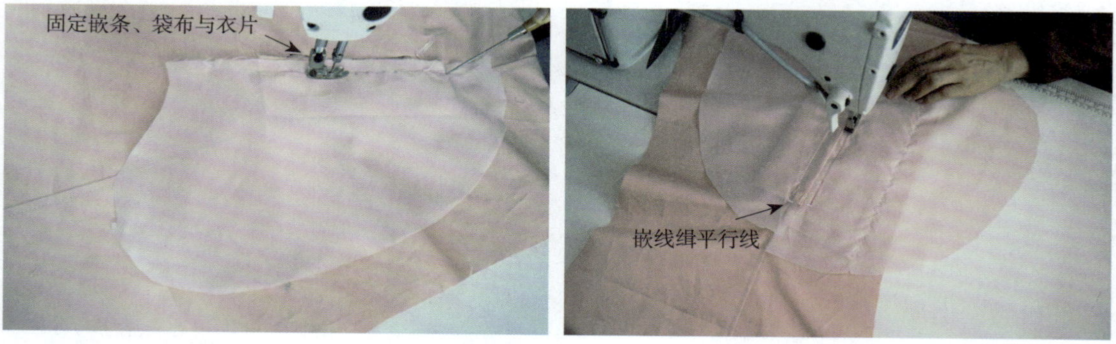

图5-3-27　开袋

（6）剪袋口。沿袋口中间画线处剪开，袋口剪“Y”字形剪口，注意剪袋口三角时，刀尖位置刚好到线，无破损和毛边，如图5-3-28所示。

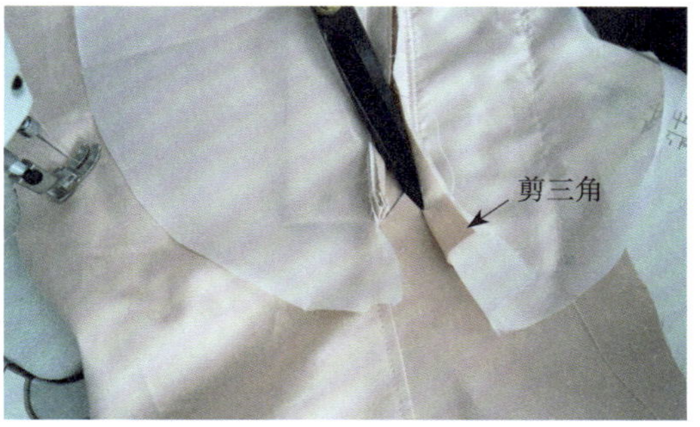

图5-3-28 剪袋口

服装工艺小常识

开袋剪三角时，需要使用剪刀前刀口部分，小心开剪，离缉线处1～2根纱即可，若剪三角不到位，会容易出现袋口两端起褶、旋涡等，若三角剪过位，则袋口两端会破烂，直接导致衣服损坏。

（7）缉袋口明线。将袋布翻至反面，整理嵌线并烫平服，在嵌线上下止口边缉0.1～0.6cm双明线，如图5-3-29所示。

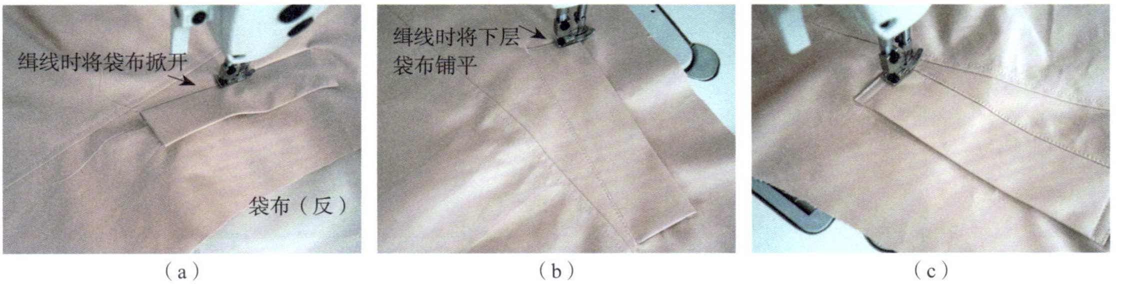

（a）（b）（c）

图5-3-29 缉袋口明线

（8）兜缉袋布。将袋布四周按1cm兜缉一周，并将口袋面、里烫平服，如图5-3-30所示。

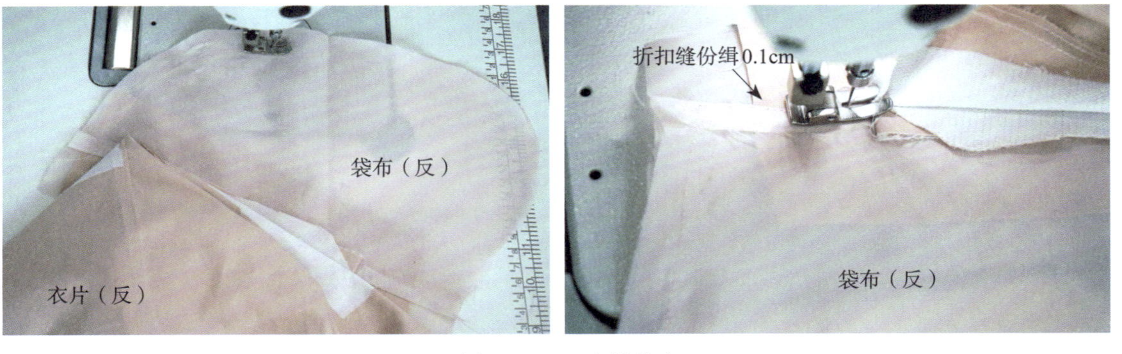

图5-3-30 兜缉袋布

（9）挖袋正、背面效果如图5-3-31、图5-3-32所示。

图5-3-31　挖袋正面

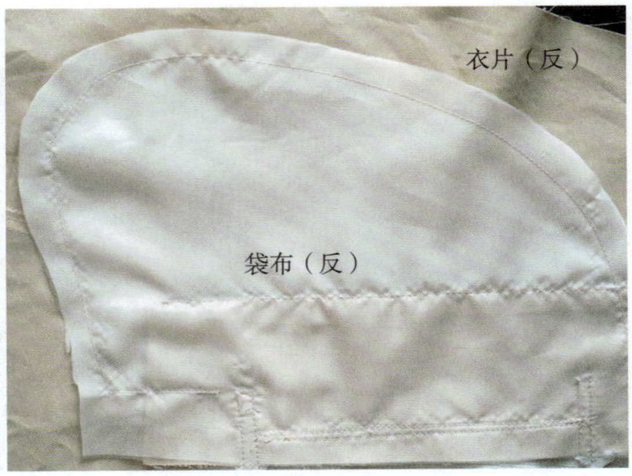

图5-3-32　挖袋背面

5.做前肩覆、固定前肩覆

（1）做前肩覆。将左前肩覆面布与里布正面相对，拼合除领圈、肩缝、袖窿外的另外两边，缝份为1cm。再翻至正面扣烫平服，在正面缉0.6cm明线，如图5-3-33所示。

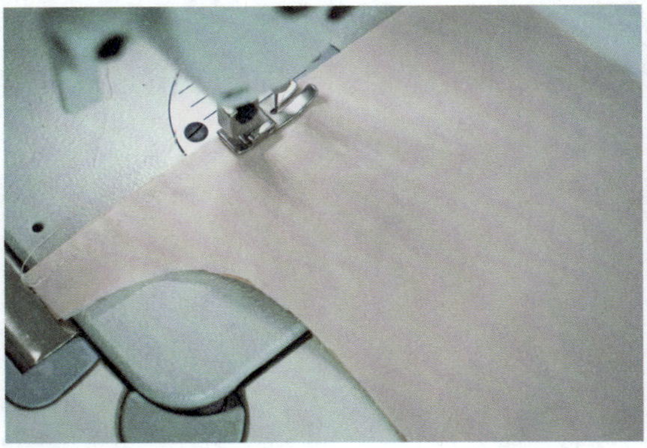

（a）

（b）

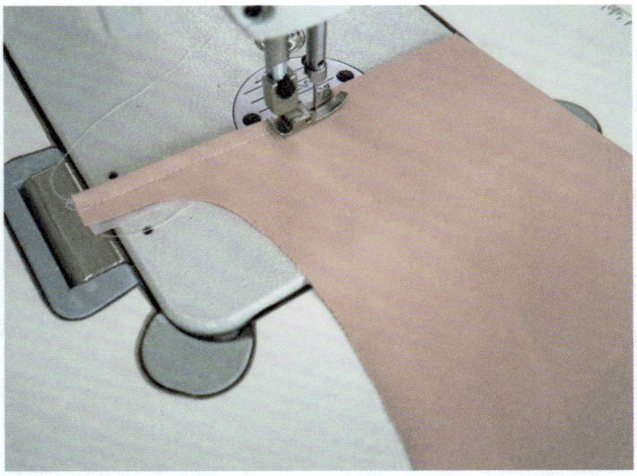

（c）

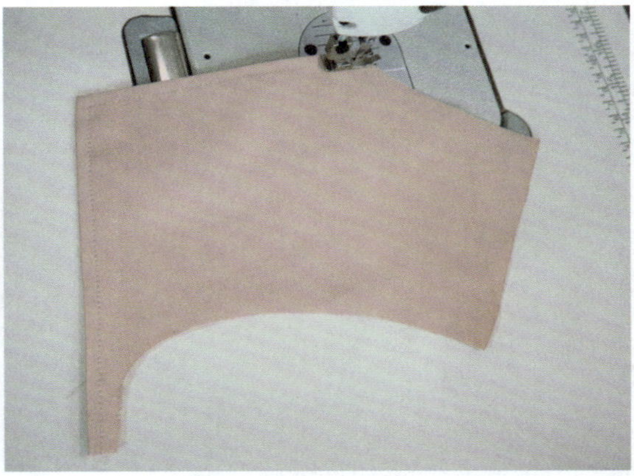

（d）

图5-3-33　做前肩覆

（2）固定前肩覆。将左前肩覆与前衣片的领圈、肩缝、袖窿进行固定，缉线0.5cm，如图5-3-34所示。

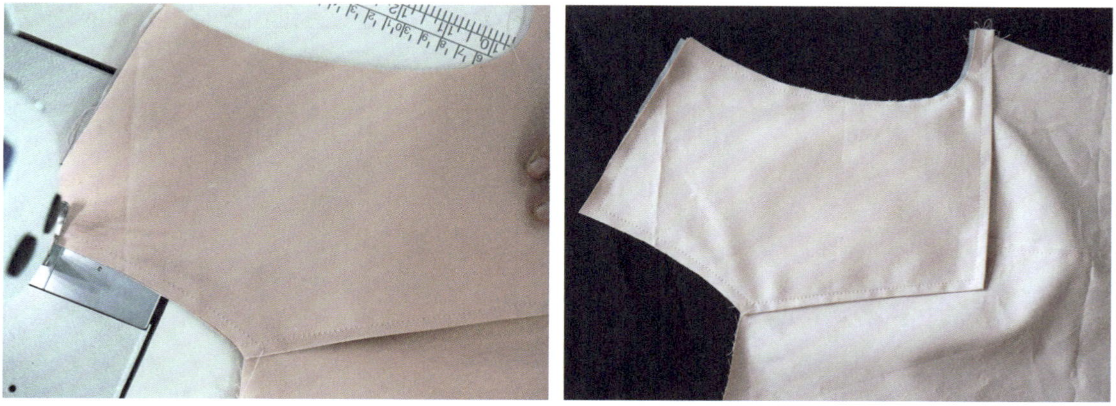

图5-3-34　固定前肩覆

6. 拼合前片里

（1）拼合前片里布分割。将前侧片里与前中片里正面相对，拼合1cm，并熨烫，如图5-3-35所示。

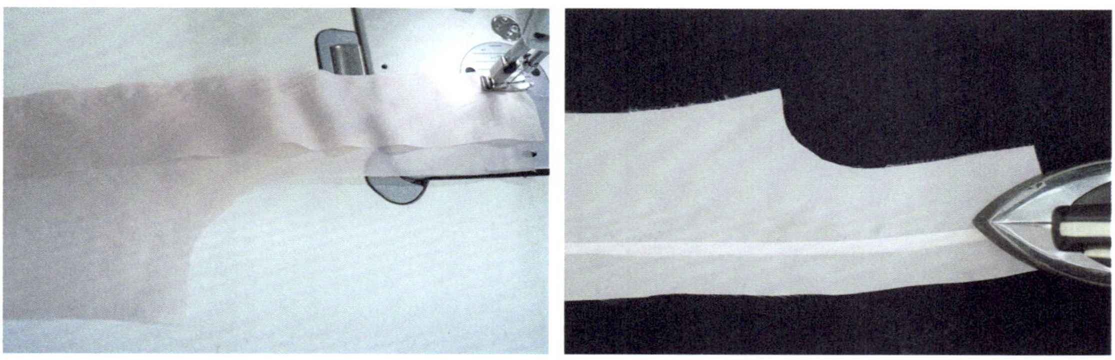

图5-3-35　拼合前片里布分割

（2）拼合前里与挂面。将前片里与挂面正面相对，拼合1cm缝份并熨烫，注意驳领转角处打剪口，如图5-3-36所示。

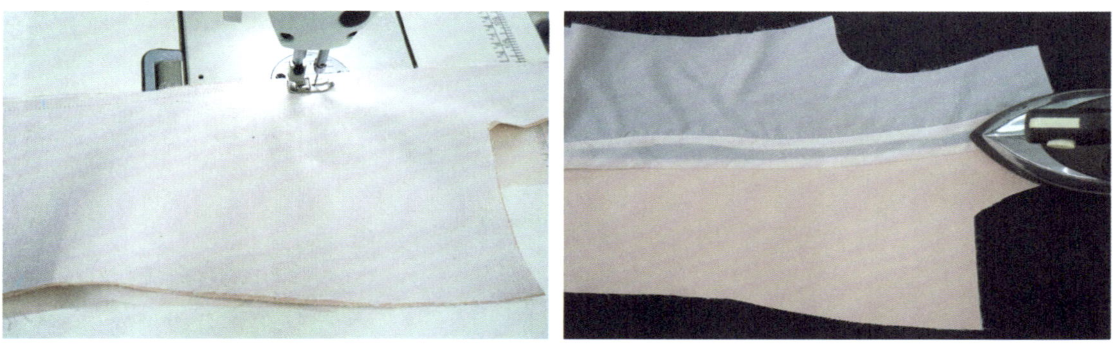

图5-3-36　拼合前里与挂面

7. 做前片驳头与门襟止口、烫止口

（1）做前片驳头与门襟止口。在前衣片上画出挂面净样，将前衣片与挂面正面相对，从驳领装领止点起至底边拼合1cm缝份，以翻驳点为转折，驳头和衣身底摆处要有吃量，注意挂面底边缉线离里料底边1cm，如图5-3-37所示。

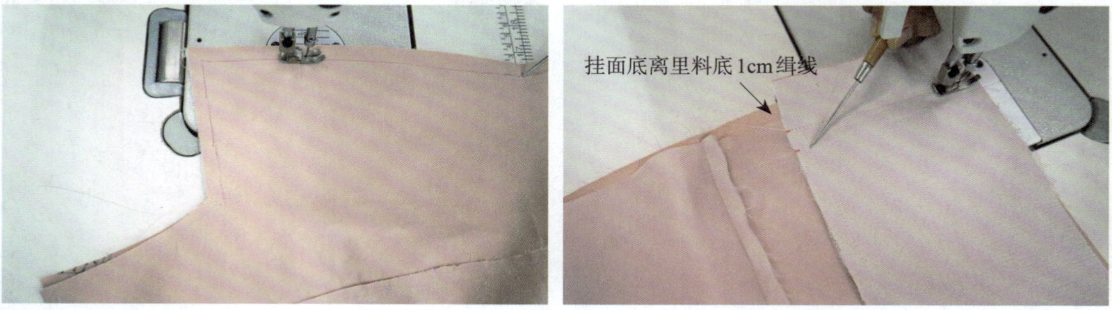

图5-3-37　做前片门、里襟止口

（2）烫止口。修剪驳头和门襟止口处缝份至0.5cm，再翻至正面烫匀面、里，注意熨烫时驳头面止口向衣片偏进0.1cm，衣身止口向挂面偏进0.1cm，避免露里现象，同时翻驳领领角时要方正，如图5-3-38、图5-3-39所示。

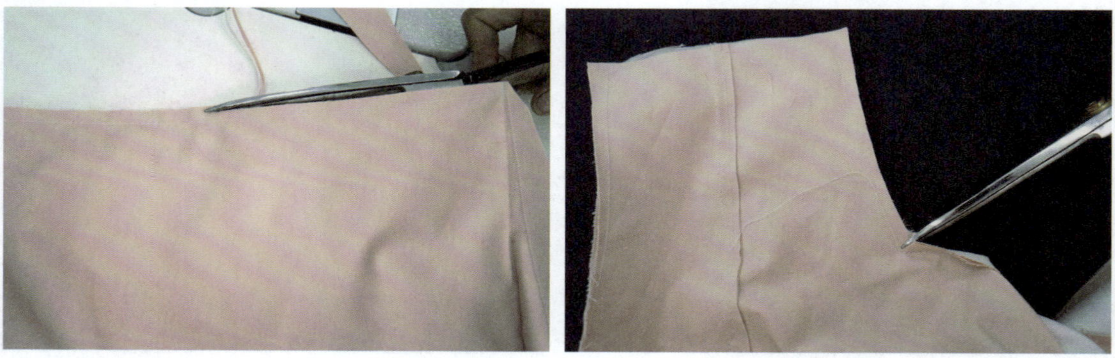

图5-3-38　修剪止口缝份

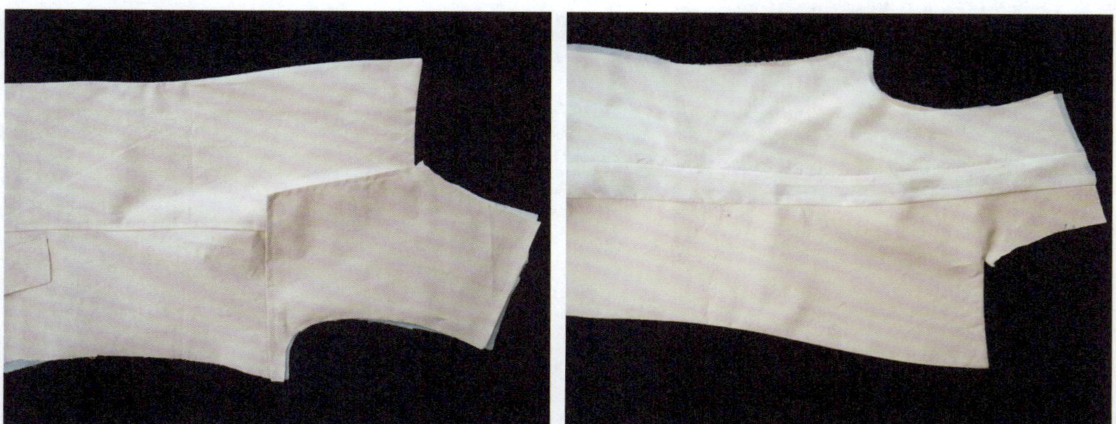

图5-3-39　烫止口

8.拼合后片

（1）拼合后中缝。将两片后中正面相对，沿后中线缉1cm缝份，如图5-3-40所示。

（2）拼合后片分割。将后中片与后侧片正面相对，缉1cm缝份，注意弧形分割位置缉缝少许吃势，如图5-3-41所示。

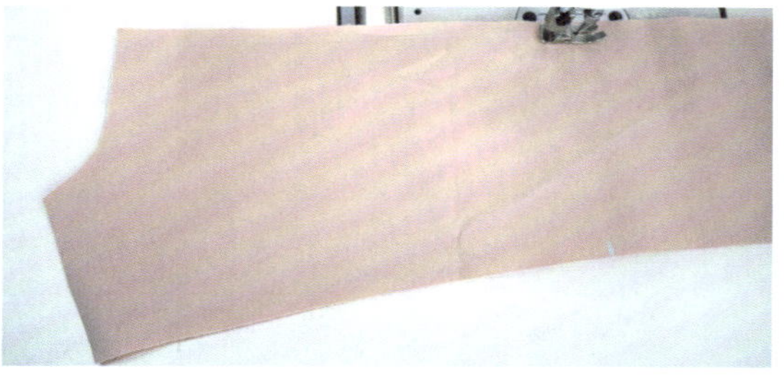

图5-3-40　合后中缝

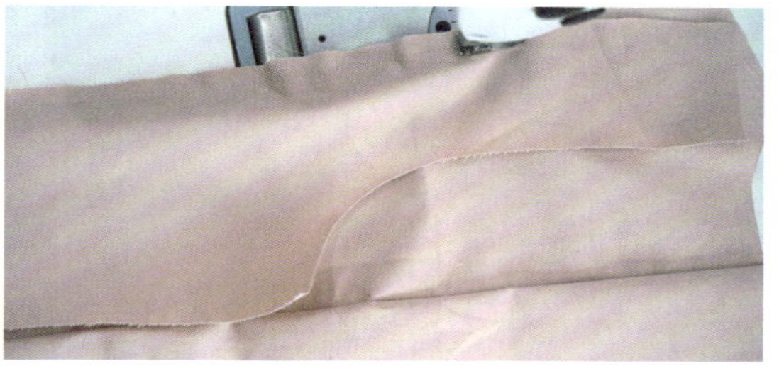

图5-3-41　合后片分割

（3）烫后片。烫后中缝和后侧缝，缝份向后中烫倒，如图5-3-42所示。

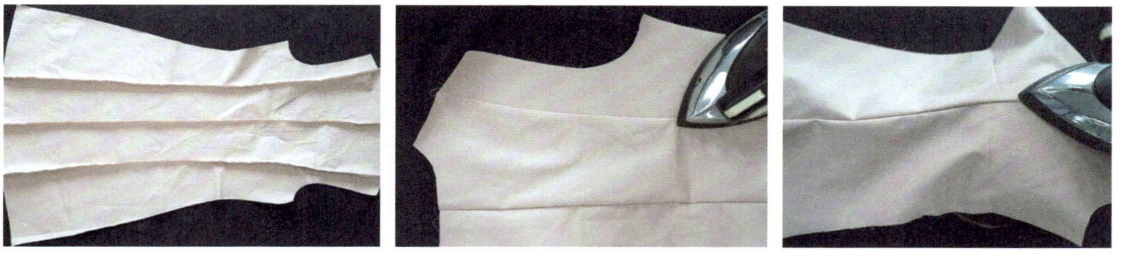

（a）　（b）　（c）

图5-3-42　烫后片

（4）后片缉明线。缝份向后中烫倒后在正面缉0.6cm明线（图5-3-43）。

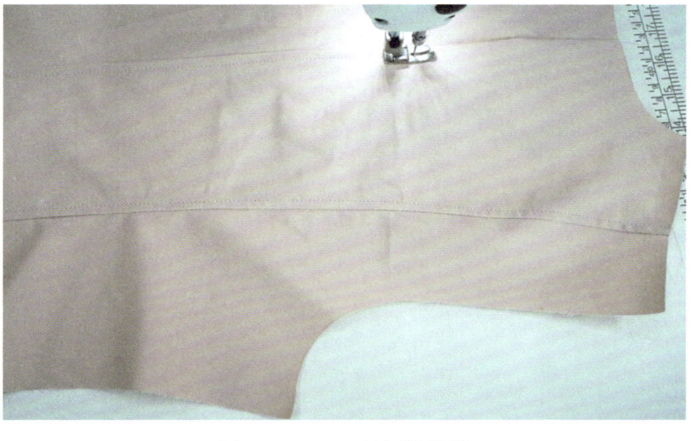

图5-3-43　后片缉明线

9.做后肩覆、固定后肩覆

（1）做后肩覆。将后肩覆面布与里布正面相对，拼合除领圈、肩缝、袖窿外的另外两边，缝份为1cm，再翻至正面扣烫平服，在正面缉0.6cm明线，如图5-3-44～图5-3-47所示。

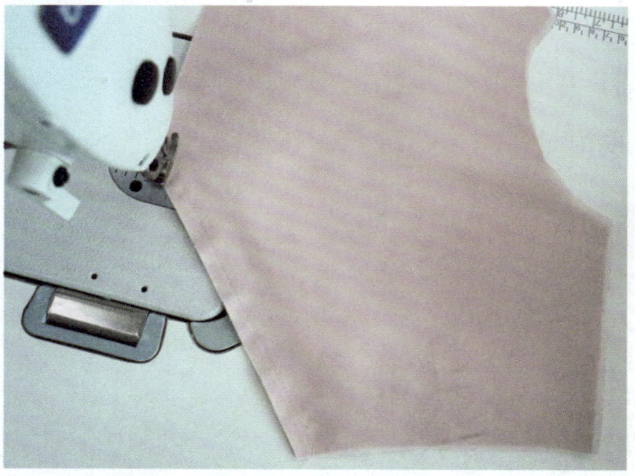

图5-3-44　拼合后肩覆

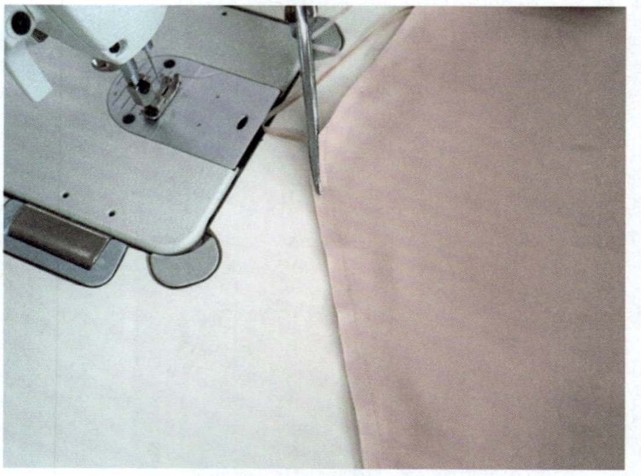

图5-3-45　修剪缝份

图5-3-46　烫后肩覆

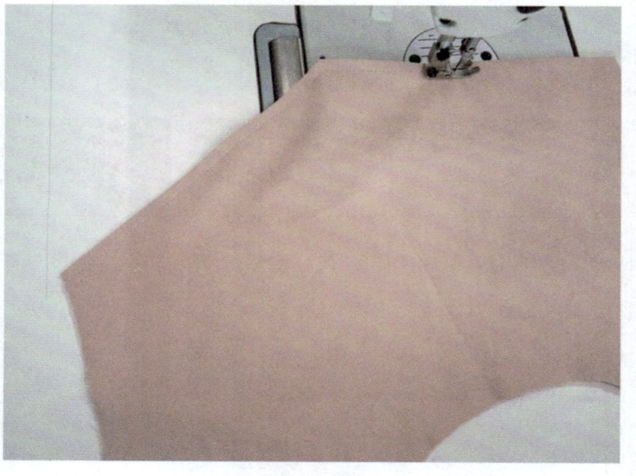

图5-3-47　后肩覆缉明线

（2）固定后肩覆。将后肩覆与前衣片的领圈、肩缝、袖窿进行固定，缉线0.5cm，如图5-3-48所示。

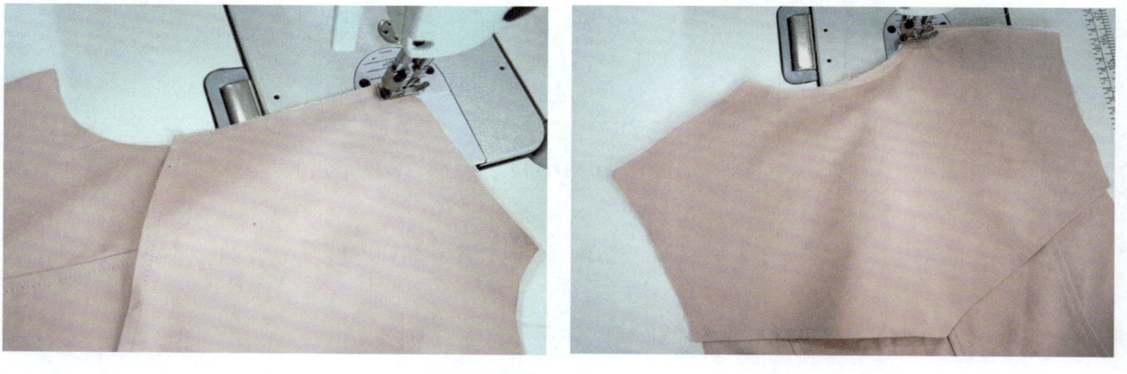

图5-3-48　固定后肩覆

10.拼合后片里

（1）拼合后里中缝。将后中缝按1cm拼合，再与后领贴拼合，如图5-3-49、图5-3-50所示。

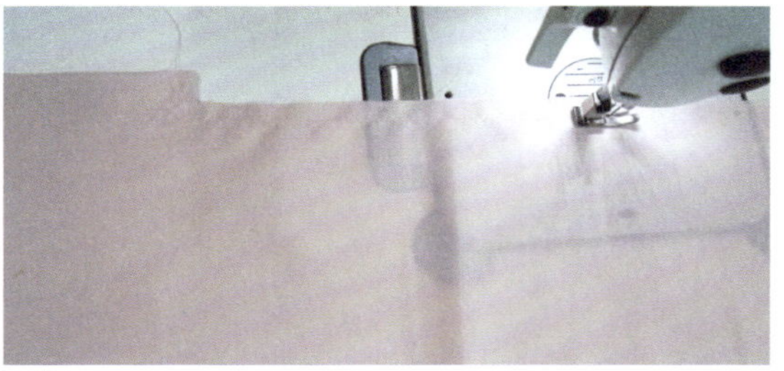

图 5-3-49 拼合后里中缝

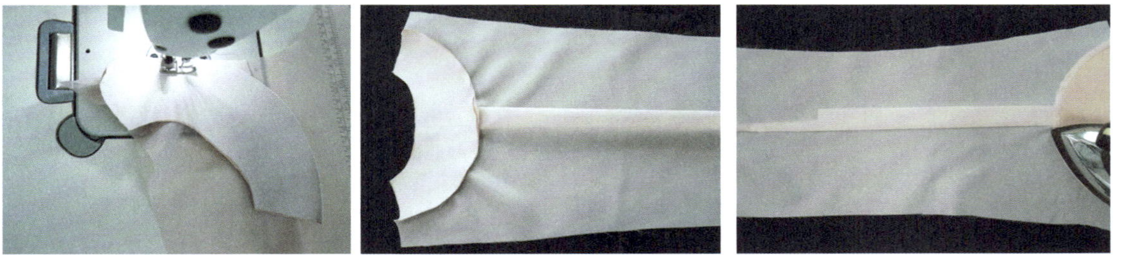

图 5-3-50 烫后领贴与后里

（2）拼合后里分割缝。将后片分割缝按1cm拼合，如图5-3-51所示。

（3）烫后片里布。烫后中缝和后片分割缝，熨烫时预留0.3cm左右的活动量，如图5-3-52所示。

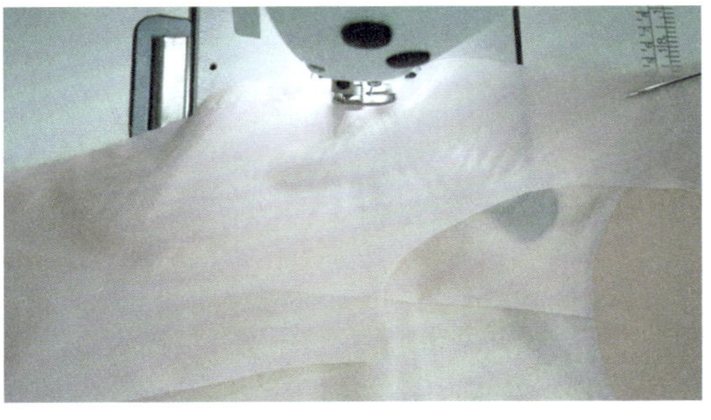

图 5-3-51 拼合后里分割缝

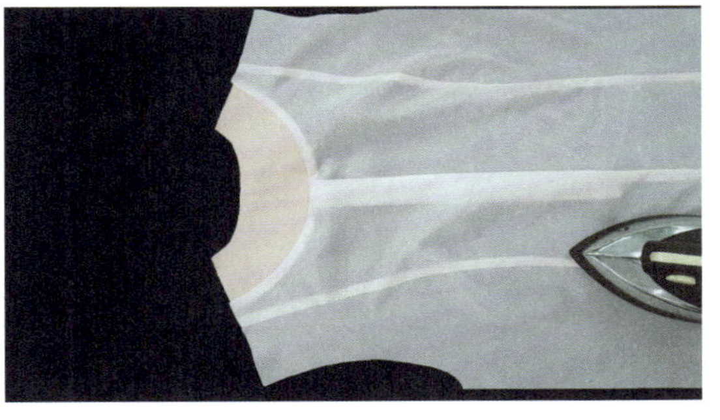

图 5-3-52 烫后里分割缝

11.做肩襻

将肩襻面料与里料正面相对缉缝1cm，翻至正面缉0.5cm明线（图5-3-53、图5-3-54）。

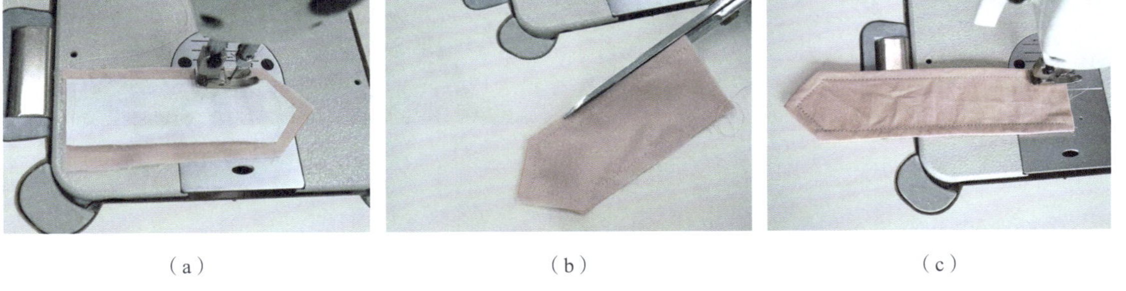

图 5-3-53 做肩襻

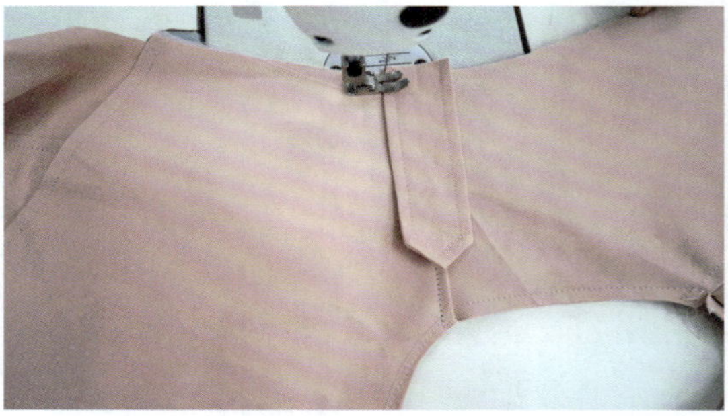

图5-3-54　固定肩襻

12.拼合肩缝

（1）拼合肩缝面布。将前、后衣片面布正面相对，按1cm缝份拼合肩缝，再熨烫平服，缝份向后片烫倒，在正面缉0.6cm明线，如图5-3-55、图5-3-56所示。

图5-3-55　合肩缝面

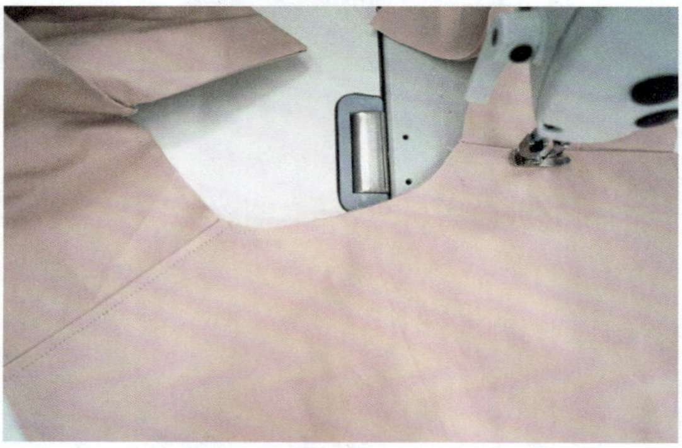

图5-3-56　缉明线

（2）拼合肩缝里布。将前、后衣片里布正面相对，按1cm缝份拼合肩缝，再熨烫平服，缝份向后片烫倒，如图5-3-57、图5-3-58所示。

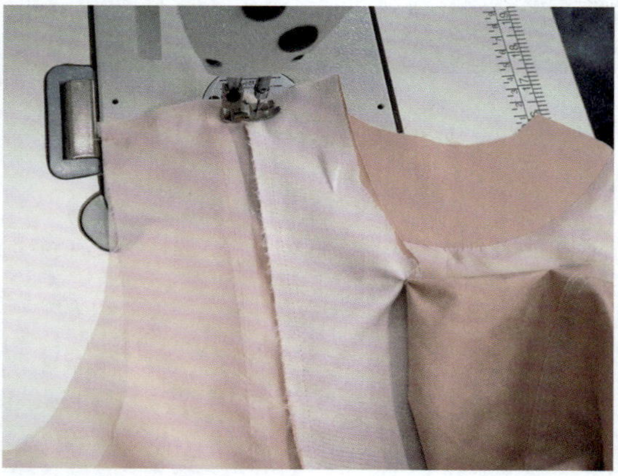

图5-3-57　合肩缝里

图5-3-58　烫肩缝

13.做领

（1）缉翻领。用气消笔在翻领上画净样线，翻领面在上，领里在下，正面相对，按

1cm缝份拼合，修剪缝份至0.5cm，翻至正面后领里不反吐，在翻领领面缉0.6cm明线，如图5-3-59所示。

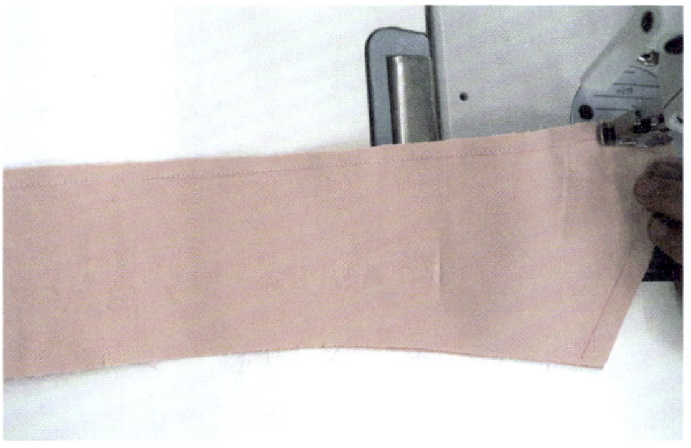

（a）

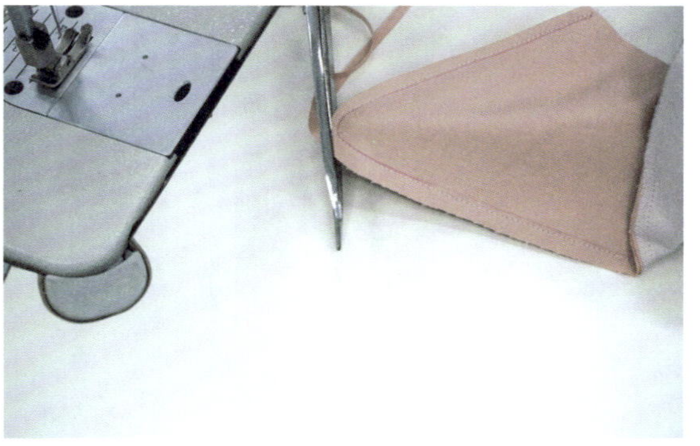

（b）

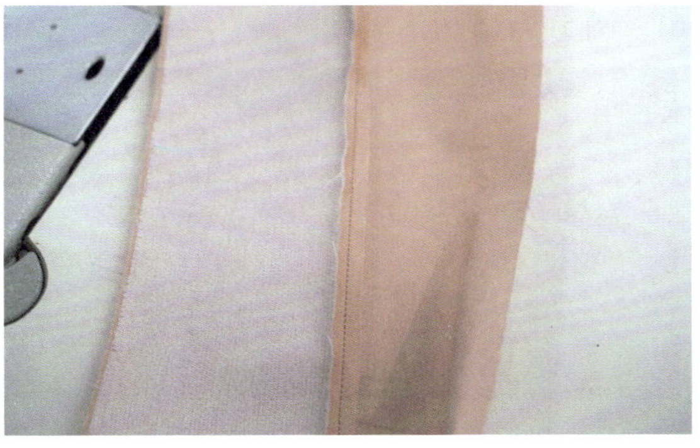

（c）

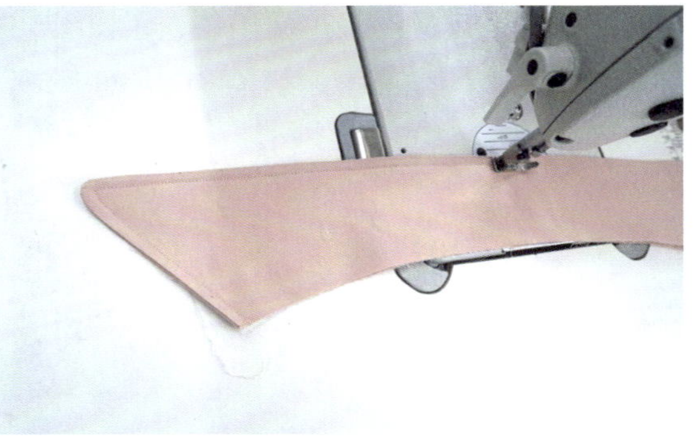

（d）

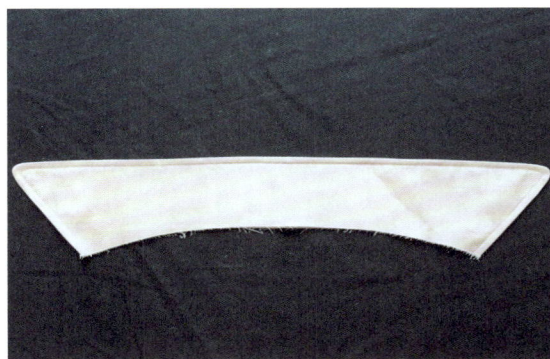

（e）

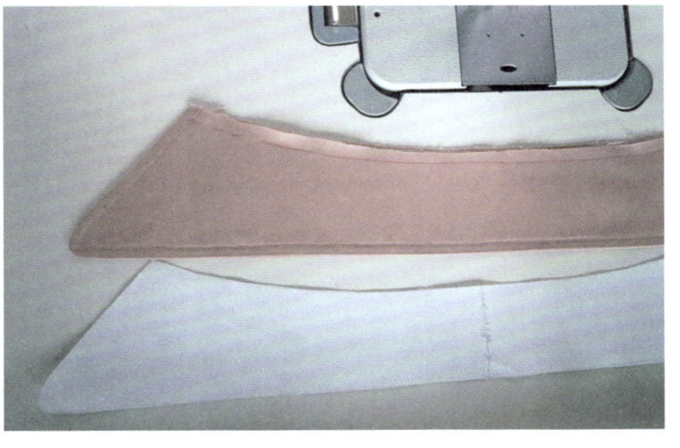

（f）

图5-3-59　缉翻领

企业工匠小技巧

做领角时，可以先在布料上画出净样，然后把用砂纸做好的净样板放在布料上，沿着砂纸的边缘缉领角，这样既可以防止净样走位，也可把领角缉得更准确。

（2）合翻领和领座。把翻领夹在两层领座之间，翻领面正面与领座面正面相对，沿领座净样线边缘0.1cm将三层缝合在一起，如图5-3-60所示。

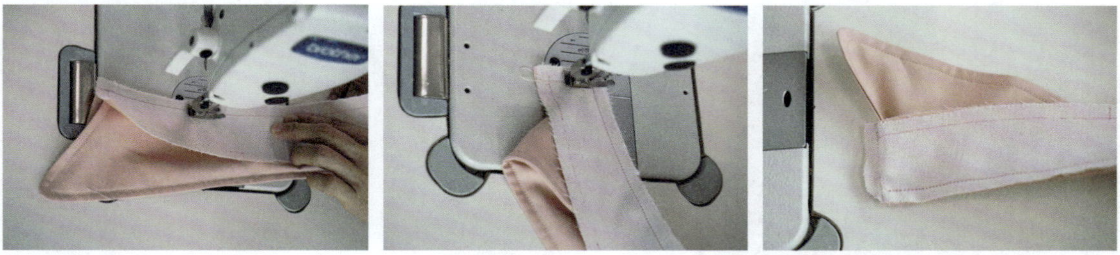

（a）　　（b）　　（c）

图5-3-60　合翻领和领座

（3）修剪缝份。修剪翻领与领座的缝份，翻转后烫平服，在领座上缉0.1cm明线，沿净样线双层固定领座底，便于装领，如图5-3-61～图5-3-65所示。

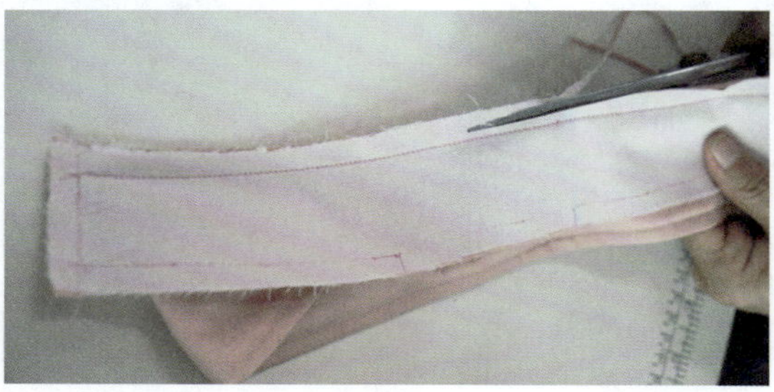

图5-3-61　修剪缝份

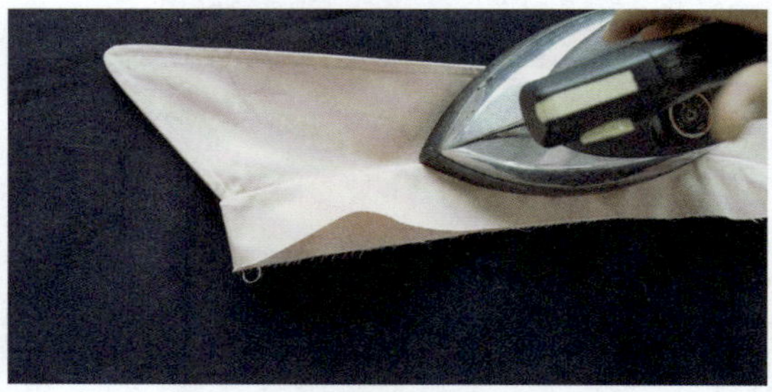

图5-3-62　烫领座

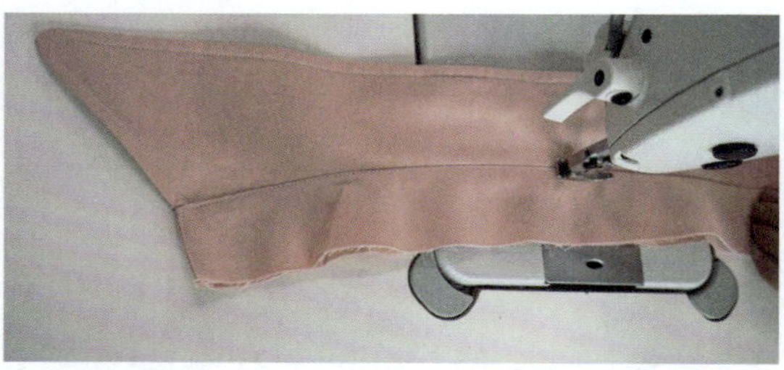

图5-3-63　缉领座

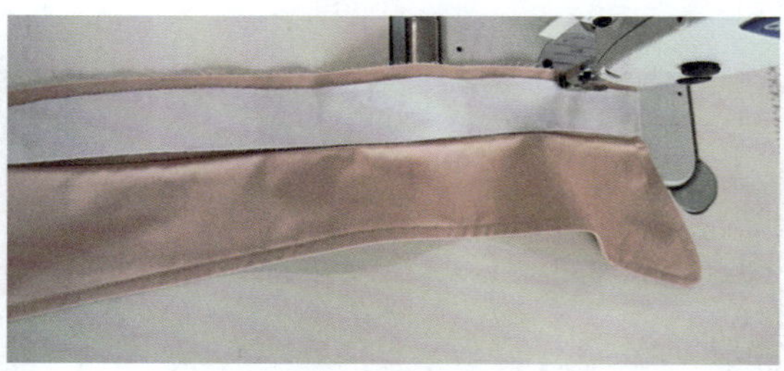

图5-3-64　固定领底

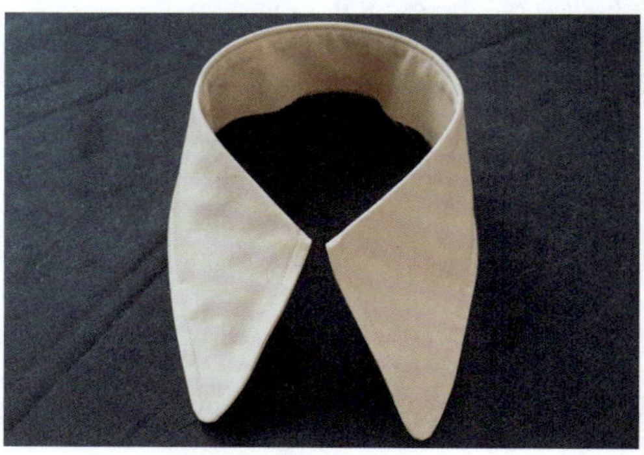

图5-3-65　领成品

14.装领

（1）做装领标记。在领子上做好装领标记，左右肩点位和后领中位，与衣身相对应，如图5-3-66所示。

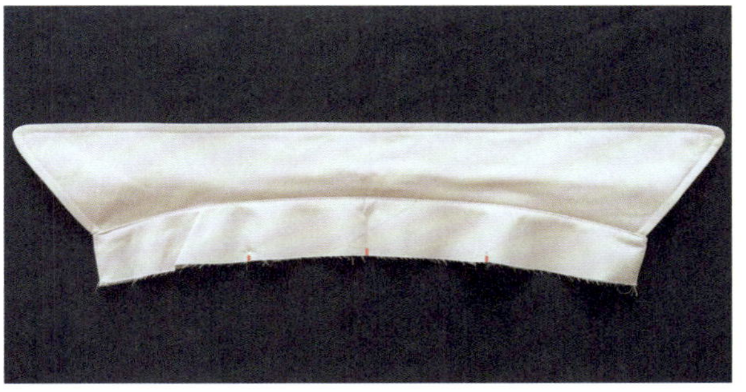

图5-3-66 做装领标记

（2）装领。将领子置于衣片面、里之间，从驳领角起针，先将领与衣片面正面相对缉缝1cm，再将领与挂面、衣片里正面相对缉缝1cm，注意各对位点要对齐，如图5-3-67所示。

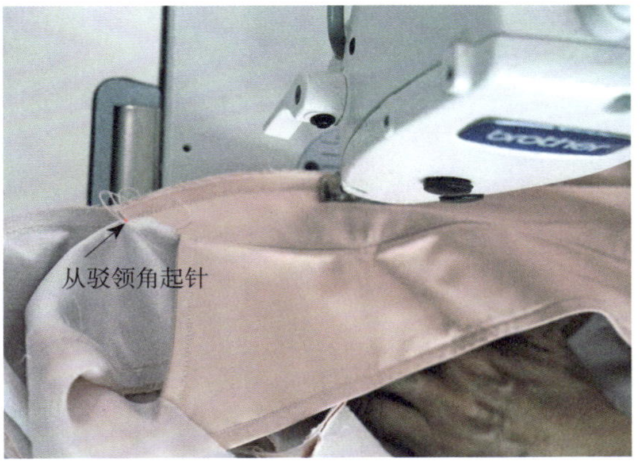

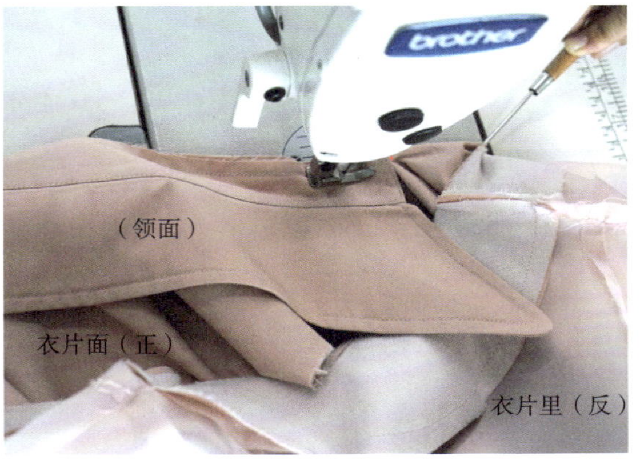

图5-3-67 装领

（3）固定领圈。将领圈弧线四层面料固定，避免错位跑偏，再将领圈缝份修剪至0.5cm，如图5-3-68、图5-3-69所示。

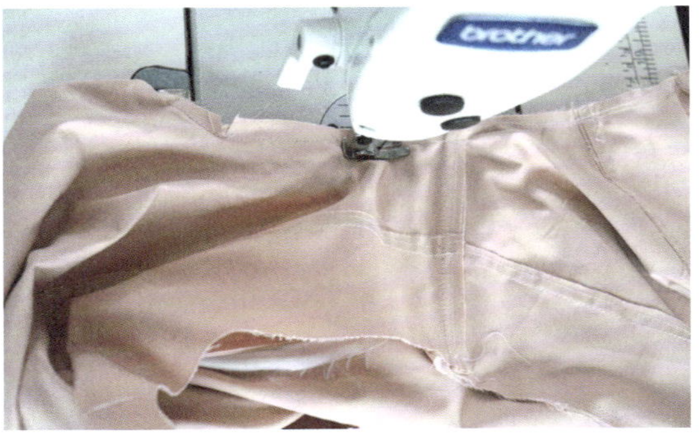

图5-3-68 固定领圈

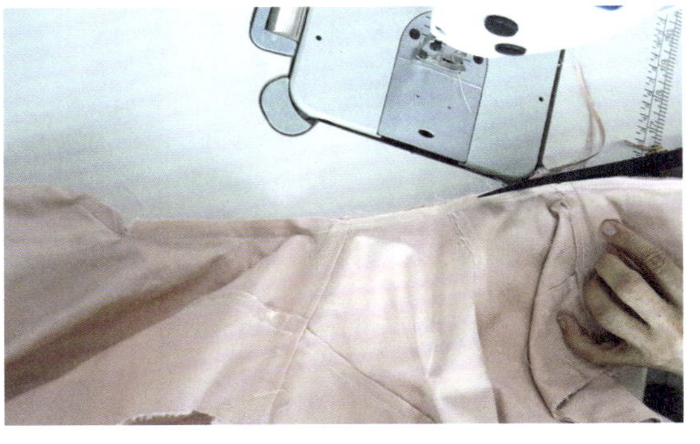

图5-3-69 修剪领圈缝份

（4）缉驳领与门襟止口明线。将领子整烫平服，在驳领与门襟止口处缉压0.6cm明线，注意缉压驳领时挂面朝上，缉压门襟止口时衣片朝上，以保证正面的线迹整洁美观，如图5-3-70～图5-3-72所示。

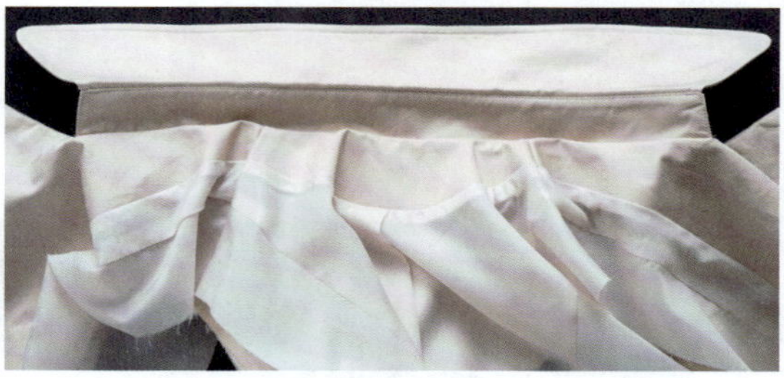

图5-3-70　烫领

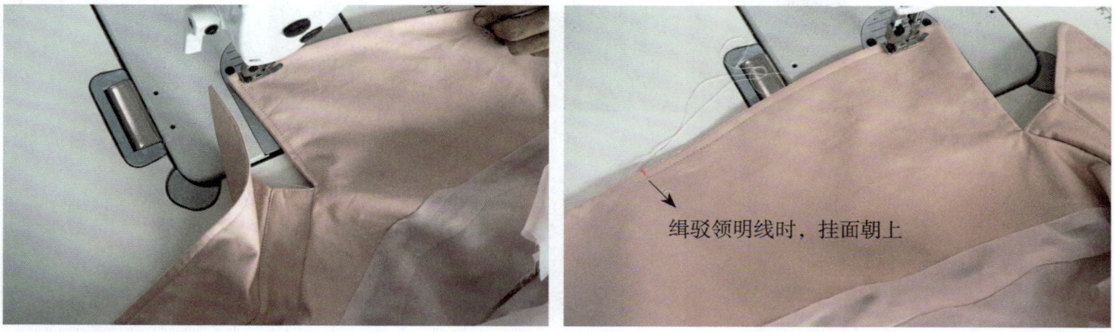
缉驳领明线时，挂面朝上

图5-3-71　缉驳领明线

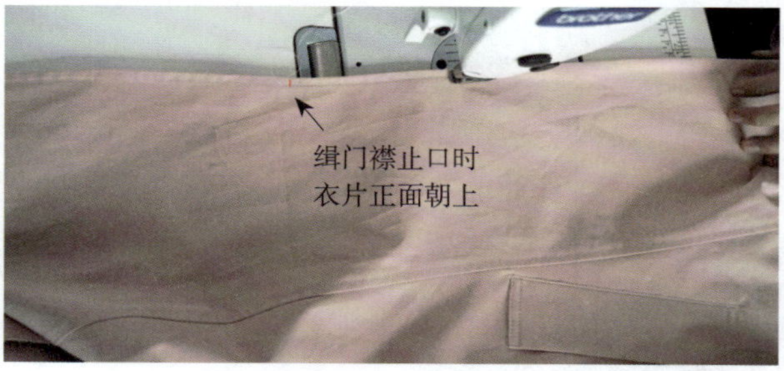
缉门襟止口时
衣片正面朝上

图5-3-72　缉门襟止口明线

15. 拼合侧缝

将前、后片面布正面相对，缉1cm缝份，注意对齐剪口位，再将缝份烫倒；拼合里布侧缝方法同面布，如图5-3-73、图5-3-74所示。

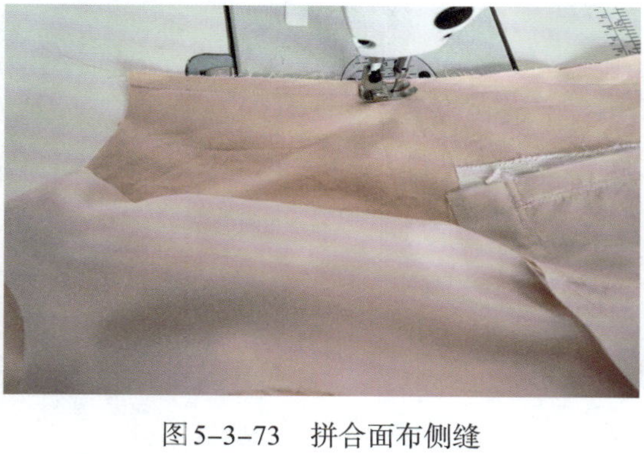

图5-3-73　拼合面布侧缝

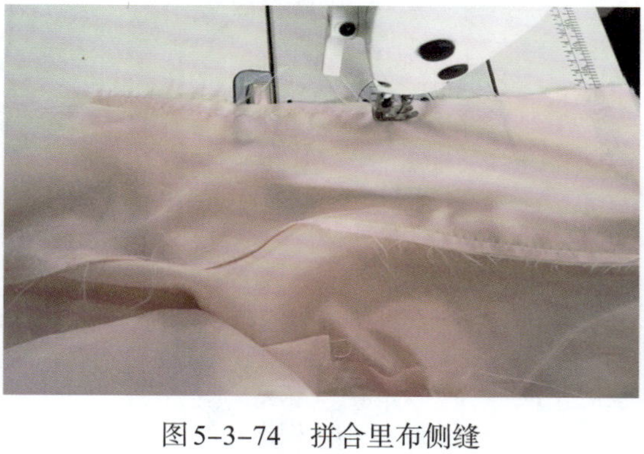

图5-3-74　拼合里布侧缝

16. 做串带襻、腰带

（1）做串带襻。将串带襻扣烫至1cm宽，两边缉0.1cm明线，剪成三段，每段长10cm，如图5-3-75所示。

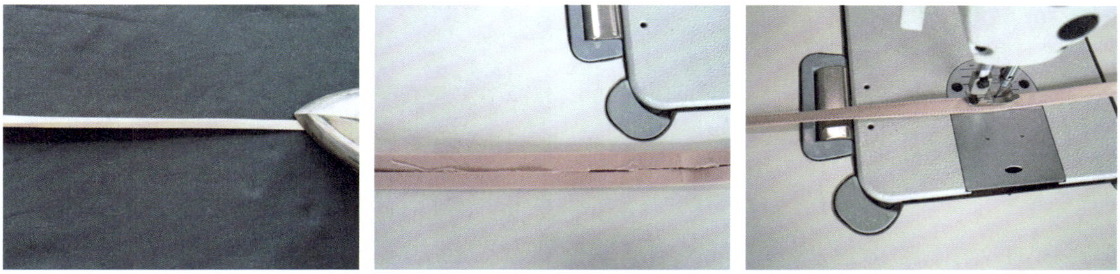

（a）　（b）　（c）

图5-3-75　做串带襻

（2）固定串带襻。将串带襻固定在左、右侧缝和后中位置，注意固定时缝份要折转，正面不能露毛边，如图5-3-76所示。

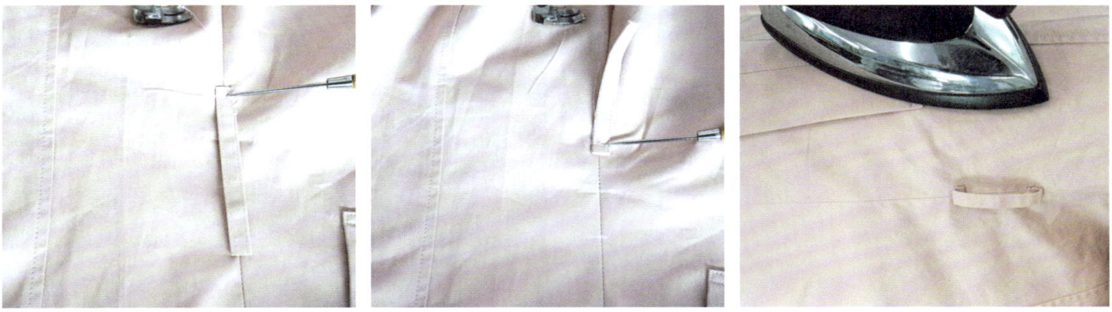

（a）　（b）　（c）

图5-3-76　装串带襻

（3）做腰带。先将腰带正面相对，平缝1cm拼接，在腰带中部留口便于翻转，再翻至正面缉线0.5cm，如图5-3-77所示。

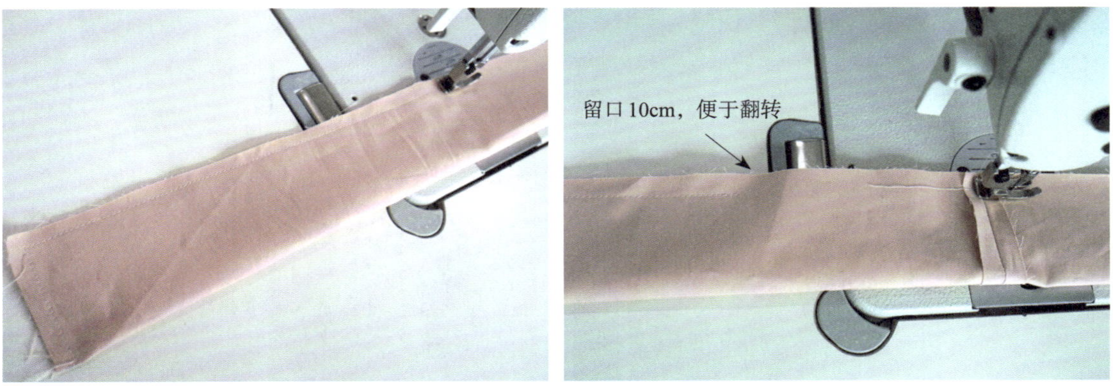

（a）　（b）

图5-3-77

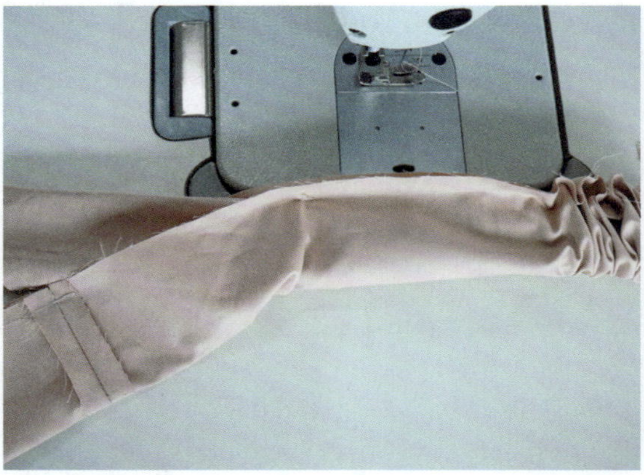

（c）

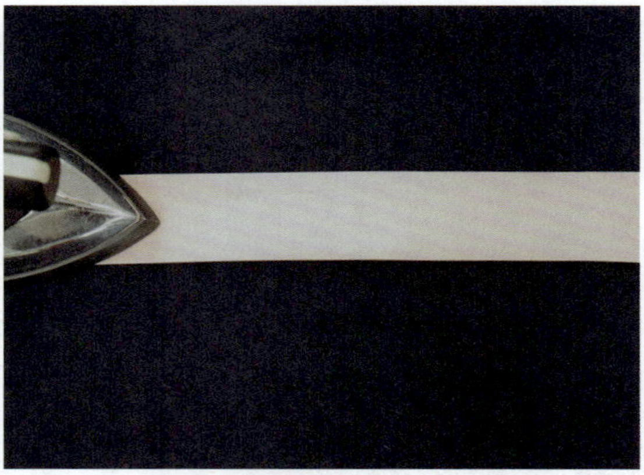

（d）

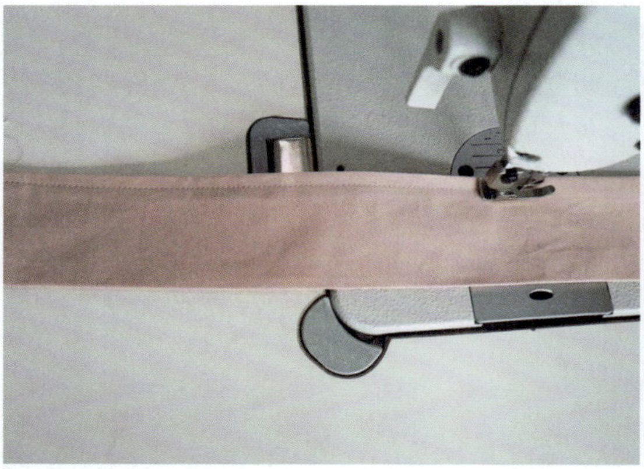

（e）

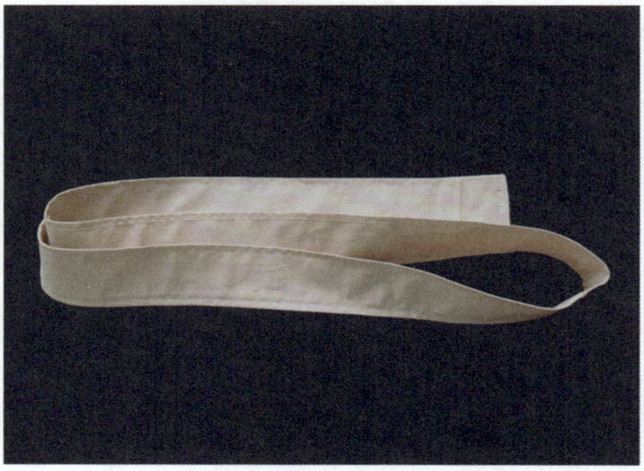

（f）

图5-3-77　做腰带

17. 烫底边、合底边

（1）烫底边。将衣片面布底边缝份按净样线折烫平服，如图5-3-78所示。

（2）缉底边。拼合面布与里布底边，将面布底边与里布底边按1cm拼合，注意各缝十字位对齐，并保留“双眼皮”松量，如图5-3-79所示。

图5-3-78　烫底边

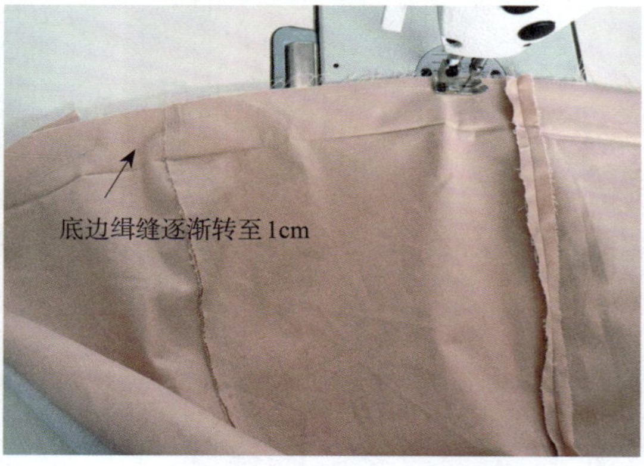

图5-3-79　缉底边

（3）固定底边。用手缝或机缝将底边缝份和侧缝缝份进行固定，防止扭转或移位，如图5-3-80所示。

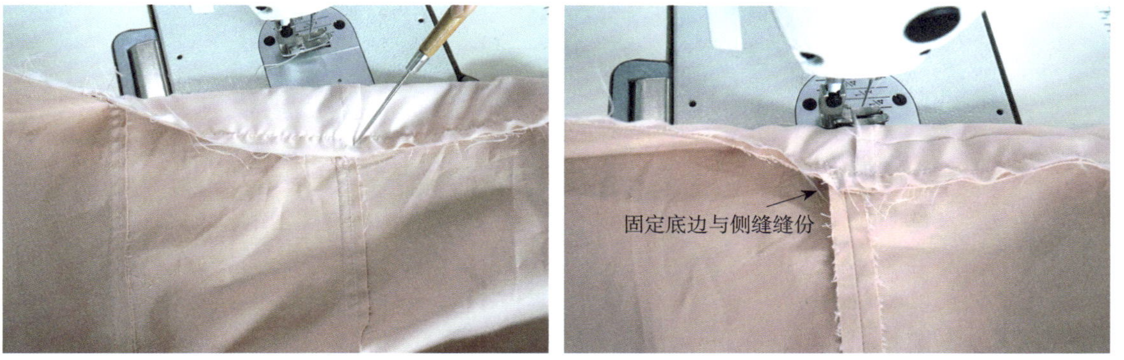

图5-3-80　固定底边

（4）翻烫底边。衣片翻正后，底边里布烫出座势，如图5-3-81所示。

图5-3-81　翻烫底边

18.做袖

（1）做袖襻。方法同肩襻，如图5-3-82所示。将袖襻固定在大袖片的前袖缝上，如图5-3-83所示。

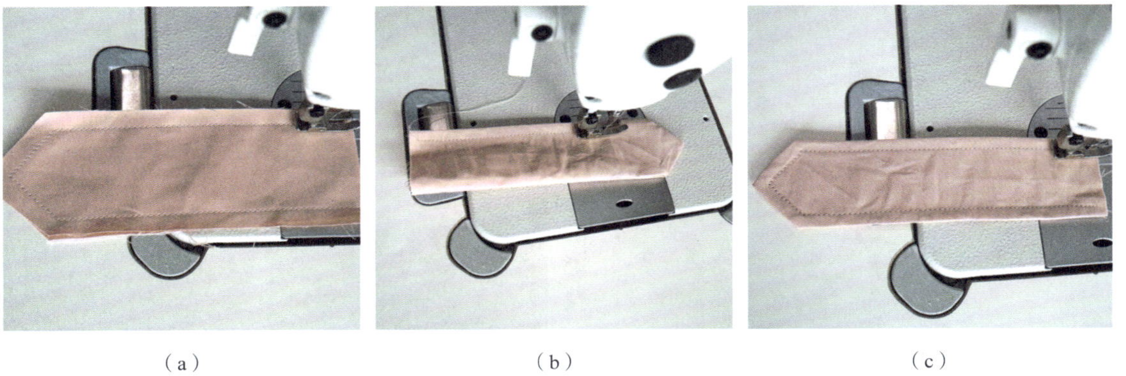

（a）　（b）　（c）

图5-3-82　做袖襻

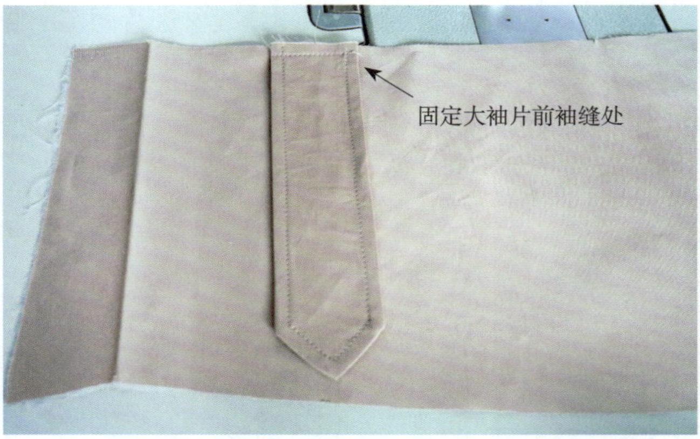

图5-3-83 固定袖襻

（2）合后袖缝、缉明线。将大、小袖片正面相对，后袖缉缝1cm，再把缝份向大袖方向烫倒，后袖缝缉0.6cm明线，如图5-3-84、图5-3-85所示。

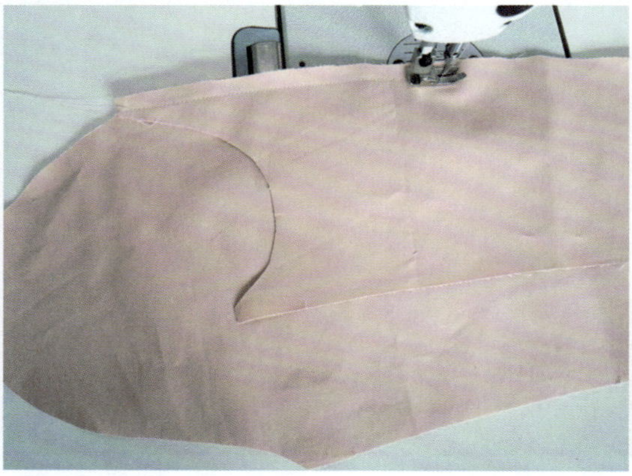

图5-3-84 拼合后袖缝

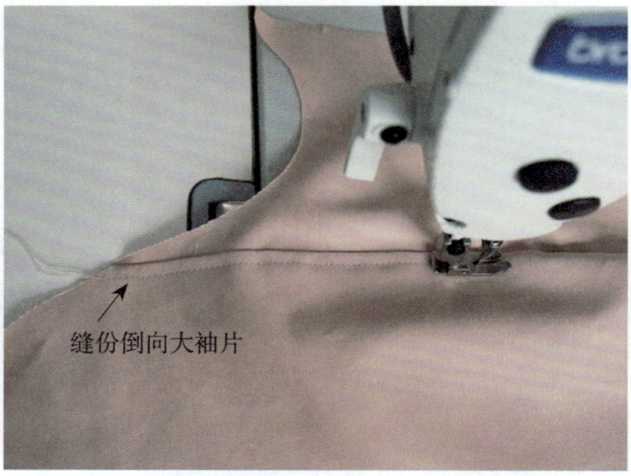

图5-3-85 后袖缝缉明线

（3）合前袖缝、缉明线。将大、小袖片正面相对，前袖缉缝1cm，再把缝份向大袖方向烫倒，前袖缝缉0.6cm明线，如图5-3-86、图5-3-87所示。

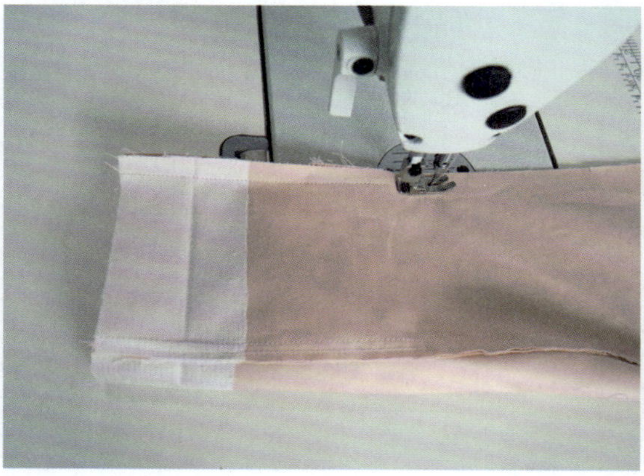

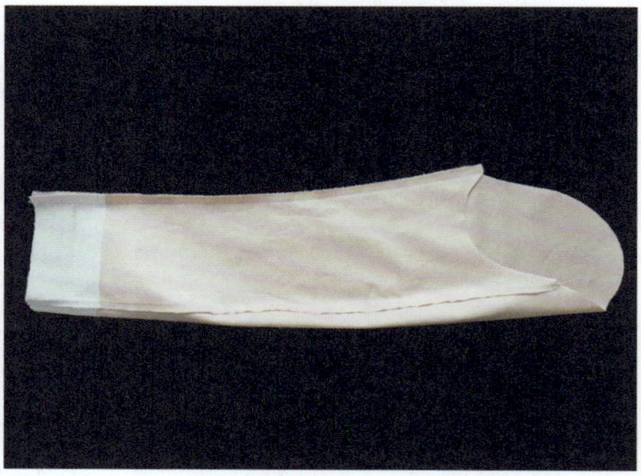

图5-3-86 拼合前袖缝

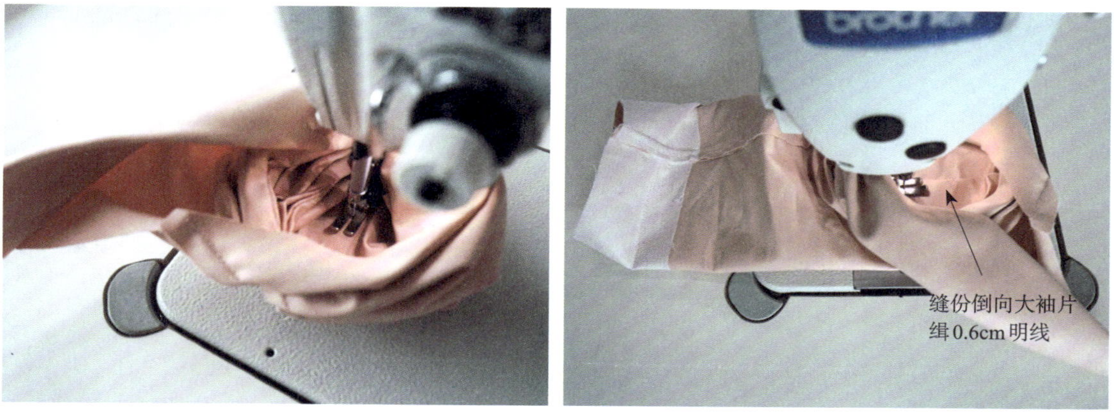

图5-3-87　前袖缝缉明线

（4）烫袖口。沿袖口净缝线折烫4cm。

（5）合袖里。将袖里前、后袖缝按1cm缝份进行拼缝，并顺势烫倒，烫出“双眼皮”，注意左袖袖肘处预留15cm不拼合，留口处两端起止点来回针，如图5-3-88所示。

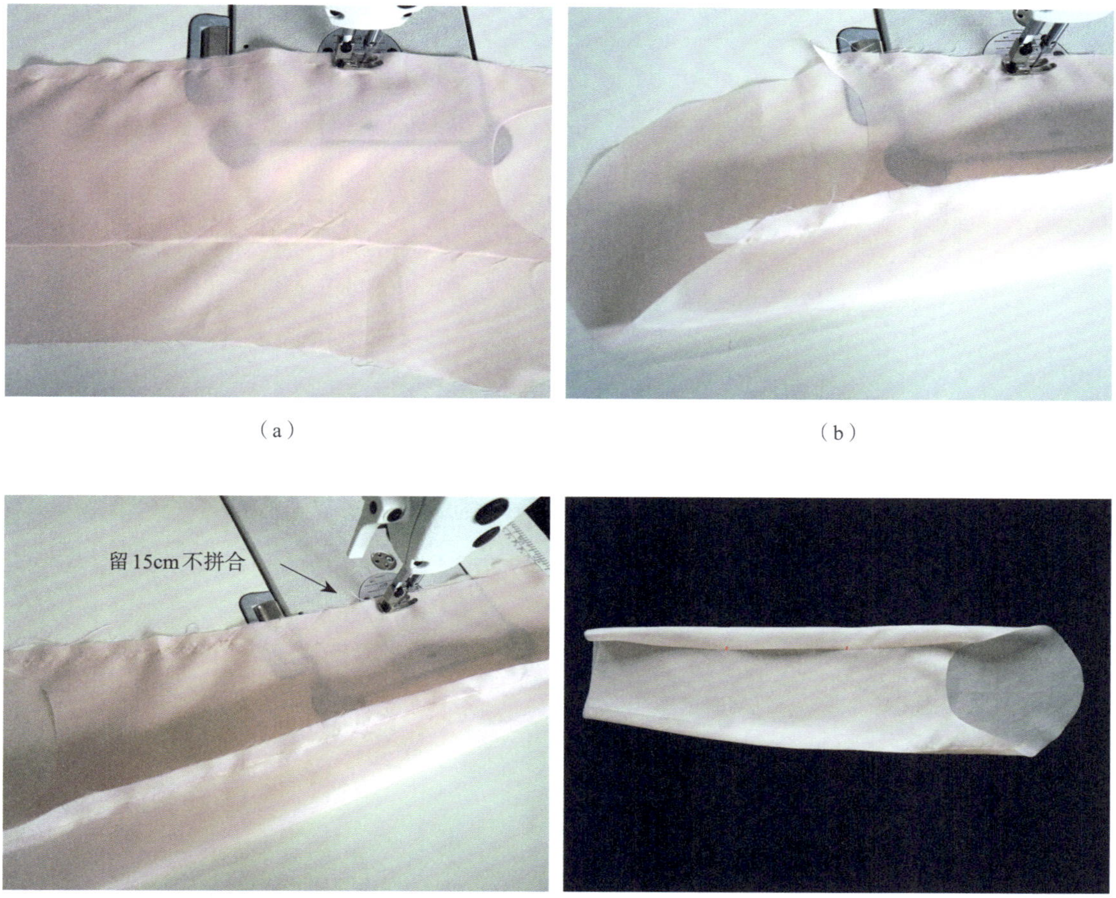

（a）　（b）　（c）　（d）

图5-3-88　合袖里

（6）袖子的面里对位。将袖面与袖里进行配对，区分左右袖面、袖里，将袖面与袖里反面相对，袖口对齐，如图5-3-89所示。

（7）拼合袖口。将袖面与袖里正面相对，缉1cm缝份，注意前后袖缝对齐及前后袖里缝的“双眼皮”松量，如图5-3-90所示。

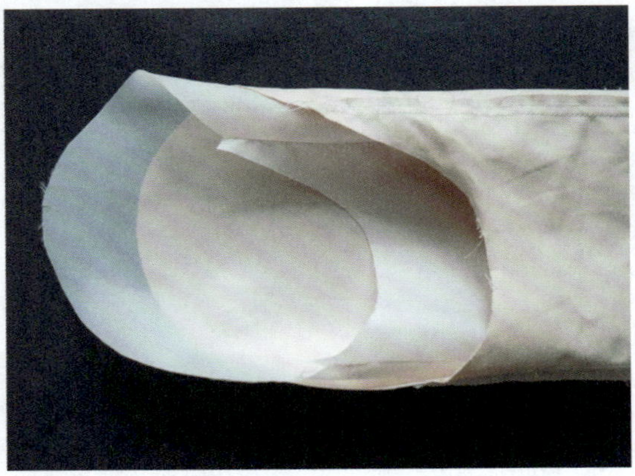

图5-3-89　袖面、里对位

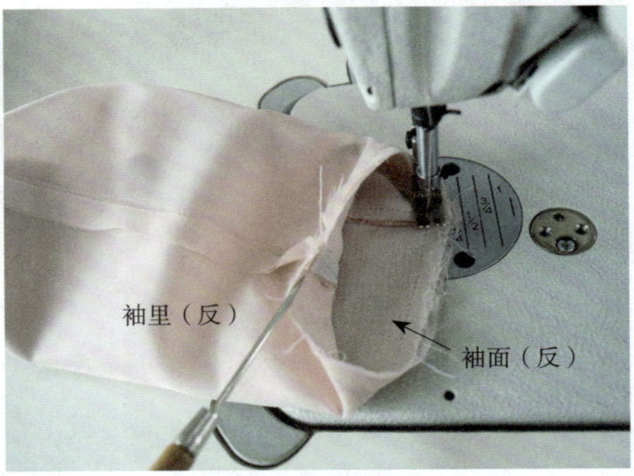

图5-3-90　拼合袖口

19.装袖

（1）装弹袖布。为了使袖山更圆顺、饱满，在袖山顶处按1cm车缝弹袖布，也可装专用的袖棉条，如图5-3-91、图5-3-92所示。

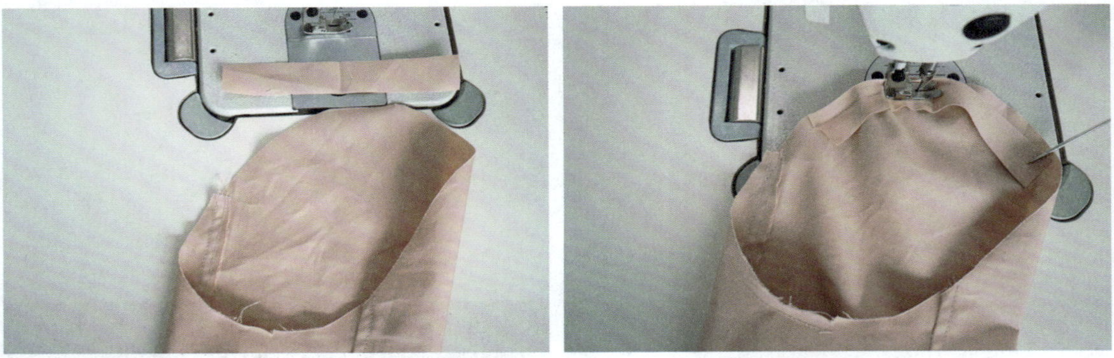

图5-3-91　缝弹袖布

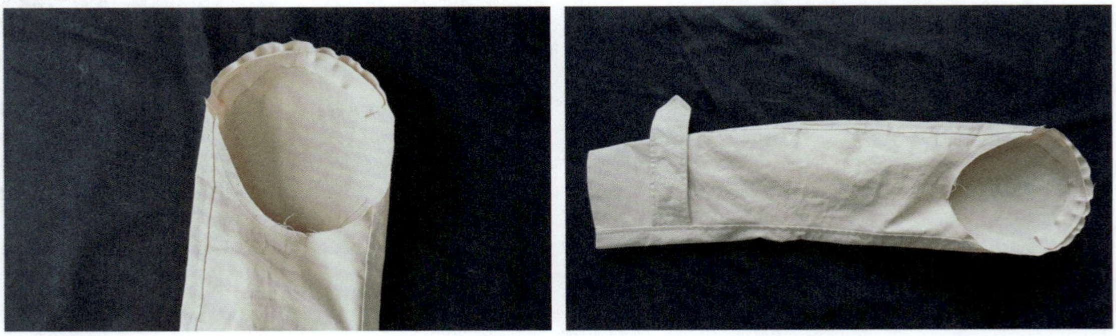

图5-3-92　抽袖山

（2）装袖面布。将抽好的袖子与袖窿正面相对，袖子在上，衣身在下，由袖底起针拼缝1cm，注意装袖时各对位点要对齐，缉线要顺直，如图5–3–93所示。

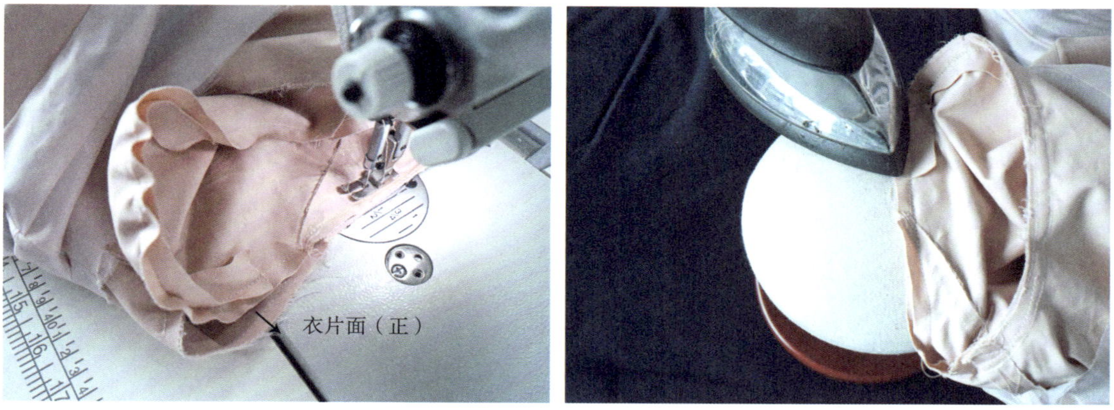

图5–3–93　装袖面布

（3）抽里布袖山。在距前袖缝2cm起，调大针距以0.8cm车缝袖山至后袖缝下3cm处，使里布袖山与衣身里袖窿等长，注意左右袖对称，抽袖均匀，圆顺饱满，如图5–3–94、图5–3–95所示。

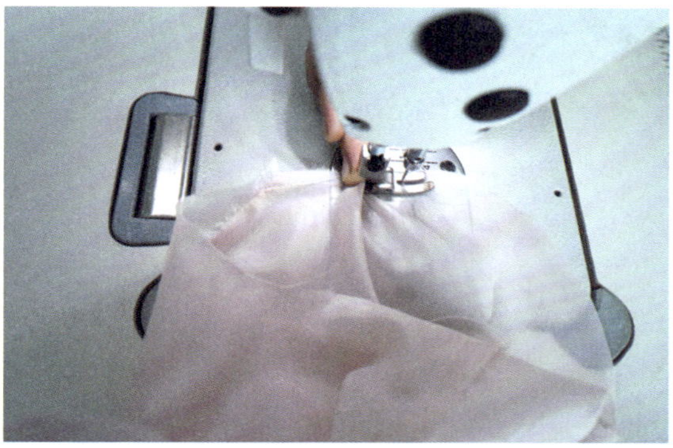

图5–3–94　缝里布袖山

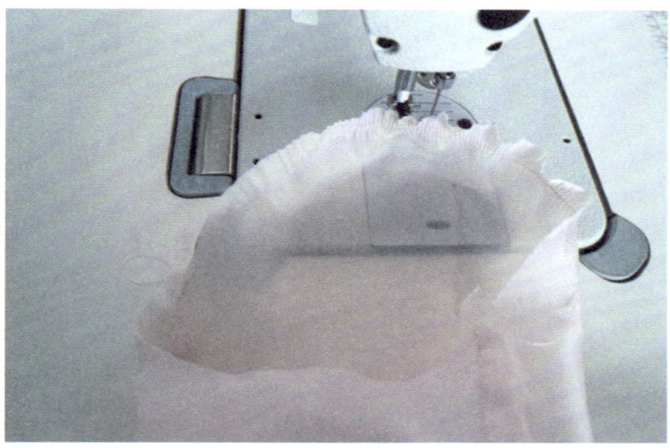

图5–3–95　抽里布袖山

（4）装袖里布。将里布袖山与衣身里布正面相对，按1cm拼缝，注意袖山顶与袖底对位，如图5–3–96所示。

图5–3–96　装袖里布

（5）袖里封口。将衣身翻转平整，将左袖缝预留的15cm口缉压0.1cm明线封口，如图5-3-97所示。

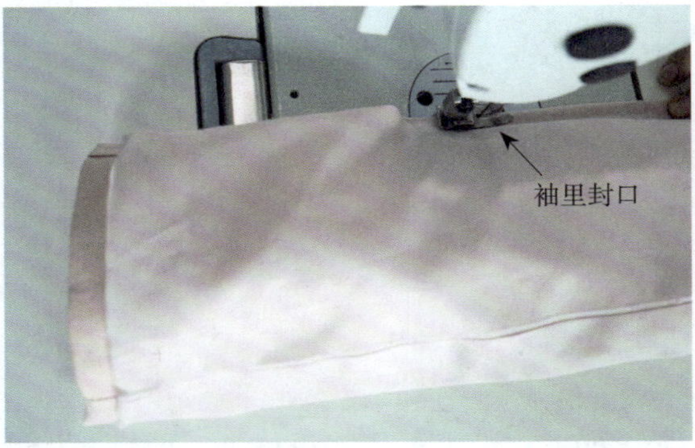

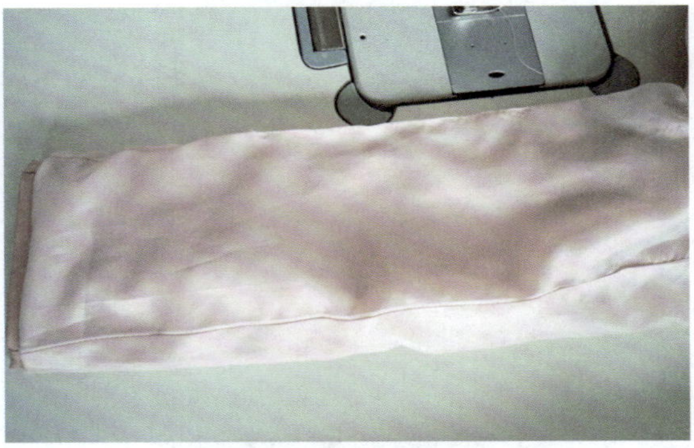

图5-3-97 袖里封口

20. 锁眼、钉扣

在前中门里襟、肩襻、袖襻和前、后肩覆处相应位置锁眼、钉纽，如图5-3-98所示。

图5-3-98 钉扣

21. 整烫

将完成的女风衣进行全面整烫，按先里后外，先烫领、烫袖再烫大身的顺序熨烫，注意不要烫黄、产生极光等现象出现，如图5-3-99～图5-3-102所示。

图5-3-99 烫里

图5-3-100 烫领

图5-3-101　烫袖

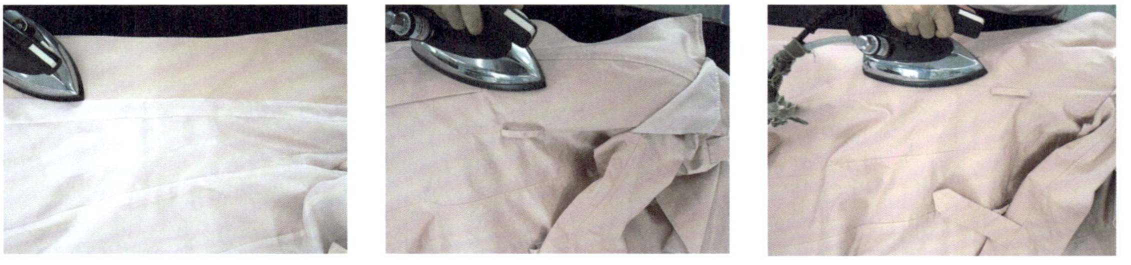

图5-3-102　烫大身

22.成品效果图（图5-3-103～图5-3-105）

图5-3-103　成衣（正面）

图5-3-104　成衣（侧面）

图5-3-105　成衣（背面）

五、知识拓展

风衣冷知识

每个人的衣橱都少不了一件风衣，不仅能防风防雨，关键还能轻松凹造型。最初风衣是军队用的，这种大衣起初的款式为前面是双排扣，有腰带、前后过肩、肩襻、袖襻、插肩袖、肩章，在前胸和后背有遮盖布，以防雨水渗透，下摆较大，便于活动。下面介绍一下这些细节设计的主要作用。

1. 肩襻

风衣上的肩袢，最初的设计就是给士兵挂肩章用的，另外，肩袢的扣子还可以解开，把包、望远镜或者水壶挂上去，避免滑落，现在多为装饰用，而且因为这两块肩襻，肩部才更为挺阔，如图5–3–106所示。

2. 袖襻

将袖口的袖袢绑紧，可以防止风灌进衣服，防风保暖。另外，也有些人把手套挂在袖襻上，非常人性化，如图5–3–107所示。

图5–3–106　肩襻

图5–3–107　袖襻

3. 防风布

现在也称前后肩覆。风衣前胸有多出的一层布，叫枪皮瓣，这块布在战时主要是为了垫枪，防止枪械的后坐力冲击，现在更多是延续设计，起装饰性作用；风衣后背的防风布主要为遮雨用的。下雨的时候，将腰带束紧，雨水就顺着后面的这块布滴落，既不会打湿背部，还起到一定的修身作用，如图5–3–108、图5–3–109所示。

图5–3–108　前肩覆

图5–3–109　后肩覆

4. 领、双排扣

领子能开能关（国外称这种领型为“拿破仑”领），前襟双排扣至今仍是风衣、大衣的经典设计之一，如图5–3–110所示。

5. 分衩

风衣后中下摆的开衩设计也很人性化，最早是为了方便人们骑马和行军跑步而设计，现在也成为实用且具有装饰性的设计之一，如图5–3–111所示。

图5-3-110 双排扣

图5-3-111 分衩

六、巩固训练

A服饰有限公司接到D服饰有限公司的女风衣生产任务，样衣制作通知单见表5-3-4，现在A服饰有限公司需要按照D服饰有限公司提供的样衣款式先进行S码结构设计及样衣的制作。

表5-3-4 A服饰有限公司女风衣样衣制作通知单

编号	款号	下单日期	部位	规格			
GDA5055	女风衣	年 月 日		155/80A	160/84A	165/88A	170/92A
				XS	S	M	L
			衣长	105	106	107	108
			胸围	110	114	118	122
			腰围	112	116	120	124
			插肩袖	66	67	68	69
			袖口	34	35	36	37
			备注：面料先缩水后再开裁				
			工艺说明与技术要求 1.针距要求：14~15针/3cm 2.外观平服，衣身干净、整洁，线路规整，无线头，无污迹，无破损及脱线等外观损伤 3.领子：领面、领座光滑平顺，翻领、驳领角对称，外领口弧线长度合适，翻领、驳领及门襟止口缉0.1~0.6cm双明线 4.插肩袖：袖中断开，与衣身拼缝缉0.1~0.6cm双明线，肩襻、袖襻缉0.1~0.6cm双明线 5.衣身：前、后衣片平挺，后中分割顺直，前、后肩覆缉0.1~0.6cm双明线 6.口袋：袋口缉0.1~0.6cm双明线，明线均匀，袋角平服方正，无起涟、无豁口 7.腰带：腰带缉0.1~0.6cm双明线，腰带带角平服方正，长度适中，无起涟、无变形 8.里布、粘衬：全里，倒缝，有眼皮，有后领托；粘衬平整，无起皱、起泡现象 9.整烫：各部位熨烫到位，无亮光、水花，底边平直无起浪				

续表

<table>
<tr><td colspan="3">款式特征概述
此款风衣为翻驳领，双排扣，前衣片左、右侧各一挖袋，右前胸做肩覆，后衣片后中断开，后背做肩覆，袖子为插肩袖，肩部做肩襻，袖口做可调节袖襻，腰部侧缝做串带袢，系腰带，挂里</td><td colspan="2">面料：聚酯纤维</td><td>辅料：黏合衬若干、配色线、粒扣若干</td></tr>
<tr><td>制单</td><td>张三</td><td>工艺审核</td><td>李四</td><td>审核日期</td><td>年　月　日</td></tr>
</table>

七、任务评价

女风衣评价见表5-3-5。

表5-3-5　女风衣评价表

<table>
<tr><th rowspan="2">评价项目</th><th rowspan="2">评价内容</th><th rowspan="2">序号</th><th rowspan="2">评价标准</th><th rowspan="2">分值</th><th colspan="4">评价方式</th><th rowspan="2">备注</th></tr>
<tr><th>自评</th><th>互评</th><th>师评</th><th>企业评</th></tr>
<tr><td rowspan="13">知识技能目标（80分）</td><td rowspan="5">规格（10分）</td><td>1</td><td>衣长规格正确，不超偏差±1cm</td><td>2</td><td></td><td></td><td></td><td></td><td></td></tr>
<tr><td>2</td><td>胸围规格正确，不超偏差±2cm</td><td>2</td><td></td><td></td><td></td><td></td><td></td></tr>
<tr><td>3</td><td>肩宽规格正确，不超偏差±0.6cm</td><td>2</td><td></td><td></td><td></td><td></td><td></td></tr>
<tr><td>4</td><td>袖长规格正确，不超偏差±0.8cm</td><td>2</td><td></td><td></td><td></td><td></td><td></td></tr>
<tr><td>5</td><td>领围规格准确，不超偏差±0.6cm</td><td>2</td><td></td><td></td><td></td><td></td><td></td></tr>
<tr><td rowspan="4">领子（10分）</td><td>6</td><td>领面、领里松紧一致，不起皱</td><td>3</td><td></td><td></td><td></td><td></td><td></td></tr>
<tr><td>7</td><td>领角、驳角左右对称有窝势</td><td>3</td><td></td><td></td><td></td><td></td><td></td></tr>
<tr><td>9</td><td>领面明线宽窄一致，领里不吐止口</td><td>2</td><td></td><td></td><td></td><td></td><td></td></tr>
<tr><td>10</td><td>绱领辑线顺直，无下坑，互差不超0.1cm</td><td>2</td><td></td><td></td><td></td><td></td><td></td></tr>
<tr><td>门、里襟（5分）</td><td>11</td><td>门、里襟丝绺归正，顺直、平服，门襟不短于里襟，不搅不豁</td><td>5</td><td></td><td></td><td></td><td></td><td></td></tr>
<tr><td>挖袋（5分）</td><td>12</td><td>左右袋高低、大小、长短对称，袋口嵌条平服不起翘</td><td>5</td><td></td><td></td><td></td><td></td><td></td></tr>
<tr><td>前身（5分）</td><td>13</td><td>胸部挺阔、分割对称，缉线均匀，面里衬服贴，左肩覆平服，不反吐</td><td>5</td><td></td><td></td><td></td><td></td><td></td></tr>
</table>

续表

评价项目	评价内容	序号	评价标准	分值	评价方式				备注
					自评	互评	师评	企业评	
知识技能目标（80分）	后背（5分）	14	后背平服，左右分割对称，面里不起吊，后肩覆平服，不反吐	5					
	肩部（5分）	15	肩部平服，肩线顺直，左右肩襻对称	5					
	袖子（15分）	16	袖子左右对称，前后合适	5					
		17	袖子吃势均匀，绱袖圆顺、平服	5					
		18	袖襻左右对称	5					
	底摆（5分）	19	平服、底边宽窄一致、有“双眼皮”松量	5					
	里布（5分）	20	衣身、袖子等面里无起吊现象，有“双眼皮”	5					
	整洁牢固（10分）	21	表面无污渍、无焦黄、无极光	5					
		22	针距3cm14~15针	2					
		23	无断线或轻微毛脱	3					
情感目标（20分）	岗位问题处理能力（9分）	24	具有客户信息分析及处理的能力	3					
		25	具有制订计划并合理实施的能力	3					
		26	具有实施过程中独立思考及解决问题的能力	3					
	团队合作创新能力（6分）	27	具有团队合作意识和创新能力	3					
		28	具有按时完成任务，高效工作的能力	3					
	工匠精神（5分）	29	具有精益求精、追求卓越的工匠精神（2分）	5					
合计				100					

◯项目六 / 西服缝制工艺

◎项目概述

西服，起源于17世纪的欧洲，它拥有深厚的文化内涵，据说西服结构源于当时西欧的渔民服装，经过几百年的演变，现在已经成为“有文化、有教养、有绅士风度、有权威感”的标签，“西装革履”就是形容文质彬彬的绅士俊男的。西服的主要特点是外观挺括、线条流畅、穿着舒适，而且男女老少都可穿着。它的款式变化很多，最主要集中在驳头、扣子的数量、口袋、下摆、后衩等部位。它常与西裤搭配成为套装，作礼服用，也可以再配一件马甲成为三件套套装，穿着正规的套装需要系领带，单独一件西装配各种裤子穿着都非常时尚，但不必系领带。

本项目内容是根据西服企业设计跟单员和服装工艺师两个岗位所需的职业能力来设计的，目的是为学生未来从事服装职业岗位打下坚实基础。

◎思维导图

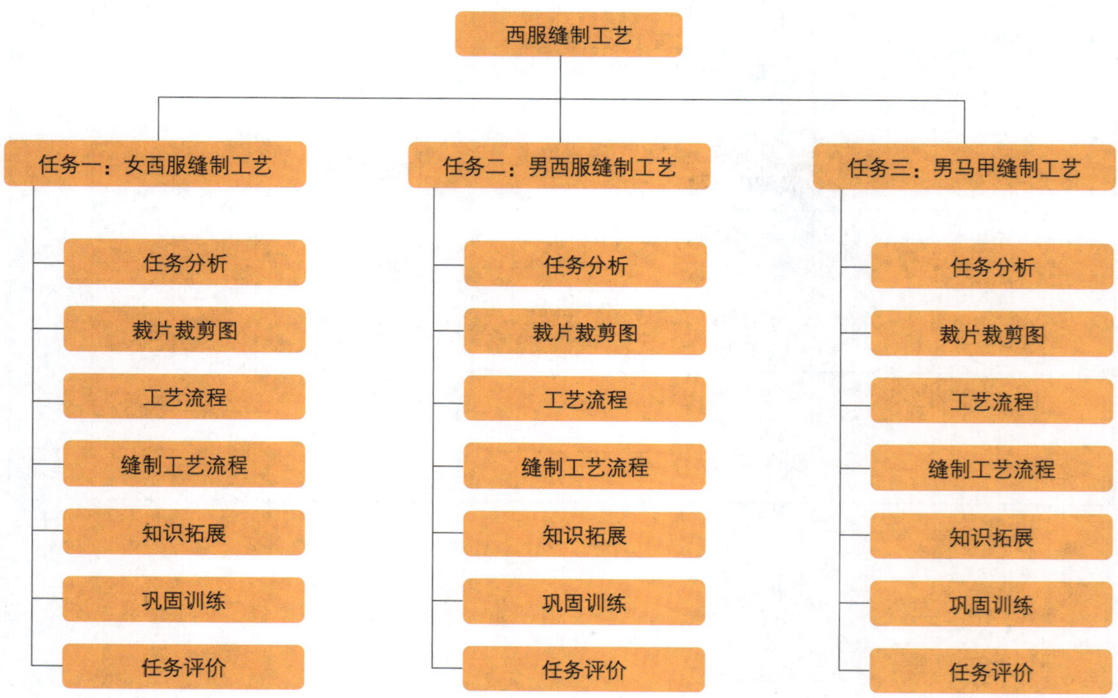

◎学习目标

知识目标

1. 了解三开身服装与四开身服装在外形上的区别。

2. 了解男女西服、男马甲外形特征，并能描述出它们在外形上的不同。

3. 了解设计跟单员、服装工艺师岗位职业能力和现代服装企业裁剪、缝纫、后整理、流水线生产技术基本工作流程。

4. 熟悉服装企业生产工艺单及其相关的内容信息。

5. 了解面料的性能、门幅，根据西服、马甲的工业样板进行排料、画样、裁剪等。

6. 了解男女西服、男马甲的质量标准及检测。

技能目标

1. 掌握男女西服、男马甲的制作方法和技巧。

2. 能制订男女西服、男马甲生产工艺单以及编写生产工艺书。

3. 能按照生产工艺单要求，进行男女西装、马甲的制作过程与成品检验，并能正确判定是否合格，且能对弊病进行修正。

情感目标

1. 通过对客户提供信息的分析，培养学生合理处理信息的能力。

2. 通过制订工艺流程，培养学生制订计划并进行合理实施的能力。

3. 通过对样衣的制作，培养学生独立思考和解决问题的能力。

4. 通过小组合作，培养学生的团队合作意识和创新能力，培养学生在工作过程中分析问题和解决问题的能力。

5. 培养学生按时完成工作任务，养成高效的工作习惯。

6. 通过对项目的实施，培养学生安全操作的习惯和精益求精、追求卓越的工匠精神。

任务一 女西服缝制工艺

任务导入

A服饰有限公司接到B服饰有限公司的生产订单，制作100件女西服，并要求其根据提供的样衣生产制造通知单的具体尺寸要求，进行M码样衣的制作，具体制作要求详见表6-1-1。

表6-1-1　A服饰有限公司女西服样衣制作通知单

编号	款号	下单日期	部位	规格				
K2020	女西服	年　月　日		150/76A	155/80A	160/84A	165/88A	170/92A
				S	M	L	XL	XXL
			后衣长	63	64	65	66	67
			肩宽	36	37	38	39	40
			胸围	86	90	94	98	102
			腰围	70	74	78	82	86
			袖长	57	58	59	60	61
			袖口	23	23.5	24	24.5	25

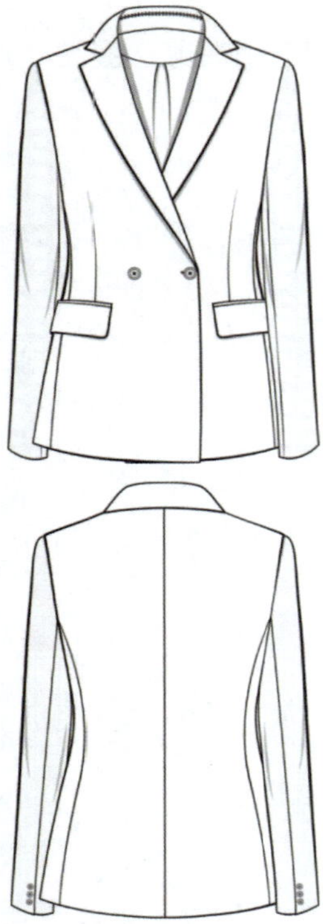

备注：面料先缩水后再开裁

工艺说明与技术要求

1.针距要求：14~15针/3cm

2.外观平服，衣身干净、整洁，线路规整，无线头，无污迹，无破损及脱线等外观损伤

3.领子：西装平驳头，领面分体翻领，领底一片斜裁，领面、领座光滑平顺，翻领线圆顺，外领口弧线长度合适

4.袖子：合体两片圆装袖，开假袖衩，钉3粒纽；袖子吃势均匀，并袖棉条，圆度饱满，角度合适，并有内旋感

5.衣身：胸腰省道至口袋转至侧缝，领下有省道，双嵌线口袋平服，后背中收缝至底摆

6.里布：全里，倒缝，有眼皮，有后领托

7.粘衬：粘衬平整，无起皱、起泡现象

8.整烫：各部位熨烫到位，无亮光、水花，底边平直无起浪现象

款式特征概述

三开身女西服，收腰身，做夹里，前片有袋盖，挖袋2只，双排1粒扣，翻驳领，方角下摆，前小刀背线自袖窿起通过口袋至底摆，领下有省道，后背中缝直通底摆，后刀背自袖笼起顺下，两片式圆装长袖，做假袖衩，袖衩钉3粒装饰纽扣

面料：毛涤类、亚麻、化纤、混纺均可

辅料：垫肩、袋布、衬布、纽扣、配色线、洗水唛等

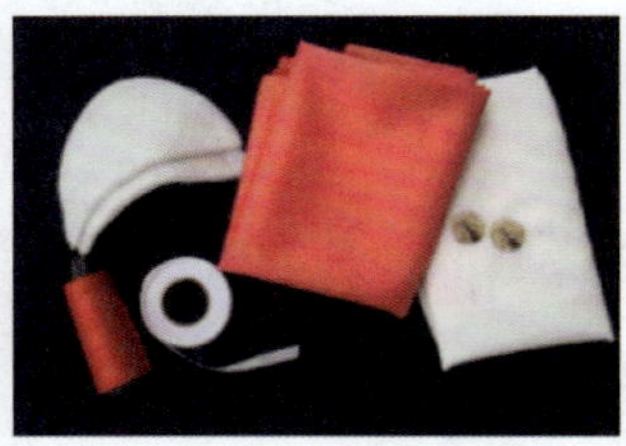

工艺编制	张三	工艺审核	李四	审核日期	年　月　日

任务要求

1.掌握女西服工业样板的排料、画样、裁剪、熨烫等技术。

2.掌握女西服的制作方法和技巧。

3.掌握女西服质量的检测。

4.掌握女西服生产工艺单的制订以及生产工艺书的编写。

任务准备

女西服工业样板（纸样）清单见表6-1-2。

表6-1-2 女西服工业样板（纸样）清单

面料毛样板名称	数量	里料毛样板名称	数量	衬料毛样板名称	数量	净样板名称	数量
前大片	1	前上片	1	前大片	1	袋盖	1
侧片	1	前下片	1	挂面	1	挂面	1
后衣片	1	侧片	1	后片领圈	1	翻领	1
大袖片	1	后片	1	后片底边	1	领座	1
小袖片	1	大袖	1	侧片底边	1	嵌条	1
翻领	1	小袖	1	大袖袖口	1		
领座	1	袋布	1	小袖袖口	1		
领底	1			翻领	1		
袋盖面	1			领座	1		
袋盖里	1			领底	1		
袋垫布	1			嵌条	1		
挂面	1			后领托	1		
后领贴	1			袋盖	1		
嵌线条	1						

任务实施

一、任务分析

从提供的样衣生产制造通知单可知，这件女西服是西服款式中的基本款，三开身，收腰身，做夹里，前片有袋盖挖袋2只，双排1粒扣，翻驳领，方角下摆，前小刀背线自袖窿起通过口袋至底摆，领下有省道，后背中缝直通底摆，后刀背自袖笼起顺下，两片式圆装长袖，做假袖衩，袖衩钉3粒装饰纽扣。

缝制工艺的重点、难点：做领、装领，做袖、装袖。

二、裁片裁剪图

160/84A女西服裁片裁剪图，具体有面料排料、里料排料和衬料排料，如图6-1-1～图6-1-3所示。

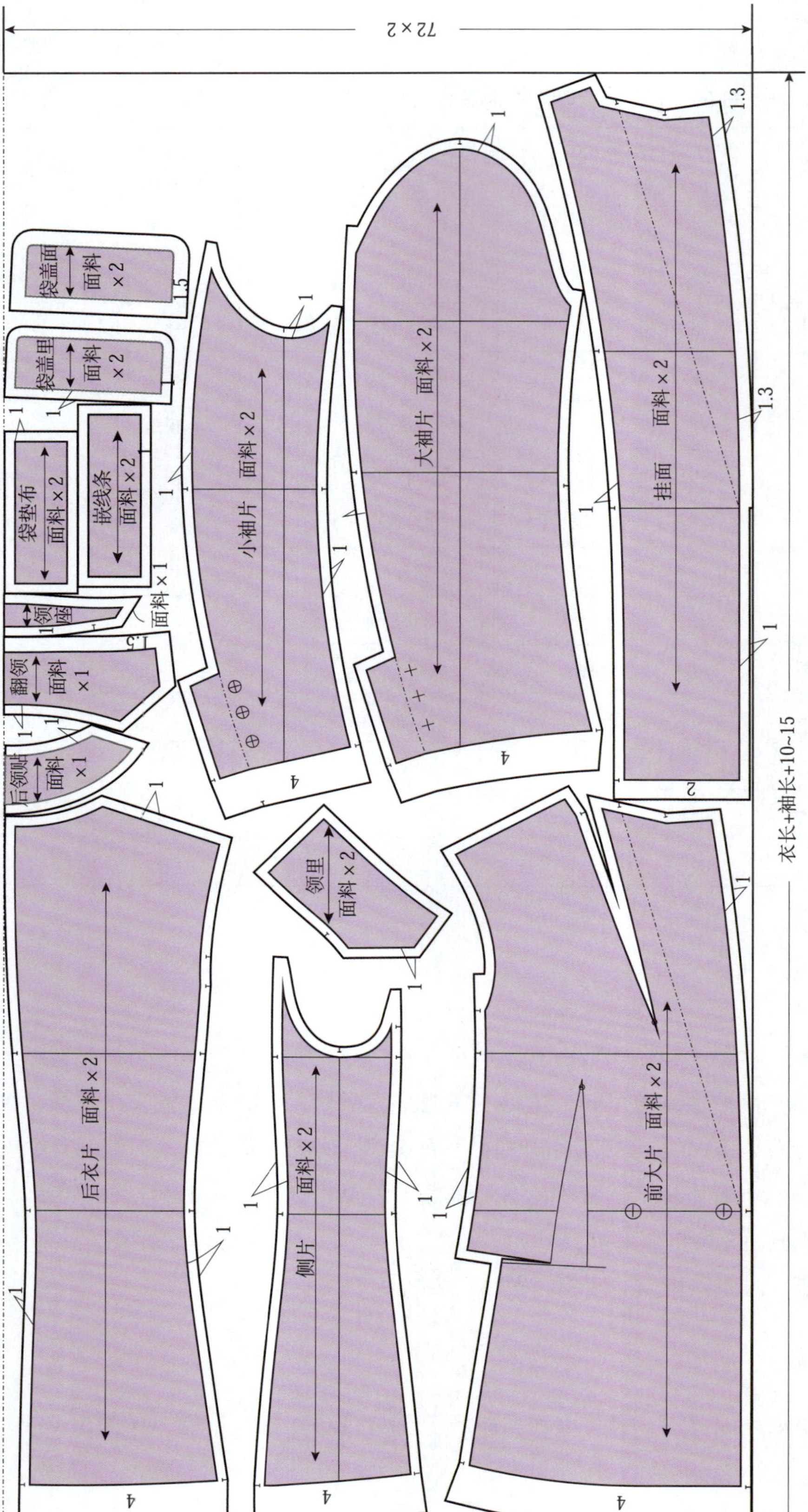

图6-1-1 160/84A女西服面料裁剪图

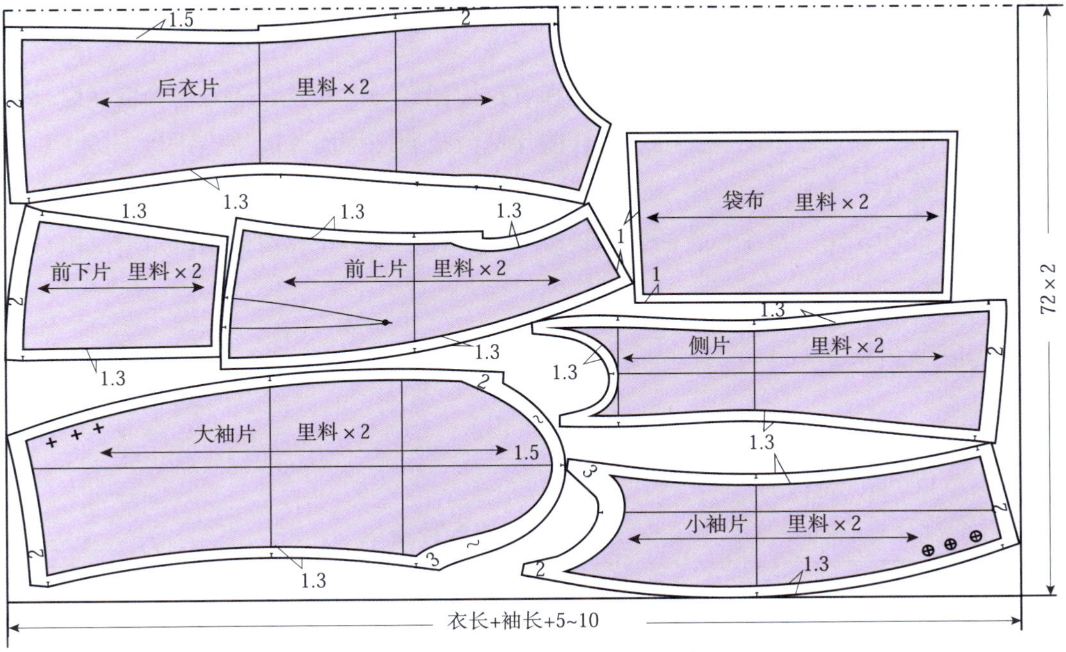

图6-1-2　160/84A女西服里料裁剪图

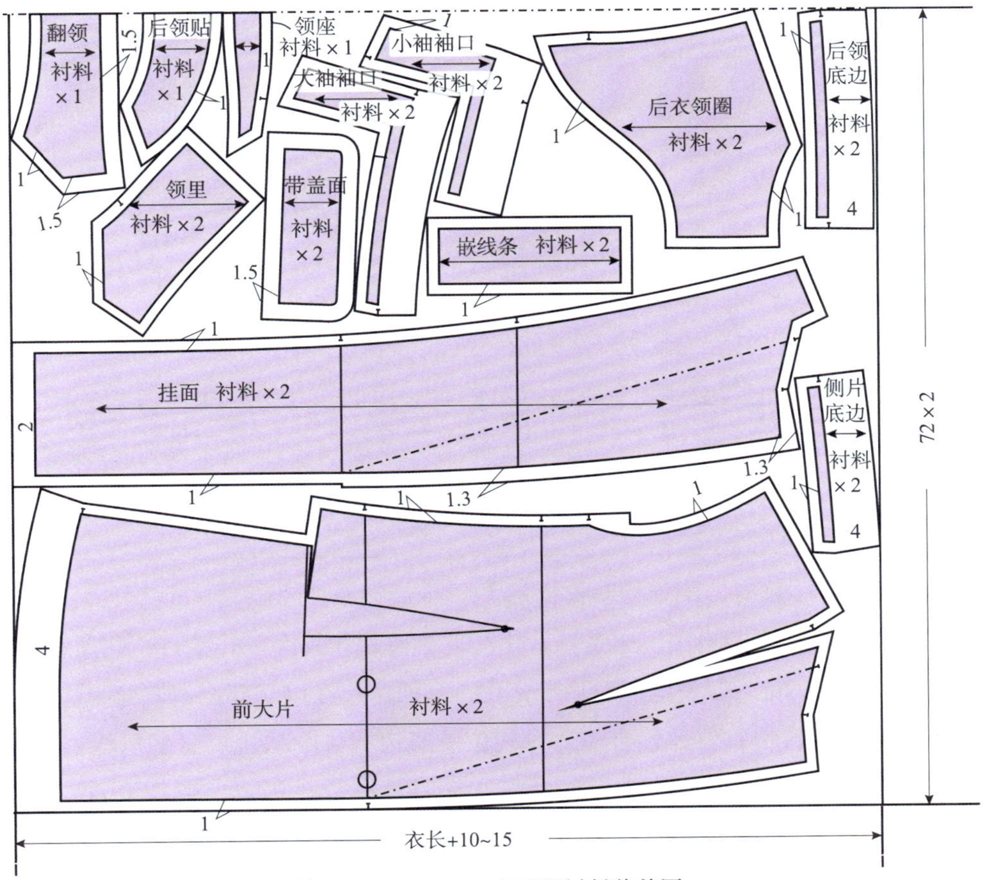

图6-1-3　160/84A女西服衬料裁剪图

三、工艺流程

检查裁片→做缝制标记（粘衬、画省和对位标记）→缉腰省、领省→合前侧缝→烫翻折线牵条→做袋盖→定袋位→挖袋→拼合前片里与挂面→做前片门里襟止口、烫止口→合后中缝、分烫后中缝→做后片里→合肩缝→合肩缝里→做领→装领→合后侧缝→合里布前侧缝→合里布后侧缝→做袖→装袖→装垫肩→缝合底边→封左前袖缝预留口→锁眼、钉扣→整烫→成衣

四、缝制工艺

1.检查裁片

核实裁片数量见表6-1-3。

表6-1-3　女西服裁片清单

面料裁片名称	数量	里料裁片名称	数量	衬料裁片名称	数量
前大片	2	前上片	2	前大片	2
侧片	2	前下片	2	挂面	2
后片	2	侧片	2	后片领圈	2
大袖片	2	后片	2	后片底边	2
小袖片	2	大袖	2	侧片底边	2
翻领	1	小袖	2	大袖袖口	2
领座	1	袋布	2	小袖袖口	2
领底	2			翻领	1
袋盖面	2			领座	1
袋盖里	2			领底	1
袋垫布	2			嵌线条	2
挂面	2			后领贴	1
后领贴	1			袋盖	2
嵌条	2				

2.做缝制标记（粘衬、画省和对位标记）

根据需要在前衣片、侧片、挂面、后片、大小袖片和领面等处粘衬，并用钻眼、划粉或眼刀等方式做好标记，以便缝制时用于定位，女西服应在以下部位做好缝制标记。

（1）前大片。胸腰省位、领省位、口袋位、底边宽、驳领止点、翻折线、纽门位等，如图6-1-4所示。

（2）侧片。口袋位、绱袖对位点、腰节线位、底边等，如图6-1-4所示。

（3）后衣片。腰节线位、底边位等，如图6-1-5所示。

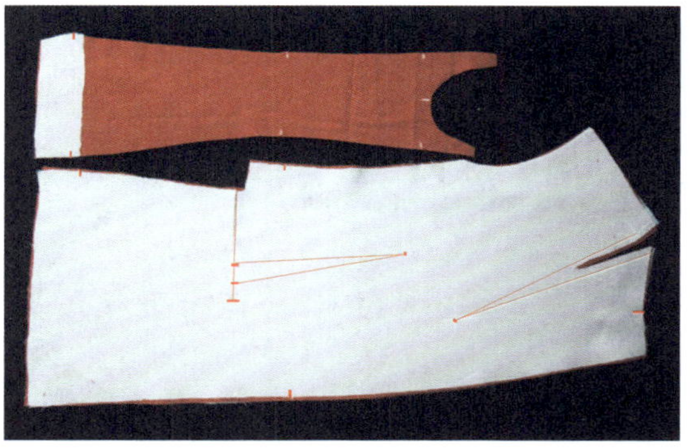

图6–1–4　前大片与侧片

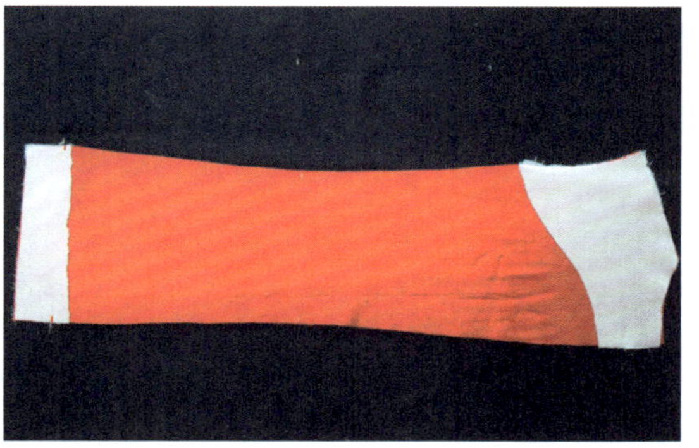

图6–1–5　后衣片

（4）大、小袖片。袖山顶点、袖底、绱袖对位点、袖肥线、袖肘线、袖衩位和袖口线等，如图6–1–6所示。

（5）领子。后领中点、绱领肩对位点等，如图6–1–7所示。

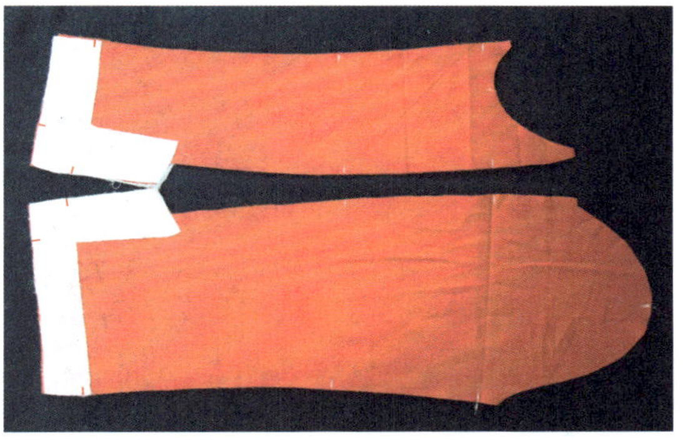

图6–1–6　大袖片和小袖片

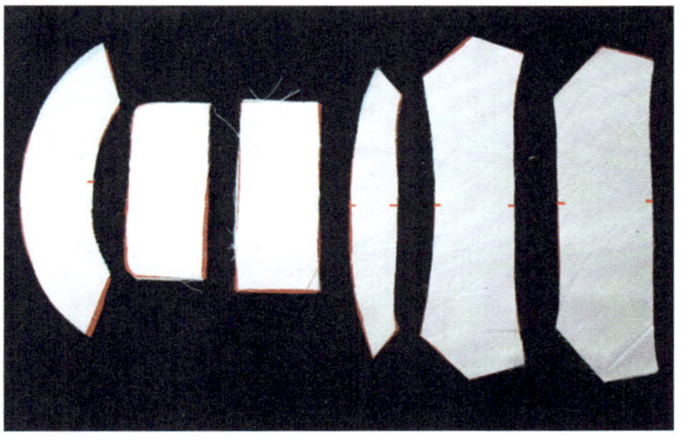

图6–1–7　领子

（6）挂面、前片里。驳领止点、翻折线、胸腰省位、胸围线等，如图6–1–8所示。

（7）侧片里。绱袖对位点、腰节线位、底边等，如图6–1–9所示。

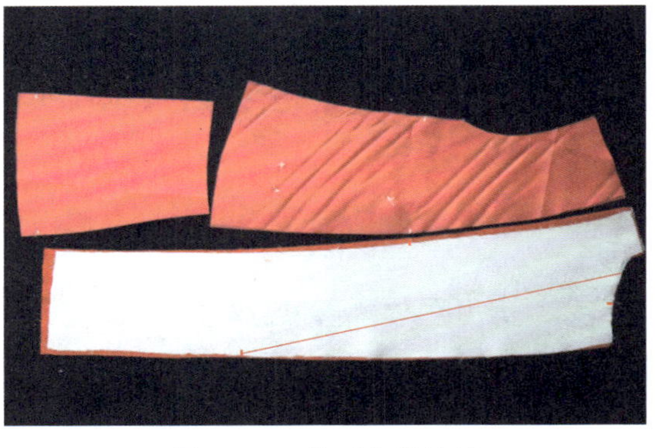

图6–1–8　挂面和前片里

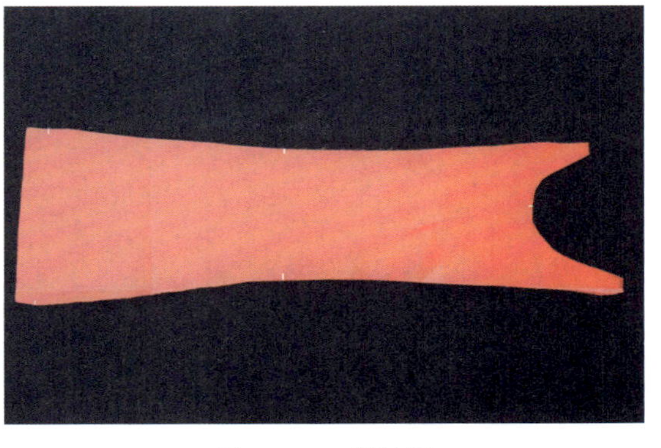

图6–1–9　侧片里

（8）后片里。后中线位、胸围线位、腰节线位、底边位等，如图6–1–10所示。

（9）大、小袖片里。袖山顶点、袖底、绱袖对位点、袖肥线、袖肘线等，如图6–1–11所示。

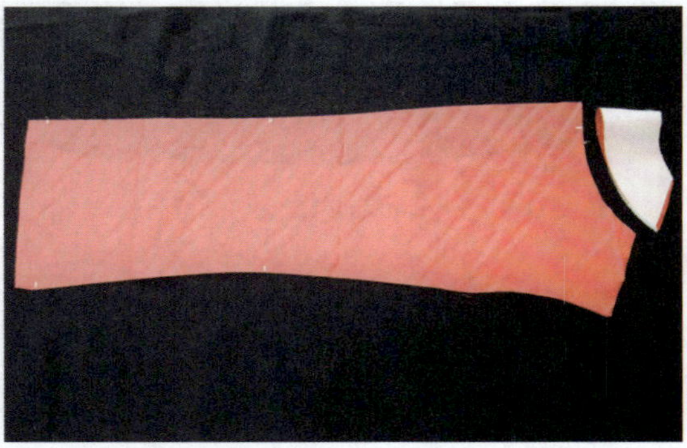

图6-1-10　后片里

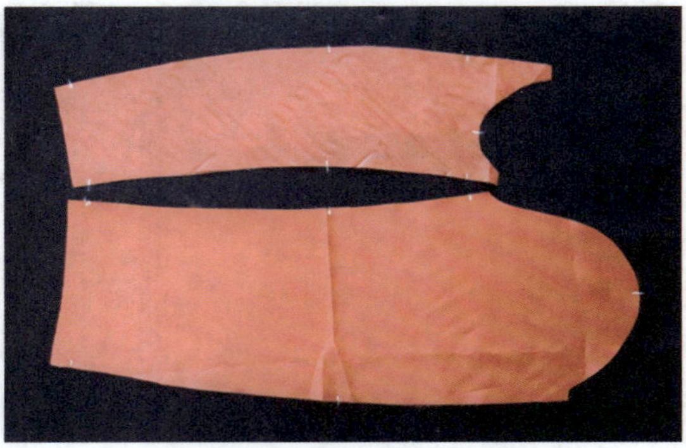

图6-1-11　大、小袖里

3. 缉腰省、领省

（1）缉腰省。沿嵌线口袋位剪开至腰省位，之后缝合腰省，修剪缝份后再将省道烫分开缝，如图6-1-12、图6-1-13所示。

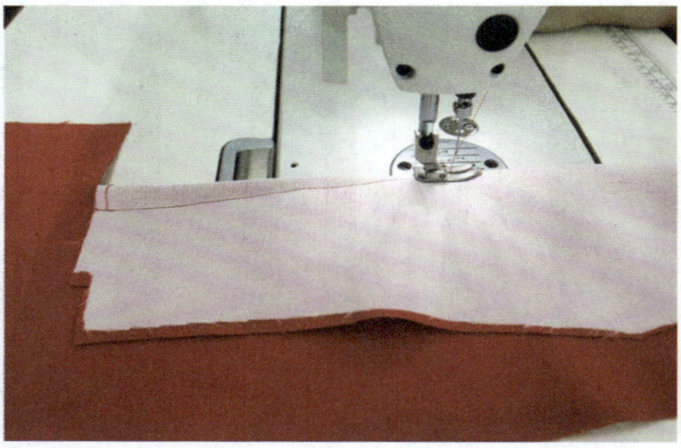

图6-1-12　收腰省

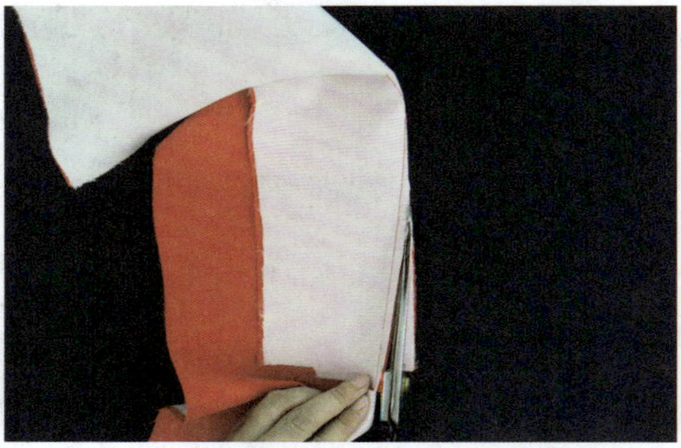

图6-1-13　修剪腰省缝份

（2）缉领省。按领省位缝合领省，再将省道烫分开缝，如图6-1-14、图6-1-15所示。

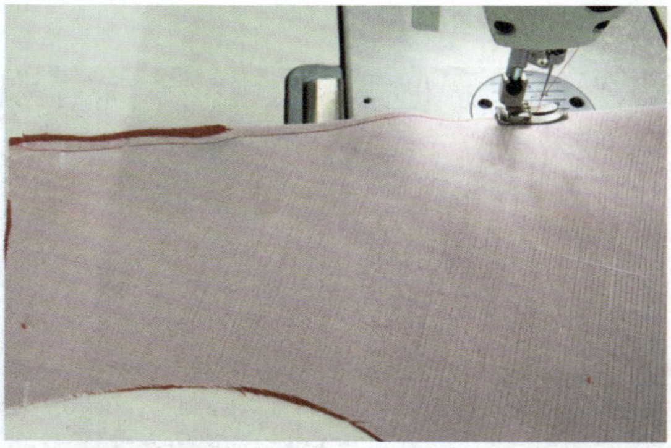

图6-1-14　缉领省

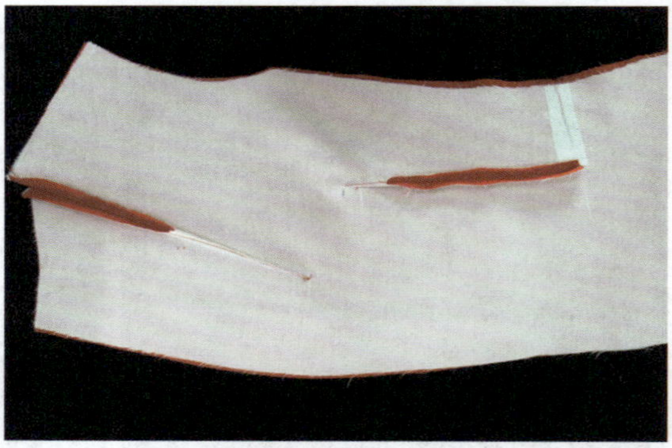

图6-1-15　分烫领省

4. 合前侧缝

前片口袋位粘衬，再将前大片与侧片正面相对，按1cm缝份拼缝前片与侧片，并分烫缝份，如图6-1-16、图6-1-17所示。

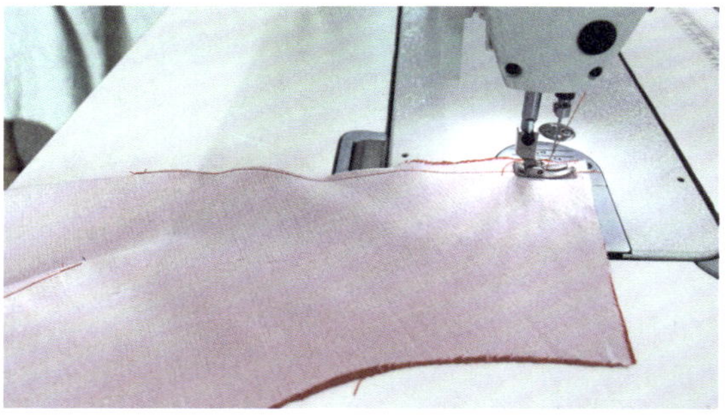

图6-1-16 合前侧缝

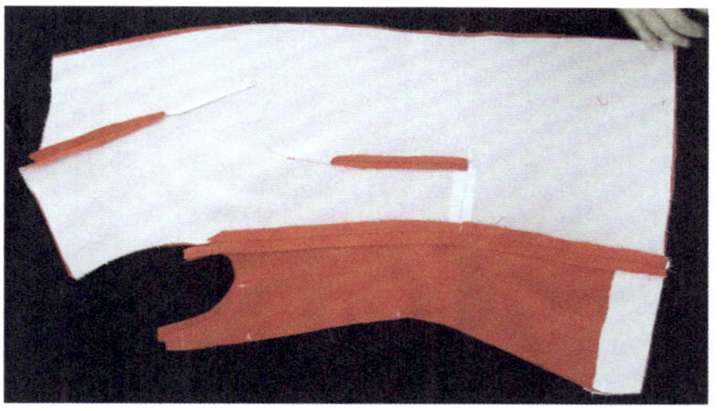

图6-1-17 分烫前侧缝

5. 烫翻折线牵条

在翻折线处按1cm拉牵条，如图6-1-18所示。

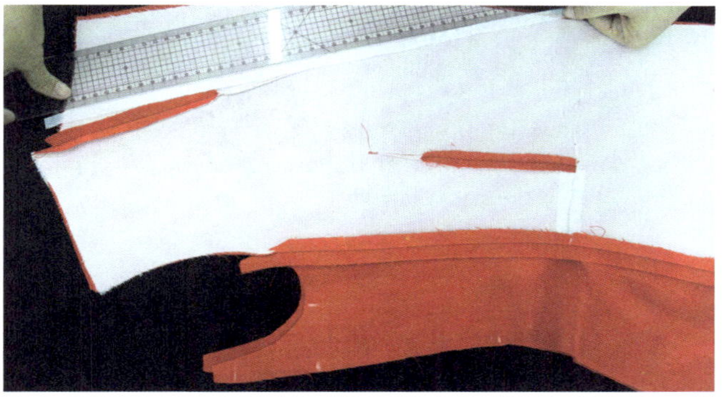

图6-1-18 烫翻折线牵条

6. 做袋盖

按袋盖净样板，并区分左右袋盖，画出净样，将袋盖面与袋盖里正面相对，袋盖里在上，沿净样车缝，注意里外匀，并做出窝势，再将缝头修剪至0.5cm，翻烫平服，并可画出袋盖宽度标记线，如图6-1-19～图6-1-21所示。

图6-1-19 画袋盖净样

图6-1-20 车袋盖

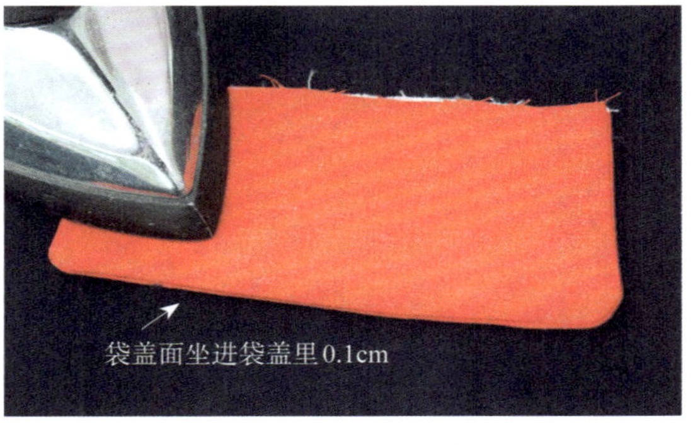

图6-1-21 烫袋盖

企业工匠小技巧

做袋盖时，先把带盖里缝份修剪至0.7cm，让袋盖里三周比袋盖面均匀地小0.3cm，车缝时注意面松里紧，形成窝势，这样制作出的袋盖经扣烫、翻烫后会里外匀称，不反吐，很服帖。

7.定袋位

按照口袋位置，在前衣片画出口袋位，同时在嵌条上也画出口袋线，如图6-1-22、图6-1-23所示。

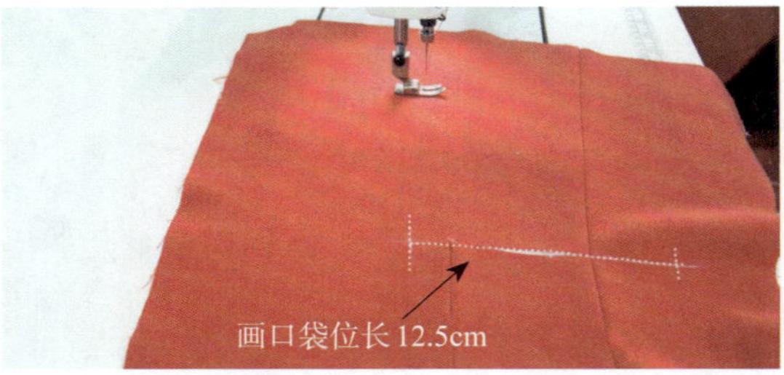

图6-1-22　定袋位

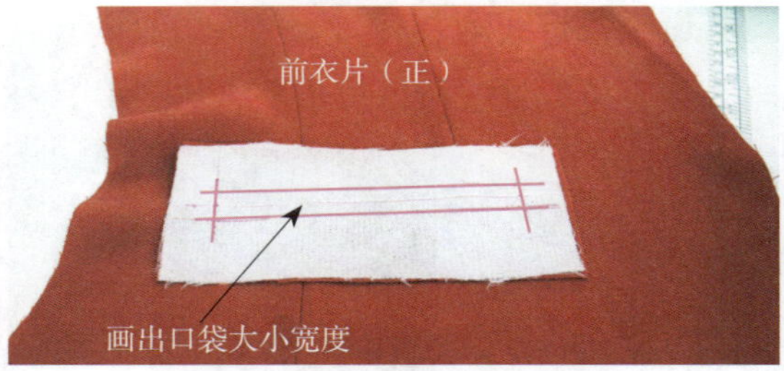

图6-1-23　画袋位

8.挖袋

（1）固定袋布与嵌条。将袋布上口放至前衣片反面的开袋位上提2cm处，注意左右距离均匀，再沿嵌线上的口袋中线固定嵌条在前衣片开袋处，按口袋线固定嵌条，要求嵌线要顺直，两缝线之间距离一致，如图6-1-24、图6-1-25所示。

女西服-开袋

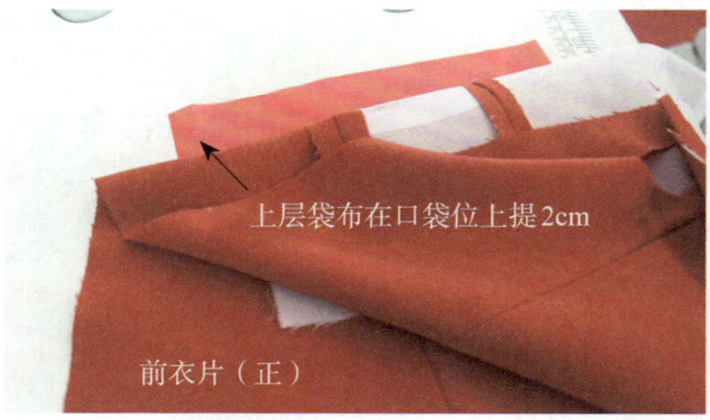

图6-1-24　放袋布

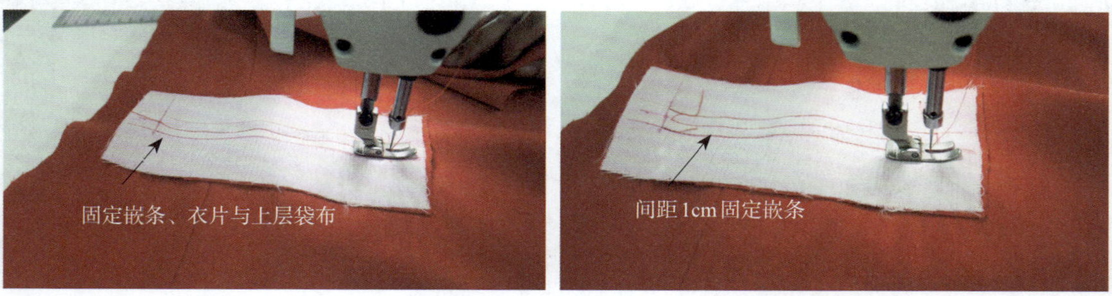

图6-1-25　固定嵌条

（2）剪袋口。将嵌条沿固定线从中间剪开，同时袋口剪“Y”字形剪口，特别注意剪袋口角时，不能剪毛角，将嵌条与分剪缝头分烫平服，之后再用嵌线布包转分烫后留在上面的缝份，然后漏落缝固定嵌条，如图6-1-26所示。

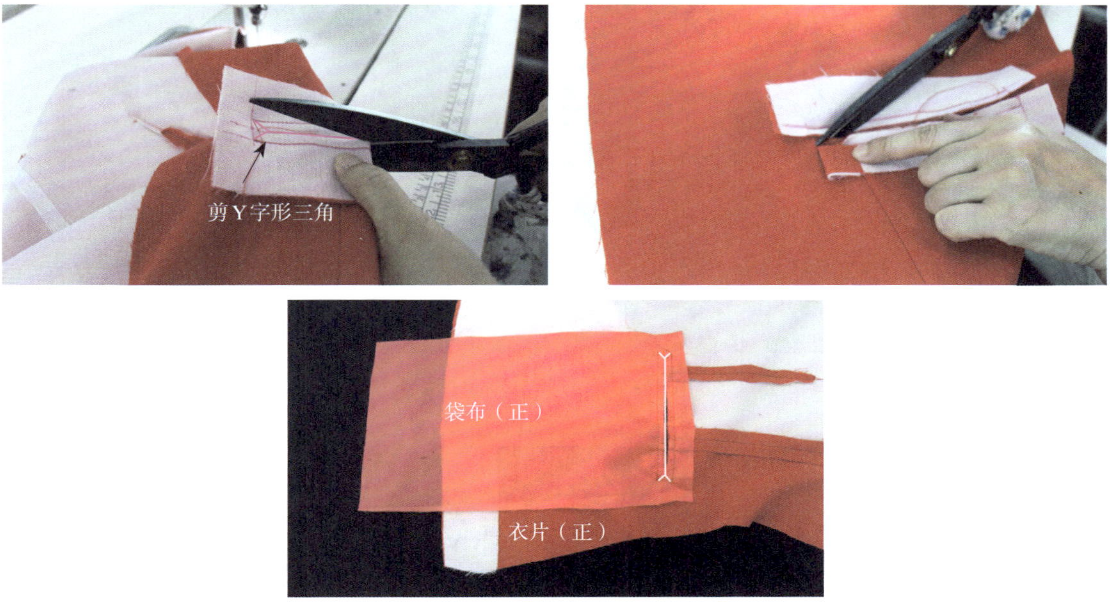

图6-1-26 剪袋口

（3）装袋盖。将做好的袋盖塞进袋口，外留袋盖实际宽度大小，再沿上嵌线固定线固定袋盖，另外，将下嵌条边也固定在袋布上，如图6-1-27～图6-1-30所示。

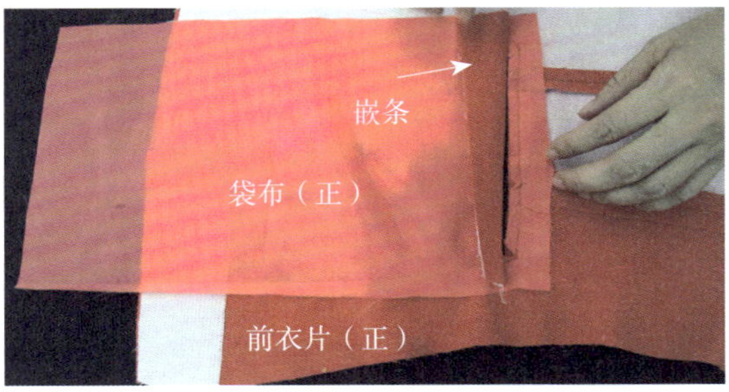

图6-1-27 翻嵌条

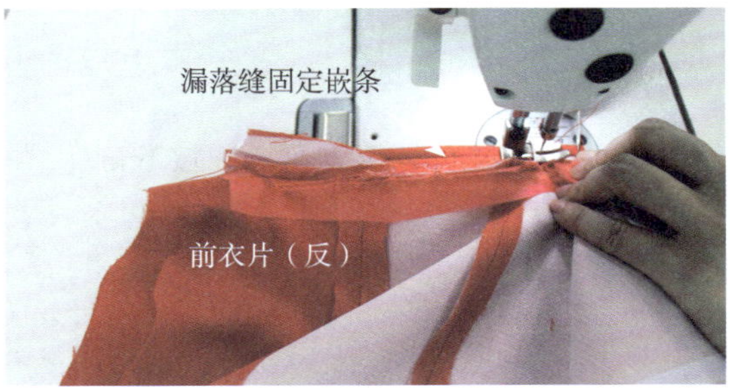

图6-1-28 固定嵌条

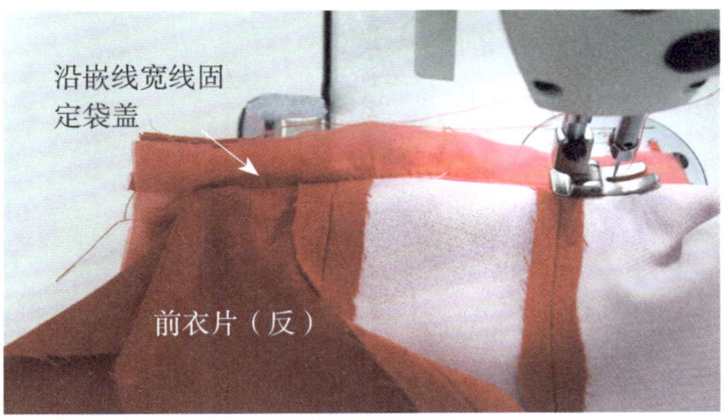

图6-1-29 装袋盖

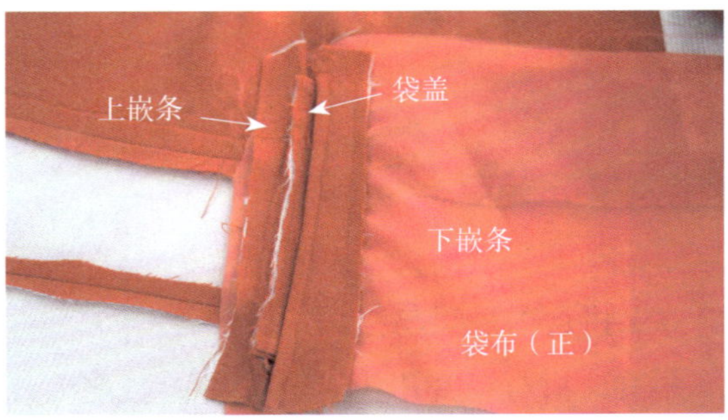

图6-1-30 固定下嵌线与袋布

（4）固定袋垫布、袋口三角。根据袋布长短，对折后确认袋垫布位置，固定袋垫在袋布上，再“门”字形固定袋布与袋口三角，要求三角与嵌线三道线来回固定，如图6–1–31、图6–1–32所示。

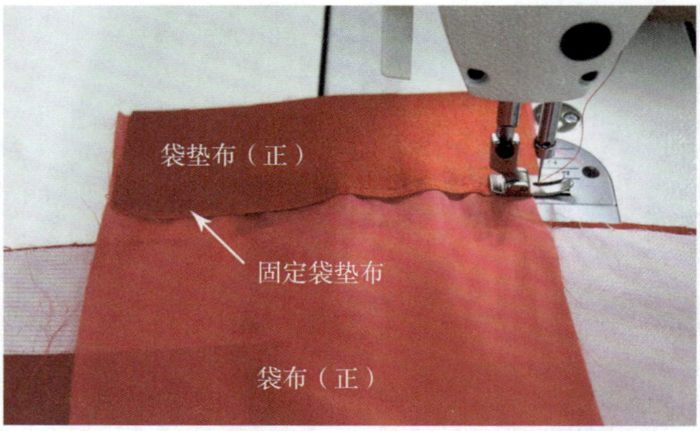

图6–1–31　固定袋垫布

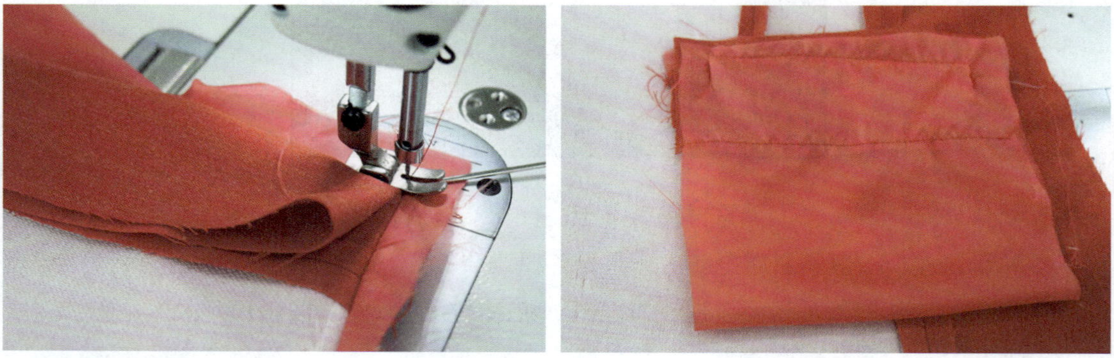

图6–1–32　固定袋布上口与三角

（5）兜缉袋布。将袋布四周按1cm兜缉一周，并将口袋面、里烫平服（图6–1–33）。

图6–1–33　兜缉袋布

9.拼合前片里与挂面

（1）拼合前片里上片与下片。按照前片里省位大小拼合前上片里的省，再按1cm缝份拼合前上片里与前下片里，注意省倒向中心，如图6–1–34、图6–1–35所示。

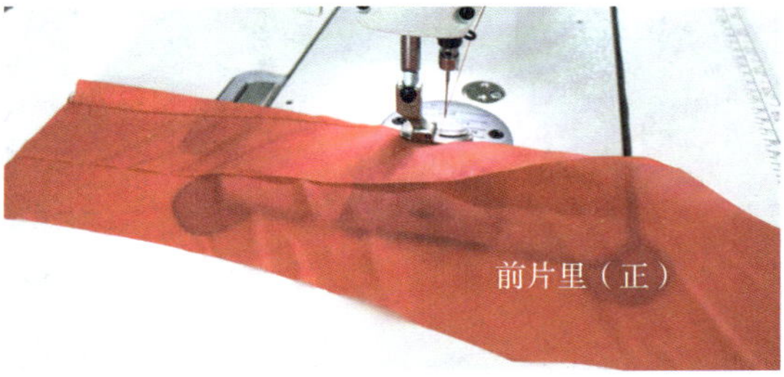

图6-1-34 合前片里省

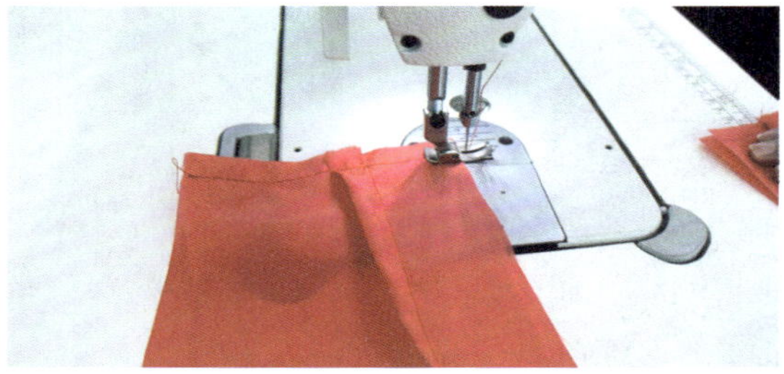

图6-1-35 合前片里上下片

（2）拼合前片里与挂面。在挂面上画出净样，在挂面底端卷边缝6cm，再按1cm缝份与前片里接合，缝份倒向里布，并烫出0.3cm的“双眼皮”，如图6-1-36、图6-1-37所示。

图6-1-36 卷边缝挂面下端

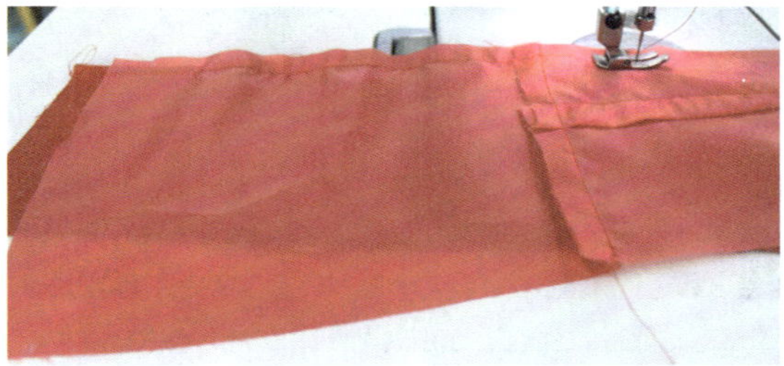

图6-1-37 合挂面与前片里

10. 做前片门里襟止口、烫止口

（1）做前片门襟、里襟止口。将前衣片与挂面从驳领装领止点起至底边按1cm拼合，以翻驳点为转折，驳头部分要有吃量，下段衣身要有吃量，如图6-1-38所示。

（2）烫止口。将门襟止口修成高低缝，再翻至正面烫出里外匀，驳头挂面止口坐出0.1cm，衣身止口大身坐进0.1cm，注意翻驳角要方正，如图6-1-39～图6-1-43所示。

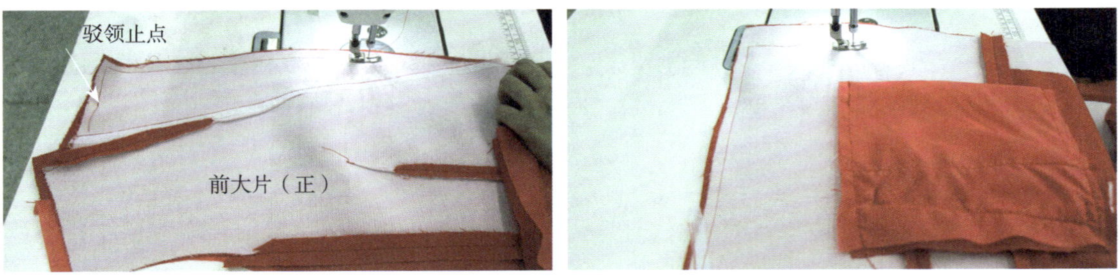

图6-1-38 做前片门襟、里襟止口

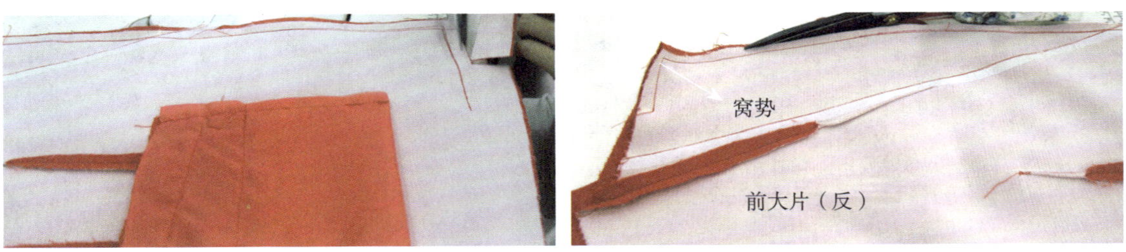

图6-1-39 修剪止口缝份

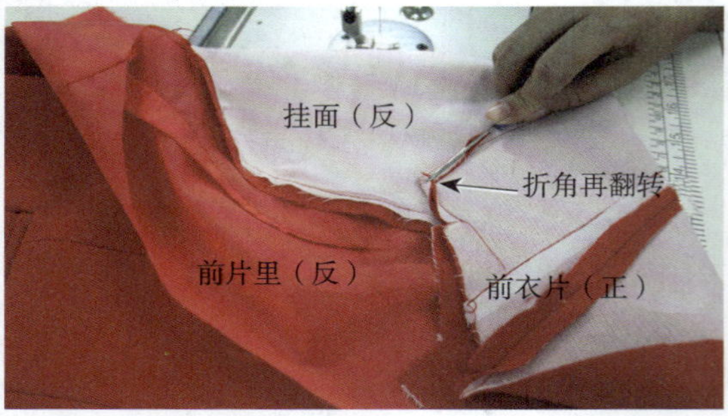

图6-1-40　翻驳角

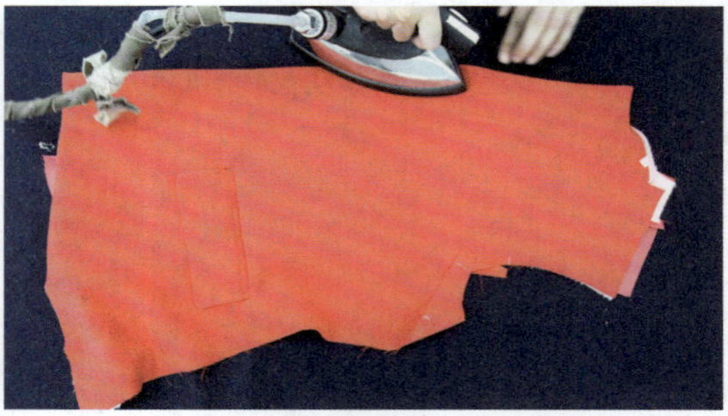

图6-1-41　烫止口

图6-1-42　烫前片底摆

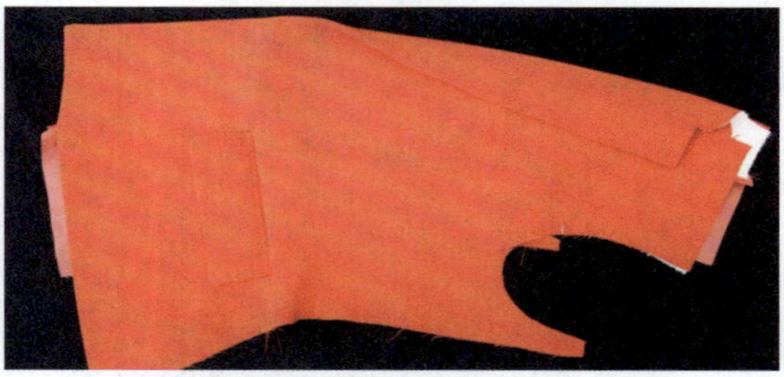

图6-1-43　前片门襟

11. 合后中缝、分烫后中缝

将左右后衣片正面相对，按1cm缝份拼合，并分烫平整，如图6-1-44、图6-1-45所示。

图6-1-44　合后中缝

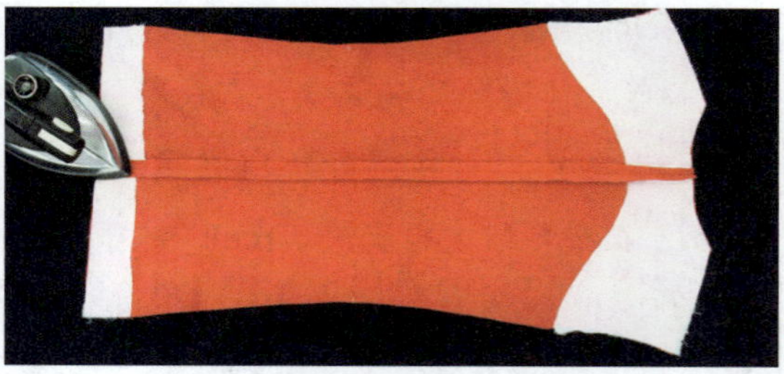

图6-1-45　分烫后中缝

12. 做后片里

将后片里布后中缝按1cm缝份拼合，再与后领贴拼合，拼合过程中，注意里布后中缝先回到净样位再拼合，之后熨烫后中缝，预留活动量，如图6-1-46、图6-1-47所示。

图6-1-46　做后片里中缝

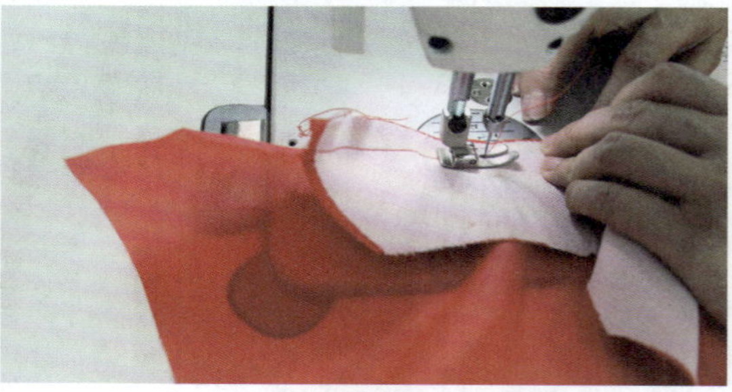

图6-1-47　合后领贴与后片里

13. 合肩缝

将前后衣片正面相对，按1cm拼合肩缝，再分烫平服，如图6-1-48、图6-1-49所示。

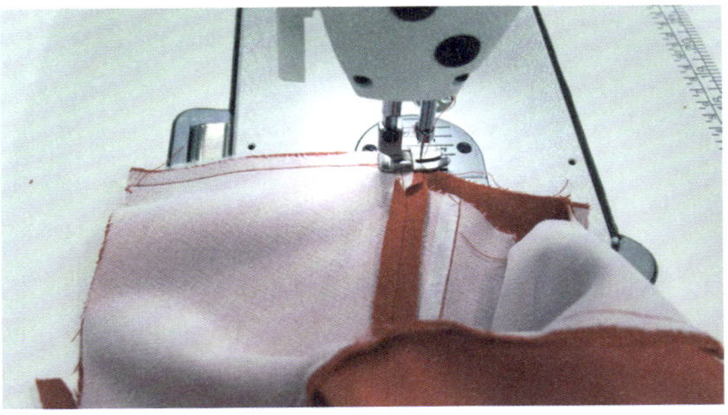

图6-1-48 合肩缝

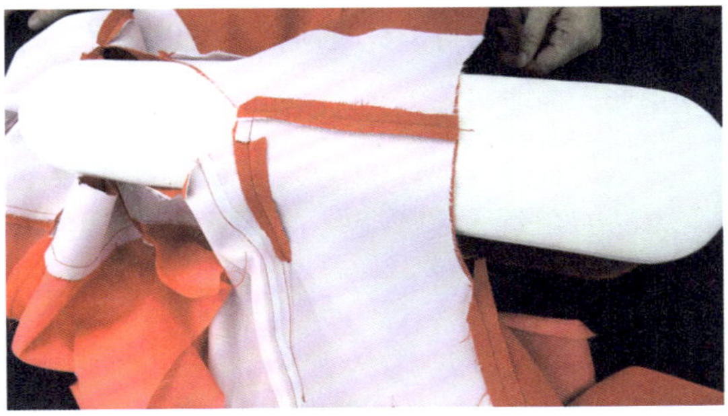

图6-1-49 分烫肩缝

14. 合里布肩缝

将里布肩按1cm拼合后，缝份可向后衣片烫倒，也可分烫平服，如图6-1-50、图6-1-51所示。

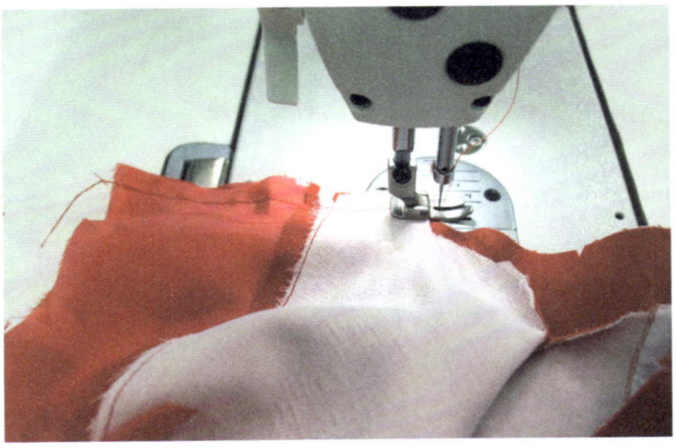

图6-1-50 合里布肩缝

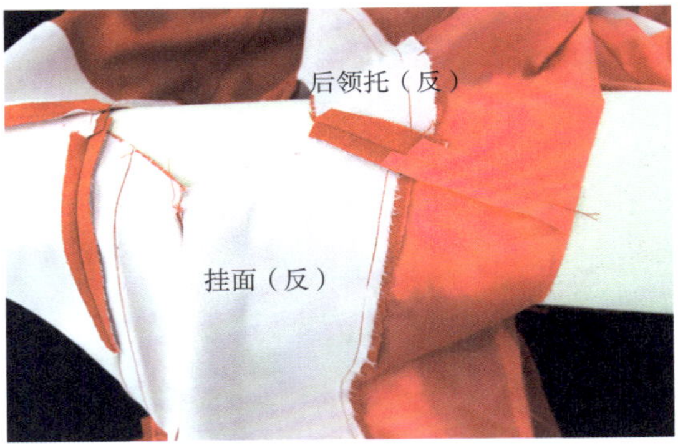

图6-1-51 烫里布肩缝

15. 做领

（1）拼合领面。用气消笔在翻领与领座画出净样板，再按照1cm拼合，并分烫修剪缝份后压辑0.1cm明线，如图6-1-52所示。

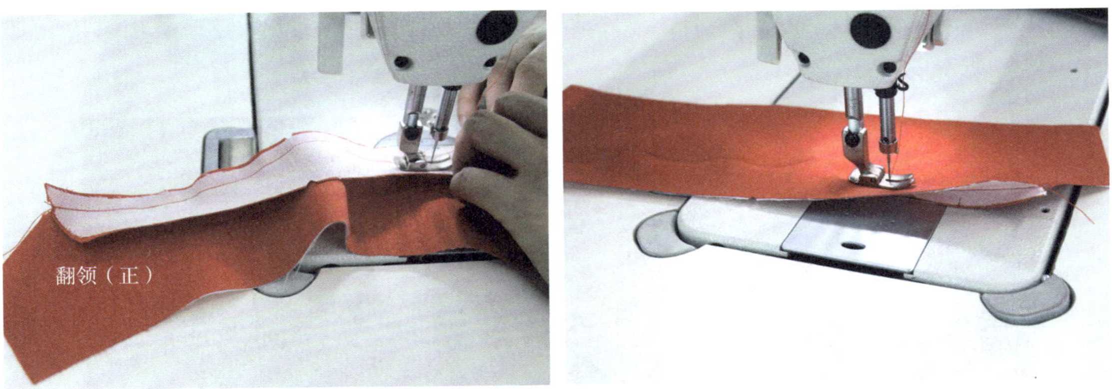

图6-1-52 拼合领面

企业工匠小技巧

做领子时，可以先在布料上画出净样，再把领里三周修剪缝份到0.8cm，进行车缝时注意面松里紧，形成翘势，这样制作出来的领子里会里外匀称，不反吐。

（2）合领面与领底。在领里上画出净样线，修剪领里缝份比领面缝份三周小0.2cm，领底在上，领面在下，面面相对，按净样线拼合领外口，注意缝制里时要里外匀，面松里紧，如图6-1-53、图6-1-54所示。

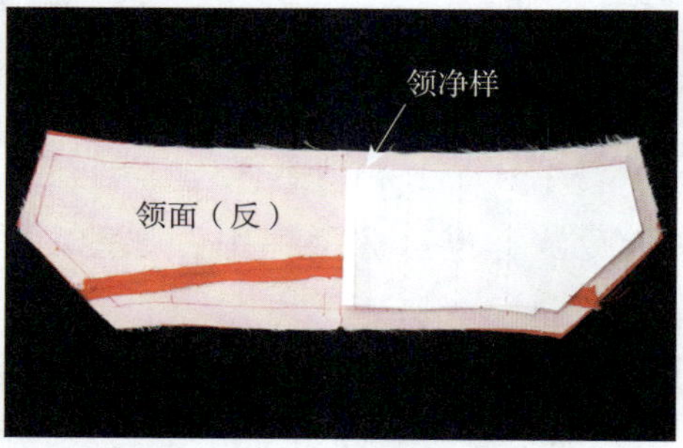

图6-1-53　绘制领净样

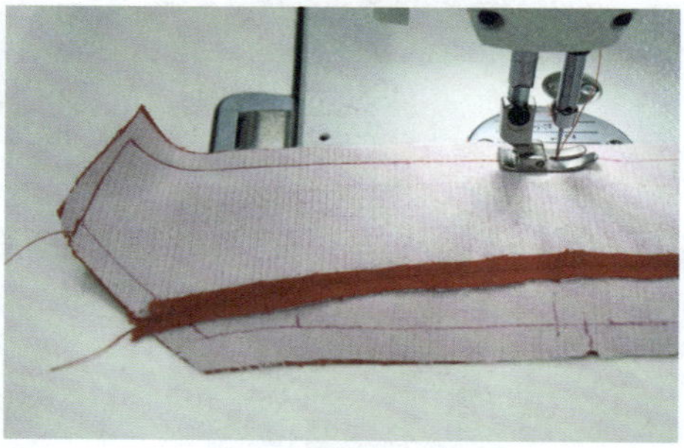

图6-1-54　拼合领面与领底

（3）翻烫领面。修剪缝份时，可修成高低缝，再翻烫，要求左右对称，如图6-1-55、图6-1-56所示。

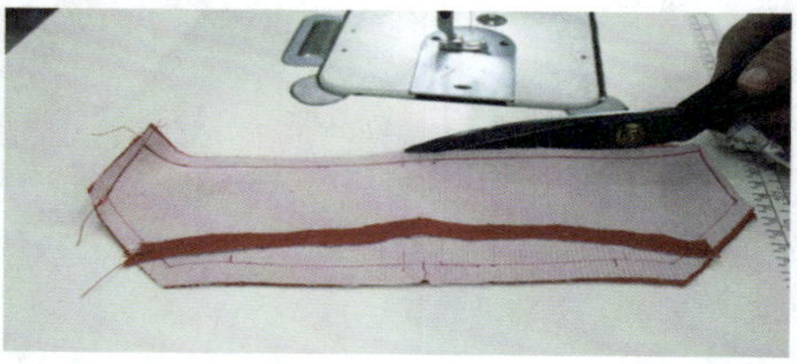

图6-1-55　修剪领缝份

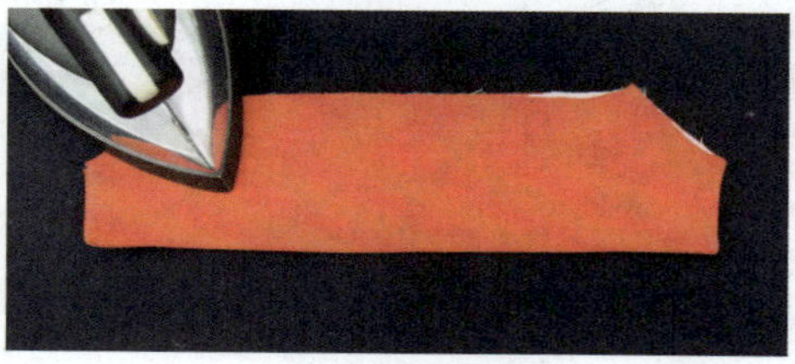

图6-1-56　翻烫领面

16.装领

（1）做装领标记。做好装领标记，即左右肩点位和后领中位，与衣身相对应，如图6-1-57所示。

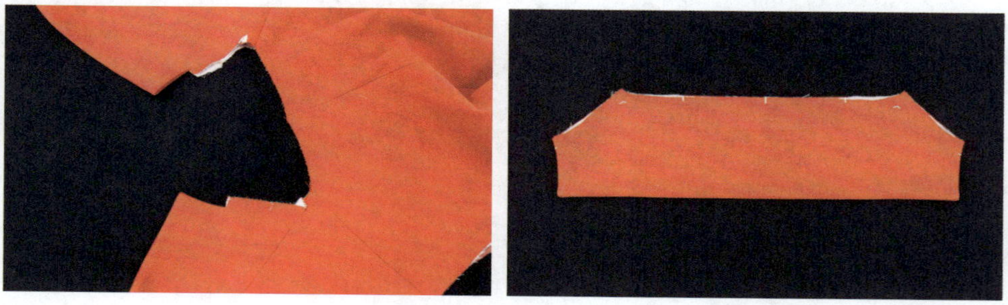

图6-1-57　做装领标记

（2）装领面与挂面衣身领圈。将领面与挂面衣身领圈按1cm拼合，拼合时从领嘴起，注意各对位点要对齐，缝至衣身领圈转角处时打剪口，如图6-1-58所示。

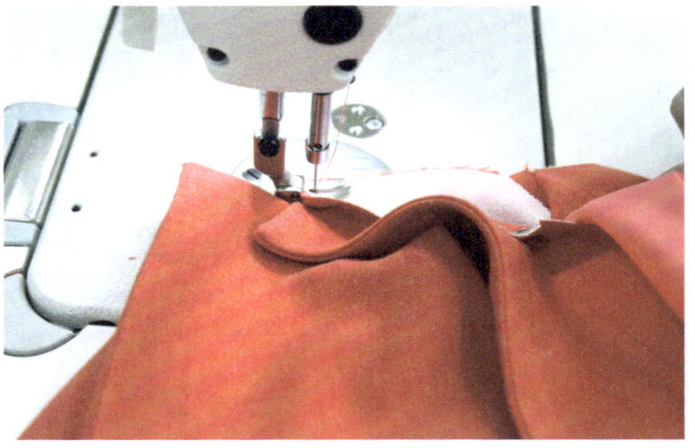

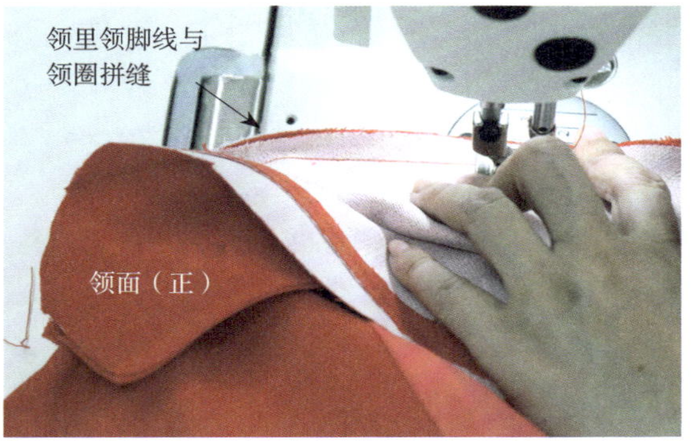

图6-1-58 装领面与挂面衣身领圈

（3）装领里与面布领圈。将领里与衣身面布领圈按1cm拼合，注意在上领嘴处里外均匀，如图6-1-59所示。

（4）分烫领圈：将领面领圈、领里领圈打剪口，分烫缝份，如图6-1-60所示。

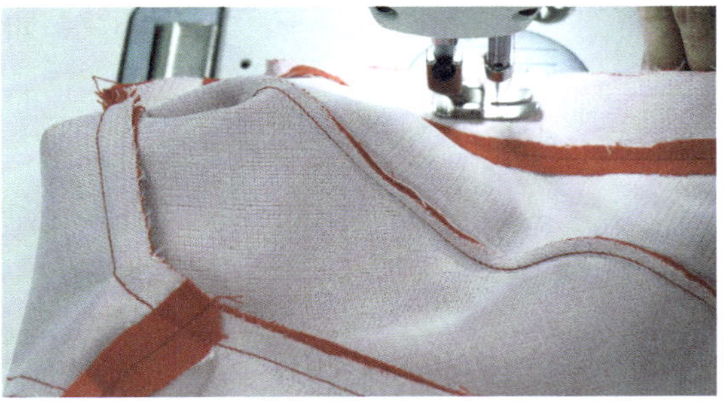

图6-1-59 装领里与面布领圈

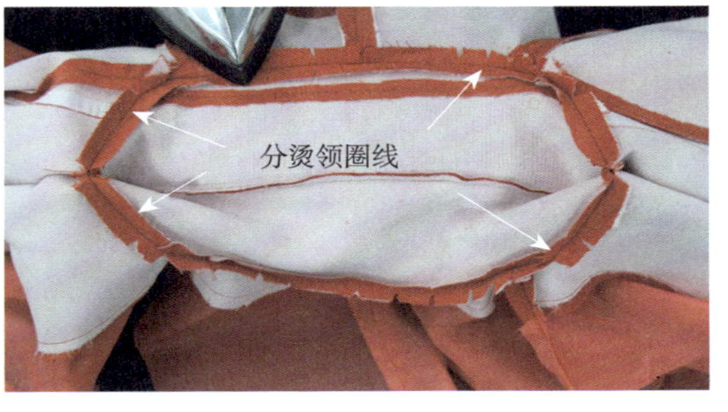

图6-1-60 分烫领圈

（5）固定领圈。将面、里领圈按对位点进行手针固定，或用衣车缝合固定，如图6-1-61、图6-1-62所示。

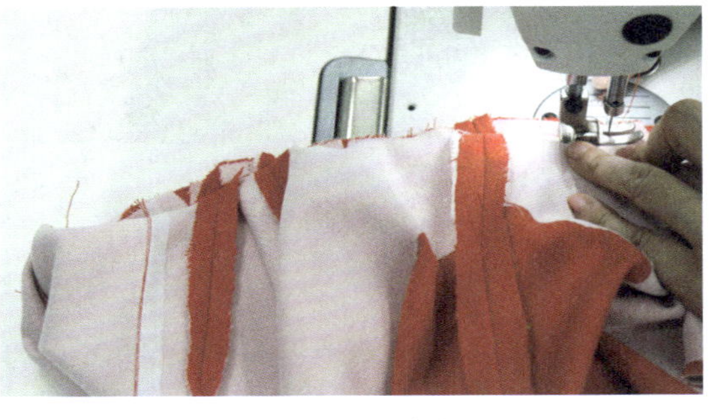

图6-1-61 固定领圈

图6-1-62 领成品

17. 合后侧缝

将后衣片与侧片正面相对，按1cm拼合，并分烫平整，如图6-1-63、图6-1-64所示。

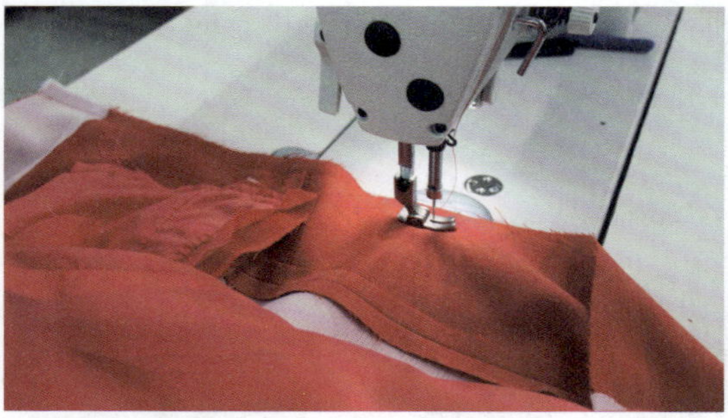

图6-1-63　合后侧缝

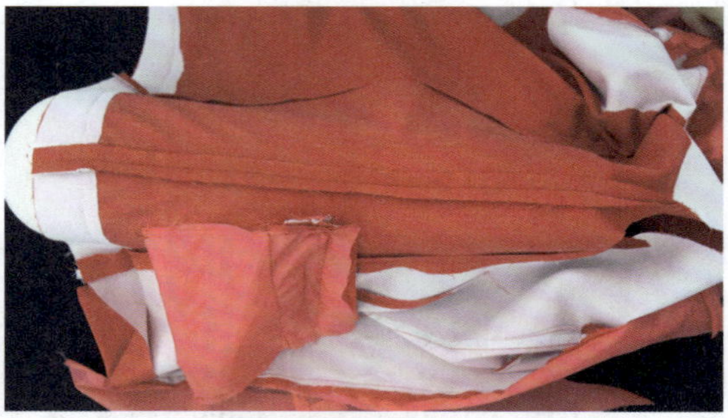

图6-1-64　分烫后侧缝

服装工艺小常识

“双眼皮”又叫里布风琴，是指里料合缝后在熨烫时预留出的松量，其目的是便于穿脱、防止面料起皱、起吊等。

18. 合里布前侧缝

将侧片里与前衣片里按1cm拼合，缝头顺势而倒，并烫出0.3cm的“双眼皮”，如图6-1-65所示。

19. 合里布后侧缝

将侧片里与后片里按1cm拼合，缝头顺势而倒，并烫出0.3cm的“双眼皮”，如图6-1-66所示。

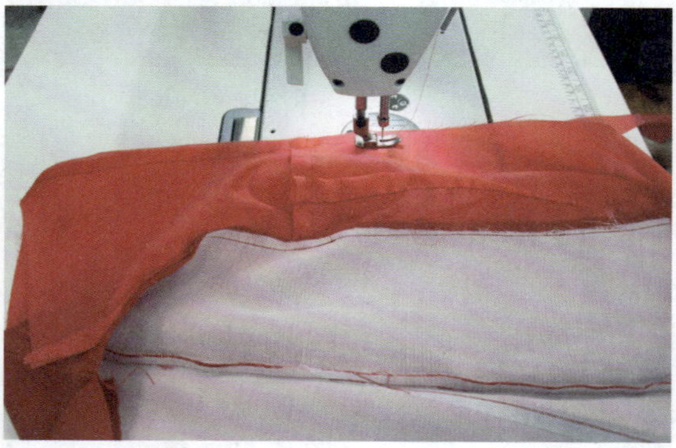

图6-1-65　合里布前侧缝

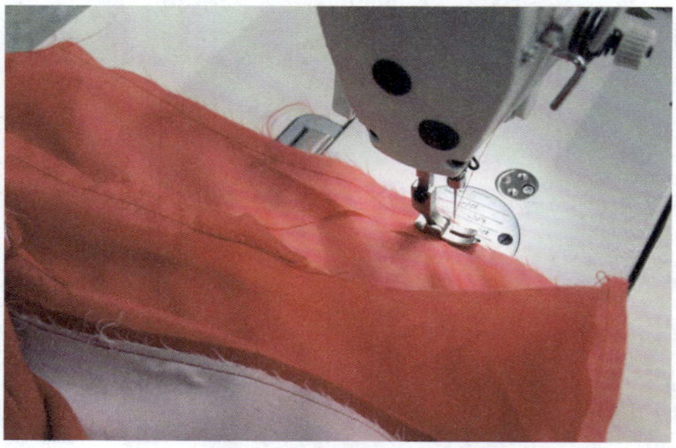

图6-1-66　合里布后侧缝

20. 做袖

（1）合后袖缝、袖衩并分烫。将后袖缝按1cm拼合，在袖衩处按净样线缝合（假袖衩），再把缝份向大袖方向烫倒，厚面料可在小袖袖衩处剪开，并烫分开缝，如图6-1-67、图6-1-68所示。

（2）烫袖口。将袖口多余缝份修剪至0.5cm，再沿袖口缝份折烫平服，如图6-1-69所示。

（3）合前袖缝。将前袖缝按1cm进行拼合，再分烫前袖缝，如图6-1-70、图6-1-71所示。

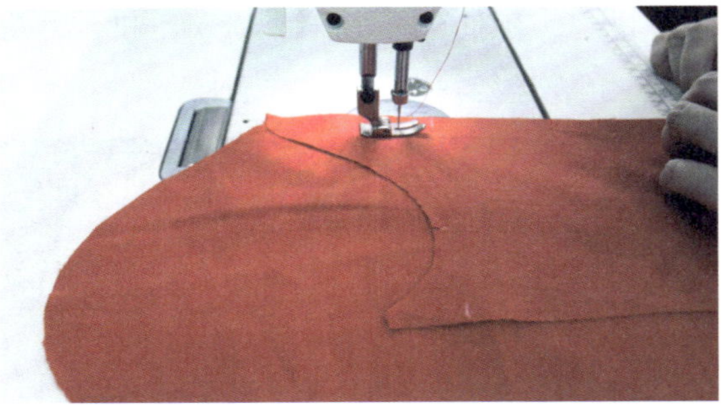

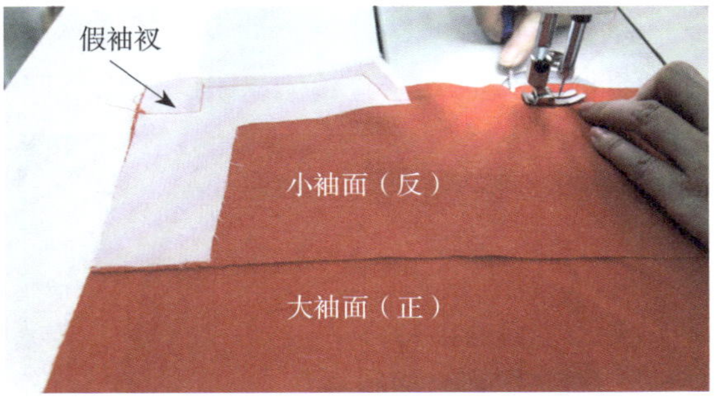

图6-1-67 拼合后袖缝

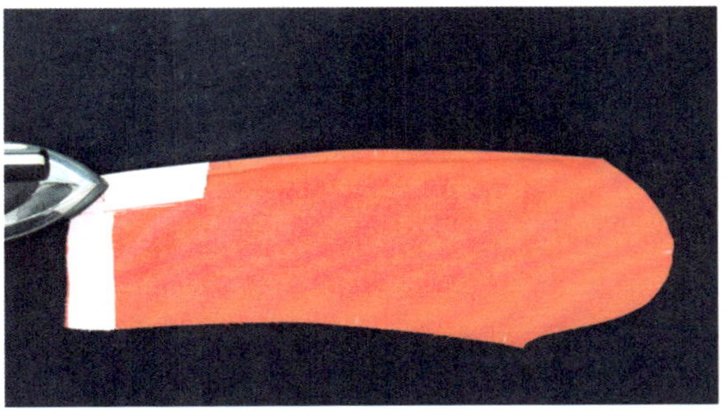

图6-1-68 烫后袖缝

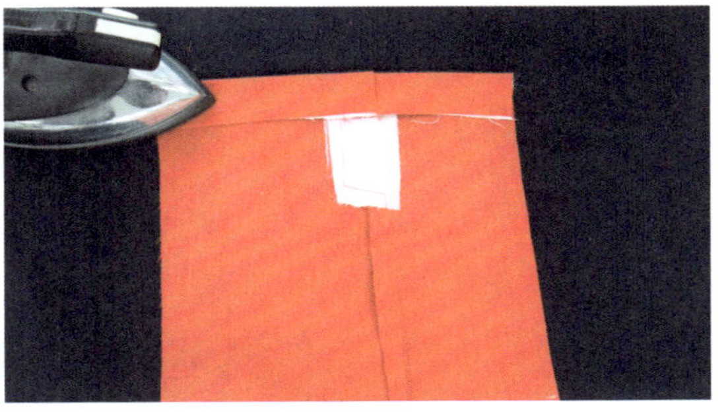

图6-1-69 烫袖口

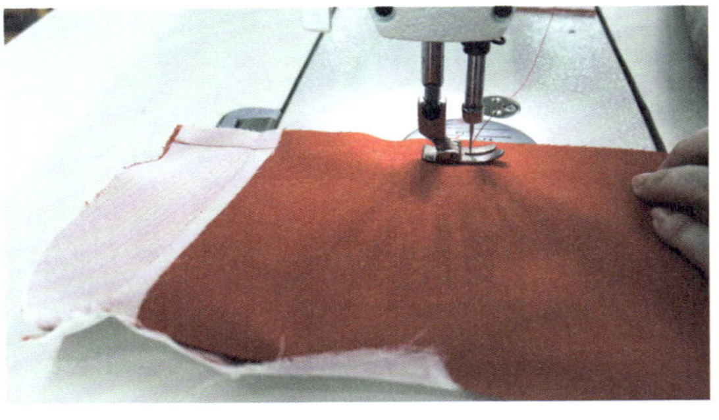

图6-1-70 拼合前袖缝

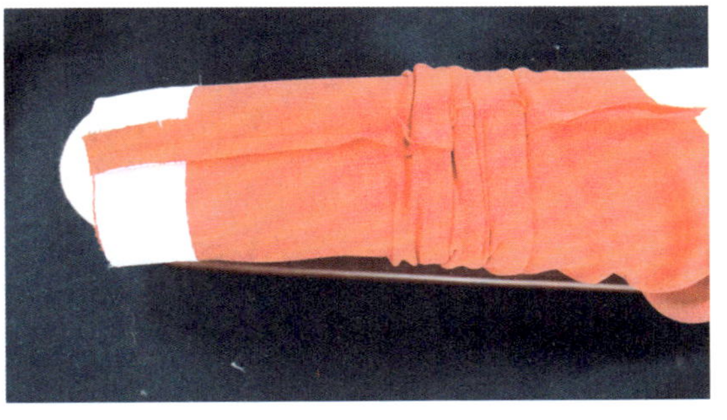

图6-1-71 分烫前袖缝

（4）合袖里后袖缝。将袖里后袖缝按1cm进行拼合，并顺势烫倒，烫出“双眼皮”，如图6-1-72所示。

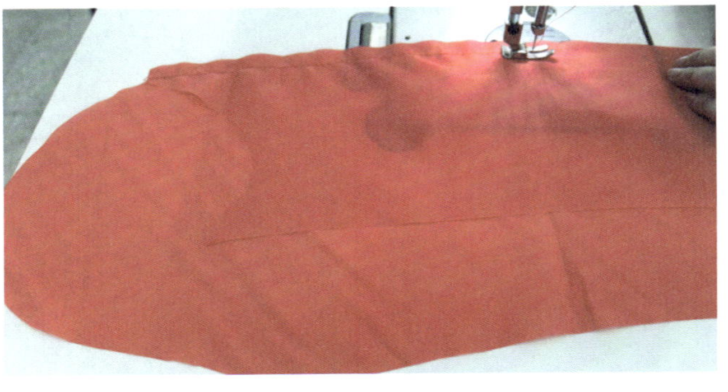

图6-1-72 合袖里后袖缝

（5）合袖里前袖缝。将袖里前袖缝按1cm进行拼合，在左袖肘处预留15cm不拼合，注意起针收针打回针，并烫倒缝份，烫出“双眼皮”，如图6-1-73、图6-1-74所示。

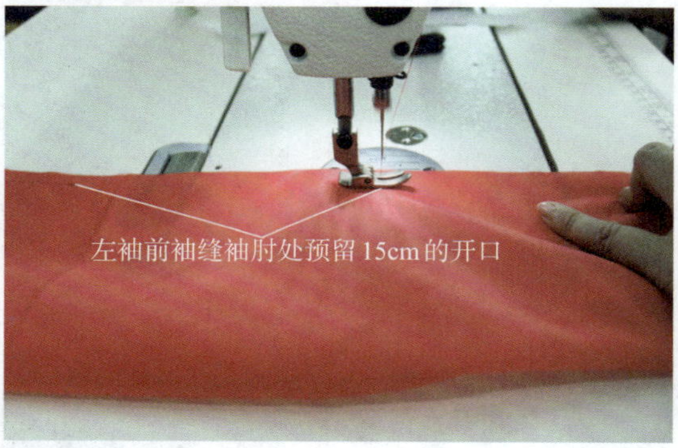

图6-1-73　合袖里前袖缝

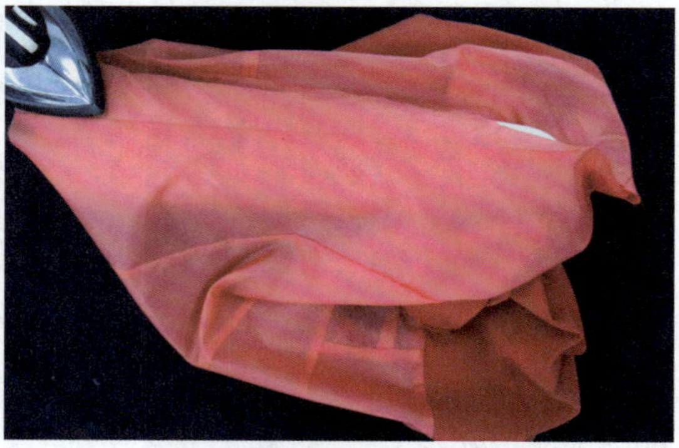

图6-1-74　烫里布前后袖缝

（6）袖子的面、里对位。将袖面与袖里进行配对，区分左右袖，将袖面与袖里反面相对，袖口对齐，如图6-1-75所示。

图6-1-75　袖子面里对位

（7）拼合袖口。将袖面与袖里正面相对，按1cm进行拼合，注意前后袖缝对齐及前后袖里缝的“双眼皮”松量，如图6-1-76所示。

（8）固定袖口。根据袖口里松量大小，固定袖口缝份，并在前袖缝距离袖口15cm处固定前袖面与袖里缝份，如图6-1-77、图6-1-78所示。

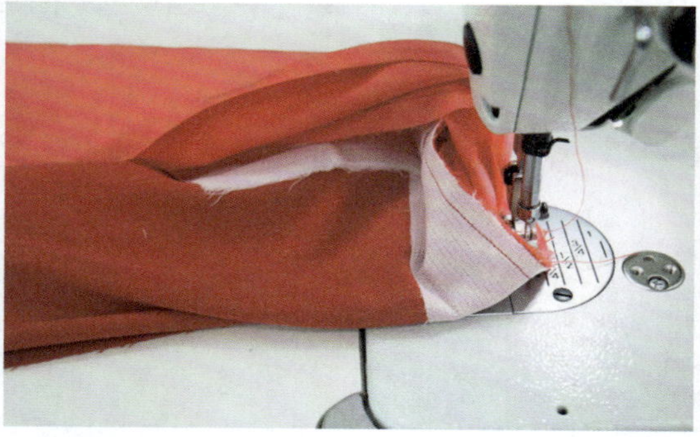

图6-1-76　拼合袖口

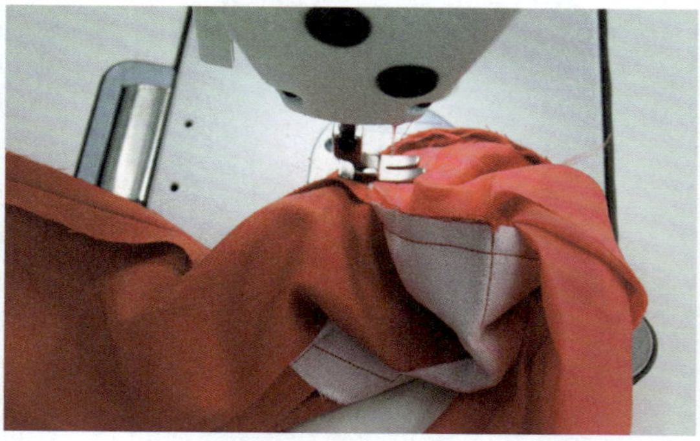

图6-1-77　固定袖口

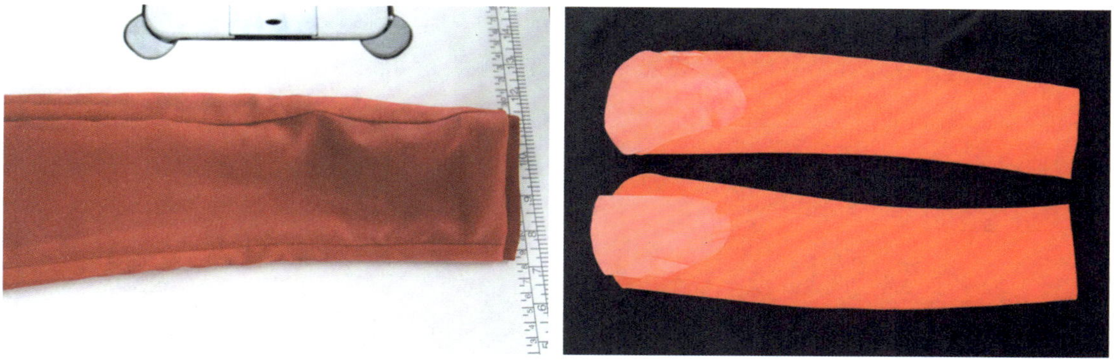

图6-1-78　袖口成品图

21.装袖

（1）抽袖山。在距前袖缝2cm起，用最大针距以0.8cm车缝袖山至后袖缝下3cm，再手动调整袖山长度与袖窿长度相等，注意左右袖对称，抽袖均匀，圆顺饱满，如图6-1-79所示。

女西服-装袖

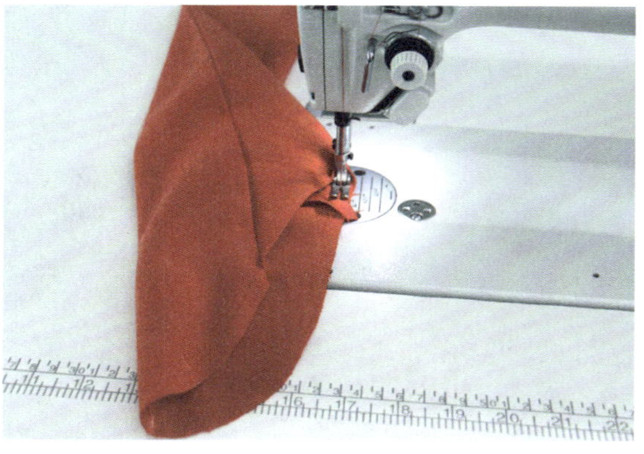

（a）

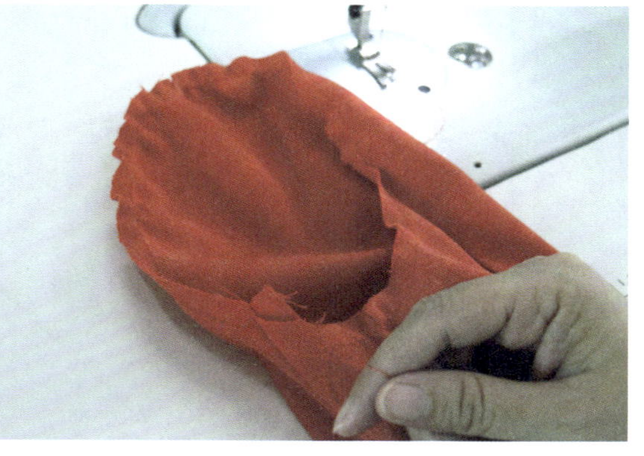

（b）

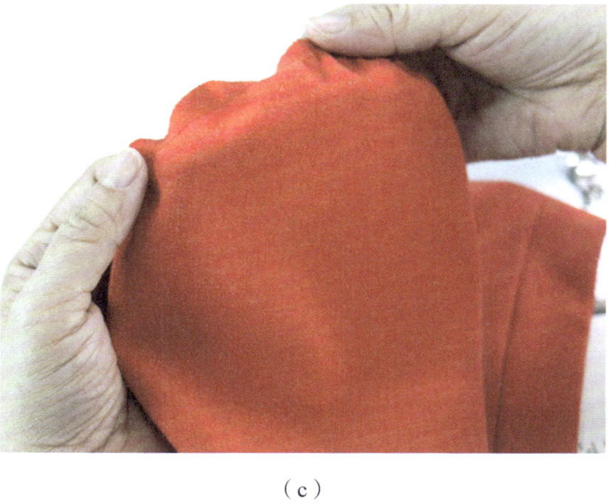

（c）

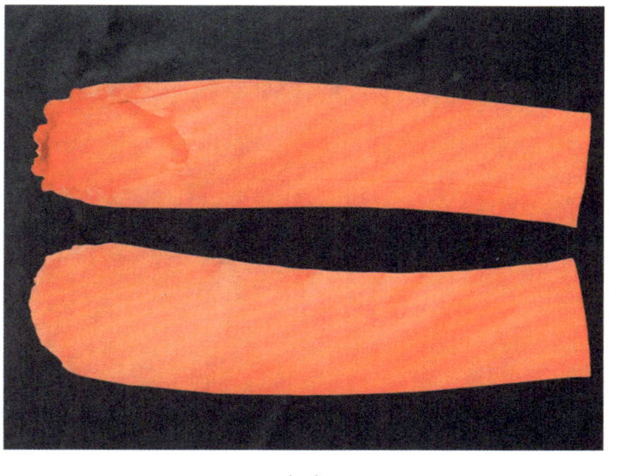

（d）

图6-1-79　抽袖山

（2）装袖。将抽好的袖子与袖窿正面相对，袖子在上，衣身在下，由袖底起针，按1cm进行拼缝，注意装袖各对位点要对齐，缉线要顺直，如图6-1-80所示。

（3）装弹袖布。为了使袖山更圆顺、饱满，在袖山顶处按1cm车缝弹袖布，也可装专用的袖棉条，如图6-1-81所示。

图6-1-80　装袖

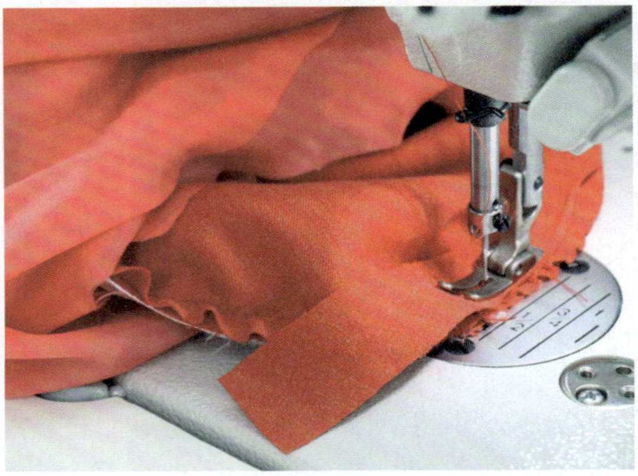

图6-1-81　装弹袖布

（4）抽里布袖山。用抽面布袖山的方法抽里布袖山，使里面袖山与里布袖窿等长，如图6-1-82所示。

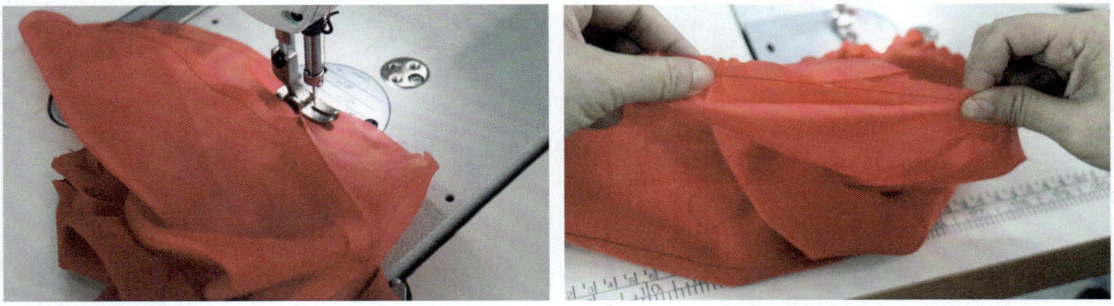

图6-1-82　抽里布袖山

（5）装袖里布。将里布袖山与衣身里布正面相对，按1cm拼缝，注意袖山顶与袖底对位，如图6-1-83所示。

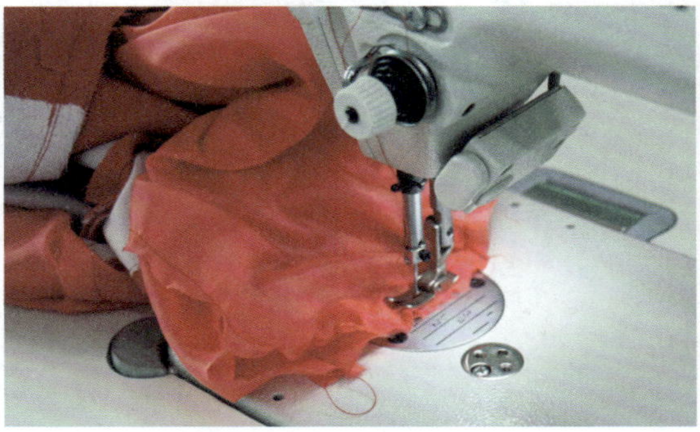

图6-1-83　装袖里布

22.装垫肩

将垫肩对折找到中点，再与肩缝相对，固定在衣身肩部，再固定袖里肩位、袖底，如图6-1-84、图6-1-85所示。

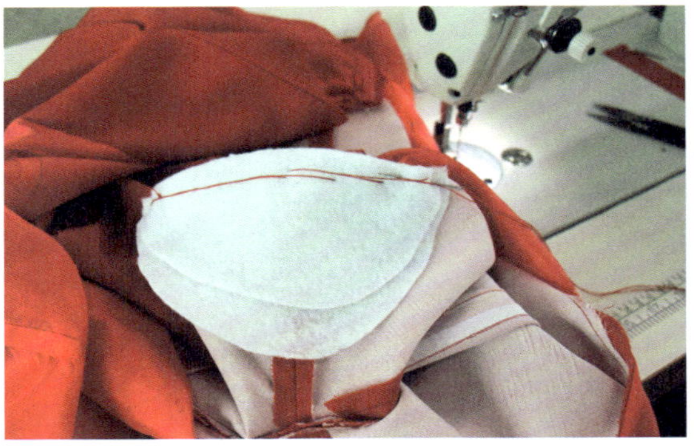

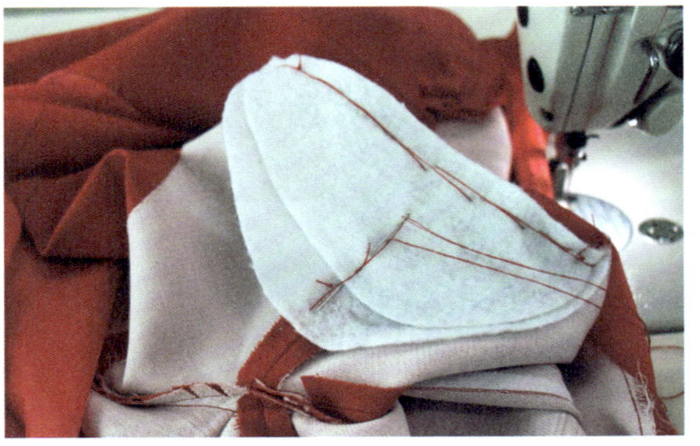

图6-1-84　装垫肩

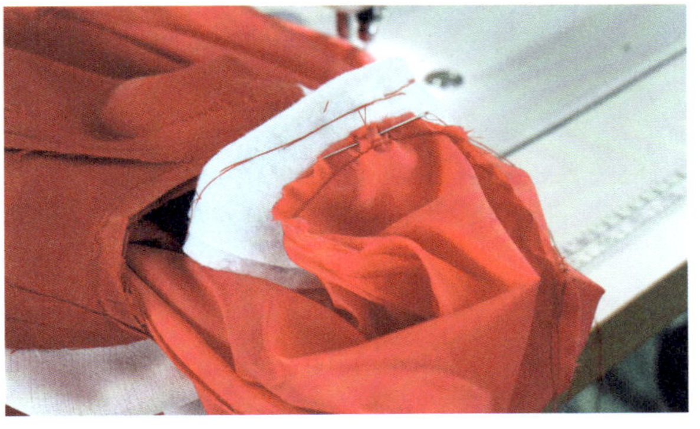

图6-1-85　固定袖里肩与袖底

23.缝合底边

（1）扣烫底边。底边缝份按4cm折烫平服。

（2）拼合面布底边与里布底边。将面布底边与里布底边按1cm拼合，注意各缝十字位对齐，并保留“双眼皮”松量，如图6-1-86所示。

（3）固定底边。用手针或机缝的方式固定底边，如图6-1-87所示。

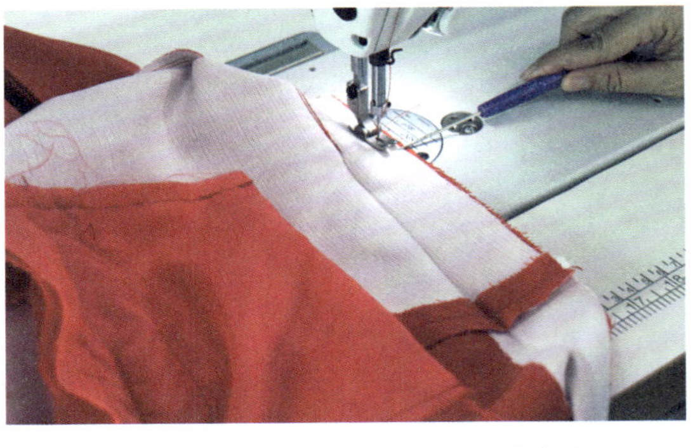

图6-1-86　拼合面布底边与里布底边

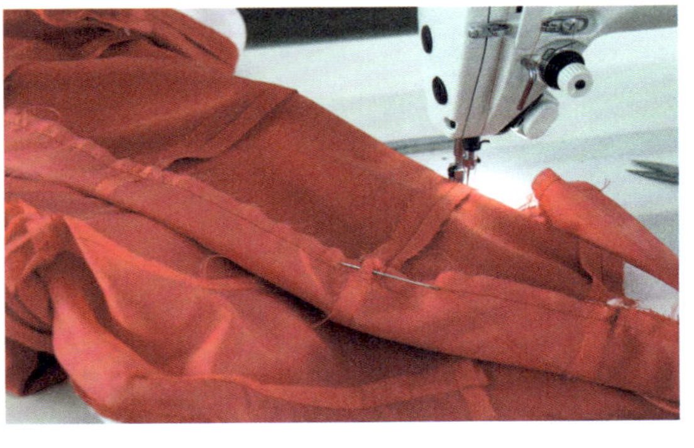

图6-1-87　固定底边

（4）翻烫底边。衣片翻正后，底边里布烫出座势，如图6-1-88所示。

图6-1-88 烫底边

24.封左前袖缝预留口

将衣身从左袖缝预留15cm口处翻出，压0.1cm明线缝合前袖缝预留口，如图6-1-89所示。

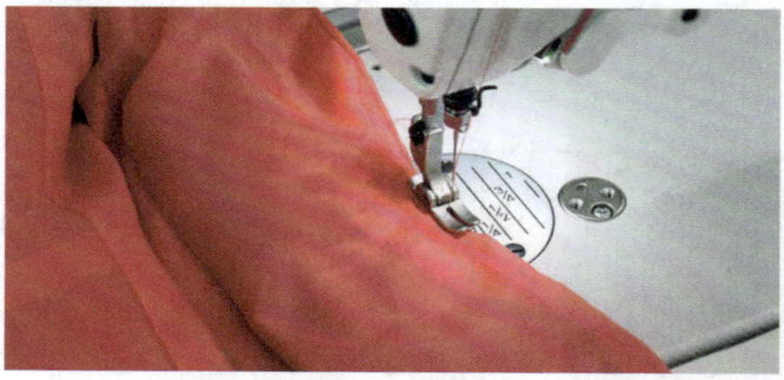

图6-1-89 封左袖缝预留口

25.锁眼、钉扣

在门里襟、袖衩相应位置锁眼、钉扣，如图6-1-90所示。

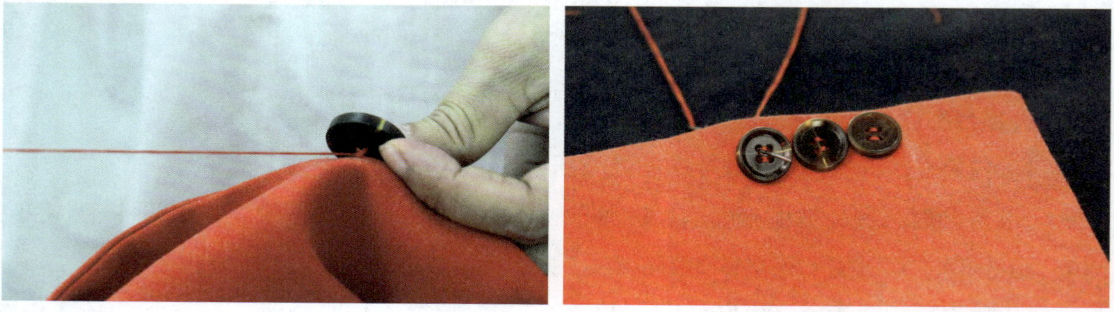

图6-1-90 钉扣

26.整烫

将完成的女西服进行全面的整烫，先里后外，注意不要烫黄、产生极光等现象出现，如图6-1-91所示。

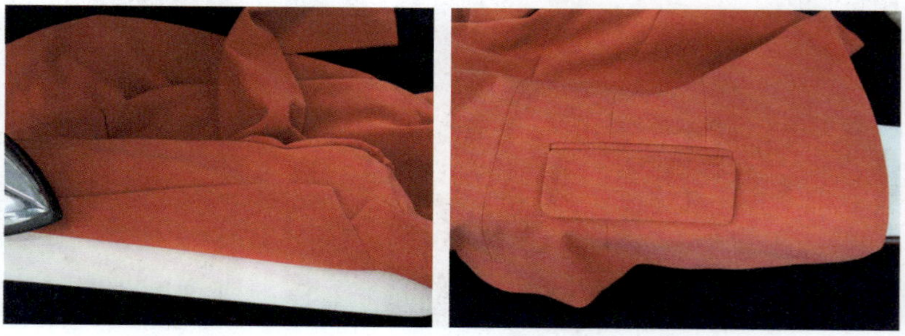

图6-1-91 整烫

27.成品效果图（图6-1-92～图6-1-94）

图6-1-92　成衣（前）

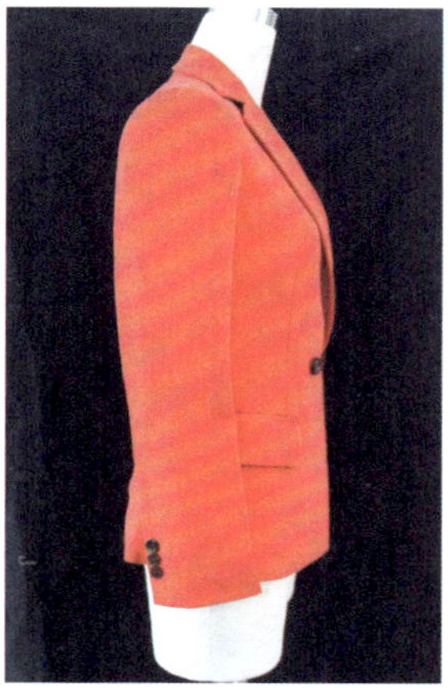

图6-1-93　成衣（侧）

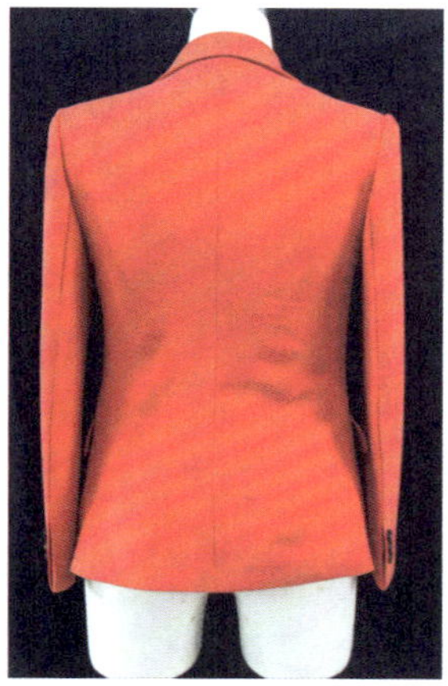

图6-1-94　成衣（后）

五、知识拓展

女西服的款式变化

西服领、三开身、双嵌线口袋是女西服最常见的款式特点，其实女西服款式变化多样，从领型、口袋、对称性、袖型等方面都能无限变化，并组合成新款式。

世界技能竞赛时装技术项目比赛是服装专业赛事的“奥林匹克”。比赛通过运用专业平缝机等设备完成款式设计、立体造型制作及一件女上衣的设计、制板和制作任务。一般有四个模块：立体造型设计、款式设计、服装设计制版和服装设计制作。

服装设计制作项目要求选手在比赛现场从领型、兜型、袖口、对称性四个方面抽取元素进行女时装款式设计、纸样设计与工艺制作，其具体领型抽签指标有：西服领、青果领、立领；口袋抽签指标有：双嵌线袋、西服袋和贴袋；袖口抽签指标有：翻袖口和贴边袖口；衣身对称性指标：对称和不对称。观察下面的女西服，分析归纳，体会其中款式设计的美，从而自己开发设计并制作新的女西服，如图6-1-95所示。

（a）

（b）

（c）

图6-1-95　女西服款式

（图片拍自第45届世界技能竞赛时装技术项目比赛广东省选拔赛）

六、巩固训练

A服饰有限公司接到D服饰有限公司的女西服生产任务，样衣制作通知单见表6-1-4，现在A服饰有限公司需要按照D服饰有限公司提供的样衣款式先进行M码结构设计及样衣的制作。

表6-1-4　A服饰有限公司女西服样衣制作通知单

<table>
<tr><td>编号</td><td>款号</td><td>下单日期</td><td rowspan="3">部位</td><td colspan="5">规格</td></tr>
<tr><td>GDA2023</td><td>女西服</td><td>年　月　日</td><td>155/80A</td><td>160/84A</td><td>165/88A</td><td>170/92A</td><td>175/96A</td></tr>
<tr><td colspan="3" rowspan="9">
</td><td>S</td><td>M</td><td>L</td><td>XL</td><td>XXL</td></tr>
<tr><td>衣长</td><td>62</td><td>63</td><td>64</td><td>65</td><td>66</td></tr>
<tr><td>肩宽</td><td>37</td><td>38</td><td>39</td><td>40</td><td>41</td></tr>
<tr><td>胸围</td><td>86</td><td>90</td><td>94</td><td>98</td><td>102</td></tr>
<tr><td>腰围</td><td>70</td><td>74</td><td>78</td><td>82</td><td>86</td></tr>
<tr><td>袖长</td><td>57</td><td>58</td><td>59</td><td>60</td><td>61</td></tr>
<tr><td>袖口</td><td>23.4</td><td>24</td><td>24.6</td><td>25.2</td><td>25.8</td></tr>
<tr><td colspan="6">备注：面料先缩水后再开裁</td></tr>
<tr><td colspan="6">工艺说明与技术要求
1.针距要求：14~15针/3cm
2.外观平服，衣身干净、整洁，线路规整，无线头，无污迹，无破损及脱线等外观损伤
3.领子：西装戗驳领，领面分体翻领，领底一片斜裁，领面、领座光滑平顺，翻领线圆顺，外领口弧线长度合适
4.袖子：合体两片圆装袖，开真袖衩，钉4粒纽；袖子吃势均匀，装袖棉条，圆度饱满，角度合适，并有内旋感
5.衣身：左前胸手巾袋平服，领下有省道，双嵌线有袋盖，口袋平服
6.里布：全里，倒缝，有眼皮，有后领托
7.粘衬：粘衬平整，无起皱、起泡现象
8.整烫：各部位熨烫到位，无亮光、水花，底边平直无起浪</td></tr>
<tr><td colspan="3">款式特征概述
三开身女西服，收腰身，做夹里，前片有袋盖，挖袋2只，双排2粒扣，戗驳领，方角下摆，前左胸开手巾袋，前片口袋处收胸腰省至口袋消失，小刀背线自袖窿起通过口袋至底摆，领下有省道，后背中缝直通底摆，两片式圆装长袖，做真袖衩，袖衩钉3粒装饰纽扣</td><td colspan="3">面料：羊毛精纺双层斜纹面料</td><td colspan="3">辅料：黏合衬若干、配色线、15粒扣</td></tr>
<tr><td>制单</td><td>张三</td><td>工艺审核</td><td colspan="2">李四</td><td colspan="2">审核日期</td><td colspan="2">年　月　日</td></tr>
</table>

七、任务评价

女西服评价见表6-1-5。

表6-1-5 女西服评价表

评价项目	评价内容	序号	评价标准	分值	评价方式				备注
					自评	互评	师评	企业评	
知识技能目标（80分）	规格（10分）	1	衣长规格正确，不超偏差±1cm	2					
		2	胸围规格正确，不超偏差±2cm	2					
		3	肩宽规格正确，不超偏差±0.6cm	2					
		4	袖长规格正确，不超偏差±0.8cm	2					
		5	领围规格准确，不超偏差±0.6cm	2					
	领子（10分）	6	领面、领里松紧一致，不起皱	3					
		7	领角、驳角左右对称有窝势	5					
		8	绱领缉线顺直，无褶皱等	2					
	门、里襟（5分）	9	门、里襟丝绺归正，顺直、平服，门襟不短于里襟，不搅不豁	5					
	袋、袋盖（5分）	10	左右袋高低、大小、长短对称，袋盖大小与口袋大小合适，袋盖不反吐、不起翘	5					
	前身（5分）	11	胸部挺阔，省长短一致，对称，面、里、衬服帖	5					
	后背（5分）	12	后背平服，左右刀背高低对称，面、里不起吊	5					
	肩部（5分）	13	肩部平服，肩线顺直，左右对称，垫肩合适	5					
	袖子（15分）	14	袖子左右对称，前后合适	5					
		15	袖子吃势均匀，绱袖圆顺、平服	5					

续表

评价项目	评价内容	序号	评价标准	分值	评价方式				备注
					自评	互评	师评	企业评	
知识、技能目标（80分）	袖子（15分）	16	袖衩、袖扣左右对称	5					
	底摆（5分）	17	平服、底边宽窄一致、有“双眼皮”松量	5					
	里布（5分）	18	衣身、袖子等面里无起吊现象，有“双眼皮”	5					
	整洁牢固（10分）	19	表面无污渍、无焦黄、无极光	5					
		20	针距14~15针/3cm	2					
		21	无断线或轻微毛脱	3					
情感目标（20分）	岗位问题处理能力（12分）	22	具有客户信息分析及处理的能力	2					
		23	具有制订计划并合理实施的能力	3					
		24	具有实施过程中独立思考及解决问题的能力	5					
	团队合作创新能力（6分）	25	具有团队合作意识和创新能力	3					
		26	具有按时完成任务、高效工作的能力	3					
	工匠精神（2分）	27	具有精益求精、追求卓越的工匠精神	2					
合计				100					

任务二 男西服缝制工艺

任务导入

A服饰有限公司接到B服饰有限公司的生产订单，制作200件男西服，并要求其根据提供的样衣生产制造通知单的具体尺寸，进行M码样衣的制作，具体制作要求详见表6-2-1。

表6-2-1　A服饰有限公司男西服样衣制作通知单

编号	款号	下单日期
NXF2020	男西服	年　月　日

部位	规格				
	160/80A	165/84A	170/88A	175/92A	180/96A
前衣长	68	70	72	74	76
胸围	92	96	100	104	108
中腰	80	84	88	92	96
下摆	92	96	100	104	108
肩宽	40.4	41.6	42.8	44	45.2
袖长	57.5	59	60.5	62	63.5
袖口	26	27	28	29	30

备注：面料先缩水后再开裁

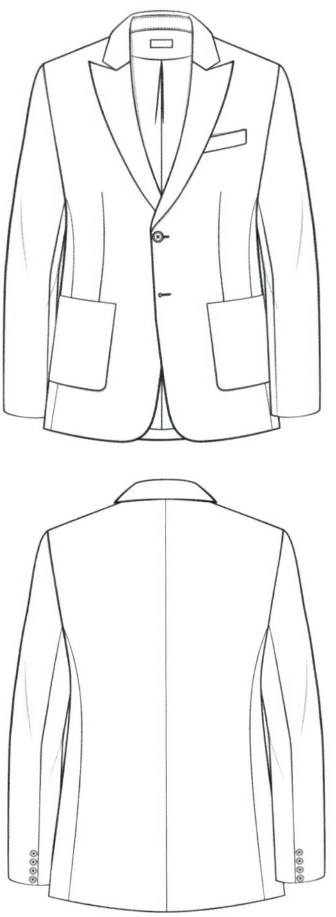

款式特征概述

戗驳头，单排门襟2粒扣，三开身，前片收腰省，左右各一圆角贴袋，左胸有一手巾袋，圆下摆，后背做背缝，两片袖，袖口真袖衩，钉装饰纽4粒

工艺说明与技术要求

1. 针距要求：14~15针/3cm
2. 外观平服，衣身干净、整洁，线路规整，无线头，无污迹，无破损及脱线等外观损伤
3. 领子：西装戗驳头，领面、领底分体翻领，领底面料采用领底呢，领面、领座光滑平顺，翻领线圆顺，外领口弧线长度合适
4. 袖子：合体两片圆装袖，真袖衩，钉4粒纽；袖子吃势均匀，圆度饱满，角度合适，并有内旋感
5. 衣身：肋省直通底边成为一道缝线，手巾袋、贴袋平服，后背中收缝至底摆
6. 里布：全里，底边、袖口有眼皮，有后领托
7. 粘衬：粘衬平整，无起皱、起泡现象
8. 整烫：各部位熨烫到位，无亮光、水花，底边平直无起浪现象

面料：毛/涤类、亚麻、混纺均可

辅料：里布、衬布、垫肩、纽扣、配色线、洗水唛等

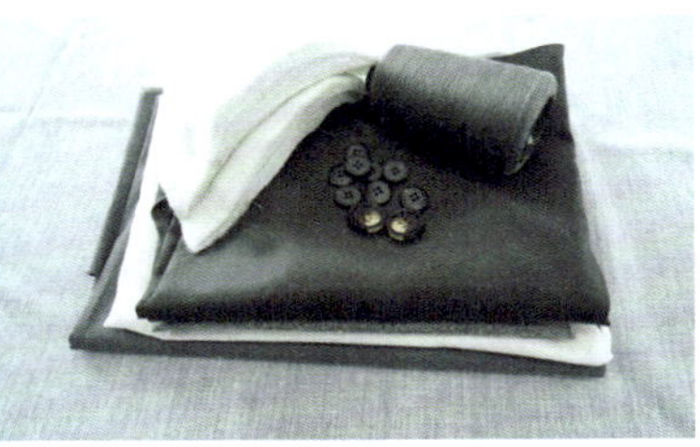

工艺编制	张三	工艺审核	李四	审核日期	年　月　日

任务要求

1. 掌握男西服工业样板的排料、画样、裁剪、熨烫等技术，做到精益求精。
2. 掌握男西服的制作方法和技巧。
3. 掌握男西服质量的检测，严把质量关。

4.掌握男西服生产工艺单的编写，做好客户信息分析和处理。

5.掌握工艺流程图的绘制，合理制订计划并实施。

任务准备

男西服工业样板（纸样）清单见表6–2–2。

表6–2–2 男西服工业样板（纸样）清单

面料毛样板名称	数量	里料毛样板名称	数量	衬料毛样板名称	数量	净样板名称	数量
前大片	1	前片	1	前大片	1	挂面	1
侧片	1	侧片	1	挂面	1	翻领	1
后衣片	1	后片	1	后片领圈	1	领座	1
挂面	1	大袖片	1	后片底边	1	贴袋	1
大袖片	1	小袖片	1	侧片底边	1	手巾袋爿	1
小袖片	1	贴袋	1	大袖袖山	1		
翻领	1	手巾袋袋布	1	大袖袖口	1		
领座	1	里袋嵌条	1	小袖袖底	1		
后领贴	1	里袋袋布	1	小袖袖口	1		
贴袋	1			翻领	1		
手巾袋爿	1			领座	1		
手巾袋袋垫布	1			后领贴	1		
				手巾袋爿	1		
				贴袋	1		
				里袋嵌条	1		

任务实施

一、任务分析

从给出的工艺通知单可知，这件男西服是比较常见的款式，戗驳头，单排门襟2粒扣，三开身，前片收腰省，左右各一圆角贴袋，左胸有一手巾袋，圆下摆，后背做背缝，两片袖，袖口真袖衩，钉装饰纽4粒。

缝制工艺的重、难点：做领、装领，做袖、装袖。

二、裁片裁剪图

170/88A男西服裁片裁剪图，具体有面料排料、里料排料和衬料排料，如图6–2–1 ~ 图6–2–3所示。

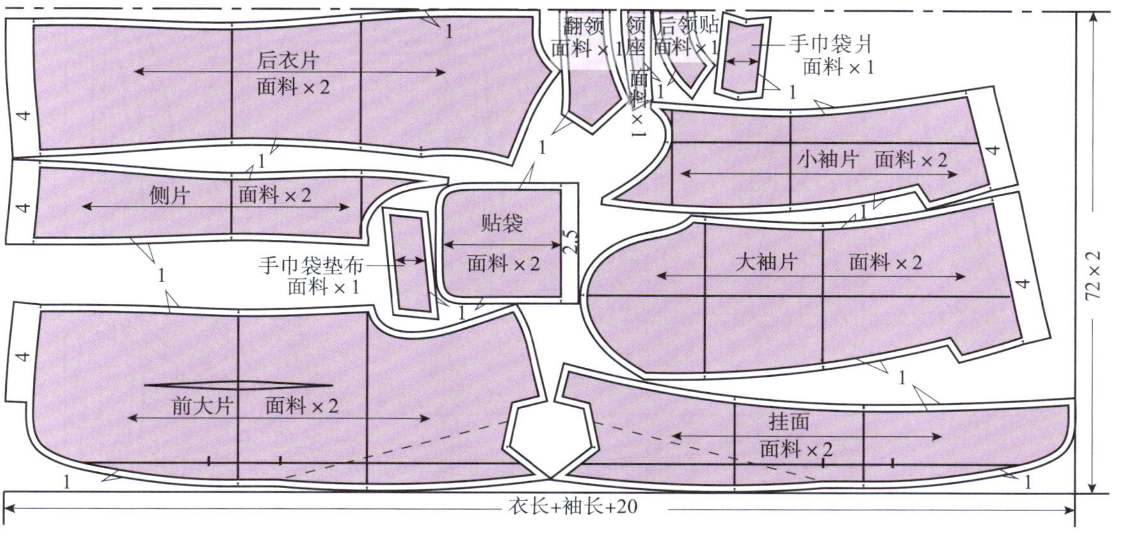

图6-2-1　170/88A男西服面料裁剪图

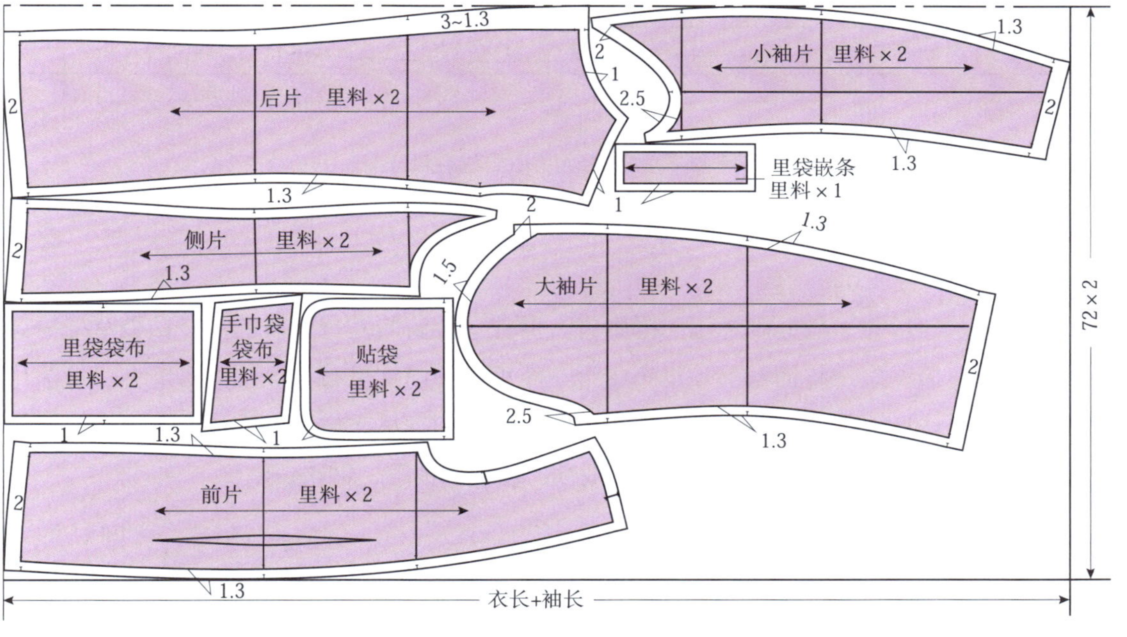

图6-2-2　170/88A男西服里料裁剪图

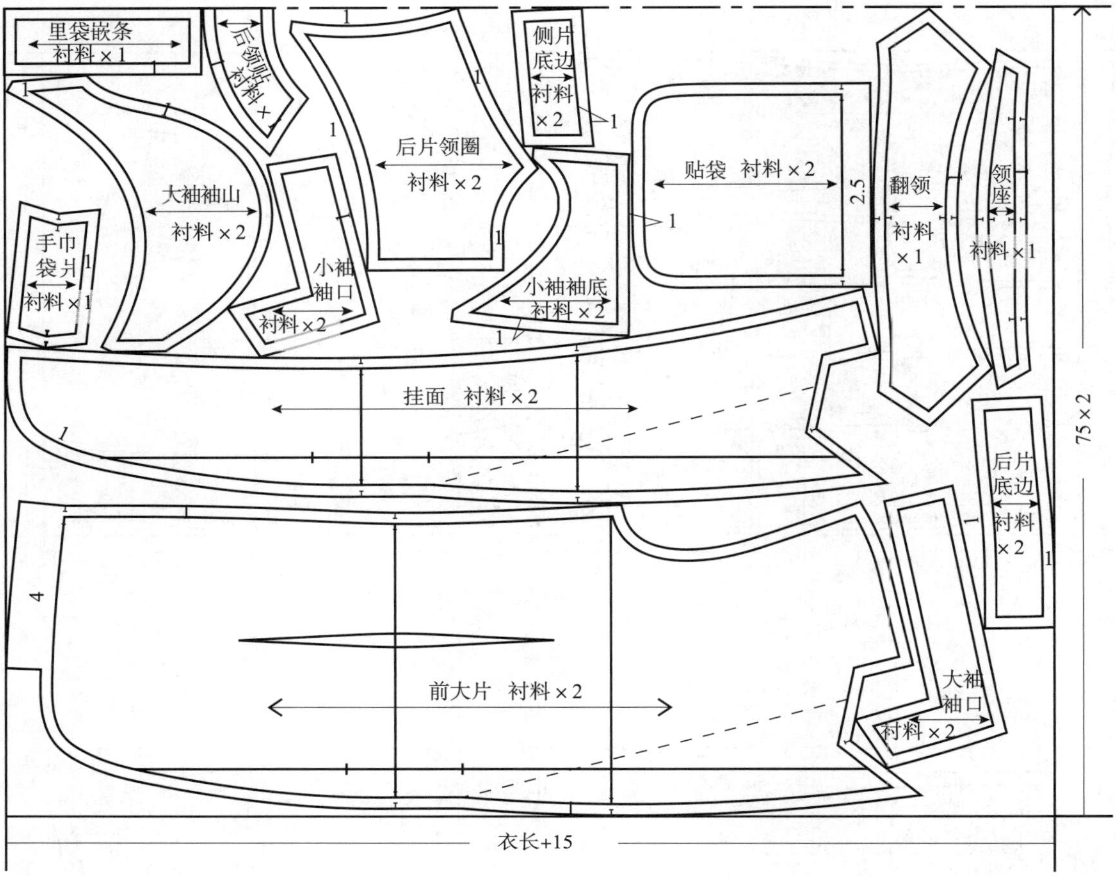

图6-2-3 170/88A男西服衬料裁剪图

三、工艺流程

检查裁片→烫衬、做缝制标记→缉腰省、烫省→合前侧缝→归拔前片→粘烫牵条→做手巾袋→做、装贴袋→挂面与前片里布缝合→挖里袋→前片里布与侧片里布缝合→做前片门、里襟止口→归拔后衣片→做面、里布后片→缝合面、里布肩缝→后片面、里布与后侧片面、里布缝合→做袖、装袖→缉底边→做领、装领→锁眼、钉纽→整烫

四、缝制工艺

1. 检查裁片

检查裁片，核实裁片数量，见表6-2-3。

表6-2-3 男西服裁片清单

面料裁片名称	数量	里料裁片名称	数量	衬料裁片名称	数量	其他布料裁片名称（领底呢）	数量
前大片	2	前片	2	前大片	2	翻领	1
侧片	2	侧片	2	挂面	2	领座	1

续表

面料裁片名称	数量	里料裁片名称	数量	衬料裁片名称	数量	其他布料裁片名称（领底呢）	数量
后衣片	2	后片	2	后片领圈	2		
挂面	2	大袖片	2	后片底边	2		
大袖片	2	小袖片	2	侧片底边	2		
小袖片	2	贴袋	2	大袖袖山	2		
翻领	1	手巾袋布	2	大袖袖口	2		
领座	1	里袋嵌条	1	小袖袖底	2		
后领贴	1	里袋袋布	2	小袖袖口	2		
贴袋	2			翻领	2		
手巾袋爿	1			领座	2		
手巾袋垫布	1			后领贴	1		
				手巾袋爿	1		
				贴袋	2		
				里袋嵌条	1		

2.烫衬、做缝制标记

（1）根据需要在面布前、后片、挂面、袖片、领片等裁片上烫衬布，并做好缝制标记，如图6–2–4～图6–2–7所示。

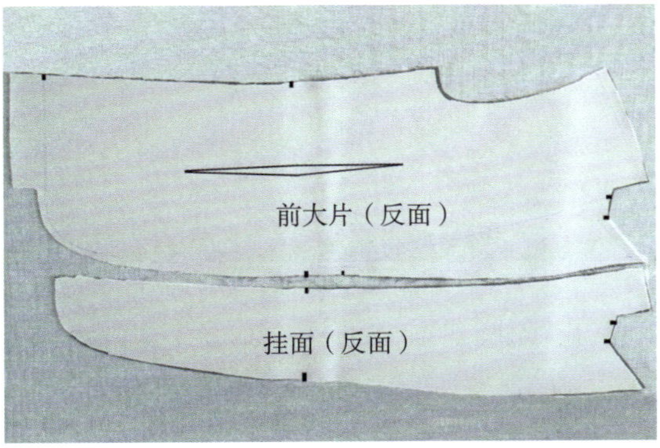

图6–2–4　前大片、挂面

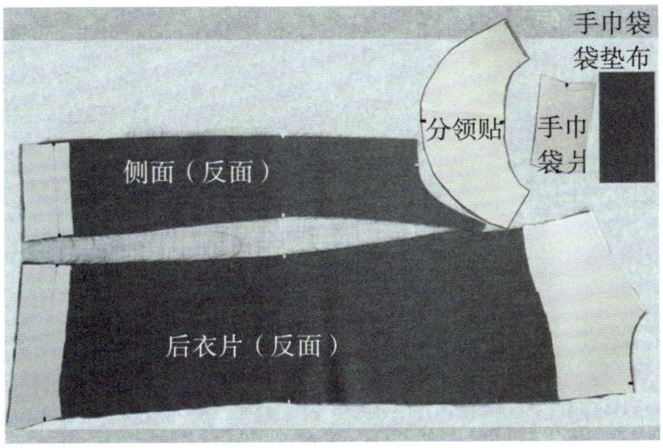

图6–2–5　后片、侧片、后领贴

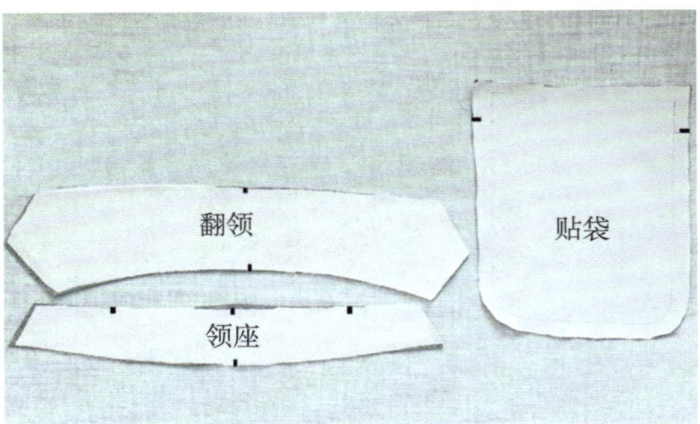

图6–2–6　领子、贴袋

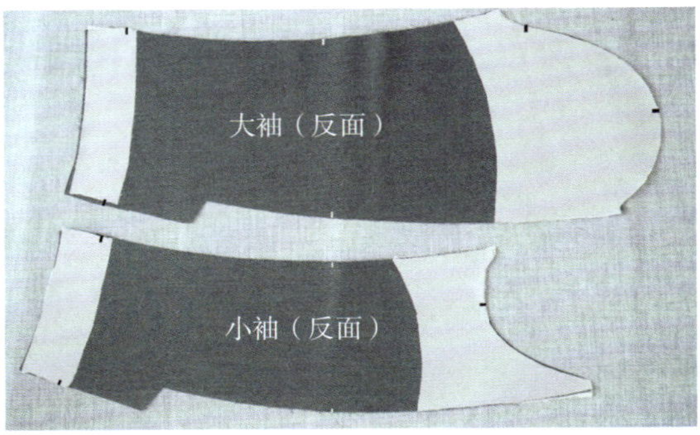

图6–2–7　大袖片和小袖片

（2）里布各裁片也要做好缝制标记，如图6–2–8、图6–2–9所示。

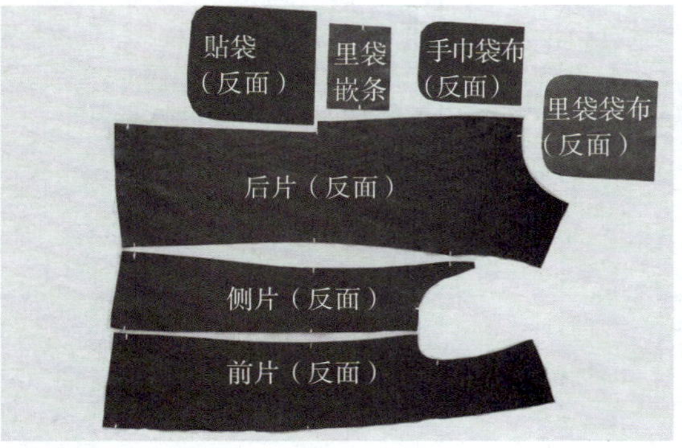

图6–2–8　衣身（里）

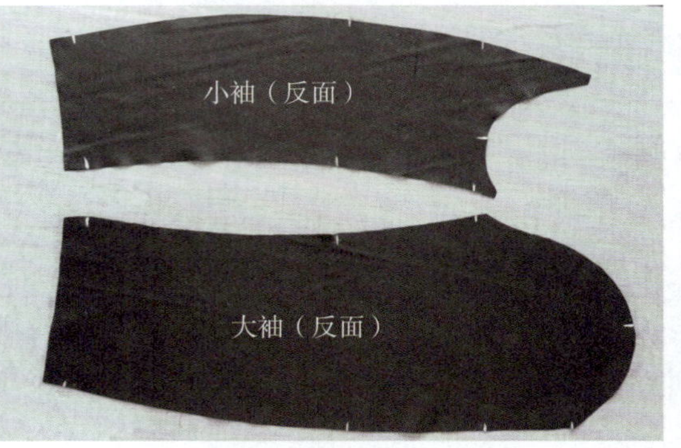

图6–2–9　大袖片和小袖片（里）

3. 缉腰省、烫省

在衣片反面，折合省中线，按照粉印缉腰省，注意缉省时省尖要缉尖，但不可来回针，在两端留有2～3cm的线头打好线结，最后将前片放在烫包上将腰省烫出立体效果，如图6–2–10、图6–2–11所示。

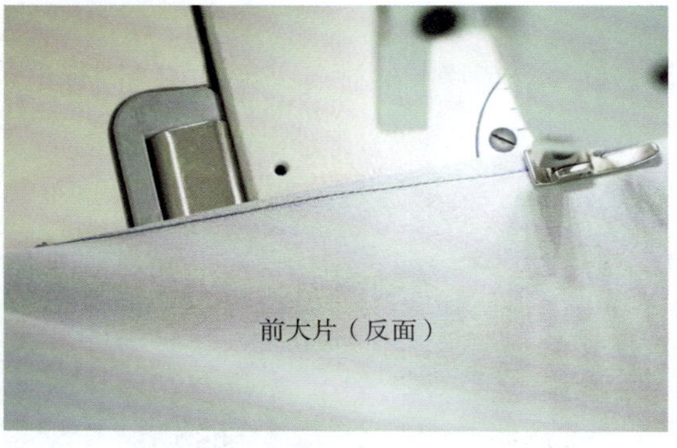

图6–2–10　缉省

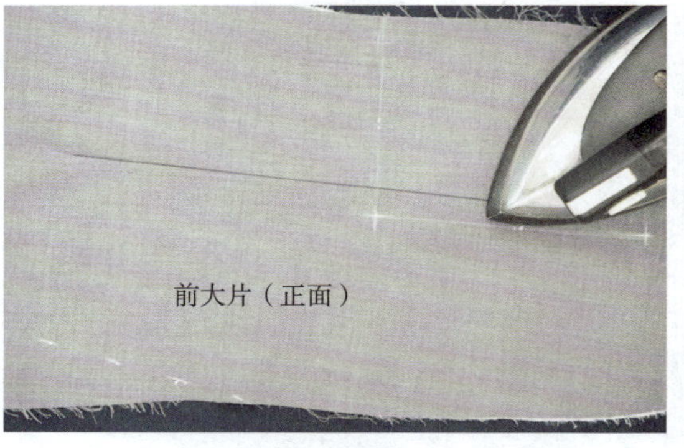

图6–2–11　烫省

4. 合前侧缝

将前大片、侧片正面相对，缉1cm的缝份，然后烫分开缝，如图6–2–12、图6–2–13所示。

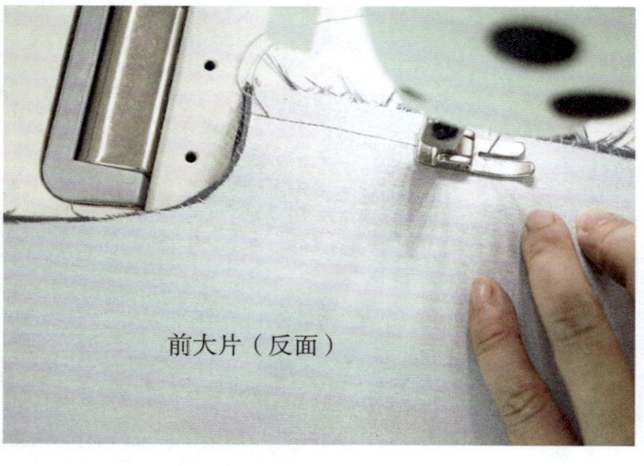

图6–2–12　合侧缝

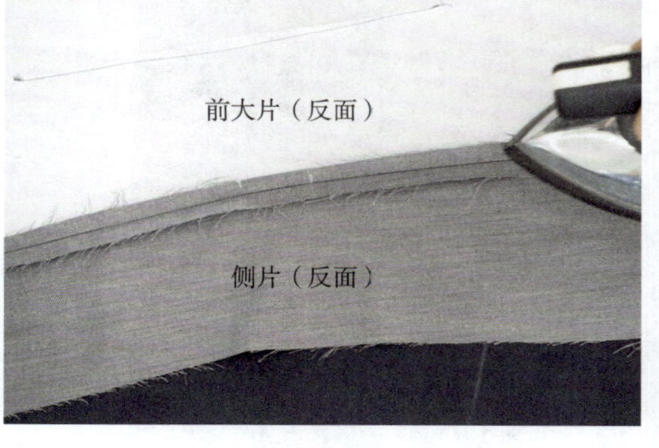

图6–2–13　烫前侧缝

5.归拔前片

将前片按照图示进行归拔处理，如图6-2-14、图6-2-15所示。

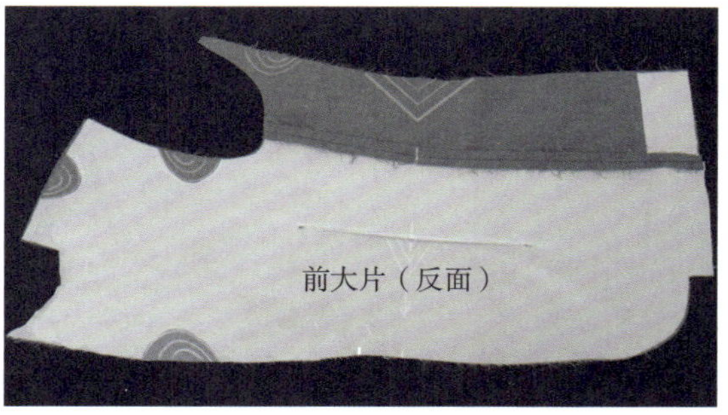

图6-2-14 前片归拔部位

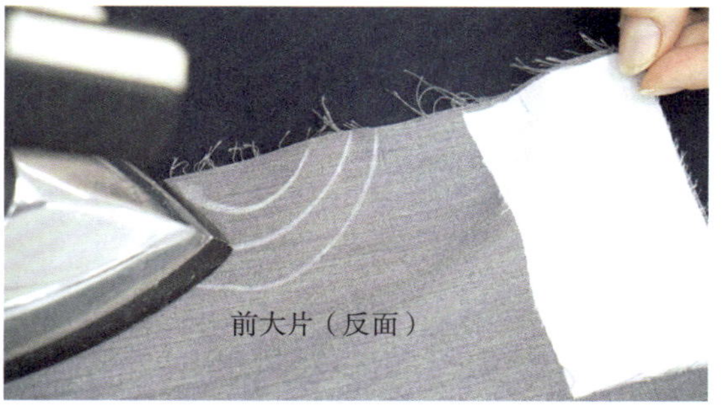

图6-2-15 前片归拔展示

6.粘烫牵条

在归拔后的前衣片上沿净样线内侧粘烫止口牵条，衣身的领口、袖窿等处特别容易拉伸变形，为了得到贴体效果必须粘烫牵条固定，如图6-2-16、图6-2-17所示。

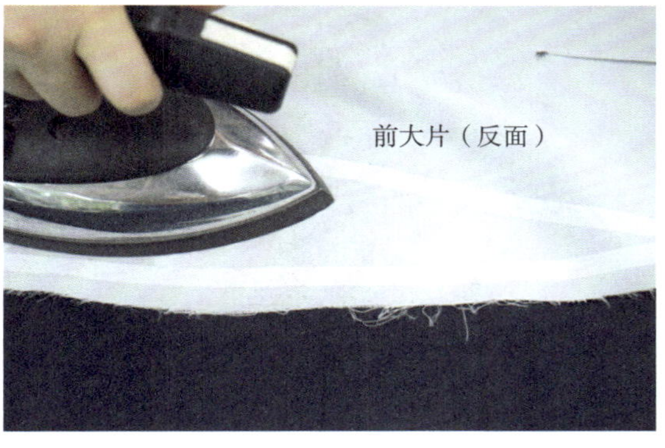

图6-2-16 粘烫牵条

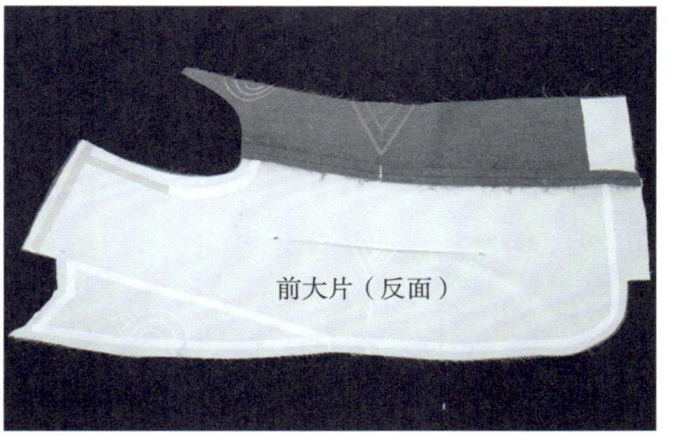

图6-2-17 牵条烫后效果

7.做手巾袋

（1）在前左衣身的正面画出手巾袋的位置，并将手巾袋爿烫上衬，沿净样缉线，如图6-2-18、图6-2-19所示。

男西服－手巾袋制作

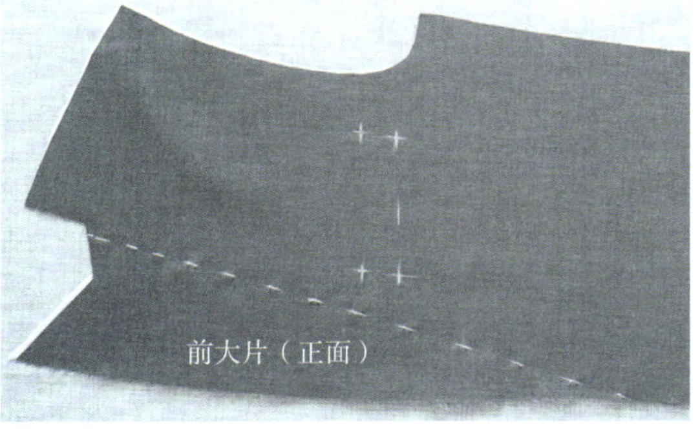

图6-2-18 画出手巾袋位置

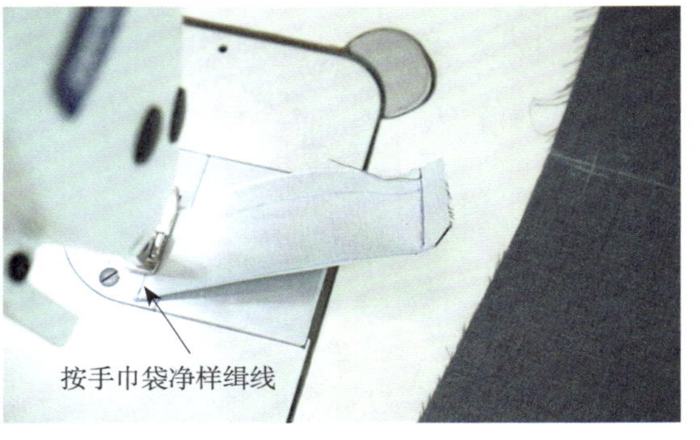

图6-2-19 做手巾袋爿

（2）袋垫布固定在下袋布上，然后按图所示将袋爿按口袋净样线缉在衣片上，袋垫布比袋爿两头缩进0.2～0.3 cm，袋爿缉线与袋垫布缉线之间的距离为1～1.2cm，如图6-2-20、图6-2-21所示。

图6-2-20　缉袋爿

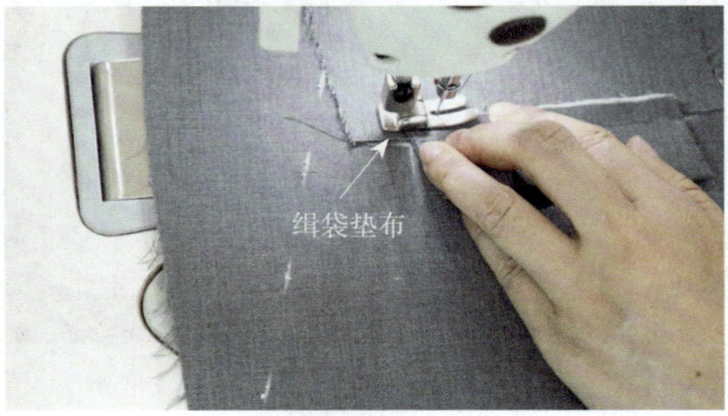

图6-2-21　缉袋垫布

（3）剪开开袋中线，两端为三角形，不可剪断线根，然后将袋布翻至衣片的反面，调整好三角，如图6-2-22所示。

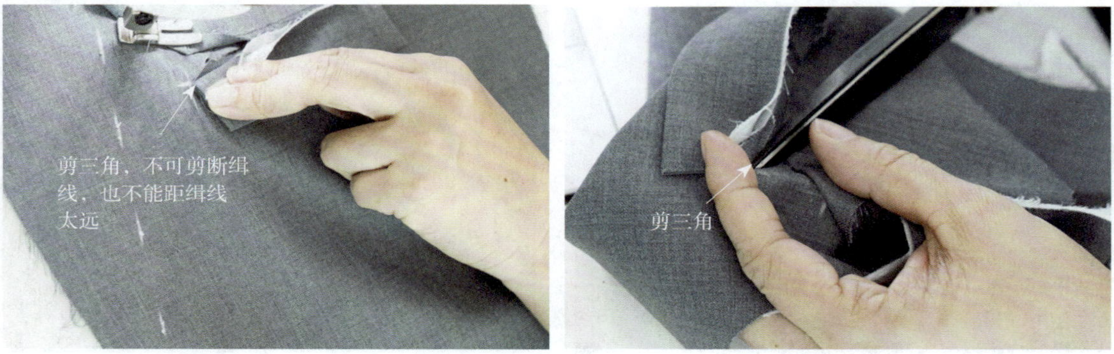

图6-2-22　剪三角

（4）将剪开后的衣片，袋爿那边的缝份与上袋布正面相对进行缝合，袋垫布那边的缝份与袋垫布缉一道0.1cm明线固定，然后将袋爿与袋布调整平服，在衣片正面袋爿上缉0.1cm明线封口，来回针固定，如图6-2-23、图6-2-24所示。

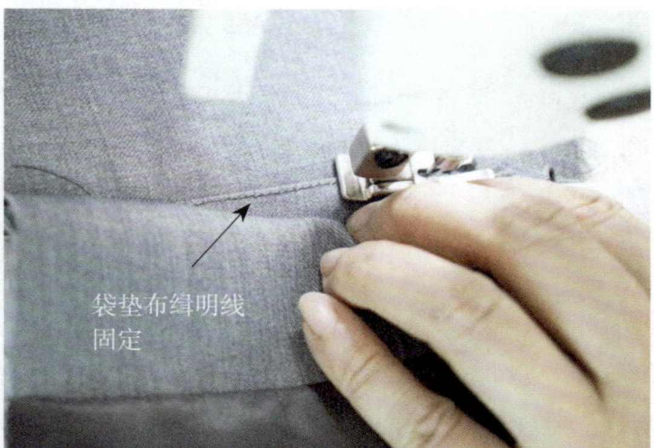

图6-2-23　袋垫布缉明线固定

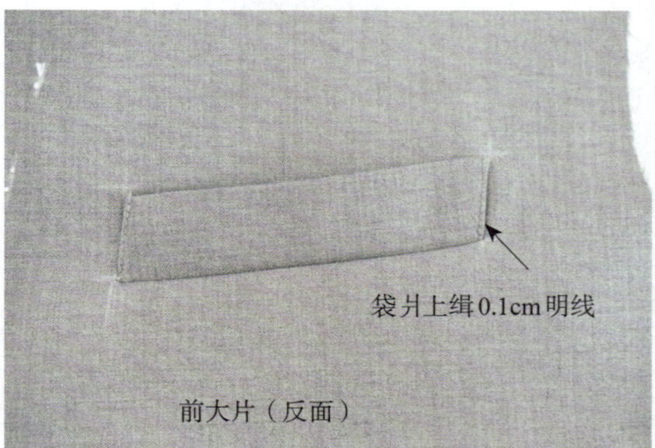

图6-2-24　袋爿上缉明线

（5）兜缉袋布，修剪袋布缝份，如图6–2–25、图6–2–26所示。

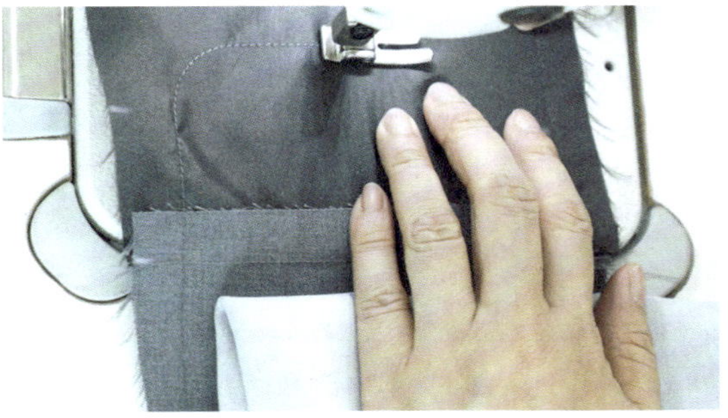

图6–2–25　兜缉袋布

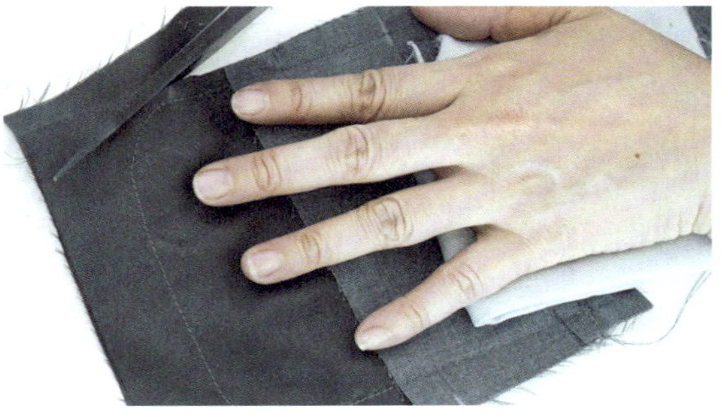

图6–2–26　修剪袋布

男西服–贴袋制作

8. 做、装贴袋

（1）将贴袋反面袋口贴上4cm的粘衬，然后将袋面、袋里正面相对，缉线1cm，如图6–2–27、图6–2–28所示。

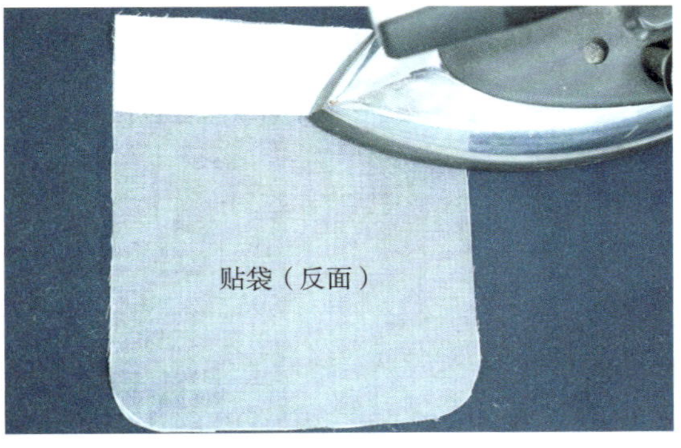

图6–2–27　贴袋袋口烫衬

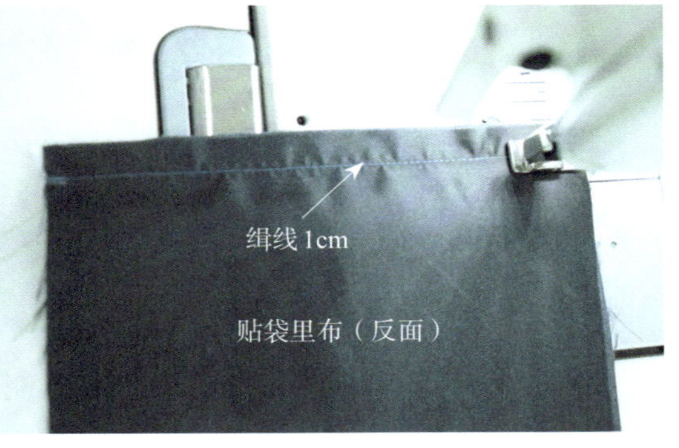

图6–2–28　贴袋面、里布缝合

（2）按贴袋净样板对口袋进行扣烫，然后将面、里布放平锁边，也可在圆角处进行双层缉线，并抽紧圆角处的缉线，最后利用净样板将口袋熨烫定型，如图6–2–29、图6–2–30所示。

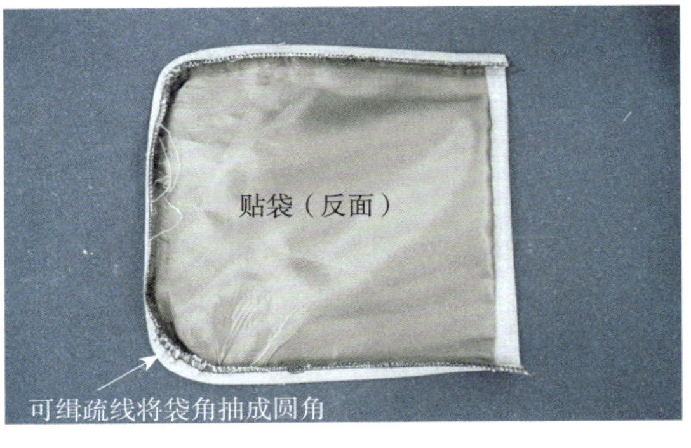

图6–2–29　抽袋角弧线

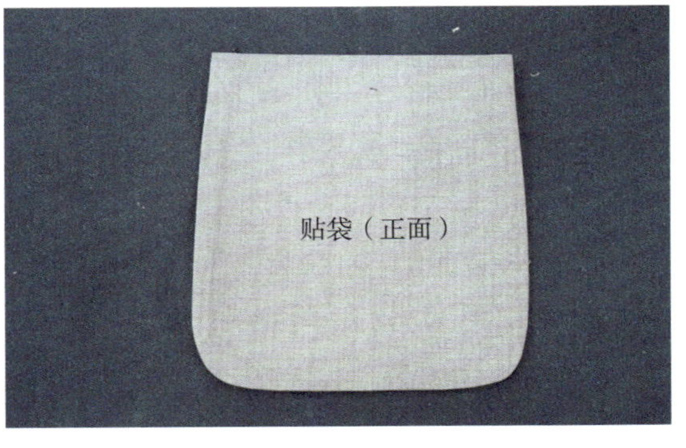

图6–2–30　扣烫贴袋

（3）在熨烫折线上缩进0.1～0.2cm以内缉线的方式将贴袋车缝牢固，起止点处来回针，然后在贴袋正面烫平、烫煞，如图6–2–31、图6–2–32所示。

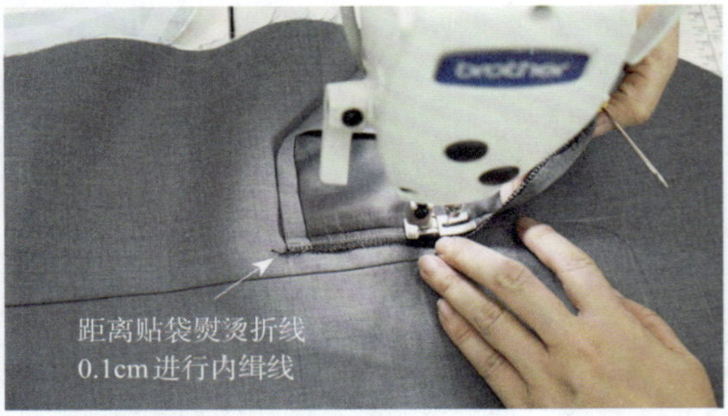

图6-2-31　固定贴袋

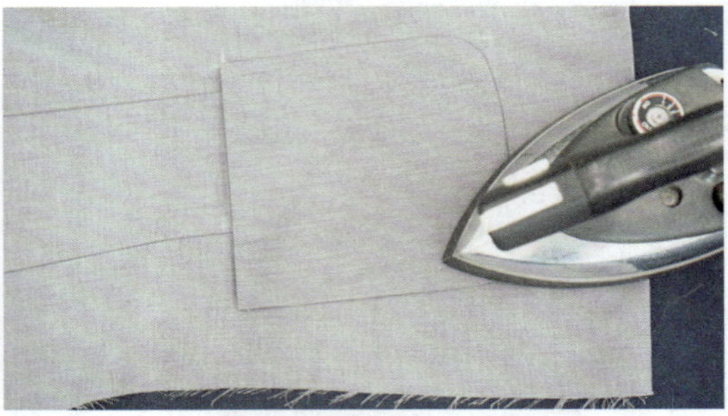

图6-2-32　贴袋做好后效果

9.挂面与前片里布缝合

将里布缉省、烫平，然后将挂面与里布缝合，左衣片从肩部缉至距离里布底边3cm处，右片从距离里布底边3cm处往肩部缉线，缝份倒向里布并熨烫出0.3cm的“双眼皮”，如图6-2-33、图6-2-34所示。

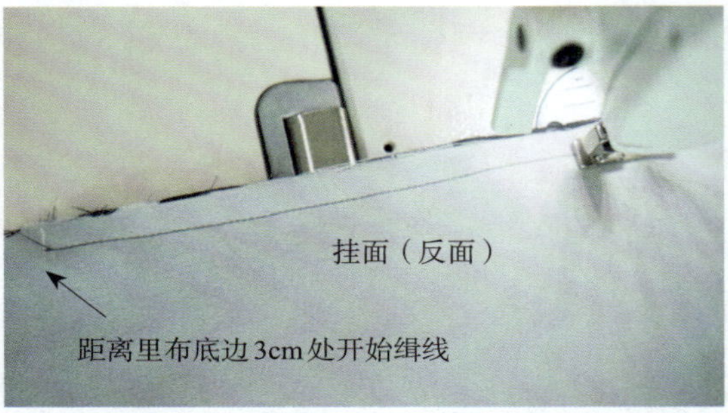

图6-2-33　缉挂面

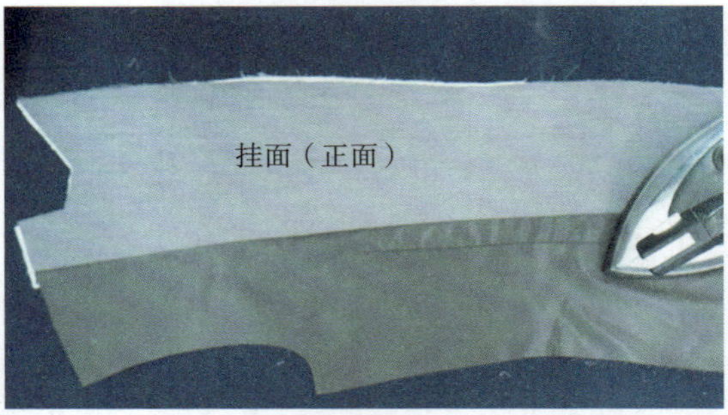

图6-2-34　烫挂面

10.挖里袋

（1）将开袋位和嵌条烫衬，并画出里袋位，上距胸围线5cm，过挂面2cm，缉线固定嵌线，袋口尺寸为：13cm × 1cm，如图6-2-35、图6-2-36所示。

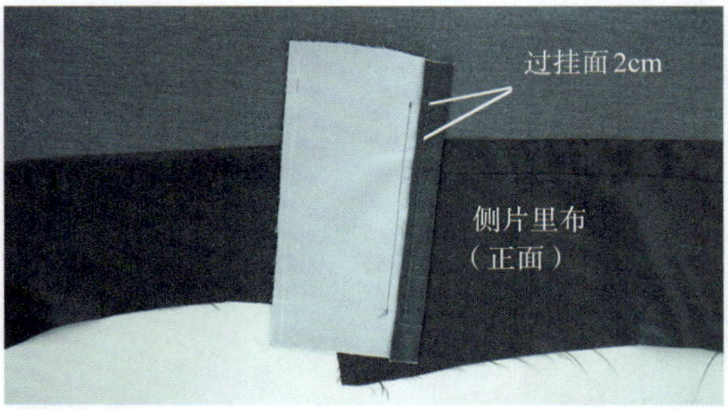

图6-2-35　缉嵌线

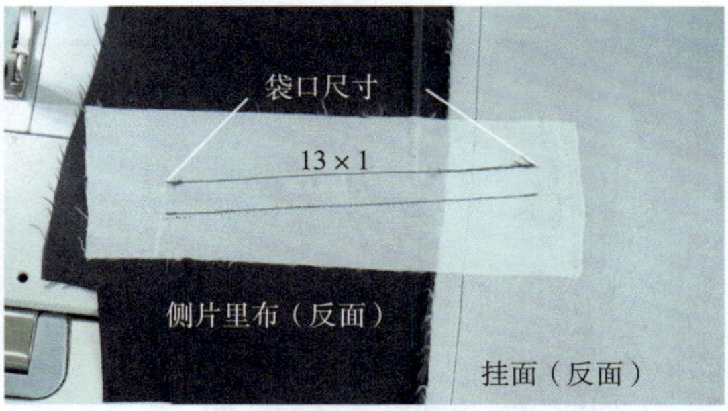

图6-2-36　缉嵌线反面效果

（2）剪开开袋中线，两端为三角形，不可剪断线根，如图6-2-37、图6-2-38所示。

（3）将整块嵌线翻至反面，上、下袋布分别与开袋缝份拼合，宽度与开袋缝份宽度一致，然后用来回针将三角与袋布固定，如图6-2-39、图6-2-40所示。

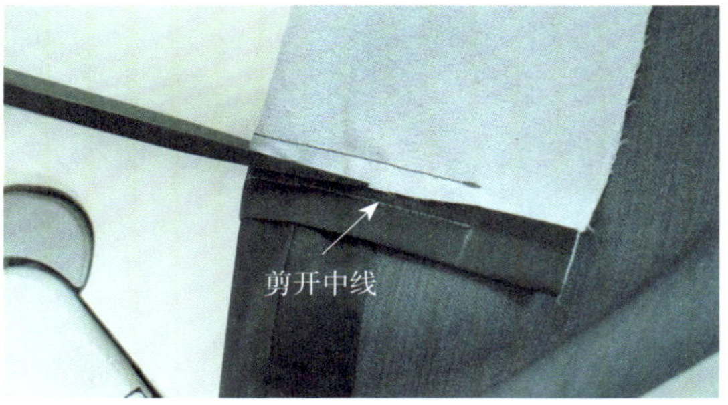

图6-2-37　剪开中线

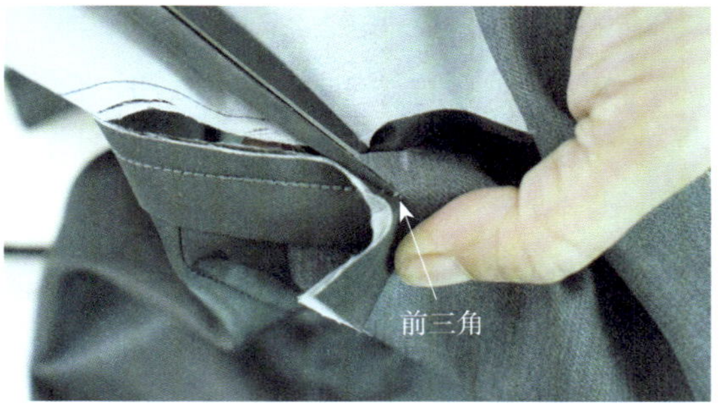

图6-2-38　剪三角

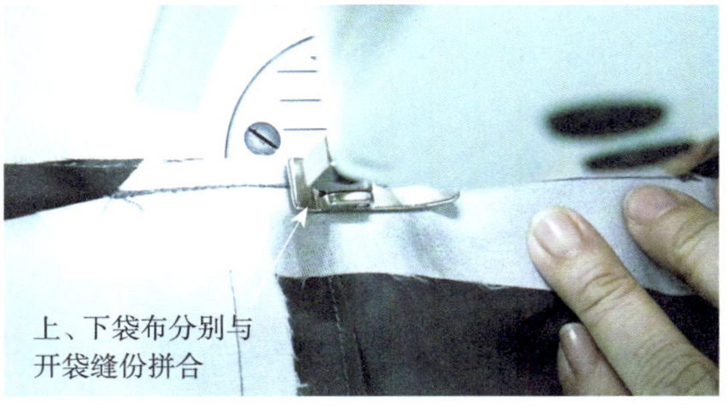

图6-2-39　袋布与开袋缝份拼合

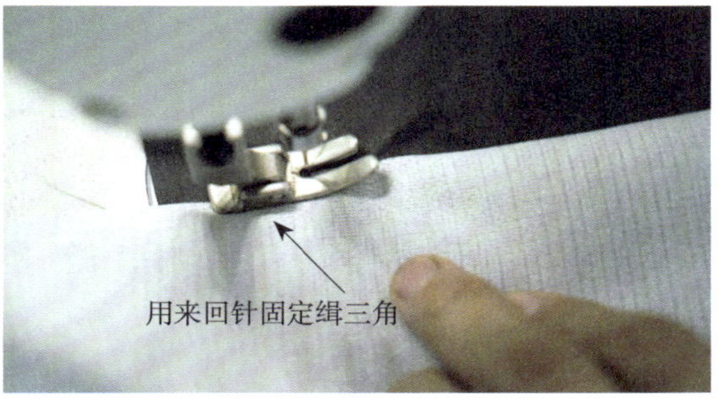

图6-2-40　缉三角

（4）兜缉袋布，修剪袋布缝份，展示里袋效果，如图6-2-41、图6-2-42所示。

图6-2-41　修剪袋布

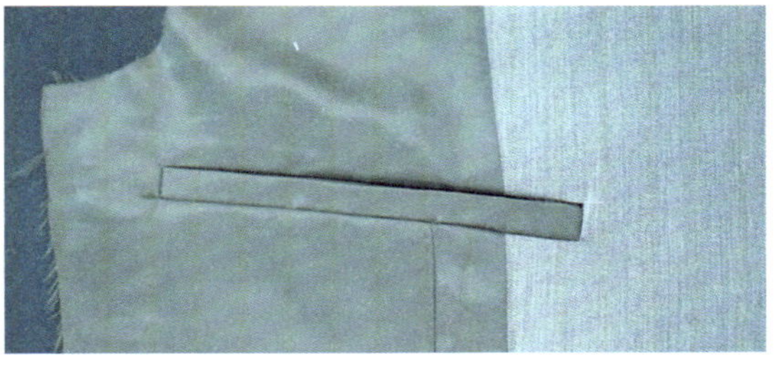
图6-2-42　里袋效果

11.前片里布与侧片里布缝合

前片里布与侧片里布正面相对缉线，缝份倒向侧片，并烫出0.3cm的“双眼皮”，如图6-2-43、图6-2-44所示。

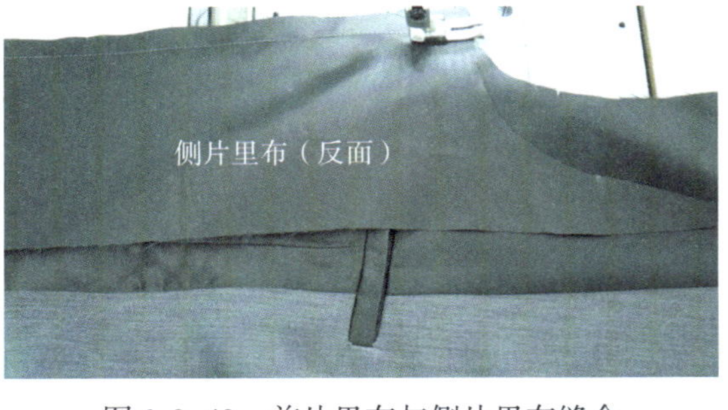

图6-2-43　前片里布与侧片里布缝合

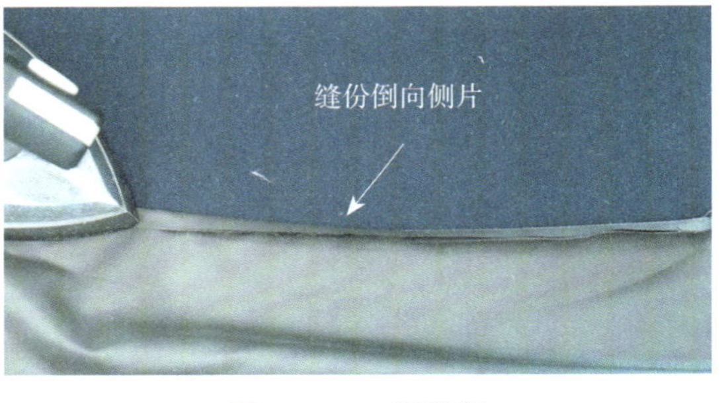

图6-2-44　烫缝份

12.做前片门、里襟止口

（1）将衣身与挂面正面相对，挂面在下，衣身在上，从驳领装领止点起至底边按1cm缉线，以翻驳点为转折，驳头部分衣身略带紧，缝至下摆弧形处，挂面略带紧，使驳头与弧形下摆处形成自然的窝势，如图6-2-45所示。

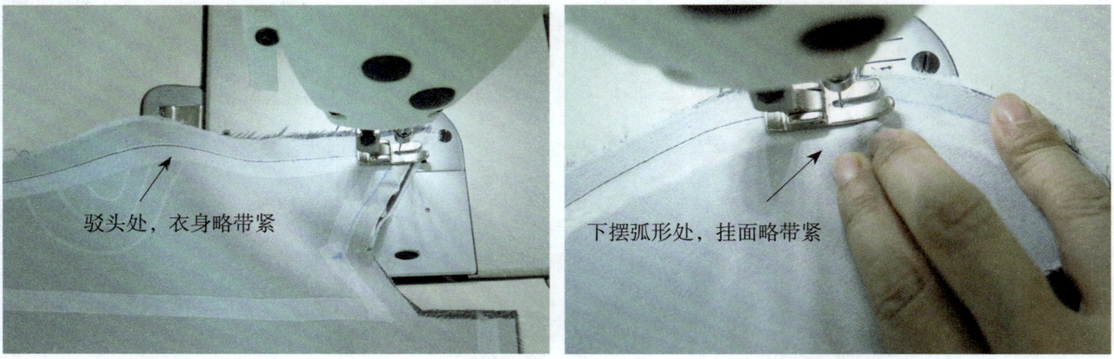

图6-2-45　做前片门、里襟止口

（2）修剪缝份，将止口翻至正面并烫出里外匀，使得驳头与弧形底摆处形成自然的窝势，驳角可用锥子挑尖，如图6-2-46、图6-2-47所示。

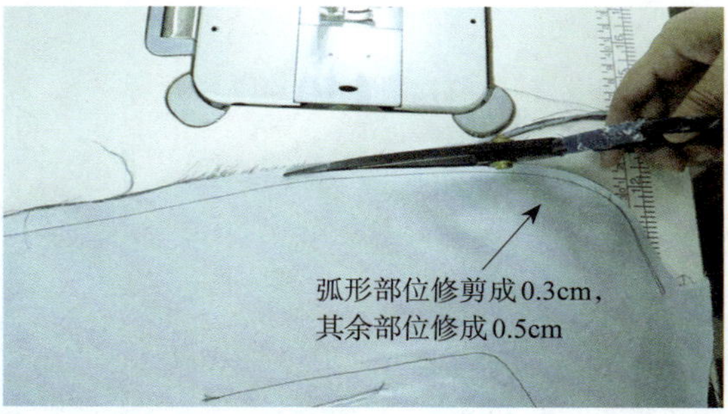

图6-2-46　修剪缝份

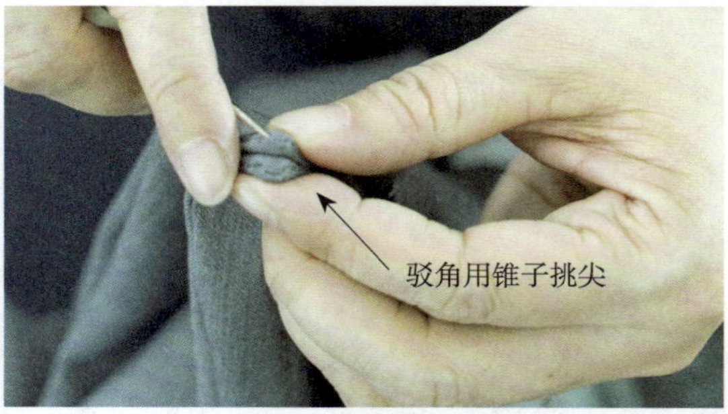

图6-2-47　挑驳角

（3）校对门襟止口，如图6-2-48所示。

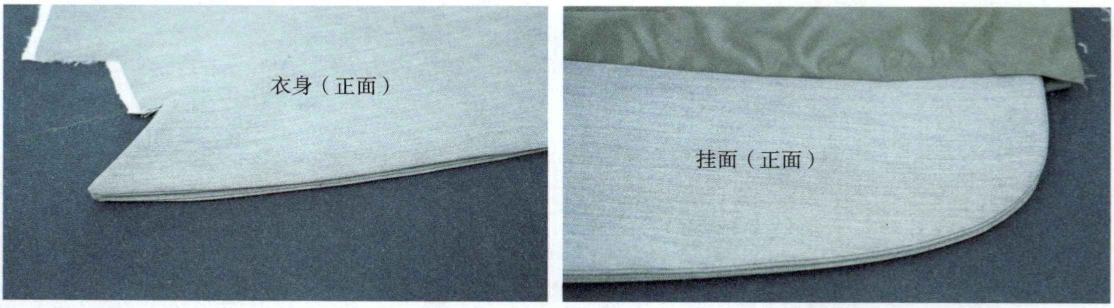

图6-2-48　校对门襟止口

（4）将驳头沿驳口线翻好，用熨斗悬空喷蒸汽定型，切不可把驳口线烫煞，如图6-2-49、图6-2-50所示。

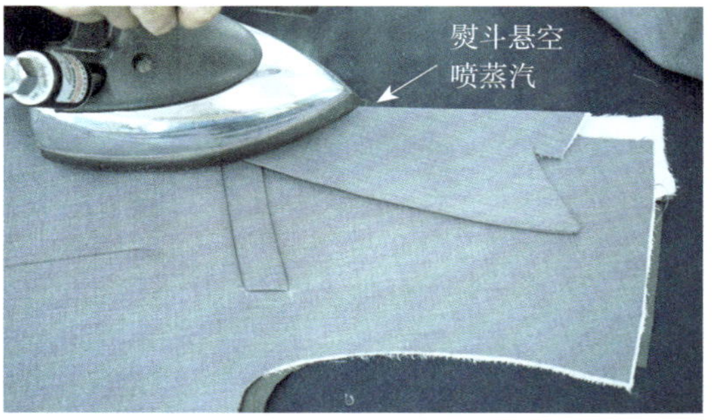

图6-2-49　吊烫驳头

图6-2-50　驳头烫好后效果

13. 归拔后衣片

将后片按照图示进行归拔处理，如图6-2-51、图6-2-52所示。

图6-2-51　后片归拔部位

图6-2-52　后片归拔展示

14. 做面、里布后片

（1）做面布。将后衣片正面相对，在背中缝处缉1.2cm的缝份，分开烫平，如图6-2-53、图6-2-54所示。

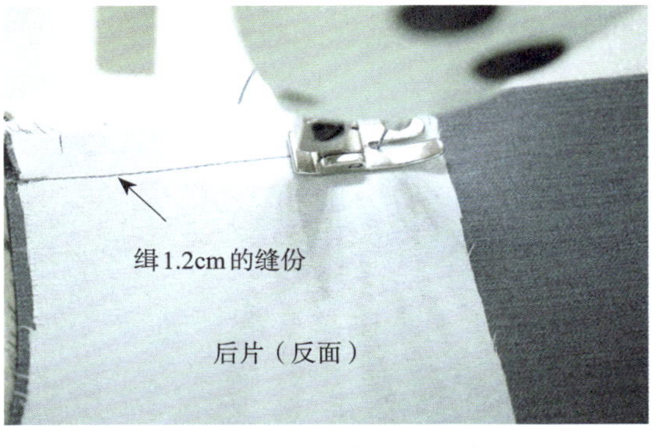

图6-2-53　缝合后片面布

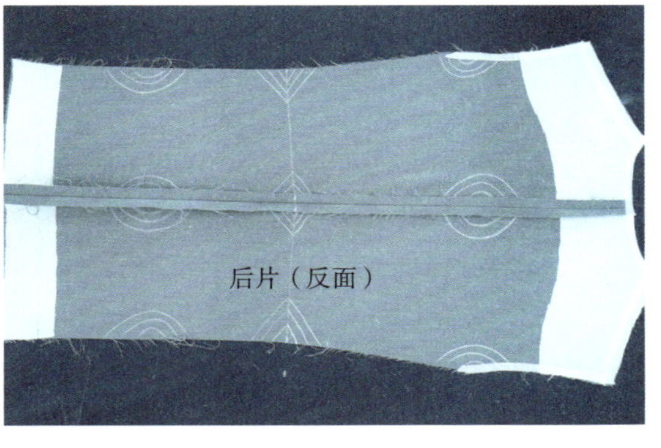

图6-2-54　烫开后中缝

（2）做里布。将后衣片里布正面相对，在背中缝上端做4cm褶裥，自上而下缉1.5cm缝份，缝份倒向右衣片，然后将后领贴与后片里布拼合，缝份1cm，缝合后将里布打上剪口，缝份倒向里布烫平，如图6-2-55～图6-2-58所示。

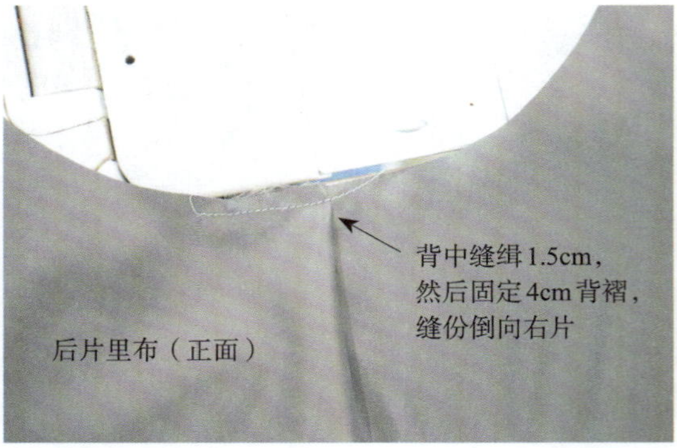

图6-2-55　缉背中线、固定背褶

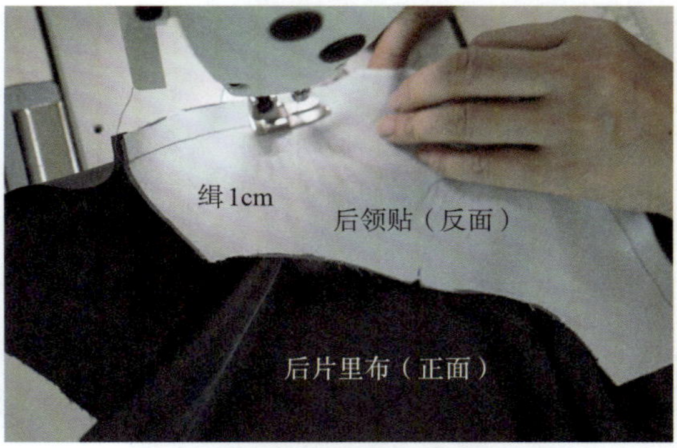

图6-2-56　领贴与后片里布缝合

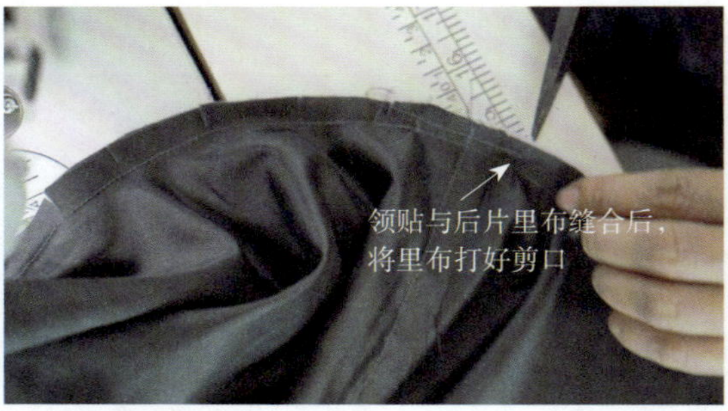

图6-2-57　后片里布打剪口

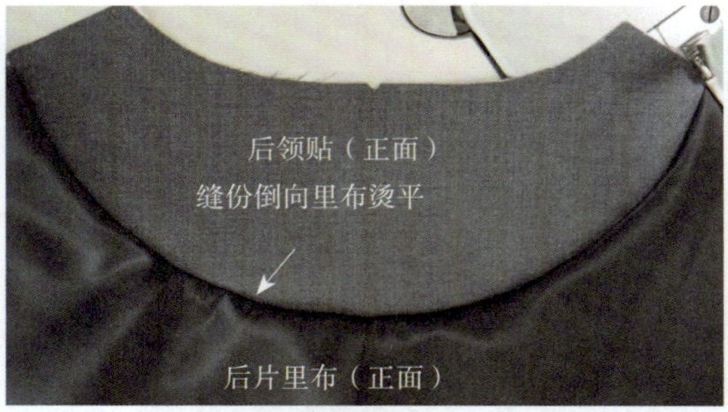

图6-2-58　领贴缝份倒向里布

15. 缝合面、里布肩缝

先将前、后衣片正面相对，左肩缝从袖窿往领口缉线，右肩缝从领口往袖窿缉线，后片肩部中间部位略做吃势，面布按净缝线缉1cm的缝份，分开烫平，里布按净缝线缉1.2cm的缝份，缝份倒向后片，如图6-2-59～图6-2-61所示。

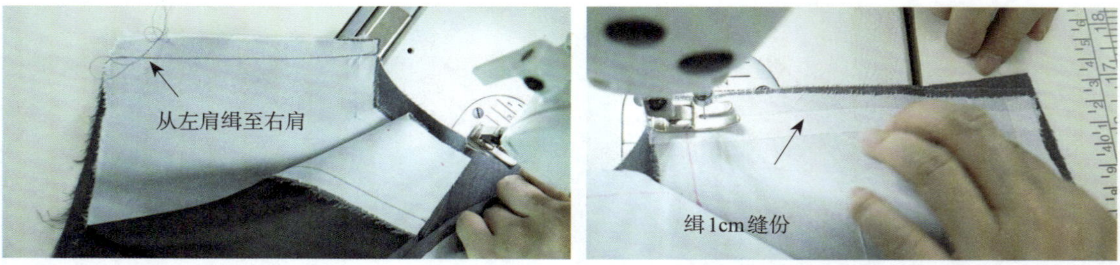

图6-2-59　面布肩缝缉线

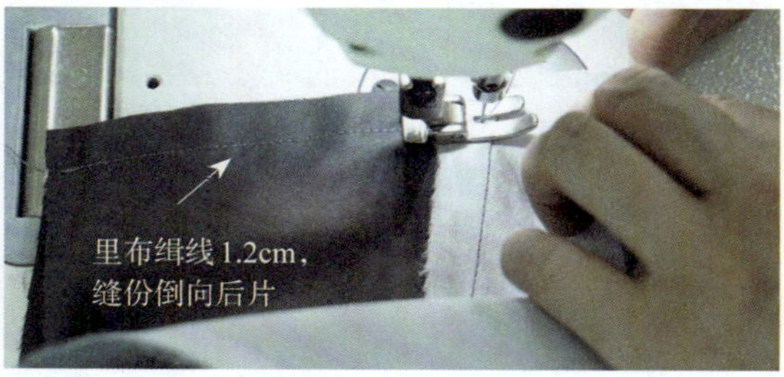

图6-2-60　缉里布肩缝

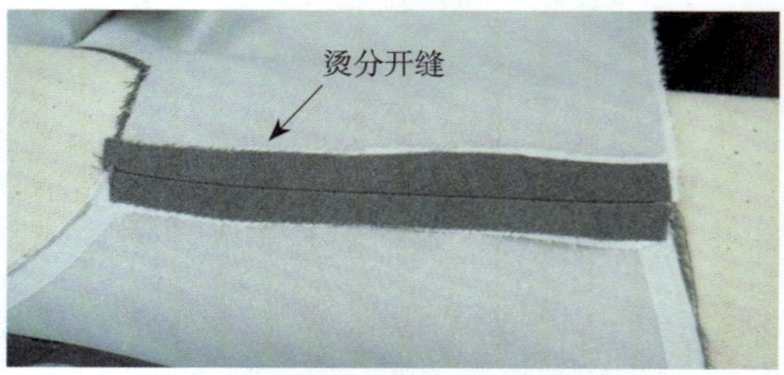

图6-2-61　烫面布肩缝

16. 后片面、里布与后侧片面、里布缝合

将前、后衣片正面相对，侧片在上，后片在下，面布缉1cm的缝份，分开烫平，里布缉1cm缝份，缝份倒向后片，并烫出0.3cm的“双眼皮”，如图6-2-62、图6-2-63所示。

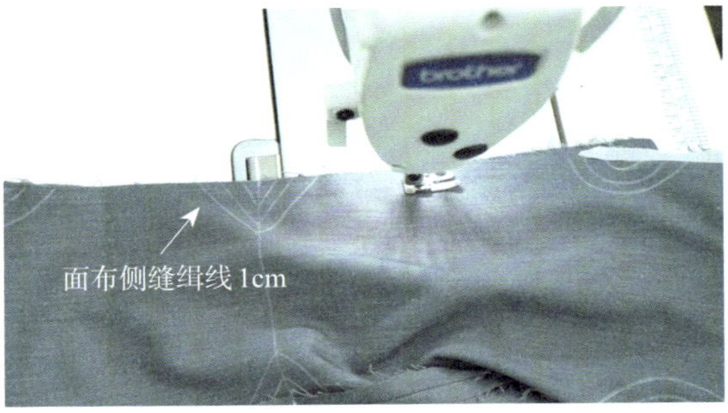

图6-2-62　后片面布与后侧片面布缝合

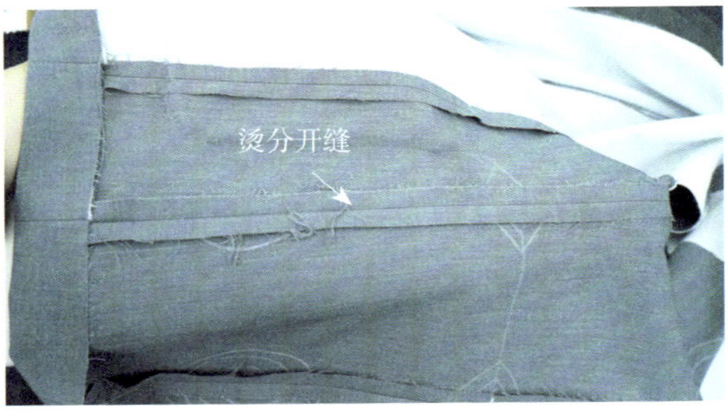

图6-2-63　烫侧缝

17. 做袖、装袖

男西服－真袖衩制作

（1）做袖。

①按图所示进行大袖片归拔工艺，如图6-2-64、图6-2-65所示。

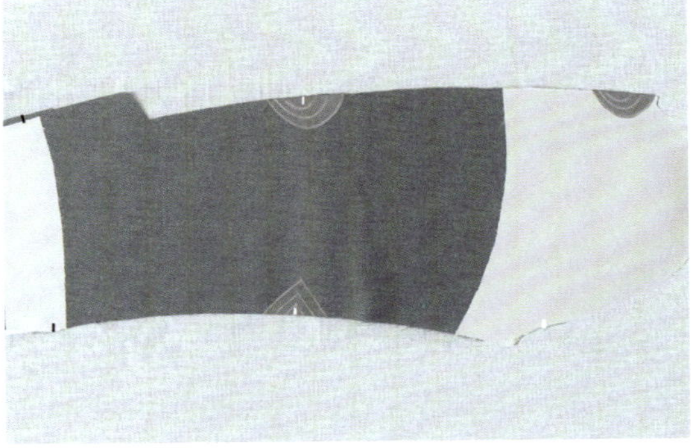

图6-2-64　袖子归拔部位

图6-2-65　归拔后袖缝

②将大、小袖正面相对，缝合后袖缝，在开衩根部打剪口，将上端缝份烫开，下端袖口开衩折向大袖并熨烫，如图6-2-66～图6-2-69所示。

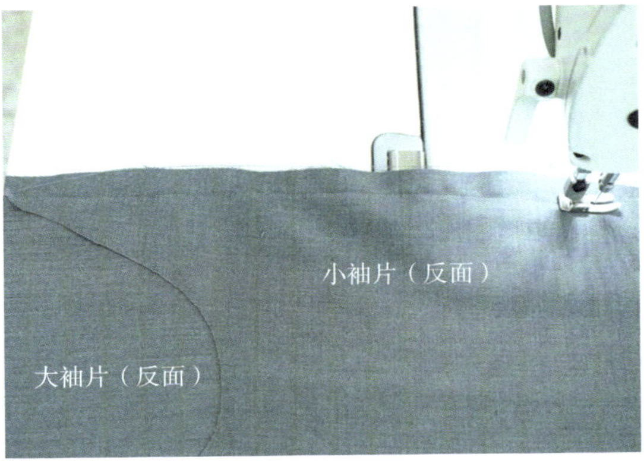

图6-2-66　缝合后袖缝

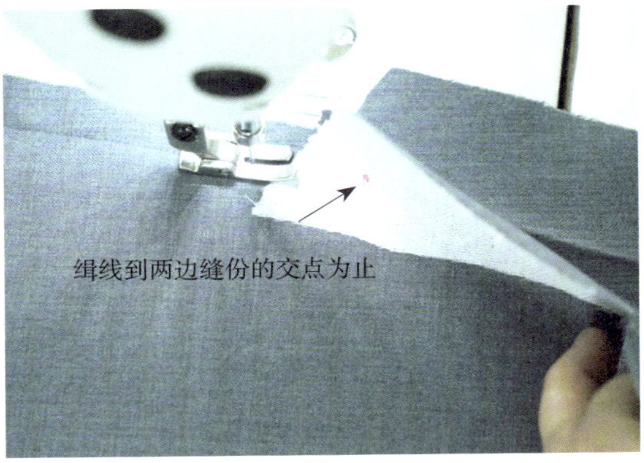

图6-2-67　后袖缝至袖衩根部

图6-2-68　袖衩根部打剪口

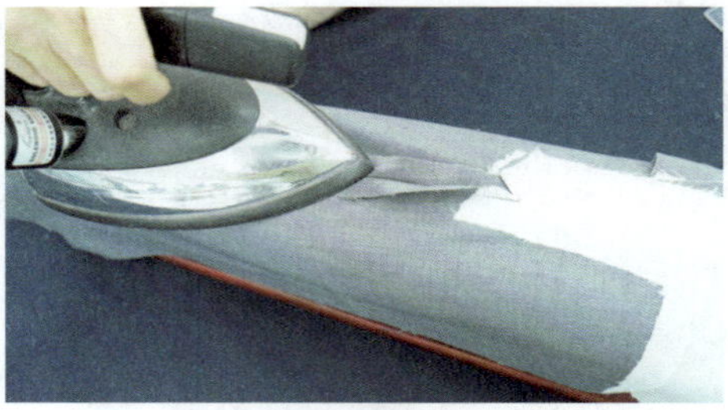

图6-2-69　后袖缝烫开分缝

③将底边按缝份翻烫好，并在大袖上画出勾缝对应点，如图6-2-70、图6-2-71所示。

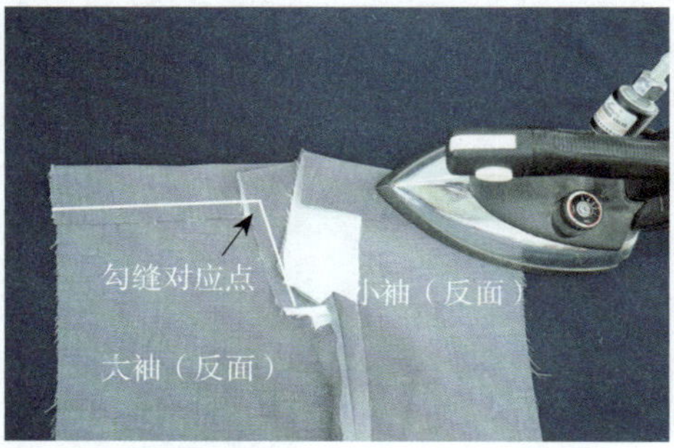

图6-2-70　找出勾缝对应点

图6-2-71　画出勾缝净样线

④在大袖反面，沿勾缝净样线放缝1cm，修剪掉多余的量，然后沿勾缝净样线缉线，距离毛边1cm不缉线，将衩缝分开翻至正面，烫平，如图6-2-72 ~ 图6-2-75所示。

图6-2-72　剪掉多余布料

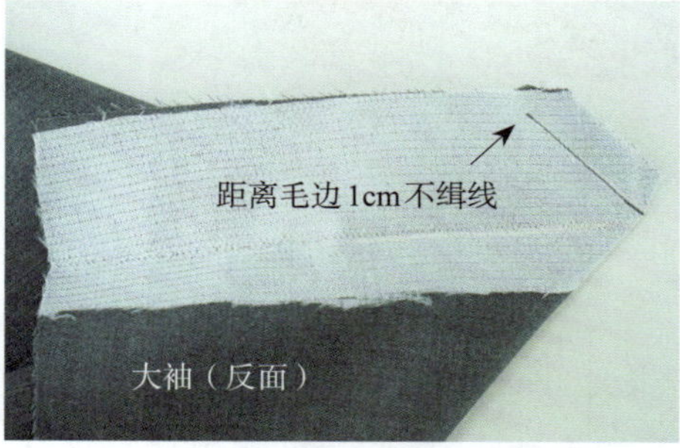

图6-2-73　留出位置不缉线

图6-2-74　分开衩缝

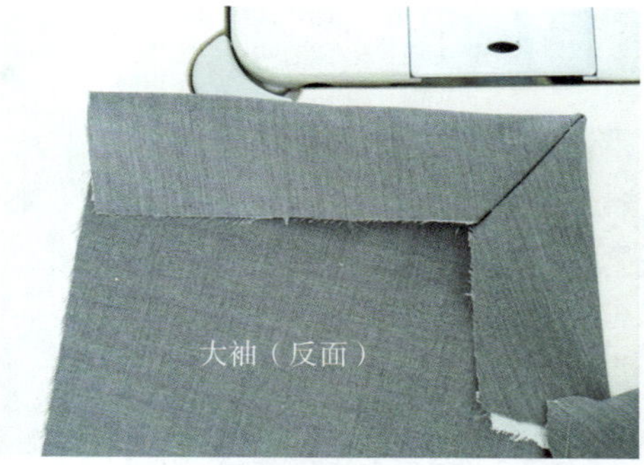

图6-2-75　正衩做好后效果

⑤在袖衩位置，把小袖的袖口缝份沿净样线朝正面翻折，缉线1cm，缉至距离毛边1cm处，并在此处打剪口，如图6-2-76、图6-2-77所示。

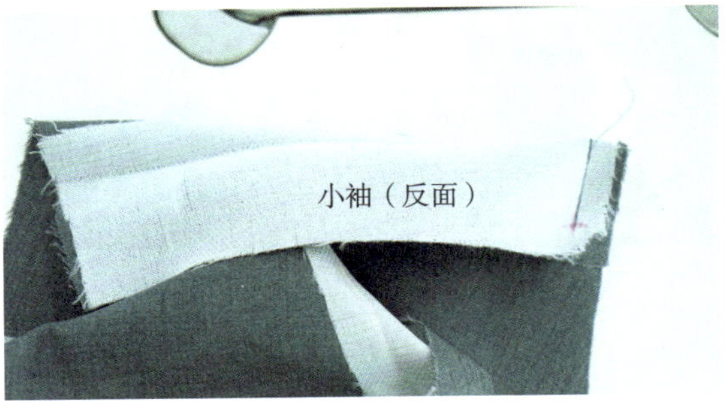

图6-2-76　翻折袖口缝份缉线

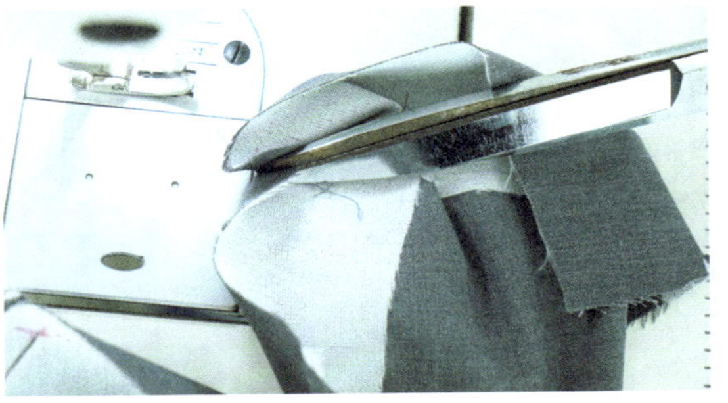

图6-2-77　打剪口

⑥将小袖袖口缝份翻正、烫平，如图6-2-78所示。

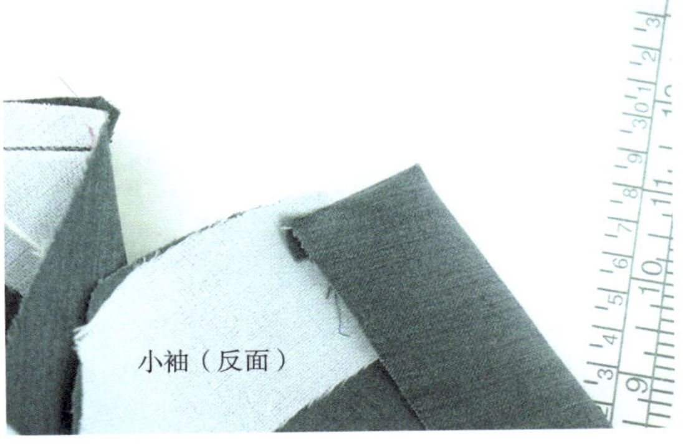

图6-2-78　袖口缝份翻正、烫平

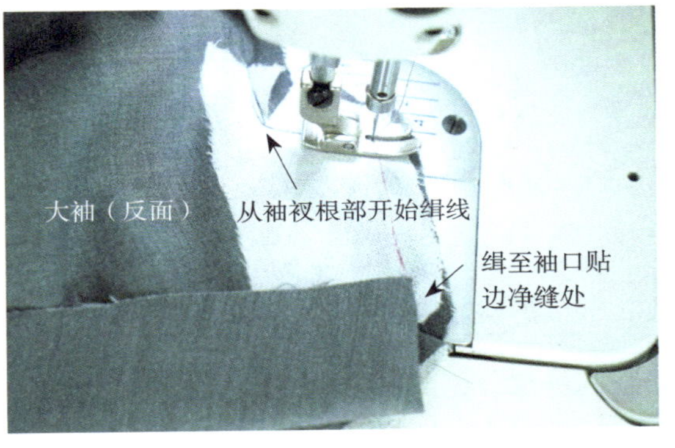

图6-2-79　大、小袖袖衩处合缉

⑦在袖衩根部开始缉线，缉至袖口贴边净缝处结束，烫平袖衩，如图6-2-79、图6-2-80所示。

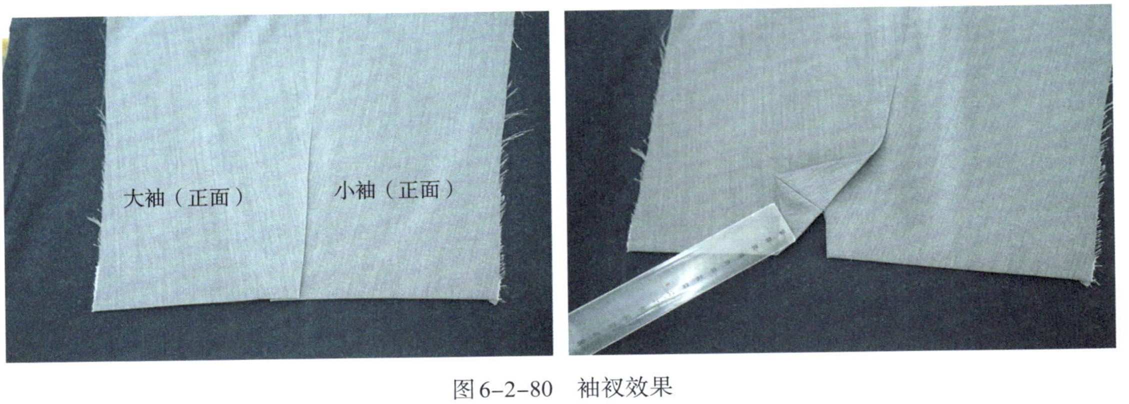

图6-2-80　袖衩效果

⑧将大、小袖里布正面相对，缝合里布后袖缝，缝份倒向小袖片，并烫出0.3cm的“双眼皮”，如图6-2-81、图6-2-82所示。

⑨将面、里布正面相对，缝合袖口，翻至正面烫平，如图6-2-83、图6-2-84所示。

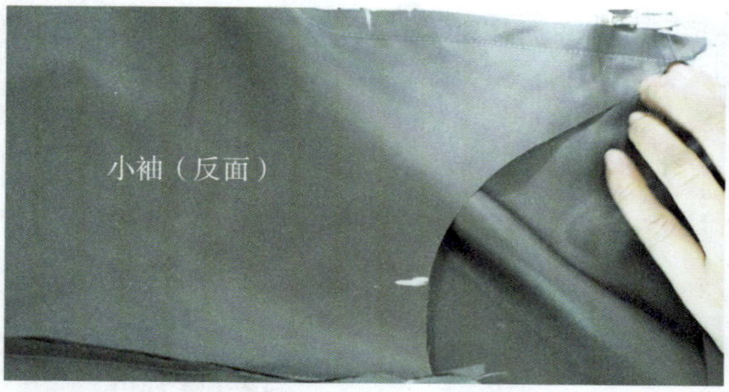

图6-2-81　里布后袖缝缝合

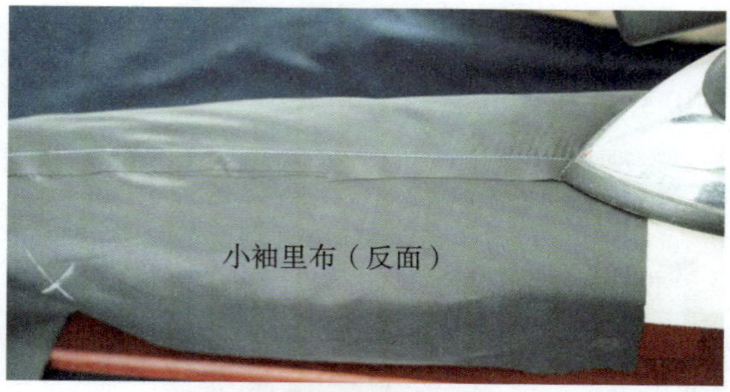

图6-2-82　烫后袖缝

图6-2-83　袖口缝合

图6-2-84　烫袖口

⑩将大、小袖正面相对，缝合前袖缝，从面布开始经过袖口然后再缝至里布，袖口处的接口一定要对准，在如图6-2-85、图6-2-86所示。

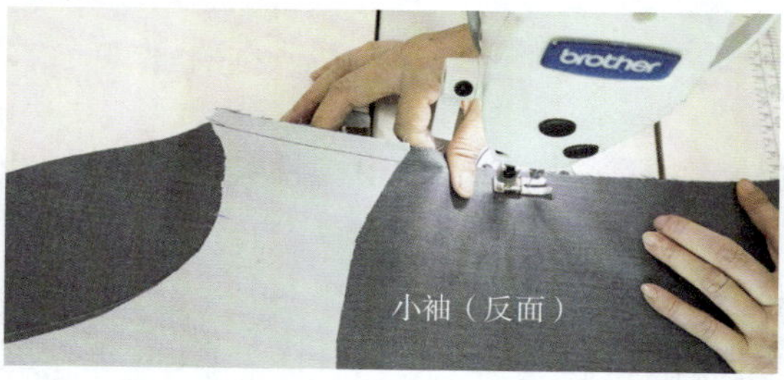

图6-2-85　缝合面布前袖缝

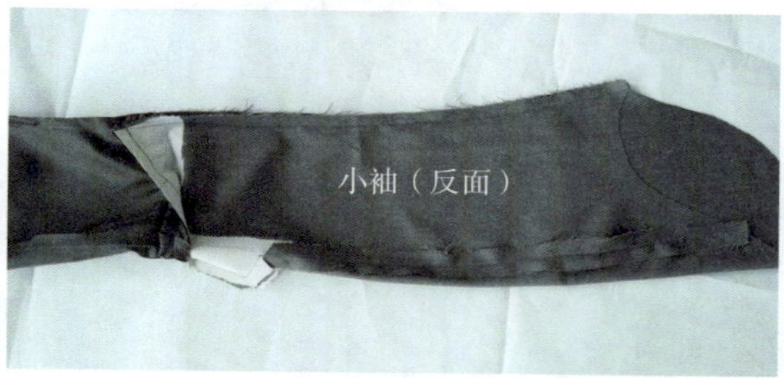

图6-2-86　缝合面、里布前袖缝后效果

⑪将袖子袖口、袖身用烫袖板烫好，然后将袖口、袖肘处的面、里布固定住，防止袖子里布下吊，如图6-2-87～图6-2-90所示。

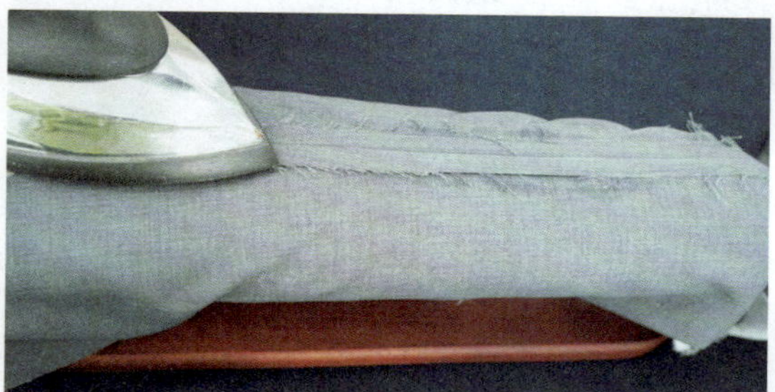
图6-2-87　烫面布前袖缝

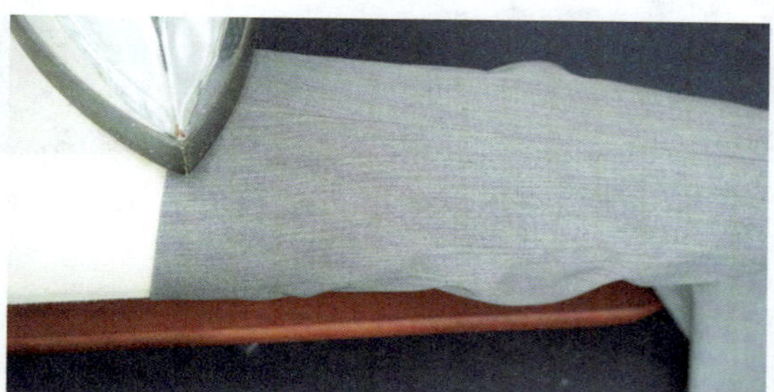
图6-2-88　烫袖口

图6-2-89　袖子面、里布固定

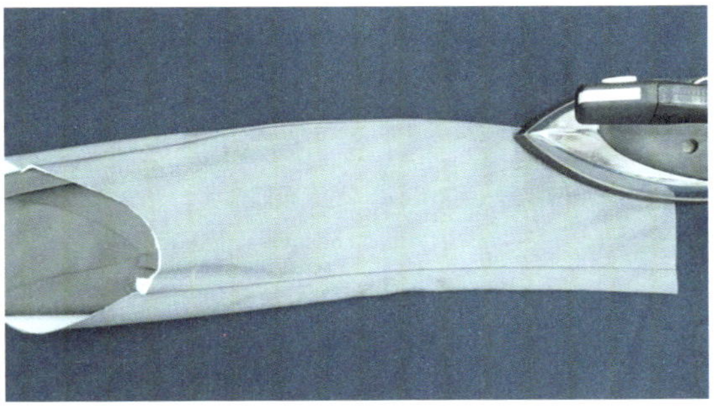

图6-2-90　袖子烫后效果

（2）装袖。

①把针距调到最大，用袖窿条在袖山缉缝一周，缝份0.5cm，抽出袖山吃势，使袖山弧线与袖窿弧线相等，如图6-2-91、图6-2-92所示。

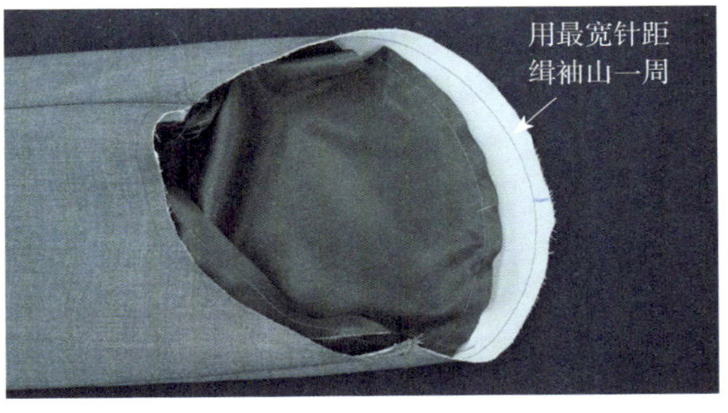

图6-2-91　缉袖山

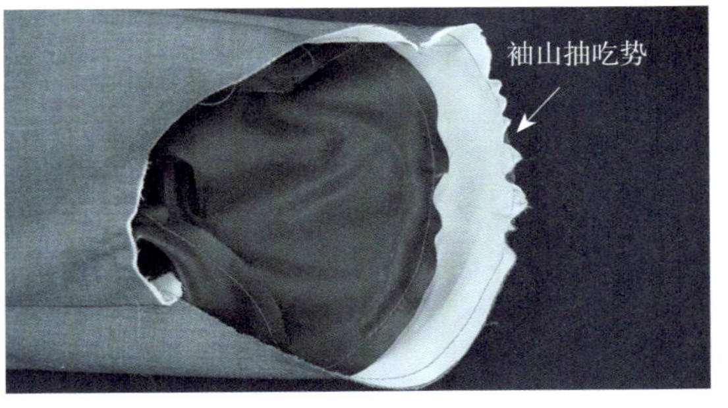

图6-2-92　袖山抽吃势

②先装左袖，将袖子与衣身正面相对，四个对位点对准，即前袖山对位点与前袖窿对位点对准，袖山对位点与肩缝对位点对准，后袖山对位点与后袖窿对位点对准，袖底对位点与前侧缝对位点对准，缉线1cm，如图6-2-93所示。

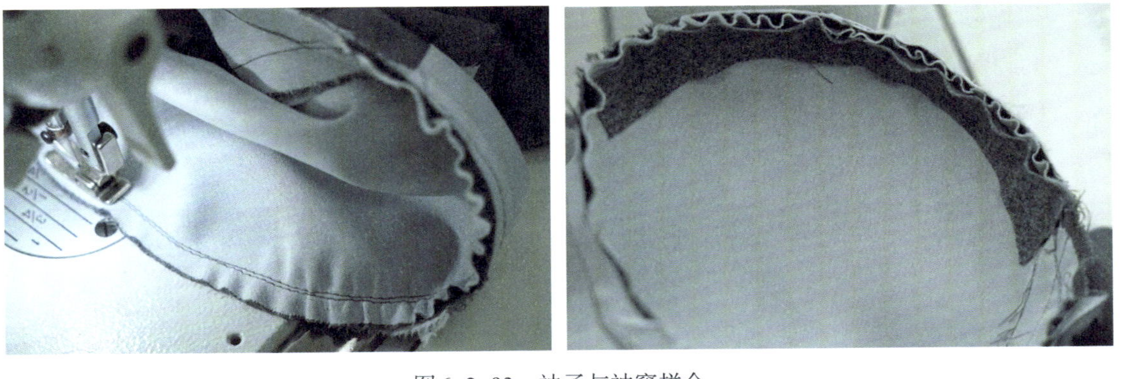

图6-2-93　袖子与袖窿拼合

③将衣身与袖子翻至正面，放在人台上观察左右袖装得是否圆顺，吃势是否均匀，袖子前后是否合适，是否达到了“前圆后登”的效果，如果达到满意效果就用袖窿条将袖窿包缝，然后缝肩棉，肩棉中点偏后1cm与肩缝相对，用棉线与袖窿缝份固定，如图6-2-94、

图6–2–95所示。

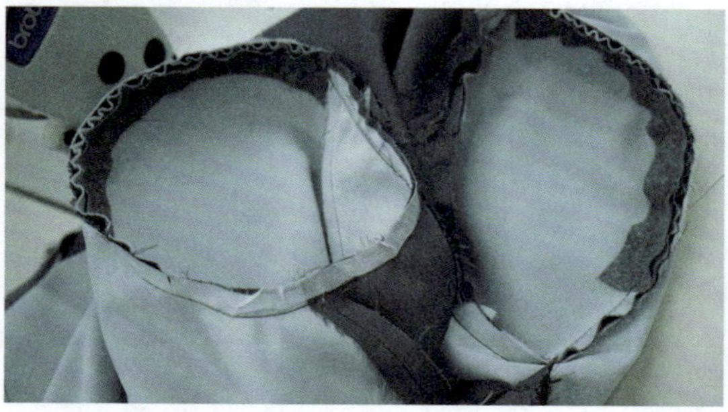

图6–2–94　左右袖校对

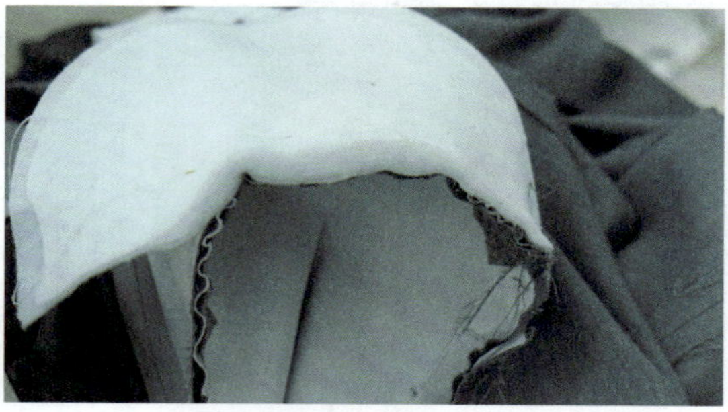

图6–2–95　钉肩棉

18.缉底边

面、里底边按缝份分别烫好，并将面和里前侧缝、后侧缝、后中缝各条缝对准，缉线1cm，然后将上述三个缝份分别用棉线固定，腰节处也要将面、里固定，防止里布下吊，最后，将衣服全部从领口翻出、烫平，如图6–2–96、图6–2–97所示。

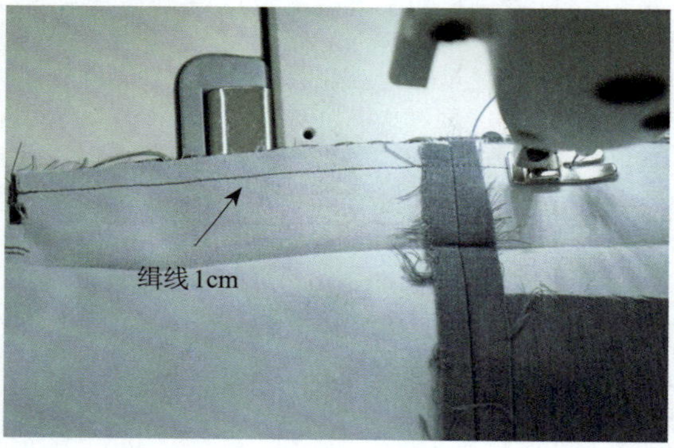

图6–2–96　缉底边

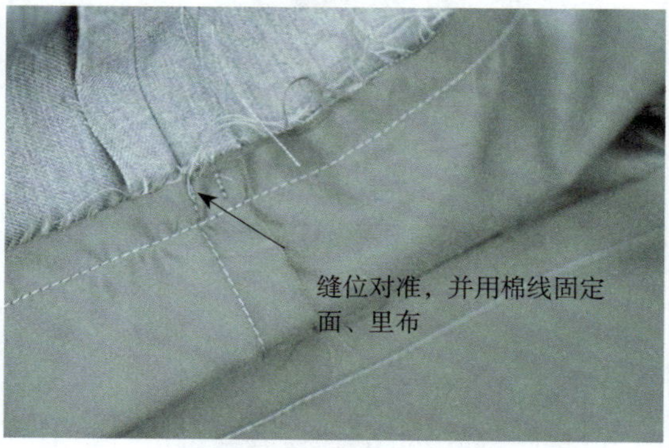

图6–2–97　固定底边面、里布

19.做领、装领

（1）做领。

①将烫好衬的领子画出净样，然后按照领子上的归拔标记进行归、拔工艺，如图6–2–98、图6–2–99所示。

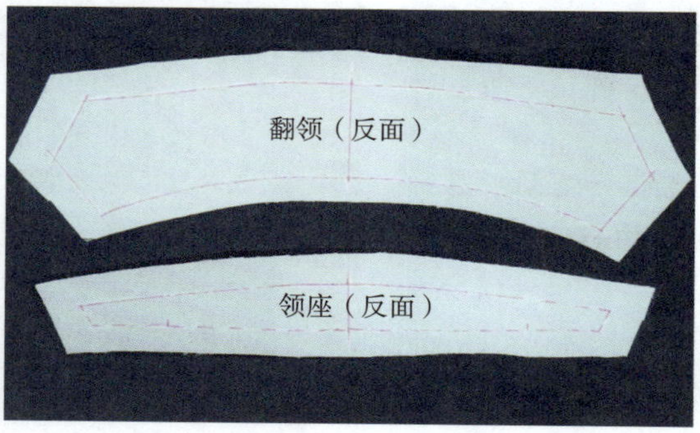

图6–2–98　画翻领、领座净样

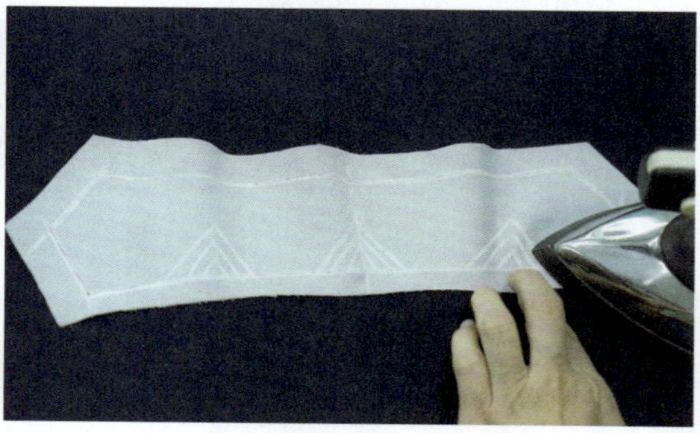

图6–2–99　归拔领子

②将翻领与领座进行缝合，打剪口后分开烫平，然后在拼缝线两边各缉一条0.1cm明线，领底（用领底呢做）与领面的制作方法一致，如图6-2-100、图6-2-101所示。

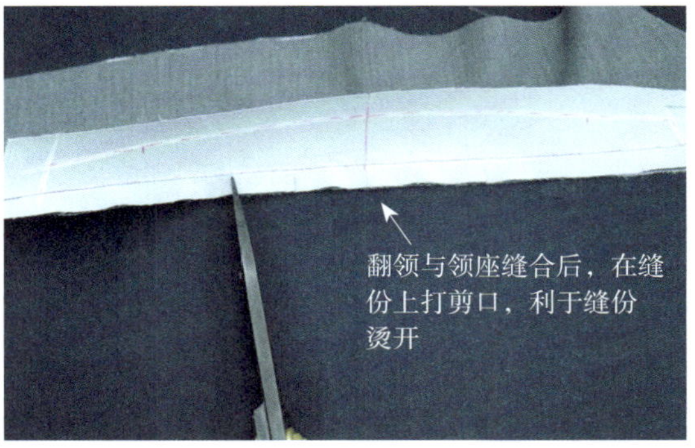

图6-2-100　缝份打剪口

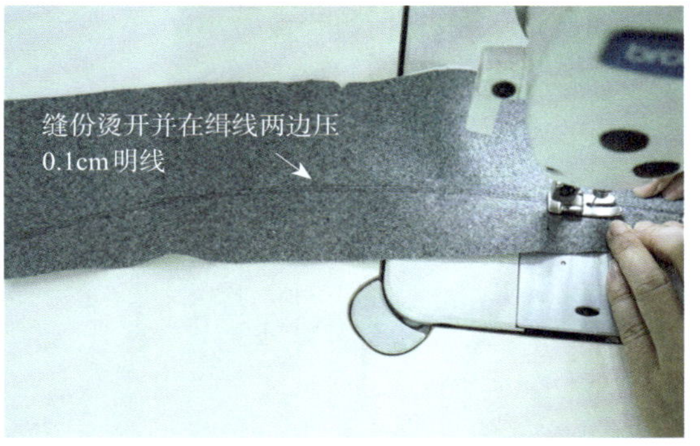

图6-2-101　拼缝线缉明线

（2）装领。

①用倒勾针将衣身面布领圈与里布领圈斜丝部位用最稀疏针距分别固定，领面领底弧线与里布领圈正面相对，从右衣片串口开始经右肩缝对位点、后中点、左肩缝对位点、左衣片串口五点对准缉缝1cm，在弯位处打剪口，缝份倒向领子，如图6-2-102、图6-2-103所示。

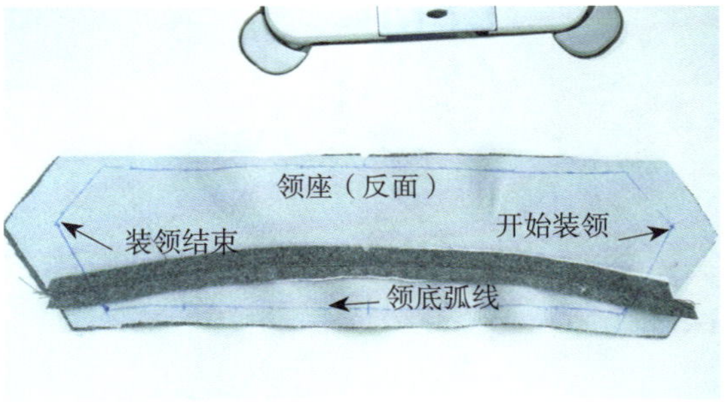

图6-2-102　画领子净样

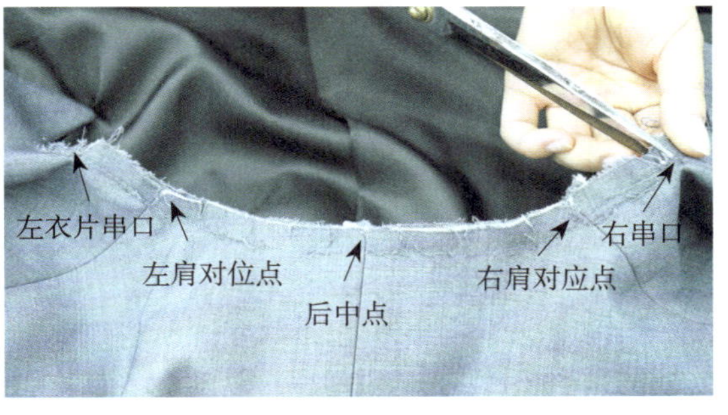

图6-2-103　绱领对位、打剪口

②将领面从左串口、右串口、外领口弧线三面按净样扣烫好，然后再扣烫领里（领底呢）缝份，左、右串口线与外领口弧线三边扣烫1.1～1.2cm缝份，其余三边扣烫0.8～0.9cm，如图6-2-104、图6-2-105所示。

图6-2-104　扣烫领面三边净样

图6-2-105　烫领底呢净样

③领里反面与领面反面相对，领底呢左串口、右串口、外领口弧线三面比领面缩进0.1～0.2cm，领底弧线必须要盖住装领线，用三角针将领底呢固定在领面上，工厂多用专用设备缝制，如图6-2-106所示。

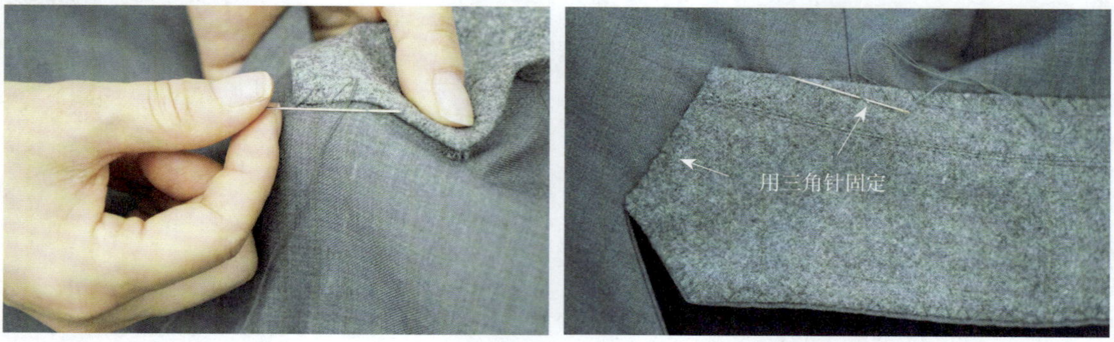

图6-2-106　用三角针固定领底呢

20.锁眼、钉纽

（1）按照款式要求在左衣片前门襟扣眼位置用四线锁眼，钉纽要绕结，锁眼也可以借助机器，如图6-2-107、图6-2-108所示。

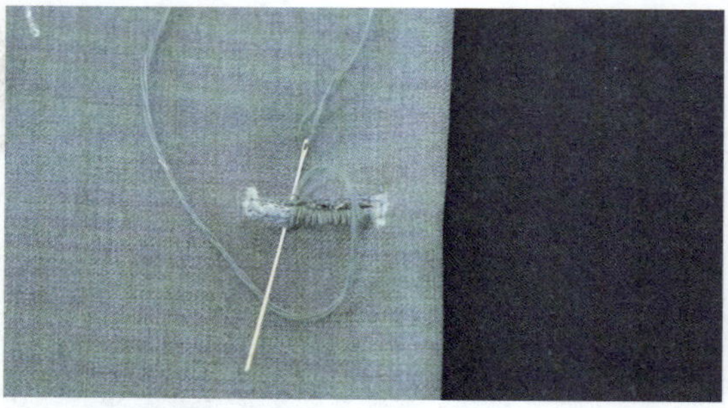

图6-2-107　前门襟锁眼

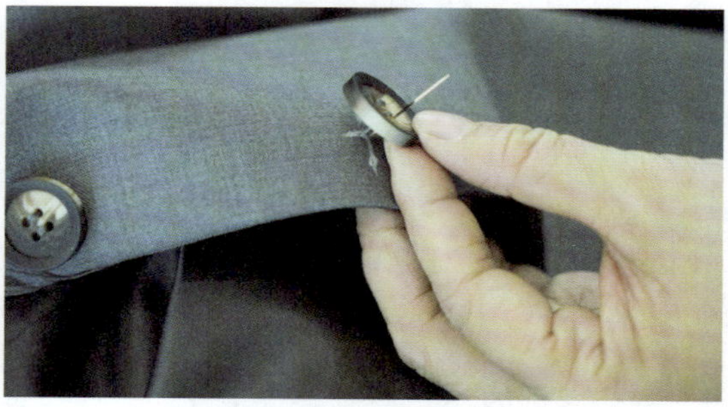

图6-2-108　前门襟钉纽

（2）在大袖片距袖口边4cm处四线钉纽扣、绕结，如图6-2-109、图6-2-110所示。

图6-2-109　袖衩钉纽

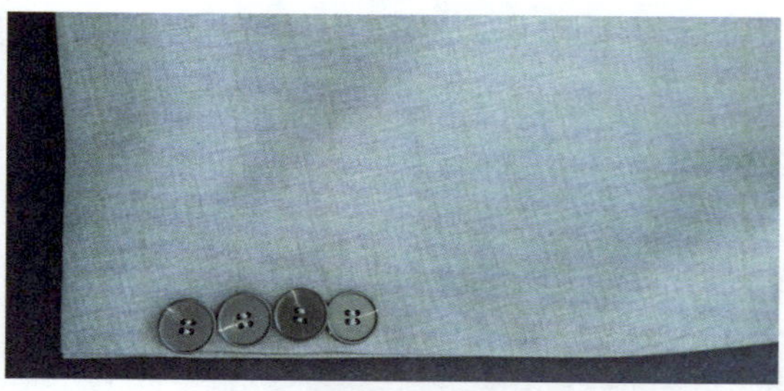

图6-2-110　袖衩钉纽效果

21.整烫

（1）根据面料的性能调节好蒸汽熨斗的温度，按先反面后正面，先烫领子、袖子，然后烫大身的顺序进行整烫，如图6-2-111所示。

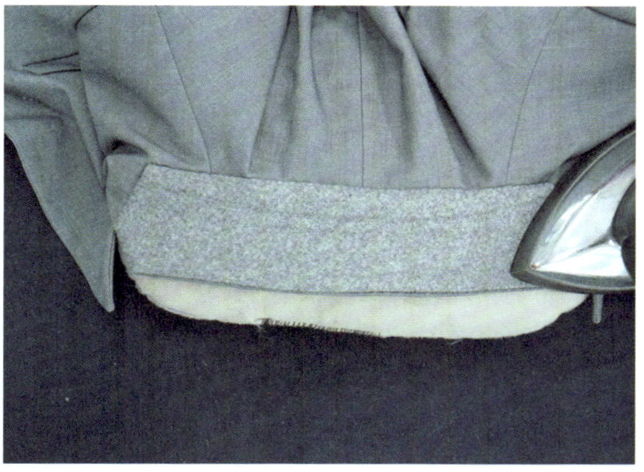
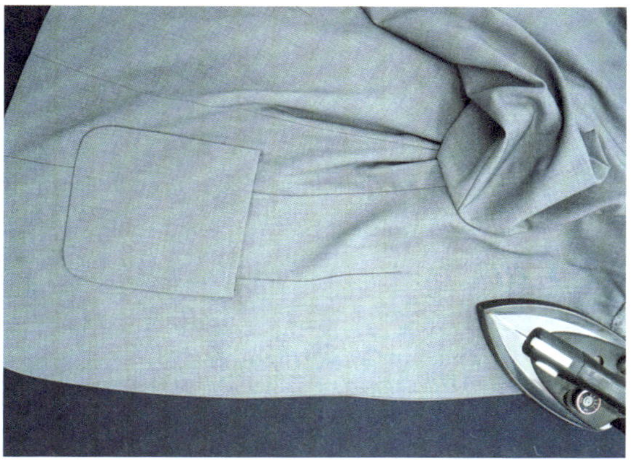

图6-2-111　最后整烫

（2）成衣效果如图6-2-112～图6-2-114所示。

图6-2-112　成衣（正面）

图6-2-113　成衣（侧面）

图6-2-114　成衣（背面）

五、知识拓展

为什么插花眼决定西装的品质

插花眼也叫驳头眼，是在西装驳领上的扣眼，最早的目的并不是用来插花的，其实最早西装的领子是可以扣上的，而插花眼也是一个真的扣眼，扣起来可以遮挡风沙，用来保暖，后来由于英国女王维多利亚的老公在自己的婚礼上，将花插在驳头眼里做装饰，从此，这股潮流旋风便在贵族当中刮起。后来，驳头眼不再为了防寒保暖，而演变成了插花眼，佩戴徽章等装饰作用沿用至今。

一件好西装，必定拥有一个精致的插花眼，这也是体现个人着装品位的最好方式，如图6-2-115所示。

图6-2-115　插花眼

——文字来自绅士西装文化，图片来自网络

六、巩固训练

A服饰有限公司接到某房地产公司的生产订单，制作100件男西服，并要求其根据提供的M码样衣规格和工艺要求，进行工艺单的制作，然后分别制作S/M/L/XL/XXL五个码的成衣各20件，样衣正、背面如图6-2-116、图6-2-117所示。

图6-2-116　男西服（正面）

图6-2-117　男西服（背面）

七、任务评价

男西服评价见表6-2-4。

表6-2-4　男西服评价表

评价项目	评价内容	序号	评价标准	分值	评价方式				备注
					自评	互评	师评	企业评	
知识技能目标（80分）	规格（10分）	1	衣长规格正确，不超偏差±1cm	2					
		2	胸围规格正确，不超偏差±2cm	2					
		3	肩宽规格正确，不超偏差±0.6cm	2					

续表

评价项目	评价内容	序号	评价标准	分值	评价方式				备注
					自评	互评	师评	企业评	
知识、技能目标（80分）	规格（10分）	4	袖长规格正确，不超偏差 ±0.8cm	2					
		5	领围规格准确，不超偏差 ±0.6cm	2					
	领子（10分）	6	领面、领里松紧一致，不起皱	4					
		7	领角、驳角左右对称，有窝势	4					
		9	绱领缉线顺直，无褶皱等	2					
	门、里襟（5分）	10	门、里襟丝绺归正，顺直、平服，门襟不短于里襟，不搅不豁	5					
	手巾袋、贴袋（5分）	11	手巾袋袋角压明线顺直，袋口来回针牢固； 左右贴袋高低、大小、长短对称	5					
	前身（5分）	12	胸部挺阔，面、里、衬服帖，面、里不起吊	5					
	后背（5分）	13	后背平服，面、里不起吊	5					
	肩部（5分）	14	肩部平服，肩线顺直，左右对称，垫肩合适	5					
	袖子（15分）	15	袖子左右对称，前后合适	5					
		16	袖子吃势均匀，绱袖圆顺、平服	5					
		17	袖衩、袖扣左右对称	5					
	底摆（5分）	18	平服，底边宽窄一致，有“双眼皮”松量	5					
	里布（5分）	19	衣身、袖子等面里无起吊现象，有“双眼皮”	5					
	整洁牢固（10分）	20	表面无污渍、无焦黄、无极光	5					
		21	针距 14~15 针 /3cm	2					
		23	无断线或轻微毛脱	3					
情感目标（20分）	岗位问题处理能力（12分）	24	具有客户信息分析及处理的能力	3					
		25	具有制订计划并合理实施的能力	3					
		26	具有实施过程中独立思考及解决问题的能力	4					
		27	具有安全实操的能力	2					
	团队合作创新能力（6分）	28	具有团队合作意识和创新能力	3					
		29	具有按时完成任务、高效工作的能力	3					
	工匠精神（2分）	30	具有精益求精、追求卓越的工匠精神	2					
合计				100					

任务三　男马甲缝制工艺

任务导入

E服装有限公司接到F银行的制作订单，要求为F银行男职员定制300件男马甲，并提供样衣和尺寸，具体详情见表6-3-1。

表6-3-1　E服装有限公司男马甲样衣制作通知单

<table>
<tr><td>编号</td><td>款号</td><td>下单日期</td><td rowspan="3">部位</td><td colspan="5">规格</td></tr>
<tr><td>NMJ1005</td><td>男马甲</td><td>年　月　日</td><td>165/84A</td><td>170/88A</td><td>175/92A</td><td>180/96A</td><td>185/100A</td></tr>
<tr><td colspan="3" rowspan="7">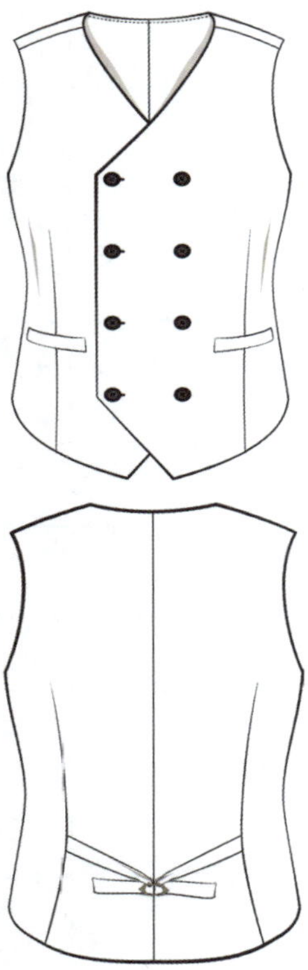</td><td>S</td><td>M</td><td>L</td><td>XL</td><td>XXL</td></tr>
<tr><td>前衣长</td><td>64.5</td><td>66</td><td>67.5</td><td>69</td><td>70.5</td></tr>
<tr><td>肩宽</td><td>37</td><td>38</td><td>39</td><td>40</td><td>41</td></tr>
<tr><td>胸围</td><td>94</td><td>98</td><td>102</td><td>106</td><td>110</td></tr>
<tr><td>腰围</td><td>82</td><td>86</td><td>90</td><td>94</td><td>98</td></tr>
<tr><td colspan="6">备注：面料先缩水后再开裁</td></tr>
<tr><td colspan="6">工艺说明与技术要求
1.针距要求：14~15针/3cm
2.外观整洁，线路规整，无抽纱，无线头，无污迹，无破损及脱线等外观损伤
3.领子：V形无领
4.袖子：无袖
5.肩宽：肩线前移，肩宽较窄
6.前衣片：前长后短，双排8粒扣，前腰左右各收一个腰省，左右各有一个单嵌线挖袋，前门襟底边成三角，略收腰，侧缝下摆开衩，肩线前移4cm
7.后衣片：后中做背缝，左右各收一个腰省，装调节式腰带</td></tr>
<tr><td colspan="3" rowspan="2">款式特征概述
此款男马甲呈前长后短造型，双排8粒扣，前腰左右各收一个腰省，左右各有一个单嵌线挖袋，前门襟底边成三角，略收腰，侧缝下摆开衩，肩线前移4cm，后中做背缝，左右各收一个腰省，装调节式腰带</td><td colspan="3">面料：毛/涤类、亚麻、化纤、混纺均可</td><td colspan="3">辅料：黏合衬若干，纽扣8粒，缝纫线1个</td></tr>
<tr><td colspan="3">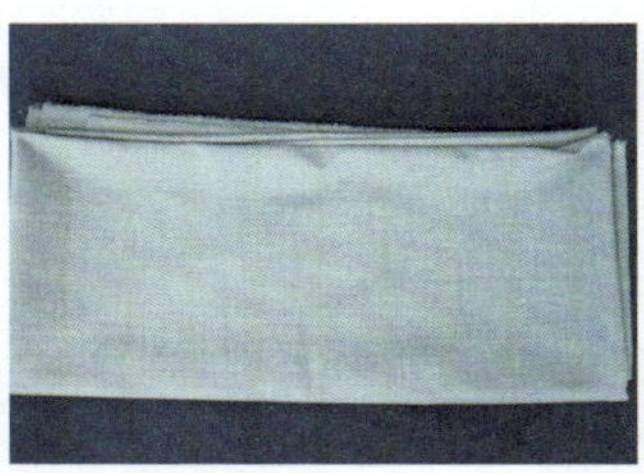</td><td colspan="3"></td></tr>
<tr><td>制单</td><td>张三</td><td>工艺审核</td><td colspan="2">李四</td><td colspan="2">审核日期</td><td colspan="2">年　月　日</td></tr>
</table>

任务要求

1. 掌握男马甲工业样板的排料、画样、裁剪、熨烫等技术，做到精益求精。
2. 掌握男马甲的制作方法和技巧。
3. 掌握男马甲质量的检测，严把质量关。
4. 掌握男马甲生产工艺单的编写，做好客户信息分析和处理。
5. 掌握工艺流程图的绘制，合理制订计划并实施。

任务准备

男马甲工业样板（纸样）清单见表6-3-2。

表6-3-2　男马甲工业样板（纸样）清单

面料毛样板名称	数量	里料毛样板名称	数量	衬料毛样板名称	数量	净样板名称	数量
前片	1	前片	1	前片	1	挂面	1
后片	1	后片	1	挂面	1		
挂面	1	上袋布	1	后片底边	1		
袋嵌条	1	下袋布	1	嵌条	1		
袋垫布	1						
调节式腰带	1						

任务实施

一、任务分析

从给出的工艺通知单可知，这件男马甲是前长后短造型，双排8粒扣，前腰左右各收一个腰省，左右各有一个单嵌线挖袋，前门襟底边成三角，略收腰，侧缝下摆开衩，后中做背缝，左右各收一个腰省，装调节式腰带。

缝制工艺的重、难点：做领口、做袖窿。

二、裁片裁剪图

170/88A男马夹裁片裁剪图如图6-3-1 ~ 图6-3-3所示。

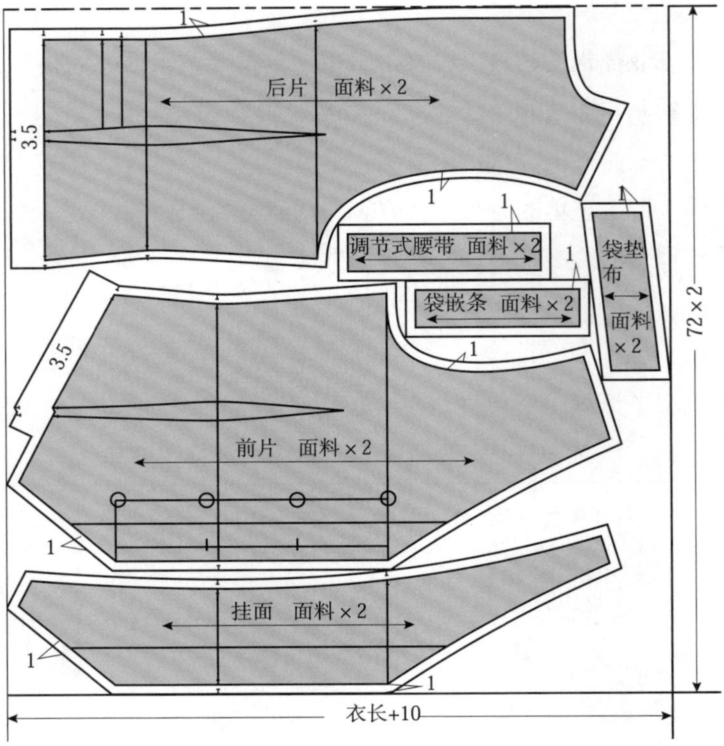

图6-3-1　170/88A男马夹面料裁剪图

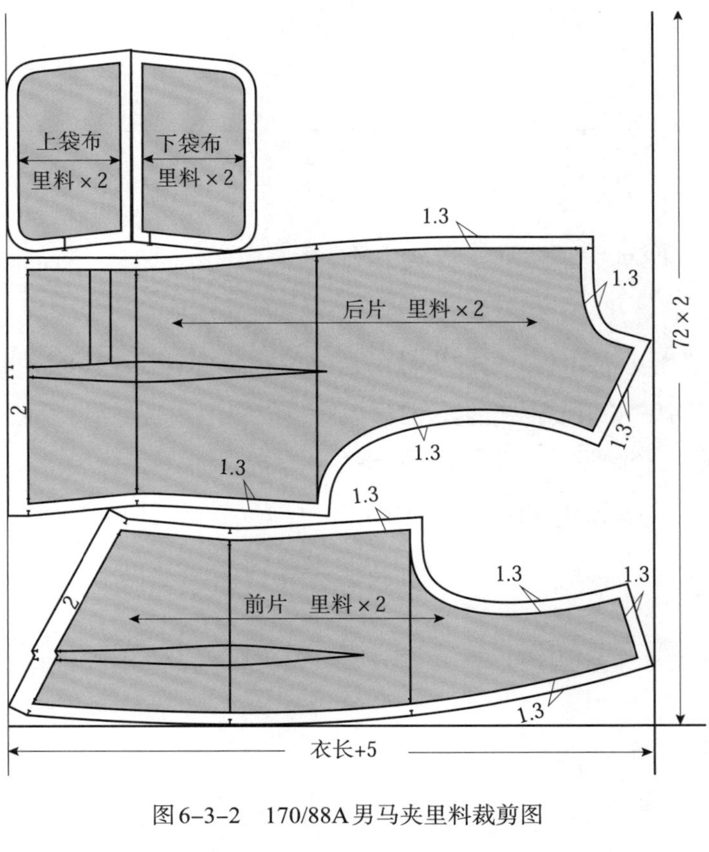

图6-3-2　170/88A男马夹里料裁剪图

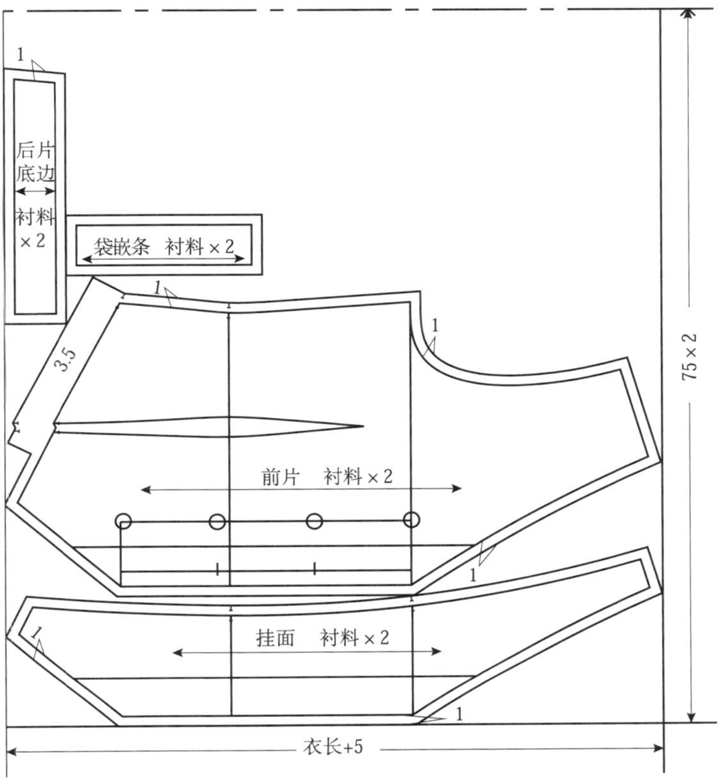

图6-3-3　170/88A男马夹衬料裁剪图

三、工艺流程

检查裁片→做缝制标记（粘衬、做对位标记、画省）→缉省、烫省→归拔前片→粘烫牵条→挖袋→挂面与前片里布缝合→做前领口、前片门里襟止口→做面、里布后片→缝合左、右侧缝→缝合袖窿→缝合后领面、里布→缝合肩缝→缉底边→底边封口→锁眼、钉纽→整烫

四、缝制工艺

1. 检查裁片

检查裁片，核实裁片数量，见表6-3-3。

表6-3-3　男马甲裁片清单

面料毛样板名称	数量	里料毛样板名称	数量	衬料毛样板名称	数量
前片	2	前片	2	前片	2
后片	2	后片	2	挂面	2
挂面	2	上袋布	2	后片底边	2
袋嵌条	2	下袋布	2	嵌条	2

续表

面料毛样板名称	数量	里料毛样板名称	数量	衬料毛样板名称	数量
袋垫布	2				
调节式腰带	2				

2. 做缝制标记（粘衬、做对位标记、画省）

在前片、挂面粘衬，并根据需要在前、后片等处用钻眼、划粉或眼刀等方式做好标记，以便缝制时用于定位，男马甲应在以下部位做好缝制标记。

（1）前片。腰省大和省尖、袋位、腰节对位点、底边缝份处，如图6-3-4所示。

（2）后片。腰省大和省尖、腰节对位点、后中缝份处、底边缝份处，如图6-3-5所示。

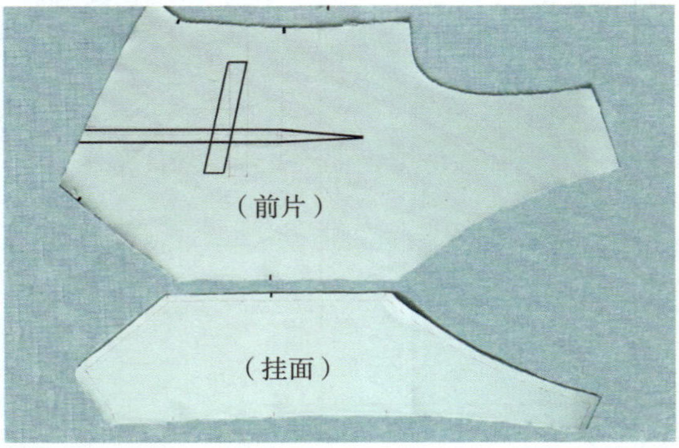

图6-3-4　前片、挂面

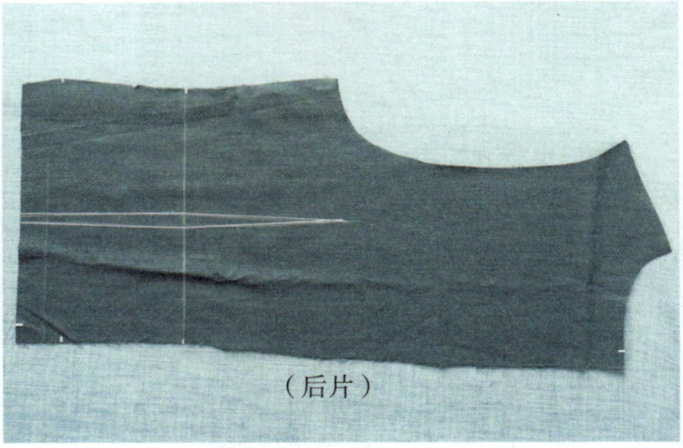

图6-3-5　后片

3. 缉省、烫省

将面布腰省沿省中线剪开至省尖3cm处，然后按省的大小缉线，在距离省尖3cm的位置衣身下面放一小块布跟省一起缉，最后将整条省的缝份分开烫平、烫煞，如图6-3-6、图6-3-7所示。

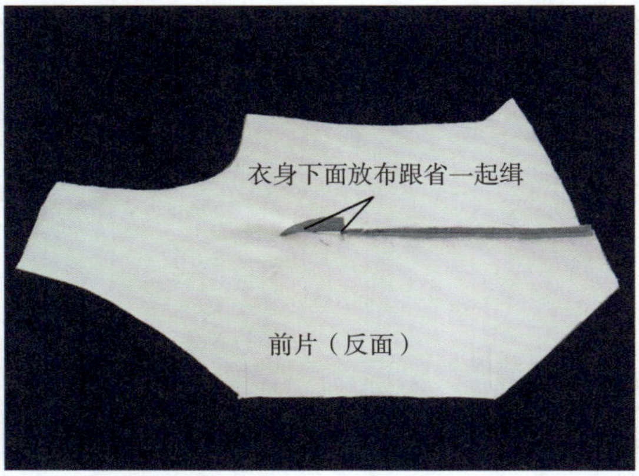

图6-3-6　缉省、烫省

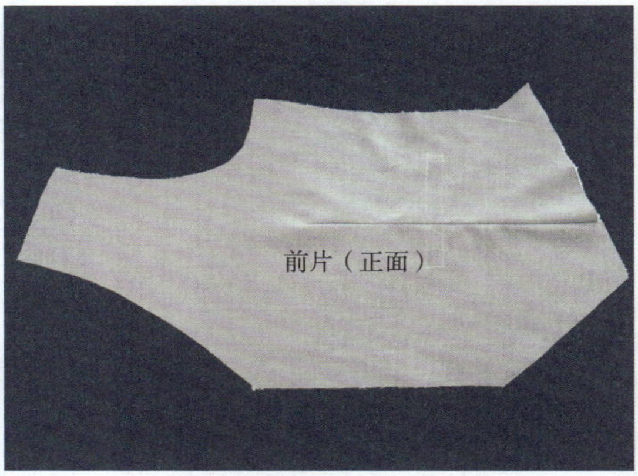

图6-3-7　腰省最后效果

4. 归拔前片

将前片按图所示进行归拔处理，如图6-3-8、图6-3-9所示。

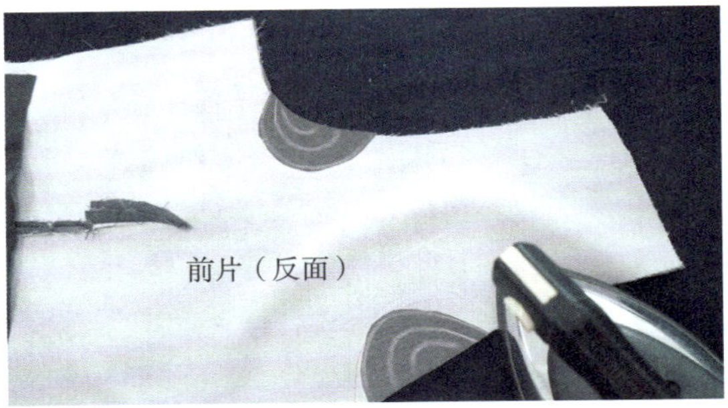

图6-3-8　归烫前领口

图6-3-9　归烫袖窿

5. 粘烫牵条

在归拔后的前衣片上沿净样线内侧粘烫止口牵条，衣身的领口、袖窿等处特别容易拉伸变形，为了得到贴体效果必须拉牵条固定，如图6-3-10、图6-3-11所示。

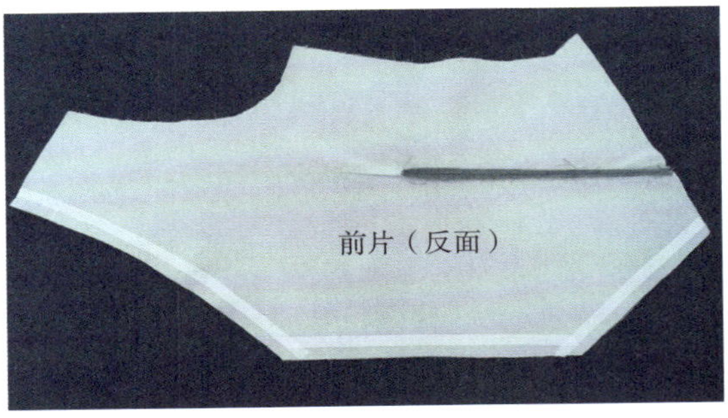

图6-3-10　领口烫牵条

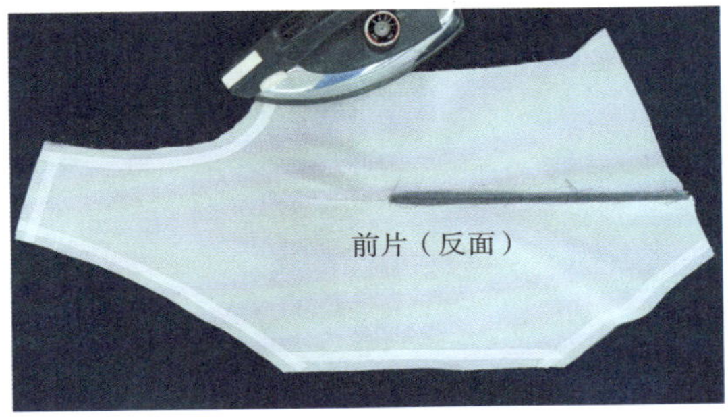

图6-3-11　袖窿烫牵条

6. 挖袋

（1）在前衣片正面画出挖袋的位置，袋长14cm，袋宽2cm，然后将嵌条烫衬、对折、缉线，缉线的宽度为2.1cm，比袋宽多0.1cm，如图6-3-12、图6-3-13所示。

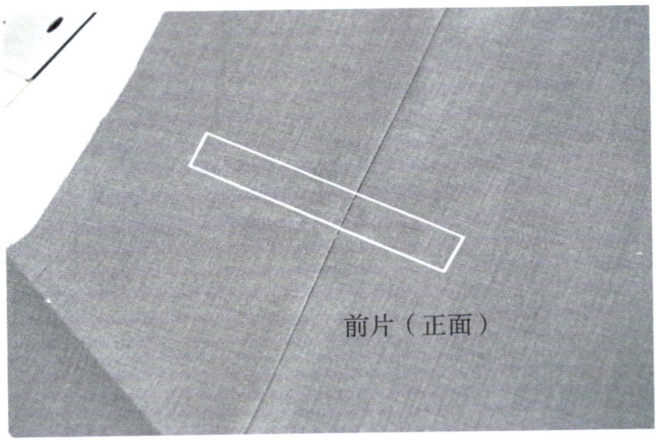

图6-3-12　画出挖袋位置

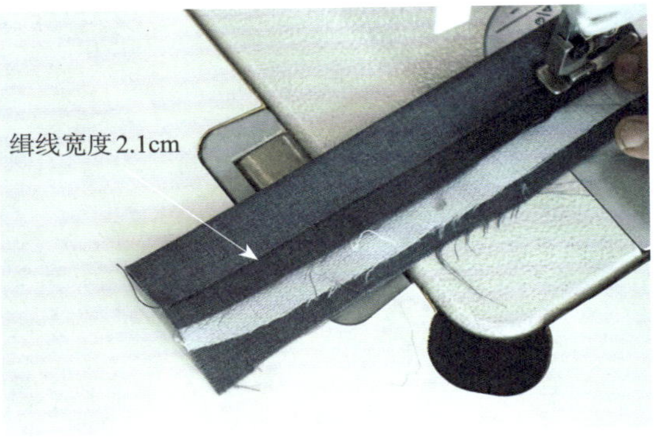

图6-3-13　做嵌条

（2）将袋垫布固定在下袋布上，然后将缝好的袋布与做好的嵌条分别在口袋的上袋线和下袋线上缉线，要求两边平行且长短一致，两端来回针缉牢，如图6-3-14 ~ 图6-3-17所示。

图6-3-14　缝合袋垫布

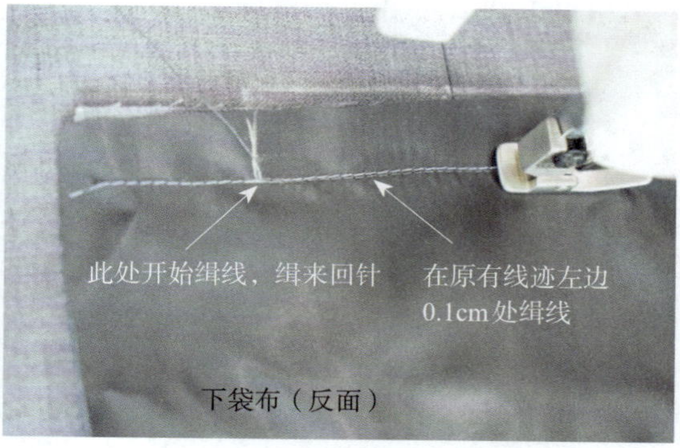

图6-3-15　缉上袋线

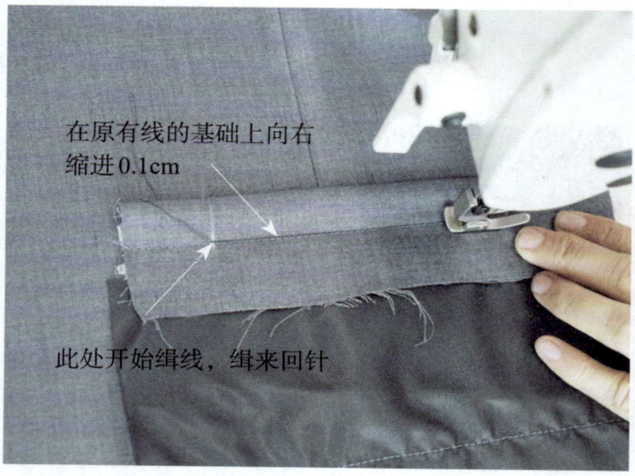

图6-3-16　缉下袋线

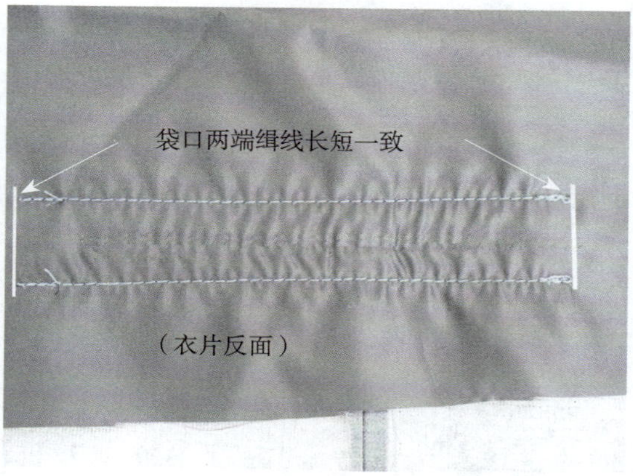

图6-3-17　袋口缉线后效果

（3）剪开开袋中线，两端为三角形，不可剪断线根，然后将嵌线翻至衣片正面，袋垫布翻至衣片的反面，调整好三角，用来回针将三角固定，如图6-3-18、图6-3-19所示。

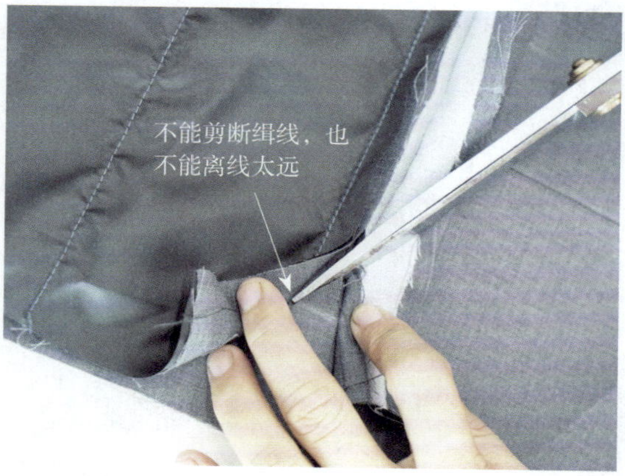

图6-3-18　口袋剪三角

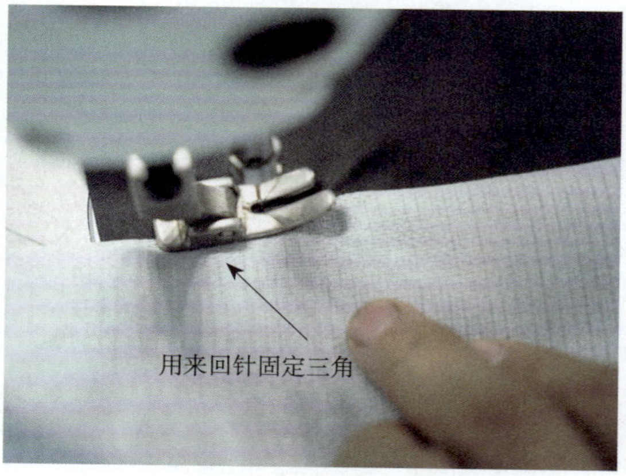

图6-3-19　固定三角

（4）将嵌条毛边折进缝份与上袋布正面相叠，缉线0.1cm，如图6-3-20、图6-3-21所示。

（5）将上、下两片袋布铺平，兜缉袋布，缝份1cm，翻至正面，烫平口袋，如图6-3-22、图6-3-23所示。

图6-3-20 嵌条毛边折进与上袋布固定

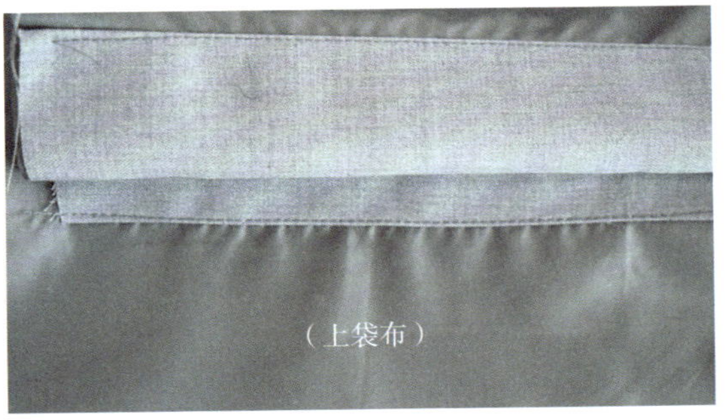

图6-3-21 嵌条与袋布固定后效果

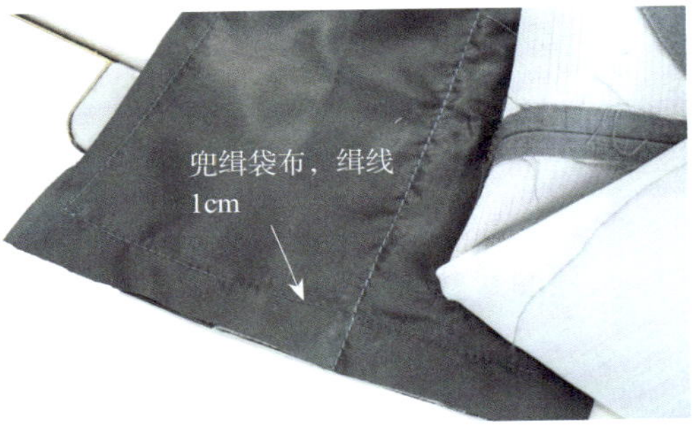

图6-3-22 兜缉袋布

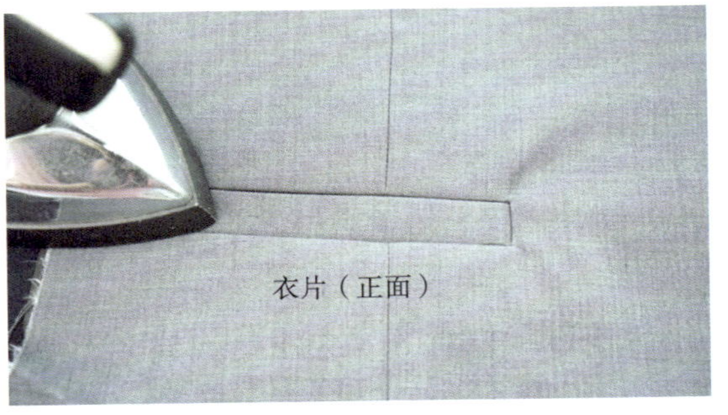

图6-3-23 烫口袋

7.挂面与前片里布缝合

将前片里布缉省、烫平，然后将里布与挂面缝合在一起，挂面在上，里布在下，缉线1cm，距离里布底边2cm处不能缝合，缝份全部倒向里布，烫平，如图6-3-24～图6-3-27所示。

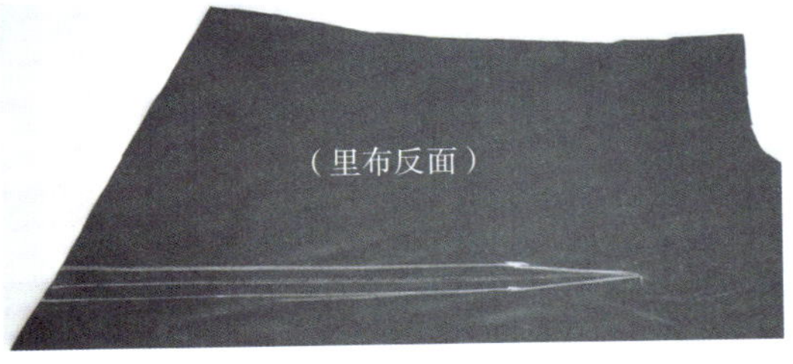

图6-3-24 画出腰省

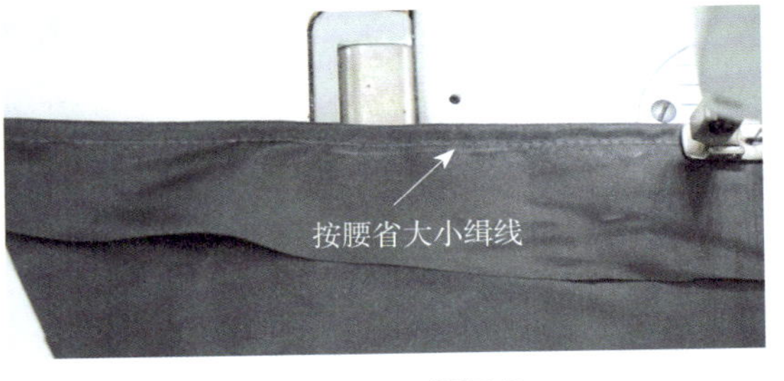

图6-3-25 缉腰省

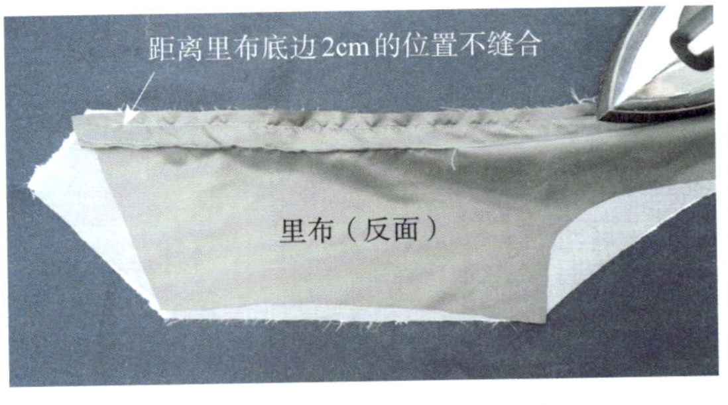

图6-3-26 挂面与里布缝合

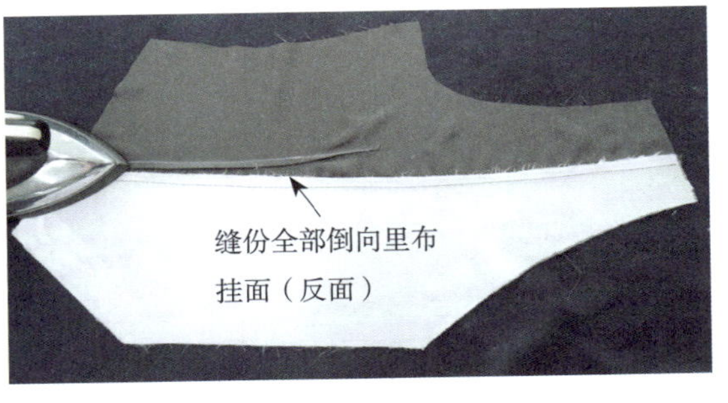

图6-3-27 挂面缝合后效果

8.做前领口、前片门里襟止口

（1）将衣身与挂面正面相对，挂面在下，衣身在上，沿前领口、门襟止口净样线车缝，在前领口弧线、下摆三角位将挂面略带紧，使得翻出后形成自然的窝势，如图6-3-28、图6-3-29所示。

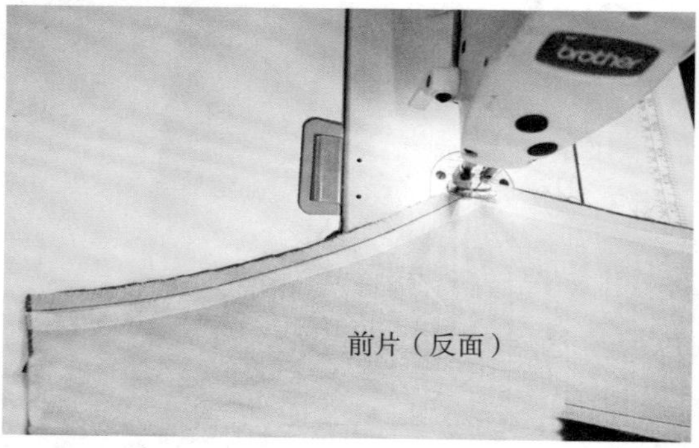

图6-3-28　做前领口止口

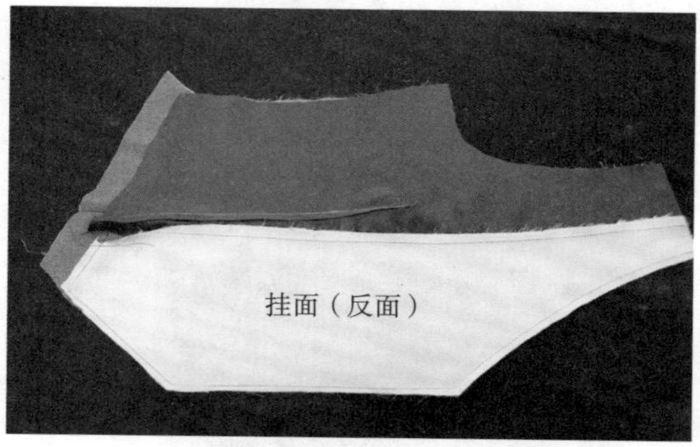

图6-3-29　缉线后效果

（2）将缝好的两个门襟止口校对是否对称，对称后再将止口修成0.3～0.5cm，也可以将缝份倒向挂面缉一道0.1cm的明线，最后将门襟止口烫平并烫出里外匀，如图6-3-30～图6-3-33所示。

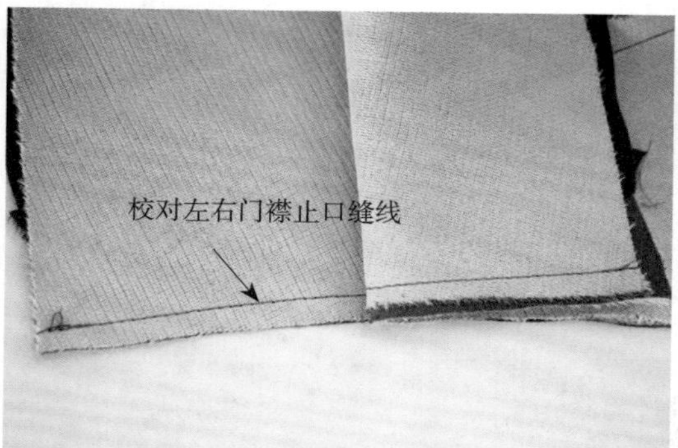

图6-3-30　校对左右门襟止口缝线

图6-3-31　修剪门襟止口缝份

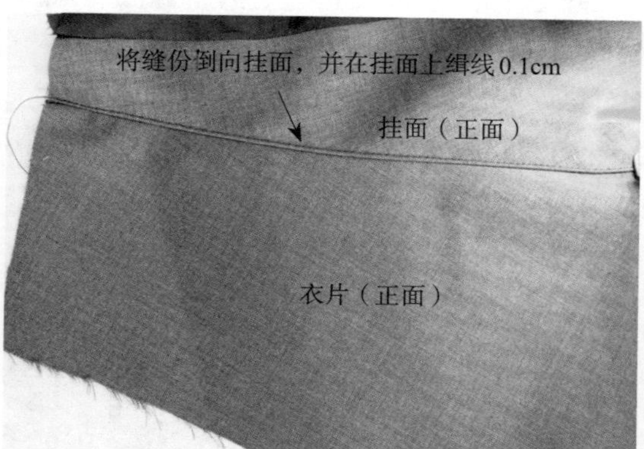

图6-3-32　挂面缉线

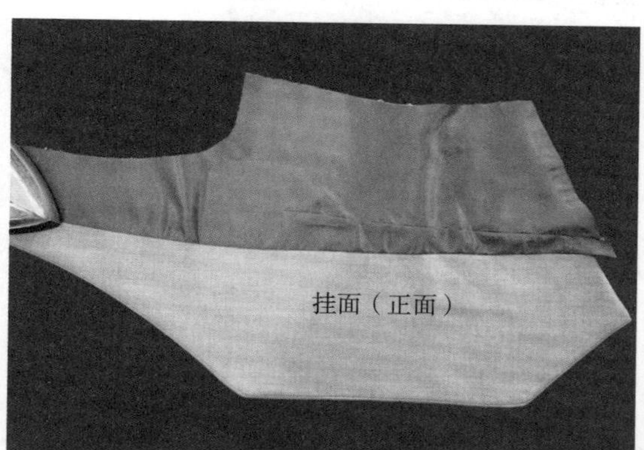

图6-3-33　整烫前片

9.做面、里布后片

（1）缝合面布后中缝、后腰省夹缉调节式腰带。将后衣片正面相对，在背中缝处缉1.2cm的缝份，然后将做好的腰带固定在后腰省的省中线上，缉省时夹缉，最后将后中缝分开烫平，后腰省烫煞，如图6–3–34～图6–3–37所示。

图6–3–34　缝合后中缝

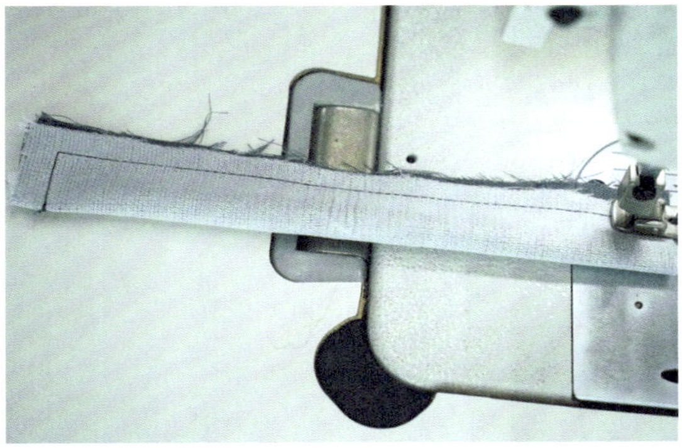

图6–3–35　做腰带

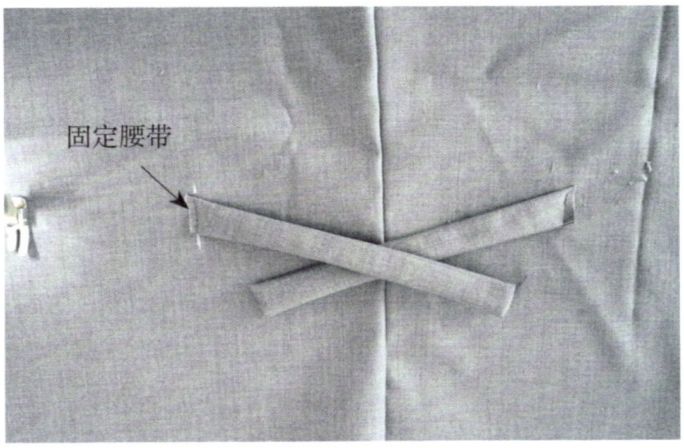

图6–3–36　固定腰带

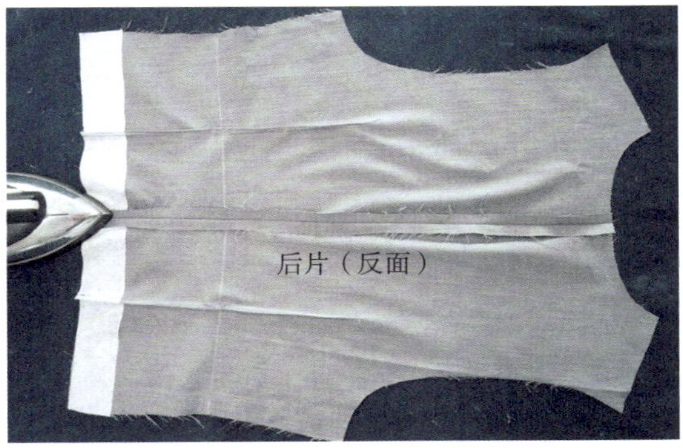

图6–3–37　烫后片

（2）缉后腰省、缝合里布后中缝。里布后腰省缉法与面布相同，缉好后将后片里布正面相对，在后中缝上自上而下缉1cm缝份，缝份倒向右侧，并烫出0.3cm的“双眼皮”，如图6–3–38、图6–3–39所示。

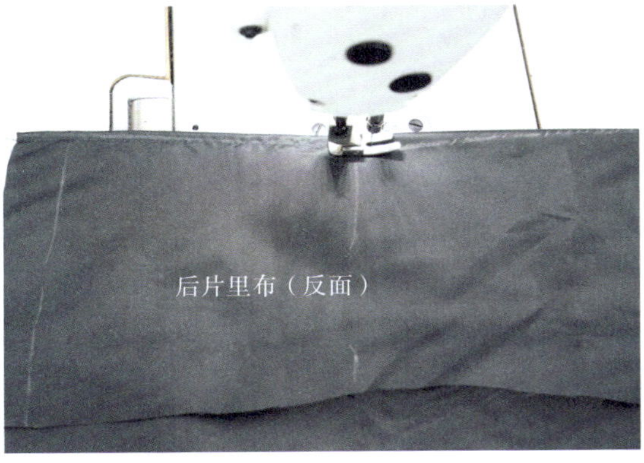

图6–3–38　缉后腰省

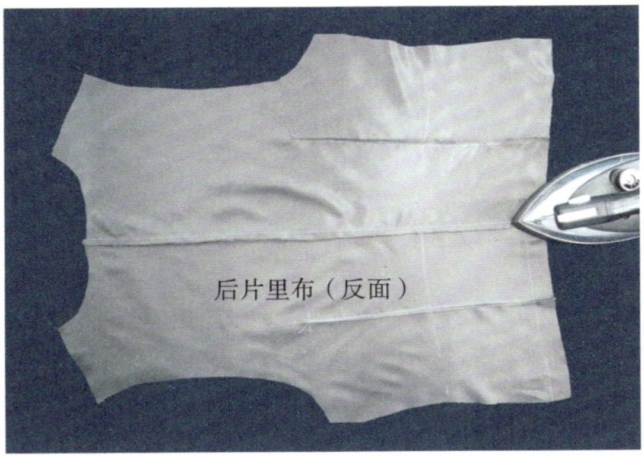

图6–3–39　烫后片里布

10.缝合左、右侧缝

将前、后衣片正面相对，按净缝线从袖窿缉至底边7cm的位置，留空6cm不缉，但底边缝份1cm要缉线，然后侧缝分开烫平，底边折4cm烫煞；里布缉至底边3cm处，留空2cm不缉，底边1cm要缉线，如图6-3-40、图6-3-41所示。

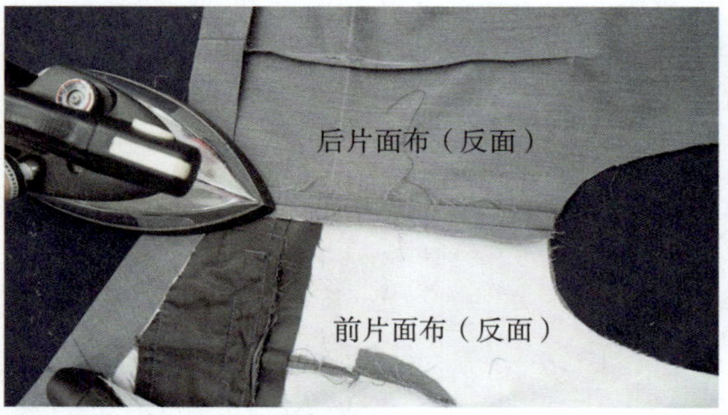

图6-3-40　缝、烫侧缝

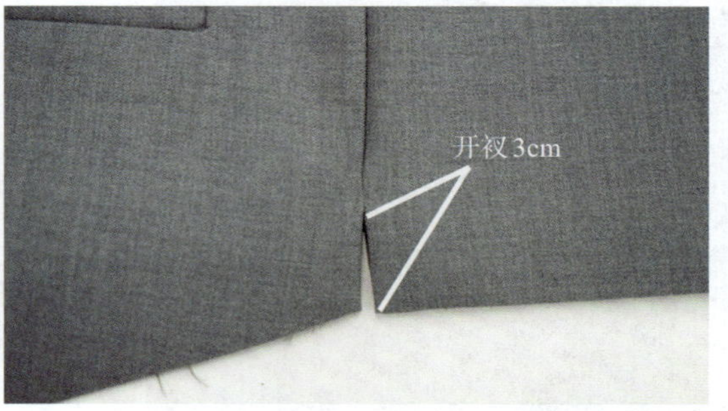

图6-3-41　底边开衩效果

11.缝合袖窿

将衣片面布、里布正面相对，沿前、后袖窿绕缉一圈，缝份1cm，面、里布侧缝对准，把缝份修成0.3～0.5cm，将缝份倒向里布缉一道0.1cm的线，并在袖窿弯位错位打几个小剪口便于缝份翻转，最后将袖窿烫平并烫出里外匀，如图6-3-42～图6-3-45所示。

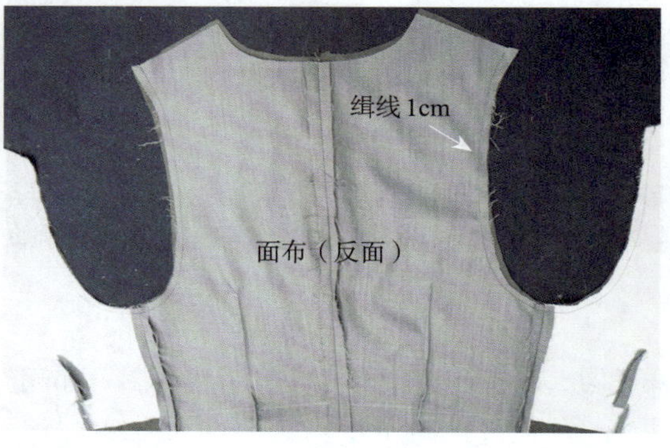

图6-3-42　袖窿面、里布缝合

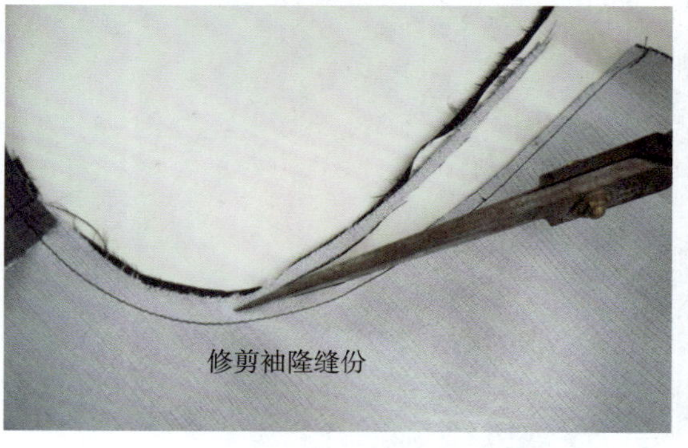

图6-3-43　修剪袖窿缝份并打剪口

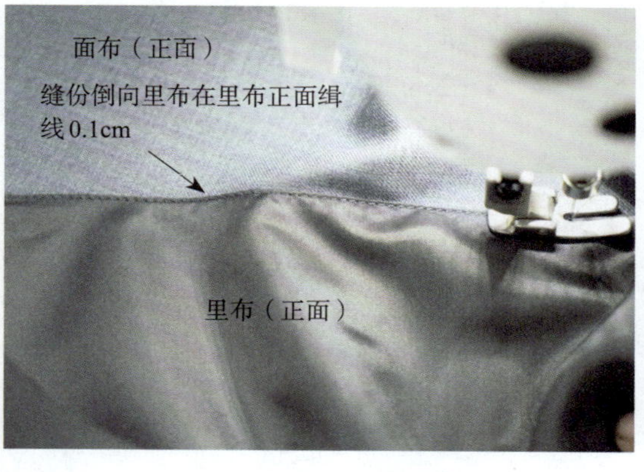

图6-3-44　袖窿里布缉明线

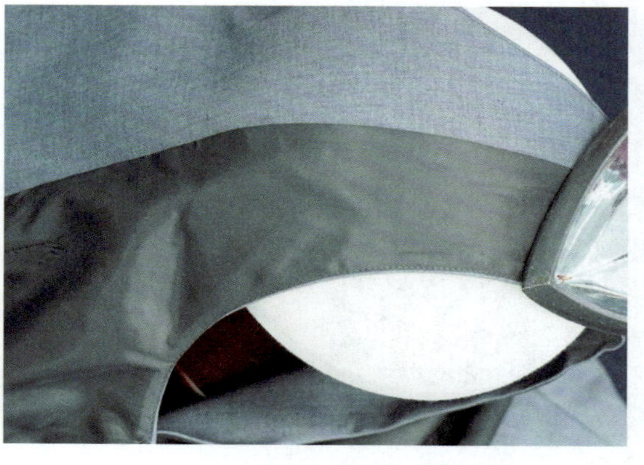
图6-3-45　烫袖窿

12. 缝合后领面、里布

面布在上，里布在下，将肩点、领中缝分别对准，缝份1cm，然后将止口修成0.5cm的缝份，弯位处错位打剪口，翻至正面烫平，如图6-3-46～图6-3-49所示。

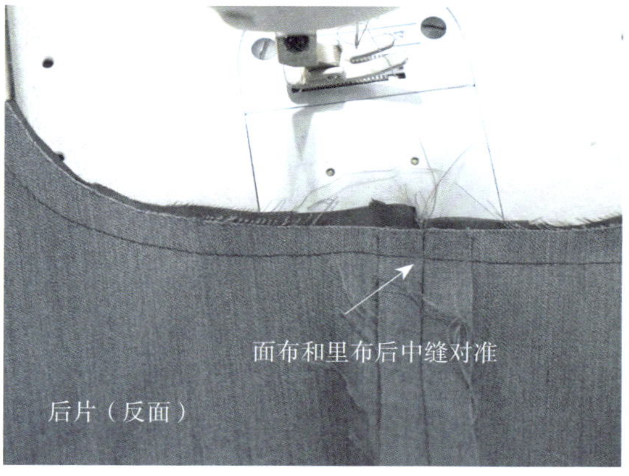

图6-3-46　后中缝对准缉线

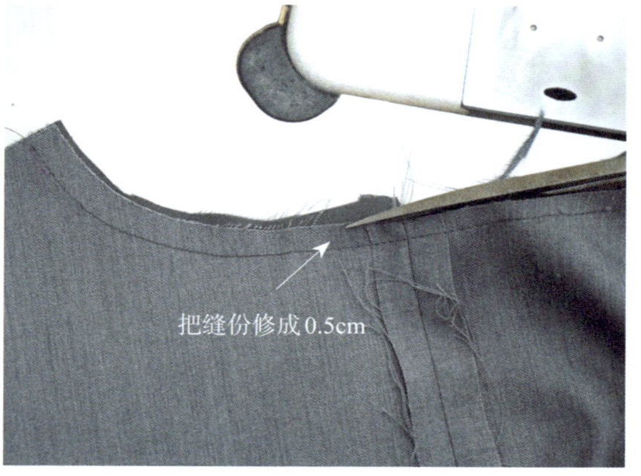

图6-3-47　修剪缝份并错位打剪口

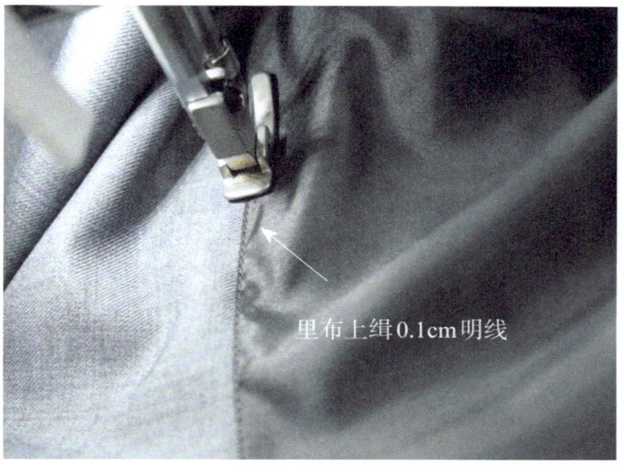

图6-3-48　领口里布缉明线

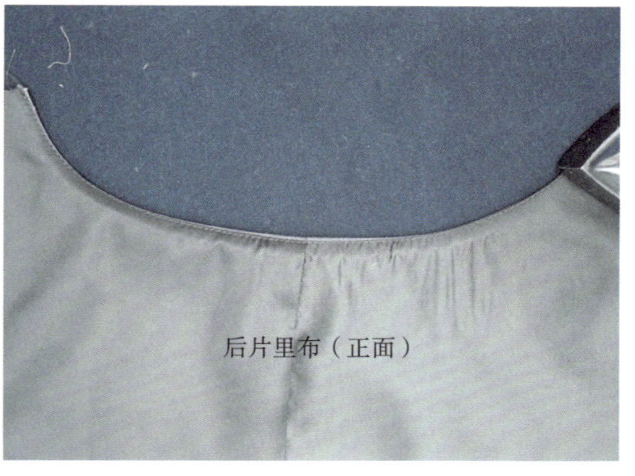

图6-3-49　整烫后领口

13. 缝合肩缝

将前、后片颈肩点和肩缝分别对准，正面相对，缉线1cm，如图6-3-50、图6-3-51所示。

图6-3-50　拼合肩缝

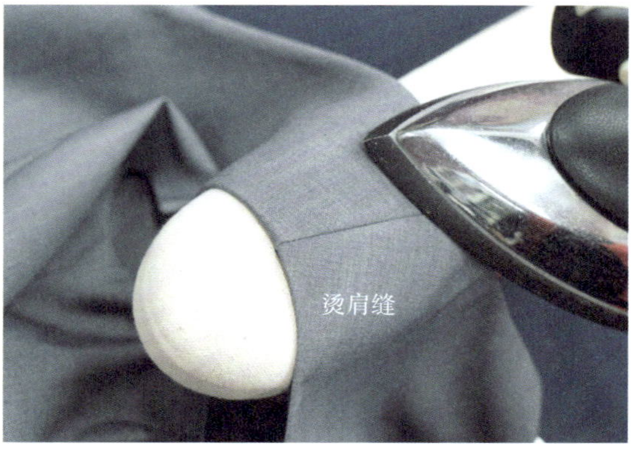

图6-3-51　烫肩缝

14. 缉底边

面、里底边按缝份分别烫好，并将面、里侧缝及后中缝分别对准，后中缝的左右两边各留出5～8cm不缉线，预留衣服翻出，其余地方缉线1cm，然后将上述三个缝份处分别用棉线固定，腰节处也要将面、里固定，防止里布下吊，如图6-3-52～图6-3-55所示。

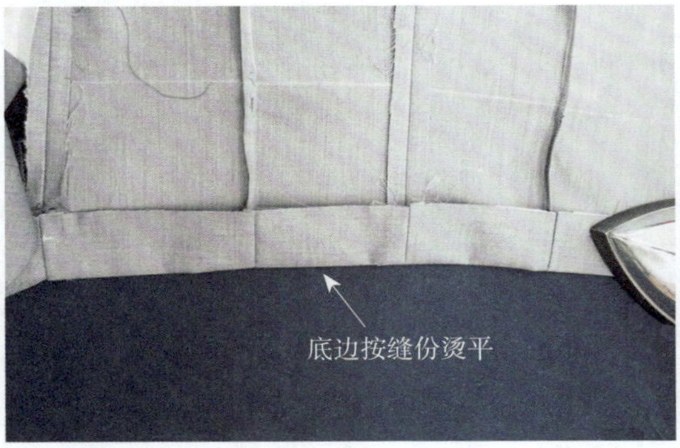

图6-3-52　烫底边

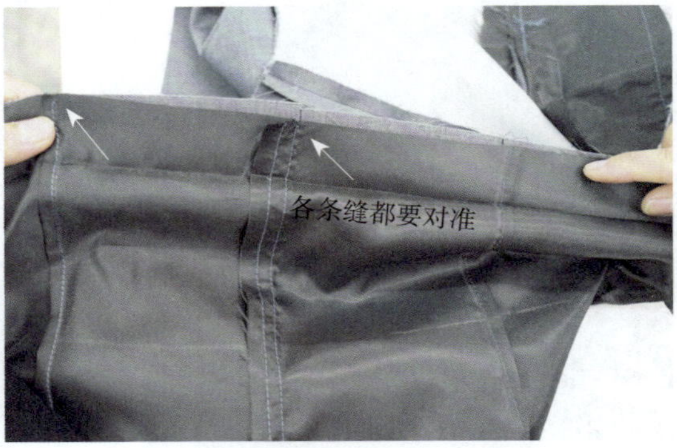

图6-3-53　面、里各条缝对准

图6-3-54　底边预留空位

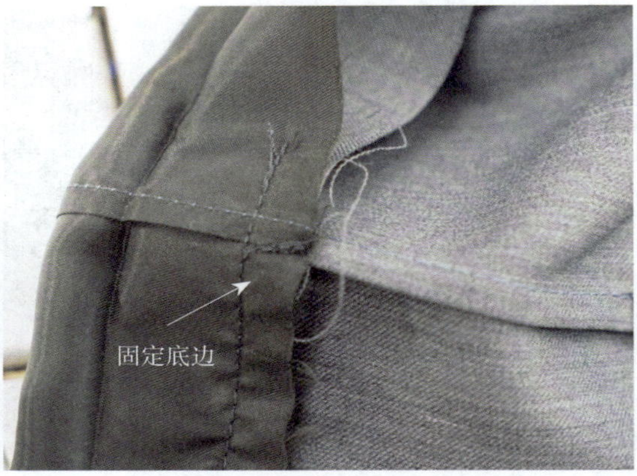

图6-3-55　固定底边

15. 底边封口

将衣服全部从底边预留出口处翻出，整理平整，然后在底边预留口用暗针封口、烫平，如图6-3-56、图6-3-57所示。

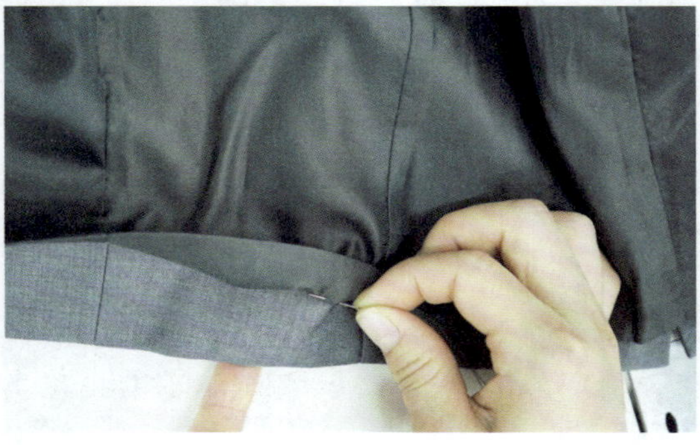

图6-3-56　封底边

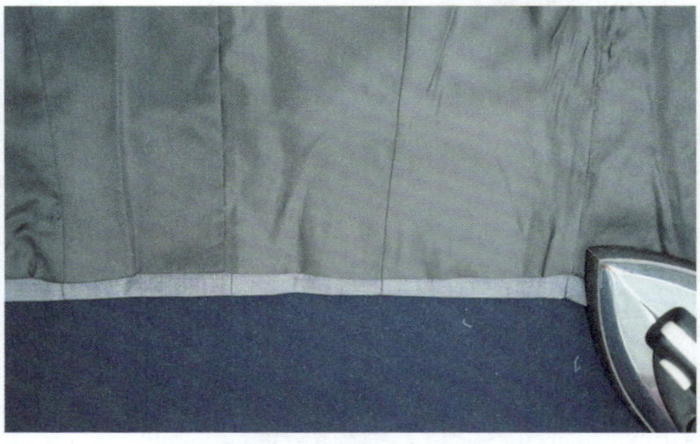

图6-3-57　烫底边

16.锁眼、钉纽

按照款式要求在左襟钉4粒纽扣和锁4个纽扣，靠门襟处一列锁4个扣眼，里面一列钉4个纽扣，右襟与左襟相同，如图6-3-58、图6-3-59所示。

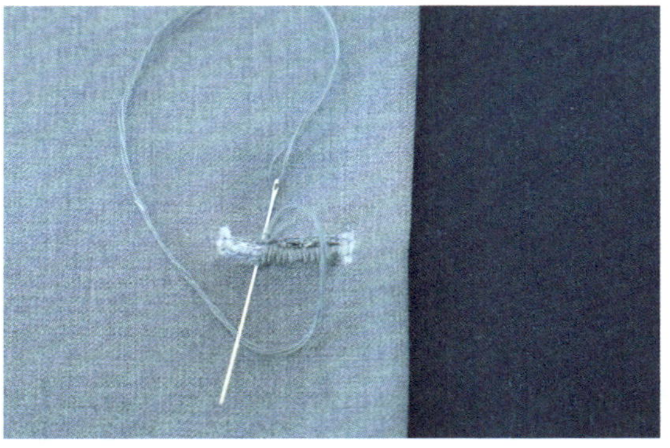

图6-3-58　前门襟锁眼

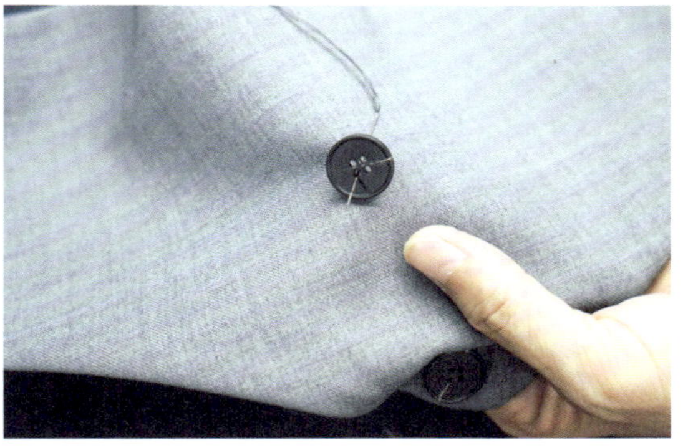

图6-3-59　钉纽

17.整烫

将做好的男夹克进行整烫，呈现最后效果如图6-3-60 ~ 图6-3-62所示。

图6-3-60　成品（正面）

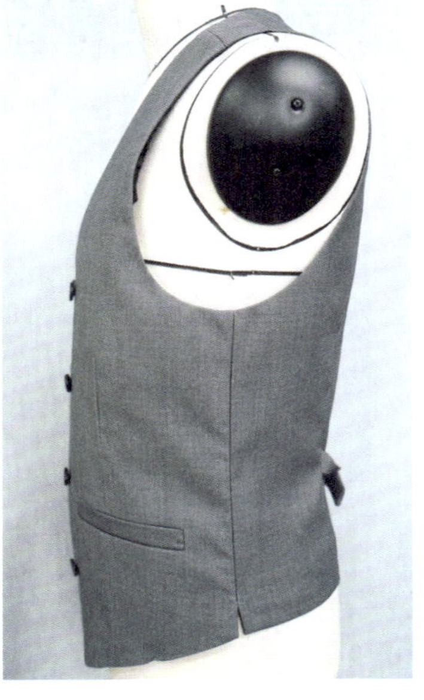

图6-3-61　成品（侧面）

图6-3-62　成品（背面）

五、知识拓展

说说西服、马甲、领带那些事

马甲从领型上可以分为无领、平驳领、青果领、戗驳领，一般英式三件套会搭配无领马甲，驳领通常搭配燕尾服；马甲有单排扣和双排扣之分，单排扣略显随意，如果要选择绅士一些，可以选择双排扣的马甲；穿西装时马甲不能敞开，扣子的数量从3 ~ 8颗不等，扣子越多越正式。马甲的长度一定要刚刚好，按照身高和裤腰的长度选择，不能过长也不能过短，至少要遮住衬衫和腰带，马甲过松和过紧也不好，以不解开扣子可以轻松坐下，下摆和腋下都贴身，不影响正常活动为最好。

穿西装时如果有马甲，应该把领带放在马甲和衬衫之间，穿羊毛衫或羊毛背心的时候，领带都应该处于它们和衬衫之间，不要让领带在西装之外或者西装和马甲之间，如图6-3-63～图6-3-65所示。

图6-3-63　马甲与领带

图6-3-64　英式三件套

图6-3-65　燕尾服

——文字摘自时尚女性网，图片来自摄图网

六、巩固训练

E服装有限公司接到H保险公司的制作订单，要求为H保险公司定制200件男马甲，并根据提供的M码样衣进行打板、制作，然后分别制作S/M/L/XL/XXL五个码的成衣各60件，样衣正、背及侧面如图6-3-66～图6-3-68所示。

图6-3-66　男马甲（正面）

图6-3-67　男西服（侧面）

图6-3-68　男西服（背面）

七、任务评价

男马甲评价见表6-3-4。

表6-3-4　男马甲评价表

评价项目	评价内容	序号	评价标准	分值	评价方式				备注
					自评	互评	师评	企业评	
知识技能目标（80分）	规格（8分）	1	衣长规格正确，不超偏差±1cm	2					
		2	胸围规格正确，不超偏差±2cm	2					
		3	肩宽规格正确，不超偏差±0.6cm	2					
		4	腰围规格正确，不超偏差±2cm	2					
	领圈（10分）	5	衣片与里布松紧一致，弯位缉线圆顺，面、里有自然窝势，不反吐	10					
	门、里襟（10分）	6	门、里襟丝绺归正，顺直、平服，门襟不短于里襟，不搅不豁	10					
	缉省（5分）	7	长短一致、大小一致，左右对称	5					
	挖袋（5分）	8	左右挖袋高低、大小、长短对称，袋口方正，来回针牢固	5					
	前身（5分）	9	胸部挺阔，面、里、衬服帖，面、里不起吊	5					
	后背（5分）	10	后背平服，面、里不起吊	5					
	肩部（5分）	11	肩部平服，肩线顺直，左右对称	5					
	袖窿（10分）	12	衣片与里布松紧一致，弯位缉线圆顺，面、里有自然窝势，不反吐	10					
	底摆（5分）	13	平服，底边宽窄一致，有“双眼皮”松量，侧缝开衩长短一致，左右对称	5					
	整洁牢固（12分）	14	表面无污渍、无焦黄、无极光	7					
		15	针距14～15针/3cm	2					
		16	无断线或轻微毛脱	3					
情感目标（20分）	岗位问题处理能力（12分）	17	具有客户信息分析及处理的能力	3					
		18	具有制订计划并合理实施的能力	3					
		19	具有实施过程中独立思考及解决问题的能力	4					
		20	具有安全实操的能力	2					
	团队合作创新能力（6分）	21	具有团队合作意识和创新能力	3					
		22	具有按时完成任务、高效工作的能力	3					
	工匠精神（2分）	23	具有精益求精、追求卓越的工匠精神	2					
合计				100					

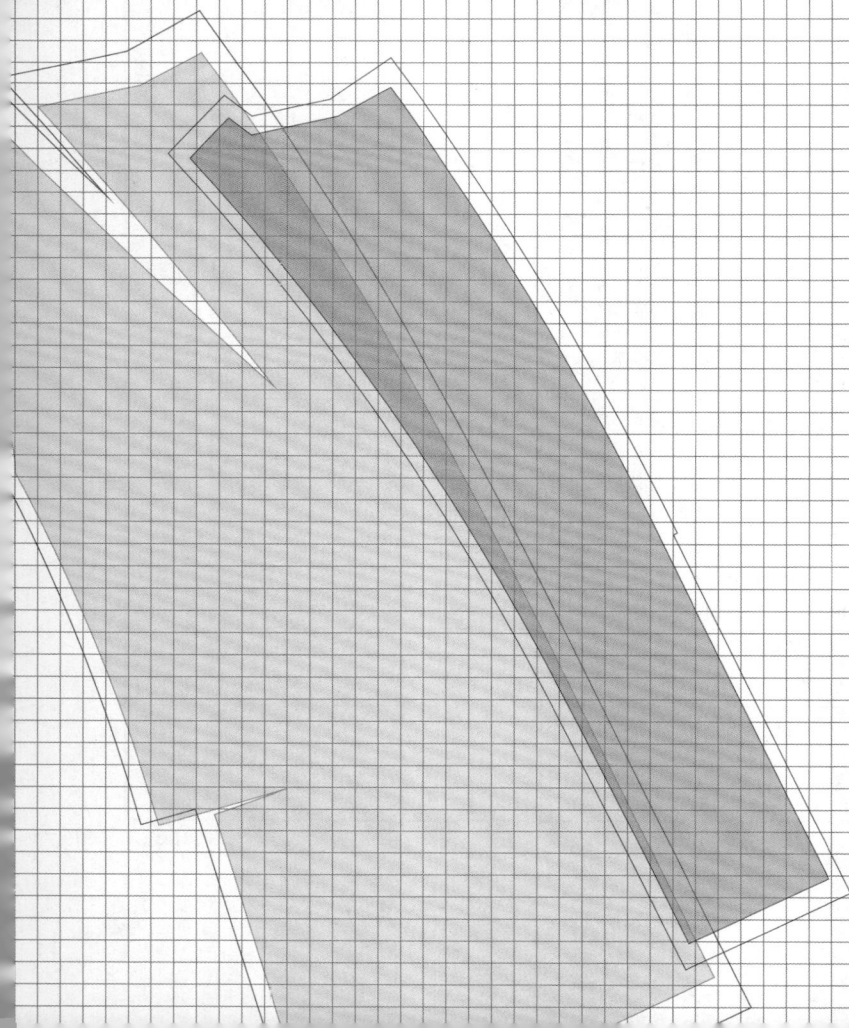

PART 3

模块三

选学模块

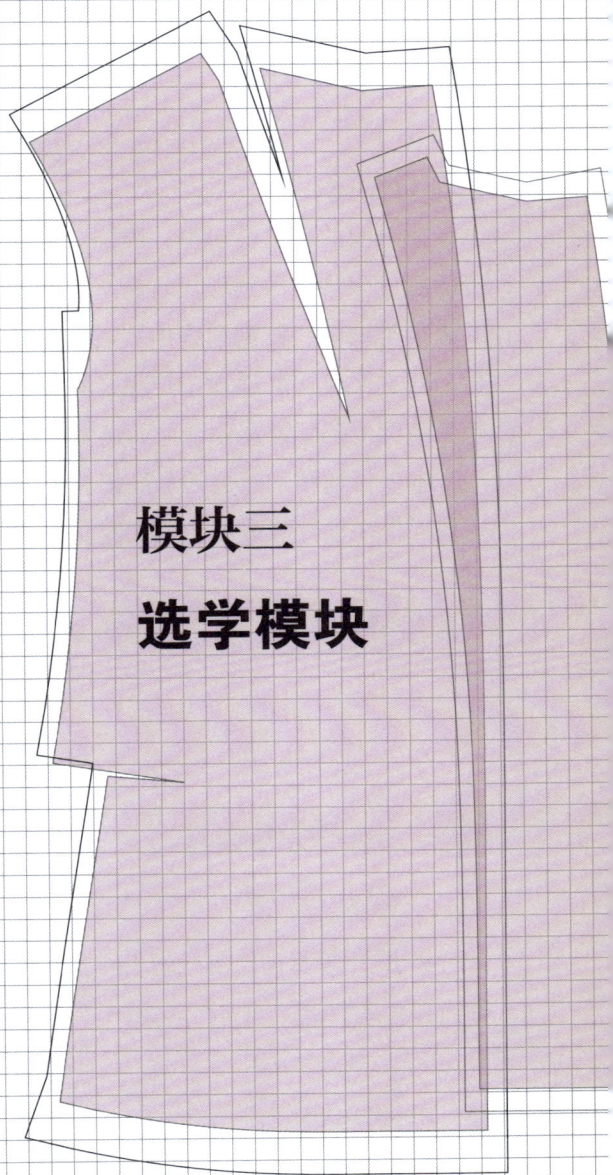

◯项目七 / 中式服装典型部件缝制工艺

◎项目概述

在中国的历史长河中，服饰文化源远流长，不管是古朴素雅的汉代服装，还是雍容华贵的唐代服装，再到现代时尚潮流的服装，服装在历史长河中尽情地演绎和发展。在众多的服装类型中，旗袍和中山装可以说是我国近代服装史上的两朵瑰丽，它们在中国传统文化和西方文化交融碰撞中产生，在华人心中享有很高的地位。编写本项目的目的是让学生感受中国传统服饰文化，从而热爱中国传统文化，传承中国传统文化。

本项目选用了旗袍的水滴领和中山装立领、贴袋等部件工艺作为中式服装工艺的代表，这些部件在整件服装工艺中起着非常重要的作用。

◎思维导图

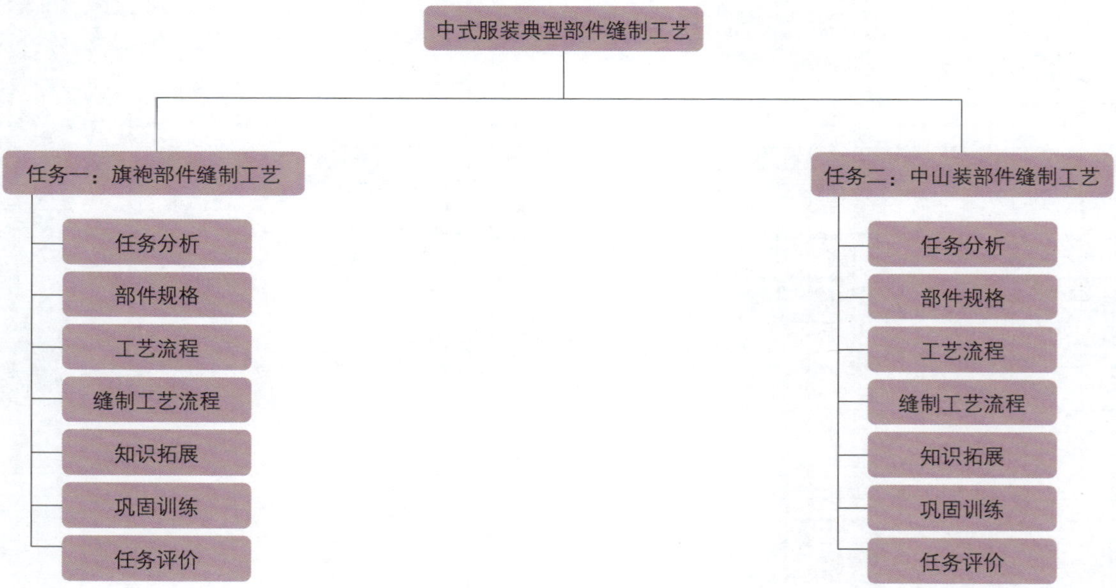

◎学习目标

知识目标

1. 了解中国服饰文化，感受旗袍和中山装精湛的制作技艺和服饰魅力。
2. 了解旗袍和中山装款式特点。
3. 了解旗袍和中山装部件的质量要求。

技能目标

1.掌握旗袍、中山装部件的制作方法和技巧。

2.能检测旗袍各部件的质量。

情感目标

1.通过对中式服装的学习，让学生了解、热爱并传承中国传统文化。

2.通过对部件的制作，培养学生独立思考和解决问题的能力。

3.通过小组合作，培养学生的团队合作意识和创新能力。

4.培养学生安全实操的工作能力。

5.通过对中式服装部件这一项目的实施，培养学生精益求精、追求卓越的工匠精神。

任务一 旗袍部件缝制工艺

任务导入

旗袍是我国独有的、富有浓郁民族风格的传统女装，它那流畅的曲线造型勾勒出东方女性的婉柔美，体现出含蓄庄重的东方神韵，它在中国和世界华人女性心目享有很高的地位。一件旗袍是否完美，不仅要从款式上看是否有新意，更要从制作工艺上考究技艺是否精湛，只有两者完美地结合才能成就一件旗袍精品。本次任务将学习旗袍水滴领和斜襟领的制作，带大家感受旗袍的精湛技艺和不一样的服饰魅力。

任务要求

1.了解旗袍的历史文化。

2.掌握旗袍各部件的制作方法和技巧，并能检测旗袍各部件的质量。

3.能通过互联网检索资料，举一反三制作变化的旗袍部件。

任务准备

旗袍部件纸样清单见表7-1-1。

表7-1-1 旗袍部件纸样清单

旗袍水滴领				旗袍斜襟领			
毛样板名称	数量	净样板名称	数量	毛样板名称	数量	净样板名称	数量
前片	1	立领	1	前大片	1	斜襟领	1
后片	1	立领滚边条	1	前片分割片	1		
立领	1			后片	1		
立领滚边条	1			斜襟领	1		

任务实施

一、任务分析

从工艺角度看，本任务中的旗袍水滴领和斜襟领的工艺要求较高，尤其是水滴领要求领角圆顺、左右对称、滚边精致。

二、部件规格

1. 旗袍水滴领部件规格（表7-1-2）

表7-1-2　旗袍水滴领部件规格（cm）

部位	肩宽	胸围	腰节长	领围大	领宽
规格	38	94	38	36	3.5

2. 旗袍斜襟领部件规格（表7-1-3）

表7-1-3　旗袍斜襟领部件规格（cm）

部位	肩宽	胸围	腰节长	领围大	斜襟领宽
规格	38	94	38	52	4

三、工艺流程

1. 旗袍水滴领

检查裁片→做缝制标记（对位标记、画省、粘衬）→缉省、烫省→合肩缝、烫肩缝→装领→装隐形拉链→领子滚边→钉盘扣→整烫

2. 旗袍斜襟领

检查裁片→做缝制标记（对位标记、画省、粘衬）→缉省、烫省→合肩缝、烫肩缝、合后中缝、烫后中缝→装斜门襟→固定斜襟→装隐形拉链→钉装饰盘扣→整烫

四、缝制工艺

（一）旗袍水滴领

旗袍－水滴领制作

1. 检查裁片

检查裁片，核实裁片数量，见表7-1-4。

表7-1-4　旗袍水滴领裁片清单

裁片名称	数量	裁片名称	数量
前片	1	立领	4
后片	2	立领滚边条	1

2. 做缝制标记（对位标记、画省、粘衬）

根据需要在前、后片画省，领片上粘衬、画净样，如图7-1-1、图7-1-2所示。

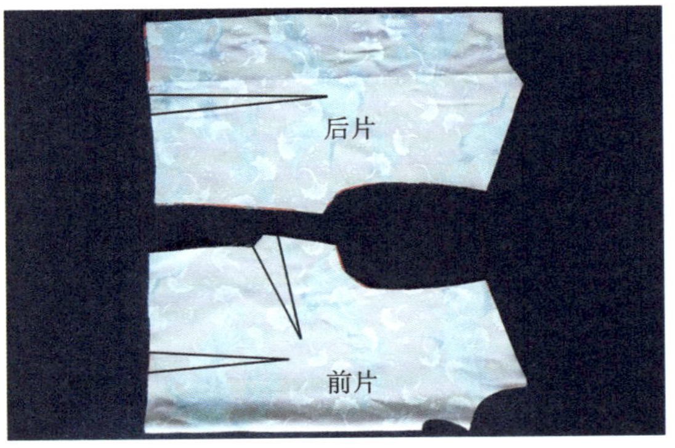

图7-1-1　前、后片画省

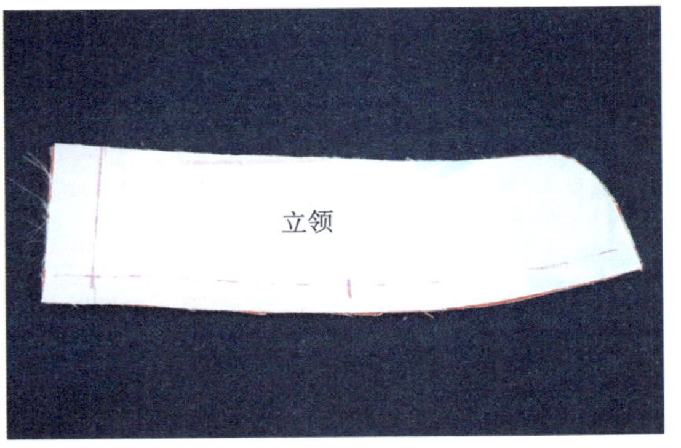

图7-1-2　立领粘衬、画净样

3. 缉省、烫省

在衣片反面，折合省中线，按照粉印缉腋下省、前腰省和后腰省，注意缉省时省尖要缉尖，但不可来回针，在两端留有2～3cm的线头，然后打好线结，在烫袖板上烫好，如图7-1-3、图7-1-4所示。

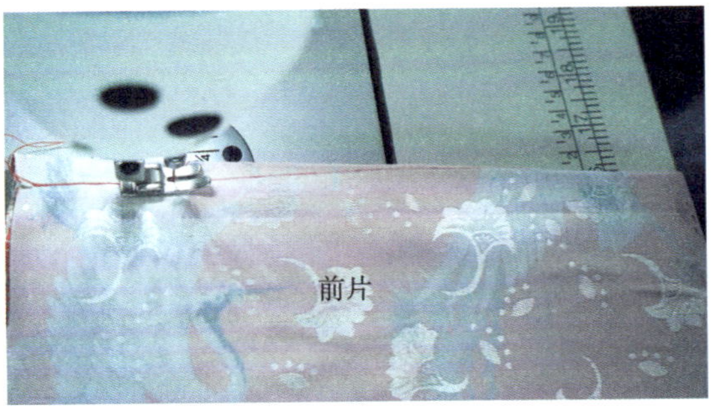

图7-1-3　缉省

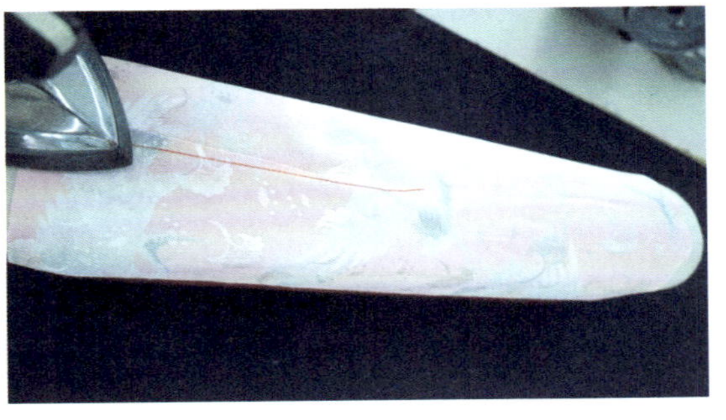

图7-1-4　烫省

4. 合肩缝、烫肩缝

前、后衣片正面相对，前肩在上，后肩在下，缝头对齐，缉线1cm，后肩中段略有吃势，缝份分开烫平，如图7-1-5、图7-1-6所示。

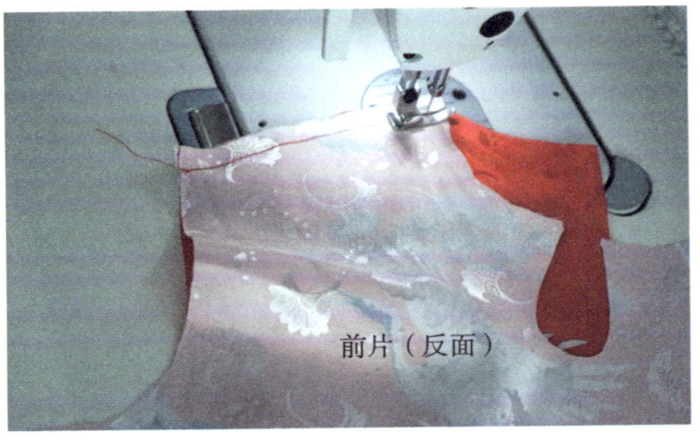

图7-1-5　合肩缝

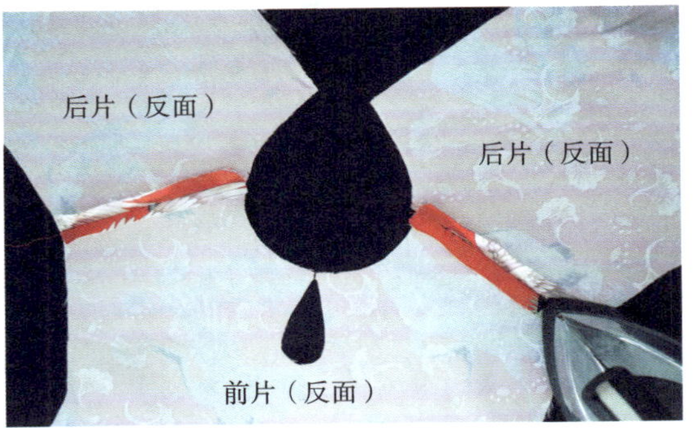

图7-1-6　烫肩缝

5. 装领

（1）将领面与衣身正面相对，肩缝与领子对位点对准，缉线1cm，如图7-1-7、图7-1-8所示。

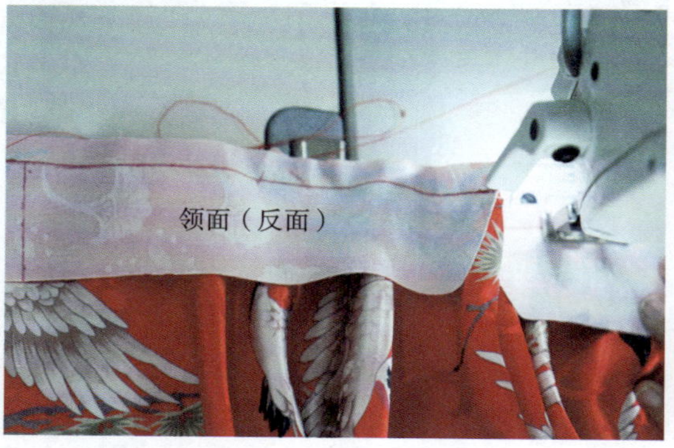

图7-1-7　领面与衣身缝合

图7-1-8　领面与衣身缝合后效果

（2）领里正面与衣身反面相对，距离后中4～5cm开始缉线，缉线1cm，缝线与原装领缉线重合，修剪缝头后在领子弯位处打几个小三角，翻至反面烫平，如图7-1-9、图7-1-10所示。

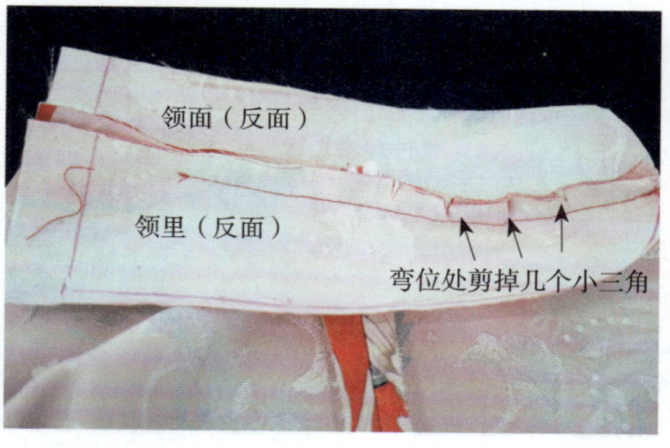

图7-1-9　领面、领里缝合后效果

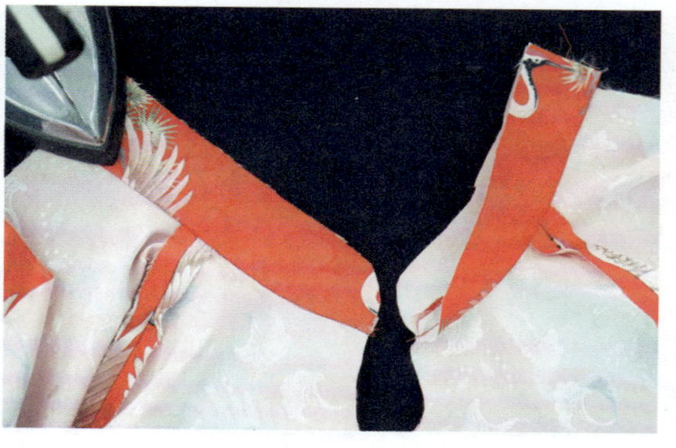

图7-1-10　烫领子

6. 装隐形拉链

方法与前面学过的百褶裙隐形拉链的装法一致，如图7-1-11、图7-1-12所示。

图7-1-11　装隐形拉链

图7-1-12　拉链装好后效果

7. 领子滚边

（1）将棉绳嵌条先固定在滚边条里，然后将滚边条正面与领里相对，从左后中开始，将整个左边立领到前中水滴领，再到右边立领缉线一圈，缝份1cm，如图7-1-13、图7-1-14所示。

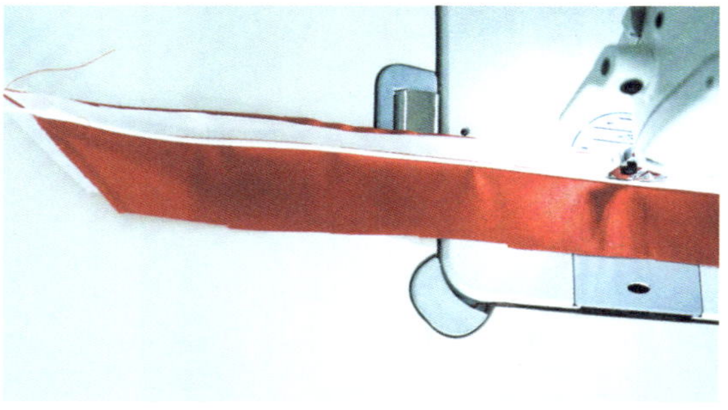

图7-1-13　固定棉绳嵌条

图7-1-14　滚边条与立领缝合

（2）将滚边条翻转至正面，沿白色棉绳嵌条缝隙缉明线一圈，如图7-1-15、图7-1-16所示。

图7-1-15　正面缉明线

图7-1-16　滚边后效果

8. 钉盘扣

先将菊花盘扣画好标记线（中线），然后将盘扣扣好（疙瘩纽扣放在右襟，扣袢放在左襟），中线与装领线重合，观察盘扣的疙瘩是否在水滴领的正中，摆放合适后，再用暗针将盘扣固定在立领上，如图7-1-17、图7-1-18所示。

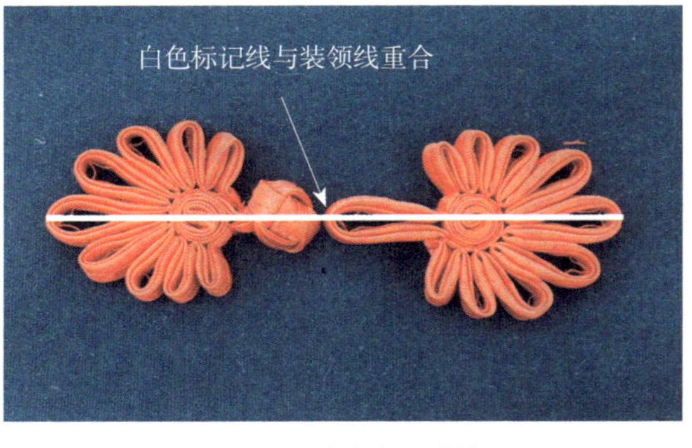

图7-1-17　在盘扣上做标记

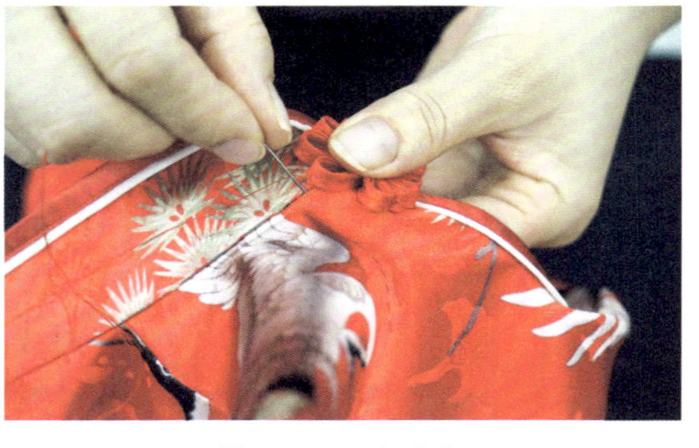

图7-1-18　钉盘扣

9. 整烫

将旗袍水滴领进行最后整烫，呈现最佳效果，如图7–1–19、图7–1–20所示。

图7–1–19　成品效果（正面）

图7–1–20　成品效果（背面）

（二）旗袍斜襟领

1. 检查裁片

检查裁片，核实裁片数量，见表7–1–5。

表7–1–5　旗袍斜襟领裁片清单

裁片名称	数量	裁片名称	数量
前大片	1	后片	2
前片分割片	1	斜襟领	1

2. 做缝制标记（对位标记、画省、粘衬）

根据需要在前、后片画省，斜襟领上粘衬、对折烫，如图7–1–21所示。

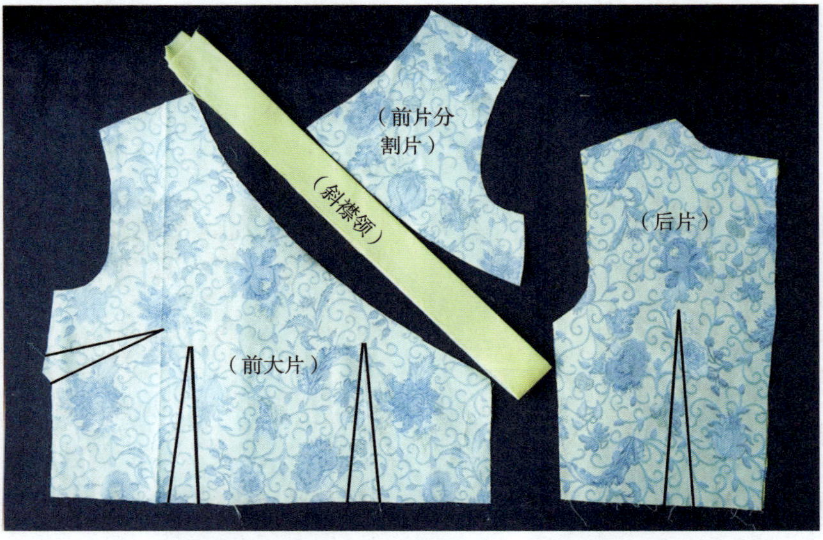

图7–1–21　前、后片画省

3.缉省、烫省

在衣片反面折合省中线，按照粉印缉腋下省、腰省和后腰省，注意缉省时省尖要缉尖，但不可来回针，在两端留有2～3cm的线头，然后打好线结，在烫袖板上烫好，如图7-1-22、图7-1-23所示。

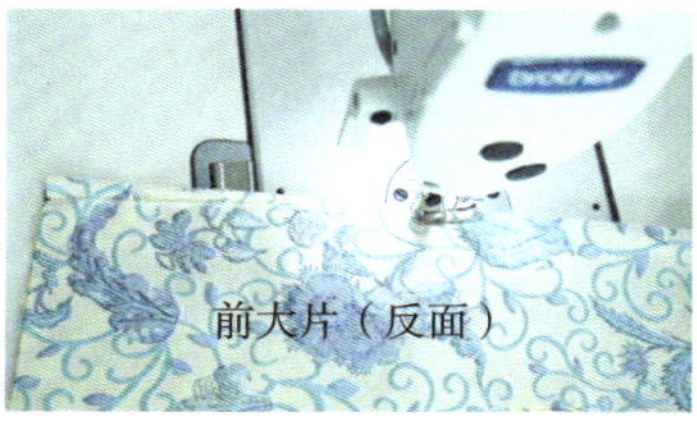

图7-1-22　缉腰省

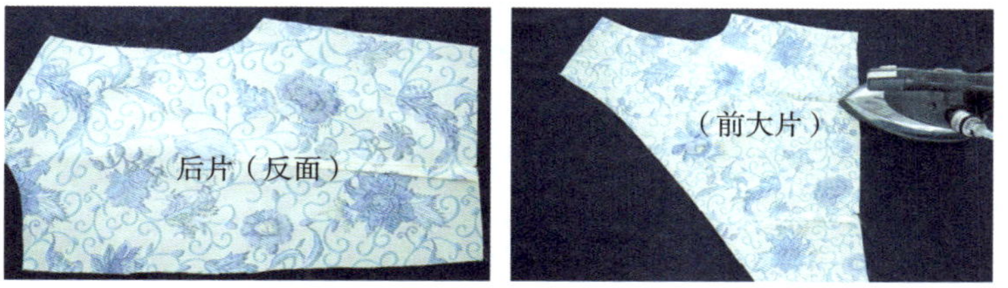

图7-1-23　烫省

4.合肩缝、烫肩缝、合后中缝、烫后中缝

前、后衣片正面相对，前肩在上，后肩在下，缝头对齐，缉线1cm，后肩中段略有吃势；后中缝缉线1cm。熨烫肩缝、后中时，缝份分开烫平，如图7-1-24、图7-1-25所示。

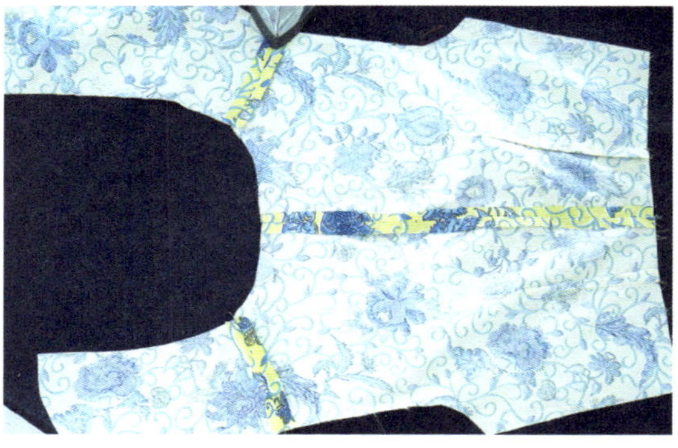

图7-1-24　烫肩缝

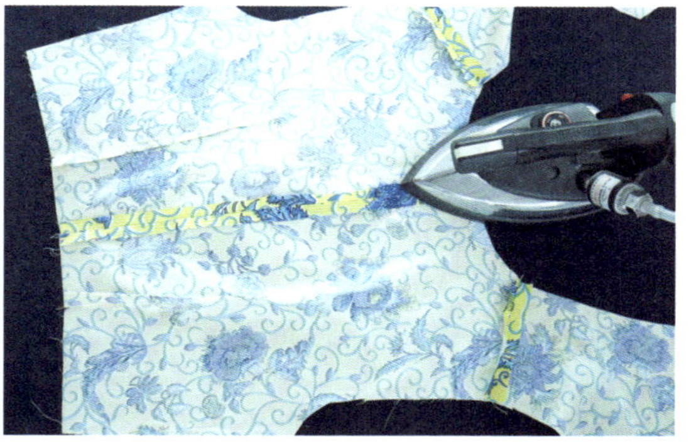

图7-1-25　烫后中缝

5.装斜门襟

将折烫好的斜门襟画出净样，然后与装领部位缉线1cm，缝份倒向衣身烫平，最后在前大片与前片分割片的反面将四层缝份缉线固定，如图7-1-26、图7-1-27所示。

图7-1-26　斜门襟与装领部位缝合

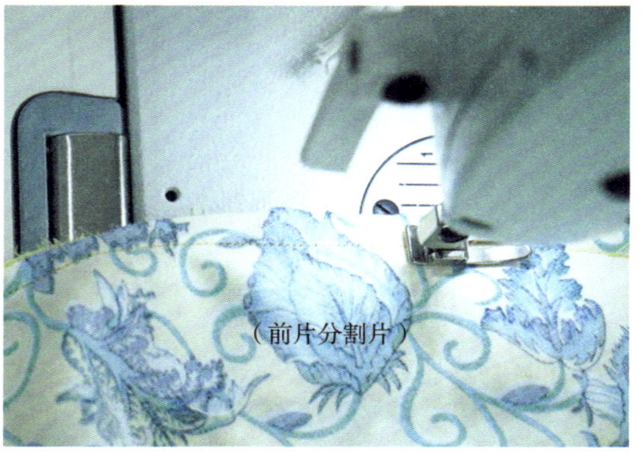

图7-1-27　前大片与前片分割片固定

6. 装隐形拉链

隐形拉链装在右侧腋下，方法与前面学过的百褶裙隐形拉链的装法一致，如图7-1-28、图7-1-29所示。

图7-1-28　装拉链

图7-1-29　拉链装好后效果

7. 钉装饰盘扣

先在斜襟领上标记好钉盘扣的位置，然后将盘扣扣好（疙瘩纽扣放在右襟，扣袢放在左襟）放在标记线上，观察位置是否适中，合适后，再用暗针将盘扣固定在钉盘扣的位置上，如图7-1-30、图7-1-31所示。

图7-1-30　定盘扣位标记

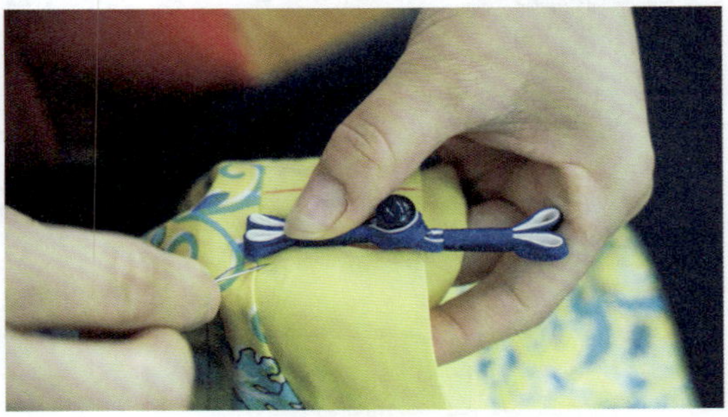

图7-1-31　钉盘扣

8. 整烫

将旗袍斜襟领进行整烫，呈现最佳效果，如图7-1-32、图7-1-33所示。

图7-1-32　成品效果（正面）

图7-1-33　成品效果（背面）

五、知识拓展

旗袍的故事

旗袍是中国和世界华人女性的传统服装，被誉为中国国粹和女性国服，它形成于20世纪20年代，盛行于三四十年代。行家把20世纪20年代看作旗袍流行的起点，30年代到达了顶峰状态，很快从发源地上海风靡至全国各地。旗袍的款式多为修身、立领、盘扣、开襟、裙摆，但随着人们对艺术与美的追求，款式也几经变化，出现了不少改良旗袍，下面让我们一起来感受一下不同时期旗袍的妩媚之美吧，如图7–1–34所示。

（a）

（b）

（c）

（d）

（e）

（f）

图7–1–34 各种旗袍

旗袍追随着时代，承载着文明，以其流动的旋律、潇洒的画意与浓郁的诗情，表现出中华女性贤淑、典雅、温柔、清丽的性情与气质。旗袍连接起过去和未来，连接起生活与艺术，将美的风韵洒满人间。

——文字摘自360百科，图片来自摄图网

六、巩固训练

（1）感受中国传统服饰文化。以小组为单位，查资料学习旗袍的发展史，了解旗袍的搭配物件，并搜索30个盘扣的款式。

（2）小组成员各制作一个水滴领和斜襟领成品，巩固制作方法，严把质量关。

七、任务评价

1.旗袍水滴领评价表（表7-1-6）

表7-1-6　旗袍水滴领评价表

评价内容	评价标准	分值	评价方式				备注
			自评	互评	师评	企业评	
旗袍水滴领	1.立领领角圆顺、左右对称，领大、领宽符合尺寸要求	30					
	2.滚边宽窄一致，正面明线顺直，无漏针现象	25					
	3.后领拉链高低一致，滚边宽窄一致	25					
	4.盘扣位置准确，缝制精致，不露针脚	20					
小计		100					
合计							

2.旗袍斜襟领评价表（表7-1-7）

表7-1-7　旗袍斜襟领评价表

评价内容	评价标准	分值	评价方式				备注
			自评	互评	师评	企业评	
旗袍斜襟领	1.斜襟领宽窄一致，领大、领宽符合尺寸要求	70					
	2.盘扣位置准确，缝制精致，不露针脚	30					
小计		100					
合计							

任务二　中山装部件缝制工艺

任务导入

中山装又叫人民装，它是孙中山先生率先穿用的一种立翻领有袋盖的四贴袋服装。中山装在吸收欧美服饰的基础上，综合了日式学生服装与中式服装的特点。中山装造型均衡对称，外形美观大衣，穿着稳重，活动方便，保暖护身，既可作礼服，又可作便服。本次任务将学习中山装胸前贴袋、立体贴袋和中山装领的制作，带大家感受中山装的精湛技艺和魅力！

任务要求

1. 了解中山装的起源和发展背景。
2. 知道中山装的基本形制。
3. 掌握中山装部件的制作方法和技巧。
4. 能独立制作中山装各部件。
5. 能检测中山装各部件的质量。
6. 能通过互联网检索资料，举一反三制作变化的中山装部件。

任务准备

中山装部件纸样清单见表7-2-1、表7-2-2。

表7-2-1　中山装贴袋部件纸样清单

中山装胸前贴袋				中山装立体贴袋			
毛样板名称	数量	净样板名称	数量	毛样板名称	数量	净样板名称	数量
前衣片	1	袋盖	1	前衣片	1	大贴袋	1
贴袋	1	贴袋	1	立体贴袋	1	袋盖	1
袋盖面	1			袋盖面	1		
袋盖里	1			袋盖里	1		

表7-2-2　中山装领纸样清单

毛样板名称	数量	净样板名称	数量
翻领面	1	翻领	1
翻领里	1	立领	1
立领面	1		
立领里	1		

任务实施

一、任务分析

从工艺角度看，中山装的贴袋与领子工艺要求较高，贴袋要求“袋”和“盖”正好匹配；领子要求里外匀称、左右对称，领角要有自然窝势。它们的制作方法是重点，同时也是难点，在制作过程中要准备规格无误的净板，在车缝时要画好缝线，按线车缝。

二、部件规格

1. 中山装前胸贴袋部件规格（表7-2-3）

表7-2-3 中山装前胸贴袋部件规格（cm）

部位	贴袋长	贴袋宽	袋盖长	袋盖宽
规格	12	11.5	11.5	4

2. 中山装立体贴袋部件规格（表7-2-4）

表7-2-4 中山装立体贴袋部件规格（cm）

部位	贴袋长	贴袋宽	袋盖长	袋盖宽
规格	18	17	17	5.5

3. 中山装领部件规格（表7-2-5）

表7-2-5 中山装领部件规格（cm）

部位	立领宽	翻领宽	上领围	下领围
规格	3.5	4	42.5	46

三、工艺流程

1. 中山装前胸贴袋

检查裁片→烫袋盖衬→袋盖、贴袋画净样→扣烫贴袋口、卷边缝袋口→抽缩袋角→扣烫贴袋→绱贴袋→缉袋盖→修剪袋盖缝份→缉袋盖明线→绱袋盖→整烫

2. 中山装立体贴袋

检查裁片→烫袋盖衬、画净样→扣烫贴袋、卷边缝袋口→缉袋底角→缉袋盖→压袋盖明线→画袋位与袋盖位→绱贴袋→绱袋盖→整烫

3. 中山装领

检查裁片→烫衬、画净样→合翻领、修翻领缝份→烫翻领、压明线→扣烫立领里→钉立领里勾扣、压立领里明线→压缉翻领与立领里→烫立领面→缉立领面→整烫

四、缝制工艺

（一）中山装前胸贴袋

1. 检查裁片

检查裁片，核实裁片数量，见表7-2-6。

表7-2-6 中山装前胸贴袋裁片清单

裁片名称	数量	裁片名称	数量
前衣片	1	袋盖面	1
贴袋	1	袋盖里	1

2. 烫袋盖衬

在袋盖反面粘上有纺衬，注意熨烫平服，无起泡等现象出现，如图7-2-1所示。

3. 袋盖、贴袋画净样

按净样板在袋盖里、袋布上画出净样线，并修剪缝份到0.8cm，如图7-2-2所示。

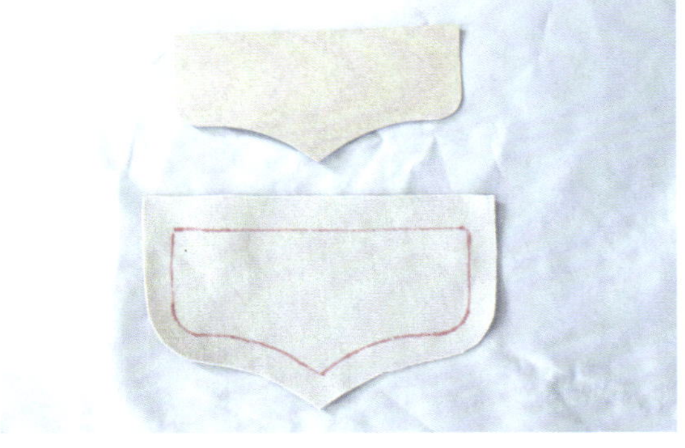

图7-2-1 烫袋盖衬

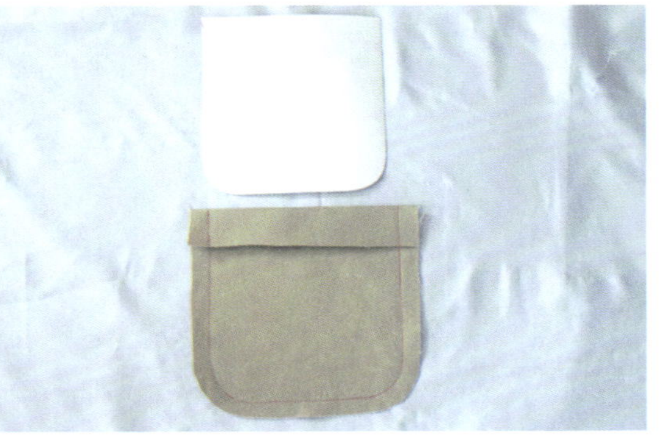

图7-2-2 贴袋画净样

4. 扣烫贴袋口、卷边缝袋口

按净样板扣烫贴袋上口，卷边缝压缉袋口1.5cm明线，如图7-2-3、图7-2-4所示。

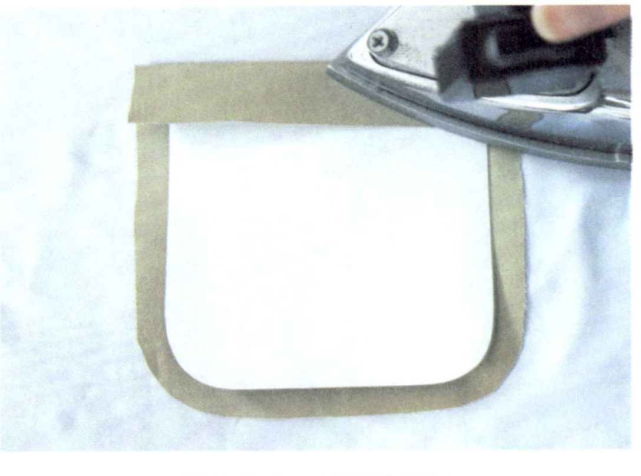

图7-2-3 扣烫贴袋口

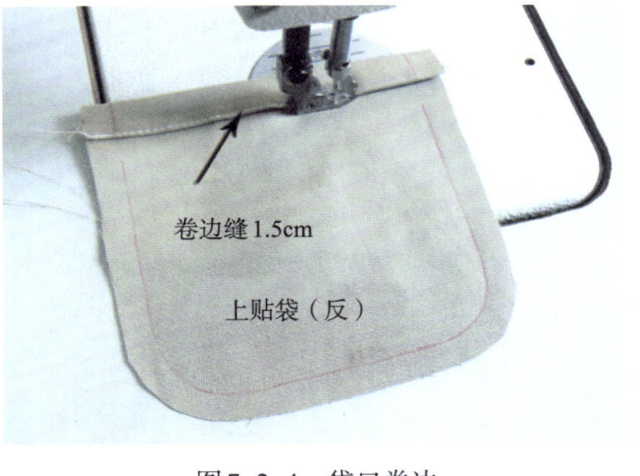

图7-2-4 袋口卷边

5. 抽缩袋角

在贴袋圆角距离净样0.5cm用最大针距车缝一道，或用手针缲缝一道线，之后拉紧缝线，让袋角自然圆顺扣转，如图7–2–5所示。

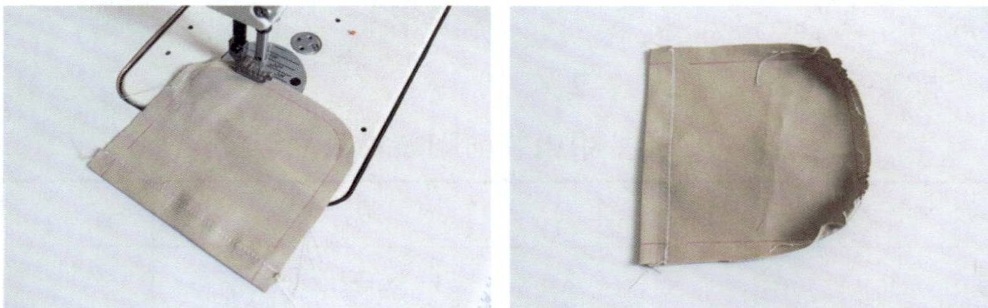

图7–2–5 抽缩袋角

6. 扣烫贴袋

按贴袋净样板扣烫贴袋，注意圆角要圆顺、左右对称，不能出现褶，如图7–2–6所示。

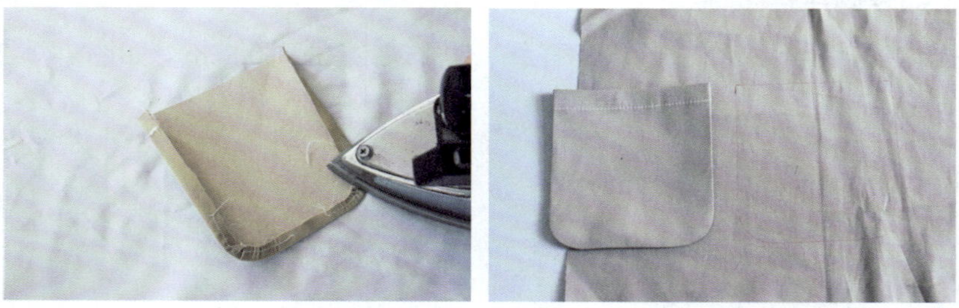

图7–2–6 扣烫贴袋

企业工匠小技巧

烫袋圆角时，可以先在布料上画出净样，修剪缝份至0.8cm后再用最稀针或手针缲缝线，然后拉紧线，让其自然圆顺，再把袋净样板放在袋里扣烫，这样可把圆角扣烫得很圆。

7. 绱贴袋

按纸样定位，用气消笔在衣身上画出袋位，再用大头针固定贴袋，再缉缝0.6cm装饰明线，要求缉线顺直，无断线、跳线、浮线，圆角圆顺，如图7–2–7所示。

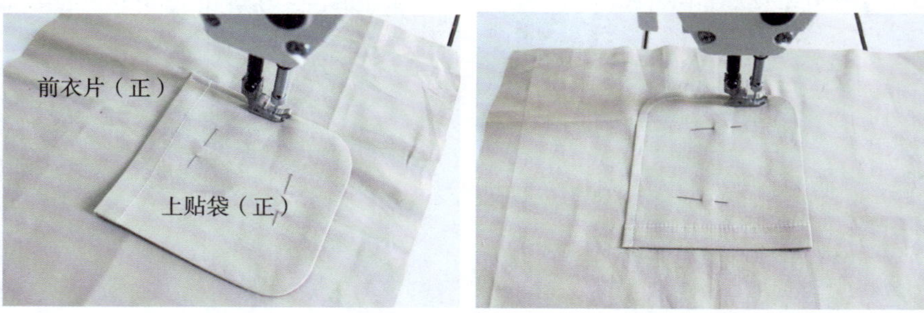

图7–2–7 绱贴袋

8. 缉袋盖

把袋盖面和袋盖里正面相对，袋盖里在上，按净样线缉缝，缉缝时注意袋盖里略带紧，圆角圆顺，在左胸前贴袋袋盖处靠门襟处需要插笔洞，按袋盖前进1.2cm、笔洞大3cm缉线，如图7-2-8、图7-2-9所示。

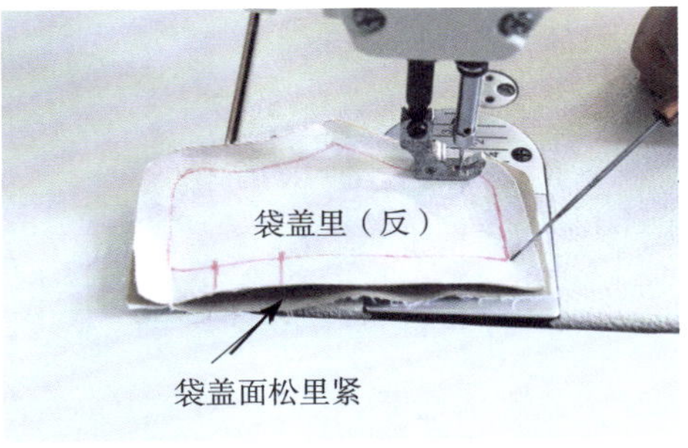

图7-2-8　缉袋盖

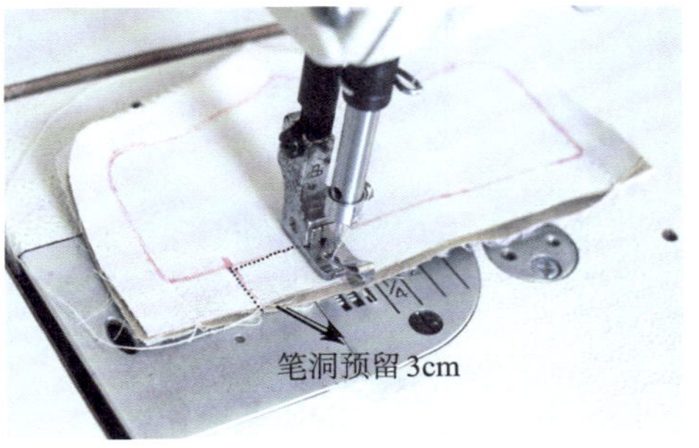

图7-2-9　缉笔洞

9. 修剪袋盖缝份

将袋盖缝份修将剪至0.4cm，注意在笔洞处剪三角，不要剪断线，然后把缝份向袋盖面进行扣倒，再翻正熨烫平服，烫出里外匀，如图7-2-10、图7-2-11所示。

图7-2-10　修剪袋盖缝份

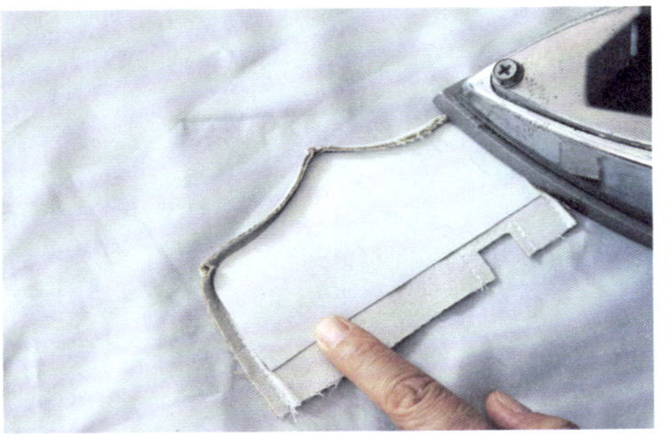

图7-2-11　扣烫袋盖

10. 缉袋盖明线

在笔洞处压缉0.6cm明线，再压缉袋盖三周0.6cm明线，要求明线顺直，无断线、跳线等，之后在距离袋口1.5cm处画出装袋盖线，如图7-2-12、图7-2-13所示。

图7-2-12　缉袋盖明线

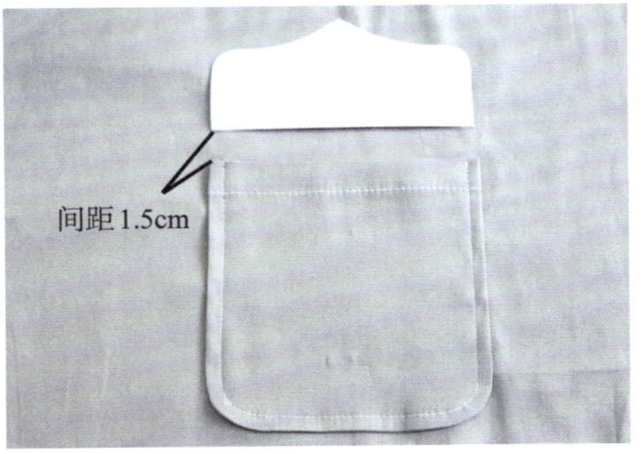

图7-2-13　定袋盖位

11. 绱袋盖

按袋盖净样修剪袋盖缝份至0.6m，将袋盖缉缝在袋盖位上，要求左右对称，缉线顺直；将缝份再次修剪成0.5cm后，翻正袋盖，在袋盖上口处缉缝0.6cm明线，要求袋盖缝份不外露，缉线顺直，无跳线、断线，袋盖圆角不外翘等，如图7–2–14所示。

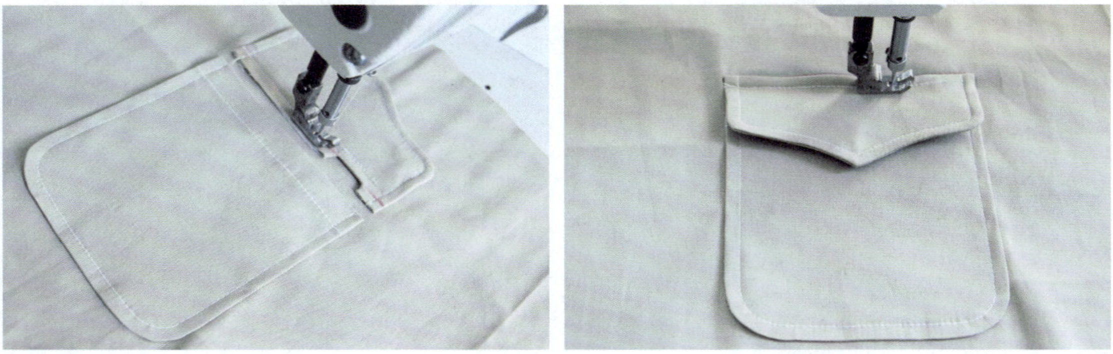

图7–2–14　绱袋盖

12. 整烫

将前胸贴袋进行最后整烫，要求袋盖不露毛缝，并呈现最佳效果，如图7–1–15所示。

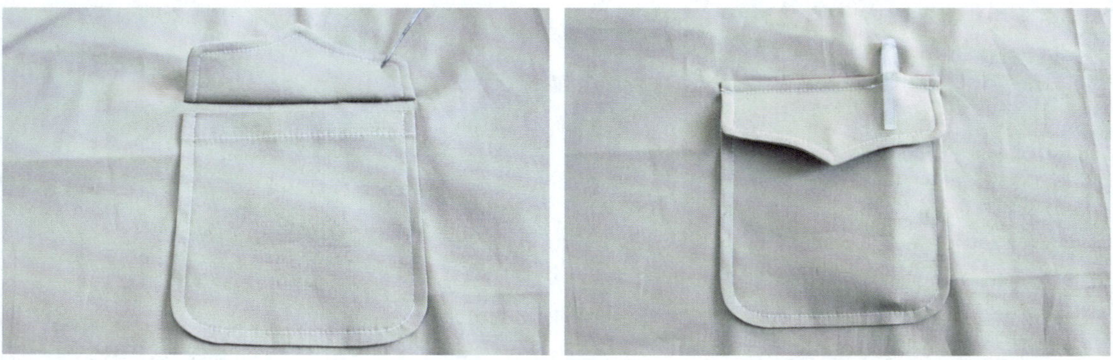

图7–2–15　成品效果

（二）中山装立体贴袋

1. 检查裁片

检查裁片，核实裁片数量，见表7–2–7。

表7–2–7　中山装立体贴袋裁片清单

裁片名称	数量	裁片名称	数量
前大片	1	袋盖面	1
贴袋	1	袋盖里	1

2. 烫袋盖衬、画净样

在袋盖反面粘衬，熨烫平服、无起泡，在贴袋上画出贴袋净样，如图7–2–16、图7–2–17所示。

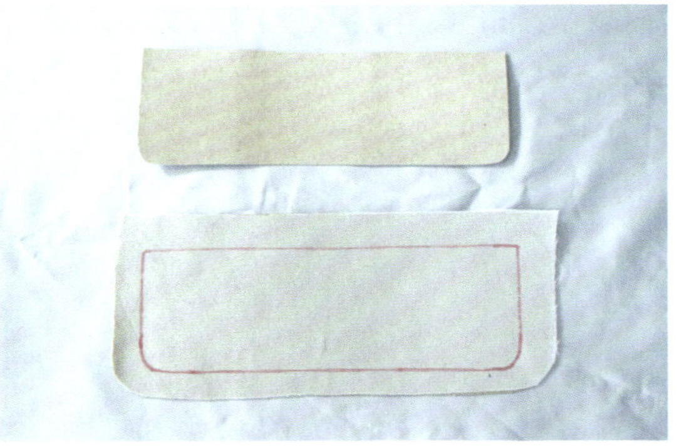

图 7-2-16 袋盖粘衬

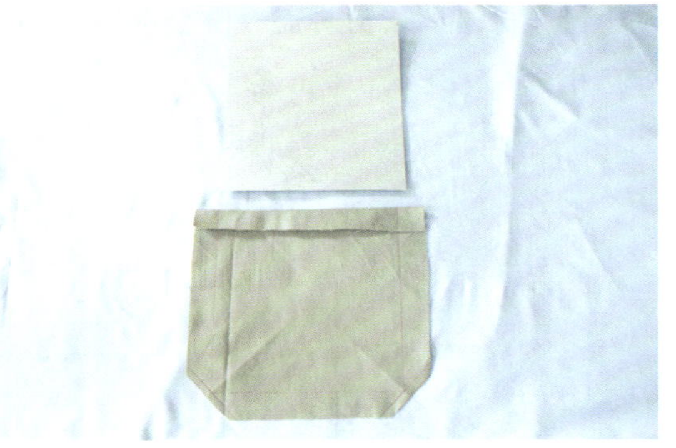

图 7-2-17 画净样

3. 扣烫贴袋、卷边缝袋口

按净样板扣烫贴袋，袋口卷边 1.5cm 压缉袋口，如图 7-2-18、图 7-2-19 所示。

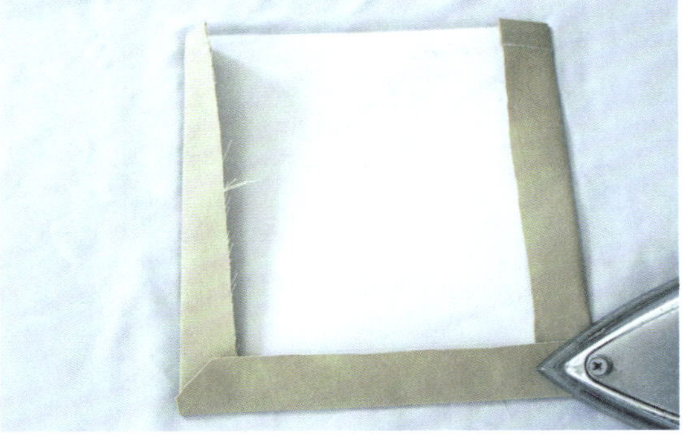

图 7-2-18 扣烫贴袋

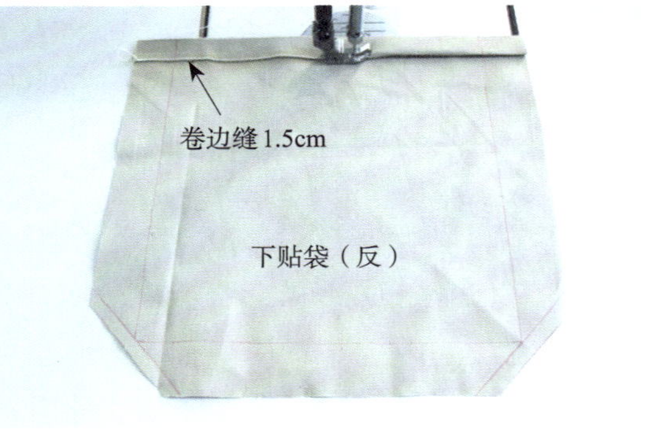

图 7-2-19 卷边缝袋口

4. 缉袋底角

将袋角对折后按 1cm 拼缝，修剪至 0.6cm，再分烫，如图 7-2-20 所示。

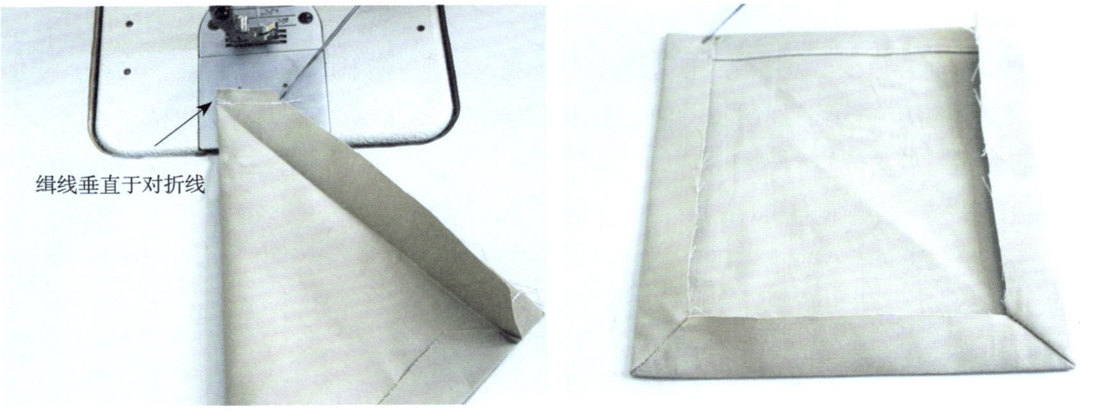

图 7-2-20 缉袋底角

5. 缉袋盖

把袋盖面和袋盖里正面相对，袋盖里在上，按净样线缉缝，缉缝时注意袋盖里略带紧，注意圆角圆顺。修剪袋盖缝份至0.4cm，把缝份向袋盖面扣倒，再翻烫平服，注意里外匀，最后根据窝势压缉0.8cm线，如图7-2-21～图7-2-24所示。

图7-2-21　缉袋盖

图7-2-22　修剪袋盖缝份

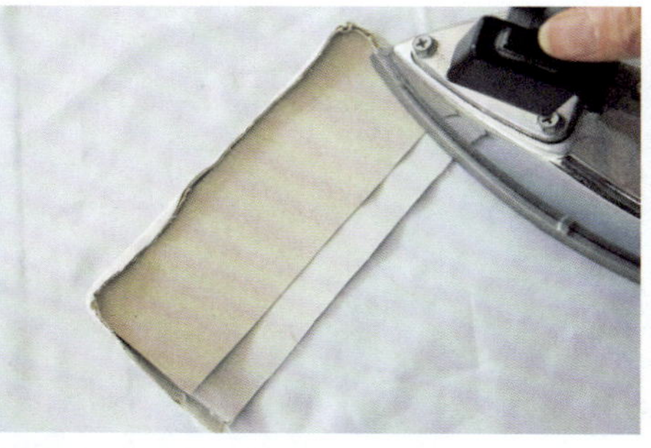

图7-2-23　扣烫袋盖

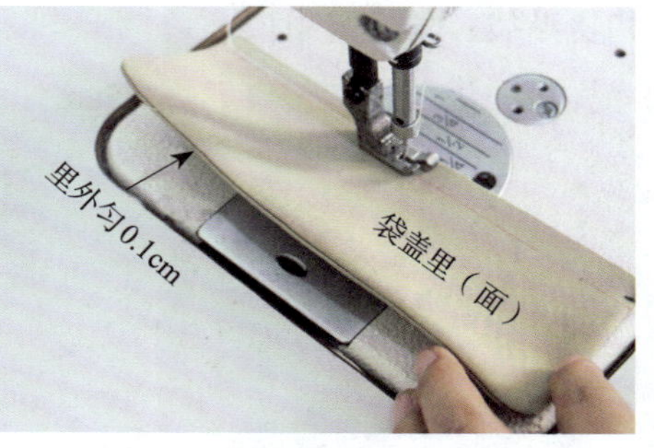

图7-2-24　缉袋盖外口线

企业工匠小技巧

做袋盖时，先把带盖里缝份修剪至0.7cm，让袋盖里三周均匀地比袋盖面小0.3cm，车缝时注意面松里紧，这样制作出的袋盖扣烫再翻烫后会里外匀称，很服帖。

6. 压袋盖明线

根据袋盖净样板画出净样线后修剪缝份至0.5cm；袋盖里向上，略微抬起缉缝0.3cm，使袋盖产生窝势，再压缉袋盖三周0.6cm明线，要求明线顺直，无断线、跳线等，如图7-2-25所示。

7. 画袋位与袋盖位

根据纸样定位，画出贴袋位置与袋盖位置，如图7-2-26所示。

图7-2-25　压袋盖明线

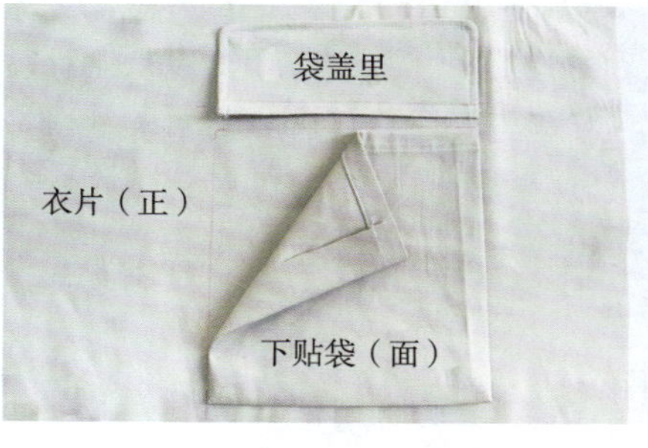

图7-2-26　画袋位

8.绱贴袋

按贴袋定位，用大头针固定贴袋，从前侧止口开始，沿边缝0.6cm进行缝合，沿贴边暗缝贴袋三边，缉好之后袋角封口，封口长1.5cm，如图7–2–27 ~ 图7–2–29所示。

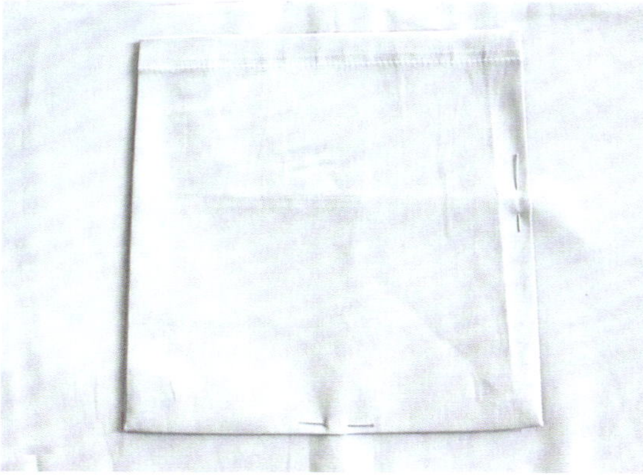

图7–2–27 贴袋定位

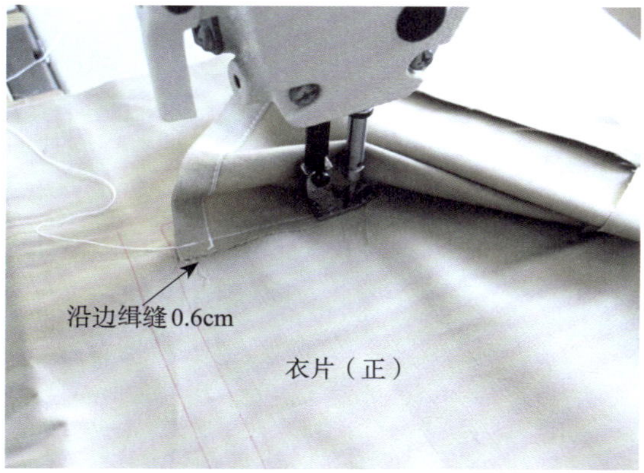

图7–2–28 绱贴袋

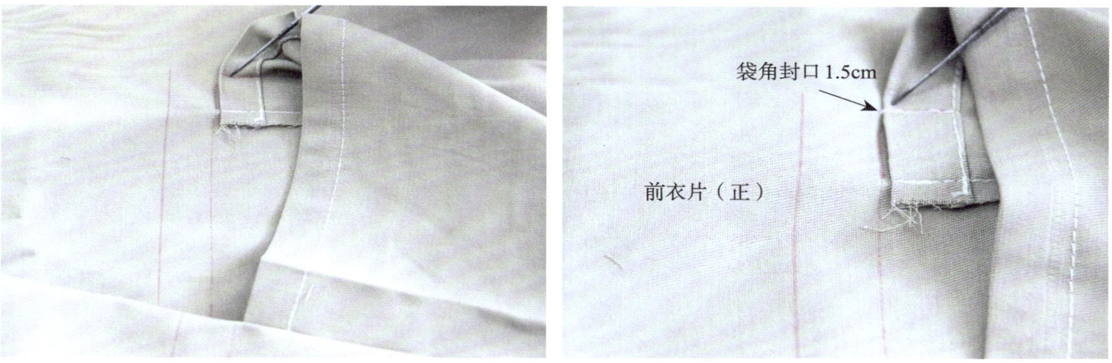

图7–2–29 贴袋封口

9.绱袋盖

将袋盖缉缝在袋盖位上，要求左右对称，缉线顺直；修剪缝份为0.5cm后，翻正袋盖，在袋盖上口处缉缝0.6cm明线，要求袋盖缝份不外露，缉线顺直，无跳线、断线，袋盖圆角不外翘等，如图7–2–30、图7–2–31所示。

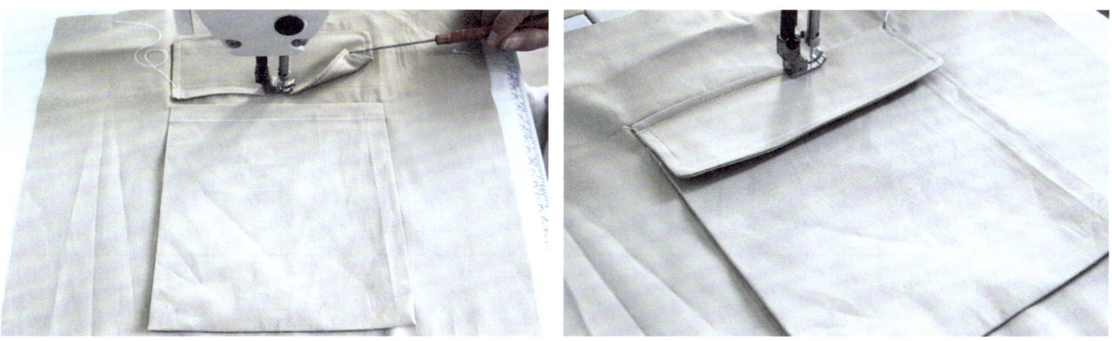

图7–2–30 绱袋盖

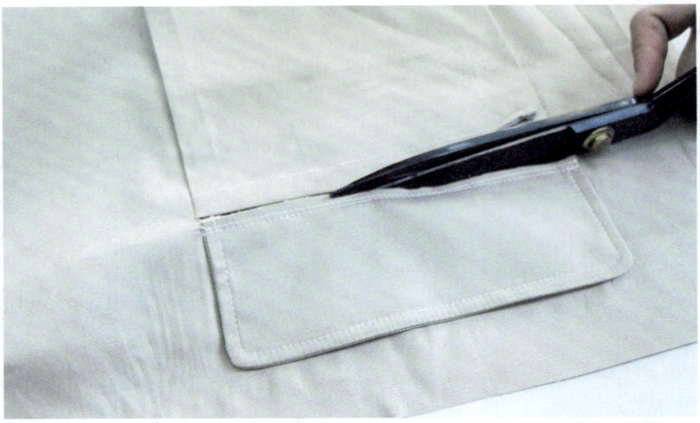

图7-2-31　修剪袋盖缝份

10. 整烫

将立体贴袋进行整烫，呈现最佳效果，如图7-2-32所示。

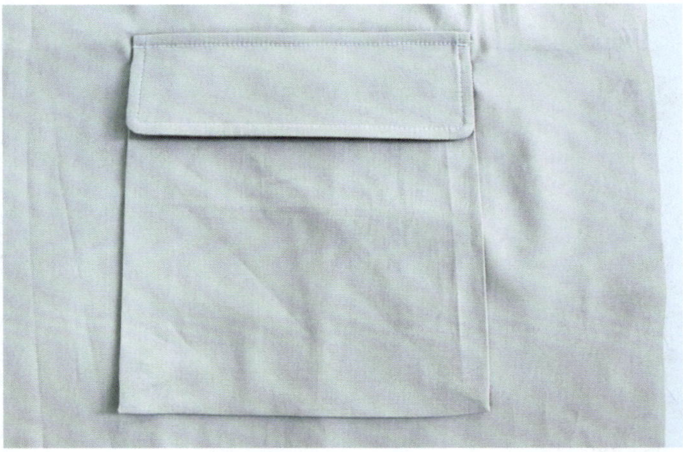

图7-2-32　成品效果

（三）中山装领

1. 检查裁片

检查裁片，核实裁片数量，见表7-2-8。

表7-2-8　中山装领裁片清单

裁片名称	数量	裁片名称	数量
翻领面	1	立领面	1
翻领里	1	立领里	1

2. 烫衬、画净样

准备好裁片与净板，分别烫好翻领衬、立领衬，并按照净样板画好净样线，并修剪翻领与立领缝份，让翻领里比翻领面四周小0.3cm，让立领里比立领面四周小0.3cm，如图7-2-33、图7-2-34所示。

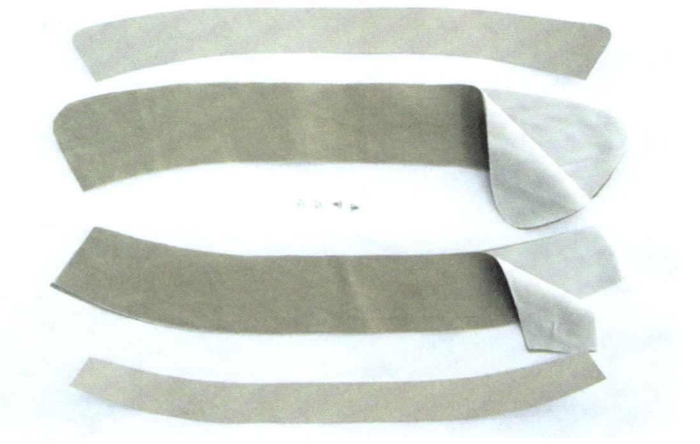

图7-2-33 烫衬

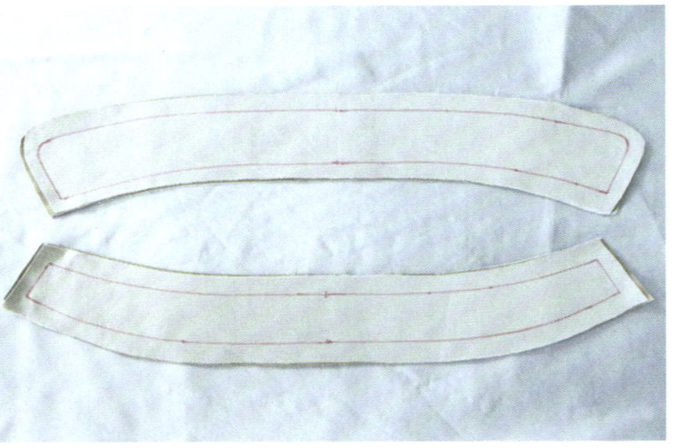

图7-2-34 画领净样

3. 合翻领、修翻领缝份

按翻领净样线缝合翻领面与翻领里，注意翻领里在上，缉线顺直，圆角圆顺，起始针打回针，再修剪缝份成高低缝，两领角缝份修0.3cm，其余缝份0.5cm，如图7-2-35、图7-2-36所示。

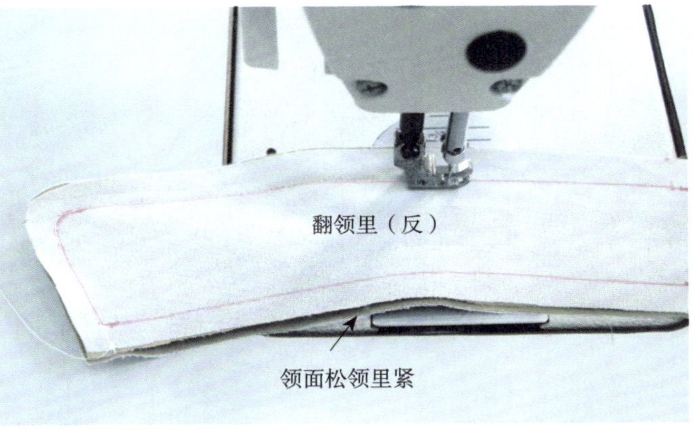

图7-2-35 合翻领

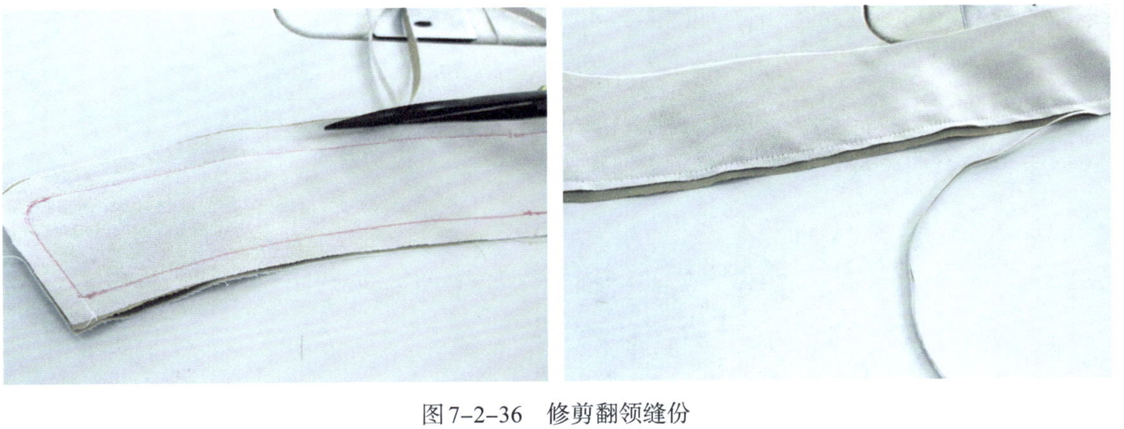

图7-2-36 修剪翻领缝份

4. 烫翻领、压明线

按翻领净样板扣烫翻领缝份向领面烫倒，注意圆角要圆顺，翻转后熨烫平服，再沿翻领外口车缝0.6cm明线；翻领里在上，利用手势略微抬起翻绢缝0.3cm，使翻领产生窝势，如图7-2-37、图7-2-38所示。

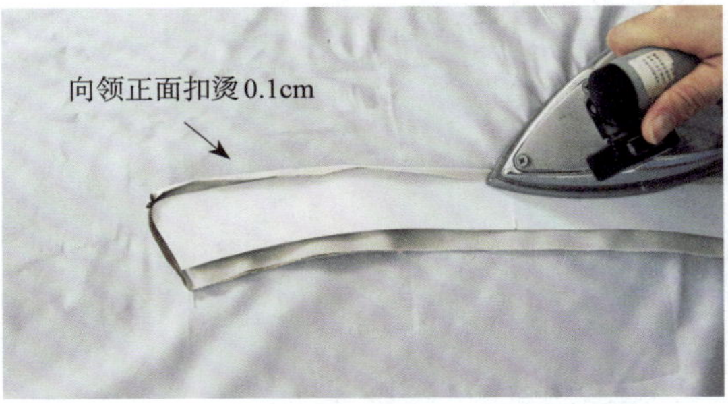

图7-2-37 扣烫翻领

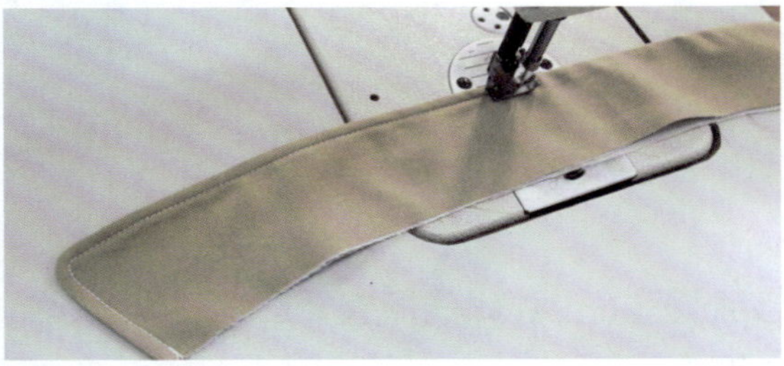

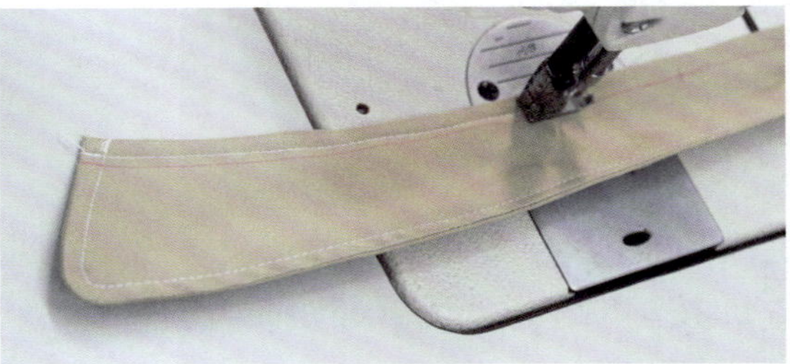

图7-2-38 压翻领明线

5. 扣烫立领里

按净样线向粘衬方向扣烫领里，如图7-2-39所示。

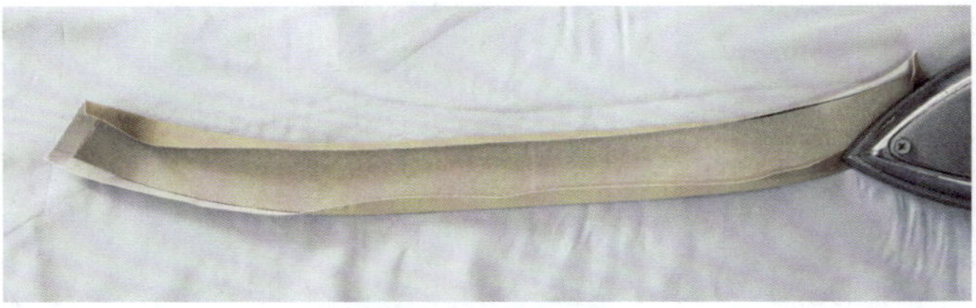

图7-2-39 扣烫立领里

6. 钉立领里勾扣、压立领里明线

立领钉领勾和领勾襻，在领子左端钉领勾，右端钉勾襻，再沿立领里四周绢0.8cm明线，做好后领中、肩点的标记，如图7-2-40～图7-2-42所示。

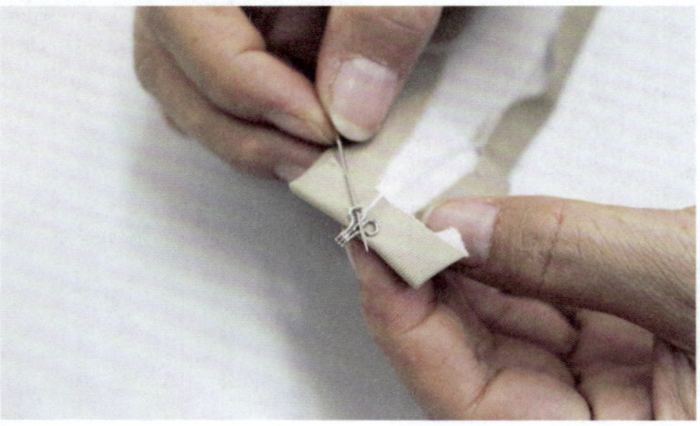

图7-2-40 钉立领里勾扣

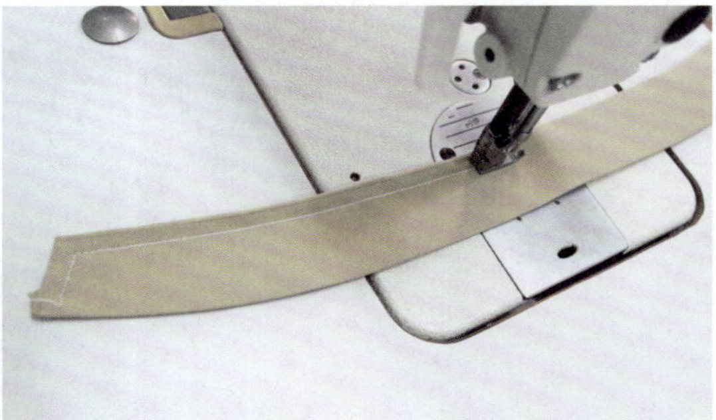

图7-2-41 压立领里明线

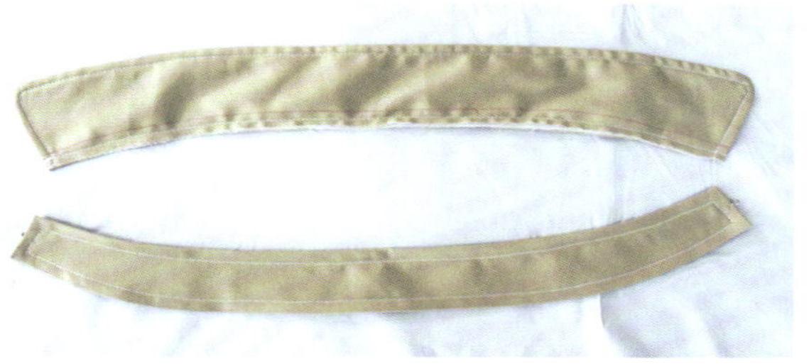

图 7-2-42　做立领翻领标记

7. 压缉翻领与立领里

翻领、立领分别做好缝制标记，将翻领里朝上，立领里距离翻领里口 0.1cm，前领角对齐，后领中点对齐，压缉 0.1cm 明线，如图 7-2-43 所示。

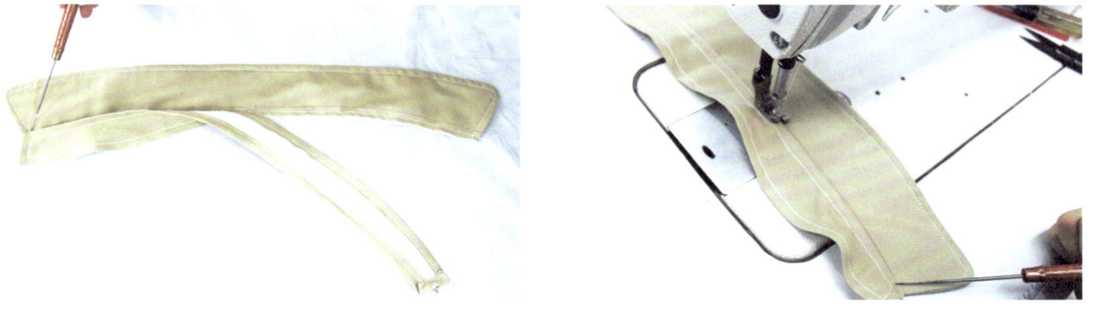

图 7-2-43　压缉翻领和立领里

8. 烫立领面

将立领面按净样折烫上口与两端，如图 7-2-44 所示。

图 7-2-44　扣烫立领面

9. 缉立领面

将立领上品与翻领下口的后中对齐，立领面盖过绱立领里线，压缉 0.1cm 明线，注意缉线顺直，面松里紧，无跳线、断线，最后折烫翻折线，使领子吻合脖子外形（图 7-2-45）。

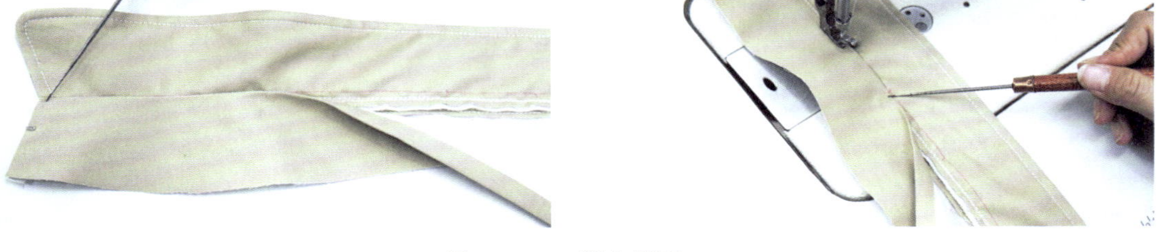

图 7-2-45　缉立领面

10. 整烫

将中山装领进行整烫，呈现最佳效果，如图7-2-46～图7-2-48所示。

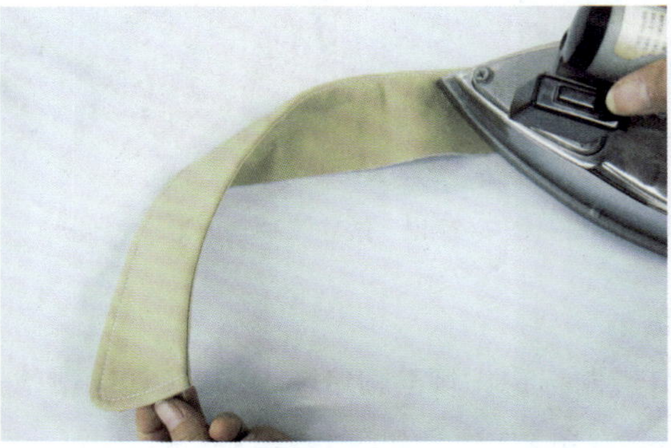

图7-2-46　整烫

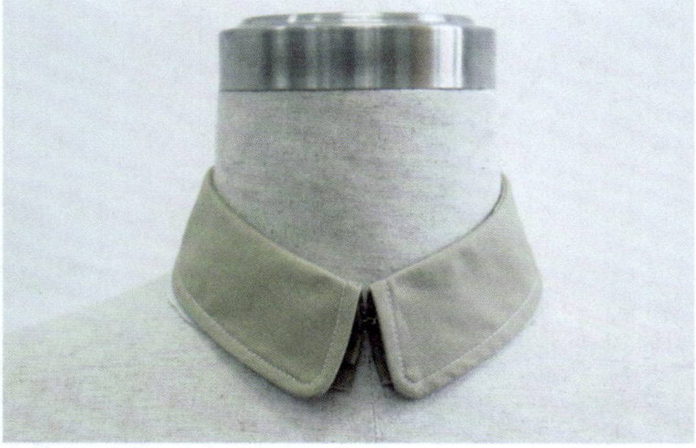

图7-2-47　成品效果（正面）

图7-2-48　成品效果（背面）

五、知识拓展

中山装的背景

1929年4月，中山装经国民政府明令公布为法定制服。1950年以后，中山装成为从国家领导人到普通百姓的正式服装。2016年2月29日，中国国民党革命委员会中央委员会向中国人民协商会议提交提案，建议将中山装作为国家正式礼服。其形制很有讲究，并赋予了其特殊的含义。

其一，衣服前脸四个兜各代表礼、义、廉、耻。

其二，门襟5粒纽扣代表立法、司法、行政、考试权、检查权，这是五权分立。

其三，左右袖口的3个纽扣分别表示三民主义（民族、民权、民生）和共同的理念（平等、自由、博爱）。

其四，后背不破缝，表示国家和平统一之大义。

其五，衣领定为翻领封闭式，显示严谨治国的理念。

——文字摘自百度百科

六、巩固训练

（1）上网查找学习中山装的发展史。

（2）中山装前胸贴袋、立体袋和中山装领各制作一个成品，巩固制作方法。

（3）上网查找各种贴袋、立体袋和立翻领的款式变化，并尝试制作。

七、任务评价

1. 中山装前胸贴袋或立体贴袋评价表（表7-2-9）

表7-2-9　中山装前胸贴袋或立体贴袋评价表

评价内容	评价标准	分值	评价方式				备注
			自评	互评	师评	企业评	
中山装前胸贴袋或立体贴袋	1.贴袋和袋盖的大小、位置准确	25					
	2.贴袋圆角圆顺、无褶，缉线顺直、无跳线、断线	30					
	3.袋盖圆角窝势自然不外翘	25					
	4.“盖”与“袋”匹配，“盖”比“袋”两边多0.2cm	20					
小计		100					
合计							

2. 中山装领评价表（表7-2-10）

表7-2-10　中山装领评价表

评价内容	评价标准	分值	评价方式				备注
			自评	互评	师评	企业评	
中山装领	1.领面、领里平服，松紧合适，不起皱	30					
	2.领止口明线缉线顺直，不反吐	25					
	3.领角左右对称、长短一致	25					
	4.领座不外露	20					
小计		100					
合计							

参考文献

[1] 俞岚，袁芳，时华，孙常胜. 服装制作工艺[M]. 北京：中国纺织出版社，2019.

[2] 孙常胜. 服装裁剪与制作[M]. 3版. 北京：中国劳动社会保障出版社，2018.

[3] 胡忱，陈耕，肖祥高. 服装工艺基础[M]. 长沙：湖南人民出版社，2019.